Diffusionsmodellierung

Rodion Groll

Diffusionsmodellierung

Skalenübergreifende Thermofluiddynamik des Wärme- und Stofftransports disperser Systeme

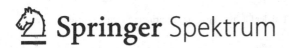 Springer Spektrum

Rodion Groll
Universität Bremen
ZARM
Bremen, Deutschland

Habilitationsschrift Universität Bremen, 2015

ISBN 978-3-658-11341-4   ISBN 978-3-658-11342-1 (eBook)
DOI 10.1007/978-3-658-11342-1

Die Deutsche Nationalbibliothek verzeichnet diese Publikation in der Deutschen Nationalbi-
bliografie; detaillierte bibliografische Daten sind im Internet über http://dnb.d-nb.de abrufbar.

Springer Spektrum
© Springer Fachmedien Wiesbaden 2015

Gedruckt auf säurefreiem und chlorfrei gebleichtem Papier

Springer Fachmedien Wiesbaden ist Teil der Fachverlagsgruppe Springer Science+Business Media
(www.springer.com)

Für Kirstin, Rona, Nicolas und Ole

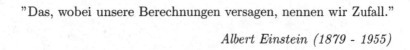

"Das, wobei unsere Berechnungen versagen, nennen wir Zufall."

Albert Einstein (1879 - 1955)

Danksagung

Meinen Dank möchte ich zu Beginn all denen zum Ausdruck bringen, die mich während der Anfertigung dieser Habilitationsschrift unterstützt haben, sei es durch persönliche Motivation oder durch weiterführende fachliche Gespräche.

Für die stete Motivation und zuletzt den Vorschlag zur Habilitation danke ich dem geschäftsführenden Direktor des "Zentrums für angewandte Raumfahrttechnologie und Mikrogravitation" (ZARM), Herrn Prof. Dr. Claus Lämmerzahl, der mir insbesondere gegen Abschluss der Arbeit den notwendigen persönlichen Rückhalt gegeben hat.

Meinen besonderen Dank möchte ich Prof. Dr. Suad Jakirlic aussprechen, der mir bereits seit Beginn meiner Promotion mit seiner Erfahrung und Fachkompetenz auf dem Gebiet der Turbulenzmodellierung als kompetenter Gesprächspartner entscheidende Impulse gegeben hat.

Des Weiteren danke ich Herrn Prof. Dr. Reinhold Kienzler, der mich bei meinem Engagement für Lehre und Forschung im Lehrgebiet der Technischen Mechanik und Strömungslehre unterstützt hat und mir in vielen Situationen mit gutem Rat weitergeholfen hat.

Für die langjährige Unterstützung sowie fruchtbare Diskussionen danke ich Herrn Prof. Dr. Cameron Tropea und Herrn Prof. Dr. Martin Oberlack, die mich beide über eine Vielzahl von Stationen meiner wissenschaftlichen Laufbahn in persönlicher und fachlicher Hinsicht begleitet und angespornt haben.

Für viele Anregungen, Diskussionen und wissenschaftliche Debatten danke ich stellvertretend für meine Arbeitgruppe am ZARM Dr. Stephan Reichel, Dr. Claudia Zimmermann, Torben Schadowski und Dr. Kristofer Leach.

Zuletzt danke ich meiner Familie Kirstin, Rona, Nicolas und Ole, ohne deren unermessliche Unterstützung und zeitliche Entbehrungen die Arbeit in dieser Form mit Sicherheit nicht zu Stande hätte kommen können.

Inhaltsverzeichnis

1 Motivation und wissenschaftliche Fragestellung

Die mathematische Modellierung technischer Strömungen kann inzwischen auf eine Jahrhunderte lange Geschichte verweisen. Bereits *Leonardo da Vinci (1452-1519)* beobachtete Gesetzmäßigkeiten bei der Umströmung stumpfer Körper in einer offenen Kanalströmung oder der Druckverteilung um den ausgestreckten Flügel eines Vogels. *Daniel Bernoulli (1700-1782)* und *Leonard Euler (1707-1783)* stellten erste Gleichungen auf, um die Änderung physikalischer Transportgrößen in einer Strömung vorherzusagen und damit globale Beziehungen in einem solchen System herzuleiten. Im zentralen Fokus steht dabei, dass Orts- und Zeitabhängigkeiten technischer Prozesse durch mathematische Gleichungen beschrieben werden. Dieser Vorgang wird Modellierung genannt. Ziel ist es, durch die Lösung einer mathematischen Gleichung, die einen technischen Prozess modelliert, eine Aussage zur Orts- und Zeitabhängigkeit physikalischer Größen einer technischen Strömung zu gewinnen.

Auf dem Gebiet der Magneto- und Elektrostatik gehen frühe Formulierungen auf *Charles Augustin de Coulomb (1736-1806)* zurück, der wie *Claude Louis Marie Henri Navier (1785-1836)* mit seinen Modellierungsansätzen den Grundstein für die moderne Elastizitätstheorie legte. *Navier* folgte noch zu Ende seiner Karriere auf den Lehrstuhl von *Augustin Louis Cauchy (1789-1857)* an der *'Ecole Polytechnique* in Paris nach, welcher als Wegbereiter der modernen Analysis gilt und Beweise für teils axiomatische Grundlagen aus Arbeiten von *Gottfried Wilhelm Leibniz (1646-1716)* und *Sir Isaac Newton (1642-1727)* lieferte. Zudem formulierten *Navier* und *George Gabriel Stokes (1819-1903)* unabhängig voneinander durch die Modellierung des viskosen Impulsflusses Transportgleichungen für den Impulstransport reibungsbehafteter Fluide.

Bei der Beschreibung technischer Prozesse durch diese Transportgleichungen wurden bereits damals, insbesondere bei starken Geschwindigkeitsfluktuationen und hohen Dichte-Inhomogenitäten, wie sie bei turbulenten Strömungen oder der natürlichen Konvektionsströmungen zu beobachten sind, Grenzen der analytischen Lösbarkeit aufgezeigt, da die mathematische Lösung aufgrund ihrer starken Zeitabhängigkeit nur eine hohes Maß an Instationarität andeutete, aber keine qualitativ interpretierbaren *Mittelwerte* lieferte, welche für die technische Auslegung von Prozessen zwingend notwendig sind. *Osbourne Reynolds (1842-1912)* ermöglichte mit seiner statistischen Mittelung von Transportgleichungen die Beschreibung einer räumlichen und zeitlichen Abhängigkeit von Mittelwerten. *Valentin Joseph Boussinesq (1842-1929)* beschrieb den Einfluss von thermisch bedingten Dichtegradienten auf die natürliche Konvektion, in dem ein von der Dichteverteilung unabhängiger Auftriebsterm in der Impulserhaltung modelliert wurde. Da sogenannte allgemeingültige Modelle in der Natur zumeist einen idealen Sonderfall darstellen, sind Modellgrenzen keine Besonderheit, sondern viel mehr die Regel. In einem Zitat von *Albert Einstein (1879-1955)*:

> "Insofern sich die Sätze der Mathematik auf die Wirklichkeit beziehen, sind sie nicht sicher, und insofern sie sicher sind, beziehen sie sich nicht auf die Wirklichkeit."[58]

wird die Diskrepanz von mathematischen Fragestellungen und dem, was *in Wirklichkeit* passiert, deutlich. Mit diesem Satz bezog sich Einstein auf die zu Anfang des 20. Jahrhundert viel diskutierte Anwendung der Axiomatik. Als Axiom wird ein Satz angesehen, der nicht in einer Theorie bewiesen werden soll, sondern als beweislos vorausgesetzt wird [199]. Die Modellierung bleibt wie das Axiom stets den Beweis schuldig. Sie stellt aber eine Verknüpfung zwischen technischer Fragestellung und mathematischer Lösung dar, deren Enden per Definition unvereinbar sind.

Grenzbereiche der Strömungsmechanik machen genau diese Unvereinbarkeit deutlich. Hohe *Reynolds-Zahlen* [171, 123] sorgen für einen laminar/turbulenten Strömungsumschlag [41, 42]. Seit dem Einsatz von Großrechnern werden Modelle entwickelt, die den Einfluss von Turbulenz auf größere Skalen darstellen sollen [104, 142]. Zunehmende *Mach-Zahlen* stehen für ein höheres Maß an Kompression. Bei Erreichen der Schallgeschwindigkeit stellt sich gegebenenfalls sogar eine lokal sprunghafte Verdichtung in Form eines Verdichtungsstoßes ein [30, 230]. Währenddessen werden Strömungen niedriger Mach-Zahlen sogar als inkompressibel und häufig isotherm betrachtet. Ein weiterer Grenzbereich wird durch hohe *Knudsen-Zahlen* definiert[8, 14]. Bei hohen Knudsen-Zahlen hat ein Gas eine so niedrige molekulare Anzahldichte, dass eine Kontinuumsannahme[11, 18], wie sie sowohl bei turbulenten als auch bei kompressiblen Strömungen zugrunde liegt, ungültig ist [2, 38].

Da die technische Lösung mit der mathematischen Lösung eines Gleichungssystems verknüpft ist, müssen aufwändige Differentialgleichungssysteme (vgl. [193, 194]) auf komplexen Mannigfaltigkeiten [147, 152], d. h. mit technischen

Randbedingungen, hierfür gelöst werden. Für die numerische Lösung wird das Differentialgleichungssystem mittels räumlicher und zeitlicher Diskretisierung auf ein System linearer Gleichungssysteme reduziert [146, 177]. Gerade die räumliche Diskretisierung [189, 195] setzt der numerischen Auflösung eines Problems Grenzen, die ausschließlich mit einer Modellierung der Phänomene unterhalb der Skalen dieser Auflösung zu überwinden sind [46, 48, 164]. Der Ansatz, diese schwer zu fassenden Verknüpfungen herzustellen, ist die Diffusionsmodellierung [257, 258, 252].

Fragestellung

Zusammenfassend kann für die verschiedenen Skalenbereiche festgestellt werden, dass für hohe Reynolds-Zahlen die turbulente Diffusion modelliert werden muss. Für hohe Knudsen-Zahlen muss aufgrund der Ungültigkeit der Kontinuumsannahme eine geänderte molekulare Diffusion modelliert werden und bei hohen Mach-Zahlen ist eine spezielle Modellierung der Druckdiffusion nötig. Für letzteres Beispiel der Diffusion einer molekularen Strömung, das fast ausschließlich bei sehr niedrigen Drücken oder auf sehr kleinen Skalen Anwendung findet, existieren bereits Vorüberlegungen, die schon in der Vergangenheit druckunabhängig und auf größeren Skalen beschrieben wurden: dem Transport disperser Medien in einer fluiden Trägerphase. Somit können bereits auf makroskopischer Seite beschrittene Wege aufgrund einer skalenübergreifenden Betrachtung von Teilchenkollision, Teilcheninteraktion und Teilchendiffusion [113, 137, 216] in höhere Knudsen-Zahl-Bereiche transportiert werden. Um diese Familie von Methoden der Diffusionsmodellierung aufzuzeigen, bauen die in dieser Arbeit entwickelten Ansätze auf der Basis bereits bekannter Methoden der Diffusionsmodellierung innerhalb klassischer Kontinua auf [132, 191]. Für besonders große Skalen existieren bereits statistische Modelle, welche den nicht aufgelösten, in diesem Fall turbulenten, Diffusionsprozess modellieren. Anschließend wird der molekulare Diffusionsprozess modelliert, um die Grundlagen der für makroskopische Prozesse stark vereinfachten Approximation des Impulstransports im Detail zu beschreiben. Weiterführende Betrachtungen der nicht aufgelösten Konvektion partikulärer Strömungen in einer kontinuierlichen Trägerphase ermöglichen die Modellierung der Partikeldiffusion in solchen Zweiphasenprozessen. Diese Diffusionsprozesse werden durch einen zusätzlichen Massen- und Wärmetransport an der Phasengrenzfläche maßgeblich beeinflusst. Im Gegensatz zu der Diffusion molekularer Strömungen ist der Einfluss der Partikelkollision auf Impuls- und Energietransport deutlich höher. Zuletzt wird ein partikuläres Medium untersucht, welches sich erst durch seine

Kollisionsinteraktion definiert: das Plasma. Aufgrund der berührungsfreien Teilcheninteraktion wird der Wirkungsquerschnitt eines jeden Teilchens deutlich erhöht [158, 21, 196]. Ebenso muss der Einfluss der Kollisionen auf Zunahme und Abnahme der einzelnen Ladungsträgerklassen sowie deren Diffusion modelliert werden. Aus diesen Ansätzen resultieren folgende Fragestellungen für die *skalenübergreifende Modellierung der Diffusion disperser Systeme.*

Bei der mathematischen Modellierung einer reibungsbehafteten Strömung wird die Reibung als ein Bestandteil der Impulsflussdiffusion definiert. Im Umkehrschluss stellt sich die Frage, inwieweit demnach die Reibung in einer viskosen Strömung einer nicht aufgelösten Konvektion entspricht. In **Kapitel 2** wird erläutert, wie mit Hilfe der Tensoranalysis Transportgleichungen aufgestellt werden. Die mit ansteigenden Reynolds-Zahlen stetig zunehmende Turbulenz beinhaltet konvektive Flüsse, die zum Teil unterhalb gewählter räumlicher und zeitlicher Auflösungsskalen bewegen. Um einen solchen Effekt ebenfalls zu berücksichtigen, werden neben dem Transport statistisch gemittelter Großen materielle Flüsse unterhalb dieser Skala mittels der Turbulenzmodellierung in diesem Kapitel beschrieben.

Da gängige Turbulenzmodelle die nicht aufgelösten Strukturen wie eine erhöhte Zähigkeit beschreiben, stellt sich die Frage, ob eine reibungsbehaftete Strömung im Allgemeinen sogar mit variabler Dichte in Analogie zu turbulenten Strömungen mit einem statistischen Modell dargestellt werden kann. Dass Reibung wie Turbulenz als nicht aufgelöste Konvektion materieller Flüsse in Form von molekularen Bewegungen beschrieben werden kann, wird in **Kapitel 3** erläutert. Auf thermodynamischen Grundlagen aufbauend wird nach Diskussion der Irreversibilität und der molekularen Thermodynamik überprüft, inwieweit das statistische Modell für die molekulare Bewegung den zweiten Hauptsatz der Thermodynamik erfüllt und damit als thermodynamisch konsistent bezeichnet werden kann.

Wird diese Form der Beschreibung einer diskreten Bewegung durch eine Feldgleichung auf größere Skalen angewendet, ist diese mit der Partikelbewegung in einer partikelbeladenen Trägerphase vergleichbar. Die konsequente Fragestellung muss sich entsprechend nach der Modellierung der nicht konvektiv auflösbaren Bewegungen dieser Zwei-Phasen-Strömung richten. In **Kapitel 4** wird gezeigt, welchen Einfluss die Phaseninteraktionskräfte, aber auch Reibung sowie elastische und inelastischen Partikelkollisionen auf die konvektiv aufgelösten und die zu modellierenden Flüsse haben. Letztere werden wie in den vorangegangenen Kapiteln durch die Diffusion beschrieben, welche aufgrund der statistischen Beschreibung des Transports die Anforderungen der nicht geschlossenen Korrelationen erfüllen.

Während bei monodispersen Strömungen die Größe der suspendierten Kolloide konstant und vor allem homogen verteilt ist, stellt sich bei der Diffusion eines polydispersen Mehrphasengemischs die Frage, welchen Einfluss eine inhomogene und instationäre Wahrscheinlichkeitsdichte einzelner Kolloidgrößen auf die nicht aufgelösten konvektiven Flüsse und damit auf die zu modellierende Stoff-, Impuls- und Energiediffusion des Mehrphasengemischs hat. In **Kapitel 5** wird aufbauend auf einem Modell zur Beschreibung der Kolloidgrößenverteilung der dispersen Phase in Kombination mit weiteren Modellen, welche den Phasenübergang an einer Tropfenoberfläche beschreiben, die Verdampfungsrate einer mit Tropfen beladenen Gasströmung hergeleitet.

Nachdem durch den Phasenübergang eine erweiterte Form der Phaseninteraktion in einer mit einer Suspension beladenen Trägerphase beschrieben wurde, bleibt als ein vergleichbarer Spezialfall des molekularen Transports die Frage nach der Interaktion elektrisch geladener Teilchen in einem ionisierten Gas oder Plasma offen. In **Kapitel 6** wird nach einer Analyse der erweiterten Partikel- oder Ladungsträgerinteraktionskräfte erneut ein System statistischer Transportgleichungen aufgestellt, bei denen die konvektiven Flüsse der statistisch gemittelten bzw. gefilterten Größen entsprechend aufgelöst sind, während Flüsse auf kleineren Skalen durch statistische Korrelation dargestellt und mittels Diffusionsmodellierung geschlossen werden. Ionisation und Rekombination der transportierten Teilchen werden als Quellen und Senken der Ladungsträgerklasse behandelt.

Die übergeordnete Zielsetzung besteht darin, die ungeordnete Bewegung von einer Schar diskreter Teilchen mittels statistischer Methoden als System von Transportgleichungen darzustellen. Die in dieser Arbeit vorgestellten Ansätze beziehen sich auf reibungsbehaftete Strömungen (Impulsdiffusion), kompressible Strömungen (Druckdiffusion), partikelbeladene Strömungen (Stoffdiffusion), verdampfende Mehrphasengemische (Wärmediffusion) und Plasmaströmungen (Ladungsdiffusion). In allen Fällen werden auf der Basis vereinfachter Ansätze Gleichungssysteme aufgestellt, deren numerische Lösung gleichzeitig als Lösung der jeweiligen technischen Problemstellung, sei es eine makroskopischen Zwei-Phasen-Strömung auf technischer Ebene oder die freie molekulare Bewegung in der verdünnten Gasumgebung einer Vakuumkammer, zu interpretieren ist.

2 Diffusion einphasiger Kontinua

Die Beschreibung der Strömungsmechanik basiert auf der Beantwortung der essentiellen Frage, wann sich welches durch die vorliegende Strömung transportierte Teilchen wo befindet. Um so einen Ansatz für die Beschreibung physikalischer Prozesse zu gewinnen, werden Basisgrößen wie Raum und Zeit definiert. Aus den Betrachtungsweisen materieller Körper, welche in der Kontinuumsmechanik verwendet werden, resultieren die mathematischen Beschreibungen physikalischer Systeme, auf welche anschließend aufgebaut wird. So werden Turbulenz, thermische Flüsse oder Dichteunterschiede, sofern sie nicht aufgelöst werden, als mechanische Spannungen - wie Druckgradienten oder Scherkräfte - und damit als Impulsdiffusionsprozesse modelliert [157, 232, 233].

Offene Fragestellungen bleiben für die Diffusion einphasiger Kontinua:

- die Modellierung der Reibung als Impulsdiffusion und Energieumwandlung,

- die Modellierung der natürlichen Konvektion als Diffusion in einem dichtebeständigen Medium und

- die Modellierung von Turbulenz durch weder zeitlich noch räumlich aufgelöste Fluktuationen von Transportgrößen.

In der Gasdynamik werden die möglichen physikalischen Zustände dadurch beschrieben, dass physikalische Zustandsgrößen in Relation zueinander gesetzt werden. Größen wie Druck, Temperatur, Geschwindigkeit, Dichte, Energie, Enthalpie, Entropie, Molmasse oder Molvolumen spannen das Spektrum physikalischer Zustände auf, in welchem das Spektrum der physikalisch möglichen Zustände lediglich einen Unterraum darstellt.

Die variablen Zustandsgrößen legen damit einen Zustand fest, haben jedoch keine Abhängigkeit von der Vorgeschichte. Zustandsgrößen werden als extensiv bezeichnet, wenn sie wie Volumen, Energie oder die Wärmemenge massenabhängig sind. Intensive Zustandsgrößen wie Druck, Temperatur sowie alle spezifischen Größen sind massenunabhängig.

Als Systeme, in welchen die Änderung der physikalischen Zustandsgrößen beschrieben werden, seien folgende Systeme klassifiziert:

- **Isoliertes System:** Wechselwirkung mit der Umgebung ist nicht vorhanden.

- **Geschlossenes System:** Energie- und Stoffaustausch sind nicht möglich.

- **Adiabates System:** Wärmeaustausch ist nicht möglich.

Während eines Verbrennungsprozesses werden durch chemische Reaktion und thermisch bedingte Expansion des kompressiblen Gases Kräfte frei, die wiederum direkten Einfluss auf die Kinetik und damit auch auf den Nachschub des Oxidators und der Reaktionsrate haben. Dieser Prozess ist ein klassisches Beispiel für den Einfluss thermodynamisch bedingter Zustandsänderungen in der Gasdynamik.

2.1 Tensoranalysis und Hauptinvarianten

Um Positionen in einem n-dimensionalen Raum zu beschreiben, werden Vektoren definiert, welche die relative Position eines Punktes im n-dimensionalen Raum zu einem Referenzpunkt definieren. Um Relationen zwischen Vektoren zu definieren, wird die *Vektoralgebra* eingeführt.

Mittels der Vektoralgebra wird eine "Sprache" festgelegt, welche dazu dient, geometrische Zusammenhänge in mathematischen Gleichungen auszudrücken.

2.1.1 Vektoralgebra

Ein Vektor $\vec{x}$ wird in einem dreidimensionalen Raum durch drei Koordinaten beschrieben. Das zugehörige Koordinatensystem wird durch drei Einheitsvektoren festgelegt, welche den Raum aufspannen (Abb. 2.1, links).

Der Vektor $\vec{x}$ wird als Linearkombination der Einheitsvektoren beschrieben, welche selbst wiederum in folgender Kurzschreibweise der Koeffizienten x_1, x_2 und x_3 notiert wird.:

$$\vec{x} = x_1\vec{e}_1 + x_2\vec{e}_2 + x_3\vec{e}_3 = (x_1, x_2, x_3)^T \quad . \tag{2.1}$$

Dieses Tripel wird in der Indexschreibweise durch den Wert x_i definiert. Der Index i steht im n-dimensionalen Raum für eine Ziffer aus $i \in \{1, ..., n\}$.

Eine Matrix A wird in der Indexschreibweise mit dem Wert A_{ij} notiert.

$$A = \begin{pmatrix} a_{11} & a_{12} & a_{13} \\ a_{21} & a_{22} & a_{23} \\ a_{31} & a_{32} & a_{33} \end{pmatrix} \tag{2.2}$$

Die Indizes i und j sind bewusst unterschiedlich gewählt, da die Matrix A durch die Menge aller n^2 Skalare beschrieben wird, welche sich aus den n^2 Kombinationsmöglichkeiten ergeben. Das *Skalarprodukt* zweier Vektoren

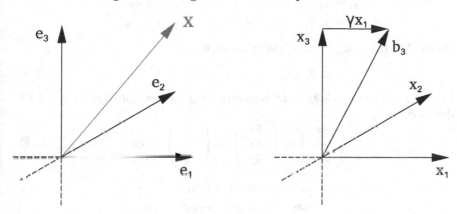

Abbildung 2.1: links: Positionsvektor $\vec{x}$ im dreidimensionalen Koordinatensystem - rechts: Skizzierte Abbildung einer Scherung

$$s = \vec{x} \cdot \vec{y} \qquad \text{bzw.} \qquad s = x_1 y_1 + x_2 y_2 + x_3 y_3 = \sum_i x_i y_i \tag{2.3}$$

wird in Indexschreibweise durch einen doppelt verwendeten Index notiert:

$$s = x_i y_i = x_i y_j \delta_{ij} \quad . \tag{2.4}$$

Nach der nach *Albert Einstein (1879-1955)* benannten *Einsteinschen Summationskonvention* wird ohne die explizite Notation eines Summenzeichens über doppelt vorhandene Indizes summiert. Das *Kronecker-Delta* δ_{ij} ist stets identisch eins, sofern die Indizes i und j übereinstimmen. Sind diese unterschiedlich, ist der Wert Null und das gesamte Produkt verschwindet. Das Skalarprodukt ist eine kommutative Operation, da

$$x_i y_i = y_i x_i \quad . \tag{2.5}$$

Das *dyadische Produkt* zweier Vektoren ist ein Tensor zweiter Stufe

$$A = \vec{x} \otimes \vec{y} \qquad \text{bzw.} \qquad A_{ij} = x_i y_j \quad . \qquad (2.6)$$

$$\begin{pmatrix} x_1 \\ x_2 \\ x_3 \end{pmatrix} \otimes \begin{pmatrix} y_1 \\ y_2 \\ y_3 \end{pmatrix} = \begin{pmatrix} a_{11} & a_{12} & a_{13} \\ a_{21} & a_{22} & a_{23} \\ a_{31} & a_{32} & a_{33} \end{pmatrix} \qquad \text{mit} \qquad (2.7)$$

$$a_{11} = x_1 y_1 \qquad a_{12} = x_1 y_2 \qquad a_{13} = x_1 y_3$$
$$a_{21} = x_2 y_1 \qquad a_{22} = x_2 y_2 \qquad a_{23} = x_2 y_3$$
$$a_{31} = x_3 y_1 \qquad a_{32} = x_3 y_2 \qquad a_{33} = x_3 y_3 \quad .$$

Da die Matrix A allgemein nicht symmetrisch ist

$$x_i y_j \neq y_i x_j \qquad \Longleftrightarrow \qquad A \neq A^T \quad , \qquad (2.8)$$

ist das dyadische Produkt nicht kommutativ. Das *Kreuzprodukt* ist wie folgt definiert:

$$\begin{pmatrix} x_1 \\ x_2 \\ x_3 \end{pmatrix} \times \begin{pmatrix} y_1 \\ y_2 \\ y_3 \end{pmatrix} = \begin{pmatrix} z_1 \\ z_2 \\ z_3 \end{pmatrix} \qquad \text{mit} \qquad (2.9)$$

$$z_1 = x_2 y_3 - x_3 y_2$$
$$z_2 = x_3 y_1 - x_1 y_3$$
$$z_3 = x_1 y_2 - x_2 y_1 \quad .$$

In der Indexschreibweise wird der Vektor $\vec{z}$ folgendermaßen

$$z_k = x_i y_j \epsilon_{ijk} \qquad (2.10)$$

mit dem Operator ϵ_{ijk}, für den gilt:

$$\epsilon_{123} = 1 \qquad \epsilon_{231} = 1 \qquad \epsilon_{312} = 1$$
$$\epsilon_{321} = -1 \qquad \epsilon_{213} = -1 \qquad \epsilon_{132} = -1 \quad ,$$

notiert. Eine lineare Abbildung wird durch eine Matrix A beschrieben, welche einen Vektor $\vec{x}$ auf einen Vektor $\vec{b}$ abbildet, so dass die Vektorgleichung

$$A\vec{x} = \vec{b} \qquad (2.11)$$

oder das skalare Gleichungssystem

$$a_{11}x_1 + a_{12}x_2 + a_{13}x_3 = b_1 \qquad (2.12)$$
$$a_{21}x_1 + a_{22}x_2 + a_{23}x_3 = b_2 \qquad (2.13)$$
$$a_{31}x_1 + a_{32}x_2 + a_{23}x_3 = b_3 \qquad (2.14)$$

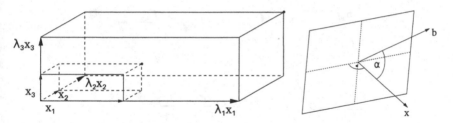

Abbildung 2.2: links: Abbildung der Komponentenvektoren auf skalare Vielfache - rechts: Prinzip positiv definierter Matrizen

gilt. Durch den Tensor

$$A = \begin{pmatrix} d_1 & e_1 & f_1 \\ d_2 & e_2 & f_2 \\ d_3 & e_3 & f_3 \end{pmatrix} \tag{2.15}$$

werden so die Einheitsvektoren $\vec{e}_1$, $\vec{e}_2$ und $\vec{e}_3$ auf die Spaltenvektoren $\vec{d}$, $\vec{e}$ und $\vec{f}$ transformiert, da

$$A \begin{pmatrix} 1 \\ 0 \\ 0 \end{pmatrix} = \begin{pmatrix} d_1 \\ d_2 \\ d_3 \end{pmatrix} \,, \quad A \begin{pmatrix} 0 \\ 1 \\ 0 \end{pmatrix} = \begin{pmatrix} e_1 \\ e_2 \\ e_3 \end{pmatrix} \,, \quad A \begin{pmatrix} 0 \\ 0 \\ 1 \end{pmatrix} = \begin{pmatrix} f_1 \\ f_2 \\ f_3 \end{pmatrix} \,.$$
$$\tag{2.16}$$

Bildet die lineare Abbildung A die Komponenten eines jeden Vektors $\vec{x}$ auf konstante Vielfache ab, so gilt:

$$b_1 = x_1 + \lambda_1 x_1 \quad , \qquad b_2 = x_2 + \lambda_2 x_2 \quad , \qquad b_3 = x_3 + \lambda_3 x_3 \quad . \tag{2.17}$$

So entsprechen die Streckfaktoren den Diagonalelementen der Matrix A

$$A = \begin{pmatrix} 1+\lambda_1 & 0 & 0 \\ 0 & 1+\lambda_2 & 0 \\ 0 & 0 & 1+\lambda_3 \end{pmatrix} \tag{2.18}$$

und die Abbildung wird als Streckung bezeichnet (Abb. 2.2, links). Werden anstelle von Vielfachen der "eigenen" Komponenten Vielfache "anderer" Komponenten addiert, wie im folgenden Beispiel:

$$b_1 = x_1 \quad , \qquad b_2 = x_2 \quad , \qquad b_3 = \gamma x_1 + x_3 \quad , \tag{2.19}$$

so bilden die Scheranteile die Nicht-Diagonalelemente der Matrix

$$A = \begin{pmatrix} 1 & 0 & 0 \\ 0 & 1 & 0 \\ \gamma & 0 & 1 \end{pmatrix} \tag{2.20}$$

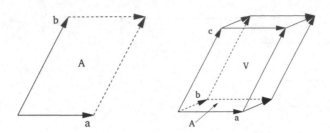

Abbildung 2.3: links: Determinante im 2D-Raum als Fläche eines Parallelogramms - rechts: Determinante im 3D-Raum mit volumetri-
scher Bedeutung

und die Abbildung wird als Scherung bezeichnet (Abb. 2.1, rechts). Die
Determinante eines zweidimensionalen Tensors

$$\det [\vec{a}, \vec{b}] \tag{2.21}$$

mit den Spaltenvektoren $\vec{a}$ und $\vec{b}$ entspricht der Fläche des Parallelogramms
(Abb. 2.3, links), welches durch diese beiden Vektoren aufgespannt wird,
sofern die Vektoren im Rechtssinn zueinander stehen, denn

$$A = \left|\vec{a} \times \vec{b}\right| = |a_1 b_2 - a_2 b_1| \quad \text{und} \quad \det [\vec{a}, \vec{b}] = \vec{a} \times \vec{b} \quad . \tag{2.22}$$

Analog zur Determinanten eines zweidimensionalen Tensors

$$\det [\vec{a}, \vec{b}] = \epsilon_{ij3} a_i b_j \tag{2.23}$$

wird die Determinante eines dreidimensionalen Tensors ebenfalls durch den
ϵ-Operator festgelegt:

$$\det [\vec{a}, \vec{b}, \vec{c}] = \epsilon_{ijk} a_i b_j c_k \quad . \tag{2.24}$$

In Vektorschreibweise ergibt sich aus der Definition des Kreuzproduktes

$$\det [\vec{a}, \vec{b}, \vec{c}] = \left(\vec{a} \times \vec{b}\right) \cdot \vec{c} \quad . \tag{2.25}$$

Dieses Produkt entspricht dem Volumen eines dreidimensionalen Rhomboids
(Abb. 2.3, rechts), sofern der Drehsinn der Spaltenvektoren positiv ist.

2.1.2 Singuläre und reguläre Matrizen

Bezug nehmend auf die Definition der linearen Abbildung (Gl. 2.11) gilt eine quadratische Matrix A als regulär, wenn für jeden Vektor $\vec{x} \in \mathbb{R}^n$ genau ein

$$\vec{b} = A\vec{x} \in \mathbb{R}^n \tag{2.26}$$

existiert. Somit existiert eine bijektive Relation, bestehend aus dem Vektor-Tupel $(\vec{x}, \vec{b})$. Eine Matrix

$$A = [\vec{d}, \vec{e}, \vec{f}] \quad , \tag{2.27}$$

deren Spaltenvektoren voneinander linear unabhängig sind, bildet nie zwei ungleiche Vektoren $\vec{x}$ und $\vec{y}$ auf den selben Vektor ab, da A sonst auch die Differenz der beiden Vektoren auf den Nullvektor abbilden würde, welche selbst nicht Null ist:

$$A(\vec{x} - \vec{y}) = \vec{0} \quad . \tag{2.28}$$

Wenn die Spaltenvektoren der Matrix A aber linear unabhängig voneinander sind, werden also auch die Einheitsvektoren $(1, 0, 0)^T$, $(0, 1, 0)^T$ und $(0, 0, 1)^T$ auf linear unabhängige Ergebnisse abgebildet. Damit wird jedes Element $\vec{x} \in \mathbb{R}^3 \setminus 0$ durch eine reguläre Matrix auf ein Element in $\mathbb{R}^3 \setminus 0$ abgebildet. Eine reguläre Matrix hat daher linear unabhängige Spaltenvektoren.

Gegenbeispiel: Sind zwei Spaltenvektoren der Matrix A linear abhängig voneinander, wie bei

$$A^* = [\vec{d}, \lambda\vec{d} + \mu\vec{f}, \vec{f}] \quad , \tag{2.29}$$

dann wäre

$$A^* \begin{pmatrix} \lambda \\ 0 \\ \mu \end{pmatrix} = \lambda\vec{d} + \mu\vec{f} = A^* \begin{pmatrix} 0 \\ 1 \\ 0 \end{pmatrix} \quad . \tag{2.30}$$

Entsprechend dem Gegenbeweis für reguläre Matrizen wird die Differenz auf Null abgebildet:

$$A^* \begin{pmatrix} \lambda \\ -1 \\ \mu \end{pmatrix} = \vec{0} \quad . \tag{2.31}$$

Nicht reguläre Matrizen nennt man *singuläre Matrizen*. Diese zeichnen sich dadurch aus, dass ihre Spaltenvektoren nicht linear unabhängig voneinander sind. Somit existiert für singuläre Matrizen

$$A = [\vec{d}, \vec{e}, \vec{f}] \tag{2.32}$$

ein skalares Tupel (λ, μ), für das gilt:

$$\vec{f} = \lambda \vec{d} + \mu \vec{e} \quad . \tag{2.33}$$

Der Vektor $\vec{f}$ liegt somit in der von $\vec{d}$ und $\vec{e}$ aufgespannten Ebene und nach Gl. 2.25:

$$\det A = \det [\vec{d}, \vec{e}\, \vec{f}] = \left(\vec{d} \times \vec{e}\right) \cdot \vec{f} = \lambda \vec{d} \cdot \left(\vec{d} \times \vec{e}\right) + \mu \vec{e} \cdot \left(\vec{d} \times \vec{e}\right) = 0 \tag{2.34}$$

verschwindet die Determinante einer Matrix A genau dann, wenn diese singulär ist. Vektoren, welche durch den Tensor A auf skalare Vielfache von sich selbst abgebildet werden, nennt man *Eigenvektoren* von A:

$$A \vec{p}_{(k)} = \lambda_{(k)} \vec{p}_{(k)} \quad \text{mit } \lambda_{(k)} \neq 0, \text{ wenn } A \text{ regulär.} \tag{2.35}$$

Jeder Vektor, der folgendermaßen durch eine Linearkombination linear unabhängiger Eigenvektoren des Tensors A dargestellt wird:

$$\vec{x} = \mu_1 \vec{p}_1 + \mu_2 \vec{p}_2 + \mu_3 \vec{p}_3 \quad , \tag{2.36}$$

wird durch den Tensor A ebenfalls auf eine Linearkombination dieser Eigenvektoren abgebildet, da

$$A\vec{x} = \mu_1 A\vec{p}_1 + \mu_2 A\vec{p}_2 + \mu_3 A\vec{p}_3 = (\mu_1 \lambda_1)\vec{p}_1 + (\mu_2 \lambda_2)\vec{p}_2 + (\mu_3 \lambda_3)\vec{p}_3 \quad . \tag{2.37}$$

Wenn alle drei Eigenvektoren linear unabhängig und die Eigenwerte ungleich Null sind, so existiert kein Vektor $\vec{x} \in \mathbb{R}^3$, welcher auf den Nullvektor abgebildet wird. Die Matrix A ist so regulär. Mehr als n linear unabhängige Eigenvektoren im $\mathbb{R}^3$ sind per Definition des $\mathbb{R}^3$ nicht möglich. Bilden ein Vektor $\vec{x}$ und sein Abbild

$$\vec{b} = A\vec{x} \tag{2.38}$$

einen Winkel $\alpha > 90°$, so ist das Skalarprodukt

$$\vec{x} \cdot \vec{b} < 0 \quad . \tag{2.39}$$

Ist das Skalarprodukt aber für alle $\vec{x} \in \mathbb{R}^3$ positiv und $\alpha < 90°$, so dass

$$\vec{x} \cdot A\vec{x} = \vec{x} \cdot \vec{b} > 0 \quad , \tag{2.40}$$

so wird die Matrix A als *positiv definit* bezeichnet (s. Abb 2.2, rechts). Da damit auch für alle Eigenvektoren $\vec{p}_{(k)}$ von A gilt:

$$0 < \vec{p}_{(k)} \cdot \left(A\vec{p}_{(k)}\right) = \lambda_{(k)} \left(p_{(k)} \cdot p_{(k)}\right) = \lambda_{(k)} \underbrace{\left|\vec{p}_{(k)}\right|^2}_{>0} \quad \Rightarrow \quad \lambda_{(k)} > 0 \quad ,$$

$$\tag{2.41}$$

sind alle Eigenwerte einer solchen positiv definiten Matrix A positiv. Auf der Basis der Charakterisierung von Tensoren höherer Stufe mittels Eigenwerten, der positiven Definitheit sowie der Regularität einer Matrix werden in diesem Kapitel globale Zusammenhänge zwischen Spaltenvektoren, Eigenvektoren und charakteristischen Hauptinvarianten erläutert.

2.1.3 Die charakteristische Gleichung

Eine lineare Abbildung $\mathbf{A}$, für die gilt:

$$\mathbf{A}\vec{x} = \vec{b} \quad , \tag{2.42}$$

besitzt entsprechend ihrem Rang eine Anzahl von *Eigenvektoren*, welche durch diese Abbildung auf einen zu sich selbst kolinearen Vektor abgebildet werden. Mit dem Skalar λ gilt so für einen *Eigenvektor* $\vec{p}_{(k)}$:

$$\mathbf{A}\vec{p}_{(k)} = \lambda_{(k)}\vec{p}_{(k)} \quad . \tag{2.43}$$

Da nach entsprechender Umformung folgt, dass ein Vektor $\vec{p}$, welcher kein Nullvektor ist, durch die Abbildung $\mathbf{A} - \lambda\mathbf{I}$ auf einen Nullvektor abgebildet wird

$$\left(\mathbf{A} - \lambda_{(k)}\mathbf{I}\right)\vec{p}_{(k)} = \vec{0} \tag{2.44}$$

$$\det\left(\mathbf{A} - \lambda_{(k)}\mathbf{I}\right) = 0 \quad , \tag{2.45}$$

ist die Determinante dieser Transformation Null, da es sich hier um eine singuläre Abbildung handelt. In der expliziten Form ergibt sich für die Determinante die Summe der Diagonalenprodukte:

$$\begin{vmatrix} a_{11} - \lambda & a_{12} & a_{13} \\ a_{21} & a_{22} - \lambda & a_{23} \\ a_{31} & a_{32} & a_{33} - \lambda \end{vmatrix} = \det A \tag{2.46}$$

$$-\lambda a_{22}a_{33} - \lambda a_{11}a_{33} - \lambda a_{11}a_{22}$$
$$+\lambda^2 a_{11} + \lambda^2 a_{22} + \lambda^2 a_{33} - \lambda^3$$
$$+\lambda a_{13}a_{31} + \lambda a_{23}a_{32} + \lambda a_{12}a_{21} \quad .$$

Mittels der Substitution der sogenannten im kommenden Unterkapitel definierten *Hauptinvarianten* I_A, II_A und III_A

$$
\begin{vmatrix}
a_{11} - \lambda & a_{12} & a_{13} \\
a_{21} & a_{22} - \lambda & a_{23} \\
a_{31} & a_{32} & a_{33} - \lambda
\end{vmatrix}
= -\lambda^3 + \lambda^2 \underbrace{(a_{11} + a_{22} + a_{33})}_{I_A}
$$

$$
-\lambda \underbrace{(a_{11}a_{22} + a_{11}a_{33} + a_{22}a_{33}}_{= II_A,\, Teil\ 1}
$$

$$
\underbrace{-a_{23}a_{32} - a_{12}a_{21} - a_{13}a_{31})}_{= II_A,\, Teil\ 2}
$$

$$
+ \underbrace{\det A}_{III_A} \tag{2.47}
$$

resultiert die *Charakteristische Gleichung* der Matrix A:

$$
0 = \lambda^3 - I_A \lambda^2 + II_A \lambda - III_A \quad . \tag{2.48}
$$

Die drei Lösungen dieser Polynomialgleichung entsprechen somit der Eigenwerten der Matrix A.

2.1.4 Hauptinvarianten

Wird der singuläre Differenztensor $A - \lambda I$ mit einem beliebigen Tensor zweiter Stufe $[\vec{g}, \vec{h}, \vec{k}]$ multipliziert, ist die Determinante dieses Produkts ebenfalls Null.

$$
\begin{aligned}
0 &= \det \left[\mathbf{A}\vec{g} - \lambda\vec{g}, \mathbf{A}\vec{h} - \lambda\vec{h}, \mathbf{A}\vec{k} - \lambda\vec{k} \right] \\
&= \det \left[\mathbf{A}\vec{g}, \mathbf{A}\vec{h} - \lambda\vec{h}, \mathbf{A}\vec{k} - \lambda\vec{k} \right] - \lambda\det \left[\vec{g}, \mathbf{A}\vec{h} - \lambda\vec{h}, \mathbf{A}\vec{k} - \lambda\vec{k} \right] \\
&\vdots \\
&= \underbrace{\det \left[\mathbf{A}\vec{g}, \mathbf{A}\vec{h}, \mathbf{A}\vec{k} \right]}_{=: III_{\mathbf{A}}\det\, [\vec{g},\vec{h},\vec{k}]}
\end{aligned}
$$

$$
-\lambda \underbrace{\left(\det \left[\mathbf{A}\vec{g}, \mathbf{A}\vec{h}, \vec{k} \right] + \det \left[\vec{g}, \mathbf{A}\vec{h}, \mathbf{A}\vec{k} \right] + \det \left[\mathbf{A}\vec{g}, \vec{h}, \mathbf{A}\vec{k} \right] \right)}_{=: II_{\mathbf{A}}\det\, [\vec{g},\vec{h},\vec{k}]}
$$

$$
+\lambda^2 \underbrace{\left(\det \left[\mathbf{A}\vec{g}, \vec{h}, \vec{k} \right] + \det \left[\vec{g}, \mathbf{A}\vec{h}, \vec{k} \right] + \det \left[\vec{g}, \vec{h}, \mathbf{A}\vec{k} \right] \right)}_{=: I_{\mathbf{A}}\det\, [\vec{g},\vec{h},\vec{k}]}
$$

$$
-\lambda^3 \det \left[\vec{g}, \vec{h}, \vec{k} \right] \tag{2.49}
$$

Die drei Hauptinvarianten $I_\mathbf{A}$, $II_\mathbf{A}$ und $III_\mathbf{A}$ des Tensors $\mathbf{A}$ - die Anzahl ist durch die Dimension des $\mathbb{R}^3$ vorgegeben - resultieren aus folgenden Gleichungen:

$$\det \left[\mathbf{A}\vec{g}, \vec{h}, \vec{k} \right] + \det \left[\vec{g}, \mathbf{A}\vec{h}, \vec{k} \right] + \det \left[\vec{g}, \vec{h}, \mathbf{A}\vec{k} \right]$$
$$= I_\mathbf{A} \det \left[\vec{g}, \vec{h}, \vec{k} \right] \qquad (2.50)$$

$$\det \left[\mathbf{A}\vec{g}, \mathbf{A}\vec{h}, \vec{k} \right] + \det \left[\vec{g}, \mathbf{A}\vec{h}, \mathbf{A}\vec{k} \right] + \det \left[\mathbf{A}\vec{g}, \vec{h}, \mathbf{A}\vec{k} \right]$$
$$= II_\mathbf{A} \det \left[\vec{g}, \vec{h}, \vec{k} \right] \qquad (2.51)$$

$$\det \left[\mathbf{A}\vec{g}, \mathbf{A}\vec{h}, \mathbf{A}\vec{k} \right] = III_\mathbf{A} \det \left[\vec{g}, \vec{h}, \vec{k} \right] \qquad .(2.52)$$

Werden die drei Hauptinvarianten in obiger charakteristischer Gleichung substituiert (Gl. 2.49), reduziert sich die Gleichung auf folgendes Polynom dritter Ordnung:

$$\rightarrow \lambda^3 - \lambda^2 I_\mathbf{A} + \lambda II_\mathbf{A} - III_\mathbf{A} = 0 \qquad . \qquad (2.53)$$

Die *erste Hauptinvariante* ist die Summe der Diagonalelemente und damit die Spur des Tensors $\mathbf{A}$:

$$I_\mathbf{A} = A_{11} + A_{22} + A_{33} = \operatorname{tr} \mathbf{A} \qquad . \qquad (2.54)$$

Die *zweite Hauptinvariante* wird analog zur expliziten Darstellung der ersten mittels der Komponenten des Tensors $\mathbf{A}$ aufgeschlüsselt:

$$II_\mathbf{A} = A_{11}A_{22} - A_{21}A_{12} + A_{22}A_{33} - A_{32}A_{23} + A_{33}A_{11} - A_{13}A_{31}$$
$$= \frac{1}{2} \left((\operatorname{tr} \mathbf{A})^2 - \operatorname{tr} \mathbf{A}^2 \right) = \frac{1}{2} \left(I_\mathbf{A}^2 - I_{\mathbf{A}^2} \right) \qquad . \qquad (2.55)$$

Die *dritte Hauptinvariante* entspricht, wie an sich schon in der Definition (Gl. 2.52) zu erkennen ist, der Determinanten selbst.

$$III_\mathbf{A} = \epsilon_{ijk} A_{i1} A_{j2} A_{k3} = \det A \qquad (2.56)$$

Analog zu Gl. 2.47 bilden sich hier aus einer verallgemeinerten Darstellung der *charakteristischen Gleichung* die expliziten Formulierungen der Hauptinvarianten der Matrix $\mathbf{A}$.

2.1.5 Cayley-Hamilton-Theorem

Werden die Summanden der charakteristische Gleichung (Gl. 2.53) jeweils mit Potenzen des Einheitstensors $\mathbf{I}$ erweitert, folgt:

$$(\lambda \mathbf{I})^3 \, \vec{p} - I_\mathbf{A} \, (\lambda \mathbf{I})^2 \, \vec{p} + II_\mathbf{A} \, (\lambda \mathbf{I})^1 \, \vec{p} + III_\mathbf{A} \, (\lambda \mathbf{I}) \, \vec{p} = \mathbf{0} \qquad (2.57)$$

mit dem Nulltensor $\mathbf{0}$. Aufgrund der Relation von Eigenwert und Eigenvektor (Gl. 2.44) ergibt das Produkt

$$\mathbf{A}^k \vec{p} = \mathbf{A}^{k-1} \mathbf{A} \vec{p} = \mathbf{A}^{k-1} \lambda \vec{p} = \mathbf{A}^{k-2} \lambda^2 \vec{p} = ... = \mathbf{A} \lambda^{k-1} \vec{p} = \lambda^k \vec{p} \quad , \quad (2.58)$$

so dass sich, eingesetzt in die tensorielle Form der charakteristischen Gleichung, folgende Grundgleichung für die Relation von Eigenvektor $\vec{p}$ und Tensor $\mathbf{A}$ ergibt:

$$\left(\mathbf{A}^3 - I_\mathbf{A} \mathbf{A}^2 + II_\mathbf{A} \mathbf{A} - III_\mathbf{A} \right) \vec{p} = \vec{0} \quad . \qquad (2.59)$$

Sofern $\mathbf{A}$ regulär ist und damit voneinander linear unabhängige Spaltenvektoren besitzt, existieren im $\mathbb{R}^3$ drei linear voneinander unabhängige Eigenvektoren $\vec{p}_1$, $\vec{p}_2$ und $\vec{p}_3$, für die Gleichung 2.59 gilt. Damit existiert zudem für jedes $\vec{x} \in \mathbb{R}^3$ ein Tripel $(\mu_1, \mu_2 \mu_3)$ mit $\mu_k \in \mathbb{R}$ und $k \in \{1, 2, 3\}$, für das gilt:

$$\vec{x} = \mu_1 \vec{p}_1 + \mu_3 \vec{p}_3 + \mu_3 \vec{p}_3 \quad . \qquad (2.60)$$

Aus der entsprechenden Linearkombination folgt so aus obiger Grundgleichung für alle $\vec{x} \in \mathbb{R}^3$

$$\left(\mathbf{A}^3 - I_\mathbf{A} \mathbf{A}^2 + II_\mathbf{A} \mathbf{A} - III_\mathbf{A} \right) \vec{x} \qquad (2.61)$$

$$= \sum_{k=1}^{3} \mu_k \underbrace{\left(\mathbf{A}^3 - I_\mathbf{A} \mathbf{A}^2 + II_\mathbf{A} \mathbf{A} - III_\mathbf{A} \right) \vec{p}}_{= \vec{0}} = \vec{0}$$

und so das *Cayley-Hamilton-Theorem*

$$\mathbf{A}^3 - I_\mathbf{A} \mathbf{A}^2 + II_\mathbf{A} \mathbf{A} - III_\mathbf{A} = \mathbf{0} \quad , \qquad (2.62)$$

da, wenn alle $\vec{x} \in \mathbb{R}^3$ auf den Nullvektor abgebildet werden, der abbildende Tensor ein Nulltensor ist.

2.1.6 Materielle und räumliche Beschreibung

Für die Beschreibung des Materialverhaltens ist von hoher Bedeutung, wie sich Eigenschaften von Materialien durch Drehungen, Dehnungen und sonstige Verformungen verändern. Die Position und momentane Bewegung des Betrachters können einen Einfluss auf zu beobachtende Größen wie Wärmefluss oder Deformationsgeschwindigkeit haben. In diesem Fall spricht man von Anisotropie. Sofern *Isotropie* vorliegt, sind zu beobachtende Größen unabhängig von Position und Geschwindigkeit des Betrachters. Wie folgt werden zwei Konfigurationen ausgewählt, in welchen die Bewegung einzelner materieller Elemente dargestellt wird. In der *Lagrange*-Betrachtung (Kap. 2.1.6) existiert ein eindeutiger Bezug zwischen einem materiellen Teilchen und einer Koordinate, materielle Koordinate genannt, während in der *Euler*-Betrachtung(Kap. 2.1.6), auch räumliche Darstellung genannt, der Bezug zwischen Teilchen und räumlicher Koordinate definiert wird. In der Kontinuumsmechanik wird davon ausgegangen, dasss jeder materielle Körper $\mathfrak{B}$ aus unendlich vielen materiellen Elementen $\mathfrak{X}$ besteht. So betrachtet man den *materiellen Körper*

$$\mathfrak{B} = \{\mathfrak{X} | \mathfrak{X} \in \mathfrak{B}\} \qquad (2.63)$$

als die Menge aller Elemente $\mathfrak{X}$. In der *materiellen Beschreibung* wird einem jeden materiellen Element eine Position zugeordnet, welche durch einen Vektor beschrieben wird. Im dreidimensionalen Raum wird in der materiellen Betrachtung jeder Position ein Zahlen-Tripel

$$\vec{X} = (X_1, X_2, X_3)^T \ , \qquad \vec{X} = X_\alpha \vec{E}_\alpha \qquad (2.64)$$

zugeordnet. Für die umkehrbare Funktion $\hat{\phi}$, welche die Elemente des Körpers auf ihre *materiellen Koordinaten* abbildet, gilt so:

$$\vec{X} = \hat{\phi}(\mathfrak{X} \in \mathfrak{B}) \in B_0 \quad . \qquad (2.65)$$

So wird stets die Position des Elementes $\mathfrak{X}$ durch seinen Positionsvektor $\vec{X}$ im Raum B_0 beschrieben (Abb. 2.4, links). Durch die Basisvektoren $\vec{E}_\alpha$ wird ein solcher dreidimensionaler Raum aufgespannt.

Eine alternative Beschreibung der momentanen Aufenthaltspositionen der einzelnen Körperelemente bietet sich für einen außerhalb des Körpers stehenden Betrachter, indem eine Position durch einen Positionsvektor

$$\vec{x} = (x_1, x_2, x_3) \ , \qquad \vec{x} = x_i \vec{e}_i \qquad (2.66)$$

im dreidimensionalen Raum dargestellt wird. Während der räumliche Vektor $\vec{X}$ in der materiellen Betrachtung die Position materieller Partikel beschreibt,

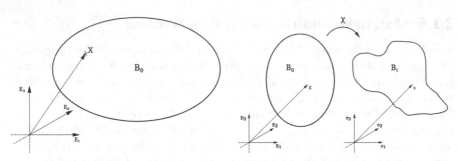

Abbildung 2.4: links: Lagrange'sche Darstellung mit materiellen Ortskoordina-
ten - rechts: Euler'sche Darstellung mit räumlichen Ortskoor-
dinaten

geben *Euler'sche Koordinaten* die Bahn eines Elementes und damit seine
Position zu einem bestimmten Zeitpunkt t an. Gegenüber der materiellen
Beschreibung ist die Position

$$\vec{x} = \hat{\psi}(\boldsymbol{\mathfrak{X}}, t) \, ,$$

$$\text{mit} \quad \vec{x}(t) = \hat{\psi}(\hat{\phi}^{-1}(\vec{X}), t) =: \hat{\chi}(\vec{X}, t) \in B_t \tag{2.67}$$

eines Elementes in der *momentanen Betrachtungsweise* zeitlich nicht invariant. Diese neu definierte Funktion $\hat{\chi}$, welche die materiellen Koordinaten
einer Position auf ihre momentanen Koordinaten der Euler'schen Betrachtungsweise zum Zeitpunkt t abbildet, heißt *Bewegung* (Abb. 2.4, rechts). Es
wird angenommen, dass die Bewegung in endlichen Bereichen des Körpers
differenzierbar und umkehrbar ist, so dass gilt:

$$\vec{X} = \hat{\chi}^{-1}|_t(\vec{x}) \quad . \tag{2.68}$$

Die Umkehrfunktion bildet zu einem bestimmten Zeitpunkt t die räumlichen
Koordinaten auf deren materiellen Koordinaten ab. Die lokale zeitliche Ableitung der Bewegung wird in der Euler'schen Schreibweise als Geschwindigkeit

$$\vec{u} = \dot{\vec{x}} = \frac{\mathrm{d}\vec{x}}{\mathrm{d}t} = \frac{\partial \hat{\chi}(\vec{X}, t)}{\partial t} \tag{2.69}$$

eines materiellen Elementes an der räumlichen Koordinate $\vec{x}$ verstanden.
Analog zur Lagrange'schen Betrachtung wird das Volumeninkrement in der
Euler'schen Schreibweise durch die Basisvektoren $\vec{e}_i$ definiert.

Die zeitliche Änderung der Geschwindigkeit beschreibt die Beschleunigung eines materiellen Teilchens

$$\vec{b} = \dot{\vec{u}} = \frac{\mathrm{d}\vec{u}}{\mathrm{d}t} = \frac{\partial^2 \hat{\chi}(\vec{X}, t)}{\partial t^2} \quad , \tag{2.70}$$

welche selbst die zweite partielle Ableitung der Bewegung darstellt.

2.1.7 Unimodulare und Orthogonale Abbildungen

Basierend auf einem Referenzkoordinatensystem, in welchem die Ortkoordinaten eines Körpers zum Zeitpunkt $t = 0$ beschrieben werden, wird eine zeitlich abhängige Abbildung $\mathbf{A}(t)$ definiert, welche jeden Vektor innerhalb des Referenzkoordinatensystems in einen Vektor des Momentankoordinatensystems überführt.

$$\vec{x}_t = \mathbf{A}(t)\vec{x}_0 \tag{2.71}$$

Werden beliebige durch Vektoren innerhalb eines Koordinatensystems aufgestellte Volumina auf Volumina mit identischem Volumenbetrag abgebildet, so spricht man bei den angewendeten Abbildungen von *unimodularen Abbildungen*. Die Determinante dieser Matrizen hat daher immer den Betrag 1:

$$|\mathrm{Det}\,\mathbf{A}| = 1 \quad . \tag{2.72}$$

Um Koordinatensysteme aufeinander abzubilden, werden Abbildungen verwendet, die analog zur Bewegung, welche die Koordinaten der materiellen Konfiguration auf die Koordinaten der räumlichen Konfiguration abbildet, den Drehsinn des Koordinatensystems beibehalten.

Wird bei oben vorgestellten unimodularen Matrizen nicht nur der Drehsinn des Koordinatensystems erhalten, sondern auch die Winkel zwischen je zwei Vektoren, so spricht man von einer *orthogonalen Abbildung*. In diesem Fall stehen die Spaltenvektoren der Matrix $\mathbf{A}$ senkrecht zueinander und die Determinante ist positiv und damit 1.

2.1.8 Euklid'sche Transformation

Um eine Position durch die Euler'sche Betrachtungsweise zu beschreiben, benötigt man einen Ursprung des Koordinatensystems, durch welchen die Position definiert wird. Als Ursprung dient die Position eines Betrachters. Existiert nun ein zweiter Betrachter, welcher sich relativ zum ersten bewegt, so können die beiden Systeme durch eine *Euklid'sche Transformation* aufeinander abgebildet werden. Sei **O** die Transformation, welche die Koordinatensysteme der beiden Betrachter zusammen mit der Verschiebung c aufeinander abbildet. Ist $\vec{x}$ der Positionsvektor eines Partikels aus der Sicht des ersten Betrachters, dann beschreibt der Positionsvektor

$$\vec{x}^*(t) = \mathbf{O}(t)\,(\vec{x} - \vec{c}(t)) = \mathbf{O}(t)\vec{x} - \vec{c}^*(t) \qquad ; \vec{c}^* = \mathbf{O}\vec{c} \qquad (2.73)$$

die Bahn des betrachteten Partikels aus der Sicht des zweiten Betrachters. Da die Koordinatensysteme nur gedreht und verschoben, nicht aber verzerrt werden, ist

$$\mathbf{O} \in \{A|A^T = A^{-1}\} \qquad (2.74)$$

ein Element der Gruppe der *orthogonalen Transformationen*. Größen wie die Dichte ρ oder die Temperatur T sind bezüglich Euklid'schen Transformationen invariant, da sie unabhängig von der Position des Betrachters sind. Solche Größen nennt man *objektive Skalare*.

$$\rho = \rho^*, \qquad T = T^* \qquad (2.75)$$

Größen wie der Energiefluss $\vec{\epsilon}$, welche durch den Tensor **O** abgebildet werden, nennt man *objektive Vektoren*.

$$\epsilon_i^* = O_{ij}\epsilon_j \qquad \sigma_{ij}^* = O_{ik}\sigma_{kl}O_{lj}^T \qquad (2.76)$$

Größen, welche sich wie der Cauchy-Spannungstensor σ_{ij} verhalten, nennt man *objektive Tensoren*.

2.1.9 Materielle Objektivität und Symmetrie

Materialgleichungen beschreiben das Verhalten einer physikalischen Größe ψ unter Einfluss der Parameterschar $\alpha_1, \alpha_2, \ldots, \alpha_n$. Materialgleichungen müssen stets beobachterinvariant sein.

$$\psi(t) = \hat{f}(\alpha_1, \alpha_2, \ldots, \alpha_n) \qquad (2.77)$$

Daher folgt aus einer Materialgleichung wie dieser, dass ohne eine Änderung des Funktionals $\hat{f}$ für die euklidisch transformierte Größe ψ^* folgendes gelten muss:

$$\psi^*(t) = \hat{f}(\alpha_1^*, \alpha_2^*, \ldots, \alpha_n^*) \qquad . \qquad (2.78)$$

Die Eigenschaft, dass Materialgleichungen nur objektive Größen berücksichtigen, nennt man "Prinzip der *materiellen Objektivität*". Während durch

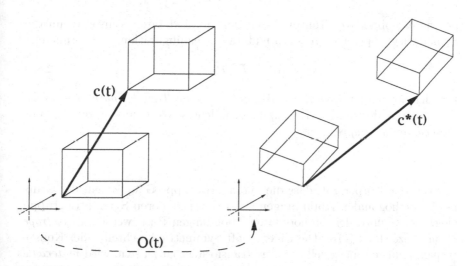

Abbildung 2.5: Euklidische Transformation mit der Translation $\vec{c}$ und der objektiven Abbildung **O**

materielle Objektivität der Wechsel zwischen zwei Systemen der Euler'schen Betrachtung beschrieben wird, definiert sich die *materielle Symmetrie* durch Transformationen innerhalb Lagrange'scher Koordinaten.

$$X^o = \hat{\kappa}(X), \qquad P := \operatorname{Grad}\kappa = \frac{\partial X^o}{\partial X} \qquad (2.79)$$

P sei der materielle Gradient der transformierten materiellen Koordinate X^o. Bedingung ist, dass P ein *unimodularer Tensor* ist, d.h. $|\operatorname{Det} P| = 1$. Damit sind als materielle Transformationen nur Spiegelungen und Drehungen erlaubt. So werden analog zur Euler'schen Darstellung die Lagrange'schen Koordinatensysteme durch eine Euklid'sche Transformation aufeinander abgebildet. Ebenso findet man auch hier Größen, welche sich wie objektive Skalare, Vektoren oder Tensoren transformieren lassen.

$$\psi = \hat{f}(\alpha_1, \alpha_2, \dots, \alpha_n) = \hat{f}(\alpha_1^o(P), \alpha_2^o(P), \dots, \alpha_n^o(P)) \qquad (2.80)$$

Die Gruppe aller Transformationen $\hat{\kappa}(\alpha) = \alpha^o$, welche diese Gleichung erfüllen, nennt man *Symmetriegruppe* $\mathbb{G}$. Materielle Konfigurationen, welche sich auf diese Weise aufeinander transformieren lassen, sind zueinander symmetrisch. Nach der *Nollschen Regel* läßt sich eine jede Symmetriegruppe wie ein objektiver Tensor durch den unimodularen Tensor P auf die Symmetriegruppe einer anderen materiellen Konfiguration transformieren.

$$\mathbb{G}^o = P\mathbb{G}P^{-1} \tag{2.81}$$

Im Allgemeinen ist die Gruppe der *orthogonalen Transformationen* $\mathbb{O}$ eine Untergruppe der Symmetriegruppe $\mathbb{G}$, welche selbst eine Untergruppe der *unimodularen Gruppe* $\mathbb{U}$ ist.

$$\mathbb{O} \subseteqq \mathbb{G} \subseteqq \mathbb{U} \tag{2.82}$$

Für isotrope Körper gilt, dass die Symmetriegruppe $\mathbb{G}$ äquivalent der Gruppe der orthogonalen Abbildungen $\mathbb{O}$ ist. Körper, deren Symmetriegruppe gleich der Gruppe der unimodularen Abbildungen $\mathbb{U}$ ist, werden als *isotrope Fluide* bezeichnet [118]. Die Eigenschaft Symmetrie beschreibender Konstitutivgleichungen, materiell objektiv transformierbar zu sein, wird *materielle Symmetrie* genannt.

2.1.10 Isotropie

Wird eine Konstitutivgleichung nacheinander materiell und räumlich transformiert, kann sowohl der orthogonale Tensor Q als auch der materielle Gradient P für isotrope Materialien durch einen orthogonalen Tensor Q ersetzt werden, wenn *Isotropie* vorausgesetzt wird. Aus diesem Grund reduzieren sich die transformierten Konstitutivgleichungen auf die *allgemeine Isotropiebedingung*:

$$
\begin{aligned}
\hat{\sigma}(\mu, a, A) &= \hat{\sigma}(\mu, Qa, QAQ^T) \\
Q\hat{s}(\mu, a, A) &= \hat{s}(\mu, Qa, QAQ^T) \\
Q\hat{S}(\mu, a, A)Q^T &= \hat{S}(\mu, Qa, QAQ^T) \, .
\end{aligned}
\tag{2.83}
$$

Das Skalar σ, der Vektor s sowie der Tensor S wird jeweils *isotrop* genannt, wenn die entsprechende obige Gleichung erfüllt ist. μ ist ein skalarer, a ein vektorieller und A ein tensorieller allgemeiner Parameter. Da nur für einen Nullvektor $\vec{a}$ und für eine selbst isotrope Matrix $A = QAQ^T$ obige Tensorbeziehung gilt, kann ein *isotroper Tensor*, nur von einem Skalar abhängen:

$$QS(\mu)Q^T = S(\mu) \implies QS = SQ \implies S_{ij}(\mu) = \lambda(\mu)\delta_{ij} \, . \tag{2.84}$$

Der Tensor hat also keine Nichtdiagonalelemente und alle Diagonalelemente sind gleich. Die erste Hauptinvariante, die Spur $I_S = \operatorname{tr} S = S_{ij}\delta_{ij}$ ist im dreidimensionalen Fall also gleich 3λ. So läßt sich der isotrope Tensor

$$S_{ij} = \frac{1}{3} I_S \delta_{ij} \tag{2.85}$$

allein durch seine erste Hauptinvariante darstellen.

2.2 Bewegung und Transport

In den voran gegangenen Unterkapiteln wurden die Begriffe der Abbildung und der Transformation vorgestellt. Werden nun durch die Betrachtung eines materiellen Körpers gegebene Positionsvektoren auf räumliche Koordinaten transformiert, so wird diese Transformation Verzerrung genannt. Analog zu der geometrischen Darstellung der Determinanten, lassen Hauptinvarianten für diese Transformationen eine klar zu erkennende Interpretation zu.

2.2.1 Flächen- und Volumenelemente

Im Rahmen der Bewegung einzelner Teilchen wird der Teilchenverbund in der räumlichen Darstellung deformiert. In Abb. 2.6 a) wird die Verformung einer Fläche dargestellt, deren Absolutbetrag je in der materiellen und der räumlichen Darstellung durch das Kreuzprodukt ihrer Einheitsvektoren dargestellt wird:

$$A = \left| X_1 \vec{E}_1 \times X_2 \vec{E}_2 \right| \qquad a = \left| x_1 \vec{e}_1 \times x_2 \vec{e}_2 \right| \quad , \tag{2.86}$$

während die Volumina aus Abb. 2.6 b) in beiden Darstellungen durch das Skalarprodukt von Normalenvektor der Grundfläche und dem Vektor in der dritten Raumrichtung dargestellt werden.

$$V = \left(X_1 \vec{E}_1 \times X_2 \vec{E}_2 \right) \cdot X_3 \vec{E}_3 \qquad v = (x_1 \vec{e}_1 \times x_2 \vec{e}_2) \cdot x_3 \vec{e}_3 \quad , \tag{2.87}$$

Das infinitesimale Volumeninkrement eines solchen Raumes wird in der *Lagrange'schen Betrachtung* mit dV bezeichnet. Das Volumeninkrement

$$dV = (d\vec{X}_1 \times d\vec{X}_2) \cdot d\vec{X}_3 = \det \left[d\vec{X}_1, d\vec{X}_2, d\vec{X}_3 \right] \tag{2.88}$$

$$\vec{X}_1 = X_1 \vec{E}_1 \quad \vec{X}_2 = X_2 \vec{E}_2 \quad \vec{X}_3 = X_3 \vec{E}_3 \tag{2.89}$$

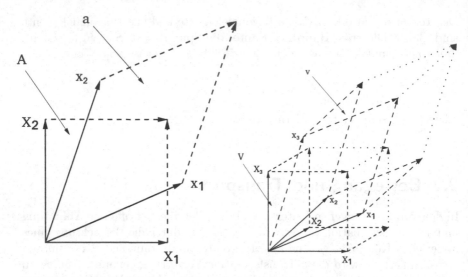

Abbildung 2.6: links: Materielle und räumliche Darstellung der Deformation einer Fläche (2D) - rechts: Materielle und räumliche Darstellung der Deformation einer Volumens (3D)

ist die Determinante der Matrix, welche die materiellen Inkremente der drei Hauptachsen als Spaltenvektoren besitzt. Das infinitesimale Volumeninkrement

$$dv = (d\vec{x}_1 \times d\vec{x}_2) \cdot d\vec{x}_3 = \det \; [d\vec{x}_1, d\vec{x}_2, d\vec{x}_3] \qquad (2.90)$$

$$\vec{x}_1 = x_1\vec{e}_1 \quad \vec{x}_2 = x_2\vec{e}_2 \quad \vec{x}_3 = x_3\vec{e}_3 \qquad (2.91)$$

ist so auch hier die Determinante der Matrix, welche die räumlichen Inkremente der drei Hauptachsen als Spaltenvektoren besitzt.

2.2.2 Deformation und polare Zerlegung

Um den Grad der Verzerrung eines Körpers festzustellen, wird der Gradient der Bewegung (Gl. 2.67) über den materiellen Koordinaten betrachtet. Diesen Gradienten

$$\mathbf{F} = \text{Grad } \vec{\chi} \qquad \text{bzw.} \qquad F_{i\alpha} = \frac{\partial x_i}{\partial X_\alpha} \qquad (2.92)$$

nennt man den *Deformationsgradienten F*. Der Deformationsgradient F ist ein sogenannter *gemischter Tensor*, da er eine Transformation zwischen zwei verschiedenen *Konfigurationen* darstellt. Da sich Materie nicht selbst durchdringen kann, muss der Drehsinn der Hauptachsen erhalten bleiben. Aus diesem Grund ist die Determinante

$$J := \det \mathbf{F} > 0 \tag{2.93}$$

des Deformationsgradienten stets größer Null. Die durch den Deformationsgradienten beschriebene Abbildung von Inkrementen der *Referenzkonfiguration (materielle Darstellung)* auf die *Momentankonfiguration (räumliche Darstellung)* wird mittels der *Polaren Zerlegung* in eine Rotation und eine Streckung aufgespalten.

Für die Zerlegung existieren zwei Möglichkeiten:
1) Eine Streckung innerhalb der Referenzkonfiguration und eine anschließende Rotation durch den gemischten Tensor $\mathbf{R}$

$$\mathbf{F} = \mathbf{RU} \quad \text{bzw.} \quad F_{i\alpha} = R_{i\beta} U_{\beta\alpha} \tag{2.94}$$

2) Eine Rotation mit anschließender Streckung innerhalb der Momentankonfiguration

$$\mathbf{F} = \mathbf{VR} \quad \text{bzw.} \quad F_{i\alpha} = V_{ij} R_{j\alpha} \tag{2.95}$$

Voraussetzung für Rotations- und Strecktensoren ist, dass der *Rotationstensor* $\mathbf{R}$ ein orthogonaler Tensor ist und die *Strecktensoren* $\mathbf{U}$ und $\mathbf{V}$ symmetrische Tensoren sind, deren Eigenvektoren jeweils durch die Einheitsvektoren der entsprechenden Konfiguration dargestellt werden. Der die Streckung innerhalb der Momentankonfiguration beschreibende Tensor

$$V_{ij}e_j = \lambda_{(j)}^{(V)} e_i \quad \Rightarrow \quad V_{ij} = \lambda_{(j)}^{(V)} e_i \, e_j \tag{2.96}$$

wird *linker Strecktensor* und der die Streckung innerhalb der Referenzkonfiguration beschreibende Tensor

$$U_{\alpha\beta}e_\beta = \lambda_{(\beta)}^{(U)} e_\alpha \quad \Rightarrow \quad U_{\alpha\beta} = \lambda_{(\beta)}^{(U)} e_\alpha \, e_\beta \tag{2.97}$$

wird *rechter Strecktensor* genannt. Der gemischte Tensor $R_{i\alpha}$ heißt *Rotation*.

2.2.3 Streck- und Deformationstensoren

Da die Rotation $\mathbf{R}$ ein orthogonaler Tensor ist, gelten für den rechten ($\mathbf{C}$) und den linken ($\mathbf{B}$) *Cauchy-Green-Deformationstensor*

$$\mathbf{C} = \mathbf{F}^T\mathbf{F} = (\mathbf{RU})^T \mathbf{RU} = \mathbf{U}^T \underbrace{\mathbf{R}^T\mathbf{R}}_{=\mathbf{I}} \mathbf{U} = \mathbf{U}^T\mathbf{U} \tag{2.98}$$

$$\mathbf{B} = \mathbf{FF}^T = \mathbf{VR}\,(\mathbf{VR})^T = \mathbf{V}\underbrace{\mathbf{RR}^T}_{=\mathbf{I}}\mathbf{V}^T = \mathbf{VV}^T \quad . \tag{2.99}$$

Die Symmetrie der beiden Cauchy-Green-Deformationstensoren resultiert aus der Darstellung in Form der Strecktensoren wie folgt:

$$\mathbf{C} = \mathbf{U}^T\mathbf{U} = \mathbf{U}^T\left(\mathbf{U}^T\right)^T = \left(\mathbf{U}^T\mathbf{U}\right)^T = \mathbf{C}^T \tag{2.100}$$

$$\mathbf{B} = \mathbf{V}\mathbf{V}^T = \left(\mathbf{V}^T\right)^T\mathbf{V}^T = \left(\mathbf{V}\mathbf{V}^T\right)^T = \mathbf{B}^T \quad . \tag{2.101}$$

Die Berechnung der Strecktensoren erfolgt unter Verwendung der gegebenen Darstellung (Gln. 2.96, 2.97), somit über die Eigenwerte der Cauchy-Green-Deformationstensoren, da

$$\lambda^{(U)}_{(\alpha)} = \sqrt{\lambda^{(C)}_{(\alpha)}} \quad \text{und} \quad \lambda^{(V)}_{(i)} = \sqrt{\lambda^{(B)}_{(i)}} \quad . \tag{2.102}$$

$$\Rightarrow \mathbf{V} = \sqrt{\mathbf{B}} = \sqrt{\mathbf{F}\mathbf{F}^T} \tag{2.103}$$

$$\Rightarrow \mathbf{U} = \sqrt{\mathbf{C}} = \sqrt{\mathbf{F}^T\mathbf{F}} \quad . \tag{2.104}$$

Die Definition der Rotation $\mathbf{R}$ folgt aus der polaren Zerlegungen (Gln. 2.94, 2.95) selbst:

$$R_{i\alpha} = F_{i\beta}U^{-1}_{\beta\alpha} = F_{i\beta}\sqrt{\lambda^{(C)}_{(\beta)}}\, e_\alpha\, e_\beta \tag{2.105}$$

$$R_{i\alpha} = V^{-1}_{ij}F_{j\alpha} = \sqrt{\lambda^{(B)}_{(j)}}\, e_i\, e_j\, F_{j\alpha} \quad . \tag{2.106}$$

Aus der Äquivalenz der beiden Rotationsdarstellungen folgt mit

$$I_{i\beta}\,\lambda^{(C)}_{(\beta)}\, e_\alpha\, e_\beta = \lambda^{(B)}_{(j)}\, e_i\, e_j\, I_{j\alpha} \quad , \tag{2.107}$$

dass die Eigenwerte der beiden Cauchy-Green-Deformationstensoren äquivalent sind.

2.2.4 Verzerrungs- und Rotationsgeschwindigkeit

Aus der materiellen Betrachtungsweise ist bekannt, dass

$$\begin{aligned} J \cdot dV &= (\det \mathbf{F}) \cdot dV = [(\mathbf{F}\, d\vec{X}_1) \times (\mathbf{F}\, d\vec{X}_2)] \cdot \mathbf{F}\, d\vec{X}_3 \\ &= [d\vec{x}_1 \times d\vec{x}_2] \cdot d\vec{x}_3 = dv \quad . \end{aligned} \tag{2.108}$$

Die zeitliche Veränderung des Volumens eines Körpers B_t entspricht dem aufintegrierten Fluss über seine Oberfläche ∂B_t, welcher durch den *Gauss'schen Satz* als Volumenintegral einer Divergenz darstellbar ist.

$$\int\limits_{B_t} d\dot{v} = \frac{d}{dt}\int\limits_{B_t} dv = \int\limits_{\partial B_t} \vec{u} \cdot \vec{n}\, da = \int\limits_{B_t} \operatorname{div} \vec{u}\, dv \tag{2.109}$$

So ergibt sich *lokal* für die zeitliche Änderung des Volumeninkrementes

$$d\dot{v} = dv \cdot \operatorname{div}\vec{u} \quad \Rightarrow \quad \frac{d\dot{v}}{dv} = \operatorname{div}\vec{u}. \tag{2.110}$$

Betrachtet man Gl. 2.109 lokal, so lässt sich daraus folgende Beziehung herleiten:

$$0 = d\dot{v} - (\operatorname{div}\vec{u})\, dv \quad = \quad \frac{d}{dt}(J\, dV) - \operatorname{div}\vec{u}\,(J\, dV) = dV(\dot{J} - J\operatorname{div}\vec{u})$$

$$\Rightarrow \quad \dot{J} \;=\; J\operatorname{div}\vec{u} \quad \Rightarrow \quad \frac{d\dot{v}}{dv} = \frac{\dot{J}}{J}\ . \tag{2.111}$$

Des Weiteren wird die zeitliche Veränderung der Deformation betrachtet. Aus diesem Grund wird ein *Geschwindigkeitsgradient* L konstruiert, durch den der Gradient der Bewegungsgeschwindigkeit in Euler'scher Betrachtungsweise dargestellt werden soll. Bezugnehmend auf den Deformationsgradienten, läßt sich der Geschwindigkeitsgradient

$$L_{ij} = \frac{\partial \dot{\chi}_i}{\partial x_j} = \frac{\partial \dot{\chi}_i}{\partial X_\alpha}\frac{\partial X_\alpha}{\partial x_j} = \dot{F}_{i\alpha}F_{\alpha j}^{-1} \quad \longrightarrow \quad \mathbf{L} - \dot{\mathbf{F}}\mathbf{F}^{-1} \tag{2.112}$$

durch diesen recht einfach darstellen. Mittels dieser tensoriellen Darstellung ergibt sich zudem folgende Darstellung der zeitlichen Änderung des Deformationsgradienten:

$$\dot{\mathbf{F}} - \mathbf{L}\mathbf{F}\ . \tag{2.113}$$

Da symmetrische Tensoren stets ein *orthogonales Eigenvektorsystem* besitzen, wird dem *symmetrischen Anteil* des Geschwindigkeitsgradienten besondere Aufmerksamkeit entgegengebracht. Dieser symmetrische Anteil

$$\mathbf{D} = \frac{1}{2}\left(\mathbf{L} + \mathbf{L}^T\right) = \frac{1}{2}\left(\nabla\tilde{\mathbf{u}} + (\nabla\tilde{\mathbf{u}})^T\right) \tag{2.114}$$

wird *Deformationsgeschwindigkeitstensor* genannt. Gerade für die Betrachtung viskoser Materialien ist die Berücksichtigung der *Deformationsraten* von hoher Bedeutung. Mittels der Zerlegung des Geschwindigkeitsgradienten **L**

$$\mathbf{L} = \mathbf{D} + \mathbf{W} \tag{2.115}$$

in einen symmetrischen Anteil, den *Deformationsgeschwindigkeitstensor* **D**, und einen schiefsymmetrischen Anteil, den *Rotationsgeschwindigkeitstensor* **W**, ergibt sich für letzteren:

$$\mathbf{W} = \mathbf{L} - \mathbf{D} = \mathbf{L} - \frac{1}{2}\left(\mathbf{L} + \mathbf{L}^T\right) = \frac{1}{2}\left(\mathbf{L} - \mathbf{L}^T\right)\ . \tag{2.116}$$

Während der Deformationsgeschwindigkeitstensor die orthogonale Stre-
ckungsrate der Deformation vorgibt, beschreibt der schiefsymmetrische Anteil
W deren Rotationsrate.

2.2.5 Expansionsrate

Zur Bestimmung der zeitlichen Änderung einer Determinanten ist die *Ket-
tenregel* analog zum klassischen Differenzieren von Produkten anzuwenden:

$$\left(\det\,\left[\vec{g},\vec{h},\vec{k}\right]\right)^{\cdot} = \det\,\left[\dot{\vec{g}},\vec{h},\vec{k}\right] + \det\,\left[\vec{g},\dot{\vec{h}},\vec{k}\right] + \det\,\left[\vec{g},\vec{h},\dot{\vec{k}}\right] \quad . \quad (2.117)$$

Aus der Definition der ersten Hauptinvarianten (Gl. 2.50) und der Herleitung
der zeitlichen Änderung des Deformationsgradienten (Gl. 2.113) resultiert
aus der zeitlichen Änderung der Determinante des Deformationsgradienten:

$$
\begin{aligned}
\dot{J} &= (\det \mathbf{F})^{\cdot} \\
&= \det\,[\mathbf{LF}\vec{e}_1, \mathbf{F}\vec{e}_2, \mathbf{F}\vec{e}_3] + \det\,[\mathbf{F}\vec{e}_1, \mathbf{LF}\vec{e}_2, \mathbf{F}\vec{e}_3] + \det\,[\mathbf{F}\vec{e}_1, \mathbf{F}\vec{e}_2, \mathbf{LF}\vec{e}_3] \\
&= \operatorname{tr} \mathbf{L} \det \mathbf{F} = I_\mathbf{L}\, III_\mathbf{F} & (2.118) \\
&\Rightarrow \dot{J} = \operatorname{tr}\left(\dot{\mathbf{F}}\mathbf{F}^{-1}\right) \det \mathbf{F} \quad . & (2.119)
\end{aligned}
$$

Diese Form der zeitlichen Ableitung des Determinante des Deformationsgradienten ist die, welche rein durch den Deformationsgradienten selbst und
dessen Ableitung dargestellt wird.

2.2.6 Adjungierter Tensor

Die Adjungierte $\mathbf{A}^*$ des Tensors $\mathbf{A}$ transformiert das Vektorprodukt zweier
Vektoren $\vec{g}$ und $\vec{h}$ auf das Vektorprodukt der durch den Tensor $\mathbf{A}$ transformierten Vektoren:

$$
\begin{aligned}
\mathbf{A}^*\left(\vec{g}\times\vec{h}\right) &= (\mathbf{A}\vec{g})\times\left(\mathbf{A}\vec{h}\right) & (2.120) \\
\Rightarrow \mathbf{A}^*\left(\vec{g}\times\vec{h}\right)\cdot\vec{k} &= \left((\mathbf{A}\vec{g})\times\left(\mathbf{A}\vec{h}\right)\right)\cdot\vec{k} & (2.121) \\
&= \det\,\left[\mathbf{A}\vec{g}, \mathbf{A}\vec{h}, \vec{k}\right] \\
&= (\det \mathbf{A})\det\,\left[\vec{g}, \vec{h}, \mathbf{A}^{-1}\vec{k}\right] \\
&= (\det \mathbf{A})\left(\vec{g}\times\vec{h}\right)\cdot\mathbf{A}^{-1}\vec{k} \\
&= (\det \mathbf{A})\,\mathbf{A}^{-T}\left(\vec{g}\times\vec{h}\right)\cdot\vec{k} \quad .
\end{aligned}
$$

Für den konjugierten Tensor $\mathbf{A}^*$ folgt aus der obigen Umformung:

$$\mathbf{A}^* = \mathbf{A}^{-T}\det \mathbf{A} \quad . \tag{2.122}$$

In dieser Form wird der adjungierte Tensor explizit durch den transponierten invertierten Tensor und die Determinante dargestellt.

2.2.7 Geometrische Transporttheoreme

Um die Änderung einer physikalischen Größe in Abhängigkeit von räumlicher Position und Zeit zu beschreiben, werden sogenannte Transportgleichungen aufgestellt. Als Basis für die Aufstellung dieser Gleichungen werden sogenannte *Transporttheoreme* eingesetzt, welche wiederum als Grundlage für die allgemeine Beschreibung räumlicher und zeitlicher Relationen dienen. Für die zeitliche Änderung der Bewegung gilt nach Gleichung 2.112:

$$d\dot{\vec{x}} = \dot{\mathbf{F}}\mathbf{F}^{-1} d\vec{x} \quad . \tag{2.123}$$

Aus der räumlichen Darstellung des Flächeninkrementes und der Definition des adjungierten Tensors (Gl. 2.120)

$$\begin{aligned} d\dot{a} = d\dot{x} \times d\vec{x} &= \mathbf{F}d\dot{X}_1 \times \mathbf{F}d\dot{X}_2 \\ &= \mathbf{F}^* \left(d\vec{X}_1 \times d\vec{X}_2 \right) \end{aligned} \tag{2.124}$$

resultiert die Adjungierte des Deformationsgradienten als Transformation des Flächeninkrementes:

$$\mathbf{F}^* = \mathbf{F}^{-T}\det \mathbf{F} - J\,\mathbf{F}^{-T} \tag{2.125}$$

und damit auch die räumliche Darstellung des Flächeninkrementes:

$$d\vec{a} = J\mathbf{F}^{-T}d\vec{A} \quad . \tag{2.126}$$

Daraus folgt analog zur zeitlichen Änderung des Streckeninkrementes die zeitliche Änderung des Flächeninkrementes:

$$d\dot{a}_i = \dot{J}F_{ij}^{-T}dA_j + \dot{F}_{ij}^{-T}JdA_j \quad . \tag{2.127}$$

Wird die zeitliche Ableitung der Determinante gemäß Gleichung 2.118 substituiert, resultiert die explizite Form der zeitlichen Ableitung des Flächeninkrementes:

$$\begin{aligned} d\dot{\vec{a}} &= \operatorname{tr}\mathbf{L}\underbrace{J\mathbf{F}^{-T}d\vec{A}}_{d\vec{a}} + \mathbf{L}^{-T}\underbrace{\mathbf{F}^{-T}Jd\vec{A}}_{d\vec{a}} \\ &= \left((\operatorname{tr}\mathbf{L})\,\mathbf{I} + \mathbf{L}^{-T} \right)d\vec{a} \quad . \end{aligned} \tag{2.128}$$

Aus der Definition der dritten Hauptinvarianten (Gl. 2.52) folgt für die räumliche Darstellung eines Volumeninkrementes (Gl. 2.90):

$$
\begin{aligned}
dv &= \det\left[d\vec{x}_1, d\vec{x}_2, d\vec{x}_3\right] \\
&= \det\left[\mathbf{F}d\vec{X}_1, \mathbf{F}d\vec{X}_2, \mathbf{F}d\vec{X}_3\right] \\
&= III_{\mathbf{F}}\det\left[d\vec{X}_1, d\vec{X}_2, d\vec{X}_3\right] \quad .
\end{aligned}
\tag{2.129}
$$

Die zeitliche Ableitung dieses räumlich dargestellten Volumeninkrementes ergibt somit:

$$
d\dot{v} = \dot{J}dV = \operatorname{tr} \mathbf{L} \underbrace{\det \mathbf{F}\, dV}_{dv} = \operatorname{tr} \mathbf{L}dv \quad .
\tag{2.130}
$$

Die expliziten Darstellungen der zeitlichen Änderungen von Linien-, Flächen-, und Volumeninkremente werden *geometrische Transporttheoreme* genannt. Aus der durch den Gauss'schen Satz hergeleiteten Relation (Gl. 2.111) folgt durch obiges Theorem:

$$
\operatorname{tr} \mathbf{L} = \frac{d\dot{v}}{dv} = \operatorname{div} \vec{u}
\tag{2.131}
$$

$$
\Rightarrow d\dot{v} = (\operatorname{div} \vec{u})\, dv \quad ,
\tag{2.132}
$$

womit alternativ gezeigt ist, dass die Geschwindigkeitsdivergenz äquivalent zur ersten Hauptinvarianten des Geschwindigkeitsgradienten ist.

2.2.8 Totales Differential

Das totale Differential

$$
df = \left.\frac{\partial f}{\partial r}\right|_{s,t} dr + \left.\frac{\partial f}{\partial s}\right|_{r,t} ds + \left.\frac{\partial f}{\partial t}\right|_{r,s} dt
\tag{2.133}
$$

wird als vollständiges Differential der Funktion $f(r, s, t)$ bezeichnet, wenn wie in Bild 2.7 dargestellt, das Bahnintegral des Gradienten der Funktion f, auch *Residuum* genannt,

$$
K = \operatorname{grad} f
\tag{2.134}
$$

über die Länge l verschwindet:

$$
\oint_l K\, dl = \oint_l df = \oint_l \frac{\partial f}{\partial r}\, dr + \oint_l \frac{\partial f}{\partial s}\, ds + \oint_l \frac{\partial f}{\partial t}\, dt = 0 \quad .
\tag{2.135}
$$

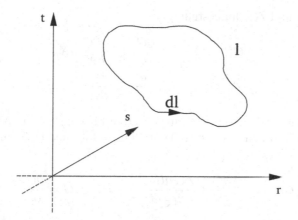

Abbildung 2.7: Bahnintegral der Funktion f über die Weglänge l

Nur dann lässt sich die Funktion f als totales Differential wie in Gl. 2.133 darstellen.

Für das vollständige Differential über dem durch die voneinander unabhängigen Variablen r, s und t aufgespannten Raum gilt, dass in dem singularitäts- freien Bereich, in dem das geschlossene Bahnintegral verschwindet, auch die Rotation des Gradienten des Skalarfeldes gleich Null ist.

$$\vec{0} = \text{rot grad } f - \begin{pmatrix} \frac{\partial}{\partial r}\frac{\partial f}{\partial s} - \frac{\partial}{\partial s}\frac{\partial f}{\partial r} \\ \frac{\partial}{\partial s}\frac{\partial f}{\partial t} - \frac{\partial}{\partial t}\frac{\partial f}{\partial s} \\ \frac{\partial}{\partial t}\frac{\partial f}{\partial r} - \frac{\partial}{\partial r}\frac{\partial f}{\partial t} \end{pmatrix} \qquad (2.136)$$

Diese Zusammenfassung dient der Vereinfachung komplexer Zusammenhänge in stetig differenzierbaren Skalarfeldern ohne Singularitäten, so dass geschlossene Bahnintegrale stets Residuen gleich Null ergeben.

2.2.9 Materielle Ableitung

Das *totale Differential*, dG in der materiellen Darstellung und dg in der räum- lichen, wird in den beschriebenen Darstellungen wie folgt in Abhängigkeit von Position und Zeit aufgestellt:

$$dG(t, X_\alpha) \quad = \quad \frac{\partial G}{\partial t} dt + \frac{\partial G}{\partial X_\alpha} dX_\alpha \qquad (2.137)$$

$$dg(t, x_i) \quad = \quad \frac{\partial g}{\partial t} dt + \frac{\partial g}{\partial x_i} dx_i \quad . \qquad (2.138)$$

Nach Division der Differentiale mit dt gelten für die zeitliche Ableitung der beiden Größen in den jeweiligen Darstellungen folgende Differentialgleichungen:

$$\dot{G} = \frac{d}{dt} G(t, x_i) = \frac{\partial G}{\partial t} + \frac{\partial G}{\partial x_i} \underbrace{\frac{dX_\alpha}{dt}}_{=0} \quad \Rightarrow \quad \dot{G} = \frac{\partial G}{\partial t} \qquad (2.139)$$

$$\dot{g} = \frac{d}{dt} g(t, x_i) = \frac{\partial g}{\partial t} + \frac{\partial g}{\partial x_i} \underbrace{\frac{dx_i}{dt}}_{=u_i} \quad \Rightarrow \quad \dot{g} = \frac{\partial g}{\partial t} + u_i \frac{\partial g}{\partial x_i} \quad (2.140)$$

Die *materielle Ableitung* entspricht so in der Referenzkonfiguration der partiellen zeitlichen Ableitung, während sie in der Momentankonfiguration eine Kombination aus beiden partiellen Ableitungen darstellt.

2.2.10 Reynolds-Transporttheorem

Die *materielle Ableitung* einer physikalischen Größe G, welche durch das Integral ihrer Dichte Γ über einem materielles Volumen B_0 dargestellt wird, definiert sich in der Euler'schen Betrachtungsweise durch die zeitliche Ableitung des Integrals der Größendichte γ.

$$\frac{d}{dt} \int_{B_0} \Gamma dV = \frac{dG}{dt} = \frac{dg}{dt} = \frac{d}{dt} \int_{B_t} \gamma \, dv = \int_{B_t} \dot{\gamma} \, dv + \int_{B_t} \gamma \, d\dot{v} \qquad (2.141)$$

Wird nun die zeitliche Änderung des Volumeninkrementes (Gl. 2.110)substituiert, ergibt sich für die zeitliche Änderung dieser physikalischen Größe

$$\frac{dG}{dt} = \int_{B_t} (\dot{\gamma} + \gamma \operatorname{div} \vec{u}) \, dv \quad . \qquad (2.142)$$

Für den lokalen Term werden zwei verschiedene Varianten der materiellen Ableitung verwendet, welche sich mittels der Definition des *totalen Diffe-*

rentials γ gegenseitig entsprechen. Unter der Annahme, dass γ als totales Differential über Raum und Zeit interpretiert wird, gilt:

$$\dot{\gamma} + \gamma \operatorname{div} \vec{u} = \frac{\partial \gamma}{\partial t} + (\operatorname{grad} \gamma) \cdot \vec{u} + \gamma \operatorname{div} \vec{u} = \frac{\partial \gamma}{\partial t} + \operatorname{div}(\gamma \vec{u}) . \qquad (2.143)$$

So kann mit dem *Reynolds'schen Transporttheorem* die materielle Ableitung einer physikalischen Größe γ durch eine partielle Ableitung dargestellt werden.

2.2.11 Massenerhaltung

Als grundlegende Annahme dient der Beschreibung von Strömungen die *Massenbilanz*. Sei die Masse m die physikalische Größe G. Dann entspricht nach Gl. 2.143

$$\dot{\gamma} + \gamma \operatorname{div} \vec{u} = \frac{\partial \gamma}{\partial t} + \operatorname{div}(\gamma \vec{u}) \qquad (2.144)$$

γ der Dichte ρ. Da die Masse des Körpers stets unverändert bleibt, gilt die lokale Massenbilanz:

$$\frac{dm}{dt} = 0 \quad \Longrightarrow \quad \dot{\rho} + \rho \operatorname{div} \vec{u} = \frac{\partial \rho}{\partial t} + \operatorname{div}(\rho \vec{u}) = 0 . \qquad (2.145)$$

Wenn die Dichte eines Materials konstant ($\dot{\rho} = 0$) ist, gilt somit $\operatorname{div} \vec{u} = 0$.

2.2.12 Scherspannung

Um den Transport physikalischer Größen zu beschreiben, wird die materielle Ableitung in drei Terme aufgespalten - den *Diffusionsterm* Σ, den *Quellterm* S und den *Produktionsterm* Π.

Der Diffusionsterm Σ beschreibt die Diffusion über den Rand eines Volumeninkrementes. Durch den Gauss'schen Satz wird dieser Term in lokaler Form als die Divergenz des Flusses Φ aufgefasst. Die allgemeine Transportgleichung einer physikalischen Größe γ [116] lautet:

$$\frac{\partial \gamma}{\partial t} + \operatorname{div}(\gamma \vec{u}) + \Sigma = \Pi + S \qquad , \Sigma = \operatorname{div} \Phi . \qquad (2.146)$$

Durch diese Interpretation der Diffusion muss die Ordnung des Flusstensors Φ stets um eins höher sein als die der physikalischen Größe.

Da der Impuls eine Erhaltungsgröße ist, besitzt die Impulsgleichung keine Produktion ($\Pi_{\text{Impuls}} = 0$). Während die von außen angreifenden Kräfte $\rho \vec{f}$ als Quellterm des Impulses verstanden werden, beschreibt man den Impulsfluss durch den negierten *Cauchy'schen Spannungstensor* σ. Da der Impuls eine vektorielle Größe ist, ist der Spannungstensor ein Tensor zweiter Stufe. Der Cauchy'sche Spannungstensor wird für *Newton'sche Fluide* in drei Teile zerlegt - den *isotropen Drucktensor* (I), die *Volumenspannung* (II) und die *Scherspannung* (III).

$$\sigma_{ij} = \underbrace{-p\,\delta_{ij}}_{\text{I}} + \underbrace{\lambda \frac{\partial u_k}{\partial x_k}\delta_{ij}}_{\text{II}} + \underbrace{\mu \left(\frac{\partial u_i}{\partial x_j} + \frac{\partial u_j}{\partial u_i} \right)}_{\text{III}} \qquad (2.147)$$

p ist der Druck und λ die Volumenzähigkeit, deren Einfluss für Medien konstanter Dichte verschwindet, da dann div $\vec{u} = 0$. Die Scherspannung ($2\mu\mathbf{D}$) wird durch einen Gradientenflussansatz in Form des Deformationsgeschwindigkeitstensors $\mathbf{D}$ (Gl. 2.114) beschrieben. μ ist die *dynamische Viskosität*.

$$2\mu D_{ij} = \mu \left(\frac{\partial u_i}{\partial x_j} + \frac{\partial u_j}{\partial x_i} \right) \qquad (2.148)$$

Um für den viskosen Anteil des Spannungstensors die Spur verschwinden zu lassen, verwendet man an Stelle des Deformationsgeschwindigkeitstensors seine Deviation und erhält den *spurfreien Anteil* $\mathbf{E}$. Mit $\zeta = \lambda + \frac{2}{3}\mu$ ergibt sich die vereinfachte Form des Cauchy'schen Spannungstensors

$$\sigma_{ij} = -p\,\delta_{ij} + \zeta \frac{\partial u_k}{\partial x_k}\delta_{ij} + 2\mu\,E_{ij} \qquad , E_{ij} = D_{ij} - \frac{1}{3}\frac{\partial u_k}{\partial x_k}\delta_{ij} \quad . \qquad (2.149)$$

Setzt man den Spannungstensor σ unter Berücksichtigung der Stokes'schen Annahme ($\zeta = 0$) in die Impulsbilanz ein, ergibt sich die allgemeine Impulstransportgleichung:

$$\frac{\partial \rho u_i}{\partial t} + \frac{\partial \rho u_i u_j}{\partial x_j} = \rho f_i - \frac{\partial p}{\partial x_i} + \frac{\partial}{\partial x_j}\left[\mu \left(\frac{\partial u_i}{\partial x_j} + \frac{\partial u_j}{\partial x_i} - \frac{2}{3}\frac{\partial u_k}{\partial x_k}\delta_{ij} \right) \right] \quad .$$
$$(2.150)$$

Für inkompressible Fluide reduziert sich die Scherspannung

$$\tau_{ij} = \sigma_{ij} + p\delta_{ij} = \mu \underbrace{\left(\frac{\partial u_i}{\partial x_j} + \frac{\partial u_j}{\partial x_i} - \frac{2}{3}\frac{\partial u_k}{\partial x_k}\delta_{ij} \right)}_{2E_{ij}} \qquad (2.151)$$

für den damit verbundenen Sonderfall $\partial u_i/\partial x_i = 0$ auf die reduzierte Form:

$$\tau_{ij} = \mu \frac{\partial u_i}{\partial x_j} \quad . \qquad (2.152)\cdot$$

Für den Impulstransport ergibt sich somit die *Navier-Stokes-Gleichung*:

$$\frac{\partial}{\partial t}(\rho u_i) + \frac{\partial}{\partial x_j}(\rho u_i u_j) = \rho f_i - \frac{\partial p}{\partial x_i} + \frac{\partial}{\partial x_j}\left(\mu \frac{\partial u_i}{\partial x_j}\right) \ . \tag{2.153}$$

Die Navier-Stokes-Gleichung ist eine vektorielle Differentialgleichung, welche in Abhängigkeit von Position und Zeitpunkt eine Relation zwischen Dichte ρ, Druck p und der Geschwindigkeit $\vec{u}$ darstellt.

2.2.13 Dissipation

Wird die allgemeine Impulsbilanz

$$\frac{\partial}{\partial t}(\rho u_i) + \frac{\partial}{\partial x_j}(\rho u_i u_j) = \rho f_i - \frac{\partial p}{\partial x_i} + \frac{\partial}{\partial x_j}\tau_{ij} \ . \tag{2.154}$$

skalar mit der Geschwindigkeit u_i multipliziert, so resultiert durch die Umformung

$$
\begin{aligned}
u_i \frac{\partial \rho u_i}{\partial t} &+ u_i \frac{\partial}{\partial x_j}(\rho u_i u_j) \\
&= \rho\left(u_i \frac{\partial u_i}{\partial t} + u_j u_i \frac{\partial u_i}{\partial x_j}\right) + u_i u_i \underbrace{\left(\frac{\partial \rho}{\partial t} + u_i \frac{\partial}{\partial x_j}(\rho u_j)\right)}_{=0,\text{Massenbilanz}} \\
&= \rho\left(\frac{\partial}{\partial t}\underbrace{\left(\frac{1}{2}u_i u_i\right)}_{=K} + u_j \frac{\partial}{\partial x_j}\underbrace{\left(\frac{1}{2}u_i u_i\right)}_{=K}\right)
\end{aligned} \tag{2.155}
$$

die Transportgleichung der *kinetischen Energie* K:

$$K = \frac{1}{2}u_i u_i \implies \rho\left(\frac{\partial K}{\partial t} + u_j \frac{\partial K}{\partial x_j}\right) = \left(\rho f_i - \frac{\partial p}{\partial x_i}\right)u_i + u_i \frac{\partial \tau_{ij}}{\partial x_j} \ . \tag{2.156}$$

Das skalare Produkt aus Impulsdiffusion und Geschwindigkeit ist jedoch keine Divergenz mehr und damit auch kein Diffusionsterm. Mit dem Schubspannungstensor

$$\tau_{ij} = 2\mu E_{ij} \tag{2.157}$$

resultiert durch die Umformung

$$u_i \frac{\partial \tau_{ij}}{\partial x_j} = \underbrace{\frac{\partial u_i \tau_{ij}}{\partial x_j}}_{\text{I}} - \underbrace{2\mu E_{ij}\frac{\partial u_i}{\partial x_j}}_{\text{II}} \tag{2.158}$$

neben dem Diffusionsterm (I) auch die *Dissipationsleistung* (II):

$$\phi = 2\mu E_{ij}\frac{\partial u_i}{\partial x_j} = \mu\left(\frac{\partial u_i}{\partial x_j} + \frac{\partial u_j}{\partial x_i} - \frac{2}{3}\frac{\partial u_k}{\partial x_k}\delta_{ij}\right)\frac{\partial u_i}{\partial x_j} \qquad (2.159)$$

aufgespalten wird. Die kinetische Energie wird durch *dissipative Effekte* zu innerer Energie umgewandelt. Aus der Transportgleichung der kinetischen Energie (Gl. 2.156) ergibt sich so folgende Form:

$$\rho\underbrace{\frac{\partial K}{\partial t} + u_j\frac{\partial K}{\partial x_j}}_{\dot{K}} = \frac{\partial u_i\tau_{ij}}{\partial x_j} - \phi + \left(\rho f_i - \frac{\partial p}{\partial x_i}\right)u_i \ . \qquad (2.160)$$

Damit setzen sich die Quell- und Senkenterme der kinetischen Energie aus der durch äußere und druckinduzierte Kräfte eingekoppelten Leistung sowie der Dissipationsleistung ϕ zusammen.

2.3 Thermodynamik und natürliche Konvektion

Während in der klassischen Strömungsmechanik Kinetik und Kinematik inkompressibler Strömungen und die Dynamik von Strömungen mit variabler Dichte im Vordergrund stehen, werden in der Gasdynamik in erster Linie Fluidströmungen betrachtet, in welchen durch ihre Kinematik physikalische Zustände wie der Druck nicht nur geändert, sondern in ihre physikalischen Grenzbereiche geführt werden.

Als Beispiel seien hier Überschallströmungen, die Kinematik nicht-reaktiver und reaktiver Gemische, sowie Diffusion von Suspensionen wie Aerosolen und Festkörpern genannt. Grundlegend werden diese physikalischen Prozesse durch fluidspezifische Zustandsgleichungen sowie den 1. und 2. Hauptsatz der Thermodynamik definiert. Auf der Basis der thermodynamischen Zustandgleichungen werden bedingt durch variierende Temperaturen, Dichte und Drücke die Kräftegleichgewichte beeinflusst und gegebenenfalls materielle Strömungen destabilisiert. Die Thermofluiddynamik setzt sich aus diesem Grund mit der Interaktion von Wärme- und Impulsströmen auseinander und dient der Analyse durch Wärmevariationen bedingt angreifender Volumenkräfte. Während die Dichte durch räumliche Zusammenhänge der Massenerhaltung beschrieben werden, dient die Impulserhaltung der Darstellung kinematischer Zusammenhänge in einem dynamischen System. Für die Beschreibung des Zusammenhangs thermischer Einflüsse in Kombination mit sich ändernden Kräftepotenzialen wird die Kinetik des Systems durch die Änderung der sich ineinander überführenden Energieformen bilanziert.

2.3.1 Molekulare Kinetik

In der molekularen Kinetik wird für verdünnte Gase vereinfachend davon ausgegangen, dass Kollisionen unter Molekülen bei Bestimmung des Massen- und Impulstransports vernachlässigt werden. Als relevante molekulare Größen seien festgelegt:

das zu betrachtende Volumen

$$V = x \times A \qquad (2.161)$$

die molekulare Anzahldichte n als Molekülanzahl N innerhalb eines Volumens V

$$n = N/V \qquad (2.162)$$

die isotrope Standardabweichung der Molekülgeschwindigkeit in $x/y/z$-Richtung

$$c_x = c_y = c_z \qquad (2.163)$$

und die isotrope Geschwindigkeitsvarianz

$$c^2 = c_x^2 + c_y^2 + c_z^2 = 3c_x^2 \quad . \qquad (2.164)$$

Die allgemeine Formulierung der isotropen Varianz

$$c^2 = \frac{1}{\kappa}c_x^2 \qquad (2.165)$$

steht in Abhängigkeit von der Anzahl der Freiheitsgrade κ und berücksichtigt isotrope Zusammenhänge jenseits des dritten Freiheitsgrads.

2.3.2 Druck eines Gases

Bei einer Molekülanzahldichte n halten sich zu einem Zeitpunkt t_0 im Volumen V (Abb. 2.8) genau

$$N = nxA \qquad (2.166)$$

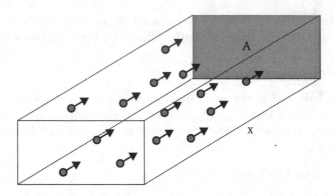

Abbildung 2.8: Molekülbewegung innerhalb eines Volumens V hin auf die
Fläche A

Moleküle auf, so dass bei einer angenommenen Molekülgeschwindigkeit ξ_x
in x-Richtung im Zeitintervall

$$\Delta t = x / |\xi_x| \qquad (2.167)$$

die Anzahl von $N/2$ Molekülen gegen die Wand prallen und mit der Annahme
einer voll-elastischen Kollision eine Impulsänderung von $2m|\xi_x|$ erfahren.
Die Molekülmasse entspricht dem Quotienten aus Molmasse M und der nach
Lorenzo Romano Amedeo Carlo Avogadro (1776-1856) benannten *Avogadro-
Konstanten* $N_A = 6,022 \cdot 10^{23} \text{mol}^{-1}$:

$$m = \frac{M}{N_A} \quad . \qquad (2.168)$$

Auf die Wand wirkt somit die Kraft

$$
\begin{aligned}
F &= E\left(\frac{N}{2\Delta t} \cdot 2m\,|\xi_x|\right) \\
&= E\left(\frac{|\xi_x|}{x} nxm \cdot A\,|\xi_x|\right) \\
&= nm \cdot AE\left(\underbrace{|\xi_x|^2}_{\xi_x^2}\right) \quad .
\end{aligned}
\qquad (2.169)
$$

Für den Druck des Gases, der die Kraft pro Fläche darstellt, mit welcher der Impuls der Moleküle geändert wird, folgt so

$$p = \frac{F}{A} = nmE\left(\xi_x^2\right)$$
$$= nmc_x^2$$
$$= \frac{1}{\kappa}nmc^2 \quad .$$
(2.170)

Mit den Definitionen der Dichte des Gases

$$\rho = mn$$
(2.171)

und der Temperaturdefinition nach *Ludwig Boltzmann (1844-1906)*

$$T = \frac{m}{k_B}c_x^2$$
(2.172)

unter Berücksichtigung der Ludwig-Boltzmann-Konstante

$$k_B = 1,3806504 \cdot 10^{23} J/K$$
(2.173)

folgt aus Gl. 2.168 und der molekularen Druckdefinition (Gl. 2.170)

$$p = nmc_x^2$$
$$= nk_B T$$
$$= \rho\frac{k_B}{m}T$$
$$= \rho\frac{k_B N_A}{M}T$$
(2.174)

Aus der Definition der allgemeinen Gaskonstanten

$$R_0 = k_B N_A = 8,314\frac{J}{\text{mol}K}$$
(2.175)

folgt so mit $T \sim mc_x^2$ die Zustandsgleichung idealer Gase. Als grundlegende Definition zur Veranschaulichung der Relation zwischen molekularer und thermodynamischer Beschreibung makroskopischer Zustandsänderungen folgt aus den Gln. 2.168 und 2.175 die Relation:

$$\frac{R_0}{M} = \frac{k_B}{m} \quad .$$
(2.176)

Mittels dieser Relation wird die molekülmassenspezifische Darstellung in die molmassenspezifische direkt überführt.

2.3.3 Ideale und reale Gase

In einem stark verdünnten Gas wird angenommen, dass Impulstransport durch Molekülkollision vernachlässigbar gegenüber dem Transport durch Molekülbewegung ist. Für ein solches Gas kann davon ausgegangen werden, dass der Druck des Gases p bei konstanter Dichte (isochore Zustandsänderung) stets proportional zur Temperatur ist. Ebenso gilt, dass bei konstanter Temperatur (isotherme Zustandsänderung), dass der Druck stets proportional zur Dichte ρ ist, und bei konstantem Druck (isobare Zustandsänderung) die Dichte stets antiproportional zur Temperatur T ist. Für sogenannte *thermodynamisch ideale Gase* gilt gemäß Gl. 2.176 folgende Zustandsgleichung:

$$p = \rho \frac{R_0 T}{M} \qquad (2.177)$$

Als *kanonische Zustandsänderung* bezeichnet man die Änderung der Wärme q in Abhängigkeit von der absoluten Temperatur T. Wie in der Zustandsgleichung thermodynamisch idealer Gase abzulesen ist, ist es nicht möglich die Temperatur zu variieren, ohne zugleich Dichte oder Druck des Gases zu ändern. Die spezifischen Wärmen c_p und c_v beschreiben die partielle Temperaturableitung der Wärme q bei konstantem Druck p und konstanter Dichte ρ, bzw. bei konstantem spezifischem Volumen $v = 1/\rho$.

$$c_p = \left. \frac{\partial q}{\partial T} \right|_p \quad , \quad c_v = \left. \frac{\partial q}{\partial T} \right|_v \qquad (2.178)$$

Während ein Gas, bei welchem die Proportionalitäten von Temperatur und Dichte bzw. Temperatur und Druck wie folgt als konstant angenommen werden

$$\left. \frac{\partial \rho}{\partial T} \right|_p = \text{konst.} \quad , \quad \left. \frac{\partial p}{\partial T} \right|_v = \text{konst.} \qquad (2.179)$$

als thermodynamisch ideal bezeichnet wird, gilt ein Gas mit einer stets zur Temperatur proportionalen Wärme als kanonisch ideal.

$$\left. \frac{\partial q}{\partial T} \right|_p = \text{konst.} \quad , \quad \left. \frac{\partial q}{\partial T} \right|_v = \text{konst.} \qquad (2.180)$$

In einem kanonisch idealen Gas werden die spezifischen Wärmen c_p und c_v somit stets als konstant angesehen. In hyperbolischer Abhängigkeit vom *Avogadro- oder Molvolumen*

$$V_A = \frac{M}{\rho} = \frac{V}{N} = \frac{1}{N_A} \quad , \qquad (2.181)$$

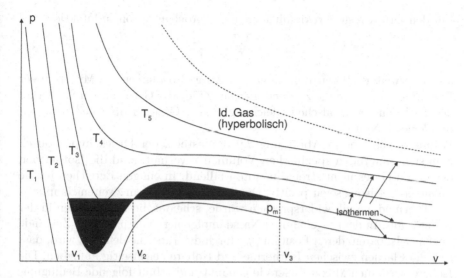

Abbildung 2.9: Isothermen eines realen Gases

welches unter Normbedingungen bei $273,15K$ und $101325Pa$ für ideale Gase dem Volumen von $V_A = 2,2414 \cdot 10^{-2}m^3$ entspricht, ergibt sich folgende Zustandsgleichung:

$$p = \underbrace{\frac{\rho}{M}}_{V_A^{-1}} R_0 T \qquad \Leftrightarrow \qquad \begin{cases} pV_A = R_0T \\ pV = NR_0T \\ p = N_A R_0T \end{cases} \qquad (2.182)$$

Diese Schar von Gasgleichungen wurde von *Lorenzo Romano Amedeo Carlo Avogadro (1776-1856)* ausgestellt. Die molare Anzahldichte n entspricht in den Gleichungen der Molanzahl N pro Volumen V.

Während bei einer Beschreibung der Zustandsänderung idealer Gase davon ausgegangen wird, dass das Produkt von Druck und Molvolumen direkt proportional zur Temperatur ist, wird durch die nach *Johannes Diderik van der Waals (1837-1923)* benannten der Definition realer Gase unter der Berücksichtigung des Eigenvolumens der Moleküle b und des durch die Wechselwirkung der Potentiale bedingten Druckanteils die Zustandsgleichung realer Gase wie folgt definiert:

$$\left(p + \frac{a}{V_A^2}\right)(V_A - b) = R_0T \quad . \qquad (2.183)$$

Für den Druck resultiert damit folgende gebrochen-rationale Funktion

$$p = \frac{R_0 T}{V_A - b} - \frac{a}{V_A^2} \tag{2.184}$$

als eine erweiterte Potenzreihe über dem Avogadrovolumen V_A. Mittels dieser Definition ergibt sich die Zustandsgleichung "idealer Gase" als ein Sonderfall aus der "Van der Waalschen Gleichung" realer Gase für die Koeffizienten a und b gleich Null.

Während sich, wie in Abbildung 2.9 dargestellt, der Druck hyperbolisch zum sich ändernden spezifischen Volumen v verhält, sind die Isothermen des realen Gases nicht streng monoton fallend. In einigen Bereichen ist die Volumen-Ableitung sogar positiv. Da diese Änderung dem zweiten Hauptsatz der Thermodynamik widersprechen würde, scheidet dieses Verhalten in der Realität aus. In dem sogenannten Nassdampfgebiet ändern sich die Zustände auf einer Isobaren, deren Position p_m durch die Tatsache definiert wird, dass sich die Flächen zwischen Isotherme und Isobare gegenseitig aufheben. Die Isobare wird auch Maxwell-Gerade genannt und erfüllt folgende Bedingung:

$$p_m (v_3 - v_1) = \int_{v_1}^{v_3} p \, dv \quad . \tag{2.185}$$

Da oberhalb der kritischen Temperatur T_{krit} keine negativen Gradienten mehr existieren, ist das Nassdampfgebiet durch die den gesamten unterkritischen Bereich nach oben abgrenzenden Isothermen der kritischen Temperatur restringiert.

Oberhalb dieser kritischen Isobaren befindet sich der überkritische Bereich. Der Terrassenpunkt dieser Isobaren wird als "kritischer Punkt" bezeichnet. Der unterkritische Bereich unterhalb dieser Isobaren wird durch das Nassdampfgebiet in einen Bereich, in dem sich das Fluid in flüssigem Zustand befindet, und einen Bereich, in dem sich das Fluid in gasförmigem Zustand befindet, unterteilt. Für die kritische Temperatur ergibt sich aus der "Van der Waalschen Zustandsgleichung" für reale Gase

$$T_{krit} = \frac{8a}{27 R_0 b} \quad . \tag{2.186}$$

Aus dem kritischen Volumen und dem kritischen Druck resultiert folgender Zusammenhang:

$$v_{krit} = \frac{3m}{b} \quad \Leftrightarrow \quad p_{krit} = \frac{a}{27 b^2} \tag{2.187}$$

$$\frac{8}{3} p_{krit} v_{krit} = \frac{R_0}{M} T_{krit} \quad . \tag{2.188}$$

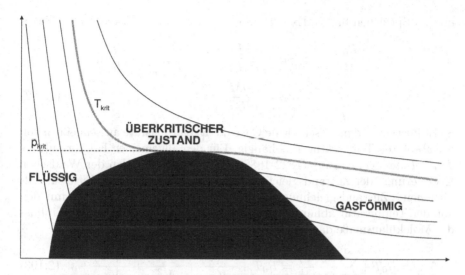

Abbildung 2.10: Nassdampfbereich der Isothermen eines realen Gases

Oberhalb der kritischen Temperatur findet somit keine Verdampfung mit isobarer Expansion statt, wie sie aus unterkritischen Siedeprozessen bekannt ist.

2.3.4 Virialsatz

Im Allgemeinen dienen Zustandsgleichungen in der Gasdynamik dazu, drei Größen in Relation zueinander zu stellen. Diese Größen sind der Druck p, die absolute Temperatur T und die Dichte ρ bzw. das spezifische Volumen

$$v = \frac{1}{\rho} \ . \tag{2.189}$$

Als Indikator für die thermisch bedingte isobare Expansion ist der thermische Expansionskoeffizient β durch folgende Relation definiert:

$$\beta v = \frac{\partial v}{\partial T}\bigg|_p \ . \tag{2.190}$$

So gilt allgemein

$$\beta = \frac{1}{v} \frac{\partial v}{\partial T}\bigg|_p = \rho \left(\frac{\partial}{\partial T} \frac{1}{\rho} \right)_p = -\frac{1}{\rho} \frac{\partial \rho}{\partial T}\bigg|_p \tag{2.191}$$

und im Speziellen für die Expansion eines thermodynamisch idealen Gases

$$\frac{p}{\rho} = \frac{R_0}{M}T \quad \Rightarrow \quad \rho = \frac{pM}{R_0T} \quad \Rightarrow \quad \left.\frac{\partial \rho}{\partial T}\right|_p = -\frac{pM}{R_0T^2}$$

$$\Rightarrow \quad \beta = \frac{pM}{\rho R_0 T^2} = \frac{1}{T} \quad . \tag{2.192}$$

So ist für thermodynamisch ideale Gase die Expansionsrate ausschließlich von der absoluten Temperatur T abhängig. Für den allgemeinen Fall formulierte *Julius Emanuel Clausius* (1822-1888) in Analogie zur "Van der Waalschen Erweiterung" der Zustandsgleichung eines idealen Gases den *Virialsatz* als allgemeine Zustandsgleichung für den Druck in Form einer Reihe mit den von der Temperatur abhängigen Koeffizienten $\alpha_k\,(T)$, welcher den Einfluss der Molekülausmaße darstellt.

$$p \underbrace{Mv}_{V_A} = R_0T + \sum_{k=1}^{\infty} \frac{\alpha_k\,(T)}{(Mv)^k} = \underbrace{R_0T}_{\alpha_0} + \frac{\alpha_1\,(T)}{V_A} + \frac{\alpha_2\,(T)}{V_A^2} + \frac{\alpha_3\,(T)}{V_A^3} + ... \tag{2.193}$$

Für diese Beschreibung stellen das "ideale Gasgesetz" ($\alpha_k = 0$ für $k \geq 1$) und das "Van der Waalsche Gasgesetz" ($\alpha_k = 0$ für $k \geq 2$) Sonderfälle der Virialdarstellung dar. Für *thermodynamisch ideale Gase* werden punktförmige Moleküle und eine konstante Molmasse M angenommen. Der Druck wird in diesem Fall durch Gl. 2.177 definiert.

2.3.5 Auftrieb und Boussinesq-Approximation

Wird für die Impulsbilanz (Gl. 2.153) eine veränderliche Dichte angenommen, würden alle Summanden in Abhängigkeit von der Dichte variieren. Um diese Variation der Terme abzuschätzen, wurde von *Valentin Joseph Boussinesq (1842-1929)* mit der Annahme einer temperaturbedingten Dichteänderung unter Berücksichtigung des Expansionskoeffizienten (Gl. 2.191) folgende Annahme formuliert:

$$\beta T g_i + \frac{1}{\rho}\frac{\partial}{\partial x_j}\sigma_{ij} = \text{konst.} \quad . \tag{2.194}$$

Der Cauchy-Tensor (Gl. 2.147) beschreibt den allgemeinen Impulsfluss der Navier-Stokes-Gleichung bzw. der Impulsbilanz (Gl. 2.153). Hieraus folgt für Abweichungen der Dichte ρ und der absoluten Temperatur T von den Referenzwerten ρ_0 bzw. T_0 die Beziehung:

$$0 = \beta (T - T_0) g_i - \left(\frac{1}{\rho} + \frac{1}{\rho_0}\right) \frac{\partial}{\partial x_j} \sigma_{ij} \qquad (2.195)$$

$$\Rightarrow \quad \frac{1}{\rho} \frac{\partial}{\partial x_j} \sigma_{ij} = \frac{1}{\rho_0} \frac{\partial}{\partial x_j} \sigma_{ij} - \beta (T - T_0) g_i \quad . \qquad (2.196)$$

Wird dieser mit der variablen Dichte normierte Impulsfluss in die allgemeine Impulsbilanz eingesetzt, so folgt für den Impulstransport nach Einsetzen der Gravitation als angreifende Volumenkraft $f_i = g_i$ unter Berücksichtigung einer temperaturabhängigen Dichte:

$$\frac{\partial u_i}{\partial t} + u_j \frac{\partial u_i}{\partial x_j} = f_i + \frac{1}{\rho} \frac{\partial}{\partial x_i} \sigma_{ij}$$

$$= \frac{1}{\rho_0} \frac{\partial}{\partial x_j} \sigma_{ij} + [1 - \beta (T - T_0)] g_i \quad . \qquad (2.197)$$

Eingesetzt in die Navier-Stokes-Gleichung ergibt sich die *Boussinesq-Approximation* der Impulsbilanz für reibungsbehaftete Strömungen mit temperaturabhängiger Dichte:

$$\rho_0 \frac{\partial u_i}{\partial t} + \rho_0 u_j \frac{\partial u_i}{\partial x_j} = -\frac{\partial p}{\partial x_i} + \frac{\partial}{\partial x_j} \left(\mu_0 \frac{\partial u_i}{\partial x_j}\right) + [1 - \beta (T - T_0)] \rho_0 g_i \quad .$$

$$(2.198)$$

Mit dieser Form wird der Einfluss der temperaturbedingt variierenden Dichte auf den Impulstransport ausschließlich durch einen auf der rechten Seite der Gleichung modellierten Quellterm modelliert, ohne dabei die bereits beschrieben Terme zu variieren. Nach dem *ersten Hauptsatz der Thermodynamik* ist die Summe aller Energien in einem geschlossenen System konstant. Aus diesem Grund ist die Veränderung der inneren Energie E die Summe aus einer Veränderung der Wärme Q und der erbrachten Leistung bzw. einer Veränderung der erbrachten Arbeit A.

2.3.6 Innere Energie

Die Bilanzierung des Wärmezustandes in einem System ohne materiellen Austausch mit der Umgebung wird durch folgende Relation beschrieben:

$$dE = dQ + dA \quad . \qquad (2.199)$$

Hierbei ist dE die Änderung der inneren Energie, dQ die Wärmezufuhr über die Grenzen des Systems und dA die an dem System verrichtete Arbeit. Bei einem Prozess wie in Abbildung 2.11 entspricht die am System verrichtete Arbeit der über die Wegstrecke integrierten Kraft, welche durch den im System anliegenden Druck an dem Kolben angreift.

$$dA = Fds = -pSds \qquad (2.200)$$

Für die Differentiale gilt:

$dQ > 0$: Aufgenommene Wärme
$dQ < 0$: Abgegebene Wärme
$dA > 0$: Umgebung verrichtet Arbeit an System
$dA < 0$: System verrichtet Arbeit an Umgebung

Die Arbeit, die somit an dem System verrichtet wird,

$$dQ - dE = dA = -p\underbrace{Sds}_{-dV} \qquad (2.201)$$

definiert folgende Wärmeänderung des Systems:

$$dQ = dE + pdV \quad . \qquad (2.202)$$

An Stelle dieser extensiven Darstellung der Wärmebilanz, ergibt die massenspezifische Darstellung die Relation der intensiven Größen:

$$dE = mde \qquad (2.203)$$
$$dQ = mdq \qquad (2.204)$$
$$dV = mdv = md\left(\rho^{-1}\right) = -\frac{m}{\rho^2}d\rho \qquad (2.205)$$
$$\Rightarrow \quad dq = de + pdv \quad . \qquad (2.206)$$

Bei der Betrachtung eines Wärmeäquivalents einer konstanten Gasmenge ergibt sich bei den Temperaturänderungen bei konstantem Druck p oder entsprechend eines konstantem spezifischen Volumen bzw. einer konstanten Dichte die Definitionen der spezifischen Wärmen für Druck und spezifisches Volumen.

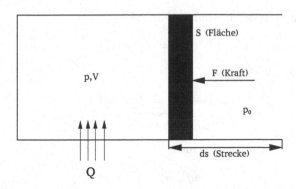

Abbildung 2.11: Kompressionskammer mit verdichtendem Kolben

2.3.7 Spezifische Wärmen

Die Veränderung der Wärme wird in Abhängigkeit von Druck, Temperatur und der Veränderung der absoluten Temperatur betrachtet. Mit der Masse m aller Gasmoleküle im System gilt für die Veränderung der Wärme

$$dq|_{p=\text{konst.}} = c_p dT \qquad (2.207)$$

$$dq|_{v=\text{konst.}} = c_v dT \quad . \qquad (2.208)$$

Die spezifische Wärme für isobare Änderungen (p=konst.) ist generell höher als die für isochore Änderungen (v=konst.), so dass sich für den Adiabatenexponenten γ als Quotienten der beiden spezifischen Wärmen generell ein Wert größer 1 ergibt:

$$\gamma = \frac{c_p}{c_v} > 1 \qquad (2.209)$$

Für *kalorisch ideale Gase* gilt, dass die beiden Wärmekoeffizienten c_p und c_v konstant sind und die innere Energie

$$e = \hat{e}(T) \qquad (2.210)$$

nur von der absoluten Temperatur abhängig ist. Wenn die aufgewandte Arbeit durch eine Veränderung der Dichte zugeführt wurde, gilt

$$dA = mp\,dv \quad . \qquad (2.211)$$

So wird eine Veränderung der massenspezifischen Energie wie folgt definiert:

$$de = dq - pdv \quad . \qquad (2.212)$$

Aus der Definition der Enthalpie

$$h = e + pv \tag{2.213}$$

folgt so für ihre Veränderung

$$dh = \underbrace{de + pdv}_{=dq} + vdp \quad . \tag{2.214}$$

So gilt wiederum für die Wärme

$$dq = de + pdv \tag{2.215}$$
$$dq = dh - vdp \tag{2.216}$$

und für die *spezifischen Wärmekoeffizienten*

$$c_p = \left.\frac{\partial q}{\partial T}\right|_p = \left.\frac{\partial h}{\partial T}\right|_p \tag{2.217}$$

$$c_v = \left.\frac{\partial q}{\partial T}\right|_v = \left.\frac{\partial e}{\partial T}\right|_v \tag{2.218}$$

mit jeweils konstantem p, bzw. v [15]. Während die spezifischen Wärmen c_p und c_v an der Masse normiert werden, sind die sogenannten *Molwärmen* an der Molanzahl n normiert:

$$C_p = \frac{m}{N_A} c_p = M c_p \tag{2.219}$$

$$C_v = \frac{m}{N_A} c_v = M c_v \tag{2.220}$$

Für die Differenz ergibt sich in Analogie zu den massenspezifischen Größen

$$C_p - C_v = M\,(c_p - c_v) = \frac{pV}{N_A T} = \frac{pV_A}{T} = R_0 \tag{2.221}$$

Somit ist die Differenz der Molwärmen ebenfalls konstant. Als Quotient der spezifischen Wärmen ist der Adiabatenexponent (Gl. 2.209) die charakterisierende Größe für das thermodynamische Verhalten eines Gases innerhalb des Zustandsdreibeins p,ρ und T. Aus Gleichung 2.215 folgt für kalorisch ideale Gase (Gl. 2.217):

$$h = h_0 + c_p T \tag{2.222}$$
$$e = e_0 + c_v T \tag{2.223}$$

Für thermodynamisch ideale Gase folgt mit $h_0 = e_0$:

$$\frac{R_0}{M}T = pv = h - e = (c_p - c_v)T \qquad (2.224)$$

Hieraus folgt wiederum, dass die Differenz der spezifischen Wärmen für thermodynamisch und kalorisch ideale Gase konstant ist:

$$c_p - c_v = \frac{R_0}{M} = \text{konst.} \qquad (2.225)$$

Umgekehrt folgt wiederum hieraus, dass der Adiabatenexponent größer als 1 ist:

$$0 < \frac{R_0}{M} = c_v \left(\frac{c_p}{c_v} - 1\right) = c_v(\gamma - 1) \quad \Leftrightarrow \gamma = 1 + \frac{R_0}{c_v M} > 1 \quad . \qquad (2.226)$$

Da die Differenz der spezifischen Wärmen gleich R_0/M bzw. k_B/m (Gl. 2.176) ist und der Adiabatenexponent dem Quotienten dieser beiden Wärmen entspricht, resultiert aus dem Gleichungssystem die algebraische Definition der spezifischen Wärmen:

$$c_p - c_v = \frac{R_0}{M} \quad \Rightarrow \quad c_v \left(\underbrace{\frac{c_p}{c_v}}_{\gamma} - 1\right) = \frac{R_0}{M} \qquad (2.227)$$

$$\Rightarrow \quad c_v = \frac{1}{\gamma - 1}\frac{R_0}{M} = \frac{1}{\gamma - 1}\frac{k_B}{m} \qquad (2.228)$$

$$\Rightarrow \quad c_p = \frac{\gamma}{\gamma - 1}\frac{R_0}{M} = \frac{\gamma}{\gamma - 1}\frac{k_B}{m} \qquad (2.229)$$

in Abhängigkeit von dem Adiabatenexponenten γ.

2.3.8 Reaktionswärme

Die Reaktionswärme, auch Wärmetönung genannt, ist die Wärme, die bei exothermen Vorgängen an die Umgebung abgegeben wird. Die an die Umgebung abgegebene Wärme ist damit größer-gleich Null. Für die Änderung der Wärme in einem isobaren Verbrennungsprozess der von Zustand U (unverbrannt) nach Zustand V (verbrannt) abläuft, gilt:

$$\begin{aligned}
\frac{1}{m}\Delta Q &= \frac{1}{m}(Q_V - Q_U) = q_V - q_U = c_{pV}T_V - c_{pU}T_U \\
&= \underbrace{(c_{pV} - c_{pU})T_U}_{\text{Kapazitiver Anteil}} + \underbrace{c_{pV}(T_V - T_U)}_{\text{Thermischer Anteil}} \quad . \qquad (2.230)
\end{aligned}$$

Die Wärmeänderung ist somit nicht proportional zur Temperaturänderung. Der thermische Anteil der Wärmeänderung ist bekannt und gilt genau wie für die Zustandsänderung eines kalorisch idealen Gases. Der kapazitive Anteil hingegen ist Ausdruck der isothermen Änderung der massenspezifischen Wärmekapazität eines Brennstoff/Oxidator-Gemischs. Um einen exothermen Prozess zu gewährleisten, muss die spezifische Wärmekapazität somit immer von dem Brennstoffgemisch hin zum Reaktionsprodukt abnehmen. Für ein adiabatisch abgeschlossenes System mit homogener Wärmeverteilung gilt somit

$$dq = 0 \, , \, T_V > T_U \quad \Rightarrow \quad c_{pV} < c_{pU} \quad , \tag{2.231}$$

womit gezeigt ist, dass bei exothermen Reaktionsprozessen die spezifische Wärmekapazität abnehmen muss, durch deren Abnahme bei konstant bleibender Temperatur die positive Wärmeabgabe an die Umgebung erklärt wird. Dennoch ist festzustellen, dass der exotherme Reaktionsablauf nur Zustandsänderungen in einer Richtung beinhaltet, nicht aber die endotherme Umkehrreaktion, welche so auch nicht stattfindet.

2.3.9 Energie- und Enthalpiebilanz

Aus der Interpretation der Änderung der Wärme durch die Summe aller Flüsse $\dot{\mathbf{q}}$ über die Oberfläche eines Kontrollvolumens

$$\frac{dQ}{dt} = - \int_{\partial B_t} \dot{\mathbf{q}} \cdot \mathbf{n} \, da = - \int_{B_t} \nabla \cdot \dot{\mathbf{q}} \, dv \tag{2.232}$$

und der zeitlichen Ableitung der kalorischen Zustandsgleichung (Gl. 2.215) resultiert mit $v = 1/\rho$ die Beziehung:

$$-\nabla \cdot \dot{\mathbf{q}} = \rho \frac{dq}{dt} = \rho \left(\frac{de}{dt} + p \frac{dv}{dt} \right) = \rho \left(\frac{de}{dt} - \underbrace{\frac{p}{\rho^2} \frac{d\rho}{dt}}_{-\rho \nabla \cdot \vec{u}} \right) \quad . \tag{2.233}$$

Aus der Kontinuitätsgleichung (Gl. 2.145) folgt so die Beschreibung der zeitlichen Änderung der inneren Energie:

$$\rho \dot{e} = - \frac{\partial \dot{q}_j}{\partial x_j} - p \frac{\partial u_j}{\partial x_j} \quad . \tag{2.234}$$

Der Transport der inneren Energie e wird nicht nur durch den Wärmefluss über die Oberfläche $\dot{q}_i$, sondern auch den allgemeinen Energiequellterm Σ_e

und die *Dissipationsleistung* ϕ (Gl. 2.159) beschrieben. Durch Dissipation wird wie im Transport der kinetischen Energie beschrieben (Gl. 2.160) diese in innere Energie umgewandelt.

$$\rho \underbrace{(\frac{\partial e}{\partial t} + u_j \frac{\partial e}{\partial x_j})}_{\dot{e}} = -\frac{\partial \dot{q}_j}{\partial x_j} + \Sigma_e + \phi - p\frac{\partial u_j}{\partial x_j} \qquad (2.235)$$

Um eine Aussage über das thermochemische Potential zu erhalten, wird durch die Definition der Enthalpie h (Gl. 2.213) auf eine entsprechende Beziehung geschlossen.

$$\rho h = \rho e + p \quad \Longrightarrow \quad \dot{h} = \dot{e} + p\frac{d}{dt}(\frac{1}{\rho}) + \dot{p}\frac{1}{\rho} \qquad (2.236)$$

Aus der Massenbilanz (Gl. 2.145) folgt unter Verwendung der Ableitungsregeln und der zeitlichen Abhängigkeit des spezifischen Volumens (Gl. 2.132) eine Beziehung zwischen den zeitlichen Ableitungen von Enthalpie und innerer Energie.

$$\dot{\rho} + \rho\frac{\partial u_j}{\partial x_j} = 0 \quad \Longrightarrow \quad \frac{d}{dt}(\frac{1}{\rho}) - -\frac{\dot{\rho}}{\rho^2} = \frac{1}{\rho}\frac{\partial u_j}{\partial x_j}$$

$$\Longrightarrow \quad \rho\dot{h} = \rho\dot{e} + p\frac{\partial u_j}{\partial x_j} + \dot{p} \qquad (2.237)$$

Setzt man die Energiebilanz in diese Beziehung ein, so erhält man die Energiegleichung in Form der Transportgleichung der Enthalpie.

$$\rho\underbrace{(\frac{\partial h}{\partial t} + u_j\frac{\partial h}{\partial x_j})}_{\dot{h}} - \underbrace{(\frac{\partial p}{\partial t} + u_j\frac{\partial p}{\partial x_j})}_{\dot{p}} + \underbrace{\frac{p}{\rho}\left(\frac{\partial \rho}{\partial t} + u_j\frac{\partial \rho}{\partial x_j}\right)}_{-\rho\frac{\partial u_j}{\partial x_j}} \qquad (2.238)$$

$$= \rho\dot{e} = -\frac{\partial \dot{q}_j}{\partial x_j} + \Sigma_e + \phi - p\frac{\partial u_j}{\partial x_j}$$

$$\rho\underbrace{(\frac{\partial h}{\partial t} + u_j\frac{\partial h}{\partial x_j})}_{\dot{h}} - \underbrace{(\frac{\partial p}{\partial t} + u_j\frac{\partial p}{\partial x_j})}_{\dot{p}} = -\frac{\partial \dot{q}_j}{\partial x_j} + \Sigma_e + \phi \qquad (2.239)$$

$$\rho\dot{h} = -\frac{\partial \dot{q}_j}{\partial x_j} + \Sigma_e + \phi + \dot{p} \qquad (2.240)$$

Der Diffusionsterm setzt sich entsprechend den Abhängigkeiten der Enthalpie, nämlich von Massenbruch, Temperatur und Druck, aus drei Termen zusammen. Die Abhängigkeit vom Druck wird *Dufour-Effekt* genannt und im Allgemeinen vernachlässigt. Werden Dichteänderungen gegenüber thermischen Flüssen innerhalb des Mediums vernachlässigt, stimmen somit Fluss von Enthalpie und innerer Energie überein. Beide Flüsse sind somit äquivalent zum Wärmestrom q_i und damit ausschließlich von räumlichen Temperaturanstiegen und -gefällen abhängig.

$$\dot{q}_i = -\lambda_f \frac{\partial T}{\partial x_i} \qquad (2.241)$$

Der Fourier'sche Wärmeleitkoeffizient λ_f wurde nach *Jean Baptist Joseph Fourier (1768-1830)* benannt und beschreibt die als linear angenommene Relation zwischen Wärmestrom und Temperaturgradienten. Für eine als konstant angenommene isobare spezifische Wärmekapazität c_p ergibt sich zusammen mit den zuvor getroffenen Annahmen aus dem Enthalpietransport die als *Wärmeleitungsgleichung* bekannte Temperaturbilanz:

$$\frac{\partial T}{\partial t} + u_j \frac{\partial T}{\partial x_j} = \frac{\partial}{\partial x_j}\left(\underbrace{\frac{\lambda_f}{\rho c_p}}_{\kappa} \frac{\partial T}{\partial x_j} \right) + \frac{\Sigma_e + \phi + \dot{p}}{\rho c_p} \qquad (2.242)$$

Der Koeffizient κ wird in dieser Form als *Temperaturleitfähigkeit* des Mediums bezeichnet. Zusammen mit der *Kontinuitätsgleichung* (Gl. 2.145) und der *Impulsbilanz* (Gl. 2.153) stellt die *Wärmeleitungsgleichung* den Transport der dritten Erhaltungsgröße dar - der Energie.

2.3.10 Buckingham-Π-Theorem

Für viele Phänomene in Natur und Technik ist bekannt, dass sich das dynamische Verhalten mechanischer und thermodynamischer Prozesse bei Skalentransformationen ändert. Bei einer Analyse dieser Änderungen fällt auf, dass diese Änderungen verschwinden, wenn sich neben der Längen- oder Zeitskala auch physikalische Parameter wie Druck, Viskosität oder Temperatur ändern. Beim Aufstellen kinematischer und thermodynamischer Transportgleichungen können so durch eine Transformation Relationen hergeleitet werden, welche diesen Zusammenhang aufdecken. Dieses Themengebiet wird durch die *Dimensionsanalyse* beschrieben. Für die Untersuchung des Zusammenspiels der einzelnen physikalischen Größen wird eine Dimensionsmatrix aufgestellt, welche in den Spalten die physikalischen Größen selbst enthält. In den Zeilen werden die Basiseinheiten aufgelistet. Die Physikalischen Basisgrößen "Masse (M), Länge (L), Zeit (T), absolute Temperatur

(Θ), Stoffmenge (N), Stromstärke (I) und Lichtstärke (J)" werden im System der *SI-Basiseinheiten* durch quantitative Angaben mit den Einheiten "Kilogramm (kg), Meter (m), Sekunden (s), Kelvin (K), Molanzahl (mol), Ampère (A) und Candela (cd)" angegeben.

Bei einer Analyse der 12 physikalischen Größen "Dichte ρ, Geschwindigkeit u, charakteristische Geschwindigkeit U, Positionskordinate x, charakteristische Länge L, Druck p, Viskosität μ, Temperaturleitfähigkeit κ, Zeitpunkt t, Erdbeschleunigung g, thermischer Expansionskoeffizient β und absolute Temperatur T eines durch Transportgleichungen beschriebenen Systems, fällt auf, dass alle Größen durch nur vier Basiseinheiten beschrieben werden. Die charakteristischen Größen beschreiben die Systemskalen Länge L und Geschwindigkeit U.

	ρ	u	U	x	L	p	μ	κ	t	g	β	T
M	1	0	0	0	0	1	1	0	0	0	0	0
L	-3	1	1	1	1	-1	-1	2	0	1	0	0
T	0	-1	-1	0	0	-2	-1	-1	1	-2	0	0
Θ	0	0	0	0	0	0	0	0	0	0	-1	1

$$\tag{2.243}$$

$$
\vec{k}_1 = \begin{pmatrix} 0 \\ 1 \\ -1 \\ 0 \\ 0 \\ 0 \\ 0 \\ 0 \\ 0 \\ 0 \\ 0 \\ 0 \end{pmatrix} \quad
\vec{k}_2 = \begin{pmatrix} 0 \\ 0 \\ 0 \\ 1 \\ -1 \\ 0 \\ 0 \\ 0 \\ 0 \\ 0 \\ 0 \\ 0 \end{pmatrix} \quad
\vec{k}_3 = \begin{pmatrix} 1 \\ 0 \\ 1 \\ 0 \\ 1 \\ 0 \\ -1 \\ 0 \\ 0 \\ 0 \\ 0 \\ 0 \end{pmatrix} \quad
\vec{k}_4 = \begin{pmatrix} -1 \\ 0 \\ 0 \\ 0 \\ 0 \\ 0 \\ 1 \\ -1 \\ 0 \\ 0 \\ 0 \\ 0 \end{pmatrix}
$$

$$
\vec{k}_5 = \begin{pmatrix} 0 \\ 0 \\ 1 \\ 0 \\ -0,5 \\ 0 \\ 0 \\ 0 \\ 0 \\ -0,5 \\ 0 \\ 0 \end{pmatrix} \quad
\vec{k}_6 = \begin{pmatrix} 0 \\ 0 \\ 1 \\ 0 \\ -1 \\ 0 \\ 0 \\ 0 \\ 1 \\ 0 \\ 0 \\ 0 \end{pmatrix} \quad
\vec{k}_7 = \begin{pmatrix} -1 \\ 0 \\ -2 \\ 0 \\ 0 \\ 1 \\ 0 \\ 0 \\ 0 \\ 0 \\ 0 \\ 0 \end{pmatrix} \quad
\vec{k}_8 = \begin{pmatrix} 0 \\ 0 \\ -2 \\ 0 \\ 1 \\ 0 \\ 0 \\ 0 \\ 0 \\ 1 \\ 1 \\ 1 \end{pmatrix}
$$

Wird die 12×4-Dimensionsmatrix (Gl. 2.243) mit der Dimension zwölf und dem Rang vier als singuläre Matrix betrachtet, welche einen Vektor des R_{12}-Raums auf einen Vektor des R_4-Raum abbildet, existiert ein durch acht linear unabhängige Vektoren aufgespannter Kern, welcher geschlossen auf den Nullvektor des R_4-Raums abgebildet wird. Generell gilt, dass die Summe vom Rang der Dimensionsmatrix und der Dimension des Kerns stets der Dimension der Matrix entspricht. Für die angegebene Matrix würde dieser achtdimensionale Kern durch acht voneinander linear unabhängige Vektoren $\vec{k}_1 - \vec{k}_8$ aufgespannt werden. Aus diesen Vektoren folgen die dimensionslosen Produkte der potenzierten Größen:

$$
\Pi_1 = \frac{u}{U} = u^* \quad \Pi_2 = \frac{x}{L} = x^* \quad \Pi_3 = \frac{\rho U L}{\mu} = \mathrm{Re} \quad \Pi_4 = \frac{\mu}{\rho\kappa} = \mathrm{Pr}
$$

$$
\Pi_5 = \frac{U}{\sqrt{gL}} = \mathrm{Fr} \quad \Pi_6 = \frac{tU}{L} = t^* \quad \Pi_7 = \frac{p}{\rho U^2} = \mathrm{Eu} \quad \Pi_8 = \frac{gL\beta\Delta T}{U^2} = \mathrm{Ri}
$$

$$(2.244)$$

Die dimensionslosen Produkte werden teilweise lediglich zu entdimensionierten Werten, welche an charakteristischen Skalen normierten physikalischen Größen entsprechen. Andernfalls sind die dimensionslosen Produkte Kennzahlen, welche den physikalischen Prozess beschreiben. Die nach *Osborne Reynolds (1842-1912)* benannte *Reynolds-Zahl* Re beschreibt die Relation zwischen Trägheits- und Zähigkeitskräften. Die nach *William Froude (1810-1879)* benannte *Froude-Zahl* Fr definiert die Relation zwischen Trägheits- und Gravitationskräften. Nach *Vincent Strouhal (1850-1922)* wurde mit der *Strouhal-Zahl* Sr die an einer charakteristischen Rate t_0^{-1} normierte Frequenz Sr $= L/(U t_0)$ bzw. das invertierte Zeitmaß benannt. Während das Verhältnis von Druckdifferenz und kinetischer Energie durch die nach *Leonard Euler*

(1707-1783) benannte *Euler-Zahl* Eu beschrieben wird, wurde der Quotient von potentieller bzw. innerer Energie und kinetischer Energie in Form der *Richardson-Zahl* Ri nach *Lewis Fry Richardson (1881-1953)* benannt. Das nun durch *Edgar Buckingham (1867-1940)* formulierte *Buckingham-Π-Theorem* besagt, dass jede dimensionsbehaftete Gleichung auch als eine Gleichung entdimensionierter Größen bzw. dimensionsloser Produkte Π_k aufgestellt werden kann.

2.3.11 Entdimensionierter Transport

Um eine skalenunabhängige Formulierung der Massenbilanz zu finden, wird die dimensionslose Form der Kontinuitätsgleichung hergeleitet. Ohne Berücksichtigung von Kompressionseffekten resultiert die Invarianz der Dichte $\rho = \rho_0$. Für inkompressible Strömungen werden so thermisch bedingte Dichteänderungen in der Kontinuitätsgleichung vernachlässigt. Mittels Normierung der dimensionsbehafteten Skalen:

$$x_i^* - \frac{x_i}{L}, \quad u_i^* - \frac{u_i}{U}, \quad t_i^* - \frac{tU}{L} \tag{2.245}$$

folgt aus der Kontinuitätsgleichung (Gl. 2.145):

$$\frac{\partial \rho_0}{\partial t} + \frac{\partial}{\partial x_j}\rho_0 u_j = 0 \quad \Rightarrow \quad \frac{\partial \frac{\rho_0 U}{L}}{\partial \frac{tU}{L}} + \frac{\partial}{\partial \frac{x_j}{L}}\frac{\rho_0 u_j}{L} = 0 \Big|\cdot \frac{L}{\rho_0 U}$$

$$\Rightarrow \quad \underbrace{\frac{\partial}{\partial \frac{tU}{L}}1}_{=0} + \frac{\partial}{\partial \frac{x_j}{L}}\frac{u_j}{U} = 0 \quad \Rightarrow \quad \frac{\partial u_j^*}{\partial x_j^*} = 0 \quad . \tag{2.246}$$

Somit wird die dimensionslose Darstellung der Kontinuitätsgleichung einzig durch die Divergenzfreiheit der entdimensionierten Geschwindigkeit beschrieben. Um für weitere Transport- und Erhaltungsgleichungen entdimensionierte Darstellungen zu erhalten, werden charakteristische dimensionsbehaftete Größen genutzt. Mittels dieser Größen - hier L und U - werden phänomenologische aber skalenunabhängige Zusammenhänge durch dimensionslose Größen und die Relation einzelner Gleichungsterme quantifiziert. Aus der *Boussinesq-Approximation* der Impulsbilanz eines Fluids mit temperaturabhängiger Dichte

$$\rho_0 \frac{\partial u_i}{\partial t} + \rho_0 u_j \frac{\partial u_i}{\partial x_j} = -\frac{\partial p}{\partial x_i} + \frac{\partial}{\partial x_j}\left(\mu_0 \frac{\partial u_i}{\partial x_j}\right) + \left[1 - \beta\left(T - T_0\right)\right]\rho_0 g_i \tag{2.247}$$

folgt aus der Entdimensionierung der Transportvariablen die dimensionslose Form der Impulstransportgleichung:

$$\frac{\partial u_i}{\partial t} + u_j \frac{\partial u_i}{\partial x_j} = -\frac{1}{\rho_0}\frac{\partial p}{\partial x_i} + \frac{\partial}{\partial x_j}\left(\frac{\mu_0}{\rho_0}\frac{\partial u_i}{\partial x_j}\right)$$
$$+ \left[1 - \beta\left(T - T_0\right)\right] g_i \qquad (2.248)$$

$$\frac{U^2}{L}\frac{\partial \frac{u_i}{U}}{\partial \frac{tU}{L}} + \frac{U^2}{L}\frac{u_j}{U}\frac{\partial \frac{u_i}{U}}{\partial \frac{x_j}{L}} = -\frac{\partial \frac{p}{\rho_0 U^2}}{\partial \frac{x_i}{L}} + \frac{\partial}{\partial \frac{x_j}{L}}\left(\frac{\mu_0 U}{\rho_0 L^2}\frac{\partial \frac{u_i}{U}}{\partial \frac{x_j}{L}}\right)$$
$$+ \left[1 - \beta\left(T - T_0\right)\right] g\, \underbrace{\frac{g_i}{g}}_{e_i^g} \cdot \frac{L}{U^2} \quad . (2.249)$$

Mit der Definition der dimensionslosen Kennzahlen und der entdimensionierten Skalen folgt die nach dem *Buckingham-Π-Theorem* existierende Transportgleichung:

$$\frac{\partial u_i^*}{\partial t^*} + u_j^* \frac{\partial u_i^*}{\partial x_j^*} = -\frac{\partial}{\partial x_i^*}\underbrace{\frac{p}{\rho_0 U^2}}_{=\mathrm{Eu}} + \frac{\partial}{\partial x_j^*}\left(\underbrace{\frac{\mu}{\rho_0 L U}}_{1/\mathrm{Re}}\frac{\partial u_i^*}{\partial x_j^*}\right)$$

$$+ \left[\underbrace{\frac{gL}{U^2}}_{\mathrm{Fr}^{-2}} - \underbrace{\beta\Delta T\cdot\frac{gL}{U^2}}_{\mathrm{Ri}}\right] e_i^g \qquad (2.250)$$

$$\frac{\partial u_i^*}{\partial t^*} + u_j^* \frac{\partial u_i^*}{\partial x_j^*} = -\frac{\partial}{\partial x_i^*}\mathrm{Eu} + \frac{\partial}{\partial x_j^*}\left(\frac{1}{\mathrm{Re}}\frac{\partial u_i^*}{\partial x_j^*}\right) + \left[\frac{1}{\mathrm{Fr}^2} - \mathrm{Ri}\right] e_i^g \, .$$
$$(2.251)$$

Die Lösung dieser Impulstransportgleichung ist unabhängig von den Referenzskalen L und U. Zudem wird die Relation der jeweiligen Einflüsse von Zähigkeit, Trägheit, Gravitation und Thermik durch Bestimmung der dimensionslosen Kennzahlen Re, Eu, Fr und Ri quantifiziert. Die den Auftrieb beschreibende *Richardson*-Zahl wird in Kombination mit viskosen bzw. turbulenten Einflüssen durch die nach *Franz Grashof (1826-1893)* benannte *Grashof-Zahl*

$$\mathrm{Gr} = \mathrm{Ri} \cdot \mathrm{Re}^2 = \frac{gL^3\beta\Delta T}{\left(\mu/\rho\right)^2} \quad . \qquad (2.252)$$

ersetzt. In Kombination mit Wärmeleitungseffekten tritt eine andere den Auftrieb beschreibende dimensionslose Kennzahl in den Vordergrund: die nach *John William Strutt, 3. Lord Rayleigh (1842-1919)* benannte *Rayleigh-Zahl*:

$$\text{Ra} = \text{Gr} \cdot \text{Pr} = \frac{\rho g L^3 \beta \Delta T}{\kappa \mu} \quad . \tag{2.253}$$

An diesen Transformationen der den dimensionslosen Auftrieb beschreibenden *Richardson-Zahl* wird erkennbar, welche zusätzlichen Einflüsse durch die *Rayleigh-Zahl* und die *Grashof-Zahl* beschrieben werden. Umgekehrt ist die *Rayleigh-Zahl* bei vernachlässigbarer oder verschwindender Wärmeleitung sehr groß bzw. unendlich. Für als reibungsfrei betrachtete Strömungen sind zugleich *Reynolds-Zahl* und *Grashof-Zahl* unendlich groß. Aus der Transportgleichung der Temperatur (Gl. 2.242) ergibt sich in einem geschlossenen System bei Verschwinden thermischer Quellterme und unter Vernachlässigung der Dissipationsleistung die reduzierte *Wärmeleitungsgleichung*:

$$\frac{\partial T}{\partial t} + u_j \frac{\partial T}{\partial x_j} = \frac{\partial}{\partial x_j}\left(\kappa \frac{\partial T}{\partial x_j} \right) \quad . \tag{2.254}$$

Mit der Definition einer durch zwei begrenzende Referenztemperaturen T_0 und T_∞ definierten dimensionslosen Temperatur

$$T^* = \frac{T - T_0}{T_\infty - T_0} = \frac{T - T_0}{\Delta T} \tag{2.255}$$

folgt für die absolute Temperatur

$$T = T_0 + T^* \Delta T \quad . \tag{2.256}$$

In Kombination mit der Entdimensionierung der Basiseinheiten (Gl. 2.245) folgt aus der Substitution der absoluten Temperatur

$$\frac{\partial T_0 + T^* \Delta T}{\partial t} + u_j \frac{\partial T_0 + T^* \Delta T}{\partial x_j} = \frac{\partial}{\partial x_j}\left(\kappa \frac{\partial T_0 + T^* \Delta T}{\partial x_j} \right)$$

$$\Delta T \frac{\partial T^*}{\partial t} + u_j \Delta T \frac{\partial T^*}{\partial x_j} = \Delta T \frac{\partial}{\partial x_j}\left(\kappa \frac{\partial T^*}{\partial x_j} \right)$$

$$\frac{\partial T^*}{\partial \frac{tU}{L}} + \frac{u_j}{U} \frac{\partial T^*}{\partial \frac{x_j}{L}} = \frac{\partial}{\partial \frac{x_j}{L}}\left(\underbrace{\frac{\kappa}{UL}}_{(\text{Re Pr})^{-1}} \frac{\partial T^*}{\partial \frac{x_j}{L}} \right)$$

$$\frac{\partial T^*}{\partial t^*} + u_j^* \frac{\partial T^*}{\partial x_j^*} = \frac{\partial}{\partial x_j^*}\left(\frac{1}{\text{Re Pr}} \frac{\partial T^*}{\partial x_j^*} \right) \quad . \tag{2.257}$$

Durch diese dritte entdimensionierte Erhaltungsgleichung wird der Zusammenhang zwischen materiellem, kinematischem und thermischem Transport geschlossen. Neben der bereits für die Beschreibung des diffusiven Impulstransports verwendeten *Reynolds-Zahl* Re nimmt die *Prandtl-Zahl*

$$\mathrm{Pr} = \frac{\mu}{\rho_0 \kappa} = \frac{c_p \mu}{\lambda_f} \tag{2.258}$$

den Charakter eines zusätzlichen Koeffizienten für die quantitative Beschreibung der thermischen Diffusion ein. Die Prandtl-Zahl stellt zugleich die Relation zwischen kinematischer und thermischer Diffusivität bzw. zwischen Zähigkeit und Wärmeleitfähigkeit eines Fluids dar.

2.4 Statistische Modellierung chaotisch fluktuierender Strömungen

Für die numerische Simulation kontinuumsmechanischer Prozesse müssen Differentialgleichungen zu Differenzengleichungen diskretisiert werden. Da in turbulenten Prozessen sehr geringe Zeit- und Längenmaße Einfluss auf den Charakter der Strömung nehmen, müssten für solche Diskretisierungsprozesse ebenfalls sehr geringe Zeit- und Längenschritte verwendet werden, was wiederum eine längere Rechenzeit und den Bedarf an größerem Speicherplatz zur Folge hätte. Aus diesem Grund werden gröbere Gitter und sogenannte *statistische Modelle* verwendet, in denen nicht momentane Größen, sondern nur eine endliche Anzahl ihrer Momente transportiert werden.

2.4.1 Die Wahrscheinlichkeitsdichte

Sei der *Ereignisraum* Ω die Menge aller zu betrachtenden *Ereignisse*. A sei eine Untermenge dieser Menge.

$$A \subseteq \Omega \tag{2.259}$$

Die Untermenge A repräsentiert somit eine *Ereignismenge*, deren *Wahrscheinlichkeit* durch

$$0 \leq P(A) \leq 1 \tag{2.260}$$

beschrieben wird. Sei Ω die Menge der *reellen Zahlen* $\mathbb{R}$ und $A_x \subset \Omega$ die Menge aller reellen Zahlen $\xi \in \mathbb{R}$, für die gilt $\xi < x$.

$$A_x := \{\xi \in \mathbb{R} | \xi < x\} \tag{2.261}$$

Die Menge A_x ist von dem Parameter x abhängig. Die *Verteilungsfunktion* F definiert sich aus der *Wahrscheinlichkeit P*. Denn für alle x gilt:

$$F(x) := P(A_x) \ . \tag{2.262}$$

Die Wahrscheinlichkeitsdichte f ist die Ableitung der Verteilungsfunktion über dem Raum Ω. Daher ergibt sich für die Wahrscheinlichkeit über dem Raum der reellen Zahlen:

$$P(A_x) = \int\limits_{-\infty}^{x} f(\xi)\,d\xi \ . \tag{2.263}$$

Die *Wahrscheinlichkeitsdichte* f nennt man auch PDF, *Probability Density Function*. Das *n-te Moment* einer statistisch verteilten Größe $\xi \in \Omega$ berechnet sich wie folgt:

$$E(\xi^n) = \int\limits_{\Omega} \xi^n \cdot f(\xi)\,d\xi \ . \tag{2.264}$$

Das erste Moment nennt man *Erwartungswert*.

2.4.2 Zeitliche Mittelung

Sei der Ereignisraum Ω_τ die Menge aller Werte, welche eine physikalische Größe ξ an einem Ort zu einem Zeitpunkt τ annehmen kann. So ist die *Mittelung* aller Werte ξ die *zeitliche Mittelung* der Größe ξ. Wird eine Wahrscheinlichkeitsdichte f über dem Ereignisraum Ω definiert, so gilt für das zeitliche Mittel:

$$\bar{\xi} = \frac{1}{T} \int\limits_{-T/2}^{T/2} \xi(\tau)\,d\tau = \int\limits_{\Omega_\tau} \xi \cdot f(\xi)\,d\xi. \tag{2.265}$$

Die gemittelte Größe $\bar{\xi}$ ist für statistisch stationäre Prozesse zeitlich konstant und entspricht dem Erwartungswert. Daher gilt in diesem Fall:

$$\overline{\frac{\partial \xi}{\partial t}} = \frac{\partial \bar{\xi}}{\partial t} = 0 \ . \tag{2.266}$$

Da die *zeitliche Mittelung* einer Größe ξ über die Zeit hinweg an einer Position konstant ist, können zeitliche Mittelungen und räumliche Gradienten in ihrer Reihenfolge vertauscht werden.

$$\overline{\frac{\partial \xi}{\partial x_i}} = \frac{\partial \bar{\xi}}{\partial x_i} \tag{2.267}$$

Diese Annahme wird in der allgemeinen Form als *Ergodenannahme* bezeichnet und bei der zeitlichen Mittelung von Transportgleichungen häufig verwendet.

2.4.3 Korrelation

Zerlegt man eine physikalische Größe ξ bzw. ζ in ihren Mittelwert $\bar{\xi}$ bzw. $\bar{\zeta}$ und ihre Fluktuation $\xi' = \xi - \bar{\xi}$ bzw. $\zeta' = \zeta - \bar{\zeta}$, so ergibt sich für die Mittelung des Produktes:

$$\overline{\xi\zeta} = \frac{1}{\bar{\rho}}\,\overline{\rho(\bar{\xi}+\xi')(\bar{\zeta}+\zeta')} = \overline{\bar{\xi}\bar{\zeta}} + \underbrace{\overline{\bar{\xi}\zeta'} + \overline{\xi'\bar{\zeta}}}_{=0} + \overline{\xi'\zeta'}; \qquad \overline{\xi'} = 0, \overline{\zeta'} = 0 \quad (2.268)$$

Da die bereits gemittelten Werte $\bar{\xi}$ bzw. $\bar{\zeta}$ invariant bezüglich einer weiteren zeitlichen Mittelung sind, verschwinden die Erwartungswerte von Produkten dieser mit einer Fluktuationsgröße. Die Mittelung des Produktes setzt sich somit aus dem Produkt der Mittelwerte $\bar{\xi}\bar{\zeta}$ und der *Korrelation* $\overline{\xi'\zeta'}$ zusammen.

$$\overline{\xi\zeta} = \bar{\xi}\bar{\zeta} + \overline{\xi'\zeta'} \qquad (2.269)$$

Sind zwei Größen ξ und ζ voneinander *statistisch unabhängig*, gilt für die Mittelung des Produktes:

$$\overline{\xi\zeta} = \bar{\xi}\bar{\zeta} \quad \Longrightarrow \quad \overline{\xi'\zeta'} = 0 \,. \qquad (2.270)$$

Wenn zwei Größen voneinander statistisch unabhängig sind, verschwindet die Korrelation und man nennt sie unkorreliert. Wenn zwei statistische Größen korreliert sind, können sie dennoch voneinander unabhängig sein. Aus Korrelation folgt keine Kausalität.

2.4.4 Statistisches Moment

Das n-te *Moment* μ_n einer statistischen Größe ξ um einen Wert ξ_0 ist folgendermaßen definiert.

$$\begin{aligned}
&\text{1. Moment} \quad : \quad \mu_1 = \overline{\xi - \xi_0} \\
&\text{2. Moment} \quad : \quad \mu_2 = \overline{(\xi - \xi_0)^2} \\
&\qquad\qquad \cdots \\
&\text{k. Moment} \quad : \quad \mu_k = \overline{(\xi - \xi_0)^k} \qquad (2.271) \\
&\qquad\qquad \cdots
\end{aligned}$$

Das erste Moment einer statistischen Größe um den Wert $\xi_0 = 0$ ist der *Mittelwert*. Momente um den Erwartungswert $\bar{\xi}$ nennt man *zentrale Momente*. Aus der Beziehung $\xi' = \xi - \bar{\xi}$ folgen die zentralen Momente μ_n^* der statistischen Größe ξ.

$$1.\ \text{zentrales Moment}\quad:\quad \mu_1^* = \overline{(\xi - \bar{\xi})} = \overline{\xi'} = 0$$

$$2.\ \text{zentrales Moment}\quad:\quad \mu_2^* = \overline{(\xi - \bar{\xi})^2}$$

$$\cdots$$

$$k.\ \text{zentrales Moment}\quad:\quad \mu_k^* = \overline{(\xi - \bar{\xi})^k} \tag{2.272}$$

$$\cdots$$

Das erste zentrale Moment ist immer Null. Das zweite zentrale Moment μ_2^* ist die *Varianz* einer statistischen Größe ξ.

$$
\begin{aligned}
\overline{(\xi - \bar{\xi})^2} &= \mu_2^* = \overline{(\xi^2 - 2\xi\bar{\xi} + \bar{\xi}^2)} \\
&= \overline{\xi^2} - \overline{\bar{\xi}^2}
\end{aligned}
\tag{2.273}
$$

Die Quadratwurzel der Varianz nennt man *Standardabweichung*.

2.4.5 Ergodenannahme

Werden partielle Differentialgleichungen gemittelt, erhält man sowohl Korrelationen statistischer Größen als auch zeitliche Mittelungen partieller Ableitungen. Die Ergodenannahme besagt, dass der räumliche Grenzwert unabhängig von der Zeit ist, so dass gilt:

$$
\begin{aligned}
\overline{\frac{\partial \xi}{\partial x_j}} &= \frac{1}{T} \int_{-T/2}^{T/2} \frac{\partial \xi(\tau)}{\partial x_j}\, d\tau \\[2mm]
&= \frac{1}{T} \int_{-T/2}^{T/2} \lim_{\Delta x \to 0} \frac{\xi(\tau, x_j + \Delta x\, e_j) - \xi(\tau, x_j)}{\Delta x}\, d\tau \\[2mm]
&= \lim_{\Delta x \to 0} \frac{1}{T} \int_{-T/2}^{T/2} \frac{\xi(\tau, x_j + \Delta x\, e_j) - \xi(\tau, x_j)}{\Delta x}\, d\tau \quad .
\end{aligned}
\tag{2.274}
$$

So gilt für die zeitliche Mittelung des Gradienten:

$$
\overline{\frac{\partial \xi}{\partial x_j}} = \lim_{\Delta x \to 0} \frac{\bar{\xi}(x_j + \Delta x\, e_j) - \bar{\xi}(x_j)}{\Delta x} = \frac{\partial \bar{\xi}}{\partial x_j}.
\tag{2.275}
$$

Analog wird anschließend mit den gemittelten Transportgleichungen verfahren.

2.4.6 Kontinuität

Der *turbulente Charakter* der kontinuierlichen Phase einer Spray-Strömung veranlasst die Wissenschaft, die Bewegung nicht momentan zu beschreiben, sondern statistisch gemittelte Werte zu transportieren, da sonst die Skalen der zur numerischen Berechnung notwendigen, räumlichen und zeitlichen Diskretisierung deutlich reduziert werden müssten. Indem die momentanen Transportgleichungen zeitlich gemittelt werden, beschreiben die neu entstehenden Differentialgleichungen nicht mehr momentane, sondern nur noch zeitlich gemittelte Größen. Wie schon bei der Definition der materiellen Ableitung (Gl. 2.140) erwähnt gilt, da die Masse des Körpers stets unverändert bleibt, die lokale Massenbilanz:

$$\frac{\partial \rho}{\partial t} + \frac{\partial \rho u_j}{\partial x_j} = 0 \; . \tag{2.276}$$

Wird die Massenbilanz zeitlich gemittelt, erhält man unter Verwendung der Ergodenannahme die *Kontinuitätsgleichung*

$$\frac{\partial \bar{\rho}}{\partial t} + \frac{\partial}{\partial x_i} \left(\overline{\rho u_i} \right) = 0 \quad . \tag{2.277}$$

Für inkompressible Fluide gilt $\rho' = 0$. So folgt die Kontinuitätsgleichung

$$\rho = \bar{\rho} \Rightarrow \frac{\partial \rho}{\partial t} + \frac{\partial}{\partial x_i} \left(\rho \bar{u}_i \right) = 0 \tag{2.278}$$

und die Divergenzfreiheit

$$\underbrace{\frac{\partial \rho}{\partial t} + \bar{u}_j \frac{\partial \rho}{\partial x_i}}_{\dot{\rho}=0} + \rho \frac{\partial \bar{u}_j}{\partial x_j} = 0 \quad . \tag{2.279}$$

Die Kontinuitätsgleichung ist eine skalare Differentialgleichung und stellt eine Relation zwischen der Dichte ρ und der zeitlich gemittelten Geschwindigkeit $\bar{u}_i$ her.

2.4.7 Mittlere Geschwindigkeit

Für die Beschreibung eines inkompressiblen Fluids vernachlässigt man in der Impulsbilanz (Gl. 2.153) die Divergenz der Strömungsgeschwindigkeit. Unter

Vernachlässigung der Gravitation sowie anderer von außen angreifender Kräfte erhält man folgende vereinfachte Impulsbilanz:

$$\frac{\partial \rho\, u_i}{\partial t} + \frac{\partial \rho\, u_i u_j}{\partial x_j} = -\frac{\partial p}{\partial x_i} + \frac{\partial}{\partial x_j}\left(\mu \frac{\partial u_i}{\partial x_j}\right) \ . \tag{2.280}$$

Im Anschluss an die Zerlegung der Geschwindigkeit in Mittelwert und Fluktuation wird die Gleichung zeitlich gemittelt.

$$\frac{\partial \rho\, \bar{u}_i}{\partial t} + \frac{\partial \rho}{\partial x_j}\left(\bar{u}_i\bar{u}_j + \overline{u_i'u_j'} + \underbrace{\overline{u_i'\bar{u}_j}}_{=0} + \underbrace{\overline{\bar{u}_i u_j'}}_{=0}\right) = -\frac{\partial \bar{p}}{\partial x_i} + \frac{\partial}{\partial x_j}\left(\mu \frac{\partial \bar{u}_i}{\partial x_j}\right)$$

$$\tag{2.281}$$

Analog zur Dichte ρ wird die dynamische Viskosität als invariant bezüglich der zeitlichen Mittelung angesehen ($\mu' = 0$). Anstelle der momentanen Geschwindigkeit $\vec{u}$ wird durch diese gemittelte Gleichung das erste Moment der Geschwindigkeit, die mittlere Geschwindigkeit $\bar{\vec{u}}$, transportiert.

$$\frac{\partial \rho\, \bar{u}_i}{\partial t} + \frac{\partial \rho\, u_i u_j}{\partial x_j} = -\frac{\partial p}{\partial x_i} + \frac{\partial}{\partial x_j}\left(\mu \frac{\partial \bar{u}_i}{\partial x_j} - \rho\overline{u_i'u_j'}\right) \tag{2.282}$$

Bis auf einen additiven Term im Flussterm stimmen die beiden Differentialgleichungen überein. Durch die gemittelte Navier-Stokes-Gleichung kann die zeitliche und räumliche Veränderung der *Reynolds-gemittelten Geschwindigkeit* u_i beschrieben und so auch die Bewegungsgleichung der Strömung aufgestellt werden. Während der zeitlich gemittelte Druck $\bar{p}$ und die gemittelte Geschwindigkeitskomponente $\bar{u}_i$ durch Impulsbilanz und Massenbilanz bestimmt werden, kann der Reynolds-Stress-Tensor $\overline{u_i'u_j'}$ nicht als geschlossener Term betrachtet werden.

Die Beschreibung des Reynolds-Spannungstensors ist als *Schließungsproblematik* bekannt. Um diesen unbekannten Term zu bestimmen, besteht sowohl die Möglichkeit, eine direkte Modellierung vorzunehmen, als auch eine Transportgleichung höherer Ordnung aufzustellen und damit das Differentialgleichungssystem zu erweitern. Fortan wird von der Annahme der Gleichgewichtsturbulenz ausgegangen. Damit ist jede zu beschreibende physikalische Größe von nur einem charakteristischen Längenmaß und nur einem charakteristischen Zeitmaß abhängig. Das charakteristische Längenmaß sei L^* und das charakteristische Zeitmaß sei T^*. Eine solche Definition ist notwendig, um einfließende Parameter bei der Dimensionsanalyse zu berücksichtigen.

2.4.8 Lokale Isotropie

Als weitere Annahme fließt die lokale Isotropie ein. Die Bedingung ist, dass solche als isotrop angenommenen physikalischen Größen in ausreichend kleinen Bereichen des Strömungsfeldes bezüglich den aufgeführten Transformationen (Gl. 2.84) invariant sind. Eine solche Größe ist der *Reynolds-Spannungstensor* $\overline{u'_i u'_j}$, dessen Diagonalelemente aus diesem Grund folgendermaßen definiert werden:

$$\overline{u'^2_1} = \overline{u'^2_2} = \overline{u'^2_3} \,. \tag{2.283}$$

Der arithmetische Mittelwert der Fluktuationsgeschwindigkeitsquadrate wird als charakteristisches Fluktuationsgeschwindigkeitsquadrat $U^{*\,2}$ verstanden.

$$U^* = \sqrt{\frac{1}{3}\left(\overline{u'^2_1} + \overline{u'^2_2} + \overline{u'^2_3}\right)} \tag{2.284}$$

Das charakteristische Zeitmaß T^* wird fortan durch die charakteristische Geschwindigkeit U^* und das charakteristische Längenmaß L^* definiert.

$$T^* := \frac{L^*}{U^*} \tag{2.285}$$

Somit sind die charakteristischen Maße für nachfolgende dimensionsanalytische Untersuchungen festgelegt. Für die direkte Beschreibung des Reynolds-Stress-Tensors wird von drei beeinflussenden Größen ausgegangen, dem Gradienten der mittleren Geschwindigkeit $\frac{\partial \bar{u}_i}{\partial x_j}$, der charakteristischen Geschwindigkeit großer Wirbel U^* und des charakteristischen Länge L^*.
Nun schreibt man die abhängigen Größen in Form einer Dimensionsmatrix, der *K-Matrix*, welche diese auf den Raum der Längen- und Zeiteinheit abbildet.

	$\overline{u'_i u'_j}$	$\frac{\partial \bar{u}_i}{\partial x_j}$	U^*	L^*	
L	2	0	1	1	(2.286)
T	-2	-1	-1	0	

Der *Kern* einer Matrix ist der Raum, welcher durch Vektoren aufgespannt wird, die durch die Matrix auf Null abgebildet werden. Der *Rang* entspricht der Anzahl der linear unabhängigen Spaltenvektoren einer Matrix.

Da der Rang der K-Matrix gleich zwei und die Anzahl der relevanten, physikalischen Größen vier ist, wird eine zweidimensionale Hyperebene des Parameterraums auf Null abgebildet. Damit ist der Rang des Kerns der

K-Matrix gleich zwei und es existieren genau zwei dimensionslose Zahlen. Der Kern der K-Matrix wird durch die Vektoren

$$\vec{k}_1 = \begin{pmatrix} 0 \\ 1 \\ -1 \\ 1 \end{pmatrix} \qquad \vec{k}_2 = \begin{pmatrix} 1 \\ 0 \\ -2 \\ 0 \end{pmatrix} \tag{2.287}$$

aufgespannt. Aus diesem Grund ergeben sich die beiden für das System bezeichnenden dimensionslosen Größen:

$$\Pi_{1\,ij} = \frac{\partial \bar{u}_i}{\partial x_j} / \frac{U^*}{L^*} \qquad \Pi_{2\,ij} = \frac{\overline{u_i' u_j'}}{U^{*\,2}} \ . \tag{2.288}$$

Nach dem *Buckingham-Theorem* [234], ist eine jede Gleichung dimensionsbehafteter Größen auch als Gleichung dimensionsloser Größen darstellbar. Da eine solche Beziehung zwischen den 4 Parametergrößen besteht, müssen die beiden dimensionslosen Größen als Funktionen voneinander darstellbar sein.

$$\Pi_2 = f(\Pi_1) \quad \Longrightarrow \quad \overline{u_i' u_j'} = U^{*\,2}\, f(\frac{\partial \bar{u}_i}{\partial x_j} / \frac{U^*}{L^*}) \tag{2.289}$$

Aus der Symmetrie des Reynolds-Spannungstensors folgt die alleinige Abhängigkeit vom symmetrischen Anteil des Parameters Π_2. Analog zur Navier-Stokes-Gleichung, müssen auch in diesem Fall Volumenspannungen berücksichtigt werden, so dass der Geschwindigkeitsgradient $\partial \bar{u}_i / \partial x_j$ nicht durch den gemittelten Deformationsgeschwindigkeitstensor $\bar{D}$, sondern durch seine Deviation, den Distorsionstensor $\bar{E}$ (Gl. 2.149), ersetzt wird.

$$\overline{u_i' u_j'} = U^{*\,2}\, f^*(\bar{E}_{ij} / \frac{U^*}{L^*}) \qquad , \bar{E}_{ij} = \frac{1}{2}(\frac{\partial \bar{u}_i}{\partial x_j} + \frac{\partial \bar{u}_j}{\partial x_i}) - \frac{1}{3}\frac{\partial \bar{u}_k}{\partial u_k} \tag{2.290}$$

Auf diesem Weg ist der Reynolds'sche Spannungstensor als Funktion des dimensionslosen Tensors $\bar{E}_{ij} / \frac{U^*}{L^*}$ darstellbar.

2.4.9 Null-Gleichungs-Modell

An dieser Stelle wird die Funktion f^* durch einen Reihenansatz über dem Argument $\Pi^* = \bar{E}_{ij} / \frac{U^*}{L^*}$ approximiert.

$$\Pi_{2\,ij} = \frac{\overline{u_i' u_j'}}{U^{*\,2}} = \alpha_0 \delta_{ij} + \alpha_1 \Pi_{ij}^* + \alpha_2 \Pi_{ij}^{*\,2} + \alpha_3 \Pi_{ij}^{*\,3} + \alpha_4 \Pi_{ij}^{*\,4} + \ldots \tag{2.291}$$

Mit Hilfe des *Cayley-Hamilton-Theorems* (Gl. 2.62) gilt für die 3×3-Matrix Π^* folgende Beziehung:

$$\Pi^{*\,3} - I_{\Pi^*}\Pi^{*\,2} + II_{\Pi^*}\Pi^* - III_{\Pi^*} = 0 \ , \tag{2.292}$$

mit ihren *Hauptinvarianten*:

$$
\begin{aligned}
I_{\Pi^*} &= \delta_{ij}\Pi^*_{ij} \ , \\
II_{\Pi^*} &= \frac{1}{2}\left((\delta_{ij}\Pi^*_{ij})^2 - \delta_{ij}\Pi^*_{ik}\Pi^*_{kj}\right) \ , \\
III_{\Pi^*} &= \operatorname{Det}\Pi^* \ .
\end{aligned}
\tag{2.293}
$$

Multipliziert man die Beziehung des Cayley-Hamilton-Theorems mit $\Pi^{*\,n-2}$, so erhält man folgende, je für das n+1-te Glied des Reihenansatzes vereinfachende, Gleichung:

$$\Pi^{*\,n+1} = I_{\Pi^*}\Pi^{*\,n} - II_{\Pi^*}\Pi^{*\,n-1} + III_{\Pi^*}\Pi^{*\,n-2} \ . \tag{2.294}$$

Da ab dem vierten Reihenglied alle Terme durch Reihenglieder niedrigerer Potenz ersetzt werden können, reduziert sich der Reihenansatz auf drei Terme. Durch die Reduktion sind die neuen Koeffizienten β_n von den Hauptinvarianten des Parameters Π^* abhängig.

$$
\begin{aligned}
\frac{\overline{u'_i u'_j}}{U^{*\,2}} = \beta_0(I_{\Pi^*},II_{\Pi^*},III_{\Pi^*})\delta_{ij} \ &+ \ \beta_1(I_{\Pi^*},II_{\Pi^*},III_{\Pi^*})\Pi^*_{ij} \\
&+ \ \beta_2(I_{\Pi^*},II_{\Pi^*},III_{\Pi^*})\Pi^{*\,2}_{ij}
\end{aligned}
\tag{2.295}
$$

Es kann von betragsmäßig kleinen Π^* ausgegangen werden. Daher kann der quadratische Term vernachlässigt und die Reihe linearisiert werden [110].

$$\overline{u'_i u'_j} = \beta_0\,U^{*\,2}\delta_{ij} + \beta_1\,U^*\,L^*\,E_{ij} \tag{2.296}$$

Mit dieser Methode ist es nun möglich, den Reynolds-Stress-Tensor als nicht geschlossenen Term der Geschwindigkeitstransportgleichung nach einer entsprechenden Bestimmung der Koeffizienten β_0 und β_1 zu beschreiben.

2.4.10 Turbulente kinetische Energie k

Als relevante massenspezifische Größe *isotroper Turbulenz* ist an dieser Stelle die *turbulente kinetische Energie* k zu nennen.

$$k := \frac{1}{2}\,\overline{u'_i u'_i} \tag{2.297}$$

Die turbulente kinetische Energie entspricht der Hälfte der Spur des Reynolds-Spannungstensors. Bildet man die Spur der direkten Modellierung (Gl. 2.296) des Reynolds-Spannungstensors und berücksichtigt, dass die Spur des Distorsionstensors verschwindet, erhält man die Relation

$$2\,k = \beta_0 U^{*\,2} \underbrace{\delta_{ij}\delta_{ij}}_{=3} \implies \beta_0 = \frac{2}{3}\frac{k}{U^{*\,2}} \ . \tag{2.298}$$

Durch die Einführung der turbulenten kinetischen Energie als strömungsrelevante Größe ist der erste Koeffizient β_0 der direkten Modellierung beschrieben.

2.4.11 Turbulente Viskosität

Während der erste Term der Modellierung des Reynolds-Spannungstensors sich auf die Beschreibung der Diagonalelemente beschränkt, wird im zweiten Term, wenn auch nur eingeschränkt, die Beziehung zwischen dem Spannungstensor und der Anisotropie der Strömung beschrieben
Als Vereinfachung werden an dieser Stelle die Koeffizienten $-\frac{\beta_1}{2} U^* L^*$ zur turbulenten Viskosität ν_t zusammengefasst. Diese Substitution kann auch mittels der turbulenten Reynolds-Zahl Ro_t durch folgende Interpretation des Koeffizienten β_1 dargestellt werden:

$$-\frac{\beta_1}{2} = \frac{1}{\mathrm{Re}_t} = \frac{\nu_t}{L^* U^*} \ . \tag{2.299}$$

Der Faktor $1/2$ resultiert aus der Symmetrisierung des Geschwindigkeitsgradienten (Gl. 2.114). Für die Definition der Koeffizienten ist es wichtig, dass die turbulente Viskosität analog zur Dissipation (Gl. 2.159) der entsprechende Proportionalitätsfaktor des Geschwindigkeitsgradienten ist.

$$\overline{u_i' u_j'} = \frac{2}{3} k\,\delta_{ij} - \nu_t \left(\frac{\partial \bar{u}_i}{\partial x_j} + \frac{\partial \bar{u}_j}{\partial x_i} - \frac{2}{3}\frac{\partial \bar{u}_k}{\partial x_k}\delta_{ij} \right) \tag{2.300}$$

So kann unter Vorgabe der turbulenten kinetischen Energie k und der turbulenten Viskosität ν_t der Reynolds-Spannungstensor im Transport der mittleren Geschwindigkeit (Gl. 2.282) modelliert werden.

2.5 Modellierung isotroper Turbulenz

Wird der *Reynolds-Spannungstensor* (vgl. [176, 237]) in dieser Form geschlossen, dass die Diagonalelemente alle gleich sind und somit die statistische Varianz der Strömungsgeschwindigkeit unabhängig von der Raumrichtung ist, wird von *isotroper Turbulenz* gesprochen [261, 262, 162]. Der Grad der Turbulenz wird somit nur noch durch eine einzige physikalische Größe beschrieben, *die turbulente kinetische Energie k*. Um die zeitliche und räumliche Änderung dieser die Turbulenz charakterisierenden Größe zu beschreiben, wird eine Transportgleichung für die turbulente kinetische Energie aufgestellt.

2.5.1 k-Gleichung

Für Newton'sche Fluide wird der Cauchy'sche Spannungstensor als Impulsfluss in seinen isotropen Anteil, den isotropen Drucktensor $p\delta_{ij}$, und seinen anisotropen Anteil τ_{ij} aufgespalten. So gilt für die momentane Navier-Stokes-Gleichung (Gl. 2.150) als Transportgleichung der in die mittlere Geschwindigkeit $\bar{u}_i$ und die Geschwindigkeitsfluktuation u_i' aufgespaltenen Geschwindigkeit

$$u_i = \bar{u}_i + u_i' \tag{2.301}$$

nachdem sie mit der Geschwindigkeitsfluktuation u_i' skalar multipliziert wurde:

$$\rho u_i' \frac{\partial}{\partial t}(\bar{u}_i + u_i') \quad + \quad \rho u_i'(\bar{u}_j + u_j')\frac{\partial}{\partial x_j}(\bar{u}_i + u_i') \tag{2.302}$$

$$= \quad \rho f_i - u_i'\frac{\partial p}{\partial x_i} + u_i'\frac{\partial}{\partial x_j}\tau_{ij}$$

$$\tau_{ij} \quad =: \quad \rho\nu\left(\frac{\partial\left(\bar{u}_i + u_i'\right)}{\partial x_j} + \frac{\partial\left(\bar{u}_j + u_j'\right)}{\partial x_i} - \frac{2}{3}\frac{\partial\left(\bar{u}_k + u_k'\right)}{\partial u_k}\right) .$$

$$\tag{2.303}$$

Die Produkte aus Fluktuationsgrößen und partiellen Ableitungen werden mittels inverser Ableitungsregeln zusammengefasst.

Durch eine dementsprechende Umformung der Gradienten ergibt sich so:

$$\underbrace{\frac{\partial}{\partial t}(\rho u_i' \bar{u}_i}_{A} + \frac{1}{2}\rho u_i' u_i') - \underbrace{\bar{u}_i \frac{\partial}{\partial t}(\rho u_i')}_{B}$$

$$+ \frac{\partial}{\partial x_j} \underbrace{(\rho u_i' \bar{u}_i \bar{u}_j + \rho u_i' u_i' \bar{u}_j + \rho u_i' \bar{u}_i u_j' + \rho u_i' u_i' u_j')}_{C}$$

$$\underbrace{- \bar{u}_i \frac{\partial}{\partial x_j}(\rho u_i' \bar{u}_j) - \bar{u}_i \frac{\partial}{\partial x_j}(\rho u_i' u_j')}_{D}$$

$$- u_i' \frac{\partial}{\partial x_j}(\rho u_i' \bar{u}_j) - u_i' \frac{\partial}{\partial x_j}(\rho u_i' u_j')$$

$$= \quad \rho u_i' f_i - u_i' \frac{\partial p}{\partial x_i} + u_i' \frac{\partial \tau_{ij}}{\partial x_j} \quad . \tag{2.304}$$

Durch die Definition des k-Terms kann das Skalarprodukt von Fluktuation und Gradient derselben zum Gradienten von k zusammengezogen werden:

$$u_i' \frac{\partial u_i'}{\partial t} = \frac{1}{2} \frac{\partial(u_i' u_i')}{\partial t} \qquad \overline{u_i' \frac{\partial}{\partial x_j}(u_i' \bar{u}_j)} = \bar{u}_j \frac{\partial k}{\partial x_j} \quad . \tag{2.305}$$

Anschließend wird diese Gleichung zeitlich gemittelt, so dass die Terme A, B, C und D verschwinden. Man erhält die Transportgleichung der turbulenten kinetischen Energie k.

$$\frac{\partial}{\partial t}(\rho k) + \frac{\partial}{\partial x_j}(2\rho k \bar{u}_j + \rho \bar{u}_i \overline{u_i' u_j'} + \rho \overline{u_i' u_i' u_j'}) - \bar{u}_i \frac{\partial}{\partial x_j}(\rho \overline{u_i' u_j'})$$

$$- \rho \bar{u}_j \frac{\partial k}{\partial x_j} - \overline{u_i' \frac{\partial}{\partial x_j}(\rho u_i' u_j')} = \rho \overline{f_i u_i'} - \overline{u_i' \frac{\partial p}{\partial x_i}} + \overline{u_i' \frac{\partial \tau_{ij}}{\partial x_j}} \tag{2.306}$$

Durch eine Zusammenfassung der Gradiententerme lässt sich diese Transportgleichung durch fünf Terme beschreiben: den instationären Term (I), den Produktionsterm (II), einen Konvektionsterm (III), einer Geschwindigkeitskorrelation 3. Ordnung (IV), der turbulenten Leistung der von außen angreifenden Kräfte (V) und den Einflüssen, welche aus Druck- und Spannungskorrelationen resultieren (VI).

$$\underbrace{\frac{\partial}{\partial t}(\rho k)}_{I} + \underbrace{\rho \overline{u_i' u_j'} \frac{\partial \bar{u}_i}{\partial x_j}}_{II} + \underbrace{\bar{u}_j \rho \frac{\partial k}{\partial x_j}}_{III} + \underbrace{\frac{\rho}{2} \frac{\overline{\partial u_i' u_i' u_j'}}{\partial x_j}}_{IV} = \underbrace{\rho \overline{f_i u_i'}}_{V} \underbrace{- \overline{u_i' \frac{\partial p}{\partial x_j}} + \overline{u_i' \frac{\partial \tau_{ij}}{\partial x_j}}}_{VI}$$

$$\tag{2.307}$$

Diese Gleichung dient dazu, die Abhängigkeiten der turbulenten kinetischen Energie zu beschreiben, so dass die Beschreibung des Reynolds-Spannungstensors geschlossen wird. Aus diesem Grund müssen nicht geschlossene Terme dieser Gleichung, wie Momente höherer Ordnung als zwei, entsprechend modelliert werden [209, 210].

2.5.2 Ansatz für den turbulenten Transport

Der Produktionsterm (Gl. 2.307, II) ist geschlossen, da die gemittelte Geschwindigkeit $\bar{u}_i$ und der Reynolds-Stress-Tensor $\overline{u'_i u'_j}$ durch Gleichungen beschrieben werden.

Term VI in Gl. 2.307 ist entsprechend der Modellierung des Cauchy'schen Spannungstensors in eine Korrelation der Druckdiffusion und eine Korrelation der Scherung aufgespalten.

Da die Korrelation von Geschwindigkeit und Druckgradient durch keine Beschreibung geschlossen wird, bedarf dieser Diffusionsanteil einer Modellierung. Ausgehend von der Definition der Fluktuation wird dieser Term folgendermaßen zerlegt:

$$ -\overline{u'_i \frac{\partial p}{\partial x_i}} = -\overline{u'_i \frac{\partial p'}{\partial x_i}} - \underbrace{\overline{\frac{\partial \bar{p}}{\partial x_i} u'_i}}_{=0} = -\frac{\partial}{\partial x_i}(\overline{p' u'_i}) + \underbrace{\overline{p' \frac{\partial u'_i}{\partial x_i}}}_{=0} \quad . \qquad (2.308) $$

Während die Druck-Geschwindigkeits-Korrelation $\overline{p' u'_i}$ dem turbulenten Transport zugeordnet wird, verschwindet der zweite Term, da von einer Divergenzfreiheit der Geschwindigkeitsfluktuation ausgegangen wird.

Zusammen mit der Druck-Geschwindigkeits-Korrelation bildet das dritte Moment die turbulente Diffusion bzw. den turbulenten Transport D_t. Da der turbulente Energietransport proportional zur turbulenten Viskosität ν_t ist, wird diese durch einen Nenner σ_k, welcher analog zum thermischen Transport auch turbulente Prandtl-Zahl genannt wird, zur Diffusivität ν_t/σ_k der turbulenten kinetischen Energie erweitert. Die turbulente Diffusion wird mit einem Gradientenflussansatz entsprechend modelliert.

$$ -\frac{\partial}{\partial x_j}\left(\overline{\frac{\rho}{2} u'_i u'_i u'_j} + \overline{p' u'_j} \right) \approx \frac{\partial}{\partial x_j}\left(\frac{\nu_t}{\sigma_k} \bar{\rho} \frac{\partial k}{\partial x_j} \right) = D_t \qquad , \sigma_k = 1.0 \quad (2.309) $$

Als Term der k-Gleichung kann der turbulente Transport nun als geschlossen angesehen werden.

2.5.3 Diffusion und Dissipation

Wird der anisotrope Anteil τ_{ij} des Cauchy'schen Spannungstensors σ_{ij} entsprechend aufgespalten, ergibt sich für die Diffusionskorrelation folgendes:

$$\overline{u_i' \frac{\partial \tau_{ij}}{\partial x_j}} = \overline{u_i' \frac{\partial}{\partial x_j} \left(\mu \frac{\partial u_i'}{\partial x_j} + \mu \frac{\partial u_j'}{\partial x_i} - \mu \frac{2}{3} \frac{\partial u_k'}{\partial x_k} \delta_{ij} \right)}. \qquad (2.310)$$

Durch die Produktregel läßt sich dieser Term in die molekulare Diffusion und die Dissipation der turbulenten kinetischen Energie zerlegen.

$$\overline{u_i' \frac{\partial \tau_{ij}}{\partial x_j}} = \frac{\partial}{\partial x_j} \overline{\tau_{ij} u_i'} - \overline{\tau_{ij} \frac{\partial u_i'}{\partial x_j}} \qquad (2.311)$$

$$= \underbrace{\frac{\partial}{\partial x_j} \left(\overline{\mu u_i' \frac{\partial u_i'}{\partial x_j}} + \overline{\mu u_i' \frac{\partial u_j'}{\partial x_i}} + \overline{\mu u_i' \frac{2}{3} \frac{\partial u_k'}{\partial x_k} \delta_{ij}} \right)}_{\text{Diffusion } D} - \underbrace{\overline{\tau_{ij} \frac{\partial u_i'}{\partial x_j}}}_{\text{turb. Dissipation } \phi_t}$$

Für den Diffusionsterm resultiert analog zur momentanen Betrachtung unter Berücksichtigung der Inkompressibilität

$$\overline{u_i' \frac{\partial \tau_{ij}}{\partial x_j}} = \frac{\partial}{\partial x_j} \left(\mu \frac{\partial k}{\partial x_j} \right) - \overline{\tau_{ij} \frac{\partial u_i'}{\partial x_j}}. \qquad (2.312)$$

Der Diffusionsterm ist somit geschlossen. Zuletzt wird die Modellbildung des Dissipationsterms der turbulenten kinetischen Energie besprochen. Der Dissipationsterm wird, da lediglich der isotrope Anteil des Reynolds-Spannungstensors transportiert wird, ebenso als isotrop angesehen, und ist unter der Annahme der Divergenzfreiheit aufgrund des Gradientenquadrates nie negativ.

$$\overline{\tau_{ij} \frac{\partial u_i'}{\partial x_j}} = \overline{\frac{\partial u_i'}{\partial x_j} \left(\mu \frac{\partial u_i'}{\partial x_j} + \mu \frac{\partial u_j'}{\partial x_i} - \mu \frac{2}{3} \frac{\partial u_k'}{\partial x_k} \delta_{ij} \right)} \approx \frac{1}{3} \rho \epsilon \underbrace{\delta_{ij} \delta_{ij}}_{=3} \geq 0 \qquad (2.313)$$

ϵ ist damit die isotrope Dissipationsrate. Aus der Annahme der Gleichgewichtsturbulenz folgt, dass nur ein charakteristisches Zeitmaß existiert. Aus diesem Grund wird der Quotient k/ϵ als konstant angenommen.

Da für das k-ϵ-Modell von der turbulenten kinetischen Energie k und der skalaren Dissipationsrate ϵ ausgegangen wird, lässt sich die turbulente Viskosität aufgrund dimensionsanalytischer Betrachtungen durch diese beiden Werte definieren [125].

$$\nu_t = C_\mu \frac{k^2}{\epsilon} \qquad , C_\mu = 0.09 \qquad (2.314)$$

Um den Diffusionskoeffizienten der Impulstransportgleichung, die turbulente
Viskosität ν_t, zu bestimmen, werden Transportgleichungen für die turbulente
kinetische Energie k und deren Dissipationsrate ϵ gelöst.

2.5.4 Transport isotroper Turbulenz mit dem k-ϵ-Modell

Die turbulente kinetische Energie k ist ein Maß für den turbulenten Charakter
einer Strömung. ϵ ist die skalare Dissipationsrate der turbulenten kinetischen
Energie. Diese ist wiederum ein Maß für den Abbau von Turbulenz. k und
ϵ sind physikalische Größen, deren räumliche und zeitliche Änderungen im
k-ϵ-Modell analog zum Impuls in der Navier-Stokes-Gleichung transportiert
werden.

In Anlehnung an die direkte Beschreibung des Reynolds-Spannungstensors
wird eine Transportgleichung für die turbulente kinetische Energie aufgestellt,
damit der Reynolds-Spannungstensor $\overline{u_i' u_j'}$ bestimmt werden kann. Analog
zur kinetischen Energie (Gl. 2.156) wird die Bilanzgleichung der Impulsf-
luktuation mit u_i' multipliziert, um die Transportgleichung der turbulenten
kinetischen Energie zu erhalten. So lautet die k-Gleichung nach Modellierung
aller nicht geschlossenen Terme:

$$\rho\frac{\partial k}{\partial t} + \rho\bar{u}_j\frac{\partial k}{\partial x_j} = \frac{\partial}{\partial x_j}\left(\rho\left(\nu + \frac{C_\mu}{\sigma_k}\frac{k^2}{\epsilon}\right)\frac{\partial k}{\partial x_j}\right) - \rho\overline{u_i' u_j'}\frac{\partial \bar{u}_i}{\partial x_j} - \rho\epsilon$$

$$\text{mit} \qquad C_\mu = 0.09, \quad \sigma_k = 1.0 \quad . \tag{2.315}$$

Nutzt man die Annahme der Gleichgewichtsturbulenz mit nur einem cha-
rakteristischen Zeitmaß, so dividiert man einen jeden Term durch die cha-
rakteristische Zeit k/ϵ und führt auf der Basis der Dimensionsanalyse eine
Herleitung der Transportgleichung der skalaren Dissipation an. Durch diesen
Ansatz werden die Quellterme der ϵ-Gleichung um entsprechende konstante
Faktoren erweitert. Neben der Anpassung der turbulenten Prandtl-Zahl,
werden zwei Koeffizienten $C_{\epsilon 1}$ und $C_{\epsilon 2}$ eingeführt. Für den Transport der
Dissipation ergibt sich somit folgende Gleichung:

$$\rho\frac{\partial \epsilon}{\partial t} + \rho\bar{u}_j\frac{\partial \epsilon}{\partial x_j} = \frac{\partial}{\partial x_j}\left(\rho\left(\nu + \frac{C_\mu}{\sigma_\epsilon}\frac{k^2}{\epsilon}\right)\frac{\partial \epsilon}{\partial x_j}\right)$$

$$-C_{\epsilon 1}\frac{\epsilon}{k}\rho\overline{u_i' u_j'}\frac{\partial u_i}{\partial x_j} - C_{\epsilon 2}\rho\frac{\epsilon^2}{k} \tag{2.316}$$

$$C_\mu = 0.09, \quad \sigma_\epsilon = 1.3, \quad C_{\epsilon 1} = 1.44, \quad C_{\epsilon 2} = 1.92 \quad .$$

Neben der Modellierung des Reynolds-Spannungstensors in Abhängigkeit von turbulenter kinetischer Energie und mittlerer Geschwindigkeit stellen diese beiden geschlossenen Gleichungen [125] den gesamten Transport der Turbulenz dar.

2.5.5 Energieerhaltung in der Turbulenz

Energetisch betrachtet ist die turbulente Dissipationsrate ϵ die Energiesenke, welche die Standardabweichung der Strömungsgeschwindigkeit aufgrund viskoser aber auch zugleich statistischer Effekte reduziert. Reale Dissipation folgt allerdings aus der Reibung einer viskosen Strömung und damit aus der Diffusion der mittleren Geschwindigkeit. Wird die Impulstransportgleichung (Gl. 2.282) Abzüglich der Kontinuitätsgleichung mit der mittleren Geschwindigkeit $\bar{u}_i$ multipliziert, resultiert mit der Definition der kinetischen Energie der mittleren Geschwindigkeit

$$K = \frac{1}{2}\bar{u}_i\bar{u}_i \ . \tag{2.317}$$

die Transportgleichung dieser:

$$\rho\bar{u}_i\frac{\partial\bar{u}_i}{\partial t} + \rho\,\bar{u}_i\bar{u}_j\frac{\partial\bar{u}_i}{\partial x_j} = -\bar{u}_i\frac{\partial\bar{p}}{\partial x_i} + \bar{u}_i\frac{\partial}{\partial x_j}\left(\mu\frac{\partial\bar{u}_i}{\partial x_j} - \rho\overline{u_i'u_j'}\right)$$

$$\rho\frac{\partial K}{\partial t} + \rho\,\bar{u}_j\frac{\partial K}{\partial x_j} = -\bar{u}_i\frac{\partial\bar{p}}{\partial x_i} + \frac{\partial}{\partial x_j}\left(\mu\,\bar{u}_i\frac{\partial\bar{u}_i}{\partial x_j}\right)$$

$$- \left(\mu\frac{\partial\bar{u}_i}{\partial x_j}\right)\frac{\partial\bar{u}_i}{\partial x_j} - \bar{u}_i\frac{\partial}{\partial x_j}\left(\rho\overline{u_i'u_j'}\right)$$

$$\rho\frac{\partial}{\partial t}(\rho K) + \frac{\partial K}{\partial x_j}(\rho\,\bar{u}_j) = -\bar{u}_i\frac{\partial}{\partial x_j}\left(\bar{p}\delta_{ij} + \rho\overline{u_i'u_j'}\right) \tag{2.318}$$

$$+ \frac{\partial}{\partial x_j}\left(\mu\frac{\partial K}{\partial x_j}\right) - \underbrace{\mu\frac{\partial\bar{u}_i}{\partial x_j}\frac{\partial\bar{u}_i}{\partial x_j}}_{D_{\text{glob}}} \ .$$

Die materielle Ableitung der kinetischen Energie der mittleren Geschwindigkeit spaltet sich so in einen Transportterm, einen Diffusionsterm und die Dissipation auf. Die globale Dissipation D_{glob} dieser kinetischen Energie der

mittleren Geschwindigkeit ist selbst wiederum als Produkt eines linearen
Filters interpretierbar:

$$
\begin{aligned}
D_{\text{glob}} &= \mu \, \frac{\partial \bar{u}_i}{\partial x_j} \frac{\partial \bar{u}_i}{\partial x_j} \\[1ex]
&= \mu \, \overline{\frac{\partial \bar{u}_i}{\partial x_j} \frac{\partial \bar{u}_i}{\partial x_j}} \\[1ex]
&= \mu \, \overline{\frac{\partial (u_i - u_i')}{\partial x_j} \frac{\partial (u_i - u_i')}{\partial x_j}} \\[1ex]
&= \mu \, \underbrace{\overline{\frac{\partial u_i}{\partial x_j} \frac{\partial u_i}{\partial x_j}}}_{D} - \rho\,\nu \underbrace{\overline{\frac{\partial u_i'}{\partial x_j} \frac{\partial u_i'}{\partial x_j}}}_{\epsilon} \\[1ex]
&= D - \rho\epsilon.
\end{aligned}
\tag{2.319}
$$

Entsprechend ist zu erkennen, dass die globale Dissipationsleistung aus der
Differenz der eigentlichen Dissipationsleistung, nämlich der Energie, die in
Wärme umgewandelt wird, und der turbulenten Dissipationsleistung resultiert. Dadurch ist bewiesen, dass die turbulente Dissipationsleistung genau
im gleichen Umfang eine Senke für die turbulente kinetische Energie k darstellt, wie diese auch einen Quellterm für die kinetische Energie der mittleren
Geschwindigkeit K verkörpert. Somit ist der Begriff Dissipationsleistung
etwas irreführend, da keine Energie direkt in Wärme sondern in die kinetische
Energie einer mittleren Geschwindigkeit umgewandelt wird.

2.5.6 Modellierung der turbulenten Grenzschicht

Durch die Transportgleichungen der turbulenten kinetischen Energie k und
deren Dissipationsrate ϵ ist die Schließungproblematik der Geschwindigkeitskorrelation hinreichend gelöst. Während eine laminare Grenzschicht durch
die Neumann'sche Randbedingung $\vec{u} = 0$ vollständig beschrieben werden
kann, ist die Randbedingung einer turbulenten Grenzschicht bei einer nicht
beliebig feinen Auflösung durch diese Randbedingung nicht beschreibbar, da
für die turbulente Grenzschicht entsprechende Randbedingungen für k und ϵ
festgelegt werden müssen. Ausgehend von der Annahme der Gleichgewichtsturbulenz, wird die Geschwindigkeitskorrelation innerhalb der turbulenten
Grenzschicht an der Wand $\overline{u_1' u_2'}$ durch die charakteristische *turbulente Ge-*

schwindigkeit u_t und die turbulente Dissipationsrate ϵ durch die turbulente Geschwindigkeit und das *turbulente Längenmaß* beschrieben:

$$u_t^2 = -\overline{u_1' u_2'} \quad , \quad \epsilon = \frac{u_t^3}{\lambda_t} \ . \tag{2.320}$$

Für die Modellierung einer turbulenten Grenzschicht wird davon ausgegangen, dass sich Dissipationsrate die ϵ und die turbulente Produktion innerhalb der stationären Grenzschicht gegenseitig aufheben. Durch Substitution der turbulenten Referenzgrößen (Gl. 2.320) resultiert aus diesem Zusammenhang:

$$\epsilon = -\overline{u_1' u_2'} \frac{\partial \bar{u}_1}{\partial x_2} \quad \Rightarrow \quad \frac{u_t}{\lambda_t} = \frac{\partial \bar{u}_1}{\partial x_2} \ . \tag{2.321}$$

Aus der Definition der turbulenten Viskosität (Gl. 2.300), folgt so für diese

$$-\overline{u_1' u_2'} = \nu_t \frac{\partial \bar{u}_1}{\partial x_2} \quad \Rightarrow \quad u_t^2 = \nu_t \frac{u_t}{\lambda_t} \quad \Rightarrow \quad \nu_t = \lambda_t u_t \ . \tag{2.322}$$

Mit der Standard-k-ϵ-Modellierung der turbulenten Viskosität (Gl. 2.314) resultiert der globale Zusammenhang zwischen turbulenter Geschwindigkeit u_t und turbulenter kinetischer Energie k:

$$\nu_t = C_\mu \frac{k^2}{\epsilon} \quad \Rightarrow \quad u_t \lambda_t = C_\mu k^2 \frac{\lambda_t}{u_t^3} \quad \Rightarrow \quad u_t = C_\mu^{0,25} \sqrt{k} \ . \tag{2.323}$$

Aus der Beschreibung der turbulenten Viskosität (Gl. 2.322) folgt die Approximation des turbulenten Längenmaßes:

$$\lambda_t = \frac{\nu_t}{u_t} = \frac{C_\mu \frac{k^2}{\epsilon}}{C_\mu^{0,25} k^{0,5}} = C_\mu^{\frac{3}{4}} \frac{k^{\frac{3}{2}}}{\epsilon} \ . \tag{2.324}$$

Für das turbulente Zeitmaß τ_t, welches aus dem turbulenten Längenmaß λ_t und der Standardabweichung der Geschwindigkeit u_{rms} folgt, resultiert die Definition:

$$\sqrt{\frac{2}{3}k} = u_{\text{rms}} = \frac{\lambda_t}{\tau_t} \quad \Rightarrow \quad \tau_t = \frac{\lambda_t}{\sqrt{\frac{2}{3}k}} = \sqrt{\frac{3}{2}} C_\mu^{\frac{3}{4}} \frac{k}{\epsilon} \ . \tag{2.325}$$

Für das auf dem Prinzip der Gleichgewichtsturbulenz aufbauende k-ϵ-Turbulenzmodell folgt so die Abhängigkeit von den charakteristischen Maßen u_t, λ^t und τ_t. Als tragende Konstante dieses Modells tritt die Konstante

C_μ ein. Um diesen Parameter zu erläutern, wird der Turbulenzstrukturparameter C_β analysiert. Werden die Geschwindigkeitskorrelationen in dessen Definition substituiert, resultiert der direkte Zusammenhang zwischen dem Turbulenzstrukturparameter und der Konstanten C_μ:

$$C_\beta = -\frac{\overline{u_1' u_2'}}{\overline{u_1' u_1'}} = \frac{\nu_t \frac{k^2}{\epsilon}}{\frac{2}{3} k} \cdot \frac{u_t}{\lambda_t} = \frac{3}{2} C_\mu \frac{k}{\epsilon} \cdot C_\mu^{-0,5} \frac{\epsilon}{k} = \frac{3}{2} \sqrt{C_\mu} \ . \qquad (2.326)$$

Durch die Festlegung des Turbulenzstrukturparameters von für Kontinuumsströmungen mit

$$C_\beta = \frac{9}{20} \qquad (2.327)$$

resultiert der im k-ϵ-Modell festgelegte Parameter $C_\mu = 0,09$.

$$u_t = \sqrt{\frac{2}{3} C_\beta k} \qquad \lambda_t = \frac{\left(\frac{2}{3} C_\beta k\right)^{\frac{3}{2}}}{\epsilon} \qquad (2.328)$$

Entsprechend dieser Transformation ergeben sich für die Gleichgewichtsturbulenz auch entsprechend direkte Abhängigkeiten der charakteristischer Längen- und Geschwindigkeitsmaße (Gln. 2.323,2.324) von dem Turbulenzstrukturparameter C_β.

2.5.7 Logarithmisches Wandgesetz

Im sogenannten *logarithmischen* Wandgesetz wird das turbulenten Längenmaß λ_t innerhalb der turbulenten Grenzschicht in direkter Abhängigkeit als proportional zum geringsten Wandabstand y definiert:

$$\lambda_t = \kappa y \quad ; \quad \kappa = 0,41 \qquad (2.329)$$

Der Parameter κ wird empirisch ermittelt. Für den Geschwindigkeitsgradienten an der Wand (Gl .2.321) folgt so:

$$\frac{\partial \bar{u}}{\partial y} = \frac{u_t}{\lambda_t} = \frac{u_t}{\kappa y} \ . \qquad (2.330)$$

Wird diese Relation durch Multiplikation mit dem Term ν/u_t^2 entdimensioniert:

$$\frac{\partial \frac{\bar{u}}{u_t}}{\partial \frac{y u_t}{\nu}} = \frac{\nu}{\kappa y u_t} \ . \qquad (2.331)$$

Mit Substitution der entdimensionierten Geschwindigkeit u_+ und des entdimensionierten Wandabstands y_+

$$u_+ = \frac{u}{u_t} \quad , \quad y_+ = \frac{y u_t}{\nu} \tag{2.332}$$

resultiert das logarithmische Wandgesetz

$$\frac{\partial u_+}{\partial y_+} = \frac{1}{\kappa y_+} \quad \Rightarrow \quad u_+ = \frac{1}{\kappa} \ln(y_+) + B = \ln(E y_+)^{\frac{1}{\kappa}} \ . \tag{2.333}$$

Die empirisch ermittelten Parameter

$$B = 5,2 \quad , \quad E = e^{B\kappa} = 8,432 \tag{2.334}$$

werden als konstant angenommen. Mittels dieser entdimensionierten Form des Geschwindigkeitsfeldes innerhalb der turbulenten Grenzschicht werden Wandspannung, Turbulenzproduktion und -dissipation in Abhängigkeit vom Wandabstand ermittelt.

2.5.8 Turbulente Wandspannung

Das Produkt aus Geschwindigkeit und turbulenter Wandspannung τ_W entspricht dem turbulenten Impulsfluss und ist damit proportional zu der Korrelation der Geschwindigkeitskomponenten innerhalb der turbulenten Wandgrenzschicht:

$$\tau_W u = -\rho \overline{u_1' u_2'} = \rho u_t^2 \quad \Rightarrow \quad \tau_W = \frac{\rho u_t}{u_+} = \frac{\kappa \rho C_\mu^{0,25} \sqrt{k}}{\ln(E y_+)} \ . \tag{2.335}$$

Die Turbulenzproduktion Π_{12} ist daher direkt von der turbulenten Wandspannung abhängig:

$$\Pi_{12} = -\rho \overline{u_1' u_2'} \frac{\partial \bar{u}_1}{\partial x_2} = \tau_W u \frac{u_t}{\lambda_t} = \frac{\tau_W u \epsilon}{\sqrt{C_\mu} k} \ . \tag{2.336}$$

In Analogie zu vergleichbaren Modellen [103, 55] resultiert entsprechend der Dissipationsdefinition der Quasistationarität für die Gleichgewichtsturbulenz (Gl. 2.320) mit Substitution der turbulenten Geschwindigkeit (Gl. 2.323):

$$\epsilon = \frac{u_t^3}{\lambda_t} = \frac{u_t^4}{\kappa \nu y_+} = \frac{C_\mu k^2}{\kappa \nu y_+} \tag{2.337}$$

Die Dissipationsrate an der Wand ist analog zu turbulenter Wandspannung τ_W und turbulenter Produktion Π_{12} ebenfalls rein durch die Abhängigkeit von dem entdimensionierten Wandabstand y_+ gegeben. Bei weiterentwickelten Modellen [48, 122, 215] wird die turbulente Grenzschicht teils bis hinunter auf die viskose Scherschicht aufgelöst.

Zusammenfassung:
Diffusion einphasiger Kontinua

Um einen Einstieg in die Diffusion partikulärer und molekularer Stoffsysteme aufzuzeigen, wird die Diffusion einphasiger Kontinua erläutert. Auf der Basis von Grundlagen der Tensoranalysis sowie - aus Materialgleichungen - resultierender Transportgleichungen wird Diffusion als konvektiv nicht aufgelöster Stoff-, Impuls- und Energietransport interpretiert. Materielle Spannungen innerhalb eines reibungsbehafteten Fluides werden als Impulsfluss beschrieben. Durch diesen zähigkeitsbedingten Impulsfluss wird Energie dissipiert und in Wärme umgewandelt. Analogien sind in der Turbulenzmodellierung bekannt, sobald die Energie nicht aufgelöster turbulenter Wirbel zu kinetischer Energie der mittleren Geschwindigkeit dissipiert werden [29, 143, 144].

Bedingt durch hohe Temperaturgradienten erzwingen Dichtegradienten in einem dichteunbeständigen Fluid eine natürliche Konvektion, welche bei der divergenzfreien Beschreibung des Geschwindigkeitsfeldes nicht durch die realen Dichtevariationen aufgelöst werden kann. In diesem Fall wird ein Ansatz für virtuelle Beschleunigungen aufgestellt, um die nicht aufgelöste Konvektion durch ein aus einer modellierten Diffusion resultierenden Kraft, dem Auftriebsterm der Impulsbilanz, abzubilden [208, 209].

Bei der Beschreibung mikroskopischer Strömungen werden Mittelwerte an Stelle der exakten räumlichen Auflösung betrachtet. Geschwindigkeitsfluktuation werden als mechanische Spannungen angesehen. Vergleichbare Methoden werden in der Makroskala bei der Beschreibung turbulenter Spannungen beobachtet. Die durch die mittlere Geschwindigkeit nicht aufgelöste Konvektion wird durch die *turbulente Diffusion* modelliert.

Als Beispiel für die Wärmeübertragung einer konvektiven Strömung wird u. a. die natürliche Konvektion einer Rayleigh-Benard-Strömung untersucht. Der in der Wandgrenzschicht lokal aufgelöste konvektive Wärmeaustausch wird mittels numerischer Simulationsergebnisse belegt. Die Simulationsergebnisse weisen eine hervorragende Übereinstimmung mit den analytischen Modellen auf. Weiterhin wird nachgewiesen, dass die Grenzschicht-Temperaturverteilung ebenfalls eine ausgezeichnete Übereinstimmung mit analytischen Überlegungen erfüllt [267, 270].

Mit dem Aufbau und der Herleitung dieser Zusammenhänge wurde ein Kontext hergestellt, welcher die klassische Beschreibung der Diffusion innerhalb kontinuierlicher Medien darstellt. Mischungen, die als homogen betrachtet werden, ist die Betrachtung als einphasiges Medium zulässig, da keine lokalen Schwankungen thermophysikalischer und kinematischer Größen vorliegen. In einem Medium, in dem - auch wenn dessen molekularer Aufbau bekannt ist - die mittlere freie Molekulare Weglänge gegenüber den übrigen geometrischen Abmessungen vernachlässigbar klein ist, wird die Strömung als kontinuierlich angesehen. In den folgenden Kapiteln werden Systeme molekularer und partikulärer Systeme betrachtet, in denen gerade diese Annahmen der Homogenität und Kontinuität nicht mehr getroffen werden können.

3 Diffusion molekularer Strömungen

Während der *erste Hauptsatz der Thermodynamik* mit seiner Aussage, dass die Energie in einem geschlossenen System konstant ist, allein schon rein subjektiv verständlich erscheint, verursachte der zweite Hauptsatz schon zu Gründerzeiten der frühen Thermodynamik zunehmende Skepsis und große Verwirrung.

Ein Volumen, in welches im Verlauf eines Beobachtungszeitraums nichts ein- und nichts austritt, beinhaltet wohl dasselbe wie vor der Beobachtung. Der *zweite Hauptsatz der Thermodynamik*, welcher auch in geschlossenen Systemen bei selbstständig ablaufenden Prozessen die stetige Zunahme einer physikalischen Größe beschreibt, entspricht nicht dieser subjektiven Logik. Durch einen späteren Vergleich dieser physikalischen Größe, der Entropie s, mit der "Unordnung eines Systems" wurde die zunehmend metaphysische Komponente der Diskussion der wissenschaftlichen Bedeutung des zweiten Hauptsatzes nicht mehr gerecht.

Nichts desto trotz werden selbstständig ablaufende Prozesse wie die turbulente Dissipation im vorangegangenen Kapitel nicht durch konservative Zustandsänderungen beschrieben, welche ohne Angabe einer Vorzugsrichtung und ohne äußeren Einfluss in beide Richtungen ablaufen. Diese Richtungsvorgabe der Zustandsänderung wird durch den *2. Hauptsatz der Thermodynamik* geregelt.
Während für *Newton'sche Fluide* die Impulsdiffusion durch die Zähigkeit eines Fluides beschrieben wird, welches wiederum ausschließlich in Abhängigkeit der Temperatur steht, ist die Diffusion molekularer Strömungen geprägt durch die Deformation einer "sich selbst durchdringenden" Molekülwolke. In diesem Zusammenhang ist das makroskopische Analogon zu berücksichtigen, bei dem die Irreversibilität als durch die Moleküldynamik hervorgerufenes in Gang setzen von Prozessen betrachtet wird, die selbstständig und nur in einer Richtung ablaufen.

Für die Diffusion molekularer Strömungen verbleiben als ungeklärte Punkte:

- die Modellierung der Irreversibilität als Beschreibung im thermodynamischen Ungleichgewicht selbstständig ablaufender Prozesse wie Expansion und Phasenübergang auf molekularer Ebene,

- die Skalenübergreifende Modellbildung für die Schallausbreitung durch Molekül- oder Druckdiffusion und

- die Modellierung der Stoff-, Impuls- und Energiediffusion auf der Basis freier Molekülbewegung.

3.1 Expansion, Phasenübergänge und Irreversibilität

Thermodynamisch beeinflusste Prozesse weisen häufig ein charakteristisches Merkmal auf. Die Prozesse laufen selbstständig in einer Richtung ab. Eine Umkehrung des Ablaufs ist ohne Energieaufwand nicht möglich. Dieses Verhalten nennt man *Irreversibilität*. Als physikalische Größe, durch welche solche Prozesse in dieser Eigenschaft quantifiziert werden, wird die *Entropie* definiert. Wie durch *Sir Benjamin Thompson (1753-1814)* erwähnt, gibt es keine periodisch arbeitende Maschine, die restlos Wärme in Arbeit umsetzt. Eine solche theoretische Maschine wird "perpetuum mobile" genant und widerspricht dem 2. Hauptsatz der Thermodynamik, nämlich dass ein selbstständig in einer Richtung ablaufender Prozess die Entropie des Systems nicht anhebt.

In diesem Zusammenhang wird zwischen drei Typen eines "perpetuum mobile" unterschieden:

$p.m.1.Art$: Es wird mehr Arbeit verrichtet als Energie notwendig ist.
$p.m.2.Art$: Wärme wird restlos in Energie umgewandelt.
$p.m.3.Art$: Reibungsfreies System, welches seine Energie ewig behält.

Bei der Umwandlung von potentieller Energie in Wärme innerhalb eines adiabat abgeschlossenen Systems, nimmt die Entropie zu, da die Wärme zunimmt. Damit ist dieser Prozess irreversibel. Aus der Zunahme der Entropie folgt durch Gleichung 2.215 folgende Relation für Energie und Enthalpie.

$$de + p\,dv = dh - v\,dp = dq = T\,ds > 0 \qquad (3.1)$$

Die *thermodynamische Konsistenz* legt fest, dass bei der Modellierung thermodynamischer Prozesse eine Änderung der Zustände keine Senkung der Gesamtentropie mit sich bringt. Zudem wird durch diese Konsistenz gewährleistet, dass die Entropie für irreversible Prozesse zunimmt.

3.1.1 Prinzip von Caratheodory

Mit Gl. 2.215 gilt für reversible und adiabate Prozesse

$$dq = de + pdv = 0 \quad .$$
(3.2)

Bereits durch *Constantin Caratheodory (1873-1950)* beobachtet ergibt sich für einen reversiblen selbstständig ablaufenden Expansionsprozess

$$de \geq -pdv \quad ,$$
(3.3)

womit die allgemeine Formulierung lautet:

$$dq \geq 0 \quad .$$
(3.4)

Für die Wärme q als Funktion von innerer Energie e und spezifischem Volumen v gilt:

$$q = \hat{q}(e, v) \quad .$$
(3.5)

Wenn dq ein vollständiges Differential (Gl. 2.136)

$$dq = \left.\frac{\partial q}{\partial e}\right|_v de + \left.\frac{\partial q}{\partial v}\right|_e dv$$
(3.6)

über dem Raum aller Tupel $(e; v)$ ist, das heißt an jeder Stelle stetig differenzierbar ist, muss jedes Bahnintegral von q über einer geschlossen Kurve in diesem Raum Null ergeben [116]. So muss für jede Position in diesem Raum

$$0 = |\text{rot}\,\text{grad}q| = \frac{\partial}{\partial e}\left(\frac{\partial}{\partial v}q\right) - \frac{\partial}{\partial v}\left(\frac{\partial}{\partial e}q\right)$$
(3.7)

gelten. Aus den Gln. 2.215 und 3.6 folgt

$$\left.\frac{\partial q}{\partial e}\right|_v = 1$$
(3.8)

$$\left.\frac{\partial q}{\partial v}\right|_e = p \quad .$$
(3.9)

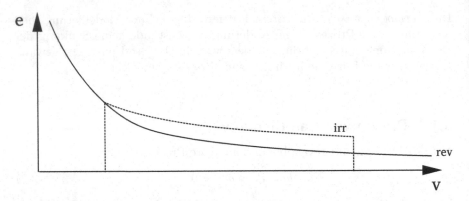

Abbildung 3.1: Änderung der inneren Energie in einem Expansionsprozess

So gilt durch die Bedingung in Gl. 3.7 Folgendes:

$$0 = \left.\frac{\partial p}{\partial e}\right|_v \quad . \tag{3.10}$$

Aus der Definition des kalorisch idealen Gases (Gl. 2.217) folgt für die innere Energie

$$e - e_0 = c_v\left(T - T_0\right) \quad . \tag{3.11}$$

mit der Definition des thermodynamisch idealen Gases (Gl. 2.177) resultiert mit

$$pv = \frac{R_0}{M}T = \frac{R_0}{M}\left(\frac{e - e_0}{c_v} + T_0\right) \tag{3.12}$$

für den Druckgradienten folgende Ungleichung:

$$\left.\frac{\partial p}{\partial e}\right|_v = \rho\frac{R_0}{c_v M} \neq 0 \quad . \tag{3.13}$$

Damit ist bewiesen, dass dq kein totales Differential ist. Aus diesem Grund wird versucht mit Hilfe eines integrierenden Nenners

$$N = \hat{N}\left(e, v\right) \tag{3.14}$$

ein vollständiges Differential

$$ds = \frac{dq}{N} = \frac{de + pdv}{N} \tag{3.15}$$

mit $\quad \left.\dfrac{\partial s}{\partial e}\right|_v = \dfrac{1}{N} \quad$ und $\quad \left.\dfrac{\partial s}{\partial v}\right|_e = \dfrac{p}{N} \tag{3.16}$

zu definieren. Für die Bedingung des vollständigen Differentials gilt so

$$0 = \operatorname{rot}\operatorname{grad} s = \left.\frac{\partial \frac{p}{N}}{\partial e}\right|_v - \left.\frac{\partial \frac{1}{N}}{\partial v}\right|_e \quad . \tag{3.17}$$

Mit dem vollständigen Differential

$$de = \left.\frac{\partial e}{\partial T}\right|_v dT + \left.\frac{\partial e}{\partial v}\right|_T dv \tag{3.18}$$

ergibt sich eingesetzt in Gl. 3.15 für das Differential ds folgende Darstellung:

$$ds = \frac{\left(\left.\frac{\partial e}{\partial v}\right|_T + p\right) dv + \left.\frac{\partial e}{\partial T}\right|_v dT}{N} \quad . \tag{3.19}$$

Mit dem Vorschlag von *Lord Kelvin* (1824-1907) aus dem Jahr 1848, den integrierenden Nenner durch die *absolute Temperatur T* zu definieren,

$$N(e,v) = T \tag{3.20}$$

ergibt sich für die partiellen Ableitungen von s für kalorisch ideale Gase (Gl. 2.210)

$$\left.\frac{\partial s}{\partial T}\right|_v = \frac{\left.\frac{\partial e}{\partial T}\right|_v}{T} = \frac{c_v}{T} \tag{3.21}$$

$$\left.\frac{\partial s}{\partial v}\right|_T = \frac{\left.\frac{\partial e}{\partial v}\right|_T + p}{T} = \frac{p}{T} \quad . \tag{3.22}$$

Mit der Annahme von Kelvin (Gl. 3.20) gilt für ein thermodynamisch und kalorisch ideales Gas

$$\left.\frac{\partial \frac{p}{T}}{\partial e}\right|_v - \left.\frac{\partial \frac{1}{T}}{\partial v}\right|_e = \left.\frac{\partial \frac{R_0}{Mv}}{\partial e}\right|_v - \left.\frac{\partial \frac{c_v}{e}}{\partial v}\right|_e = 0 \quad . \tag{3.23}$$

Aus der Bedingung für das vollständige Differential ds (Gl. 3.17) folgt

$$T ds = de + p dv \tag{3.24}$$

mit den partiellen Ableitungen

$$T \left.\frac{\partial s}{\partial v}\right|_T = p \tag{3.25}$$

$$T \left.\frac{\partial s}{\partial e}\right|_v = 1 \tag{3.26}$$

$$T \left.\frac{\partial s}{\partial T}\right|_v = c_v \quad . \tag{3.27}$$

Die Größe s wird als *Entropie* bezeichnet und nimmt für irreversible Prozesse
zu [116].

$$ds = \frac{1}{T}dq = \frac{1}{T}\left(de + pdv\right) > 0 \qquad (3.28)$$

Für reversible Prozesse gilt

$$ds = \frac{1}{T}\left(de + pdv\right) = 0 \quad . \qquad (3.29)$$

Eine Abnahme der Entropie ist nicht möglich.

3.1.2 Entropiebilanz

Aus der Erhaltungsgleichung der inneren Energie und der Gleichung des
vollständigen Differentials der Entropie (Gl. 3.24) folgt, dividiert man letztere
durch dt, die Beschreibung der zeitlichen Veränderung der Entropie.

$$T\frac{ds}{dt} = \frac{de}{dt} + p\frac{dv}{dt} \qquad (3.30)$$

Aus der Feststellung der Zunahme im Fall von Irreversibilität folgt für die
Bilanz der Entropie

$$\rho\dot{s} = \frac{\rho}{T}\dot{e} - \underbrace{\frac{p}{T}\frac{\dot{\rho}}{\rho}}_{\frac{R_0}{M}\dot{\rho}} = T^{-1}\left(\rho\dot{e} + p\nabla \cdot \vec{u}\right) \qquad (3.31)$$

die allgemeine Gleichung für reversible und irreversible Prozesse sowohl
thermodynamisch als auch kalorisch idealer Gase mit dem Wärmefluss $\dot{q}_i$,
der Dissipationsleistung ϕ und der Energiezufuhr Σ_e (Gl. 2.235). Zusammenhänge dieser Form werden als *Entropiefunktionen* bezeichnet. Während
selbstständig ablaufende, thermodynamsiche Prozesse mit einer Zunahme
der *Entropie* einhergehen, bleibt die Entropie bei reversiblen Zustandsänderungen konstant. Das heißt, dass bei sogenannten *isentropen Prozessen* oder
isentropen Strömungen die Entropieproduktion π_s verschwindet.

3.1.3 Entropieproduktion

Nach *Pierre Maurice Marie Duhem* (1861-1916) gilt für die zeitliche Änderung der Entropie für irreversible Prozesse

$$\rho\dot{s} = \rho\pi_s > 0 \quad , \qquad (3.32)$$

während die Summe für reversible Prozesse identisch Null ist. Aus Gl. 3.31 folgt für kalorisch und thermodynamisch ideale Gase die Entropieproduktion

$$\pi_s := \frac{\dot{e}}{T} - \frac{R_0}{M}\frac{\dot{\rho}}{\rho} = T^{-1}\left(\rho\dot{e} + p\nabla \cdot \vec{u}\right) \geq 0 \quad . \tag{3.33}$$

Nach dem *2. Hauptsatz der Thermodynamik* ist diese Produktion für reversible Prozesse gleich Null [141] und für irreversible Prozesse positiv:

$$\pi_s \geq 0 \quad . \tag{3.34}$$

Negativ werden kann sie niemals. Die allgemeine Entropiebilanz beschreibt die Produktion mit π_s in Anlehnung an Gl. 3.26 mit Fluss und Zufuhr der inneren Energie sowie der absoluten Temperatur T als Divisor.

3.1.4 Entropiefunktionen

Aus Gleichung 3.1 ergeben sich für die Entropieänderung folgende Energie- und Enthalpie-Abhängigkeiten:

$$Tds = de + pdv \quad \Rightarrow \quad ds = \frac{1}{T}de + \frac{p}{T}dv \tag{3.35}$$

$$Tds = dh - vdp \quad \Rightarrow \quad ds = \frac{1}{T}dh - \frac{v}{T}dp \quad . \tag{3.36}$$

Aus der Definition der Differenz der spezifischen Wärmekoeffizienten (Gl. 2.227) folgt für die Änderung der Entropie in Abhängigkeit von Temperatur und Druck das Differential:

$$ds = \frac{1}{T}dh - \frac{v}{T}dp = \frac{c_p}{T}dT - \frac{c_p - c_v}{p}dp \quad . \tag{3.37}$$

Für die Abhängigkeit von Temperatur und spezifischem Volumen folgt die Darstellung

$$ds = \frac{1}{T}de + \frac{p}{T}dv = \frac{c_v}{T}dT + \frac{c_p - c_v}{v}dv \quad . \tag{3.38}$$

Aus der Subtraktion der Gleichungen 3.37 und 3.38 folgt die Relation

$$0 = \frac{c_p - c_v}{T}dT - \frac{c_p - c_v}{p}dp - \frac{c_p - c_v}{v}dv \quad . \tag{3.39}$$

Mittels einer vereinfachenden Umformungen ergeben sich die gleichberechtigten Darstellungen:

$$\frac{dT}{T} = \frac{dp}{p} + \frac{dv}{v} \quad \Leftrightarrow \quad \frac{dT}{T} = \frac{dp}{p} - \frac{d\rho}{\rho} \quad . \tag{3.40}$$

Bei einer entsprechenden Substitution von Gl. 3.40 in Gl. 3.37 ergibt sich

$$ds = c_p \left(\frac{dp}{p} + \frac{dv}{v} \right) - \frac{c_p - c_v}{p} dp = c_v \frac{dp}{p} + \frac{dv}{v} \quad . \tag{3.41}$$

Dieses Differential stellt gegenüber den Gl. 3.37 und Gl. 3.38 die dritte Darstellung, diesmal in Abhängigkeit von p und v, dar. Aus diesen drei Funktionen folgt mittels Integration die mit c_p entdimensionierte Darstellung der absoluten Entropieänderungen bei gegebenen Zustandsänderungen:

$$\frac{s_2 - s_1}{c_p} = \ln\frac{T_2}{T_1} - \frac{\gamma - 1}{\gamma} \ln\frac{p_2}{p_1} \tag{3.42}$$

$$\frac{s_2 - s_1}{c_p} = \frac{1}{\gamma} \ln\frac{T_2}{T_1} - \frac{\gamma - 1}{\gamma} \ln\frac{\rho_2}{\rho_1} \tag{3.43}$$

$$\frac{s_2 - s_1}{c_p} = \frac{1}{\gamma} \ln\frac{p_2}{p_1} - \ln\frac{\rho_2}{\rho_1} \quad . \tag{3.44}$$

Die Darstellung der mit c_v entdimensionierten Entropiezunahmen fällt wie folgt aus:

$$\frac{s_2 - s_1}{c_v} = \gamma \ln\frac{T_2}{T_1} - (\gamma - 1) \ln\frac{p_2}{p_1} \tag{3.45}$$

$$\frac{s_2 - s_1}{c_v} = \ln\frac{T_2}{T_1} - (\gamma - 1) \ln\frac{\rho_2}{\rho_1} \tag{3.46}$$

$$\frac{s_2 - s_1}{c_v} = \ln\frac{p_2}{p_1} - \gamma \ln\frac{\rho_2}{\rho_1} \quad . \tag{3.47}$$

Durch diese *thermodynamischen Funktionen* wird die Zunahme der Entropie durch die Änderungen anderer Zustandsgrößen beschrieben.

3.1.5 Entropieproduktion einer isobaren Gasmischung

Eine Kammer (Abb. 3.2, oben) wird durch eine Membran in zwei Bereiche gleichen Volumens unterteilt. Die Drücke in beiden Volumina seien identisch,

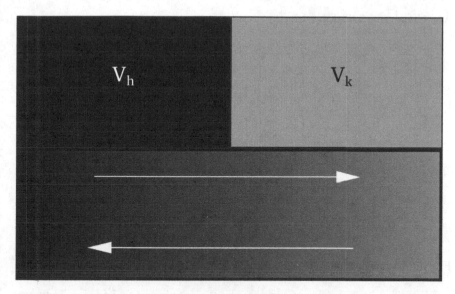

Abbildung 3.2: Isobare Mischung eines Mediums unterschiedlicher Temperaturen getrennt durch eine Membran (oben) und während des Mischungsprozesses (unten)

nur die Temperatur und damit verbunden die Dichte der die Volumina füllenden Medien seien unterscheidlich. Nach Herstellung dieser Initialkonfiguration wird die teilende Membran entfernt.

Damit mischt sich das Gas und breitet sich homogen im zur Verfügung stehenden Raum aus. Ausgehend von einem idealen Gas, welches in beiden Teilkammern mit den identischen Volumina V_h (heiß) und V_k (kalt) zwar den equivalenten Druck, aber eine unterschiedliche Temperatur $T_h > T_k$ aufweist, ist davon auszugehen, dass sich die Dichten in den beiden Teilbereichen des Gesamtvolumens in der Form unterscheiden, dass die Dichte des wärmeren Volumens niedriger ist als die des kälteren.

Bei dem Mischungsprozess in Abbildung 3.2 ergibt sich nicht nur eine thermische Mischung, welche sich einer Temperatur annähert, welche weder der Temperatur des heißen Bereichs, noch der des kalten Bereichs entspricht. Obwohl die Teilkammern das gleiche Volumen inne haben, unterscheiden sich die Massen der Gasmengen aufgrund der unterschiedlichen Temperaturen und damit einhergehenden unterschiedlichen Dichten voneinander.

Aus Gleichung 3.38 folgt hierfür

$$
\begin{aligned}
ds &= \frac{c_v}{T} dT + \frac{c_p - c_v}{v} dv \\[2mm]
&= c_v d \left(\ln \frac{T}{T_0} \right) + (c_p - c_v) d \left(\frac{v}{v_0} \right) \\[2mm]
&= c_v d \left(\ln \frac{T}{T_0} + (\gamma - 1) \ln \frac{v}{v_0} \right) \\[2mm]
&= c_v \underbrace{d \left(\ln \frac{T}{T_0} - \ln \frac{v}{v_0} \right)}_{=d\left(\ln \frac{\rho T}{\rho_0 T_0}\right)=d\left(\ln \frac{p}{p_0}\right)=0} + c_p d \left(\ln \frac{v}{v_0} \right) \\[4mm]
&= c_p d \left(\ln \frac{v}{v_0} \right)
\end{aligned}
\tag{3.48}
$$

Für die Entropiedifferenz folgt so:

$$
s_2 - s_1 = c_p \ln \frac{v_2}{v_1} \quad \Rightarrow \quad S_2 - S_1 = m c_p \ln \frac{v_2}{v_1}
\tag{3.49}
$$

Die Entropiedifferenz des Massenanteils m verhält sich damit direkt proportional zur Logarithmendifferenz der Volumina.

Wird die Membran, wie in Abbildung 3.2 (unten), geöffnet, diffundieren heiße und kalte Gasanteile in die jeweils anderen Gebiete, bis ein Dichte- und Temperaturausgleich erzielt wird. Die resultierende Mischungsdichte ergibt sich aus der Massenerhaltung innerhalb des Gasamtsystems

$$
\rho_m = \frac{\rho_k V_k + \rho_h V_h}{V_k + V_h} \quad .
\tag{3.50}
$$

Da die Volumina eine identische Größe haben

$$
V_0 = V_h = V_k \quad ,
\tag{3.51}
$$

ergibt sich für das spezifische Mischungsvolumen

$$
v_m = \frac{V_k + V_h}{\rho_k V_k + \rho_h V_h} = \frac{2}{\frac{1}{v_k} + \frac{1}{v_h}} = \frac{2 v_k v_h}{v_k + v_h} \quad .
\tag{3.52}
$$

Für die Entropiedifferenz ergeben sich aus Gleichung 3.49 für die Entropieänderung der Gasmengen folgende Relationen, welche zu Beginn den heißen Bereich

$$\Delta S_h = \rho_h V_0 c_p \ln \frac{v_m}{v_h} \tag{3.53}$$

$$= \rho_h V_0 c_p \ln \frac{2v_k}{v_k + v_h} \tag{3.54}$$

$$= \rho_h V_0 c_p \ln \frac{2}{1 + \frac{v_h}{v_k}} \tag{3.55}$$

sowie den kalten Bereich ausfüllen:

$$\Delta S_k = \rho_k V_0 c_p \ln \frac{v_m}{v_k} \tag{3.56}$$

$$= \rho_h \frac{v_h}{v_k} V_0 c_p \ln \frac{2v_h}{v_k + v_h} \tag{3.57}$$

$$= \rho_h \frac{v_h}{v_k} V_0 c_p \ln \frac{2\frac{v_h}{v_k}}{1 + \frac{v_h}{v_k}} \quad . \tag{3.58}$$

Die Änderung der Gesamtentropie entspricht der Summe der Teilentropien:

$$\Delta S = \Delta S_h + \Delta S_k \tag{3.59}$$

$$= \rho_h V_0 c_p \left(\ln \frac{2}{1 + \frac{v_h}{v_k}} + \frac{v_h}{v_k} \ln \frac{2\frac{v_h}{v_k}}{1 + \frac{v_h}{v_k}} \right) \quad . \tag{3.60}$$

Mittels der Substitution $r = v_h/v_k > 0$ ergibt sich für die Entropiedifferenz

$$\Delta S = \rho_h V_0 c_p \left(\ln \frac{2}{1 + r} + r \ln \frac{2r}{1 + r} \right) \tag{3.61}$$

$$= \rho_h V_0 c_p \ln \left(\frac{2}{1 + r} \left(\frac{2r}{1 + r} \right)^r \right) \tag{3.62}$$

$$= \rho_h V_0 c_p \ln \left(\left(\frac{2}{1 + r} \right)^{1+r} r^r \right) \quad . \tag{3.63}$$

Die Funktion ΔS über r ist in Abbildung 3.3 dargestellt.

Für $r > 0$ ist ersichtlich, dass

$$f(r) = \underbrace{\left(\frac{2}{1 + r} \right)^{1+r}}_{>0} \underbrace{r^r}_{>0} > 0 \tag{3.64}$$

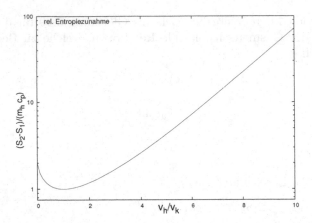

Abbildung 3.3: Änderung der spezifischen Entropie in Abhängigkeit von dem Quotienten der spezifischen Volumina in den beiden Teilkammern

Für die erste Ableitung folgt:

$$
\begin{aligned}
\frac{df}{dr} &= 2^{r+1}\left[\frac{r^r}{(1+r)^{1+r}}\right]' + \ln 2 \cdot 2^{r+1}\frac{r^r}{(1+r)^{1+r}} \\
&= 2^{r+1}\left[\frac{\frac{r^r}{(1+r)^{1+r}}\left((1+\ln r)-(1+\ln(1+r))\right)}{(1+r)^{2+2r}}\right] \\
&\quad +\ln 2 \cdot 2^{r+1}\frac{r^r}{(1+r)^{1+r}} \\
&= \underbrace{2^{r+1}\frac{r^r}{(1+r)^{1+r}}}_{=f(r)}\left(\ln\frac{r}{1+r}+\ln 2\right) = \underbrace{f(r)}_{>0}\cdot\ln\frac{2r}{1+r} \quad .(3.65)
\end{aligned}
$$

Damit die Ableitung der Funktion f gleich Null wird, muss gelten:

$$
\ln\frac{2r}{1+r}=0 \quad\Leftrightarrow\quad \frac{2r}{1+r}=1 \quad\Leftrightarrow\quad 2r=1+r \quad\Leftrightarrow\quad r=1 \quad . \quad (3.66)
$$

Somit ist die einzige Nullstelle der Ableitung der stetig differenzierbaren Funktion f bei $r=1$. Für die zweite Ableitung folgt auf Gleichung 3.65

damit :

$$\frac{d^2 f}{dr^2} = \underbrace{f(r)}_{>0} \underbrace{\left(\ln \frac{2r}{1+r} \right)^2}_{>0} + \underbrace{f(r)}_{>0} \underbrace{\frac{1+r}{2r}}_{>0} \underbrace{\frac{2}{(1+r)^2}}_{>0} > 0 \qquad (3.67)$$

Da die erste Ableitung damit streng monoton zunimmt und nur eine Nullstelle bei $r = 1$ hat, hat die Funktion f an dieser Stelle ein lokales Minimum und

$$f(r) > f(1) = 1 \qquad (3.68)$$

für alle $r > 0$ und $r \neq 1$. Folglich ist für ein positives Verhältnis der spezifischen Volumina die Entropiezunahme (Gl. 3.61) positiv, sofern die spezifischen Volumina nicht übereinstimmen, denn dann ist $r = 1$ und $\Delta S = 0$. Das bedeutet, dass bei äquivalenter Temperatur in den beiden Teilkammern kein irreversibler Prozess selbstständig abläuft, wovon ohnehin auszugehen ist. Der entsprechende Beweis der Entropiezunahme aller anderen Fälle ist durch diese Herleitung erbracht worden.

3.1.6 Thermodynamisches Gleichgewicht

In thermodynamischen Gleichgewicht findet keine selbstständige Änderung der Zustandsgrößen statt. Das heißt, es läuft weder eine chemische Reaktion, noch ein konduktiver Wärmefluss oder eine durch sonstige Potentialgradienten angetriebene Änderung oder Bewegung selbstständig ab. Somit entspricht das thermodynamische Gleichgewicht der Übereinstimmung von mechanischem, chemischem und thermischem Gleichgewicht.

Am Beispiel einer chemischen Reaktion wird das an der Raktion beteilte Volumen V in un verbranntes V_U und verbranntes Volumen V_V aufgeteilt. Die Reaktion sei isotherm und isobar.

$$V = V_U + V_V \quad , \quad p_V = p_U \quad , \quad T_V = T_U \qquad (3.69)$$

Mit der Reaktionszahl $0 \geq \omega \geq 1$, wobei Null für den unverbrannten und Eins für den vollständig verbrannten Zustand steht, gilt für das spezifische Volumen

$$v = \omega v_V + (1 - \omega) v_U \quad . \qquad (3.70)$$

Für die Änderung des Volumeninkrements gilt:

$$\begin{aligned} dv &= \omega dv_V + v_V d\omega + (1 - \omega) dv_U - v_U d\omega \\ &= \omega dv_V + (1 - \omega) dv_U + (v_V - v_U) d\omega \quad . \end{aligned} \qquad (3.71)$$

Für die Enropie s und deren Änderung gilt damit

$$s \;=\; \omega s_V + (1-\omega)\,s_U \tag{3.72}$$

$$ds \;=\; \omega\,ds_V + s_V\,d\omega + (1-\omega)\,ds_U - s_U\,d\omega$$

$$ \;=\; \omega\,ds_V + (1-\omega)\,ds_U + (s_V - s_U)\,d\omega \quad . \tag{3.73}$$

Werden die aus Gleichung 3.35 folgenden Beziehungen

$$T\,ds_V \;=\; dh_V - v_V\,dp \tag{3.74}$$

$$T\,ds_U \;=\; dh_U - v_U\,dp \tag{3.75}$$

entsprechend in Gleichung 3.72 substituiert, folgt für die Änderung der Entropie für den reaktiven Ablauf:

$$
\begin{aligned}
T\,ds \;=\;& T\omega\,ds_V + (1-\omega)\,T\,ds_U + (s_V - s_U)\,T\,d\omega \\[4pt]
\;=\;& \omega\,(dh_V - v_V\,dp) + (1-\omega)\,(dh_U - v_U\,dp) + (Ts_V - Ts_U)\,d\omega \\[4pt]
\;=\;& \underbrace{\overbrace{(\omega\,dh_V + (1-\omega)\,dh_U)}}{} \\
& d\underbrace{(\omega h_V + (1-\omega)\,h_U)}_{h} - (h_V - h_U)\,d\omega \\[6pt]
& -\underbrace{(\omega v_V + (1-\omega)\,v_U)}_{v}\,dp + (Ts_V - Ts_U)\,d\omega \\[6pt]
\;=\;& dh - v\,dp - \left[\underbrace{(h_v - Ts_V)}_{g_V} - \underbrace{(h_U - Ts_U)}_{g_U} \right] d\omega \quad ,
\end{aligned}
\tag{3.76}
$$

der sich von der Entropieänderung einer nicht reaktiven Strömung durch den zusätzlichen Differenzterm der freien Enthalpien

$$g_U = h_U - Ts_U \tag{3.77}$$

$$g_V = h_V - Ts_V \tag{3.78}$$

unterscheidet.

$$T\,ds = dh - v\,dp + (g_U - g_V)\,d\omega \tag{3.79}$$

Diese freie Enthalpie wird nach *Josiah Willard Gibbs (1839-1903)* auch Gibbs'sche Energie genannt, welche bei selbstständig ablaufenden Reaktionen in Einklang mit dem 2. Hauptsatz der Thermodynamik abnimmt. Hinzuzufügen ist, dass das *Minimum der Gibbs'schen Energie* stets dem *chemischen Gleichgewicht* entspricht. In Analogie zur freien Enthalpie

$$g = h - Ts \tag{3.80}$$

wird die freie Energie bzw. Helmholtz-Energie (nach *Hermann Ludwig Ferdinand von Helmholtz (1821-1894)*) durch die reduzierte innere Energie beschrieben:

$$f = e - Ts = h - pv - Ts \qquad (3.81)$$

Somit entspricht die Änderung der "freien Zustandsgrößen" der Änderung der eigentlichen Größen genau in dem Fall, dass der Änderungsprozess isentrop ist. Das *makrokanonische Potential* Φ ist die gedankliche Fortführung unter Berücksichtigung des chemischen Potentials μ und der molaren Anzahldichte n (Gl. 2.162):

$$\Phi = h - pv - Ts - \mu n \qquad (3.82)$$

Somit entspricht das sogenannte *makrokanonische Potential* der freien Energie für den Fall, dass sich weder chemisches Potential noch die Zusammensetzung eines Gemischs ändern.

3.1.7 Maxwell-Relationen

Auf der Basis des Differentialzusammenhangs zwischen Entropie und Gibbsscher Energie (Gl. 3.79) folgen aus der Definition des chemischen Potentials μ die partiellen Ableitungen des totalen Differential h:

$$\mu dn = (g_V - g_U)\, d\omega \quad \Rightarrow \quad dh = \underbrace{T}_{\frac{\partial h}{\partial s}\big|_{p,n}}\, ds + \underbrace{v}_{\frac{\partial h}{\partial p}\big|_{s,n}}\, dp + \underbrace{\mu}_{\frac{\partial h}{\partial n}\big|_{s,p}}\, dn \ . \quad (3.83)$$

Maxwell-Relationen der Enthalpie h

Für die sogenannten *Maxwell-Relationen* der Enthalpie h folgt aus den partiellen Ableitungen der Zustandsgrößen:

$$\frac{\partial T}{\partial n}\bigg|_{s,p} = \frac{\partial}{\partial n}\left[\frac{\partial h}{\partial s}\right]_{p,n} = \frac{\partial}{\partial s}\left[\frac{\partial h}{\partial n}\right]_{s,p} = \frac{\partial \mu}{\partial s}\bigg|_{p,n} \qquad (3.84)$$

$$\frac{\partial v}{\partial s}\bigg|_{p,n} = \frac{\partial}{\partial s}\left[\frac{\partial h}{\partial p}\right]_{s,n} = \frac{\partial}{\partial p}\left[\frac{\partial h}{\partial s}\right]_{n,p} = \frac{\partial T}{\partial p}\bigg|_{s,n} \qquad (3.85)$$

$$\frac{\partial \mu}{\partial p}\bigg|_{s,n} = \frac{\partial}{\partial p}\left[\frac{\partial h}{\partial n}\right]_{s,p} = \frac{\partial}{\partial n}\left[\frac{\partial h}{\partial p}\right]_{s,n} = \frac{\partial v}{\partial n}\bigg|_{s,p} \ . \qquad (3.86)$$

Maxwell-Relationen der freien Enthalpie g

Mit dem Differential der freien Enthalpie bzw. *Gibbs'schen Energie dg* (Gl. 3.80) resultiert die Gleichung:

$$dh - Tds = dg + sdT \quad , \tag{3.87}$$

welche substituiert in der Referenzdifferentialrelation (Gl. 3.83)

$$0 = \underbrace{dh - Tds}_{dg+sdT} -vdp - \mu dn \quad \Rightarrow \quad dg = \underbrace{-s}_{\frac{\partial g}{\partial T}\big|_{p,n}} dT + \underbrace{v}_{\frac{\partial g}{\partial p}\big|_{T,n}} dp + \underbrace{\mu}_{\frac{\partial g}{\partial n}\big|_{p,T}} dn \tag{3.88}$$

die partiellen Ableitungen des totalen Differential dg ergeben. Aus der partiellen Ableitung folgt wie zuvor bei der Enthalpie:

$$-\frac{\partial s}{\partial n}\bigg|_{p,T} = \frac{\partial}{\partial n}\left[\frac{\partial g}{\partial T}\right]_{p,n} = \frac{\partial}{\partial T}\left[\frac{\partial g}{\partial n}\right]_{T,p} = \frac{\partial \mu}{\partial T}\bigg|_{p,n} \tag{3.89}$$

$$\frac{\partial v}{\partial T}\bigg|_{p,n} = \frac{\partial}{\partial T}\left[\frac{\partial g}{\partial p}\right]_{T,n} = \frac{\partial}{\partial p}\left[\frac{\partial g}{\partial T}\right]_{n,p} = -\frac{\partial s}{\partial p}\bigg|_{T,n} \tag{3.90}$$

$$\frac{\partial \mu}{\partial p}\bigg|_{n,T} = \frac{\partial}{\partial p}\left[\frac{\partial g}{\partial n}\right]_{p,T} = \frac{\partial}{\partial n}\left[\frac{\partial g}{\partial p}\right]_{T,n} = \frac{\partial v}{\partial n}\bigg|_{p,T} \quad . \tag{3.91}$$

Maxwell-Relationen der inneren Energie e

Die Differentiation der Enthalpiedefinition (Gl. 2.213) ergibt:

$$dh - vdp = de + pdv \quad , \tag{3.92}$$

welche substituiert in der Referenzdifferentialrelation (Gl. 3.83)

$$0 = \underbrace{dh - vdp}_{de+pdv} -Tds - \mu dn \quad \Rightarrow \quad de = \underbrace{-p}_{\frac{\partial e}{\partial v}\big|_{s,n}} dv + \underbrace{T}_{\frac{\partial e}{\partial s}\big|_{v,n}} ds + \underbrace{\mu}_{\frac{\partial e}{\partial n}\big|_{v,s}} dn \tag{3.93}$$

die partiellen Ableitungen des totalen Differential de ergeben. Werden die Ableitungen wiederum partiell abgeleitet, resultieren die Maxwell-Relationen der inneren Energie e:

$$-\frac{\partial p}{\partial n}\bigg|_{s,v} = \frac{\partial}{\partial n}\left[\frac{\partial e}{\partial v}\right]_{s,n} = \frac{\partial}{\partial v}\left[\frac{\partial e}{\partial n}\right]_{s,v} = \frac{\partial \mu}{\partial v}\bigg|_{s,n} \tag{3.94}$$

$$\frac{\partial T}{\partial v}\bigg|_{s,n} = \frac{\partial}{\partial v}\left[\frac{\partial e}{\partial s}\right]_{v,n} = \frac{\partial}{\partial s}\left[\frac{\partial e}{\partial v}\right]_{s,n} = -\frac{\partial p}{\partial s}\bigg|_{v,n} \tag{3.95}$$

$$\frac{\partial \mu}{\partial s}\bigg|_{v,n} = \frac{\partial}{\partial s}\left[\frac{\partial e}{\partial n}\right]_{v,s} = \frac{\partial}{\partial n}\left[\frac{\partial e}{\partial s}\right]_{v,n} = \frac{\partial T}{\partial n}\bigg|_{v,s} \tag{3.96}$$

Maxwell-Relationen der freien Energie f

Mit der Definition der freien Energie (Gl. 3.81) folgt die Differentialrelation:

$$de - Tds = df + sdT \tag{3.97}$$

Aus der Maxwell-Relation der inneren Energie (Gl. 3.93) folgt durch Substitution:

$$0 = \underbrace{de - Tds}_{df+sdT} + pdv - \mu dn \quad \Rightarrow \quad df - \underbrace{-p}_{\frac{\partial f}{\partial v}\big|_{T,n}} dv \underbrace{-s}_{\frac{\partial f}{\partial T}\big|_{v,n}} ds + \underbrace{\mu}_{\frac{\partial f}{\partial n}\big|_{v,T}} dn \quad .$$

$$\tag{3.98}$$

Werden die Ableitungen des totalen Differentials df erneut partiell abgeleitet, ergeben sich die Maxwell-Relationen der freien Enthalpie:

$$-\frac{\partial p}{\partial n}\bigg|_{T,v} = \frac{\partial}{\partial n}\left[\frac{\partial f}{\partial v}\right]_{T,n} = \frac{\partial}{\partial v}\left[\frac{\partial f}{\partial n}\right]_{T,v} = \frac{\partial \mu}{\partial v}\bigg|_{T,n} \tag{3.99}$$

$$\frac{\partial s}{\partial v}\bigg|_{T,n} = -\frac{\partial}{\partial v}\left[\frac{\partial f}{\partial T}\right]_{v,n} = -\frac{\partial}{\partial T}\left[\frac{\partial f}{\partial v}\right]_{T,n} = \frac{\partial p}{\partial T}\bigg|_{v,n} \tag{3.100}$$

$$\frac{\partial \mu}{\partial T}\bigg|_{v,n} = \frac{\partial}{\partial T}\left[\frac{\partial f}{\partial n}\right]_{v,T} = \frac{\partial}{\partial n}\left[\frac{\partial f}{\partial T}\right]_{v,n} = -\frac{\partial s}{\partial n}\bigg|_{v,T} \tag{3.101}$$

Maxwell-Relationen des makrokanonischen Potentials Φ

Aus der Umformung des makrokanonischen Potentialdifferentials (Gl. 3.82) resultiert unter Berücksichtigung der Referenzgleichung des chemischen Potentials (Gl. 3.83) folgende Differentialrelation:

$$d\Phi = \underbrace{dh - vdp - Tds - \mu dn}_{=0} - pdv - sdT - nd\mu \quad , \tag{3.102}$$

welche wiederum die Koeffizeinten des totalen Differentials $d\Phi$ definiert:

$$d\Phi = \underbrace{-p}_{\frac{\partial \Phi}{\partial v}\big|_{T,\mu}} dv \underbrace{-s}_{\frac{\partial \Phi}{\partial T}\big|_{v,\mu}} dT \underbrace{-n}_{\frac{\partial \Phi}{\partial v}\big|_{v,T}} d\mu \quad . \tag{3.103}$$

Werden diese Koeffizienten bzw. partiellen Ableitungen wiederum abgeleitet ergeben sich für das makrokanonische Potential Φ folgende drei Relationen:

$$\frac{\partial p}{\partial \mu}\bigg|_{T,v} = -\frac{\partial}{\partial \mu}\left[\frac{\partial \Phi}{\partial v}\right]_{T,\mu} = -\frac{\partial}{\partial v}\left[\frac{\partial \Phi}{\partial \mu}\right]_{T,v} = \frac{\partial n}{\partial v}\bigg|_{T,\mu} \tag{3.104}$$

$$\frac{\partial s}{\partial v}\bigg|_{T,\mu} = -\frac{\partial}{\partial v}\left[\frac{\partial \Phi}{\partial T}\right]_{v,\mu} = -\frac{\partial}{\partial T}\left[\frac{\partial \Phi}{\partial v}\right]_{T,\mu} = \frac{\partial p}{\partial T}\bigg|_{v,\mu} \tag{3.105}$$

$$\frac{\partial n}{\partial T}\bigg|_{v,\mu} = -\frac{\partial}{\partial T}\left[\frac{\partial \Phi}{\partial \mu}\right]_{v,T} = -\frac{\partial}{\partial \mu}\left[\frac{\partial \Phi}{\partial T}\right]_{v,\mu} = \frac{\partial s}{\partial \mu}\bigg|_{v,T} \tag{3.106}$$

Diese Kombination aus Relationen, welche aus den zweiten Ableitungen der totalen Differentiale dh, dg, de, df und $d\Phi$ resultieren, wird als Postulat der *Maxwell'schen Gleichungen* bezeichnet.

3.1.8 Joule-Thomson-Effekt

Mittels der *Maxwell'schen Gleichungen* wird die Relationen zwischen Änderungen physikalischer Zustandsgrößen beschrieben. Im Gegensatz zu den Zustandsgrößen dichteinvarianter Medien sind Dichte, Temperatur und Druck bei Gasen fest miteinander gekoppelt. Nur sind viele Expansionsphänomene nicht durch die ideale Gasgleichung beschreibbar. Als Beispiel hierfür sei allein der Phasenübergang von der flüssigen in die gasfömige Phase eines fluiden Mediums genannt, welcher durch ideale Gase nicht beschreibbar ist. Für solche Nichtlinearitäten besteht der Bedarf nach einer angepassten Beschreibung, welche die Expansion nicht einzig durch die Diffusion einer freien molekularen Bewegung darstellt. Der nach *James Prescott Joule (1818-1889)* und *William Thomson / Lord Kelvin (1824-1907)* benannte Joule-Thomson Effekt beschreibt die thermische Änderung, welche durch eine Expansion eines Gases hervorgerufen wird. Als Modellbespriel werden für den Effekt zwei sehr große Tanks mit den beaufschlagten Drücken p_1 und p_2 herangezogen, welche durch eine Drossel oder Lochblende miteinander verbunden sind. Durch den Differenzdruck $\Delta p = p_1 - p_2$ angetrieben strömt das Medium von Tank 1 in Tank 2. Beobachtet wird, dass ein adiabates Volumeninkrement

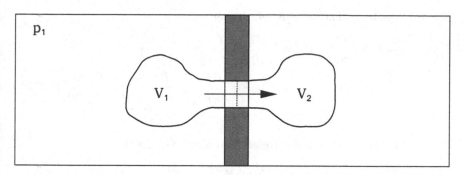

Abbildung 3.4: links : Skizze des materiellen Flusses der durch eine Lochblende expandierenden Gasströmung zur Verdeutlichung des
Joule-Thomson-Effekts

$V_1 + V_2$, welches sich durch die Drossel von Tank 1 nach Tank 2 bewegt,
expandiert und abkühlt, was im Allgemeinen als *Joule-Thomson-Effekt* definiert wird. Da an dem Volumeninkrement selbst keine Arbeit verrichtet wird
und sich die Enthalpie nicht ändert, gilt für das Volumeninkrement eines
thermodynaisch idealen Gases (Gl. 2.182):

$$0 = A = \Delta E = E_2 - E_1 = p_1 V_1 - p_2 V_2 = N R_0 \left(T_1 - T_2 \right) \quad . \tag{3.107}$$

Da das Volumeninkrement aber expandiert und abkühlt, wird dieser Prozess
durch die Zustandsgleichung für thermodynamisch ideale Gase nicht korrekt
beschrieben. Das bedeutet, dass bei einem Druck- und Temperaturabfall die
relative Dichteänderung stets größer ist als die relative Druckänderung. Der
Joule-Thomson-Koeffizient

$$\mu_{JT} = \left. \frac{\partial T}{\partial p} \right|_h > 0 \tag{3.108}$$

beschreibt das Maß der Temperaturabnahme in Abhängigkeit von der durch
einen Druckabfall bedingten Expansion. Aus dem Entropiedifferential (Gl.
3.37):

$$ds = \underbrace{\frac{1}{T}}_{\frac{\partial s}{\partial h}\big|_p} dh - \underbrace{\frac{v}{T}}_{\frac{\partial s}{\partial p}\big|_h} dp = \underbrace{\frac{c_p}{T}}_{\frac{\partial s}{\partial T}\big|_p} dT - \underbrace{\frac{c_p - c_v}{p}}_{\frac{\partial s}{\partial p}\big|_T} dp \quad . \tag{3.109}$$

folgt für den Joule-Thomson-Koeffizienten:

$$ds = \frac{c_p}{T} dT + \left. \frac{\partial s}{\partial p} \right|_T dp \quad \Rightarrow \quad \frac{dT}{dp} = \frac{T}{c_p} \frac{ds}{dp} - \frac{T}{c_p} \left. \frac{\partial s}{\partial p} \right|_T$$

$$\Rightarrow \quad \mu_{JT} = \left. \frac{\partial T}{\partial p} \right|_h = \frac{T}{c_p} \left. \frac{\partial s}{\partial p} \right|_h - \frac{T}{c_p} \underbrace{\left. \frac{\partial s}{\partial p} \right|_T}_{= -v/T} \quad (3.110)$$

Mit der Maxwell-Relation der freien Enthalpie (Gl. 3.90)

$$\left. \frac{\partial s}{\partial p} \right|_T = \left. \frac{\partial v}{\partial T} \right|_p \quad (3.111)$$

folgt nach Substitution der partiellen Ableitung der Entropie

$$\mu_{JT} = -\frac{v}{c_p} + \frac{T}{v} \left. \frac{\partial v}{\partial T} \right|_p = \frac{v}{c_p} \left(\underbrace{\frac{1}{v} \frac{\partial v}{\partial T}}_{= \beta} T - 1 \right) \quad (3.112)$$

in Abhängigkeit vom Expansionkoeffizienten β (Gl. 2.191) die allgemeine Definition des *Joule-Thomson-Koeffizienten* μ_{JT}:

$$\mu_{JT} = \frac{v}{c_p} (\beta T - 1) \quad . \quad (3.113)$$

Für ideale Gase folgt mit dem vereinfachten Expansionskoeffizienten $\beta = 1/T$ (Gl. 2.192) das Verschwinden des Joule-Thomson-Koeffizienten, was wiederum bedeutet, dass bei der vereinfachenden Annahme der Zustandsgleichung thermodynamisch idealer Gase keine Temperaturänderung aus der Kompression oder Expansion resultiert.

3.1.9 Massenwirkungsgesetze

Als weiterer Brückenschlag wird bei der Differenzierung makroskopischer und mikroskopischer Größen zwischen massenspezifischen und molspezifischen Größen unterschieden. Bei der Einordnung der physikalischen Zustandsgrößen von Gemischen werden sogenannte *effektive* und *partielle Größen* verwendet. Dabei gilt für die *effektive Dichte*:

$$\rho = \sum_k \rho_k \quad , \quad (3.114)$$

dass diese die Summe aller partieller Dichten ρ^k aller Gemischkomponenten i darstellt. Für die Massenanteile der Gemischkomponenten gilt:

$$Y_i = \frac{\rho_i}{\sum_k \rho_k} \quad . \tag{3.115}$$

Mit der analogen Definition der molaren Anzahldichte n, dem molaren Anteil x in einer Mischung und der molaren Anzahldichte in Abhängigkeit von dem *Avogadro-Volumen* V_A

$$n \;=\; \sum_k n_k \tag{3.116}$$

$$x_i \;=\; \frac{n_i}{\sum_k n_k} \tag{3.117}$$

$$\frac{\rho_{(i)}}{M_{(i)}} = m\frac{n_i}{mN_A} = \underbrace{\frac{n_i}{n}}_{x_i}\,\underbrace{\frac{n}{N_A}}_{V_A^{-1}} = \frac{x_i}{V_A} \tag{3.118}$$

gilt für den partiellen Druck einer Mischung idealer Gase (Gl. 2.177):

$$p_k = \frac{\rho_k}{M_k} R_0 T = \frac{x_k}{V_A} R_0 T \quad . \tag{3.119}$$

Über die Indizes wird in diesem Zusammenhang selbstverständlich nicht nach der Einsteinschen Summationskonvention summiert. Für den absoluten Druck gilt als Summe aller Partialdrücke, dass dieser in einem Gemisch idealer Gase identisch zu dem Absolutdruck eines idealen Gases (Gl. 2.182) definiert wird.

$$p = \sum_k p_k = R_0 T \sum_k \frac{\rho_k}{M_k} = \frac{R_0 T}{V_A} \underbrace{\sum_k x_k}_{=1} = \frac{R_0 T}{V_A} \tag{3.120}$$

In Analogie zu der Entropiefunktion eines idealen Gases (Gl. 3.37) würde für eine Entropieänderung ohne Mischung gelten, dass die Summe aller Entropieänderungen eines sich in seiner Zusammensetzung nicht ändernden Gemischs entspricht.

$$\Delta s^* = c_p d\left(\ln\frac{T}{T_0}\right) - (c_p - c_v)\, d\left(\ln\frac{p}{p_0}\right) \tag{3.121}$$

Für die absolute Änderung der Entropie einer Gasmischung gilt:

$$S - S_0 = \sum_k \left[\underbrace{V_k M_k n_k}_{m_k} \left(c_p d \left(\ln \frac{T}{T_0} \right) - (c_p - c_v) d \left(\ln \frac{p_k}{p_0} \right) \right) \right] .$$

(3.122)

Aus den Gleichungen für Gesamtdruck (Gl. 3.120) und Partialdruck(Gl. 3.119) folgt:

$$\frac{p_i}{p} = x_i \quad \Rightarrow \quad \frac{p_i}{p_0} = \frac{p_i}{p} \frac{p}{p_0} = x_i \frac{p}{p_0}$$

(3.123)

Wird dieser Bruch in Gleichung 3.122 substituiert, ergibt sich für die Änderung der Gasamtentropie:

$$S - S_0 = \sum_k \left[m_k \left(\underbrace{c_p d \left(\ln \frac{T}{T_0} \right) - (c_p - c_v) d \left(\ln \frac{p}{p_0} \right)}_{\Delta s^*} - \underbrace{(c_p - c_v)}_{>0} \underbrace{\ln x_k}_{<0} \right) \right] .$$

(3.124)

Gegenüber der Entropieänderung durch eine Zustandsänderung ohne Mischung nimmt die Entropie durch diese Mischung stärker zu, als sie es ohne diese tun würde.

$$S - S_0 - \sum_k (m_k \Delta s^*) > 0$$

(3.125)

Bei nur einer Komponente wäre $k \in 1$, $x_1 = 1$ und $\ln x_k = 0$. So wäre diese Differenz ebenfalls Null, wenn es nur eine Komponente gäbe. In der Umkehr bedeutet dies auch, dass bei einer Mischung und $x_i < 1$ die Entropie trotz isothermer und isobarer Zustandsänderung zunehmen würde, da

$$\underbrace{(c_v - c_p)}_{<0} \underbrace{\ln x_i}_{<0} > 0$$

(3.126)

für alle i. Mit der Definition der Gibbs'schen Energie (Gl. 3.77) folgt für konstante Temperaturen deren Änderung:

$$G - G_0 = H - H_0 - T(S - S_0) .$$

(3.127)

Mit der substituierten Entropiedifferenz (Gl.3.124) und der Definition der konzentrationsunabhängigen Größen:

$$dg^* = dh - T ds^*$$

(3.128)

folgt für die globale Änderung der freien Enthalpie

$$G - G_0 \;=\; \sum_k \left[m_k \left(\Delta g^* + \overbrace{(c_p - c_v)\,T\ln\, x_i}^{\geq 0} \right) \right]$$

$$\underbrace{\qquad\qquad\qquad\qquad\qquad\qquad}_{\mu_k > 0}$$

$$=\; \sum_k \Big[\underbrace{n_k V_k}_{\nu_k}\, M_k \mu_k \Big] \; . \tag{3.129}$$

So entspricht die Abnahme des chemischen Potential μ_k einer Spezies k der Summe aus reaktionsbedingter Abnahme der freien Enthalpie g und der negierten mischungsbedingten Zunahme der Entropie s. ν_k entspricht der Gesamtanzahl der an der Reaktion beteiligten Mole einer Spezies k.

$$\nu_k = n_k V_k \tag{3.130}$$

Das Massenwirkungsgesetz einer chemischen Reaktion reduziert sich damit wie folgt:

$$G - G_0 \;=\; \sum_k [m_k \Delta g^*] + \sum_k \left[\nu_k \underbrace{M_k (c_p - c_v)}_{R_0}\, T\ln\, x_i \right]$$

$$=\; \sum_k [m_k \Delta g^*] + R_0 T \sum_k [\ln\, x_i^{\nu_k}]$$

$$=\; \sum_k [m_k \Delta g^*] + R_0 T \ln \prod_k x_i^{\nu_k} \; . \tag{3.131}$$

Da $\nu_k > 0$ und der molare Anteil zwar stets positiv, aber kleiner eins ist, folgt:

$$\nu_k > 0 \;\;,\;\; 0 < x_i < 1 \;\;\Rightarrow\;\; G - G_0 - \sum_k [m_k \Delta g^*] = \underbrace{R_0 T}_{>0} \ln \prod_k x_i^{\nu_k} < 0 \; .$$

$$\tag{3.132}$$

Die mischungsbedingte Abnahme ist somit sowohl proportional zur absoluten Temperatur als auch zum Logarithmus des Produktes aller Konzentrationspotenzen.

3.1.10 Clausius-Clapeyron'sches Gesetz

Für ein einkomponentiges Gas gilt somit bei einer Zustandsänderung ohne chemische Reaktion, dass sich die freie Enthalpie von Zustand A nach B nicht ändert. Das heißt:

$$dg_A \;=\; dg_B \tag{3.133}$$

$$dh_A - d(Ts_A) \;=\; dh_B - d(Ts_B) \tag{3.134}$$

$$\underbrace{dh_A - Tds_A}_{v_A dp} - s_A dT \;=\; \underbrace{dh_B - Tds_B}_{v_B dp} - s_B dT \tag{3.135}$$

Hieraus ergibt sich folgende Differentialgleichung für die Veränderlichen: Druck p und Temperatur T.

$$\underbrace{(v_B - v_A)}_{\Delta v} dp \;=\; \underbrace{(s_B - s_A)}_{\Delta s} dT \tag{3.136}$$

$$\frac{dp}{dT} = \frac{\Delta s}{\Delta v} \quad \Rightarrow \quad \Delta s = \Delta v \frac{dp}{dT} \geq 0 \quad . \tag{3.137}$$

Diese Gleichung wird als *Clapeyron-Gleichung* bezeichnet und zeigt, dass die Relation zwischen Entropie- und Dichteänderung durch die Temperaturabängigkeit des statischen Drucks beschrieben wird.

Bei einer konstanten Siedetemperatur T_S gilt für dieses einkomponentige Gas bei einer Zustandsänderung von A nach B ohne chemische Reaktion folgende Relation zwischen *Verdampfungsentropie* Δs_V und *Verdampfungsenthlapie* Δh_v, welche für den Expansionsprozess aufgewendet werden muss:

$$g_A = g_B \quad \Rightarrow \quad h_A - Ts_A = h_B - Ts_B \quad \Rightarrow \quad s_B - s_A = \frac{h_B - h_A}{T_S} \quad . \tag{3.138}$$

Aus der *Clapeyron-Gleichung* (Gl. 3.136) folgt mittels Substitution der Entropiedifferenz (Gl. 3.138)

$$\frac{dp}{dT_S} = \frac{s_B - s_A}{v_B - v_A} = \frac{h_B - h_A}{T_S(v_A - v_B)} = \frac{\Delta h_v}{T_S \Delta v_V} \quad . \tag{3.139}$$

Da bei der Verdampfung einer Flüssigkeit das spezifische Volumen der Flüssigkeit v_A vernachlssigbar klein ist gegenüber dem des spezifischen Dampfvolumens, folgt für die Zunahme dieses spezifischen Volumens:

$$v_B \gg v_A \quad \Rightarrow \quad \Delta v_V = v_B - v_A \approx v_B = \frac{R_0 T_S}{Mp} \quad . \tag{3.140}$$

Für die Änderung des Dampfdrucks in Abhängigkeit von der Siedetemperaur folgt so:

$$\frac{dp}{dT_S} = \frac{\Delta h_v}{T_S \Delta v_V} = \frac{Mp\Delta h_v}{R_0 T_S^2} \quad \Rightarrow \quad \frac{1}{p}\frac{dp}{dT_S} = \frac{M\Delta h_v}{R_0 T_S^2} \tag{3.141}$$

$$\Rightarrow \quad \frac{d}{dT_S}\left(\ln\frac{p}{p_0}\right) = \frac{M}{R_0 T_S^2}(h_B - h_A) \tag{3.142}$$

Diese Beziehung wird als *Clausius-Clapeyron-Gleichung* bezeichnet. Unter der Annahme, dass die Verdampfungsenthalpie nicht von der Siedetemperaur abhängt, ergibt über die Siedetemperatur integriert und nach $p(T_S)$ aufgelöst folgende Funktion:

$$\ln\frac{p}{p_0} = -\frac{M\Delta h_v}{R_0 T} \tag{3.143}$$

$$\ln p = \ln p_0 - \frac{M\Delta h_v}{R_0 T} \tag{3.144}$$

$$p = p_0 e^{-\frac{M\Delta h_v}{R_0 T}} . \tag{3.145}$$

Wird die sich für Wasser zwischen 0 und 100° Celsius zwischen 2, 5 und 2, 257MJ/kg bewegende Verdampfungsenthalpie durch den konstanten Wert bei 100

$$\Delta h_v = 2,257MJ/kg \tag{3.146}$$

definiert und der hier für Wasser modellierte Referenzdruck mit

$$p_0 = 49275MPa \tag{3.147}$$

festgelegt, resultiert mit der allgemeinen Gaskonstanten (Gl. 2.175) folgende Modellierung für den Dampfdruck von Wasser ($M = 0,018kg/mol$) in Abhängigkeit von der Temperatur:

$$p = 49,275GPa \cdot e^{-\frac{4886,16K}{T}} . \tag{3.148}$$

Die angegebene Gleichung deckt sich wie in Abbildung 3.5 zu sehen ist, sehr gut mit den empirisch ermittelten Messdaten [151]. Der asymptotische Bereich wird jedoch nicht erreicht, da in diesen hohen Druckbereichen die Verdampfung überkritisch wäre und keine eindeutig zu identifizierende Phasengrenze und keine Verdamfungsenthalpie mehr existieren.

Für den Siedevorgang bedeutet das, oberhalb dieser Kurve ist der Aggregatszustand des Mediums flüssig unterhalb ist dieser gasförmig. Somit sind bei

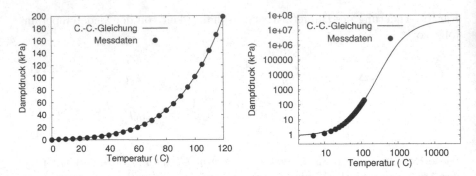

Abbildung 3.5: Sättigungsdruckkurve unter Einbeziehung des niedrigen (links) und hohen (rechts) "Druck/Temperatur-Bereichs" : Vergleich der Approximation (Gl. 3.148) auf Basis der Clausius-Clapeyron-Gleichung mit Messdaten der Dampfdruckkurve von Wasser im "unterkritischen Bereich"

niedrigen Temperaturen niedrigere Drücke nötig und bei höheren Drücken höhere Temperaturen nötig, um das Fluid zu vergasen. In Abb. 3.5 ist aber auch zu erkennen, dass die Dampfdruckkurve bei der kritischen Temperatur T_{krit} (Gl. 2.186) endet. Bei Wasser liegt diese bei ca. $374°C$.

3.2 Transsonische Strömungen

Während bei *inkompressiblen Strömungen* davon ausgegangen wird, dass sich die Dichte unabhängig von anderen Zustandsgrößen verhält und damit invariant bezüglich zeitlicher und räumlicher Änderungen bleibt, hebt die Berücksichtigung einer veränderlichen Dichte des Mediums in einer *kompressiblen Strömung* vereinfachende Annahmen wie die Divergenzfreiheit eines Geschwindigkeitsfeldes oder die stetige Differenzierbarkeit des Druckfeldes wieder auf. Im Folgenden wird auf die Änderung und die Abhängigkeit thermophysikalischer Größen eingegangen, welche sich aus den durch diese zusätzliche Berücksichtigung resultierenden Freiheitsgraden ergeben.

3.2.1 Bernoulli-Gleichungen

Wird in der eindimensionalen Form bei verschwindenden Reibungs- und Volumenkräften ($\mu = 0, \vec{f} = \vec{0}$) die Impulserhaltungsgleichung (Gl. 2.150)

$$\frac{\partial}{\partial t}(\rho u) + \frac{\partial}{\partial x}(\rho u u) = -\frac{\partial p}{\partial x} \qquad (3.149)$$

einer reibungsfreien Strömung mit der Kontinuitätsgleichung (Gl. 2.145)

$$\frac{\partial \rho}{\partial t} + \frac{\partial}{\partial x}(\rho u) = 0 \qquad (3.150)$$

vereinfacht, ergibt sich die reduzierte Form

$$\rho \frac{\partial u}{\partial t} + \rho u \frac{\partial u}{\partial x} = -\frac{\partial p}{\partial x} \ . \qquad (3.151)$$

Für ein stationäres Geschwindigkeitsfeld ($\partial u/\partial t = 0$) ergibt sich die gewöhnliche Differentialgleichung

$$u \frac{du}{dx} = -\frac{1}{\rho}\frac{dp}{dx} \quad \Rightarrow \quad \frac{1}{\rho}\frac{dp}{dx} = -\frac{d}{dx}\frac{u^2}{2} \ . \qquad (3.152)$$

Diese Herleitung basiert auf der Annahme einer reibungsfreien Potentialströmung.

Alternativer Ansatz: Ausgehend von der Energieerhaltung:

$$de + d\frac{u^2}{2} = 0 \qquad (3.153)$$

ergibt sich mit der Definition der Enthalpie(Gl. 2.213) und deren Entropiefunktion (Gl. 3.36)

$$dh = de + pdv + vdp$$

$$\underbrace{dh - vdp}_{Tds} = \underbrace{pdv}_{=d(pv)-vdp} -d\frac{u^2}{2}$$

$$d\left(\frac{p}{\rho}\right) = \frac{1}{\rho}dp + d\frac{u^2}{2} + Tds \ . \qquad (3.154)$$

Für den isentropen und isothermen Fall ($p \sim \rho$) ergibt sich ebefalls wiederum die Bernoulli-Gleichung (Gl. 3.152). Im inkompressiblen Fall mit $d\rho = 0$

ergibt sich aus dieser eindimensionalen *Bernoulli-Gleichung* die reduzierte Differentialgleichung:

$$d\left(p + \rho\frac{u^2}{2}\right) = 0 \quad . \tag{3.155}$$

Im zweidimensionalen Raum ergibt sich für die Geschwindigkeitskomponente u mit ihrer Normalenkomponenten v aus der Subtraktion von Impulserhaltungsgleichung

$$\frac{\partial}{\partial t}(\rho u) + \frac{\partial}{\partial x}(\rho uu) + \frac{\partial}{\partial y}(\rho uv) = -\frac{\partial p}{\partial x} \tag{3.156}$$

und dem Produkt aus u und der Kontinuitätsgleichung

$$\frac{\partial \rho}{\partial t} + \frac{\partial}{\partial x}(\rho u) + \frac{\partial}{\partial y}(\rho v) = 0 \tag{3.157}$$

und der Geschwindigkeitskomponenten u:

$$\rho\frac{\partial u}{\partial t} + \rho u\frac{\partial u}{\partial x} + \rho v\frac{\partial u}{\partial y} = -\frac{\partial p}{\partial x} \quad . \tag{3.158}$$

Bei einer stationären Betrachtung ergibt sich hieraus wiederum die *Bernoulli-Gleichung* in der zweidimensionalen Darstellung:

$$\frac{1}{\rho}\frac{dp}{dx} = -\frac{d}{dx}\frac{u^2}{2} \underbrace{-v\frac{du}{dy}}_{\Delta_{1D/2D}} \quad . \tag{3.159}$$

Der letzte Term stellt hierbei die Differenz zwischen der eindimensionalen (Gl. 3.152) und dieser zweidimensionalen Darstellung dar.

3.2.2 Kesselenthalpie

In Analogie zur Definition der Enthalpie (Gl. 2.213) wird für dynamische Systeme die *Totale Enthalpie* oder *Kesselenthalpie* wie folgt beschrieben:

$$H = h + \frac{|\vec{u}|^2}{2} = e + pv + \frac{|\vec{u}|^2}{2} \quad . \tag{3.160}$$

Nach den Gln. 3.36 und 3.154 bleibt unabhängig von der Reversibilität des Prozesses die Kesselenthalpie konstant:

$$Tds = dh - vdp = \underbrace{dh + d\frac{u^2}{2}}_{dH} + Tds \quad \Rightarrow \quad dH = 0 \quad . \tag{3.161}$$

Zusätzlich folgt für den isentropen Fall aus der Entropiegleichung (Gl. 3.36):

$$dp = \rho dh \ , \tag{3.162}$$

wodurch gezeigt wird, dass sich bei isentropen und zugleich isochoren Zustandsänderungen Druck und Enthalpie proportional zueinander verhalten.

3.2.3 Schallgeschwindigkeit

Die Schallgeschwindigkeit a definiert die Geschwindigkeit, mit der sich eine Druckwelle mit dem Druck p durch ein Medium mit der Dichte ρ ausbreitet. Die mit der Druckschwankung einhergehende Dichteschwankung in einem kompressiblen Medium beschreibt das invertierte Quadrat der Schallgeschwindigkeit:

$$d\rho = a^{-2}dp \quad . \tag{3.163}$$

Bei näherer Betrachtung der Schallgeschwindigkeit wird aufgrund der Abhängigkeiten von Druck und Dichteänderungen auch die Darstellung in Abhängigkeit von der absoluten Temperatur offensichtlich, indem die Relation zwischen Druck und Dichte für den isentropen Fall der entsprechenden Entropiefunktion (Gl. 3.47) entnommen

$$0 = d\left(\ln\left(\frac{p}{p_0}\right) - \gamma\ln\left(\frac{\rho}{\rho_0}\right)\right) = d\left(\ln\frac{p\rho_0^\gamma}{p_0\rho^\gamma}\right) \quad \Rightarrow \quad p \sim \rho^\gamma \tag{3.164}$$

und gemäß der Zustandsgleichung eines thermodynamisch idealen Gases (Gl. 2.224) transformiert wird:

$$
\begin{aligned}
0 \;&=\; ds \\
&=\; d\left(\ln\left(\frac{p}{p_0}\right)\right) - \gamma d\left(\ln\left(\frac{\rho}{\rho_0}\right)\right) \\
&=\; \frac{dp}{p} - \gamma\frac{d\rho}{\rho} \tag{3.165} \\
\Rightarrow d\rho \;&=\; \underbrace{\frac{\rho}{\gamma p}}_{=a^{-2}}\, dp \tag{3.166} \\
\Rightarrow a \;&=\; \sqrt{\frac{d\rho}{dp}} = \sqrt{\gamma\frac{p}{\rho}} \\
&=\; \sqrt{\gamma\,(c_p - c_v)\,T} = \sqrt{(\gamma-1)\,c_p T} \quad . \tag{3.167}
\end{aligned}
$$

Durch diese Umformung ist bewiesen, dass unter Annahme isentroper Dichteänderungen die Schallgeschwindigkeit einzig durch die absolute Temperatur T unabhängig von spezifischen Dichten oder Absolutdrücken definiert wird.

3.2.4 Kompressiblitätseffekte

Für eine isentrope Strömung folgt aus der Differentialquotienten-Definition und Gl. 3.36:

$$dh = T \underbrace{ds}_{=0} + \frac{1}{\rho} dp = a^2 \frac{1}{\rho} d\rho \quad . \tag{3.168}$$

Aus der isentropen Kesselenthalpiedarstellung (Gl. 3.161) folgt:

$$0 = dH = dh + d\frac{|\vec{u}|^2}{2} = a^2 \frac{1}{\rho} d\rho + |\vec{u}| \, d|\vec{u}| \quad \Rightarrow \quad d\rho = -\frac{\rho |\vec{u}|}{a^2} d|\vec{u}| \quad . \tag{3.169}$$

Während die Änderung des Impulses einer inkompressiblen Strömung lediglich von der Änderung der Geschwindigkeit $u = |\vec{u}|$ abhängt, wird die Änderung des Impulses Θ einer inkompressiblen Strömung durch eine zusätzliche von einer durch die Schallgeschwindigkeit definierten dichteabhängigen Komponente beschrieben.

$$\Theta = \rho u \tag{3.170}$$

$$d\Theta = \rho du + u d\rho = \rho du - \frac{\rho u^2}{a^2} du = \rho \left(1 - \frac{u^2}{a^2} \right) du \tag{3.171}$$

Die durch die Schallgeschwindigkeit entdimensionierte Strömungsgeschwindigkeit wird als *Mach-Zahl*:

$$\mathrm{Ma} = \frac{u}{a} \tag{3.172}$$

bezeichnet. Ist die Machzahl größer eins, so ist die Strömungsgeschwindigkeit höher als die Schallgeschwindigkeit und damit auch größer als die Ausbreitungsgeschwindigkeit einer Druckwelle. Ist die Machzahl kleiner eins, befindet sich die Strömung im Unterschallbereich. Ist die Machzahl deutlich kleiner als $0,3$, wird der kompressible Anteil der Impulsänderung

$$\mathrm{Ma} < 0,3 \quad \Rightarrow \quad \rho du - d\Theta = \rho du - \rho du \left(\mathrm{Ma}^2 \right) < 0,09 \rho du < 0,1 d\Theta \tag{3.173}$$

gegenüber dem inkompressiblen Anteil ρdu vernachlässigt und die Strömung wird als inkompressibel betrachtet. Bewegt sich ein materieller Körper mit einer Machzahl größer eins durch ein kompressibles Medium, so kann sich die durch seine Bewegung induzierte Druckwelle in dem umgebenden Medium zumindest in Bewegungsrichtung nicht schneller ausbreiten, als sich dieser Körper bewegt. Durch dieses Phänomen wird durch den vorderst liegenden Punkt des Körpers eine kegelförmige Drucksingularität erzeugt, welche als *Mach'scher Kegel* bezeichnet wird. Die Relativströmung des umgebenden kompressiblen Mediums erfährt an dieser Unstetigkeit eine sprunghafte Dichte-, Druck und Geschwindigkeitsänderung, welche in dieser Kombination als *Verdichtungsstoß* bezeichnet wird.

3.2.5 Senkrechter Verdichtungsstoß

Bei einem Verdichtungsstoß gelten unabhängig von Anströmwinkel und Machzahl für die Relation zwischen Dichten und Geschwindigkeiten vor und hinter dem Stoß stets die Massenerhaltung:

$$0 = \Theta_2 - \Theta_1 \quad \Rightarrow \quad \rho_1 u_1 = \rho_2 u_2 \quad \rightarrow \quad \frac{u_2}{u_1} = \frac{\rho_1}{\rho_2} \quad , \tag{3.174}$$

die Impulserhaltung (Gl. 3.149):

$$d\left(\rho u^2\right) = -dp \quad \Rightarrow \quad \rho_2 u_2^2 - \rho_1 u_1^2 = -p_2 + p_1$$

$$\Rightarrow \quad p_2 = p_1 + \rho_1 u_1^2 - \rho_1 u_1 u_2 \tag{3.175}$$

und aufgrund der Invarianz der Kesselenthalpie (Gl. 3.161) die Energieerhaltung:

$$0 = \Delta H = H_2 - H_1 = h_2 - h_1 + \frac{u_2^2}{2} - \frac{u_1^2}{2} \quad \Rightarrow \quad h_2 - h_1 = -\frac{1}{2}\left(u_2^2 - u_1^2\right) \quad . \tag{3.176}$$

Aus der Zustandsgleichung eines thermodynamisch idealen Gases (Gl. 2.224) resultiert die absolute Temperatur:

$$T = \frac{p}{\rho\left(c_p - c_v\right)} \quad . \tag{3.177}$$

Mit der Definition des Adiabatenexponenten γ (Gl. 2.209) folgt nach Substitution dieser Temperaturrelation in den druckabhängigen Darstellungen der inneren Energie e (Gl. 2.217) und der Enthalpie h (Gl. 2.218) kalorisch idealer Gase wiederum deren druckabhängige Darstellung:

$$e \;=\; c_v T + C = \underbrace{\frac{1}{\gamma - 1}\frac{p}{\rho}}_{\frac{a^2}{\gamma(\gamma-1)}} + C \tag{3.178}$$

$$h \;=\; c_p T + C = \underbrace{\frac{\gamma}{\gamma - 1}\frac{p}{\rho}}_{\frac{a^2}{\gamma-1}} + C \;. \tag{3.179}$$

Durch Substitution der Enthalpie in der Erhaltungsgleichung 3.176 resultiert die energetische Betrachtung der Geschwindigkeitsänderung durch einen Verdichtungsstoß:

$$\underbrace{\frac{\gamma}{\gamma - 1}\frac{p_1}{\rho_1} + \frac{u_1^2}{2}}_{h_1 - C} \;=\; \underbrace{\frac{\gamma}{\gamma - 1}\frac{p_2}{\rho_2} + \frac{u_2^2}{2}}_{h_2 - C} \quad \Bigg| \cdot \frac{(\gamma - 1)}{u_1}$$

$$\frac{\gamma p_1}{\rho_1 u_1} + \frac{\gamma - 1}{2} u_1 \;=\; \frac{\gamma p_2}{\rho_2 u_1}\frac{\gamma - 1}{2}\frac{u_2^2}{u_1} \;. \tag{3.180}$$

Neben den Massen- und Impulserhaltungsgleichungen (Gln. 3.174 und 3.175) beschreibt die Erhaltung der Energie bzw. der Kesselenthalpie als dritte Bilanzgleichung (Gl. 3.180) den senkrechten Verdichtungsstoß.

3.2.6 Sprungbedingungen

Mit Substitution der Dichte und des Druckes hinter dem Stoß (ρ_2 und p_2) durch die Erhaltungsgleichungen 3.174 und 3.175 in der Erhaltungsgleichung der Kesselenthalpie (Gl. 3.180) resultiert die Geschwindigkeitsänderung in

Abhängigkeit von den physikalischen Größen vor dem Stoß:

$$\frac{\gamma p_1}{\rho_1 u_1} + \frac{\gamma - 1}{2} u_1 = \frac{\gamma \left(p_1 + \rho_1 u_1^2 - \rho_1 u_1 u_2\right)}{\rho_1 \frac{u_1^2}{u_2}} + \frac{\gamma - 1}{2} \frac{u_1^2}{u_2} \tag{3.181}$$

$$= \frac{\gamma}{u_1} \left(\frac{p_1 u_2}{\rho_1 u_1} + u_1 u_2 - u_2^2\right) + \frac{\gamma - 1}{2} \frac{u_2^2}{u_1}$$

$$= \left. \frac{\gamma p_1}{\rho u_1^2} u_2 + \gamma u_2 \underbrace{- \gamma \frac{u_2^2}{u_1} + \frac{\gamma - 1}{2} \frac{u_2^2}{u_1}}_{= -\frac{\gamma+1}{2} \frac{u_2^2}{u_1}} \right| \cdot u_1^{-1} \quad .$$

Durch die Definition der Mach-Zahl (Gl. 3.172) in Abhängigkeit vom Druck des Mediums (Gl. 3.167):

$$\mathrm{Ma}_1 - \frac{u_1}{a} - \sqrt{\frac{\rho u_1^2}{\gamma p_1}} \tag{3.182}$$

resultiert für die Geschwindigkeitsänderung des kompressiblen Mediums am senkrechten Stoß:

$$\underbrace{\frac{\gamma p_1}{\rho_1 u_1^2}}_{\mathrm{Ma}_1^{-2}} + \frac{\gamma - 1}{2} = \underbrace{\frac{\gamma p_1}{\rho_1 u_1^2}}_{\mathrm{Ma}_1^{-2}} \underbrace{\frac{u_2}{u_1}}_{=r} + \gamma \underbrace{\frac{u_2}{u_1}}_{=r} - \frac{\gamma + 1}{2} \underbrace{\left(\frac{u_2}{u_1}\right)^2}_{=r^2} \tag{3.183}$$

$$\Rightarrow \quad 0 = -\frac{\gamma + 1}{2} r^2 + r \left(\mathrm{Ma}_1^{-2} + \gamma\right) - \mathrm{Ma}_1^{-2} - \frac{\gamma - 1}{2} \tag{3.184}$$

Als Lösung dieses quadratischen Gleichungssystems resultieren die Variablen $r_{1/2}$ als zwei Lösungen des Verhältnisses der Geschwindigkeiten hinter und vor dem Stoß:

$$r_{1/2} = \frac{\mathrm{Ma}_1^{-2} + \gamma}{\gamma + 1} \pm \sqrt{\left(\frac{\gamma + \mathrm{Ma}_1^{-2}}{\gamma + 1}\right)^2 - \frac{2\mathrm{Ma}_1^{-2}}{\gamma + 1} - \frac{\gamma - 1}{\gamma + 1}}$$

$$= \frac{\mathrm{Ma}_1^{-2} + \gamma}{\gamma + 1} \pm \sqrt{\frac{\gamma^2 + 2\gamma\mathrm{Ma}_1^{-2} + \mathrm{Ma}_1^{-4} - 4\gamma\mathrm{Ma}_1^{-2} - \gamma^2 + 1}{(\gamma + 1)^2}}$$

$$= \frac{\mathrm{Ma}_1^{-2} + \gamma}{\gamma + 1} \pm \frac{\mathrm{Ma}_1^{-2} - 1}{\gamma + 1} \quad . \tag{3.185}$$

Als Lösungen ergeben sich 1. die Identität $(r = 1)$, was bedeutet, dass die Geschwindigkeit unverändert bleibt, und 2. eine Abnahme der Geschwindigkeit $(r < 1)$ in Abhängigkeit von der Mach-Zahl:

$$\Rightarrow r = \frac{u_2}{u_1} = \frac{\rho_1}{\rho_2} = \begin{cases} 1 \\ 1 - \frac{2}{\gamma+1}\left(1 - \underbrace{\frac{\gamma p_1}{\rho_1 u_1^2}}_{=\mathrm{Ma}_1^{-2}}\right) \end{cases} \quad . \quad (3.186)$$

Für den senkrechten Verdichtungsstoß ergeben sich somit zwei Lösungen für die Geschwindigkeitsänderung. Die Identität entspricht der Lösung einer Strömung im Unterschallbereich, welche den Erhaltungsgleichungen ohne Stoßlösung genügt. Bedingt durch die Geschwindigkeit tritt im Überschallbereich aufgrund des Überschallstoßes eine Verdichtung und somit eine Geschwindigkeitsverringerung $(r < 1)$ ein.

Aus der Impulserhaltung (Gl. 3.175)

$$p_1 + \rho_1 u_1^2 = p_2 + \rho_2 u_2^2 \Big| \cdot \frac{\gamma}{\rho_1 u_1^2} \quad (3.187)$$

$$\underbrace{\frac{\gamma p_1}{\rho_1 u_1^2}}_{=\mathrm{Ma}_1^2} + \gamma = \frac{p_2}{p_1} \underbrace{\frac{\gamma p_1}{\rho_1 u_1^2}}_{=\mathrm{Ma}_1^2} + \gamma \underbrace{\frac{\rho_2 u_2^2}{\rho_1 u_1^2}}_{=u_2/u_1} \quad (3.188)$$

ergibt sich nach der Auflösung des Verhältnisses der Geschwindigkeiten vor und hinter dem Verdichtungsstoß (Gl. 3.186) auch die des Druckverhältnisses:

$$\frac{p_2}{p_1} = 1 + \gamma \mathrm{Ma}_1^2 \underbrace{\left(1 - \frac{u_2}{u_1}\right)}_{=\frac{2}{\gamma+1}\left(1 - \mathrm{Ma}_1^{-2}\right)}$$

$$= 1 + \frac{2\gamma}{\gamma+1}\left(\mathrm{Ma}_1^2 - 1\right) \quad . \quad (3.189)$$

So werden entsprechend der Geschwindigkeitsrelationsgleichung (Gl. 3.186) und der Druckrelationsgleichung (Gl. 3.189) die Druck- und Geschwindigkeitsänderungsvorschriften an der Hyperebenen eines Verdichtungsstoßes in Abhängigkeit von der Machzahl des anströmenden Mediums dargestellt. In Anlehnung an die Definition der Schallgeschwindigkeit (Gl. 3.167) ergibt sich als Zusammenhang zwischen Schallgeschwindigkeit a, absoluter Temperatur T, Druck p und der Dichte des Mediums ρ:

$$a^2 = \gamma \frac{p}{\rho} = c_p \, (\gamma - 1) \, T \quad . \tag{3.190}$$

Für die Änderung von Schallgeschwindigkeit und der Temperatur bei einem Verdichtungssprung ergibt sich folgende Abhängigkeit bereits bekannter Druck- und Dichteverhältnisse:

$$\frac{a_2^2}{a_1^2} = \frac{T_2}{T_1} = \frac{p_2 \rho_1}{p_1 \rho_2} \quad . \tag{3.191}$$

Für die folgende Substitution wird eine alternative Form des Dichteverhältnisses von Gl. 3.186 genutzt:

$$
\begin{aligned}
\frac{\rho_1}{\rho_2} &= 1 - \frac{2}{\gamma + 1}\left(1 - \frac{1}{\mathrm{Ma}_1^2}\right) = \frac{1}{\mathrm{Ma}_1^2}\left(\mathrm{Ma}_1^2 - \frac{2}{\gamma + 1}(\mathrm{Ma}_1^2 - 1)\right) \\
&= \frac{1}{\mathrm{Ma}_1^2}\left(\frac{\gamma - 1}{\gamma + 1}\mathrm{Ma}_1^2 + \frac{2}{\gamma + 1}\right) = \frac{1}{\mathrm{Ma}_1^2}\left(1 + \frac{\gamma - 1}{\gamma + 1}(\mathrm{Ma}_1^2 - 1)\right) \quad .
\end{aligned}
\tag{3.192}
$$

Zusammen mit der Druckrelation (Gl. 3.189) eingesetzt in die Definition des Temperaturverhältnisses (Gl. 3.191) resultiert:

$$\frac{a_2^2}{a_1^2} = \frac{T_2}{T_1} = \frac{1}{\mathrm{Ma}_1^2}\left(1 + \frac{\gamma - 1}{\gamma + 1}(\mathrm{Ma}_1^2 - 1)\right)\left(1 + \frac{2\gamma}{\gamma + 1}(\mathrm{Ma}_1^2 - 1)\right) \quad . \tag{3.193}$$

Schallgeschwindigkeit und Temperatur nehmen für Machzahlen $\mathrm{Ma}_1 > 1$ an einem Verdichtungsstoß mit der Machzahl zu (Abb. 3.7). In Kapitel 3.2.8 wird nachgewiesen, dass ein Verdichtungsstoß nur bei Machzahlen über eins auftreten kann. Durch die Änderung von Geschwindigkeit und Schallgeschwindigkeit muss somit auch die Änderung der Machzahl durch einen Verdichtungsstoß untersucht werden. Aus den hergeleiteten Relationen (Gln. 3.186 und 3.193) folgt die Machzahländerung:

$$
\begin{aligned}
\frac{\mathrm{Ma}_2^2}{\mathrm{Ma}_1^2} &= \frac{u_2^2 a_1^2}{u_1^2 a_2^2} = \frac{\frac{1}{\mathrm{Ma}_1^4}\left(1 + \frac{\gamma - 1}{\gamma + 1}(\mathrm{Ma}_1^2 - 1)\right)\left(1 + \frac{\gamma - 1}{\gamma + 1}(\mathrm{Ma}_1^2 - 1)\right)}{\frac{1}{\mathrm{Ma}_1^2}\left(1 + \frac{\gamma - 1}{\gamma + 1}(\mathrm{Ma}_1^2 - 1)\right)\left(1 + \frac{2\gamma}{\gamma + 1}(\mathrm{Ma}_1^2 - 1)\right)} \\
&= \frac{1}{\mathrm{Ma}_1^2}\frac{1 + \frac{\gamma - 1}{\gamma + 1}(\mathrm{Ma}_1^2 - 1)}{1 + \frac{2\gamma}{\gamma + 1}(\mathrm{Ma}_1^2 - 1)} \quad .
\end{aligned}
\tag{3.194}
$$

Für die Machzahl des abströmenden Mediums folgt damit, dass diese stets kleiner 1 ist und sich damit die Strömung hinter dem Verdichtungsstoß im Unterschall befindet.

$$\gamma \geq 1 \quad \Rightarrow \quad 2\gamma \geq \gamma + 1 > \gamma - 1$$

$$\Rightarrow \quad \mathrm{Ma}_2^2 = \frac{1 + \frac{\gamma-1}{\gamma+1}\left(\mathrm{Ma}_1^2 - 1\right)}{1 + \frac{2\gamma}{\gamma+1}\left(\mathrm{Ma}_1^2 - 1\right)} \leq 1 \qquad (3.195)$$

Zusammenfassend lässt sich beobachten, dass bei $\mathrm{Ma}_1 \leq 1$ die physikalischen Größen unverändert bleiben, jedoch bei $\mathrm{Ma}_1 > 1$ Dichte, Temperatur, Schallgeschwindigkeit und Druck zunehmen, aber Geschwindigkeit stets in den Unterschallbereich ($\mathrm{Ma}_2 < 1$) abfällt.

3.2.7 Schräger Verdichtungsstoß

Während bei einem *senkrechten Verdichtungsstoß* der Vektor der Hauptströmungsrichtung immer senkrecht auf der Stoßhyperebene steht, bilden bei einem *schrägen Verdichtungsstoß* der Vektor der Hauptströmungsrichtung und die Stoßfläche keinen rechten Winkel. Anström- und Abströmgeschwindigkeit werden in Normal- und Tangentialkomponenten bezogen auf die Stoßhyperebene zerlegt (Abb. 3.6, rechts). Für die Normalkomponente gelten dieselben geschwindigkeitsabhängigen Erhaltungsgleichungen wie für den senkrechten Stoß bei Anströmgeschwindigkeiten von $\mathrm{Ma}_1 \geq 1$, was in Kapitel 3.2.8 bewiesen wird. Für die Geschwindigkeitskomponentenänderung folgt demnach wie bei einem senkrechten Verdichtungsstoß (Gl. 3.186):

$$\rho_1 u_{n_1} = \rho_2 u_{n_2} \quad \Rightarrow \quad \frac{u_{n_2}}{u_{n_1}} = 1 - \frac{2}{\gamma+1}\left(1 - \frac{1}{\mathrm{Ma}_1^2}\right) \quad . \qquad (3.196)$$

Während die Normalkomponente durch den Verdichtungsstoß reduziert wird, bleibt die Tangentialkomponente konstant:

$$u_{t_1} = u_{t_2} \quad . \qquad (3.197)$$

Für die Kesselenthalpie (Gl. 3.161) folgt damit:

$$h_1 + \frac{u_{n_1}^2}{2} = H = h_2 + \frac{u_{n_2}^2}{2} \quad . \qquad (3.198)$$

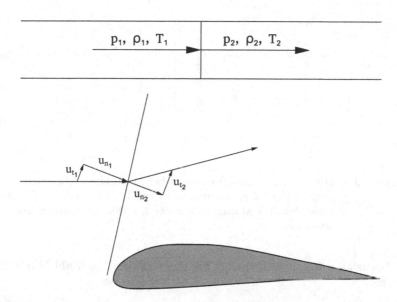

p_1, ρ_1, T_1 p_2, ρ_2, T_2

Abbildung 3.6: oben : skizzierter senkrechter Verdichtungsstoß in einem Spalt
unten : schräger Verdichtungsstoß an einem Aeroprofil

Somit gilt für die Absolutbeträge der An- und Abströmgeschwindigkeit

$$\sqrt{u_{n_2}^2 + u_{t_2}^2} = \sqrt{u_{n_1}^2 \left[1 - \frac{2}{\gamma+1}\left(1 - \frac{1}{\mathrm{Ma}_1^2}\right)\right]^2 + u_{t_1}^2} \qquad (3.199)$$

$$= \sqrt{u_{n_1}^2 + u_{t_1}^2 - u_{n_1}^2 \left[\underbrace{\frac{2}{\gamma+1}\left(1 - \frac{1}{\mathrm{Ma}_1^2}\right)}_{=X=1-r}\left(2 - \underbrace{\frac{2}{\gamma+1}\left(1 - \frac{1}{\mathrm{Ma}_1^2}\right)}_{X=1-r}\right)\right]} \ .$$

Da das Geschwindigkeitsverhältnis r immer größer Null und kleiner-gleich eins ist, gilt dies für $X = 1 - r$ auch und

$$0 \leq X \leq 1 \quad \Rightarrow \quad 0 \leq X\left(2 - X\right) \leq 1 \qquad (3.200)$$
$$\Rightarrow \quad |\vec{u}_2| \geq u_{t_1} = u_{t_2} \qquad (3.201)$$
$$\Rightarrow \quad u_{n_2} \geq 0 \ . \qquad (3.202)$$

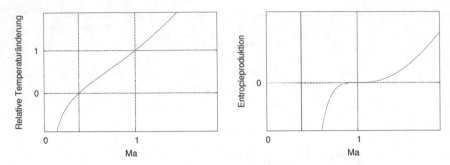

Abbildung 3.7: links : Die Temperatur nimmt bei Machzahlen über 1 zu,
rechts : Ein Entropiezuwachs ist nur bei Machzahlen über 1
erkennbar, für Machzahlen unter 1 würde die Entropie sogar
abnehmen.

Dieser Grenzfall würde jedoch nur bei der theoretischen Machzahl $Ma_1 = \infty$
eintreten.

3.2.8 Entropiezuwachs an Verdichtungsstößen

Die Fallunterscheidung bei der Ermittlung der Geschwindigkeitsänderung
an einem Verdichtungsstoß wirft die Frage auf, wann überhaupt ein Verdichtungsstoß eintritt, der eine Geschwindigkeits-, Druck- oder Dichteänderung
mit sich bringt. Die Antwort ist bei der Größenänderung zu suchen, die
relevante Aussagen über den selbstständigen Ablauf physikalischer Prozesse
sowie der damit verbundenen Änderung physikalischer Größen trifft - dem
Entropiezuwachs.

Aus der Entropiefunktion (Gl. 3.47) folgt die Differentialgleichung:

$$
\begin{aligned}
s_2 - s_1 &= c_v \left[\ln \frac{p_2}{p_1} - \ln \frac{\rho_2}{\rho_1} \right] \\
&= c_v \left[\ln \frac{p_2}{p_1} + \ln \left(\frac{\rho_1}{\rho_2} \right)^{\gamma} \right] \quad .
\end{aligned} \tag{3.203}
$$

Aus den berechneten Geschwindigkeits- und Dichterelationen (Gl. 3.186)
sowie den Druckrelationen (Gl. 3.189) folgt eingestezt in die Gleichung für

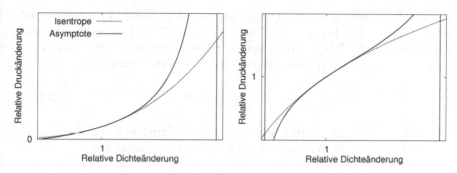

Abbildung 3.8: links : Lineare Darstellung der Hugoniot-Kurve mit einer
Nullstelle bei $\bar{p} = 1/\beta$ und einer Asymptote bei $\bar{p} = \beta$ und
einem Definitionsbereich von $]\beta^{-1}; \beta[$ - rechts : Darstellung
mit logarithmischer Skalierung der Druckachse

den Entropiezuwachs:

$$
\begin{aligned}
s_2 - s_1 &= c_v \ln \left[\frac{\mu_2}{p_1} \left(\frac{\mu_1}{\rho_2} \right)^\gamma \right] \\
&= c_v \left(\ln \left[\left(1 + \frac{2\gamma}{\gamma+1} \left(\mathrm{Ma}_1^2 \right) \right) \left(1 - \frac{2}{\gamma+1} \left(1 - \mathrm{Ma}_1{}^2 \right) \right)^\gamma \right] \right.
\end{aligned}
\tag{3.204}
$$

Die Kurvendiskussion ergibt, dass die oben angegebene Funktion für den
Entropiezuwachs an einem Verdichtungsstoß eine Polstelle an der Position
$\mathrm{Ma}_1 = \sqrt{(\gamma-1)/(2\gamma)} < 1$ und eine Nullstelle an der Position $\mathrm{Ma}_1 = 1$
aufweist (Abb. 3.7). Da der Adiabatenexponent größer eins ist (Gl. 2.226)
folgt, dass die angegebene Polstelle stets kleiner eins ist und dass unterhalb
dieser Machzahl keine Lösungen im reellen Zahlenraum existieren.
Da die Entropie bei Machzahlen unter 1 nach den Stoßlösungen abnehmen
würde, dies aber physikalisch nicht realisiert werden kann, können keine
Verdichtungsstöße bei Machzahlen unter 1 auftreten, so dass nach der Fallunterscheidung (Gl. 3.186) hier die Identität die unveränderte Lösung der
Geschwindigkeit darstellt.

3.2.9 Rankine-Hugoniot-Beziehung

Die nach *William John Macquorn Rankine (1820-1872)* und *Pierre-Henri
Hugoniot (1851-1887)* benannte *Rankine-Hugoniot-Beziehung* beschreibt

die Relation von Dichte- und Druckänderung über einen Verdichtungsstoß hinweg. Hierbei beschreibt 1 die Position vor und 2 die Position hinter dem Verdichtungsstoß. Aus der Invarianz der Kesselenthalpie (Gl. 3.161) folgt nach Gl. 3.176 die Enthalpieänderung über den Verdichtungsstoß:

$$h_2 - h_1 - \frac{1}{2}\left(u_2^2 - u_1^2\right) \quad . \tag{3.205}$$

Aus der Stationarität des Impulses folgt aus der Impulserhaltungsgleichung (Gl. 3.175) für das Verhältnis von Enthalpie- zu Druckänderung:

$$\frac{h_2 - h_1}{p_2 - p_1} = \frac{1}{2}\frac{u_2^2 - u_1^2}{\rho_2 u_2^2 - \rho_1 u_1^2} = \frac{1}{2}\left(\frac{1}{\rho_2 - \rho_1 \frac{u_1^2}{u_2^2}} - \frac{1}{\rho_2 \frac{u_2^2}{u_1^2} - \rho_1}\right) \quad . \tag{3.206}$$

Aufgrund der Kontinuität (Gl. 3.174) werden die Geschwindigkeitsrelationen durch die Dichteverhältnisse in Gl. 3.206 eliminiert:

$$\begin{aligned}
\frac{h_2 - h_1}{p_2 - p_1} &= \frac{1}{2}\left(\frac{1}{\rho_2 - \rho_1 \frac{\rho_2^2}{\rho_1^2}} - \frac{1}{\rho_2 \frac{\rho_1^2}{\rho_2^2} - \rho_1}\right) \\
&= \frac{1}{2}\left(\frac{\rho_1^2}{\rho_1^2 \rho_2 - \rho_1 \rho_2^2} - \frac{\rho_2^2}{\rho_1^2 \rho_2 - \rho_1 \rho_2^2}\right) \\
&= \frac{1}{2}\left(\frac{(\rho_1 - \rho_2)(\rho_1 + \rho_2)}{\rho_1 \rho_2 (\rho_1 - \rho_2)}\right) \\
&= \frac{1}{2}\left(\frac{1}{\rho_1} + \frac{1}{\rho_2}\right) \quad .
\end{aligned} \tag{3.207}$$

Aus der Definition der Enthalpie (Gl. 2.213) ergibt sich so für die Änderungen von Enthalpie h und innerer Energie e:

$$h_2 - h_1 = \frac{p_2 - p_1}{2}\left(\frac{1}{\rho_1} + \frac{1}{\rho_2}\right) \tag{3.208}$$

$$\begin{aligned}
e_2 - e_1 &= h_2 - h_1 - \frac{p_2}{\rho_2} - \frac{p_1}{\rho_1} \\
&= \frac{1}{2}\left(\frac{p_2}{\rho_1} - \frac{p_1}{\rho_1} + \frac{p_2}{\rho_2} - \frac{p_1}{\rho_2}\right) - \frac{p_2}{\rho_2} - \frac{p_1}{\rho_1} \\
&= -\frac{p_2 + p_1}{2}\left(\frac{1}{\rho_1} + \frac{1}{\rho_2}\right) \quad .
\end{aligned} \tag{3.209}$$

Aus der kalorisch idealen Definition der Enthalpie in Abhängigkeit von der Temperatur (Gl. 2.222) resultiert für thermodynamisch ideale Gase (Gl. 2.224) die druckabhängige Darstellung:

$$h_2 - h_1 = c_p\,(T_2 - T_1) = \frac{c_p}{c_p - c_v}\left(\frac{p_2}{\rho_2} - \frac{p_1}{\rho_1}\right) \quad . \tag{3.210}$$

Mit den Energieerhaltung (Gl. 3.208) und der Konstitutivrelation (Gl. 3.210) folgt die Equivalenz:

$$\frac{c_p}{c_p - c_v}\left(\frac{p_2}{\rho_2} - \frac{p_1}{\rho_1}\right) = \frac{p_2 - p_1}{2}\left(\frac{1}{\rho_1} + \frac{1}{\rho_2}\right)\bigg| \cdot \rho_1\rho_2$$

$$\frac{c_p}{c_p - c_v}\left(\rho_1 p_2 - \rho_2 p_1\right) = \frac{p_2 - p_1}{2}\left(\rho_1 + \rho_2\right)\bigg| \cdot \frac{c_p - c_v}{c_v}$$

$$\gamma p_2\rho_1 - \gamma p_1\rho_2 = p_2\frac{\gamma - 1}{2}\left(\rho_2 + \rho_1\right) - p_1\frac{\gamma - 1}{2}\left(\rho_2 + \rho_1\right)$$

$$p_2\left(\gamma\rho_1 - \frac{\gamma - 1}{2}\left(\rho_2 + \rho_1\right)\right) = p_1\left(\rho_2\gamma - \frac{\gamma - 1}{2}\left(\rho_2 + \rho_1\right)\right) \quad . \tag{3.211}$$

In Abhängigkeit von dem Adiabatenexponenten γ (Gl. 2.209) resultiert die Relation zwischen relativer Dichte- und Druckänderung an einem Verdichtungsstoß:

$$\frac{p_2}{p_1} = \frac{\frac{\gamma+1}{2}\rho_2 - \frac{\gamma-1}{2}\rho_1}{\frac{\gamma+1}{2}\rho_1 - \frac{\gamma-1}{2}\rho_2} = \frac{\frac{\gamma+1}{\gamma-1}\frac{\rho_2}{\rho_1} - 1}{\frac{\gamma+1}{\gamma-1} - \frac{\rho_2}{\rho_1}} \quad . \tag{3.212}$$

So lässt sich die relative Druckänderung $\bar{p} = p_2/p_1$ in Abhängigkeit von der relativen Dichteänderung $\bar{\rho} = \rho_2/\rho_1$ mit dem konstanten Parameter β in wie folgt definieren:

$$\bar{p} = \frac{\beta\bar{\rho} - 1}{\beta - \bar{\rho}}; \quad \beta = \frac{\gamma + 1}{\gamma - 1} \quad . \tag{3.213}$$

Sofort zu erkennen ist, dass die *Hugoniot-Kurve* eine Nullstelle bei $1/\beta$ und eine Polstelle bei β besitzt.

Während die relative Druckänderung jeden positiven Wert in Abhängigkeit von der Machzahl annehmen kann (Gl. 3.189), bewegt sich die relative Dichteänderung (Gl. 3.186) in dem schmalen Intervall zwischen $1/\beta$ und β. Da Entropieabnahmen ausgeschlossen werden, gilt aufgrund der ausschließlich positiven Entropieänderung (Gl. 3.165), dass die realtive Druckänderung $\bar{p}$ stets größer ist als die Potenz der relativen Dichteänderung $\bar{\rho}^\gamma$.

$$0 \leq \int_1^2 ds = \int_1^2 \frac{dp}{p} - \int_1^2 \gamma\frac{d\rho}{\rho} = ln\left(\frac{p_2}{p_1}\right) - ln\left(\frac{\rho_2}{\rho_1}\right)^\gamma \quad \Rightarrow \bar{p} \geq \bar{\rho}^\gamma \tag{3.214}$$

Das bedeutet, dass nur die Druckrelationen oberhalb der Isentropen (Abb. 3.8) realisierbar sind. Für den Schnittpunkt von Hugoniot-Kurve und Isentrope gilt:

$$\bar{p}^{\gamma} = \bar{p} = \frac{\beta \bar{p} - 1}{\beta - \bar{p}} \quad \Rightarrow \quad \beta \bar{p}^{\gamma} - \bar{p}^{\gamma+1} = \beta \bar{p} - 1 \quad . \tag{3.215}$$

Sofort zur erkennen ist, dass $\bar{p} = 1$ eine Lösung darstellt und die Hugoniot-Kurve (Gl. 3.213) im Intervall $]1; \beta[$ oberhalb der Isentropen (Gl. 3.214) bleibt:

$$(1 < \bar{p} < \beta) \wedge (\gamma > 1) \quad \Rightarrow \quad \beta \bar{p}^{\gamma} - \bar{p}^{\gamma+1} > \beta \bar{p} - 1, \tag{3.216}$$

wie auch in Abb. 3.8 dargestellt ist. Die relative Dichteänderung an dem beschriebenen Stoß ist somit stets größer oder gleich 1 und kleiner der Konstanten β. Verdichtungsstöße gehen stets mit einer Zunahme der Dichte, einer Abnahme der Geschwindigkeit und einer Entropiezunahme einher, da die Geschwindigkeit unmittelbar vor dem Verdichtungsstoß größer als die Schallgeschwindigkeit ist. Wenn die Geschwindigkeit eines Mediums jedoch stetig gesteigert wird, bis diese Schallgeschwindigkeit erreicht, wird weder ein Verdichtungsstoß noch ein Entropiezuwachs zu verzeichnen sein ($\bar{p} = 1$). Dieser Eintritt in den Überschall wird als "weicher Stoß" oder "isentroper Stoß" bezeichnet.

3.2.10 Kritische Schallgeschwindigkeit

Da sich nach Erhaltung der Kesselenthalpie die Schallgeschwindigkeit zusammen mit der Temperatur in Abhängigkeit von der absoluten Geschwindigkeit ändert (Gl. 3.180), stellt sich die Frage, bei welcher absoluten Geschwindigkeit Überschall erreicht wird. Aus besagter Erhaltungsgleichung folgt mit der Definition der Schallgeschwindigkeit (Gl. 3.167):

$$\underbrace{\frac{\gamma}{\gamma - 1} \frac{p_1}{\rho_1} + \frac{u_1^2}{2}}_{h_1 - C} = \underbrace{\frac{\gamma}{\gamma - 1} \frac{p_2}{\rho_2} + \frac{u_2^2}{2}}_{h_2 - C}$$

$$\frac{a_1^2}{\gamma - 1} + \frac{u_1^2}{2} = \frac{a_2^2}{\gamma - 1} + \frac{u_2^2}{2} \tag{3.217}$$

eine Äquivalenzgleichung, welche die Relation zwischen Geschwindigkeits- und Schallgeschwindigkeitsänderung beschreibt. Die Geschwindigkeit u_2, bei der eine Strömung den Überschall erreicht, ist die kritische Schallge-schwindigkeit $a^* = a_2$. Die Schallgeschwindigkeit, welche in Ruhe $u_2 = 0$ vorliegt, wird als Ruheschallgeschwindigkeit a_0 bezeichnet. Daraus folgt für ein beliebiges Geschwindigkeitstupel (u;a) die Herleitung:

$$\frac{a^2}{\gamma - 1} + \frac{u^2}{2} = \frac{a^{*2}}{\gamma - 1} + \frac{a^{*2}}{2} = \left(\frac{2}{\gamma - 1} + 1\right)\frac{a^{*2}}{2} = \frac{\gamma + 1}{\gamma - 1}\frac{a^{*2}}{2}$$

$$\Rightarrow \quad \frac{\gamma + 1}{2}a^{*} = a^2 + \frac{\gamma - 1}{2}u^2 = a_0^2 \quad . \tag{3.218}$$

Die an der konstanten kritischen Schallgeschwindigekeit a^* normierte Ge-schwindigkeit u wird als kritische Machzahl bezeichnet:

$$\mathrm{Ma}^* = \frac{u}{a^*} \quad . \tag{3.219}$$

Diese stellt einen linearen Bezug zwischen absoluter Geschwindigkeit und dem Erreichen des Überschallbereichs bei $\mathrm{Ma} = \mathrm{Ma}^* = 1$ her. Festzuhalten ist, wenn das Medium in Ruhe ist $u = 0$ ist die Schallgeschwindigkeit $a = a_0$ maximal. Je hoher die Geschwindigkeit eines Mediums ist, desto niedriger iot dcsßen Schallgeschwindigkeit u, was die Frage aufwirft, ob auf diesem Weg die Schallgeschwindigkeit bei einer endlichen Absolutgeschwindigkeit verschwindet.

3.2.11 Isentrope Zustandsänderungen

Mit einem stetigen Geschwindigkeitsübertritt in den Überschall verschwin-det die Enropieproduktion, da kein lokaler Verdichtungsstoß auftritt. Die Relation zwischen Ruheschallgeschwindigkeit a_0 und kritischer Schallge-schwindigkeit a^* und damit auch zwischen kritischer Machzahl Ma^* und Ruhemachzahl Ma_0 ist damit konstant:

$$\frac{a_0}{a^*} = \frac{u/a^*}{u/a_0} = \frac{\mathrm{Ma}^*}{\mathrm{Ma}_0} = \sqrt{\frac{\gamma + 1}{2}} \quad . \tag{3.220}$$

Da der Adiabatenkoeffizient stets $\gamma \geq 1$ ist, ist die kritische Schallgeschwin-digkeit stets kleiner-gleich der Ruheschallgeschwindigkeit

$$a^* = \sqrt{\frac{2}{\gamma + 1}}a_0 \leq a_0 \quad . \tag{3.221}$$

Für isentrope Änderungen entlang Stromlininien, welche nicht durch einen Verdichtungsstoß treten, folgen für die Schallgeschwindigkeit (Gl. 3.218) und die Temperatur (Gl. 3.167):

$$\frac{a_0^2}{a^2} = 1 + \frac{\gamma - 1}{2} u^2$$

$$\Rightarrow \quad \frac{a_0}{a} = \sqrt{1 + \frac{\gamma - 1}{2} \mathrm{Ma}^2} \tag{3.222}$$

$$\Rightarrow \quad \frac{T_0}{T} = \frac{a_0^2}{a^2} = 1 + \frac{\gamma - 1}{2} \mathrm{Ma}^2 \quad . \tag{3.223}$$

Für isentrope Änderungen folgen mit der Definition der verschwindenden Entropieproduktion (Gl. 3.203) aus der Abhängigkeit der Schallgeschwindigkeit von einer Änderung der absolten Temperatur (Gl. 3.167):

$$0 = s - s_0 = c_v \ln \left(\underbrace{\frac{p}{p_0} \left(\frac{\rho_0}{\rho} \right)^{\gamma}}_{=1} \right) \tag{3.224}$$

$$\Rightarrow \quad \left(\frac{\rho_0}{\rho} \right)^{\gamma} = \frac{p_0}{p} = \frac{\rho_0 T_0}{\rho T} \tag{3.225}$$

$$\Rightarrow \quad \frac{a_0^2}{a^2} = \frac{T_0}{T} = \frac{\rho_0^{\gamma-1}}{\rho^{\gamma-1}} = \frac{p_0^{\frac{\gamma-1}{\gamma}}}{p^{\frac{\gamma-1}{\gamma}}} \tag{3.226}$$

zusätzliche Relationen für das Dichte- und Druckverhältnis:

$$\frac{\rho_0}{\rho} = \left(\frac{T_0}{T} \right)^{\frac{1}{\gamma-1}} = \left(1 + \frac{\gamma - 1}{2} \mathrm{Ma}^2 \right)^{\frac{1}{\gamma-1}} \tag{3.227}$$

$$\frac{p_0}{p} = \left(\frac{T_0}{T} \right)^{\frac{\gamma}{\gamma-1}} = \left(1 + \frac{\gamma - 1}{2} \mathrm{Ma}^2 \right)^{\frac{\gamma}{\gamma-1}} \quad . \tag{3.228}$$

So ändern sich Schallgeschwindigkeit, Dichte, Druck und Temperatur entlang einer stetig differenzierbaren Stromlinie in isentroper Form.

3.2.12 Machzahltransformation und Maximalgeschwindigkeit

Aus der geschwindigkeitsabhängigen Äquivalenz der kritischen Schallge-schwindigkeit (Gl. 3.218) resultieren je aus der Division durch die Quadrate der momentanen und die kritischen Schallgeschwidigkeit zwei Relationen:

$$\frac{2}{\gamma-1} + \frac{\gamma-1}{\gamma+1}\mathrm{Ma}^2 = \frac{a^{*2}}{a^2} \tag{3.229}$$

$$\frac{a^2}{a^{*2}} = \frac{\gamma+1}{2} - \frac{\gamma-1}{2}\mathrm{Ma}^{*2} \quad . \tag{3.230}$$

Werden die beiden Gleichungen miteinander multipliziert, heben sich die Relationen der Schallgeschwindigkeiten gegeneinander auf:

$$\left(\frac{2}{\gamma-1} + \frac{\gamma-1}{\gamma+1}\mathrm{Ma}^2\right)\left(\frac{\gamma+1}{2} - \frac{\gamma-1}{2}\mathrm{Ma}^{*2}\right) = 1$$

$$1 + \frac{\gamma-1}{2}\mathrm{Ma}^2 - \frac{\gamma-1}{\gamma+1}\mathrm{Ma}^{*2} - \frac{(\gamma-1)^2}{2(\gamma+1)}\mathrm{Ma}^2\mathrm{Ma}^{*2} = 1$$

$$\frac{\mathrm{Ma}^2}{2} - \frac{\mathrm{Ma}^{*2}}{\gamma+1} - \frac{\mathrm{Ma}^2\mathrm{Ma}^{*2}}{2}\frac{\gamma-1}{\gamma+1} = 0$$

$$\frac{\gamma-1}{2}\mathrm{Ma}^2 - \left(1 + \frac{\gamma-1}{2}\mathrm{Ma}^2\right)\mathrm{Ma}^{*2} = 0 \quad . \tag{3.231}$$

Hieraus folgen die Transformationsvorschriften zwischen kritischer und momentaner Machzahl:

$$\mathrm{Ma}^* = \sqrt{\frac{\frac{\gamma-1}{2}\mathrm{Ma}^2}{1 + \frac{\gamma-1}{2}\mathrm{Ma}^2}} = \sqrt{\frac{\gamma+1}{\frac{2}{\mathrm{Ma}^2} + \gamma - 1}} \tag{3.232}$$

$$\mathrm{Ma} = \sqrt{\frac{2}{\frac{\gamma+1}{\mathrm{Ma}^{*2}} - \gamma + 1}} \quad . \tag{3.233}$$

Fixpunkte der Transformation sind wie erwartet bei

$$\mathrm{Ma} = 0 = \mathrm{Ma}^* \quad \text{und bei} \quad \mathrm{Ma} = 1 = \mathrm{Ma}^* \quad .$$

Wenn wie erwartet bei zunehmender Geschwindigkeit die Schallgeschwindigkeit sinkt und die momentane Machzahl Ma gegen ∞ geht, resultieren folgende Suprema der kritischen Machzahl und der absoluten Geschwindigkeit:

$$\text{Ma} \to \infty \quad \Rightarrow \quad \text{Ma}^* \to \sqrt{\frac{\gamma+1}{\gamma-1}} \quad \Rightarrow \quad u \to a^* \sqrt{\frac{\gamma+1}{\gamma-1}} \quad . \tag{3.234}$$

Für die Geschwindigkeit folgt so, dass bei einem Geschwindigkeitssupremum von

$$u_{\max} = \sqrt{\frac{\gamma+1}{\gamma-1}} a^* \tag{3.235}$$

im isentropen Fall Schallgeschwindigkeit a (Gl. 3.218), Temperatur T (Gl. 3.223), Dichte ρ (Gl. 3.227) und Druck p (Gl. 3.228) verschwinden würden.

3.2.13 Lavaldüse

Ein isentroper Stoß wird unter anderem in einer *Lavaldüse*, welche, wie in der Skizze beschrieben, von links nach rechts durchströmt wird. Betrachtet werden bei der folgenden Analyse Geschwindigkeits-, Dichte- und Druckänderungen am Austritt der Düse. Als vereinfachende Annahme wird vorausgesetzt, dass sich der Querschnitt der Düse linear vergrößert, wobei r der Düsenradius an der axialen Position x ist und $(u; v)$ die Geschwindigkeitskomponenten an der Position $(x; y)$:

$$\frac{v}{u} = \frac{y}{r} \frac{\partial r}{\partial x} \quad . \tag{3.236}$$

Der Geschwindigkeitsgradient senkrecht zur Hauptströmungsrichtung verschwindet relativ zum Geschwindigkeitsgradienten parallel zur Hauptströmungsrichtung

$$\frac{\partial u}{\partial y} << \frac{\partial u}{\partial x} \quad , \tag{3.237}$$

womit die Geschwindigkeitskomponente u unabhängig von der Koordinaten y ist. Aus der stationären *Bernoulli-Gleichung* (Gl. 3.159) folgt mit Vernachlässigung der Normalkomponenten des Gradienten (Gl. 3.237:

$$u\frac{\partial u}{\partial x} + v\underbrace{\frac{\partial u}{\partial y}}_{\approx 0} = -\frac{1}{\rho}\frac{\partial p}{\partial x} \quad \Rightarrow \quad u\frac{\partial u}{\partial x} = -\frac{1}{\rho}\frac{\partial p}{\partial x} \quad . \tag{3.238}$$

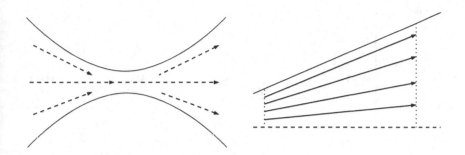

Abbildung 3.9: links : Skizze einer Lavaldüse - rechts : Skizziertes Geschwindigkeitsfeld im Diffusor einer Lavaldüse

Aus der Definition der Schallgeschwindigkeit (Gl. 3.163) folgt für obige Bernoulli-Gleichung die alternative Darstellung:

$$\rightarrow \quad \rho u du + dp = 0 \quad \Rightarrow \quad \rho u du + \underbrace{\frac{dp}{d\rho}}_{=a^1} d\rho = 0$$

$$\Rightarrow \quad \frac{1}{u}du + \underbrace{\frac{a^2}{u^2}}_{=\mathrm{Ma}^{-2}} \frac{d\rho}{\rho} = 0 \quad \Rightarrow \quad -\frac{d\rho}{\rho} = \mathrm{Ma}^2\frac{du}{u} \quad . \quad (3.239)$$

Aus der Erhaltung des Massenstroms folgt für alle Konstanten ρ_0, u_0, A_0:

$$\rho u A = \text{const.} \quad \Rightarrow \quad \ln\left(\frac{\rho}{\rho_0}\frac{u}{u_0}\frac{A}{A_0}\right) = \text{const.} \quad (3.240)$$

$$d\left(\ln\frac{\rho}{\rho_0}\right) + d\left(\ln\frac{u}{u_0}\right) + d\left(\ln\frac{A}{A_0}\right) = 0 \quad (3.241)$$

$$\Rightarrow \quad \frac{d\rho}{\rho} + \frac{du}{u} + \frac{dA}{A} = 0 \quad . \quad (3.242)$$

Durch anschließende Substitution des Dichtedifferentialquotienten (Gl. 3.239) folgt die Relation inkrementeller Änderungen von Geschwindigkeits- und Düsenquerschnittsänderungen (Abb. 3.9).

$$0 = \left(1 - \mathrm{Ma}^2\right)\frac{du}{u} + \frac{dA}{A} \quad \Rightarrow \quad \frac{du}{u} = \frac{1}{\mathrm{Ma}^2 - 1}\frac{dA}{A} \quad (3.243)$$

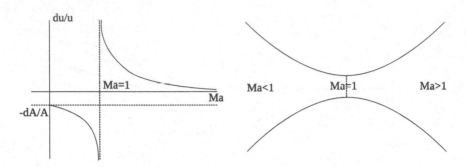

Abbildung 3.10: links : Geschwindigkeitsänderung in Abhängigkeit von der Querschnittsänderung - rechts : Machzahländerung in einer Lavaldüse

Aus der Dichterelation (Gl. 3.239) folgt für die isentrope Dichteänderung:

$$\frac{d\rho}{\rho} = -\text{Ma}^2\frac{du}{u} = \frac{\text{Ma}^2}{1-\text{Ma}^2}\frac{dA}{A} \quad . \tag{3.244}$$

Bei Überschall (Ma > 1) gilt somit

$$\frac{dA}{dx} > 0 \quad \Rightarrow \quad \frac{du}{dx} > 0 \quad \Rightarrow \quad \frac{d\rho}{dx} < 0 \quad , \tag{3.245}$$

was bedeutet, dass die Geschwindigkeit in einer Diffusordüse zunimmt und die Dichte des Mediums abnimmt. Bei Unterschall (Ma < 1) gilt

$$\frac{dA}{dx} > 0 \quad \Rightarrow \quad \frac{du}{dx} < 0 \quad \Rightarrow \quad \frac{d\rho}{dx} > 0 \quad , \tag{3.246}$$

was heißt, dass die Geschwindigkeit im Unterschall in einem Diffusor wie die eines inkompressiblen Mediums abnimmt, aber die Dichte zunimmt.

Aus der Druck-, Temperatur- und Schallgeschwindigkeitsänderung einer isentropen Diffusionsströmung (Gl. 3.226) folgt mit

$$\frac{\rho}{\rho_0} = \left(\frac{p}{p_0}\right)^{\frac{1}{\gamma}} = \left(\frac{T}{T_0}\right)^{\frac{1}{\gamma-1}} = \left(\frac{a}{a_0}\right)^{\frac{2}{\gamma-1}} \quad , \tag{3.247}$$

dass bei abnehmender Dichte im Diffusor der Lavaldüse die Schallgeschwindigkeit ebenfalls abnimmt. Aus der machzahlabhängigen Dichterelation (Gl.

3.239) folgt, dass sich die Geschwindigkeitsänderung immer entgegengesetzt, aber betragsmäßig proportional zur Änderung der Schallgeschwindigkeit verhält:

$$-\mathrm{Ma}^2 d\ln\frac{u}{u_0} = d\ln\frac{\rho}{\rho_0} = \frac{2}{\gamma-1}d\ln\frac{a}{a_0} \quad , \qquad (3.248)$$

da, wenn die Geschwindigkeit zunimmt, stets die Schallgeschwindigkeit abnimmt:

$$\frac{du}{dx} > 0 \quad \Rightarrow \quad \frac{u}{u_0} > 1 \quad \Rightarrow \quad \frac{a}{a_0} < 1 \quad \Rightarrow \quad \frac{da}{dx} < 0 \quad . \qquad (3.249)$$

Umgekehrt gilt somit auch, dass bei abnehmender Geschwindigkeit die Schallgeschwindigkeit zunimmt. Für die Machzahl in einer Lavaldüse bedeutet das, dass wenn im Trichterbereich, links der Verengung der Querschnitt im Unterschallbereich abnimmt, die Strömungsgeschwindigkeit u steigt und Dichte ρ sowie Schallgeschwindigkeit zunehmen, bis Geschwindigkeit und Schallgeschwindigkeit an der engsten Stelle der Düse die kritische Schallgeschwindigkeit a^* und damit die Machzahl Ma $= 1$ erreichen (Gl. 3.226). Im Diffusorbereich rechts der Verengung nehmen im Überschallbereich Dichte ρ und Schallgeschwindigkeit ab, wogegen Geschwindigkeit u und Machzahl der Strömung Ma weiter zunehmen (Abb. 3.10).

3.3 Molekulare Thermodynamik

Während die klassische Gasdynamik die Strömung eines verdünnten Gases als die Bewegung eines kompressiblen Kontinuums interpretiert, wird bei der molekulardynamischen Modellierung einer Gasströmung die Konvektion und die Diffusion mehr oder weniger stark interagierender Moleküle beschrieben. Somit sind Scherung und Dehnung eines materiellen Volumeninkrements nicht mehr Verzerrungsklassen eines kontinuierlichen Volumens, sondern mathematische Formen der kinematischen Beschreibung einer Molekülwolke. Während bei der Kontinuumsannahme davon ausgegangen wird, dass sich ein materielles Volumen nicht selbst durchdringt, ist diese materielle Vorstellung bei einer partikulären Wolke sich aneinander vorbeibewegender Moleküle als unbrauchbar anzusehen. Sowohl bei der Modellierung thermodynamischer Zustandsänderungen als auch in sogenannten Grenzbereichen der Gasdynamik ist die Kontinuumsannahme nicht zu verwenden. Diese Grenzbereiche werden erreicht, sobald der Einfluss molekularer Skalen gegenüber den geometrischen Skalen der physikalischen Strömung nicht mehr vernachlässigbar ist [39, 53]. Werden diese Skalen der geometrischen Grenzbereiche erreicht, sind Teilchenabstände und mittlere freie Weglängen von Molekülen in der Größenordung geometrischer Längeskalen [150, 175]. Diese Zustände werden bei technischen Strömungen in der Vakuumtechnik und der Mikrofluidik erreicht, wo aufgrund der physikalischen Gegebenheiten bei der zu beschreibenden Fluidströmung nicht mehr von einem Kontinuum augegangen werden kann. Eine Beschreibung durch makroskopische Zustandsgleichungen, die stets auf einer Kontinuumsannahme aufbauen, trifft insbesondere bei der Wandinteraktion einer verdünnten Gasströmung nicht mehr zu [198, 156, 154]. In diesen Fall erfährt nicht mehr eine druckgetriebene Strömung einen durch viskose Wandspannungen hervorgerufenen Strömungswiderstand, sondern vielmehr werden freie Moleküle an einer unebenen Wand vorzugsweise entgegen ihrer ursprünglichen Bewegungsrichtung reflektiert. So werden makroskopische Modelle von Materialeigenschaften durch mikroskopische Gesetze der Molekulardynamik ersetzt. Umgekehrt gilt aber, dass mikroskopische Gesetze außerhalb dieser Grenzbereiche stets die makroskopischen Modelle erfüllen müssen, da diese dort schließlich bereits verifiziert sind.

3.3.1 Phasenraum und die Boltzmann-Gleichung

Während die Strömung eines Kontinuums durch die Tatsache beschrieben wird, dass an einer Position x zu einem Zeitpukt t auch nur eine Geschwindigkeit des strömenden Mediums vorherrscht, werden bei der Interpretation einer molekularen Gasströmung die Geschwindigkeiten verschiedener Moleküle an einer Position berücksichtigt. So wird bei der statistischen Betrachtung einer freien Molekularströmung nicht die Geschwindigkeit in Abhängigkeit von Ort und Zeit beschrieben, sondern die Wahrscheinlichkeitsdichte f einer im dreidimensionalen Raum mit den Komponenten ξ_1, ξ_2 und ξ_3 an einem vorgegebenen Ort zu einer festgelegten Zeit definierten Wahrscheinlichkeitsdichtefunktion f.

$$\int_{-\infty}^{+\infty} \int_{-\infty}^{+\infty} \int_{-\infty}^{+\infty} f\left(t, \vec{x}, \vec{\xi}\right) d\xi_1 d\xi_2 d\xi_3 = 1 \qquad (3.250)$$

Analog zur Geschwindigkeit eines Moleküls wird auch die volumetrische Anzahldichte der Moleküle eines strömenden Mediums durch diese statistische

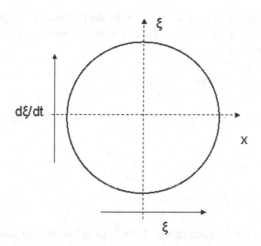

Abbildung 3.11: Der Phasenraum wird durch die Vektoren der Raum- und Geschwindigkeitskomponenten aufgespannt

Betrachtung bestimmt. Basierend auf der volumetrischen Betrachtung eines Definitionsbereichs einer Fluidströmung wird die Anzahl der Moleküle innerhalb eines Volumeninkrements δV durch die Molekülanzahl N beschrieben. Die Molekülanzahldichte n legt wiederum die die Anzahl der Moleküle pro Volumen fest. In integraler Schreibweise folgt die Definition der Boltzmann-Verteilung f_B über Zeit, Raum und Phasenraum der Molekülgeschwindigkeit $\vec{\xi}$:

$$n = \int_{-\infty}^{+\infty} \int_{-\infty}^{+\infty} \int_{-\infty}^{+\infty} f_B\left(t, \vec{x}, \vec{\xi}\right) d\xi_1 d\xi_2 d\xi_3 \qquad (3.251)$$

$$N = \int_{\delta V} \int_{-\infty}^{+\infty} \int_{-\infty}^{+\infty} \int_{-\infty}^{+\infty} f_B\left(t, \vec{x}, \vec{\xi}\right) d\xi_1 d\xi_2 d\xi_3 dV \qquad (3.252)$$

Aus diesen Vereinbarungen resultiert folgende Relation zwischen der Geschwindigkeitswahrscheinlichkeitsdichtefunktion und der Boltzmann-Verteilung f_B:

$$f\left(t, \vec{x}, \vec{\xi}\right) = \frac{1}{N} \int_{\delta V} f_B\left(t, \vec{x}, \vec{\xi}\right) dV \quad . \qquad (3.253)$$

Aus diesem Zusammenhang ergibt sich das totale Differential in Abhängigkeit von den in einem dreidimensionalen Raum vorliegenden sieben Freiheitsgraden der Phasenraumzeit:

$$df_B = \frac{\partial f_B}{\partial t}dt + \frac{\partial f_B}{\partial x_i}dx_i + \frac{\partial f_B}{\partial v_i}dv_i \quad . \tag{3.254}$$

Mittels Substitution der vorgegebenen Definitionen in Abhängigkeit von der Molekülmasse m:

$$v_i = \frac{dx_i}{dt} \tag{3.255}$$

$$F_i = m\frac{dv_i}{dt} \tag{3.256}$$

folgt aus der zeitlichen Ableitung der Boltzmann-Verteilung die *Boltzmann-Gleichung*:

$$\frac{df_B}{dt} = \frac{\partial f_B}{\partial t} + \frac{\partial f_B}{\partial x_i}v_i + \frac{\partial f_B}{\partial v_i}\frac{F_i}{m} \quad . \tag{3.257}$$

Die Wahrscheinlichkeitdichte der Boltzmann-Verteilung hat aufgrund ihres Definitonsbereichs die Einheit $(m/s)^{-3}m^{-3} = s^3/m^6$.

3.3.2 Molekulare Kinetik verdünnter Gase

Basierend auf der Annahme, dass sich in einem Kontrollvolumen V sämtliche Moleküle mit voneinander unterschiedlichen Geschwindigkeiten in verschiedene Bewegungsrichtungen frei bewegen, wird nun anhand eines Gedankenexperiments untersucht, wie makroskopische physikalische Größen durch den molekularen Mikrokosmos beschrieben werden. Am Beispiel eines quaderförmigen Kontrollvolumens mit einem Volumen V und einer Seitenfläche A in positiver x-Richtung wird erläutert, wie Moleküle mit Randelementen interagieren.

Die Anzahl der Moleküle innerhalb des Kontrollvolumens (Gl. 2.166) wird durch das Produkt von Querschnittsfläche, Länge des Volumens x und der Anzahldichte der Moleküle beschrieben. Um das Volumen in x-Richtung zu durchqueren, benötigt ein Molekül bei einem gegebenen Erwartungswert der x-Komponente der Molekülgeschwindigkeit $E(|\xi_x|)$ damit die Zeit $\Delta t = x/E(|\xi_x|)$. Da sich bei einer "makroskopisch betrachtet" vollelastischen

Kollision genausoviele Moleküle auf dem Weg auf die Wand zu wie von der Wand weg sind, ergibt sich für die Kollisionsfrequenz die Relation

$$f_c = \frac{1}{\Delta t}\frac{N}{2} = \frac{E\left(|\xi_{(i)}|\right)}{x}\frac{N}{2} = \frac{nAE\left(|\xi_{(i)}|\right)}{2} \quad . \tag{3.258}$$

Da bei der Umkehr eines Moleküls mit der Masse m an der Wand dessen Impuls negiert und damit rechnerisch um das Zweifache reduziert wird, ergibt sich in Analogie zu Gleichung Gl. 2.169 aus dem Produkt von Kollisionsfrequenz und dem zweifachen Impuls die Kraft, welche dauerhaft auf die Wand des Kontrollvolumens wirkt.

$$F = 2mE\left(|\xi_x|\right)f_c = mnA\left[E\left(|\xi_x|\right)\right]^2 \tag{3.259}$$

In der makroskopischen Betrachtung wird das Produkt aus Molekülmasse m und Molekülanzahldichte n als Dichte des Medium ρ betrachtet und die auf das Randelement wirkende Kraft pro Fläche als Druck $p = F/A$. Für das Quadrat des Erwartungswertes der x-Komponente der Molekülgeschwindigkeit ergibt sich so:

$$c_{(i)}^2 := \left[E\left(|\xi_{(i)}|\right)\right]^2 = \frac{F}{mnA} = \frac{p}{\rho} \tag{3.260}$$

Statistisch betrachtet entspricht damit diesem Beispiel folgend der Mittelwert und damit das erste statistische Moment der Molekülgeschwindigkeit der Strömungsgeschwindigkeit in Abängigkeit von Position und Zeit. Das als Varianz definierte zweite statistische Moment der Wandnormalkomponente der Molekülgeschwindigkeit entspricht dem massenspezifischen Druck.

3.3.3 Geschwindigkeitsverteilungsfunktion

Grundvoraussetzung einer molekularen Geschwindigkeitsverteilung eines ruhenden Mediums (Gl. 3.253) ist die statistische Unabhängigkeit der molekularen Geschwindigkeitskomponenten. Im dreidimesionalenm Raum bedeutet das, dass das Produkt der Wahrscheinlichkeiten F_x der einzelnen Geschwindigkeitskomponenten der Wahrscheinlichkeit des absoluten Geschwindigkeitsbetrages entspricht.

$$F_x\left(\xi_1\right)F_x\left(\xi_2\right)F_x\left(\xi_3\right) = F_x\left(|\vec{\xi}|\right) \tag{3.261}$$

Aus der Differenzierung

$$\frac{\partial}{\partial\xi_3}\frac{\partial}{\partial\xi_2}\frac{\partial}{\partial\xi_1}\left[F_x\left(\xi_1\right)F_x\left(\xi_2\right)F_x\left(\xi_3\right)\right] \sim \frac{\partial}{\partial|\vec{\xi}|}F_x\left(|\vec{\xi}|\right) \tag{3.262}$$

folgt im dreidimensionalen Raum die Relation der Wahrscheinlichkeitsdichtefunktionen:

$$f_x\left(\xi_1\right)f_x\left(\xi_2\right)f_x\left(\xi_3\right) \sim f_x\left(|\vec{\xi}|\right) = f_x\left(\sqrt{\xi_1^2 + \xi_2^2 + \xi_3^2}\right) \quad . \qquad (3.263)$$

Im κ-dimensionalen Raum resultiert mit Gl. 2.165 die allgemeine Form:

$$\prod_{i=1}^{\kappa} f_x\left(\xi_i\right) = f_x\left(\sqrt{\sum_{i=1}^{\kappa} \xi_{(i)}^2}\right) \quad . \qquad (3.264)$$

Aus dieser Relation folgt der Ansatz der Wahrscheinlichkeitsdichtefunktion der molekularen Geschwindigkeitskomponenten ξ_i:

$$f_x\left(\xi_i\right) = Ke^{\pm\zeta\xi_i^2}; \zeta \geq 0 \quad . \qquad (3.265)$$

Die Koeffizienten K und ζ gilt es, anhand bekannter Restriktionen zu bestimmen:

Bekannt ist, dass das Integral der zu beschreibenden stetig differenzierbaren Wahrscheinlichkeitsdichtefunktion identisch 1 ist. Das bedeutet, dass besagte Wahrscheinlichkeitsdichtefunktion für ein gegen unendlich strebendes Argument gegen Null gehen muss. Für den exponentiellen Ansatz folgt, dass der Exponent stets kleiner oder gleich Null sein muss.

$$\lim_{\xi_{(x)} \to \infty} f_x\left(\xi_{(i)}\right) = 0 \quad \Rightarrow \quad f_x\left(\xi_i\right) = Ke^{-\zeta\xi_i^2} \qquad (3.266)$$

Die Integrale von Produkten einer solchen Gauss-Funktion und ganzzahligen Potenzen

$$\int_0^{+\infty} x^n e^{-ax^2} dx = \frac{\Gamma\left(\frac{n+1}{2}\right)}{2a^{\frac{n+1}{2}}} \qquad \text{für} \quad a > 0, n \geq 0 \qquad (3.267)$$

werden durch Funktionswerte der Gammafunktion beschrieben, für welche gelten:

$$\Gamma\left(x+1\right) = \Gamma\left(x\right) \cdot x \quad \text{mit} \quad \Gamma\left(\frac{1}{2}\right) = \sqrt{\pi} \quad , \quad \Gamma\left(1\right) = 1 \quad . \qquad (3.268)$$

So ergeben sich für das Integral und die ersten drei statistischen Momente:

$$\int_0^{+\infty} e^{-ax^2} dx = \frac{\Gamma\left(\frac{1}{2}\right)}{2\sqrt{a}} = \frac{1}{2}\sqrt{\frac{\pi}{a}} \qquad (3.269)$$

$$\int_0^{+\infty} x e^{-ax^2} dx = \frac{\Gamma\left(1\right)}{2\sqrt{a^2}} = \frac{1}{2a} \qquad (3.270)$$

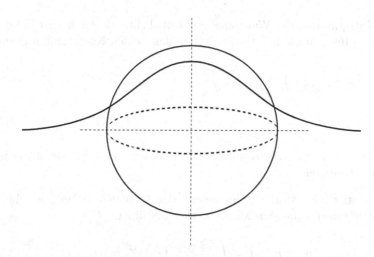

Abbildung 3.12: In der eindimensionalen Darstellung ergibt sich aus dem Ansatz der kinetischen Gastheorie eine "Gauss'sche Glockenkurve für die Verteilungsdichte der molekularen Geschwindigkeitskomponente

$$\int_0^{+\infty} x^2 e^{-ax^2}\,dx = \frac{\Gamma\left(\frac{3}{2}\right)}{2\sqrt{a^3}} = \frac{1}{4}\sqrt{\frac{\pi}{a^3}} \tag{3.271}$$

$$\int_0^{+\infty} x^3 e^{-ax^2}\,dx = \frac{\Gamma(2)}{2\sqrt{a^4}} = \frac{1}{2a^2} \tag{3.272}$$

$$\int_0^{+\infty} x^4 e^{-ax^2}\,dx = \frac{\Gamma\left(\frac{5}{2}\right)}{2\sqrt{a^5}} = \frac{3}{8}\sqrt{\frac{\pi}{a^5}} \tag{3.273}$$

$$\int_0^{+\infty} x^5 e^{-ax^2}\,dx = \frac{\Gamma(3)}{2\sqrt{a^6}} = \frac{1}{a^3} \tag{3.274}$$

$$\int_0^{+\infty} x^6 e^{-ax^2}\,dx = \frac{\Gamma\left(\frac{7}{2}\right)}{2\sqrt{a^7}} = \frac{15}{16}\sqrt{\frac{\pi}{a^7}} \tag{3.275}$$

$$\int_0^{+\infty} x^7 e^{-ax^2}\,dx = \frac{\Gamma(4)}{2\sqrt{a^7}} = \frac{3}{a^4} \tag{3.276}$$

$$\int_0^{+\infty} x^8 e^{-ax^2}\,dx = \frac{\Gamma\left(\frac{9}{2}\right)}{2\sqrt{a^9}} = \frac{105}{32}\sqrt{\frac{\pi}{a^9}} \tag{3.277}$$

Da das Integral über der Wahrscheinlichkeitsdichte identisch 1 ist, folgt aus dem ersten Integral die Relation zwischen den beiden Koeffizienten ζ und κ:

$$1 = \int_{-\infty}^{+\infty} f_x\left(\tilde{\xi}_{(i)}\right) d\xi_{(i)} = K\sqrt{\frac{\pi}{\zeta}} \quad \Rightarrow \quad K = \sqrt{\frac{\zeta}{\pi}} \qquad (3.278)$$

$$\Rightarrow \quad f_x\left(\xi_i\right) = \sqrt{\frac{\zeta}{\pi}} e^{-\zeta\xi_i^2} \qquad (3.279)$$

In Abhängigkeit von dem Koeffizienten ζ lassen sich folgende statistische Momente definieren:

Das 1. statistische Moment entspricht der Geschwindigkeit, welche wie erwartet in einem ruhenden Medium gleich Null ist:

$$u_i = E\left(\xi_i\right) = \int_{-\infty}^{+\infty} \tilde{\xi}_i f_x\left(\tilde{\xi}_i\right) d\tilde{\xi}_i = 0 \quad . \qquad (3.280)$$

Das zweite statistische Moment entspricht der Varianz der Molekülgeschwindigkeit:

$$c_x^2 = E\left(\xi_x^2\right) = \int_{-\infty}^{+\infty} \tilde{\xi}_i^2 f_x\left(\tilde{\xi}_i\right) d\tilde{\xi}_i = \sqrt{\frac{\zeta}{\pi}} \int_{-\infty}^{+\infty} \tilde{\xi}_i^2 e^{-\zeta\tilde{\xi}_i^2} d\tilde{\xi}_i = \frac{1}{2\zeta} \quad .$$

$$(3.281)$$

Da nach dem "*Satz von Pythagoras*" das Quadrat der Absolutgeschwindigkeit $\left|\vec{\xi}\right|$ der Summe der Quadrate der Geschwindigkeitskomponenten entspricht, stimmt die statistische Varianz c^2 der Molekülgeschwindigkeit mit der der Summe der nach der Isotropieannahme übereinstimmenden Varianzen c_i^2 der Geschwindigkeitskomponenten ξ_i (Gl. 2.165) überein:

$$\left|\vec{\xi}\right|^2 = \xi_1^2 + \xi_2^2 + \xi_3^2 \quad \Rightarrow \quad c^2 = \sum_{i=1}^{\kappa} c_i^2 = \frac{\kappa}{2\zeta} \quad \Rightarrow \quad \zeta = \frac{\kappa}{2c^2} \quad . \qquad (3.282)$$

Die Variable κ beschreibt die Anzahl der Freiheitsgrade der molekularen Bewegung. Für eine angenommen isotrope statistische Verteilung der Geschwindigkeitskomponenten im κ-dimensionalen Raum folgt aus der Übereinstimmung der Standardabweichungen aller Geschwindigkeitskomponenten

$$c_x := c_1 = c_2 = c_3 \quad \Rightarrow \quad \sum_{i=1}^{\kappa} c_i^2 = \kappa c_x^2 \quad \Rightarrow \quad c_x = \frac{c}{\sqrt{\kappa}} \quad . \qquad (3.283)$$

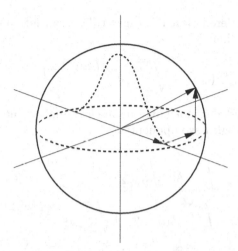

Abbildung 3.13: Die Verteilungsdichte basiert auf der Annhame, dass die Verteilungsdichte unabhängig von den Winkelkoordinaten ist

dass die Standardabweichung des Absolutbetrages der Molekülgeschwindigkeit direkt proportional zur Standardabweichung einer jeden Geschwindigkeitskomponenten ist.

$$f_x\left(\xi_i\right) = \sqrt{\frac{\kappa}{2\pi c^2}}e^{-\frac{\kappa}{2}\frac{\xi_i^2}{c^2}} = \sqrt{\frac{1}{2\pi c_x^2}}e^{-\frac{1}{2}\frac{\xi_i^2}{c_x^2}} \tag{3.284}$$

Mittels Substitution des Koeffizienten ζ wird die Wahrscheinlichkeitsdichte der 1D-Molekülgeschwindigkeit in Abhängigkeit vom zweiten statistischen und aufgrund der verschwindenden mittleren Geschwindigkeit zugleich zentralen Moment c_x^2 dargestellt.

3.3.4 Interpretation der Standardabweichung

Gemäß der Defintion der mittleren Geschwindigkeit (Gl. 3.280) ändert sich das Modell der statistischen Wahrscheinlichkeitsdichte der molekularen Geschwindigkeit in Abhängigkeit von einer mittleren Geschwindigkeit des Mediums. Aufgrund der Unabhängigkeit der mittleren Geschwindigkeit von der Standardabweichung der Geschwindigkeitsverteilung ergibt sich aus der

Änderung der mittleren Geschwindigkeit die Translation der Wahrscheinlichkeitsdichtefunktion:

$$f_x\left(\xi_{(i)}\right) = \sqrt{\frac{\kappa}{2\pi c^2}}\, e^{-\frac{\kappa}{2}\left(\frac{\xi_{(i)}-u_{(i)}}{c}\right)^2} \quad . \tag{3.285}$$

Der Erwartungswert der molekularen Geschwindigkeit entspricht somit der Mediumsgeschwindigkeitskomponenten $u_{(i)}$:

$$
\begin{aligned}
\mathrm{E}\left(\xi_{(i)}\right) &= \int_{-\infty}^{+\infty} \tilde{\xi}_{(i)} \sqrt{\frac{\kappa}{2\pi c^2}}\, e^{-\frac{\kappa}{2}\left(\frac{\xi_{(i)}-u_{(i)}}{c}\right)^2} d\tilde{\xi}_{(i)} \\
&= \int_{-\infty}^{+\infty} \left(\xi_{(i)}-u_{(i)}\right) \sqrt{\frac{\kappa}{2\pi c^2}}\, e^{-\frac{\kappa}{2}\left(\frac{\xi_{(i)}-u_{(i)}}{c}\right)^2} d\tilde{\xi}_{(i)} \\
&\quad + \int_{-\infty}^{+\infty} u_{(i)} \sqrt{\frac{\kappa}{2\pi c^2}}\, e^{-\frac{\kappa}{2}\left(\frac{\xi_{(i)}-u_{(i)}}{c}\right)^2} d\tilde{\xi}_{(i)} \\
&= u_{(i)} \sqrt{\frac{\kappa}{2\pi c^2}} \cdot \frac{1}{2}\sqrt{\frac{2\pi c^2}{\kappa}} = u_{(i)} \quad .
\end{aligned}
\tag{3.286}
$$

Trotz dieser Transformation bleibt c^2/κ die Varianz und damit das zweite zentrale statistische Moment (Gl. 2.273) der molekularen Geschwindigkeitskomponentenverteilung, die Geschwindigkeitsvarianz:

$$
\begin{aligned}
\mathrm{Var}\left(\xi_{(i)}\right) &= E\left(\xi_{(i)}^2\right) - E\left(\xi_{(i)}\right)^2 \\
&= \int_{-\infty}^{+\infty} \tilde{\xi}_{(i)}^2 \sqrt{\frac{\kappa}{2\pi c^2}}\, e^{-\frac{\kappa}{2}\left(\frac{\xi_{(i)}-u_{(i)}}{c}\right)^2} d\tilde{\xi}_{(i)} - u_{(i)}^2 \\
&= \int_{-\infty}^{+\infty} \left(\tilde{\xi}_{(i)}^2 - u_{(i)}^2\right) \sqrt{\frac{\kappa}{2\pi c^2}}\, e^{-\frac{\kappa}{2}\left(\frac{\xi_{(i)}-u_{(i)}}{c}\right)^2} d\tilde{\xi}_{(i)} \\
&\quad + \int_{-\infty}^{+\infty} \tilde{2}u_{(i)}\xi_{(i)} \sqrt{\frac{\kappa}{2\pi c^2}}\, e^{-\frac{\kappa}{2}\left(\frac{\xi_{(i)}-u_{(i)}}{c}\right)^2} d\tilde{\xi}_{(i)} \\
&\quad - \int_{-\infty}^{+\infty} \tilde{u}_{(i)}^2 \sqrt{\frac{\kappa}{2\pi c^2}}\, e^{-\frac{\kappa}{2}\left(\frac{\xi_{(i)}-u_{(i)}}{c}\right)^2} d\tilde{\xi}_{(i)} - u_{(i)}^2
\end{aligned}
$$

$$= 2\sqrt{\frac{\kappa}{2\pi c^2}} \cdot \frac{1}{4}\sqrt{\frac{8\pi c^6}{\kappa^3}} + 2u_{(i)}^2$$

$$-u_{(i)}^2 \cdot 2\sqrt{\frac{\kappa}{2\pi c^2}}\frac{1}{2}\sqrt{\frac{2\pi c^2}{\kappa}} - u_{(i)}^2$$

$$= \frac{c^2}{\kappa} = c_x^2 \quad . \tag{3.287}$$

Nach *Ludwig Boltzmann (1844-1906)* wird das Verhältinis zwischen Varianz der Molekülgeschwindigkeit und absoluter Temperatur T als konstant angesehen. Das Verhältnis wird durch die Ludwig-Boltzmann-Konstante k_B (Gl. 2.173) beschrieben. Diese Relation der thermischen Energie wird wie folgt definiert:

$$k_B T = mc_x^2 = \frac{m}{\kappa}c^2 \;\Rightarrow\; c = \sqrt{\frac{\kappa}{m}k_B T} \;\Rightarrow\; \zeta = \frac{\kappa}{2c^2} = \frac{m}{2k_B T} \quad .$$
$$\tag{3.288}$$

In der *Maxwell'schen Darstellung* in Abhängigkeit von T ergibt sich für die Wahrscheinlichkeitsdichte der Molekülgeschwindigkeit:

$$f_x\left(\xi_{(i)}\right) = \sqrt{\frac{m}{2\pi k_B T}}e^{-\frac{m}{2k_B T}\left(\xi_{(i)}-u_{(i)}\right)^2} \quad . \tag{3.289}$$

Da diese Verteilungsfunktion allerdings lediglich die Wahrscheinlichkeitsdichte einer Geschwindigkeitskomponente abbildet, entspricht diese Funktion nicht der Wahrscheinlichkeitsdichtefunktion der Absolutgeschwindigkeit eines Moleküls. Diese Funktion wird durch die *Maxwell-Verteilung* beschrieben.

3.3.5 Molekülgeschwindigkeitsverteilung

Wird das Integral der Wahrscheinlichkeitsdichte nicht über die drei Raumrichtungen gebildet, sondern über den Radius, muss das Ergebnis zwar übereinstimmen, aber das Argument muss sich entsprechend der Koordinaten-Transformation von karthesischen Koordinaten auf Kugelkoordinaten abbilden. In der folgenden Transformation werden die Wahrscheinlichkeitsdichte ausschließlich als abhängig von dem Geschwindigkeitsbetrag angenommen, weshalb in der substituierten Form nicht mehr über die Geschwindigkeitskomponenten integriert wird, sondern über den Geschwindigkeitsbetrag:

$$\xi = \sqrt{\xi_1^2 + \xi_2^2 + \xi_3^2} \quad . \tag{3.290}$$

Die transformierte Funktion muss somit die Bedingung

$$f(\xi)\,d\xi = f_x(\xi_1)\,f_x(\xi_2)\,f_x(\xi_3)\,d\xi_1 d\xi_2 d\xi_3 \tag{3.291}$$

erfüllen. Für die um den Erwartungswert verschobene Form der Verteilungsfunktion

$$\int_0^{+\infty} f(\xi)\,d\xi \tag{3.292}$$

$$= \iiint_{-\infty}^{+\infty} f_x(\xi_1)\,f_x(\xi_2)\,f_x(\xi_3)\,d\xi_1 d\xi_2 d\xi_3$$

$$= \iiint_{-\infty}^{+\infty} \left(\frac{m}{2\pi k_B T}\right)^{\frac{3}{2}} e^{-\frac{m}{2k_B T}\left[(\xi_1-u_1)^2+(\xi_2-u_2)^2+(\xi_3-u_3)^2\right]} d\xi_1 d\xi_2 d\xi_3$$

ergibt sich die Verteilungsfunktion der Geschwindigkeitsabweichung ξ_i'. Aus der Summe der Exponenten resultiert die Vektorfunktion

$$(\xi_1-u_1)^2+(\xi_2-u_2)^2+(\xi_3-u_3)^2$$

$$= \xi_1^2 - 2\xi_1 u_1 + u_1^2 + \xi_2^2 - 2\xi_2 u_2 + u_2^2 + \xi_3^2 - 2\xi_3 u_3 + u_3^2$$

$$= \xi_i \xi_i - 2\xi_i u_i + u_i u_i = \left(\vec{\xi} - \vec{u}\right)^2 := \vec{\xi}'^2 \quad . \tag{3.293}$$

Mit der Differenzgeschwindigkeit $\vec{\xi}'$ ergibt sich für das verschwindende Integral (Gl. 3.292) über der Absolutgeschwindigkeit folgende Relation:

$$\int_0^{+\infty} f(\xi)\,d\xi = \tag{3.294}$$

$$\int_{-\infty}^{+\infty}\int_{-\infty}^{+\infty}\int_{-\infty}^{+\infty} \left(\frac{m}{2\pi k_B T}\right)^{\frac{3}{2}} e^{-\frac{m}{2k_B T}\left((\xi_1')^2+(\xi_2')^2+(\xi_3')^2\right)} d\xi_1' d\xi_2' d\xi_3' \quad .$$

Festzustellen ist, dass sich diese neue Funktion in Abhängigkeit von den absoluten Geschwindigkeiten der Moleküle und des Mediums darstellt, da sich diese Differenz der Quadrate aus der Aufsummation der Exponenten der Verteilungsdichtefunktionen der molekularen Geschwindigkeitskomponenten (Gl. 3.289) ergibt. Aus der Definition der inkrementellen Änderung des Absolutbetrages der Molekülgeschwindigkeit (Abb.3.14) als Dicke einer Hohlkugelerweiterung in einem durch die Geschwindigkeitskomponenten aufgespannten Hyperraum

$$d\xi_1' d\xi_2' d\xi_3' = 4\pi \xi'^2 d\xi' \tag{3.295}$$

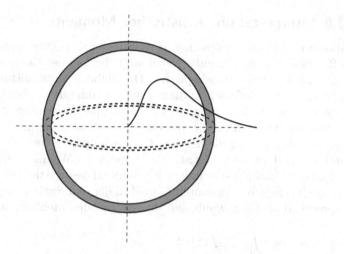

Abbildung 3.14: In der radialen Verteilungsdichtefunktion liegt das Maximum nicht bei $\xi' = 0$

folgt die Wahrsheinlichkeitsdichte des Absolutbetrages:

$$f(\xi')\, d\xi' = \left(\frac{m}{2\pi k_B T}\right)^{\frac{3}{2}} e^{-\frac{m}{2k_B T}(\xi')^2}\, d\xi_1'\, d\xi_2'\, d\xi_3' \qquad (3.296)$$

$$= \sqrt{\frac{2}{\pi}}(\xi')^2 \left(\frac{m}{k_B T}\right)^{\frac{3}{2}} e^{-\frac{m}{2k_B T}(\xi')^2}\, d\xi' \quad .$$

Dass das Integral dieser Wahrscheinlichkeitsdichte ebenfalls 1 ist, wird wie folgt unter Anwendung des Gauss-Integrals (Gl. 3.271) überprüft:

$$\int_0^\infty f(\xi)\, d\xi = \sqrt{\frac{2}{\pi}}\left(\frac{m}{k_B T}\right)^{\frac{3}{2}} \int_0^\infty \xi^2 e^{-\frac{m}{2k_B T}(\xi')^2}\, d\xi'$$

$$= \sqrt{\frac{2}{\pi}}\left(\frac{m}{k_B T}\right)^{\frac{3}{2}} \frac{\sqrt{\pi}}{4} \left(\sqrt{\frac{2k_B T}{m}}\right)^3 = 1 \quad . \qquad (3.297)$$

Die Wahrscheinlichkeitsdichtefunktion f der absoluten Molekülgeschwindigkeit wird *Maxwell'sche Verteilungsdichtefunktion* genannt.

3.3.6 Interpretation statistischer Momente

Während in der makroskopischen Beschreibung thermodynamischer Systeme die Relation zwischen Impuls, Druck und thermischer Energie beschrieben wird, werden in der mikroskopischen Darstellung Anzahldichte, statistische Momente der Molekülgeschwindigkeit und die Interaktion dipolarer Potentiale beschrieben. Wechselseitig gilt aber stets die Notwendigkeit der direkten Überführung der Modelle für mikroskopische Skalen auf die Modelle makroskopischer Skalen. Um die mittlere Geschwindigkeit einer Molekülwolke zu ermitteln, wird das erste statistische Moment der Wahrscheinlichkeitsdichtefunktion der Molekülgeschwindigkeit gebildet. Diese mittlere Geschwindigkeit u_i einer einzelnen Komponenten ξ_i wird in der makroskopischen Darstellung entsprechend als Geschwindigkeit des strömenden Mediums interpretiert.

$$
\begin{aligned}
u_i &= \int_0^{+\infty} \xi_i f\left(\xi\right) d\xi \\
&= \int_{-\infty}^{+\infty} \int_{-\infty}^{+\infty} \int_{-\infty}^{+\infty} \xi_i f_x\left(\xi_1\right) f_x\left(\xi_2\right) f_x\left(\xi_3\right) d\xi_1 d\xi_2 d\xi_3
\end{aligned}
\tag{3.298}
$$

Mit der entsprechenden Koordinatentransformation (Gl. 3.291) ergeben sich die makroskopischen Größen. In Anlehnung an die Definition des allgemeinen Impulsflusstensors Φ (Gl. 2.146) entspricht eine jede Komponente der massenspezifischen Form dem gewichteten Integral des Produktes zweier molekularer Geschwindigkeitskomponenten ξ_i und ξ_j.

$$
\begin{aligned}
u_i u_j + \frac{1}{\rho}\Phi_{ij} &= \int_0^{+\infty} \xi_i \xi_j f\left(\xi\right) d\xi \\
&= \int_{-\infty}^{+\infty} \int_{-\infty}^{+\infty} \int_{-\infty}^{+\infty} \xi_i \xi_j f_x\left(\xi_1\right) f_x\left(\xi_2\right) f_x\left(\xi_3\right) d\xi_1 d\xi_2 d\xi_3
\end{aligned}
\tag{3.299}
$$

Das gewichtete Integral des kinetischen Energie eines jeden Moleküls entspricht somit der Summe der in der makroskopischen Darstellung definierten massenspezifischen physikalischen Größen: Innere Energie e und kinetische Energie $u^2/2$.

$$
\begin{aligned}
\frac{u^2}{2} + e - e_0 &= \int_0^{+\infty} \frac{\xi_i^2}{2} f\left(\xi\right) d\xi \\
&= \int_{-\infty}^{+\infty} \int_{-\infty}^{+\infty} \int_{-\infty}^{+\infty} \frac{\xi_i^2}{2} f_x\left(\xi_1\right) f_x\left(\xi_2\right) f_x\left(\xi_3\right) d\xi_1 d\xi_2 d\xi_3
\end{aligned}
\tag{3.300}
$$

Mit diesen durch die Wahrscheinlichkeitsdichtefunktion gewichteten Integralen mikroskopischer Größen wird ein Filter definiert, welcher die hier beschriebenen molekularen Größen der mikroskopischen Darstellung auf physikalische Größen der makroskopischen Darstellung abbildet. Viel deutlicher wird der Zusammenhang, wenn je die linke Seite der Diffusionsflussgleichung (Gl. 3.299) und die Energiegleichung (Gl. 3.300) als Summe von Quadrat des Erwartungswertes und Varianz interpretiert wird. Denn dann entspricht nach der Definition der Varianz die rechte Seite dem Erwartungswert des Quadrates der statistischen Größe (Gl. 2.273).

3.3.7 Molekulare kinetische Energie

Die innere Energie ist identisch mit der halben Varianz der Molekülgeschwindigkeit.

$$e - e_0 = \int_{-\infty}^{+\infty} \frac{\xi_i^2}{2} f(\xi)\, d\xi = \frac{c^2}{2} \quad . \tag{3.301}$$

Auf der Basis der Maxwellschen Verteilungdichtefunktion der Molekülgeschwindigkeit (Gl. 3.279) resultiert mit der Boltzmann'schen Definition der Geschwindigkeitsvarianz (Gl. 3.288) die temperaturabhängige Darstellung der inneren Energie:

$$e - e_0 = \frac{c^2}{2} = \frac{1}{2} \frac{\kappa k_B T}{m} \quad . \tag{3.302}$$

Für die isochore speezifische Wärme (Gl. 2.218) ergibt sich entsprechend der Annahme kalorisch idealer Gase der konstante Wert:

$$c_v = \left.\frac{\partial e}{\partial T}\right|_v = \frac{\kappa}{2} \frac{k_B}{m} \quad . \tag{3.303}$$

Als punktförmig angenommene Moleküle haben in einem drei-dimensionalen Raum entsprechend $\kappa = 3$ Freiheitsgrade und beschreiben das Verhalten eines sogenannten *Lighthill-Gases*.

3.3.8 Lighthill-Gas

Bei einem sogenannten *Lighthill-Gas* wird Energie ausschließlich in der translatorischen Bewegung und nicht in der rotatorischen Bewegung gespeichert. Für drei räumliche Freiheitsgrade ergibt sich der Parameter $\kappa = 3$.

Für die innere Energie folgt mit einer isotropen Wahrscheinlichkeitsdichte-verteilung aus dem Integral unter Verwendung der Maxwell-Verteilung (Gl. 3.297) und des bestimmten Integrals (Gl. 3.271):

$$e - e_0 = \int_0^{+\infty} \frac{\xi_i'^2}{2} f(\xi') \, d\xi' \tag{3.304}$$

$$= \int_0^{+\infty} \frac{\xi_i'^2}{2} \sqrt{\frac{2}{\pi}} (\xi')^2 \left(\frac{m}{k_B T}\right)^{\frac{3}{2}} e^{-\frac{m}{2k_B T}(\xi')^2} \, d\xi'$$

$$= \sqrt{\frac{2}{\pi}} \left(\frac{m}{k_B T}\right)^{\frac{3}{2}} \int_0^{\infty} \frac{\xi'^4}{2} e^{-\frac{m}{2k_B T}(\xi')^2} \, d\xi'$$

$$= \sqrt{\frac{1}{2\pi}} \left(\frac{m}{k_B T}\right)^{\frac{3}{2}} \frac{3}{8} \sqrt{\frac{\pi}{\left(\frac{m}{2k_B T}\right)^5}} = \frac{3}{2} \frac{k_B T}{m} \quad .$$

Das bedeutet, dass die Integration der Maxwell-Verteilung nach Gl. 3.302 der inneren Energie eines *Lighthill-Gases* ($\kappa = 3$) entspricht.
Aus den Momentgleichungen (Gln. 3.299, 3.300) folgt, wenn die Spur der Tensorgleichung gebildet wird:

$$\frac{\rho u_k u_k + \Phi_{kk}}{2} = \frac{u^2}{2} + e - e_0 \tag{3.305}$$

$$\Rightarrow \quad e - e_0 = \frac{\Phi_{kk}}{2\rho} \quad . \tag{3.306}$$

Aus dem Impulsflusstensor viskoser Fluide (Gl. 2.150) in der gegebenen Form

$$\Phi_{ij} = p\delta_{ij} - \mu \left(\frac{\partial u_i}{\partial u_j} + \frac{\partial u_j}{\partial u_i} - \frac{2}{3}\frac{\partial u_k}{\partial u_k}\delta_{ij}\right) \tag{3.307}$$

folgt die innere Energie aus der Spur des Tensors mit

$$\Phi_{kk} = 3p \; ; \; k \in \{1, 2, 3\} \quad \Rightarrow \quad e - e_0 = \frac{3}{2}\frac{p}{\rho} \quad . \tag{3.308}$$

Für die Enthalpie und den Adiabatenexponenten γ eines solchen kalorisch idealen Lighthill-Gases folgt damit

$$h - h_0 = e - e_0 + \frac{p}{\rho} = \frac{5}{2}\frac{p}{\rho} \tag{3.309}$$

$$\Rightarrow \quad \gamma = \frac{c_p}{c_v} = \frac{h - h_0}{e - e_0} = \frac{5}{3} \quad . \tag{3.310}$$

Mit der Definition der isochoren Wärmekapazität (Gl. 3.303) und dem Adiabatenexponenten folgt die isobare Wärmekapazität:

$$c_p = \gamma c_v = \frac{5}{2}\frac{k_B}{m} \quad . \tag{3.311}$$

Diese Eigenschaften gelten für ein Lighthill-Gas, dessen Bewegung aufgrund seiner als kugelförmig angenommenen Moleküle lediglich drei Freiheitsgrade besitzt. Charakteristische Beispiele für Lighthill-Gase sind einatomige Medien wie die Edelgase Helium (He), Neon (Ne), Argon (Ar), Krypton (Kr) oder Xenon (Xe).

3.3.9 Natürliche Gase

Natürliche Gase zeichnen sich aufgrund ihrer asymmetrischen Molekülstruktur dadurch aus, dass mit ihren Rotationfreiheiten über betragsmäßig mehr Freiheitsgrade verfügen als das *Lighthill-Gas*. Mit dem Betrag κ der Anzahl der Freiheitsgrade folgt anstelle der Lighthill-Variante (Gl. 3.308) für die Spur des Impulsflusstensors:

$$\Phi_{kk} = \kappa p \;;\; k \in \{1, 2, ..., \kappa\} \quad \Rightarrow \quad e - e_0 = \frac{\kappa}{2}\frac{p}{\rho} \quad . \tag{3.312}$$

Für Energie (Gl. 3.302) Enthalpie und den Adiabatenexponenten γ folgt damit:

$$h - h_0 = e - e_0 + \frac{p}{\rho} = \left(\frac{\kappa}{2} + 1\right)\frac{p}{\rho} \tag{3.313}$$

$$\Rightarrow \quad \gamma = \frac{c_p}{c_v} = \frac{h - h_0}{e - e_0} = \frac{\kappa + 2}{\kappa} \quad . \tag{3.314}$$

Für die Enthalpieänderung folgt mittels der Definition der Energieänderung (Gl. 3.301):

$$h - h_0 = \gamma\,(e - e_0) = \frac{\gamma}{2}c^2 \quad . \tag{3.315}$$

Umgekehrt gilt für die Anzahl der Freiheitsgrade stets:

$$\kappa = \frac{2}{\gamma - 1} \quad . \tag{3.316}$$

Wie bei dem Lighthill-Gas folgt mit der Definition der isochoren Wärmekapazität (Gl. 3.303) und dem Adiabatenexponenten die isobare Wärmekapazität:

$$c_p = \gamma c_v = \frac{\kappa + 2}{2}\frac{k_B}{m} \quad . \tag{3.317}$$

Zweiatomige Gasmoleküle wie Wasserstoff (H_2), Sauerstoff (O_2) oder Stickstoff (N_2) verfügen damit über zwei zusätzliche Rotationfreiheitsgrade ($\kappa = 5$). Die Rotationssysymmetrieachse dieser "Zweipunktsysteme" stellen keinen zusätzlichen Freiheitsgrad dar. Der Adiabatenexponent für zweiatomige Moleküle ist damit 7/5. Für mehratomige Moleküle wie Kohlendioxid (CO_2), Ammoniak (NH_3) oder Methan (CH_4) mit drei zusätzlichen Rotationfreiheitsgraden ($\kappa = 6$) resultiert somit der Adiabatenexponent $\gamma = 4/3$.

3.4 Moleküldiffusion

Basierend auf der statistischen Modellierung der molekularen Geschwindigkeitsverteilung werden mittlere Konvektion und molekulare Diffusion der Molekülwolke beschrieben. Analog werden mittels der statistischen Modellierung der Kinematik einer zu beschreibenden Molekülwolke sowohl Kollisionsraten als auch mittlere freie Weglängen zwischen zwei Kollisionen eines Moleküls in diesem Verbund vorhergesagt. Basierend auf diesen Ergebnissen werden auf der Basis der statistischen Momente Aussagen über die Diffusion (vgl. [60, 82]) und die Wandinteraktion (vgl. [184, 241]) getroffen, welche in der makroskopischen Beschreibung wiederum als Wandspannungsmodelle oder schlicht als Strömungswiderstand interpretiert werden.

3.4.1 Mittlere Geschwindigkeit

Mit der Berechnung des Erwartungswertes der Molekülgeschwindigkeit ergibt sich im Eindimensionalen die 1D-Modellgeschwindigkeit des Mediums u_x (Gl. 3.286) Für den Erwartungswert des Betrages

$$\bar{c}_x = E\left(\left|\xi_{(i)}\right|\right) = \int_0^{+\infty} \left|\xi_{(i)}\right| f_x\left(\xi_{(i)}\right) d\xi_{(i)} \qquad (3.318)$$

ergibt sich in der eindimensionalen Modellierung mit der Definition des Gauss-Integrals (Gl. 3.270), der Wahrscheinlichkeitsdichtefunktion der Molekülgeschwindigkeit (Gl. 3.289) und der Boltzmann-Definition der Geschwindigkeitsvarianz (Gl. 3.288):

$$\bar{c}_x = 2 \int_{u_{(i)}}^{\infty} \xi_{(i)} f\left(\xi_{(i)}\right) d\xi_{(i)} = 2 \sqrt{\frac{m}{2\pi k_B T}} \underbrace{\int_{u_{(i)}}^{\infty} \xi_{(i)} e^{-\frac{m}{2k_B T}\left(\xi_{(i)}-u_{(i)}\right)^2} d\xi_{(i)}}_{k_B T/m}$$

$$= 2 \left(\frac{m}{2\pi k_B T}\right)^{\frac{1}{2}} \frac{k_B T}{m} = \sqrt{\frac{2k_B T}{\pi m}} = \sqrt{\frac{2}{\pi}} c_x = \sqrt{\frac{2}{\pi \kappa}} c \quad . \tag{3.319}$$

Aus der Mittelung der absoluten Geschwindigkeit resultiert durch das Gauss-Integral 3. Ordnung (Gl. 3.272) mit der statistischen Interpretation der absoluten Temperatur (Gln. 3.287, 3.288, 3.316) die Übereinstimmung mit dem Erwartungswert der Maxwell-Verteilung:

$$\bar{c} = E\left(|\xi'|\right) = \int_0^{+\infty} |\xi'| f\left(\xi'\right) d\xi' \tag{3.320}$$

$$= \int_0^{\infty} \xi' f\left(\xi'\right) d\xi' - \sqrt{\frac{2}{\pi}} \left(\frac{m}{k_B T}\right)^{\frac{3}{2}} \int_0^{\infty} \xi'^3 e^{-\frac{m}{2k_B T}\left(\xi'_i\right)^2} d\xi'$$

$$= \sqrt{\frac{2}{\pi}} \left(\frac{m}{k_B T}\right)^{\frac{3}{2}} \frac{1}{2} \left(\frac{2k_B T}{m}\right)^2 = \sqrt{\frac{8k_B T}{\pi m}} = \sqrt{\frac{8}{\pi \kappa}} c = \sqrt{\frac{4}{\pi}\left(\gamma - 1\right)} c \quad .$$

Somit ist die Standardabweichung der Maxwellverteilung des Absolutbetrages der Molekülgeschwindigkeit doppelt so groß wie die Standardabweichung einer Molekülgeschwindigkeitskomponente nach der Gauss-Verteilung:

$$\bar{c}_x = \frac{1}{2}\bar{c} = \sqrt{\frac{\gamma - 1}{\pi}} c \quad . \tag{3.321}$$

Entsprechend sind beide Erwartungswerte der Geschwindigkeitsbeträge linear von der Standardabweichung der absoluten Geschwindigkeit c abhängig.

3.4.2 Molekulare Kollision

Bei der Modellierung des Einflusses der molekularen Kollision wird zu Beginn die Relativgeschwindigkeit modelliert, mit welcher zwei Moleküle miteinander kollidieren. Zwei Moleküle der Spezies A und B, die unter einem

Winkel β miteinander kollidieren, haben mit dem Kosinussatz zum Zeitpunkt unmittelbar vor dem Zusammenstoß eine Relativgeschwindigkeit von

$$c_{rel} = \sqrt{c_A^2 + c_B^2 - 2c_A c_B \cos\beta} \quad . \tag{3.322}$$

Der Erwartungswert der Absolutgeschwindigkeit beginnt gemittelt über alle Winkel und alle Kollisionsgeschwindigkeiten die mittlere Relativgeschwindigekit, welche mittels Subtitution (Gl. 3.320) in Abhängigkeit von der absoluten Temperatur T dargestellt wird:

$$\bar{c}_{rel} = \sqrt{\bar{c}_A^2 + \bar{c}_B^2} = \sqrt{\frac{8k_B T}{\pi}\left(\frac{1}{m_A} + \frac{1}{m_B}\right)} = \sqrt{\frac{8k_B T}{\pi m^*}} \tag{3.323}$$

$$\text{mit} \qquad m^* := \left(\frac{1}{m_A} + \frac{1}{m_B}\right)^{-1} = \frac{m_A m_B}{m_A + m_B} \tag{3.324}$$

In einem Gas einer einzelnen Spezies folgt:

$$m := m_A = m_B \quad \Rightarrow \quad m^* = \frac{m}{2} \quad \Rightarrow \bar{c}_{rel} = \sqrt{\frac{16 k_B T}{\pi m}} = \sqrt{2}\bar{c} \quad . \tag{3.325}$$

Die Kollisionsrate z zweier Moleküle eines Gases entspricht dem Produkt folgender physikalischer Größen: 1. der erwarteten Relativgeschwindigkeit $\bar{c}_{rel}$ (Gl. 3.325), 2. der Anzahldichte n (Gl. 2.162) und 3. der möglichen Kollisionsfläche zweier Moleküle A_k:

$$A_k = \pi \left(2r_m\right)^2 = \pi d_m^2 \quad . \tag{3.326}$$

Die Variablen r_m und d_m entsprechen dem Molekülradius (Van-der-Waals-Radius) bzw. dem Moleküldurchmesser. Für die Kollisionsrate z folgt so:

$$z = \bar{c}_{rel} n A_k = \sqrt{2}\pi \bar{c} n d_m^2 = 4\pi n d_m^2 \sqrt{\frac{k_B T}{\pi m}} \tag{3.327}$$

und für die mittlere freie molekulare Weglänge:

$$\lambda = \frac{\bar{c}}{z} = \frac{1}{\sqrt{2}\pi n d_m^2} \quad . \tag{3.328}$$

Die mittlere freie molekulare Weglänge beschreibt die zu erwartende Strecke, welche ein Molekül zwischen zwei Kollisionen zurücklegt.

3.4.3 Molekulare Energiediffusion

Für die Energieerhaltung werden deren Flüsse in verdünnten Gasen durch den materiellen Austausch beschrieben. Mit der *Boltzmann-Darstellung* der absoluten Temperatur (Gl. 3.288) und der Definition der Enthalpieänderung (Gl. 3.315) wird die absolute Temperatur folgendermaßen in Relation mit der Geschwindigkeit c gesetzt:

$$T = \frac{mc^2}{\kappa k_B} \Rightarrow h - h_0 = c_p T = \underbrace{\frac{\kappa + 2}{2} \frac{k_B}{m}}_{c_p} \cdot \underbrace{\frac{mc^2}{\kappa k_B}}_{T} = \frac{\gamma}{2} c^2 \quad . \tag{3.329}$$

Wird die räumliche Änderung der Enthalpie zwischen zwei Kollisionen eines Moleküls mit anderen Molekülen linear approximiert, resultiert, wie in Abbildung 3.15 dargestellt, eine lineare Relation dieser räumlichen Enthalpiänderung:

$$h(y) - h_0 = h(0) - h_0 + y \frac{dh}{dy} = \frac{\gamma}{2} \left(c^2(0) + y \frac{dc^2}{dy} \right) \quad . \tag{3.330}$$

Abgebildet auf ein eindimensionales Beispiel werden als freie Weglänge $4/3$ der mittleren freien Weglänge λ zugrunde gelegt. Diese Relation resultiert aus der Höhe eines Zylinders, welcher bei gleicher Querschnittsfläche $\pi\lambda^2$ über ein äquivalentes Volumen wie das einer Kugel verfügt (Abb. 3.15, links). Mit dieser Länge $4/3 \cdot \lambda$ legen die Moleküle auf beiden Seiten der Kollisionsfläche die Strecke in der Zeit von $4/3 \cdot \lambda / \bar{c}_x$ zurück bis sie die zentrale Kollisionsfläche erreichen bzw. durchdringen. Die Diffusionsraten von links nach rechts ($L \to R$) und von rechts nach links ($R \to L$) entsprechen somit den errechneten Wandkollisionsfrequenzen auf der Kollisionsfläche je von der linken und rechten Seite. Nach Substitution des linearen Ansatzes (Gl. 3.330) ergibt sich für die Durchdringungsraten:

$$Q(L \to R) = m \frac{n}{2} \hat{h} \left(-\frac{4}{3}\lambda \right) \bar{c}_x = mn \frac{\bar{c}_x}{2} \cdot \frac{\gamma}{2} \left(c^2(0) - \frac{4}{3}\lambda \frac{dc^2}{dy} \right)$$
$$\tag{3.331}$$

$$Q(R \to L) = -m \frac{n}{2} \hat{h} \left(+\frac{4}{3}\lambda \right) \bar{c}_x = -mn \frac{\bar{c}_x}{2} \cdot \frac{\gamma}{2} \left(c^2(0) + \frac{4}{3}\lambda \frac{dc^2}{dy} \right) \quad .$$
$$\tag{3.332}$$

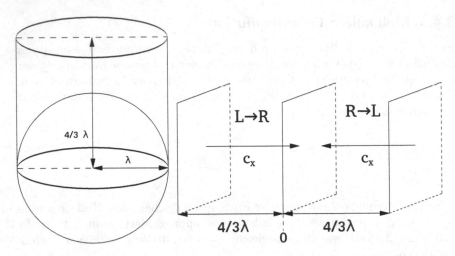

Abbildung 3.15: links: Verhältnis der Längeverhältnisse von Zylinder und Kugel gleicher Volumina- rechts: Eindimensionale Approximation der molekularen Diffusionsbewegung

Für die effektive Enthalpiediffusion ergibt sich mit Substitution von $\bar{c}_x$ (Gl. 3.321), c (Gl. 3.288) und λ (Gl. 3.328) aus einer Summation der gegeneinander orientierten Flüsse:

$$Q = Q\left(L \to R\right) + Q\left(R \to L\right) \; = \; -\frac{mn\bar{c}_x}{2}\frac{\gamma}{2}\left(\frac{8}{3}\lambda\frac{dc^2}{dy}\right)$$

$$= \; -\frac{4}{3}mn\sqrt{\frac{\gamma-1}{\pi}}\frac{1}{\sqrt{2}\pi nd_m^2}\sqrt{\frac{2k_BT}{(\gamma-1)\,m}}\frac{\gamma}{2}\frac{dc^2}{dy}$$

$$= \; -\frac{4}{3}m\sqrt{\frac{1}{\pi}}\frac{1}{\pi d_m^2}\sqrt{\frac{k_BT}{m}}\underbrace{\gamma\frac{2k_B}{(\gamma-1)\,m}}_{=c_p}\frac{dT}{dy}$$

$$= \; \underbrace{-\frac{4}{3}\frac{c_p}{d_m^2}\sqrt{\frac{mk_BT}{\pi^3}}}_{\lambda_f \sim \sqrt{T}}\frac{dT}{dy} \qquad\qquad (3.333)$$

die *Fourier'sche Wärmeleitungsgleichung* mit dem *Fourier'schen Wärmelei-tungskoeffizienten* λ_f:

$$Q_i = -\lambda_f \frac{\partial T}{\partial x_i} \quad \Rightarrow \quad \lambda_f = \frac{4}{3} \frac{c_p}{d_m^2} \sqrt{\frac{mk_B T}{\pi^3}} \quad . \tag{3.334}$$

Diese Nichtlinearität erzeugt den Umstand, dass die Diffusion nicht proportional zum Temperaturgradienten, sondern proportional zum Gradienten einer gebrochenrationalen Potenz der absoluten Temperatur ist:

$$Q_i \sim \sqrt{T} \frac{\partial T}{\partial x_i} \sim \frac{\partial T^{\frac{3}{2}}}{\partial x_i} \quad . \tag{3.335}$$

Durch diesen Umstand wird die Temperaturverteilung in einem Gas nicht durch die Wärmeleitungsgleichung bestimmt, welche ausschließlich eine temperaturunabhängige Wärmeleitfähigkeit berücksichtigt.

3.4.4 Molekulare Stöße an ideal glatten Wänden

Die molekulare Kollision an glatten Wänden verhält sich wie bei der Modellierung des statischen Drucks (Gl. 2.170) beschrieben. Die Rate der Wandkollisionen z_w (Gl. 3.337) entspricht dem Produkt aus dem Verhältnis zwischen der Anzahl der sich auf die glatte Wand zubewegenden Moleküle und deren mittlerer Geschwindigkeit $\bar{c}_W^*$, welche in dieser Betrachtung nicht dem 1D-Erwartungswert entspricht, sondern dem Mittelwert über alle Raumrichtungen. Während zwar das gesamte Molekülspektrum mit der Wand kollidiert, ist jedoch die mittlere Kollisionsgeschwindigkeit geringer als die mittlere 1D-Geschwindigkeit $\bar{c}_x$ (Abb. 3.16). Als alle Raumrichtungen berücksichtigender Mittelwert wird das Volumen der Halbkugel V_{HK} durch die Querschnittsfläche A_Q geteilt. Mit Substitution der mittleren Absolutgeschwindigkeit (Gl. 3.321) resultiert:

$$\bar{c}_w^* = \frac{V_{HK}}{A_Q} = \frac{\frac{2}{3}\pi \bar{c}_x^3}{\pi \bar{c}_x^2} = \frac{2}{3}\bar{c}_x = \frac{1}{3}\bar{c}\bigg|_{\text{Wand}} \quad . \tag{3.336}$$

Für die Rate der Wandkollisionen ergibt sich so das Produkt

$$z_w = \frac{n}{2}\bar{c}_w^* = \frac{1}{6}n\bar{c}\bigg|_{\text{Wand}} \quad . \tag{3.337}$$

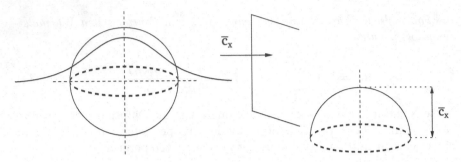

Abbildung 3.16: links: Gesamtes Spektrum der Molekülgeschwindigkeit kollidiert mit der Wand - rechts: Die Raumrichtungen der Geschwindigkeiten sind homogen über die Querschnittsfläche einer Kugel mit dem Radius $\bar{c}_x$ verteilt

Auf der Basis dieser Annahmenkette wird neben der Rate der Wandkollisionen auch auf die Menge von Molekülen geschlossen, welche in Abhängigkeit von ihrer Anzahldichte und Geschwindigkeitsverteilung in einem abgeschlossenen Zeitintervall eine imaginäre Fläche im Raum durchqueren und somit ein Maß für die Diffusion eines Gases sind.

Diese Relation folgt aus der kinetischen Gastheorie, nach der Moleküle als isotrop und mit lediglich drei Freiheitsgraden angesehen werden. Hieraus folgt der Adiabatenexponent $\gamma = 5/3$ (Gl. 3.314). Bei unendlich vielen Freiheitgraden würde der theoretische Grenzfall mit dem Adiabatenexponenten $\gamma = 1$ eine Äquivalenz von $\bar{c}^*$ und $\bar{c}_x$ bedeuten. Das Verhältnis von $\bar{c}^*$ und $\bar{c}_x$ wird durch die als für verdünnte Gase als konstant angenommene Stoffgröße Π beschrieben:

$$\bar{c}^* = \Pi\,\bar{c}_x = \Pi\frac{\bar{c}}{2} \quad . \tag{3.338}$$

So folgt für die Parameter der kinetischen Gastheorie $\Pi = 2/3$ mit $\gamma = 5/3$ und den Grenzfall ($\gamma = 1$) der Proportionalitätsfaktor $\Pi = 1$. Sobald Π als Funktion von γ mit folgendem Ansatz geschrieben wird:

$$\Pi(\gamma) \;=\; \frac{A}{B - C/\gamma} \tag{3.339}$$

$$\tag{3.340}$$

folgt aus den vorgestellten Beispielen:

$$\Pi(1) \;=\; 1 \;\;\Rightarrow\;\; A = B - C$$

$$\Pi(5/3) \;=\; \frac{2}{3} \;\;\Rightarrow\;\; \frac{B}{C} = 1,8 \quad . \tag{3.341}$$

Werden die Größen $B = 1,8C$ und $A = B - C = 0,8C$ substituiert, resultiert das dimensionslose Produkt:

$$\Pi = \frac{0,8C}{1,8C - C/\gamma} = \frac{4\gamma}{9\gamma - 5} = \frac{\kappa + 2}{\kappa + 4,5} \quad . \tag{3.342}$$

Dieser Koeffizient folgt aus dem Grad der Asymmetrie der Moleküle und der Anzahl der sich daraus ergebenden Freiheitsgrade.

3.4.5 Molekulare/partikuläre Diffusion

Basierend auf der Annahme, dass die Änderung der molekularen Anzahldichte wie die der Enthalpie h räumlich durch ein Polynom erster Ordnung beschrieben wird, ergibt sich die Darstellung der räumlichen Enthalpieverteilung im eindimensionalen Raum:

$$n(y) = n(0) + y\frac{dn}{dy} \quad . \tag{3.343}$$

Wie in der Abbildung skizziert, bewegen sich die Moleküle unmittelbar nach einer Kollision mit der Geschwindigkeit $c_w^* = \Pi c/2$ aufeinander zu. In Anlehnung an die Energiediffusion (Gl. 3.331) wird die Molekülstromdichte (Gl. 3.338) wie folgt beschrieben:

$$J(L \to R) = \frac{\hat{n}\left(-\frac{4}{3}\lambda\right)}{2}\Pi\frac{\bar{c}}{2} = \Pi\frac{\bar{c}}{4}\left(n(0) - \frac{4}{3}\lambda\frac{dn}{dy}\right) \tag{3.344}$$

$$J(R \to L) = -\frac{\hat{n}\left(+\frac{4}{3}\lambda\right)}{2}\Pi\frac{\bar{c}}{2} = -\Pi\frac{\bar{c}}{4}\left(n(0) + \frac{4}{3}\lambda\frac{dn}{dy}\right) \quad . \tag{3.345}$$

Für ein mit lokal linearer Änderung modelliertes Feld der molekularen Anzahldichte ergibt sich dadurch folgende räumliche Abhängigkeit:

$$\begin{aligned} J &= J(L \to R) + J(R \to L) = \Pi\frac{\bar{c}}{4}\left(-\frac{4}{3}\lambda\frac{dn}{dy} - \frac{4}{3}\lambda\frac{dn}{dy}\right) \\ &= -\frac{4}{3}\Pi\frac{\lambda\bar{c}}{2}\frac{dn}{dy} \quad . \end{aligned} \tag{3.346}$$

Für die molekulare Anzahldichte ergibt sich mittels dieser Modellierung ein Gradientenflussansatz mit dem Diffusionskoeffizienten D:

$$J_i = -\underbrace{\frac{4}{3}\Pi\frac{\lambda\bar{c}}{2}}_{=D}\frac{\partial n}{\partial x_i} \quad \Rightarrow \quad \dot{n} = -\frac{\partial J_i}{\partial x_i} = \frac{\partial}{\partial x_i}\left(D\frac{\partial n}{\partial x_i}\right) \quad . \tag{3.347}$$

Diese Formulierung ist als das nach *Adolf Eugen Fick (1829-1901)* benannte *Fick'sche Gesetz* bekannt. Es beschreibt, dass die Orientierung der molekularen Diffusion stets von Bereichen höherer molekularer Anzahldichte in Bereiche niedrigerer Anzahldichte zeigt. Mittels der Umformung auf der Basis des *Reynolds'schen Transporttheorems* für Erhaltungsgrößen (Gl. 2.142) ergibt sich obige Divergenzenschreibweise.

Analog zur Diffusion der Materie bzw. molekularen Anzahldichte wird in verdünnten Gasen, in welchen der Einfluss molekularer Kollisionen auf Impuls- und Energiediffusion vernachlässigt wird, die Impulsdiffusion rein durch materiellen Austausch modelliert. Für ein mit linearer lokaler Änderung modelliertes Geschwindigkeitsfeld

$$u\left(y\right) = u\left(0\right) + y\frac{du}{dy} \tag{3.348}$$

folgt so in Analogie zur Molekülstromdichte (Gl. 3.344) die Impulsstromdichte:

$$I\left(L \to R\right) = \Pi\frac{mn\bar{c}}{4}\left(u\left(0\right) - \frac{4}{3}\lambda\frac{du}{dy}\right) \tag{3.349}$$

und folgende Summe von Impulsflüssen

$$\begin{aligned} I = I\left(L \to R\right) + I\left(R \to L\right) &= \Pi\frac{mn\bar{c}}{4}\left(u\left(0\right) - \frac{4}{3}\lambda\frac{du}{dy} - u\left(0\right) - \frac{4}{3}\lambda\frac{du}{dy}\right) \\ &= -\frac{4}{3}\Pi\underbrace{\frac{mn\lambda\bar{c}}{2}}_{=\mu}\frac{du}{dy} \end{aligned} \tag{3.350}$$

mit dem Impuls-Diffusionskoeffizienten μ, welcher als *dynamische Viskosität* bekannt ist. Für den Impulsfluss ergibt sich die bereits im *Cauchy'schen Spannungstensor* (Gl. 2.147) definierte Relation:

$$I_{ij} = -\mu\frac{\partial u_i}{\partial x_j} \quad \Rightarrow \quad mn\dot{u}_i = -\frac{\partial I_{ij}}{\partial x_j} = \frac{\partial}{\partial x_j}\left(\mu\frac{\partial u_i}{\partial x_j}\right) \quad . \tag{3.351}$$

Mit den Definitionen der Diffusionkoeffizienten von Massen- (Gl. 3.347), Impuls- (Gl. 3.350) und Energieerhaltung (Gl. 3.334)

$$D = \frac{4}{3}\Pi\frac{\lambda\bar{c}}{2} \quad , \quad \mu = \frac{4}{3}\Pi\frac{mn\lambda\bar{c}}{2} \quad , \quad \lambda_f = \frac{4}{3}c_p mn\frac{\lambda\bar{c}}{2} \tag{3.352}$$

folgt unter Berücksichtigung der Dichtedefinition $\rho = mn$ die Beschreibung der Diffusionsmaßrelationen durch die dimensionslosen Kennzahlen: Schmidt-Zahl (Sc), Prandtl-Zahl (Pr) und Lewis-Zahl (Le):

$$Sc = \frac{\mu}{\rho D} = 1 \tag{3.353}$$

$$Pr = \frac{c_p \mu}{\lambda_f} = \Pi = \frac{4\gamma}{9\gamma - 5} \tag{3.354}$$

$$Le = \frac{\lambda_f}{\rho D c_p} = \frac{1}{\Pi} = \frac{9\gamma - 5}{4\gamma} \quad . \tag{3.355}$$

Für verdünnte Gase wird näherungsweise von Sc = 1 ausgegangen, während die den Diffusionsprozess beschreibende Stoffgröße Π mit der *Prandtl-Zahl* übereinstimmt. Nach der kinetischen Gastheorie ($\gamma = 5/3$) folgt damit für die Prandtl-Zahl Pr = Π = 2/3. Auf der Basis empirischer Untersuchungen liegt die Prandtl-Zahl von verdünnten Gasen im Bereich 2/3 $\leq$Pr$<$ 1, was sich aufgrund der Äquivalenz von Pr und Π mit der Aussage, dass die Summe der Freiheitsgrade $\kappa > 3$ ist, deckt.

Aus der Definition der mittleren freien Weglänge (Gl. 3.328) und der Definition der Standardabweichung der Molekülgeschwindigkeit (Gl. 3.288) folgt durch die Modellierung der dynamischen Viskosität μ für Massendiffusionkoeffizient D und Wärmeleitungskoeffizient λ_f:

$$D = \frac{4}{3}\lambda Pr \frac{\bar{c}}{2} = \frac{4}{3} \frac{1}{\sqrt{2\pi n d_m^2}} \cdot \frac{Pr}{2} \sqrt{\frac{4}{\pi}(\gamma - 1)} \sqrt{\frac{2k_B T}{m(\gamma - 1)}}$$

$$= \frac{4}{3} \frac{Pr}{n d_m^2} \sqrt{\frac{k_B T}{m \pi^3}} \tag{3.356}$$

$$\mu = \frac{4}{3} mn\lambda Pr \frac{\bar{c}}{2} = \frac{4}{3} \frac{m}{\sqrt{2\pi d_m^2}} \cdot \frac{Pr}{2} \sqrt{\frac{4}{\pi}(\gamma - 1)} \sqrt{\frac{2k_B T}{m(\gamma - 1)}}$$

$$= \frac{4}{3} \frac{Pr}{d_m^2} \sqrt{\frac{m k_B T}{\pi^3}} \tag{3.357}$$

$$\lambda_f = \frac{4}{3} mn\lambda c_p \frac{\bar{c}}{2} = \frac{4}{3} \frac{m}{\sqrt{2\pi d_m^2}} \cdot \frac{c_p}{2} \sqrt{\frac{4}{\pi}(\gamma - 1)} \sqrt{\frac{2k_B T}{m(\gamma - 1)}}$$

$$= \frac{4}{3} \frac{c_p}{d_m^2} \sqrt{\frac{m k_B T}{\pi^3}} \quad . \tag{3.358}$$

Impuls- und Druckdiffusion werden mittels dieser Relationen von Größen der molekularen Darstellung und der modellierten *Prandtl-Zahl* Pr = $4\gamma/(9\gamma - 5)$

(Gl. 3.342) in Definitionsbereiche der makroskopischen physikalischen Beschreibung der Strömungsmechanik transformiert.

3.4.6 Dynamik kompressibler Gase

Kompressible Gase zeichnen sich dadurch aus, dass sie bei variierenden Druckverhältnissen ihre Dichte ändern (Gl. 3.163). Die Schallgeschwindigkeit eines Gases (Gl. 3.167) resultiert aus dem Druck/Geschwindigkeitsverhältnis:

$$a = \sqrt{\gamma \frac{p}{\rho}} \underset{(2.177)}{=} \sqrt{\gamma \frac{R_0}{M}T} \underset{(2.176)}{=} \sqrt{\gamma \frac{k_B}{m}T}$$

$$\underset{(3.288)}{=} \sqrt{\gamma c_x^2} \underset{(2.165)}{=} \sqrt{\frac{\gamma}{\kappa}}c \underset{(3.314)}{=} \sqrt{\kappa + 2}\frac{c}{\kappa} \underset{(3.316)}{=} \sqrt{\gamma \frac{\gamma - 1}{2}}c.$$

$$(3.359)$$

Die Machzahl Ma einer molekularen Gasströmung wird so wie folgt in Abhängigkeit von der Varianz der Molekülgeschwindigkeit definiert:

$$\text{Ma} = \frac{u}{a} = \frac{\kappa}{\sqrt{\kappa + 2}}\frac{u}{c} \quad . \tag{3.360}$$

Für eine Kanalströmung mit einer Kanalhöhe H als charakteristischem geometrischen Längenmaß gilt in Abhängigkeit von einer mittleren Strömungsgeschwindigkeit u, einer mittleren freien molekularen Weglänge λ, einer Schallgeschwindigkeit a und einer kinematischen Viskosität des Mediums ν, dass die dimensionslosen Kennzahlen Reynolds-Zahl (Re), Knudsen-Zahl (Kn) und Mach-Zahl (Ma):

$$\text{Re} = \frac{uH}{\nu} \quad , \quad \text{Kn} = \frac{\lambda}{H} \quad , \quad \text{Ma} = \frac{u}{a} \tag{3.361}$$

unter Berücksichtigung der für verdünnte Gase modellierten Relationen der Diffusionskoeffizienten

$$\nu \underset{(3.352)}{\sim} \lambda c \quad , \quad a \underset{(3.359)}{\sim} c \quad \Rightarrow \quad \nu \sim \lambda a \quad \Rightarrow \quad \frac{\text{Ma}}{\text{Kn}} = \frac{uH}{\lambda a} \sim \text{Re} \tag{3.362}$$

durch Substitution der Modellansätze in angegebener Relation zueinander stehen. Für Gasströmungen in Mikrokanälen gilt so, dass bei mit großen

Kanälen vergleichbaren Reynolds-Zahlen deutlich höheren Knudsen-Zahlen vorliegen, da die Kanalhöhe nicht mehr viel größer ist als die mittlere freie Weglänge der Moleküle. Damit sind die Mach-Zahlen auch stets höher als bei den mit Bezug auf die Reynolds-Zahl vergleichbaren makroskopischen Strömungen.

3.4.7 Transport der Erhaltungsgrößen

Basierend auf der Betrachtung, dass sich das Verhalten einer kompressiblen Gasströmung auf die mit variablen Abständen durcheinander diffundierenden Moleküle zurückführen lässt, müssen sämtliche Erhaltungs- und Transportgleichungen der makroskopischen Betrachtung durch die Molekularbetrachtung widergespiegelt werden. Während bei der Betrachtung einer kontinuierlichen Bewegung an einer Position eine einzige Geschwindigkeit eines Mediums vorliegt, haben mehrere punktförmige Moleküle, die zu einem Zeitpunkt einen beliebig kleinen Raum einnehmen, unterschiedliche Geschwindigkeiten. Für die Transformation von der molekularen zur kontinuierlichen Betrachtung wird über das Anzahlspektrum statistisch gemittelt, sodass sich für die makroskopischen physikalischen Größen wie Druck, Geschwindigkeit oder Enthalpie jeweils Analogien aus der molekularen Betrachtung ergeben.

Als eine solche Analogie ist bereits die spezifische Dichte eines einkomponentigen Mediums durch das Produkt aus Molekülmasse und mittlerer Molekülanzahldichte definiert. Ziel ist es nun, aus den Erhaltungsgleichungen der molekularen Darstellung eine makroskopische Transportgleichung herzuleiten, welche die materielle Ableitung einer physikalischen Größe in einem Kontinuum beschreibt. Aufgrund der Eigenschaften einer Erhaltungsgröße ϕ, wie der Masse m, dem Impuls $m\vec{\xi}$ oder der Energie $m\xi^2/2$ eines einzelnen Teilchens oder eines Moleküls in der *kinetischen Theorie verdünnter Gase*, ist für jede dieser Größen deren materielle Ableitung Null

$$\frac{\partial}{\partial t}\left(\phi\right) + \frac{\partial}{\partial x_j}\left(\phi\xi_j\right) = 0 \quad , \tag{3.363}$$

sofern Kollisionen oder andere angreifende Kräfte vernachlässigt werden. Aufintegriert über eine Menge von Molekülen in einem Volumeninkrement resultiert das von der volumetrischen Anzahldichte n abhängige Gleichungssystem:

$$\frac{\partial}{\partial t}\left(\bar{n}\right) + \frac{\partial}{\partial x_j}\left(\overline{n\xi_j}\right) = 0 \tag{3.364}$$

$$\frac{\partial}{\partial t}\left(\overline{n\xi_i}\right) + \frac{\partial}{\partial x_j}\left(\overline{n\xi_i\xi_j}\right) = 0 \tag{3.365}$$

$$\frac{\partial}{\partial t}\left(\overline{\frac{n}{2}\xi_i\xi_i}\right) + \frac{\partial}{\partial x_j}\left(\overline{\frac{n}{2}\xi_i\xi_i\xi_j}\right) = 0 \ . \tag{3.366}$$

Da die volumetrische Anzahldichte bereits als lokale Größe in das Gleichungssystem eingeht, sind die Terme innerhalb der partiellen Ableitung gemittelte Werte. Um mit diesen Gleichungen gemittelte Transportgrößen wie $\bar{n}$ oder $\bar{\xi}$ zu lösen, werden Korrelationen statistisch aufgelöst oder modelliert.

3.4.8 Modellierung der Geschwindigkeitskorrelationen

Aus der allgemeinen Transportgleichung für die Masse einer Molekülwolke (Gl. 3.364) folgt mit dem anzahldichtegewichteten Filter

$$\tilde{\xi}_j = \frac{\overline{n\xi_j}}{\bar{n}} \quad \Rightarrow \quad \overline{n\xi_j} = \bar{n}\tilde{\xi}_j \tag{3.367}$$

die statistischen Entkopplung der Geschwindigkeit ξ von der Anzahldichte n:

$$\frac{\partial}{\partial t}\left(\bar{n}\right) + \frac{\partial}{\partial x_j}\left(\bar{n}\tilde{\xi}_j\right) = 0 \ . \tag{3.368}$$

Mit der Aufspaltung der volumetrischen Anzahldichte n zwischen gemitteltem Wert $\bar{n}$ und Deviation n':

$$n = \bar{n} + n' \quad \Rightarrow \quad \overline{n\xi_j} = \bar{n}\bar{\xi}_j + \overline{n'\xi_j} \tag{3.369}$$

folgt zugleich für die Differenz zwischen den beiden Filtern:

$$\bar{n}\tilde{\xi}_j = \bar{n}\bar{\xi}_j + \overline{n'\xi_j} \quad \Rightarrow \quad \tilde{\xi}_j - \bar{\xi}_j = \frac{\overline{n'\xi_j}}{\bar{n}} \ . \tag{3.370}$$

Mit einem Gradientenflussansatz wird diese Korrelation durch einen Diffusionskoeffizienten D und dem Gradienten der gemittelten Anzahldichte modelliert:

$$\overline{n'\xi_j} = -D\frac{\partial \bar{n}}{\partial x_j} \quad \Rightarrow \quad \bar{\xi}_j = \tilde{\xi}_j + \frac{D}{\bar{n}}\frac{\partial \bar{n}}{\partial x_j} \ , \tag{3.371}$$

so dass die zeitliche Mittelung durch die beschriebene Transformation in die gewichtete Mittelung überführt werden kann.

Als interessantes Anwendungsbeispiel dient ein ruhendes Gas, für welches gilt:

$$\bar{\xi}_j = 0 \quad . \tag{3.372}$$

So folgt aus der Kontinuitätsgleichung (Gl. 3.368):

$$0 \;=\; \frac{\partial \bar{n}}{\partial t} + \frac{\partial}{\partial x_j}\left(\bar{n}\tilde{\xi}_j\right) = \frac{\partial \bar{n}}{\partial t} + \frac{\partial}{\partial x_j}\left(\bar{n}\bar{\xi}_j\right) - \frac{\partial}{\partial x_j}\left(D\frac{\partial \bar{n}}{\partial x_j}\right) \tag{3.373}$$

$$\Rightarrow \quad \frac{\partial \bar{n}}{\partial t} = \frac{\partial}{\partial x_j}\left(D\frac{\partial \bar{n}}{\partial x_j}\right) \tag{3.374}$$

die *Fick'sche Diffusionsgleichung*, welche die Massendiffusion in einem ruhenden Fluid beschreibt.

3.4.9 Mittlerer molekularer Impuls

Aus der Impulserhaltung (Gl. 3.365) und der Definition des gewichteten Filters (Gl. 3.367) folgt die Erhaltungsgleichung:

$$\frac{\partial}{\partial t}\left(\bar{n}\tilde{\xi}_i\right) + \frac{\partial}{\partial x_j}\left(\bar{n}\widetilde{\xi_i\xi_j}\right) = 0 \quad . \tag{3.375}$$

Aus der Aufspaltung von statistischer Größe in Mittelwert und Deviation der Molekülgeschwindigkeit folgt für die Geschwindigkeitskorrelation:

$$\xi_i = \tilde{\xi}_i + \xi_i'' \quad \Rightarrow \quad \widetilde{\xi_i\xi_j} = \tilde{\xi}_i\tilde{\xi}_j + \widetilde{\xi_i''\xi_j''} \quad . \tag{3.376}$$

Wird die Transportgleichung des mittleren molekülmassenspezifischen Impulses $\bar{n}\tilde{\xi}_i$ in Analogie an die Kontinuitätsgleichung (Gl. 3.368) aufbereitet, folgt, dass die Impulsgleichung neben instationärem und konvektivem Term einen zusätzlichen Term auf der rechten Seite hat:

$$\frac{\partial}{\partial t}\left(\bar{n}\tilde{\xi}_i\right) + \frac{\partial}{\partial x_j}\left(\bar{n}\tilde{\xi}_i\tilde{\xi}_j\right) = -\frac{\partial}{\partial x_j}\left(\bar{n}\widetilde{\xi_i''\xi_j''}\right) \quad . \tag{3.377}$$

Diesen Term gilt es zu modellieren, um die Gleichung zu schließen und mit ihr die gewichtet mittlere Geschwindigkeit $\tilde{\xi}_i$ zu lösen. Wird die Anzahldichte/ Geschwindigkeits-Tripelkorrelation

$$\overline{n\xi_i\xi_j} = \bar{n}\overline{\xi_i\xi_j} + \overline{n'\xi_i\xi_j} = \bar{n}\left(\bar{\xi}_i\bar{\xi}_j + \overline{\xi_i'\xi_j'}\right) + \overline{n'\xi_i\xi_j} \tag{3.378}$$

in Analogie zu dem Diffusions-Modell der Kontinuitätsgleichung (Gl. 3.368) mit

$$\overline{n'\xi_i\xi_j} = -D \left(\frac{\partial}{\partial x_j}\overline{n\xi_i} + \frac{\partial}{\partial x_i}\overline{n\xi_j} \right) \tag{3.379}$$

substituiert, resultiert die folgende Darstellung:

$$\overline{n\xi_i\xi_j} = \bar{n} \left(\bar{\xi}_i\bar{\xi}_j + \overline{\xi_i'\xi_j'} \right) - D \left(\frac{\partial}{\partial x_j}\overline{n\xi_i} + \frac{\partial}{\partial x_i}\overline{n\xi_j} \right) \quad . \tag{3.380}$$

Da mit den Gln. 3.367 und 3.376 der gleiche Term aber auch wie folgt umgeformt werden kann:

$$\overline{n\xi_i\xi_j} = \bar{n}\widetilde{\xi_i\xi_j} = \bar{n}\tilde{\xi}_i\tilde{\xi}_j + \bar{n}\widetilde{\xi_i''\xi_j''} \quad , \tag{3.381}$$

sind die beiden Formen (Gln. 3.380, 3.381) identisch:

$$\bar{n}\tilde{\xi}_i\tilde{\xi}_j + \bar{n}\widetilde{\xi_i''\xi_j''} = \bar{n} \left(\bar{\xi}_i\bar{\xi}_j + \overline{\xi_i'\xi_j'} \right) - D \left(\frac{\partial}{\partial x_j}\overline{n\xi_i} + \frac{\partial}{\partial x_i}\overline{n\xi_j} \right) \quad . \tag{3.382}$$

Wird nun diese Gleichung mit Substitution der zeitlichen Filter (Gl. 3.371) nach der eigentlich zu modellierenden Geschwindigkeitskorrelation (Gl. 3.377) aufgelöst, ergibt sich:

$$
\begin{aligned}
\widetilde{\xi_i''\xi_j''} &= \underbrace{\left(\tilde{\xi}_i + \frac{D}{\bar{n}}\frac{\partial\bar{n}}{\partial x_i} \right)}_{\bar{\xi}_i}\underbrace{\left(\tilde{\xi}_j + \frac{D}{\bar{n}}\frac{\partial\bar{n}}{\partial x_j} \right)}_{\bar{\xi}_j} - \tilde{\xi}_i\tilde{\xi}_j \\
&\quad + \overline{\xi_i'\xi_j'} - \frac{D}{\bar{n}} \left[\frac{\partial}{\partial x_i}\left(\bar{n}\tilde{\xi}_j \right) + \frac{\partial}{\partial x_j}\left(\bar{n}\tilde{\xi}_i \right) \right] \\
&= \frac{D}{\bar{n}}\tilde{\xi}_j\frac{\partial\bar{n}}{\partial x_i} + \frac{D}{\bar{n}}\tilde{\xi}_i\frac{\partial\bar{n}}{\partial x_j} + \frac{D^2}{\bar{n}^2}\frac{\partial\bar{n}}{\partial x_i}\frac{\partial\bar{n}}{\partial x_j} \\
&\quad + \overline{\xi_i'\xi_j'} - \frac{D}{\bar{n}} \left[\frac{\partial}{\partial x_i}\left(\bar{n}\tilde{\xi}_j \right) + \frac{\partial}{\partial x_j}\left(\bar{n}\tilde{\xi}_i \right) \right] \\
&= \overline{\xi_i'\xi_j'} + \frac{D^2}{\bar{n}^2}\frac{\partial\bar{n}}{\partial x_i}\frac{\partial\bar{n}}{\partial x_j} - D \left[\frac{\partial\tilde{\xi}_j}{\partial x_i} + \frac{\partial\tilde{\xi}_i}{\partial x_j} \right] \quad . \tag{3.383}
\end{aligned}
$$

Für die Spur dieses modellierten Tensors ergibt sich damit:

$$\widetilde{\xi_k''\xi_k''} = \overline{\xi_k'\xi_k'} + \frac{D^2}{\bar{n}^2}\frac{\partial\bar{n}}{\partial x_k}\frac{\partial\bar{n}}{\partial x_k} - 2D\frac{\partial\tilde{\xi}_k}{\partial x_k} \quad . \tag{3.384}$$

Basierend auf dem Postulat, dass die Komponenten der Molekülgeschwindigkeit zeitlich nicht miteinander korrelieren, gilt mit der Relation der Geschwindigkeitsvarianzen (Gl. 2.165) für den Korrelationstensor:

$$\overline{\xi_i'\xi_j'} = c_x \delta_{ij} = \frac{c}{\kappa}\delta_{ij} \quad . \tag{3.385}$$

Mit dem so aus folgender Differenz (Gln. 3.383, 3.384) resultierenden spurfreien Anteil des Diffusionstensors

$$\widetilde{\xi_i''\xi_j''} - \frac{1}{\kappa}\widetilde{\xi_k''\xi_k''}\delta_{ij} = \frac{D^2}{\bar{n}^2}\left[\frac{\partial \bar{n}}{\partial x_i}\frac{\partial \bar{n}}{\partial x_j} - \frac{1}{\kappa}\frac{\partial \bar{n}}{\partial x_k}\frac{\partial \bar{n}}{\partial x_k}\delta_{ij}\right]$$
$$-D\left[\frac{\partial \tilde{\xi}_j}{\partial x_i} + \frac{\partial \tilde{\xi}_i}{\partial x_j} - \frac{2}{\kappa}\frac{\partial \tilde{\xi}_k}{\partial x_k}\delta_{ij}\right] \tag{3.386}$$

ergibt sich aufgelöst nach dem Diffusionstensor selbst und eingesetzt in die Transportgleichung (Gl. 3.377) die modellierte Transportgleichung des molekularen Impulses in Abhängigkeit von der gewichtet gemittelten Molekülgeschwindigkeit:

$$\frac{\partial}{\partial t}\left(n\tilde{\xi}_i\right) + \frac{\partial}{\partial x_j}\left(n\tilde{\xi}_i\tilde{\xi}_j\right) = -\frac{\partial}{\partial x_i}\left[\frac{\bar{n}}{\kappa}\widetilde{\xi_k''\xi_k''}\right] \tag{3.387}$$
$$+\frac{\partial}{\partial x_j}\left[D\bar{n}\left(\frac{\partial \tilde{\xi}_j}{\partial x_i} + \frac{\partial \tilde{\xi}_i}{\partial x_j} - \frac{2}{\kappa}\frac{\partial \tilde{\xi}_k}{\partial x_k}\delta_{ij}\right)\right]$$
$$-\frac{\partial}{\partial x_j}\left[\frac{D^2}{\bar{n}}\left(\frac{\partial \bar{n}}{\partial x_i}\frac{\partial \bar{n}}{\partial x_j} - \frac{1}{\kappa}\frac{\partial \bar{n}}{\partial x_k}\frac{\partial \bar{n}}{\partial x_k}\delta_{ij}\right)\right] \quad .$$

Bis auf die gewichtet gemittelte Korrelation $\widetilde{\xi_k''\xi_k''}$ ist die molekuare Impulsdiffusion mit den vorgestellten Postulaten schließend modelliert worden. Für die höheren statistischen Momente ist ein deutlich höherer Modellierungsaufwand notwendig.

3.4.10 Interpretation der molekularen Transportgleichung

Um einen tieferen Einblick zu gewinnen, müssen die bereits modellierten Terme makroskopisch interpretiert werden. Die Dichte entspricht dem Produkt aus der Molekülmasse und der mittleren molekularen Anzahldichte eines Gases.

$$\rho = m\bar{n} \tag{3.388}$$

Diese Mittelung ermöglicht den Transfer von der mikroskopischen zur makroskopischen Betrachtung. Der Impulsdiffusionkoeffizient, die dynamische Viskosität μ, entspricht dem Produkt aus Dichte und der kinematischen Viskosität, welche in der kinetischen Theorie verdünnter Gase mit $Sc = 1$ (Gl. 3.353) dem molekularen Diffusionskoeffizienten entspricht

$$\mu = m\bar{n}D \quad . \tag{3.389}$$

Aus der Kontinuitätsgleichung folgt, dass damit auch die Geschwindigekit eines Gases nicht mehr durch den zeitlich gemittelten Wert, sondert durch den gewichtet gemittelten Wert der Molekülgeschwindigkeit interpretiert werden muss:

$$u_i = \tilde{\xi}_i \quad . \tag{3.390}$$

Während bislang bei der Betrachtung des makroskopischen Drucks keine Abhängigkeit von Anzahldichtegradienten angenommen wurde, müssen durch die geänderte Interpretation der Geschwindigkeit bisherige Abhängigkeiten des Drucks von der zeitlichen Varianz der Molekülgeschwindigkeit durch die gewichtet gemittelte Form ausgetauscht werden:

$$p = m\frac{\bar{n}}{\kappa}\widetilde{\xi_k'' \xi_k''} \quad . \tag{3.391}$$

Als Ergänzung zu dieser Spur des Cauchy-Spannungstensors (Gl. 2.149) entspricht der spurfreie Anteil des Spannungstensors einem Produkt der Differenz der Geschwindigkeitskorrelationen (Gl. 3.386):

$$\Phi_{ij} = -2\frac{\mu}{\rho}E_{ij} = \widetilde{\xi_i'' \xi_j''} - \frac{1}{\kappa}\widetilde{\xi_k'' \xi_k''}\delta_{ij} \quad . \tag{3.392}$$

Aus Gleichung 3.387 wird durch entsprechende Substitution (Gln. 3.316, 3.388-3.391) folgende Relation hergeleitet:

$$\frac{\partial}{\partial t}\left(\rho u_i\right) + \frac{\partial}{\partial x_j}\left(\rho u_i u_j\right) = -\frac{\partial p}{\partial x_i} \tag{3.393}$$

$$+ \frac{\partial}{\partial x_j}\left[\mu\left(\frac{\partial u_j}{\partial x_i} + \frac{\partial u_i}{\partial x_j} - (\gamma - 1)\frac{\partial u_k}{\partial x_k}\delta_{ij}\right)\right]$$

$$\underbrace{- \frac{\partial}{\partial x_j}\left[\frac{\mu^2}{\rho^3}\left(\frac{\partial \rho}{\partial x_i}\frac{\partial \rho}{\partial x_j} - \frac{\gamma - 1}{2}\frac{\partial \rho}{\partial x_k}\frac{\partial \rho}{\partial x_k}\delta_{ij}\right)\right]}_{\Pi_{\text{molecular}}} \quad .$$

Für $\kappa = 3$, bzw. $\gamma = 5/3$ ergibt sich die Navier-Stokes-Gleichung (Gl. 2.153) zuzüglich eines additiven Quellterms $\Pi_{\text{molecular}}$, welcher den Impulsdiffusionsanteil beschreibt, der durch vorliegende Dichtegradienten hervorgerufen wird, wie sie bei einer isobaren Gasmischung (Abb. 3.2) auftreten. Auf der Basis der Druck- und Geschwindigkeitsinterpretation durch die gewichtet gemittelte Darstellung folgt für die innere Energie die Definition:

$$e - e_0 = \frac{1}{2}\widetilde{\xi_k'' \xi_k''} \quad . \tag{3.394}$$

Mit einer finalen Substitution wird der Konsistenznachweis erbracht, denn sobald diese Approximation der inneren Energie in der Definition des statischen Drucks substituiert wird:

$$
\begin{aligned}
p &= \frac{2}{\kappa}\rho\left(e - e_0\right) = \left(\underbrace{\frac{\kappa + 2}{\kappa}}_{\gamma} - 1\right)\rho\left(e - e_0\right) \\
&= \left(\underbrace{\gamma}_{c_p/c_v} - 1\right)\rho\left(e - e_0\right) = \underbrace{(c_p - c_v)}_{=R_0/M}\rho\,\underbrace{\frac{e - e_0}{c_v}}_{=T} \quad ,
\end{aligned} \tag{3.395}
$$

resultiert die thermodynamisch ideale Gasgleichung (Gl. 2.177).

3.5 Thermodynamische Konsistenz der molekularen Modellierung

Als bislang nicht geschlossenes statistisches Moment gilt es, die Varianz als zweites zentrales Moment der Molekülgeschwindigkeit zu bestimmen. Diese Größe beschreibt unabhängig von ihrer statistischen Bedeutung die Energiebilanz eines kompressiblen Gases. Somit entspricht die Transformation dieser Größe auf die makroskopische Betrachtung der thermodynamischen Interpretation dieser statistischen Modellierung verdünnter Gase.

3.5.1 Transport der molekularen Geschwindigkeitsvarianz

Aus der Mittelungstransformation der dritten Erhaltungsgleichung (Gl. 3.366) resultiert die Relation eines statistischen Momentes dritter Ordnung, welches als Synonym der Impulsdiffusion betrachtet werden muss:

$$\frac{\partial}{\partial t}\left(\frac{n}{2}\xi_i\xi_i\right) + \frac{\partial}{\partial x_j}\left(\frac{n}{2}\xi_i\xi_i\xi_j\right) = 0$$

$$\frac{\partial}{\partial t}\left(\frac{\bar{n}}{2}\tilde{\xi}_i\tilde{\xi}_i + \frac{\bar{n}}{2}\widetilde{\xi_i''\xi_i''}\right) = -\frac{\partial}{\partial x_j}\left(\frac{\bar{n}}{2}\widetilde{\xi_i\xi_i\xi_j}\right) \quad . \quad (3.396)$$

Mit diesem statistischen Tripel:

$$\widetilde{\xi_i\xi_i\xi_j} = \widetilde{\xi_i\tilde{\xi}_i\tilde{\xi}_j} + \widetilde{\xi_i\xi_i\xi_j''}$$

$$= \tilde{\xi}_j\left(\tilde{\xi}_i\tilde{\xi}_i + \widetilde{\xi_i''\xi_i''}\right) + 2\tilde{\xi}_i\widetilde{\xi_i''\xi_j''} + \widetilde{\xi_i''\xi_i''\xi_j''} \quad (3.397)$$

ergibt sich für die Transportgleichung:

$$\frac{\partial}{\partial t}\left(\frac{\bar{n}}{2}\tilde{\xi}_i\tilde{\xi}_i\right) + \frac{\partial}{\partial t}\left(\frac{\bar{n}}{2}\widetilde{\xi_i''\xi_i''}\right) = -\frac{\partial}{\partial x_j}\left[\left(\frac{\bar{n}}{2}\tilde{\xi}_i\tilde{\xi}_i + \frac{\bar{n}}{2}\widetilde{\xi_i''\xi_i''}\right)\tilde{\xi}_j\right]$$

$$-\frac{\partial}{\partial x_j}\left(\bar{n}\tilde{\xi}_i\widetilde{\xi_i''\xi_j''} + \frac{\bar{n}}{2}\widetilde{\xi_i''\xi_i''\xi_j''}\right)$$

$$= 0 \quad . \quad (3.398)$$

Wird von folgender transformierter Form der nicht-aufgelöseten Impulserhaltungsgleichung (Gl. 3.377):

$$\tilde{\xi}_i\frac{\partial}{\partial t}\left(\bar{n}\tilde{\xi}_i\right) + \tilde{\xi}_i\frac{\partial}{\partial x_j}\left(\bar{n}\tilde{\xi}_i\tilde{\xi}_j\right) = -\tilde{\xi}_i\frac{\partial}{\partial x_j}\left(\bar{n}\widetilde{\xi_i''\xi_j''}\right) \quad (3.399)$$

$$\tilde{\xi}_i\tilde{\xi}_i\frac{\partial\bar{n}}{\partial t} + \bar{n}\frac{\partial}{\partial t}\left(\frac{1}{2}\tilde{\xi}_i\tilde{\xi}_i\right)$$

$$+\tilde{\xi}_i\tilde{\xi}_i\frac{\partial}{\partial x_j}\left(\bar{n}\tilde{\xi}_j\right) + \bar{n}\tilde{\xi}_j\frac{\partial}{\partial x_j}\left(\frac{1}{2}\tilde{\xi}_i\tilde{\xi}_i\right) = -\tilde{\xi}_i\frac{\partial}{\partial x_j}\left(\bar{n}\widetilde{\xi_i''\xi_j''}\right) \quad (3.400)$$

die skalar mit $\tilde{\xi}_i\tilde{\xi}_i/2$ multiplizierte Impulserhaltungsgleichung (Gl. 3.368) abgezogen, resultiert die Transportgleichung der mittleren molekularen kinetischen Energie:

$$\frac{\partial}{\partial t}\left(\frac{\bar{n}}{2}\tilde{\xi}_i\tilde{\xi}_i\right) + \frac{\partial}{\partial x_j}\left(\frac{\bar{n}}{2}\tilde{\xi}_i\tilde{\xi}_i\tilde{\xi}_j\right) = -\tilde{\xi}_j\frac{\partial}{\partial x_j}\left(\bar{n}\widetilde{\xi_i''\xi_j''}\right) \quad . \quad (3.401)$$

Aus der Differenz des Gesamttransports (Gl. 3.398) und des Transports der mittleren kinetischen Energie (Gl .3.401) folgt die Transportgleichung der gewichtet gemittelten Varianz der Molekülgeschwindigkeit:

$$\frac{\partial}{\partial t}\left(\frac{\bar{n}}{2}\widetilde{\xi_i''\xi_i''}\right) + \frac{\partial}{\partial x_j}\left(\frac{\bar{n}}{2}\widetilde{\xi_i''\xi_i''}\tilde{\xi}_j\right) = -\bar{n}\widetilde{\xi_i''\xi_j''}\frac{\partial\tilde{\xi}_i}{\partial x_j} - \frac{\partial}{\partial x_j}\left(\frac{\bar{n}}{2}\widetilde{\xi_i''\xi_i''\xi_j''}\right) \quad .$$

(3.402)

Um so die letzte Unbekannte der Impulstransportgleichung (Gl. 3.387), die statistische Varianz, mit dieser Transportgleichung zu lösen, ist ein Schließungsmodell für das hier auf der rechten Seite auftauchende Tripelmoment aufzustellen.

3.5.2 Gewichtetes Tripelmoment

Um ein Modell für das angegebene Tripelmoment aufzustellen, wird in Analogie zum zweiten und ersten statistischen Moment der Molekülgeschwindigkeit die aus der zeitlichen Mittelung

$$\overline{n\xi_i\xi_j\xi_j} = \bar{n}\widetilde{\xi_i\xi_j\xi_k} = \bar{n}\widetilde{\xi_i\xi_j\xi_k} + \overline{n'\xi_i\xi_j\xi_k} \tag{3.403}$$

resultierende Anzahldichtekorrelation wie folgt modelliert:

$$\overline{n'\xi_i\xi_j\xi_j} = -D\left(\frac{\partial}{\partial x_i}\overline{n\xi_j\xi_k} + \frac{\partial}{\partial x_j}\overline{n\xi_i\xi_k} + \frac{\partial}{\partial x_k}\overline{n\xi_i\xi_j}\right) \quad . \tag{3.404}$$

So ergibt sich aus Gl. 3.403 für das gemittelte Produkt:

$$\begin{aligned}
\overline{n\xi_i\xi_j\xi_j} &= \bar{n}\left(\bar{\xi}_i\bar{\xi}_j\bar{\xi}_k + \bar{\xi}_i\overline{\xi_j'\xi_k'} + \bar{\xi}_j\overline{\xi_i'\xi_k'} + \bar{\xi}_k\overline{\xi_i'\xi_j'} + \overline{\xi_i'\xi_j'\xi_k'}\right) \\
&\quad - D\left(\frac{\partial}{\partial x_i}\overline{n\xi_j\xi_k} + \frac{\partial}{\partial x_j}\overline{n\xi_i\xi_k} + \frac{\partial}{\partial x_k}\overline{n\xi_i\xi_j}\right) \quad . \tag{3.405}
\end{aligned}$$

Für die gewichtet gemittelte Korrelation folgt aber aus

$$\begin{aligned}
\overline{n\xi_i\xi_j\xi_j} &= \widetilde{\xi_i\xi_j\xi_k} \tag{3.406} \\
&= \bar{n}\left(\tilde{\xi}_i\tilde{\xi}_j\tilde{\xi}_k + \tilde{\xi}_i\widetilde{\xi_j''\xi_k''} + \tilde{\xi}_j\widetilde{\xi_i''\xi_k''} + \tilde{\xi}_k\widetilde{\xi_i''\xi_j''} + \widetilde{\xi_i''\xi_j''\xi_k''}\right) \\
\Rightarrow \bar{n}\widetilde{\xi_i''\xi_j''\xi_k''} &= \overline{n\xi_i\xi_j\xi_j} - \bar{n}\left(\tilde{\xi}_i\tilde{\xi}_j\tilde{\xi}_k + \tilde{\xi}_i\widetilde{\xi_j''\xi_k''} + \tilde{\xi}_j\widetilde{\xi_i''\xi_k''} + \tilde{\xi}_k\widetilde{\xi_i''\xi_j''}\right)
\end{aligned}$$

und der Substitution der Anzahldichtekorrelation (Gl. 3.405) die Beschreibung des gesuchten Tripelmoments:

$$\overline{\bar{n}\xi_i''\xi_j''\xi_k''} = \bar{n}\left(\bar{\xi}_i\bar{\xi}_j\bar{\xi}_k - \tilde{\xi}_i\tilde{\xi}_j\tilde{\xi}_k\right) + \bar{n}\overline{\xi_i'\xi_j'\xi_k'}$$

$$+\bar{n}\overline{\xi_j''\xi_k''}\left(\bar{\xi}_i - \tilde{\xi}_i\right) + \bar{n}\overline{\xi_i''\xi_k''}\left(\bar{\xi}_j - \tilde{\xi}_j\right) + \bar{n}\overline{\xi_i''\xi_j''}\left(\bar{\xi}_k - \tilde{\xi}_k\right)$$

$$+\bar{n}\bar{\xi}_i\left(\overline{\xi_j'\xi_k'} - \overline{\xi_j''\xi_k''}\right) + \bar{n}\bar{\xi}_j\left(\overline{\xi_i'\xi_k'} - \overline{\xi_i''\xi_k''}\right) + \bar{n}\bar{\xi}_k\left(\overline{\xi_i'\xi_j'} - \overline{\xi_i''\xi_j''}\right)$$

$$-D\left[\frac{\partial}{\partial x_i}\left(\bar{n}\tilde{\xi}_j\tilde{\xi}_k\right) + \frac{\partial}{\partial x_j}\left(\bar{n}\tilde{\xi}_i\tilde{\xi}_k\right) + \frac{\partial}{\partial x_k}\left(\bar{n}\tilde{\xi}_i\tilde{\xi}_j\right)\right]$$

$$-D\left[\frac{\partial}{\partial x_i}\left(\bar{n}\overline{\xi_j''\xi_k''}\right) + \frac{\partial}{\partial x_j}\left(\bar{n}\overline{\xi_i''\xi_k''}\right) + \frac{\partial}{\partial x_k}\left(\bar{n}\overline{\xi_i''\xi_j''}\right)\right] \quad . \tag{3.407}$$

Im nächsten Schritt werden die bislang noch unbekannten Diffenzen der statistischen Momente modelliert. Aus Gl. 3.383 folgt für die bereits geschlossene Differenz der zweiten zentralen statistischen Momente

$$\overline{\xi_i''\xi_j''} - \overline{\xi_i'\xi_j'} = \frac{D^2}{\bar{n}^2}\frac{\partial\bar{n}}{\partial x_i}\frac{\partial\bar{n}}{\partial x_j} - D\left[\frac{\partial\tilde{\xi}_j}{\partial x_i} + \frac{\partial\tilde{\xi}_i}{\partial x_j}\right] \quad . \tag{3.408}$$

Aus Gleichung 3.371 folgen die Differenzen der gemittelten Werte

$$\bar{\xi}_i - \tilde{\xi}_i = \frac{D}{\bar{n}}\frac{\partial\bar{n}}{\partial x_i} \tag{3.409}$$

und deren Produkte

$$\bar{\xi}_i\bar{\xi}_j\bar{\xi}_k - \tilde{\xi}_i\tilde{\xi}_j\tilde{\xi}_k = \left(\frac{D}{\bar{n}}\frac{\partial\bar{n}}{\partial x_i}\right)\tilde{\xi}_j\tilde{\xi}_k + \left(\frac{D}{\bar{n}}\frac{\partial\bar{n}}{\partial x_j}\right)\tilde{\xi}_i\tilde{\xi}_k + \left(\frac{D}{\bar{n}}\frac{\partial\bar{n}}{\partial x_k}\right)\tilde{\xi}_i\tilde{\xi}_j$$

$$+\tilde{\xi}_i\left(\frac{D}{\bar{n}}\right)^2\frac{\partial\bar{n}}{\partial x_j}\frac{\partial\bar{n}}{\partial x_k} + \tilde{\xi}_j\left(\frac{D}{\bar{n}}\right)^2\frac{\partial\bar{n}}{\partial x_i}\frac{\partial\bar{n}}{\partial x_k}$$

$$+\tilde{\xi}_k\left(\frac{D}{\bar{n}}\right)^2\frac{\partial\bar{n}}{\partial x_i}\frac{\partial\bar{n}}{\partial x_j} + \left(\frac{D}{\bar{n}}\right)^3\frac{\partial\bar{n}}{\partial x_i}\frac{\partial\bar{n}}{\partial x_j}\frac{\partial\bar{n}}{\partial x_k} \tag{3.410}$$

Eingesetzt in die Anzahltripelkorrelation (Gl. 3.407) resultiert die in Zeilenblöcken angeordnete Summe

$$\widetilde{\bar{n}\xi_i''\xi_j''\xi_k''} = \tag{3.411}$$

3.407, 1.Zeile:

$$\underbrace{D\tilde{\xi}_j\tilde{\xi}_k\frac{\partial \bar{n}}{\partial x_i}}_{A_1} + \underbrace{D\tilde{\xi}_i\tilde{\xi}_k\frac{\partial \bar{n}}{\partial x_j}}_{B_1} + \underbrace{D\tilde{\xi}_i\tilde{\xi}_j\frac{\partial \bar{n}}{\partial x_k}}_{C_1}$$

$$+ \underbrace{\frac{D^2}{\bar{n}}\tilde{\xi}_i\frac{\partial \bar{n}}{\partial x_j}\frac{\partial \bar{n}}{\partial x_k}}_{D_1} + \underbrace{\frac{D^2}{\bar{n}}\tilde{\xi}_j\frac{\partial \bar{n}}{\partial x_i}\frac{\partial \bar{n}}{\partial x_k}}_{E_1} + \underbrace{\frac{D^2}{\bar{n}}\tilde{\xi}_k\frac{\partial \bar{n}}{\partial x_i}\frac{\partial \bar{n}}{\partial x_j}}_{F_1}$$

$$+ \underbrace{\frac{D^3}{\bar{n}^2}\frac{\partial \bar{n}}{\partial x_i}\frac{\partial \bar{n}}{\partial x_j}\frac{\partial \bar{n}}{\partial x_k}}_{K_1} + \underbrace{\overline{\bar{n}\xi_i'\xi_j'\xi_k'}}_{L_1}$$

3.407, 2.Zeile:

$$+ \underbrace{D\widetilde{\xi_j''\xi_k''}\frac{\partial \bar{n}}{\partial x_i}}_{G_1} + \underbrace{D\widetilde{\xi_i''\xi_k''}\frac{\partial \bar{n}}{\partial x_j}}_{H_1} + \underbrace{D\widetilde{\xi_i''\xi_j''}\frac{\partial \bar{n}}{\partial x_k}}_{J_1}$$

3.407, 3.Zeile:

$$+ \underbrace{\bar{n}\tilde{\xi}_i D\frac{\partial \tilde{\xi}_j}{\partial r_k}}_{C_2} + \underbrace{\bar{n}\xi_i D\frac{\partial \tilde{\xi}_k}{\partial x_j}}_{B_2} + \underbrace{\bar{n}\tilde{\xi}_j D\frac{\partial \tilde{\xi}_i}{\partial x_k}}_{C_3} + \underbrace{\bar{n}\tilde{\xi}_j D\frac{\partial \tilde{\xi}_k}{\partial x_i}}_{A_2}$$

$$+ \underbrace{n\tilde{\xi}_k D\frac{\partial \tilde{\xi}_i}{\partial x_j}}_{B_3} + \underbrace{\bar{n}\tilde{\xi}_k D\frac{\partial \tilde{\xi}_j}{\partial x_i}}_{A_3} + \underbrace{D^2\frac{\partial \bar{n}}{\partial x_i}\left(\frac{\partial \tilde{\xi}_j}{\partial x_k} + \frac{\partial \tilde{\xi}_k}{\partial x_j}\right)}_{L_2}$$

$$+ \underbrace{D^2\frac{\partial \bar{n}}{\partial x_j}\left(\frac{\partial \tilde{\xi}_i}{\partial x_k} + \frac{\partial \tilde{\xi}_k}{\partial x_i}\right)}_{L_3} + \underbrace{D^2\frac{\partial \bar{n}}{\partial x_k}\left(\frac{\partial \tilde{\xi}_i}{\partial x_j} + \frac{\partial \tilde{\xi}_j}{\partial x_i}\right)}_{L_4}$$

$$\underbrace{-\bar{n}\tilde{\xi}_i\left(\frac{D}{\bar{n}}\right)^2\frac{\partial \bar{n}}{\partial x_j}\frac{\partial \bar{n}}{\partial x_k}}_{D_2} \underbrace{-\bar{n}\tilde{\xi}_j\left(\frac{D}{\bar{n}}\right)^2\frac{\partial \bar{n}}{\partial x_i}\frac{\partial \bar{n}}{\partial x_k}}_{E_2}$$

$$\underbrace{-\bar{n}\tilde{\xi}_k\left(\frac{D}{\bar{n}}\right)^2\frac{\partial \bar{n}}{\partial x_i}\frac{\partial \bar{n}}{\partial x_j}}_{F_2} \underbrace{-3\bar{n}\left(\frac{D}{\bar{n}}\right)^3\frac{\partial \bar{n}}{\partial x_i}\frac{\partial \bar{n}}{\partial x_j}\frac{\partial \bar{n}}{\partial x_k}}_{K_2}$$

3.407, 4.Zeile:
$$\underbrace{-D\frac{\partial}{\partial x_i}\left(\bar{n}\tilde{\xi}_j\tilde{\xi}_k\right)}_{A_4}\underbrace{-D\frac{\partial}{\partial x_j}\left(\bar{n}\tilde{\xi}_i\tilde{\xi}_k\right)}_{B_4}\underbrace{-D\frac{\partial}{\partial x_k}\left(\bar{n}\tilde{\xi}_i\tilde{\xi}_j\right)}_{C_4}$$

3.407, 5.Zeile:
$$\underbrace{-D\frac{\partial}{\partial x_i}\left(\bar{n}\widetilde{\xi_j''\xi_k''}\right)}_{G_2}\underbrace{-D\frac{\partial}{\partial x_j}\left(\bar{n}\widetilde{\xi_i''\xi_k''}\right)}_{H_2}\underbrace{-D\frac{\partial}{\partial x_k}\left(\bar{n}\widetilde{\xi_i''\xi_j''}\right)}_{J_2}\quad.$$

Die Tripelkorrelation wird aufbauend auf dieser Modellierung in Summen von Korrelationen niedrigerer Ordnung aufgespalten. Die einzelnen Terme wurden den Teilsummen A bis L zugeordnet.

Diese neue Ordnung wurde vorgenommen, um die Teilsummen der markierten Terme wie folgt zu vereinfachen:

$$\sum_k A_k = D\tilde{\xi}_j\tilde{\xi}_k\frac{\partial\bar{n}}{\partial x_i}+\bar{n}\tilde{\xi}_jD\frac{\partial\tilde{\xi}_k}{\partial x_i}+\bar{n}\tilde{\xi}_kD\frac{\partial\tilde{\xi}_j}{\partial x_i}-D\frac{\partial}{\partial x_i}\left(\bar{n}\tilde{\xi}_j\tilde{\xi}_k\right)$$
$$= 0 \tag{3.412}$$

$$\sum_k B_k = D\tilde{\xi}_i\tilde{\xi}_k\frac{\partial\bar{n}}{\partial x_j}+\bar{n}\tilde{\xi}_iD\frac{\partial\tilde{\xi}_k}{\partial x_j}+\bar{n}\tilde{\xi}_kD\frac{\partial\tilde{\xi}_i}{\partial x_j}-D\frac{\partial}{\partial x_j}\left(\bar{n}\tilde{\xi}_i\tilde{\xi}_k\right)$$
$$= 0 \tag{3.413}$$

$$\sum_k C_k = D\tilde{\xi}_i\tilde{\xi}_j\frac{\partial\bar{n}}{\partial x_k}+\bar{n}\tilde{\xi}_iD\frac{\partial\tilde{\xi}_j}{\partial x_k}+\bar{n}\tilde{\xi}_jD\frac{\partial\tilde{\xi}_i}{\partial x_k}-D\frac{\partial}{\partial x_k}\left(\bar{n}\tilde{\xi}_i\tilde{\xi}_j\right)$$
$$= 0 \tag{3.414}$$

$$\sum_k D_k = \frac{D^2}{\bar{n}}\tilde{\xi}_i\frac{\partial\bar{n}}{\partial x_j}\frac{\partial\bar{n}}{\partial x_k}-\bar{n}\tilde{\xi}_i\left(\frac{D}{\bar{n}}\right)^2\frac{\partial\bar{n}}{\partial x_j}\frac{\partial\bar{n}}{\partial x_k}=0 \tag{3.415}$$

$$\sum_k E_k = \frac{D^2}{\bar{n}}\tilde{\xi}_j\frac{\partial\bar{n}}{\partial x_i}\frac{\partial\bar{n}}{\partial x_k}-\bar{n}\tilde{\xi}_j\left(\frac{D}{\bar{n}}\right)^2\frac{\partial\bar{n}}{\partial x_i}\frac{\partial\bar{n}}{\partial x_k}=0 \tag{3.416}$$

$$\sum_k F_k = \frac{D^2}{\bar{n}}\tilde{\xi}_k\frac{\partial\bar{n}}{\partial x_i}\frac{\partial\bar{n}}{\partial x_j}-\bar{n}\tilde{\xi}_k\left(\frac{D}{\bar{n}}\right)^2\frac{\partial\bar{n}}{\partial x_i}\frac{\partial\bar{n}}{\partial x_j}=0 \tag{3.417}$$

$$\sum_k G_k = D\widetilde{\xi_j''\xi_k''}\frac{\partial\bar{n}}{\partial x_i}-D\frac{\partial}{\partial x_i}\left(\bar{n}\widetilde{\xi_j''\xi_k''}\right)=-D\bar{n}\frac{\partial}{\partial x_i}\widetilde{\xi_j''\xi_k''} \tag{3.418}$$

$$\sum_k H_k = D\widetilde{\xi_i''\xi_k''}\frac{\partial \bar{n}}{\partial x_j} - D\frac{\partial}{\partial x_j}\left(\bar{n}\widetilde{\xi_i''\xi_k''}\right) = -D\bar{n}\frac{\partial}{\partial x_j}\widetilde{\xi_i''\xi_k''} \quad (3.419)$$

$$\sum_k J_k = D\widetilde{\xi_i''\xi_j''}\frac{\partial \bar{n}}{\partial x_k} - D\frac{\partial}{\partial x_k}\left(\bar{n}\widetilde{\xi_i''\xi_j''}\right) = -D\bar{n}\frac{\partial}{\partial x_k}\widetilde{\xi_i''\xi_j''} \quad (3.420)$$

$$\sum_k K_k = \frac{D^3}{\bar{n}^2}\frac{\partial \bar{n}}{\partial x_i}\frac{\partial \bar{n}}{\partial x_j}\frac{\partial \bar{n}}{\partial x_k} - 3\bar{n}\left(\frac{D}{\bar{n}}\right)^3\frac{\partial \bar{n}}{\partial x_i}\frac{\partial \bar{n}}{\partial x_j}\frac{\partial \bar{n}}{\partial x_k}$$

$$= -2\bar{n}\left(\frac{D}{\bar{n}}\right)^3\frac{\partial \bar{n}}{\partial x_i}\frac{\partial \bar{n}}{\partial x_j}\frac{\partial \bar{n}}{\partial x_k} \quad (3.421)$$

$$\sum_k L_k = \bar{n}\widetilde{\xi_i'\xi_j'\xi_k'} + D^2\left[\frac{\partial \bar{n}}{\partial x_i}\left(\frac{\partial \tilde{\xi}_j}{\partial x_k} + \frac{\partial \tilde{\xi}_k}{\partial x_j}\right)\right.$$

$$\left.+\frac{\partial \bar{n}}{\partial x_j}\left(\frac{\partial \tilde{\xi}_i}{\partial x_k} + \frac{\partial \tilde{\xi}_k}{\partial x_i}\right) + \frac{\partial \bar{n}}{\partial x_k}\left(\frac{\partial \tilde{\xi}_i}{\partial x_j} + \frac{\partial \tilde{\xi}_j}{\partial x_i}\right)\right] \quad (3.422)$$

Aus der Summe ergibt sich für das allgemeine statistische Tripelmoment.

$$\bar{n}\widetilde{\xi_i''\xi_j''\xi_k''} = \bar{n}\widetilde{\xi_i'\xi_j'\xi_k'} + D^2\left[\frac{\partial n}{\partial x_i}\left(\frac{\partial \tilde{\xi}_j}{\partial x_k} + \frac{\partial \tilde{\xi}_k}{\partial x_j}\right) + \frac{\partial \bar{n}}{\partial x_j}\left(\frac{\partial \tilde{\zeta}_i}{\partial x_k} + \frac{\partial \tilde{\zeta}_k}{\partial x_i}\right)\right.$$

$$\left.+\frac{\partial \bar{n}}{\partial x_k}\left(\frac{\partial \tilde{\xi}_i}{\partial x_j} + \frac{\partial \tilde{\xi}_j}{\partial x_i}\right)\right] - 2\bar{n}\left(\frac{D}{\bar{n}}\right)^3\frac{\partial \bar{n}}{\partial x_i}\frac{\partial \bar{n}}{\partial x_j}\frac{\partial \bar{n}}{\partial x_k}$$

$$-D\bar{n}\left[\frac{\partial}{\partial x_i}\widetilde{\xi_j''\xi_k''} + \frac{\partial}{\partial x_j}\widetilde{\xi_i''\xi_k''} + \frac{\partial}{\partial x_k}\widetilde{\xi_i''\xi_j''}\right] \quad (3.423)$$

Somit ist das allgemeine statistische Moment dreier Geschwindigkeitskomponenten durch das zeitliche Tripelmoment, Gradienten erster und zweiter statistischer Momente und Anzahldichtegradienten modelliert. Zudem liefert diese Beschreibung den Ansatz zur Schließung der Energiegleichung (Gl. 3.402) mittels Substitution deren dritten Momentes.

3.5.3 Statistischer Transport

Um das allgemeine dritte statistische Moment (Gl. 3.423) auf die für den Transport der statistischen Varianz (Gl. 3.402) geforderte Form zu transformieren, wird dieser mit der Hälfte eines Dirac-Operators multipliziert:

$$\frac{\bar{n}}{2}\widetilde{\xi_i''\xi_i''\xi_j''} = \bar{n}\widetilde{\xi_i''\xi_j''\xi_k''} \cdot \frac{1}{2}\delta_{ij} \tag{3.424}$$

$$= \frac{\bar{n}}{2}\overline{\xi_i'\xi_i'\xi_j'} + \frac{D^2}{2}\left[\frac{\partial \bar{n}}{\partial x_i}\left(\frac{\partial \tilde{\xi}_j}{\partial x_i} + \frac{\partial \tilde{\xi}_i}{\partial x_j}\right) + \frac{\partial \bar{n}}{\partial x_j}\left(\frac{\partial \tilde{\xi}_i}{\partial x_i} + \frac{\partial \tilde{\xi}_i}{\partial x_i}\right)\right.$$
$$\left. + \frac{\partial \bar{n}}{\partial x_i}\left(\frac{\partial \tilde{\xi}_i}{\partial x_j} + \frac{\partial \tilde{\xi}_j}{\partial x_i}\right)\right] - \frac{D^3}{\bar{n}^2}\frac{\partial \bar{n}}{\partial x_i}\frac{\partial \bar{n}}{\partial x_j}\frac{\partial \bar{n}}{\partial x_i}$$
$$- \frac{D\bar{n}}{2}\left[\frac{\partial}{\partial x_i}\widetilde{\xi_i''\xi_j''} + \frac{\partial}{\partial x_j}\widetilde{\xi_i''\xi_i''} + \frac{\partial}{\partial x_i}\widetilde{\xi_i''\xi_j''}\right]$$

$$= \frac{\bar{n}}{2}\overline{\xi_i'\xi_i'\xi_j'} + D^2\left(\frac{\partial \tilde{\xi}_i}{\partial x_j} + \frac{\partial \tilde{\xi}_j}{\partial x_i}\right)\frac{\partial \bar{n}}{\partial x_i} + D^2\frac{\partial \tilde{\xi}_i}{\partial x_i}\frac{\partial \bar{n}}{\partial x_j}$$
$$- D\bar{n}\frac{\partial}{\partial x_i}\widetilde{\xi_i''\xi_j''} - D\bar{n}\frac{\partial}{\partial x_j}\left(\frac{1}{2}\widetilde{\xi_i''\xi_i''}\right) - \frac{D^3}{\bar{n}^2}\frac{\partial \bar{n}}{\partial x_i}\frac{\partial \bar{n}}{\partial x_i}\frac{\partial \bar{n}}{\partial x_j} \quad .$$

Fortan wird nach den Gln. 3.394, 3.392 und 3.386 die gewichtete Geschwindigkeitskorrelation wie folgt definiert:

$$\frac{1}{2}\widetilde{\xi_k''\xi_k''} = e - e_0 =: \zeta \tag{3.425}$$

$$\widetilde{\xi_i''\xi_j''} = \frac{2\zeta}{\kappa}\delta_{ij} + \Phi_{ij}$$

$$= \frac{2\zeta}{\kappa}\delta_{ij} + \frac{D^2}{\bar{n}^2}\left[\frac{\partial \bar{n}}{\partial x_i}\frac{\partial \bar{n}}{\partial x_j} - \frac{1}{\kappa}\frac{\partial \bar{n}}{\partial x_k}\frac{\partial \bar{n}}{\partial x_k}\delta_{ij}\right]$$

$$- D\left[\frac{\partial \tilde{\xi}_j}{\partial x_i} + \frac{\partial \tilde{\xi}_i}{\partial x_j} - \frac{2}{\kappa}\frac{\partial \tilde{\xi}_k}{\partial x_k}\delta_{ij}\right] \quad . \tag{3.426}$$

Für die Tripelkorrelation (Gl. 3.424) ergibt sich mittels dieser Substitution

$$\frac{\bar{n}}{2}\widetilde{\xi_i''\xi_i''\xi_j''} = \underbrace{\frac{\bar{n}}{2}\overline{\xi_i'\xi_i'\xi_j'} + D^2\left(\frac{\partial\tilde{\xi}_i}{\partial x_j} + \frac{\partial\tilde{\xi}_j}{\partial x_i}\right)\frac{\partial\bar{n}}{\partial x_i}}_{M_1} + \underbrace{D^2\frac{\partial\tilde{\xi}_i}{\partial x_i}\frac{\partial\bar{n}}{\partial x_j}}_{N_1}$$

$$\underbrace{-\frac{D^3}{\bar{n}^2}\frac{\partial\bar{n}}{\partial x_i}\frac{\partial\bar{n}}{\partial x_i}\frac{\partial\bar{n}}{\partial x_j}}_{Q_1}\underbrace{-D\bar{n}\frac{\partial\zeta}{\partial x_j}}_{P_1}\underbrace{-D\bar{n}\frac{\partial}{\partial x_j}\left(\frac{2}{\kappa}\zeta\delta_{ij}\right)}_{P_2}$$

$$\underbrace{+D\bar{n}\frac{\partial}{\partial x_i}\left[D\left(\frac{\partial\tilde{\xi}_j}{\partial x_i} + \frac{\partial\tilde{\xi}_i}{\partial x_j}\right)\right]}_{M_2}\underbrace{-D\bar{n}\frac{\partial}{\partial x_i}\left[\frac{2}{\kappa}D\frac{\partial\tilde{\xi}_k}{\partial x_k}\delta_{ij}\right]}_{N_2}$$

$$\underbrace{-D\bar{n}\frac{\partial}{\partial x_i}\left[\left(\frac{D}{\bar{n}}\right)^2\left(\frac{\partial\bar{n}}{\partial x_i}\frac{\partial\bar{n}}{\partial x_j} - \frac{1}{\kappa}\frac{\partial\bar{n}}{\partial x_k}\frac{\partial\bar{n}}{\partial x_k}\delta_{ij}\right)\right]}_{Q_2} \quad (3.427)$$

Die folgenden Teilsummen reduzieren sich derart

$$\sum_k M_k = D^2\left(\frac{\partial\tilde{\xi}_i}{\partial x_j} + \frac{\partial\tilde{\xi}_j}{\partial x_i}\right)\frac{\partial\bar{n}}{\partial x_i} + D\bar{n}\frac{\partial}{\partial x_i}\left[D\left(\frac{\partial\tilde{\xi}_j}{\partial x_i} + \frac{\partial\tilde{\xi}_i}{\partial x_j}\right)\right]$$

$$= D\frac{\partial}{\partial x_i}\left[D\bar{n}\left(\frac{\partial\tilde{\xi}_i}{\partial x_j} + \frac{\partial\tilde{\xi}_j}{\partial x_i}\right)\right] \quad (3.428)$$

$$\sum_k N_k = D^2\frac{\partial\tilde{\xi}_i}{\partial x_i}\frac{\partial\bar{n}}{\partial x_j} - D\bar{n}\frac{\partial}{\partial x_i}\left[\frac{2}{\kappa}D\frac{\partial\tilde{\xi}_k}{\partial x_k}\delta_{ij}\right]$$

$$= \frac{\kappa+2}{\kappa}D^2\frac{\partial\tilde{\xi}_i}{\partial x_i}\frac{\partial\bar{n}}{\partial x_j} - \frac{2}{\kappa}D^2\frac{\partial\tilde{\xi}_i}{\partial x_i}\frac{\partial\bar{n}}{\partial x_j} - D\bar{n}\frac{\partial}{\partial x_j}\left[\frac{2}{\kappa}D\frac{\partial\tilde{\xi}_k}{\partial x_k}\right]$$

$$= \frac{\kappa+2}{\kappa}D^2\frac{\partial\tilde{\xi}_i}{\partial x_i}\frac{\partial\bar{n}}{\partial x_j} - D\frac{\partial}{\partial x_j}\left[\frac{2}{\kappa}D\bar{n}\frac{\partial\tilde{\xi}_k}{\partial x_k}\right] \quad (3.429)$$

$$\sum_k P_k = -D\bar{n}\frac{\partial\zeta}{\partial x_j} - D\bar{n}\frac{\partial}{\partial x_j}\left(\frac{2}{\kappa}\zeta\delta_{ij}\right) = -D\bar{n}\frac{\partial}{\partial x_j}\left[\left(\frac{\kappa+1}{\kappa}\right)\zeta\right]$$

$$
\begin{aligned}
\sum_k Q_k =\ & -\frac{D^3}{\bar{n}^2}\frac{\partial \bar{n}}{\partial x_i}\frac{\partial \bar{n}}{\partial x_i}\frac{\partial \bar{n}}{\partial x_j} \\
& -D\bar{n}\frac{\partial}{\partial x_i}\left[\left(\frac{D}{\bar{n}}\right)^2\left(\frac{\partial \bar{n}}{\partial x_i}\frac{\partial \bar{n}}{\partial x_j}-\frac{1}{\kappa}\frac{\partial \bar{n}}{\partial x_k}\frac{\partial \bar{n}}{\partial x_k}\delta_{ij}\right)\right] \\
=\ & -\frac{D^3}{\bar{n}^2}\frac{\partial \bar{n}}{\partial x_i}\frac{\partial \bar{n}}{\partial x_i}\frac{\partial \bar{n}}{\partial x_j}-D\frac{\partial}{\partial x_i}\left[\frac{D^2}{\bar{n}}\frac{\partial \bar{n}}{\partial x_i}\frac{\partial \bar{n}}{\partial x_j}\right] \\
& +\frac{D^3}{\bar{n}^2}\frac{\partial \bar{n}}{\partial x_i}\frac{\partial \bar{n}}{\partial x_i}\frac{\partial \bar{n}}{\partial x_j}+D\bar{n}\frac{\partial}{\partial x_i}\left[\left(\frac{D}{\bar{n}}\right)^2\frac{1}{\kappa}\frac{\partial \bar{n}}{\partial x_k}\frac{\partial \bar{n}}{\partial x_k}\delta_{ij}\right] \\
=\ & -D\frac{\partial}{\partial x_i}\left[\frac{D^2}{\bar{n}}\frac{\partial \bar{n}}{\partial x_i}\frac{\partial \bar{n}}{\partial x_j}\right] \\
& +D\frac{\partial}{\partial x_i}\left[\frac{D^2}{\bar{n}}\frac{1}{\kappa}\frac{\partial \bar{n}}{\partial x_k}\frac{\partial \bar{n}}{\partial x_k}\delta_{ij}\right]+D^3\frac{\partial}{\partial x_i}\left(\frac{1}{\bar{n}}\right)\frac{1}{\kappa}\frac{\partial \bar{n}}{\partial x_k}\frac{\partial \bar{n}}{\partial x_k}\delta_{ij} \\
=\ & -D\frac{\partial}{\partial x_i}\left[\left(\frac{D^2}{\bar{n}}\right)\left(\frac{\partial \bar{n}}{\partial x_i}\frac{\partial \bar{n}}{\partial x_j}-\frac{1}{\kappa}\frac{\partial \bar{n}}{\partial x_k}\frac{\partial \bar{n}}{\partial x_k}\delta_{ij}\right)\right] \\
& -\frac{1}{\kappa}\frac{D^3}{\bar{n}^2}\frac{\partial \bar{n}}{\partial x_i}\frac{\partial \bar{n}}{\partial x_i}\frac{\partial \bar{n}}{\partial x_j} \ , \tag{3.430}
\end{aligned}
$$

dass das Tripelmoment (Gl. 3.427) folgende Form annimmt:

$$
\begin{aligned}
\frac{\bar{n}}{2}\widetilde{\xi_i''\xi_i''\xi_j''} =\ & D\frac{\partial}{\partial x_i}\left[D\bar{n}\left(\frac{\partial \tilde{\xi}_i}{\partial x_j}+\frac{\partial \tilde{\xi}_j}{\partial x_i}-\frac{2}{\kappa}\frac{\partial \tilde{\xi}_k}{\partial x_k}\delta_{ij}\right)\right] \\
& +D^2\frac{\kappa+2}{\kappa}\frac{\partial \tilde{\xi}_i}{\partial x_i}\frac{\partial \bar{n}}{\partial x_j}-D\bar{n}\frac{\kappa+2}{\kappa}\frac{\partial \zeta}{\partial x_j} \\
& -D\frac{\partial}{\partial x_i}\left[\left(\frac{D^2}{\bar{n}}\right)\left(\frac{\partial \bar{n}}{\partial x_i}\frac{\partial \bar{n}}{\partial x_j}-\frac{1}{\kappa}\frac{\partial n}{\partial x_k}\frac{\partial \bar{n}}{\partial x_k}\delta_{ij}\right)\right] \\
& -\frac{1}{\kappa}\frac{D^3}{\bar{n}^2}\frac{\partial \bar{n}}{\partial x_i}\frac{\partial \bar{n}}{\partial x_i}\frac{\partial \bar{n}}{\partial x_j}+\frac{\bar{n}}{2}\widetilde{\xi_i'\xi_i'\xi_j'} \ . \tag{3.431}
\end{aligned}
$$

Unter Berücksichtigung des spurfreien Anteils des Geschwindigkeitsdeformationstensors (Gln. 3.392, 3.386)

$$\Phi_{ij} = \frac{D^2}{\bar{n}^2}\left[\frac{\partial \bar{n}}{\partial x_i}\frac{\partial \bar{n}}{\partial x_j} - \frac{1}{\kappa}\frac{\partial \bar{n}}{\partial x_k}\frac{\partial \bar{n}}{\partial x_k}\delta_{ij}\right]$$
$$-D\left[\frac{\partial \tilde{\xi}_j}{\partial x_i} + \frac{\partial \tilde{\xi}_i}{\partial x_j} - \frac{2}{\kappa}\frac{\partial \tilde{\xi}_k}{\partial x_k}\delta_{ij}\right] \tag{3.432}$$

folgt mit Substitution des dritten Momets (Gl. 3.431) und des zweiten Moments (Gl. 3.425) für die Energieerhaltungsgleichung (Gl. 3.402):

$$\frac{\partial}{\partial t}\left(\bar{n}\zeta\right) + \frac{\partial}{\partial x_j}\left(\bar{n}\zeta\tilde{\xi}_j\right)$$

$$= -\bar{n}\left(\frac{2}{\kappa}\zeta\delta_{ij} + \Phi_{ij}\right)\frac{\partial \tilde{\xi}_i}{\partial x_j} + \frac{\partial}{\partial x_j}\left[D\frac{\partial}{\partial x_i}\left(\bar{n}\Phi_{ij}\right)\right]$$

$$-\frac{\partial}{\partial x_j}\left[\left(D^2\frac{\kappa+2}{\kappa}\frac{\partial \tilde{\xi}_i}{\partial x_i} - \frac{1}{\kappa}\frac{D^3}{\bar{n}^2}\frac{\partial \bar{n}}{\partial x_i}\frac{\partial \bar{n}}{\partial x_i}\right)\frac{\partial \bar{n}}{\partial x_j}\right]$$

$$+\frac{\partial}{\partial x_j}\left(D\bar{n}\frac{\kappa+2}{\kappa}\frac{\partial \zeta}{\partial x_j}\right) - \frac{\partial}{\partial x_j}\left[\frac{n}{2}\overline{\xi_i'\xi_i'\xi_j'}\right] \quad . \tag{3.433}$$

Basierend auf dem Postulat

$$\overline{\xi_i'\xi_j'\xi_k'} = \frac{D}{\bar{n}}\left[\frac{\partial}{\partial x_i}\left(\bar{n}\Phi_{jk}\right) + \frac{\partial}{\partial x_j}\left(\bar{n}\Phi_{ik}\right) + \frac{\partial}{\partial x_k}\left(\bar{n}\Phi_{ij}\right)\right] \tag{3.434}$$

und der Tatsache, dass die spurfreie Geschwindigkeitskorrelation symmetrisch ist

$$\Phi_{ii} = 0 \quad , \qquad \Phi_{ij} = \Phi_{ji} \quad , \tag{3.435}$$

folgt für die Tripelkorrelation der zeitlichen Mittelung:

$$\frac{\bar{n}}{2}\overline{\xi_i'\xi_i'\xi_j'} = \overline{\xi_i'\xi_j'\xi_k'}\cdot\frac{\bar{n}}{2}\delta_{ik}$$

$$= \frac{D}{2}\left[\frac{\partial}{\partial x_i}\left(\bar{n}\,\underbrace{\Phi_{ji}}_{\Phi_{ij}}\right) + \frac{\partial}{\partial x_j}\left(\bar{n}\,\underbrace{\Phi_{ii}}_{=0}\right) + \frac{\partial}{\partial x_i}\left(\bar{n}\Phi_{ij}\right)\right]$$

$$= D\frac{\partial}{\partial x_i}\left(\bar{n}\Phi_{ij}\right) \quad , \tag{3.436}$$

und damit für die Korrelation der gewichteten Mittelung (Gl. 3.431):

$$\frac{\bar{n}}{2}\overline{\xi_i''\xi_i''\xi_j''} = D^2\frac{\kappa+2}{\kappa}\frac{\partial\tilde{\xi}_i}{\partial x_i}\frac{\partial\bar{n}}{\partial x_j} - D\bar{n}\frac{\kappa+2}{\kappa}\frac{\partial\zeta}{\partial x_j}$$
$$-\frac{1}{\kappa}\frac{D^3}{\bar{n}^2}\frac{\partial\bar{n}}{\partial x_i}\frac{\partial\bar{n}}{\partial x_i}\frac{\partial\bar{n}}{\partial x_j} \quad , \tag{3.437}$$

und damit wiederum für die Transportgleichung:

$$\frac{\partial}{\partial t}\left(\bar{n}\zeta\right) + \underbrace{\frac{\partial}{\partial x_j}\left(\bar{n}\zeta\tilde{\xi}_j\right)}_{\text{Konvektion}}$$

$$= \underbrace{\frac{\partial}{\partial x_j}\left(D\bar{n}\frac{\kappa+2}{\kappa}\frac{\partial\zeta}{\partial x_j}\right)}_{\text{Diffusion}} \underbrace{-\bar{n}\frac{2}{\kappa}\zeta\frac{\partial\tilde{\xi}_k}{\partial x_k}}_{\text{Kompression}} \underbrace{-\bar{n}\Phi_{ij}\frac{\partial\tilde{\xi}_i}{\partial x_j}}_{\text{Dissipation}}$$

$$\underbrace{-\frac{\partial}{\partial x_j}\left[\left(D\bar{n}\frac{\kappa+2}{\kappa}\frac{\partial\tilde{\xi}_i}{\partial x_i} - \frac{1}{\kappa}\frac{D^2}{\bar{n}}\frac{\partial\bar{n}}{\partial x_i}\frac{\partial\bar{n}}{\partial x_i}\right)\frac{D}{\bar{n}}\frac{\partial\bar{n}}{\partial x_j}\right]}_{\text{Produktion}} \tag{3.438}$$

Neben dem *Konvektions-* und dem *Diffusionsterm* beeinflussen Kompression und Dissipation die zeitliche Änderung der inneren Energie e. Die aus Anzahldichtegradienten resultierende Bewegung, welche wie die Dissipation stets mit einem Entropiezuwachs (Gl. 3.48) einhergeht, geht durch den Produktionsterm in die Energietransportgleichung ein.

3.5.4 Modellierung kompressibler Strömungen

Der schließende Transport statistischer Momente liefert einen Beweis für die Abgeschlossenheit des vorliegenden Modells. Inwieweit aber dieser Transport den Anforderungen der beiden Hauptsätze der Thermodynamik genügt, wird durch die bisherige Herleitung nicht gezeigt. Erst durch den Nachweis, dass Energiedissipation und Entropieproduktion durch den Transport des zweiten statistischen Momentes entsprechend der gasdynamischen Vorgabe wiedergegeben werden, kann die thermodynamische Konsistenz des vorgestellten statistischen Modells festgestellt werden. Eine kompressible Strömung erfüllt mittels der Modellierung durch eine freie molekulare Strömung nicht mehr die Annahme eines durch angreifende Kräfte getriebenen Kontinuums, sondern

entspricht der einer Menge sich aneinander vorbeibewegender abgeschlossener Moleküle und damit eher einem dispersen Medium. Die Ausbreitung einer Druckwelle entspricht damit auch nicht mehr einer wandernden Verdichtungs- welle innerhalb eines viskoelastischen Körpers. Die Schallgeschwindigkeit ist damit direkt an die Molekülgeschwindigkeit gekoppelt (Gl. 3.359).
Mit den Abhängigkeiten von Dichte ρ (Gl. 3.388) und statischem Druck p (Gl. 3.391) folgt aus der Definition der Schallgeschwindigkeit (Gl. 3.167) die statistische Form:

$$a^2 = \frac{dp}{d\rho} = \gamma \frac{p}{\rho} = \left(\frac{2}{\kappa} + \frac{4}{\kappa^2} \right) \zeta = \gamma \left(\gamma - 1 \right) \zeta \quad . \tag{3.439}$$

Mit dieser neuen Interpretation des zweiten statistischen Moments

$$\zeta = \frac{a^2}{\gamma^2 - \gamma} \tag{3.440}$$

bekommt die Energiegleichung in Kombination mit dem Diffusionsterm der Impulstransportgleichung eine neue Bedeutung, da somit der Druckgradient bzw. der Gradient der Geschwindigkeitsvarianz die Divergenz eines Impuls- flusstensors darstellt, der direkt proportional zur Schallgeschwindigkeit des strömenden, kompressiblen Mediums ist.

3.5.5 Druck und Dissipation

Bei der Analyse der molekularen Transportgleichung des zweiten zentra- len statistischen Momentes (Gl. 3.438) sind neben dem Produktionsterm Kompressions-, Dissipations- und Diffusionsterme zur beobachten. Mittels ei- ner Substitution der bekannten moleculardynamischen Analogien von Druck (Gln. 3.391, 3.425), Dichte (Gl. 3.388) und Geschwindigkeit (Gl. 3.390) folgt für den Kompressionsterm:

$$p = 2\bar{n}m\frac{\zeta}{\kappa} \quad \Rightarrow \quad -m\bar{n}\frac{2}{\kappa}\zeta\frac{\partial \tilde{\xi}_k}{\partial x_k} = -p\frac{\partial u_k}{\partial x_k} \quad . \tag{3.441}$$

Aus der Definition des spurfreien Tensors Φ_{ij} (Gl. 3.392) resultiert zusätzlich für den Dissipationsterm:

$$\Phi_{ij} = -2\frac{\mu}{\rho}E_{ij} \quad \Rightarrow \quad -m\bar{n}\Phi_{ij}\frac{\partial \tilde{\xi}_i}{\partial x_j} = 2\mu E_{ij}\frac{\partial u_i}{\partial x_j} \quad . \tag{3.442}$$

Dieser Dissipationsterm ist keine Senke für das zweite statistische Moment, sondern eine Energiequelle. Diese Quelle innerer Energie resultiert aus der Abnahme der kinetischen Energie der mittleren Geschwindigkeit (Gl. 2.159). Bei direktem Vergleich der Transportgleichungen (Gln. 2.156, 3.438) ist ersichtlich, dass sich die Summe aus Kompressions- und Dissipationsterm der inneren Energie e

$$- m\bar{n} \frac{2}{\kappa} \zeta \frac{\partial \tilde{\xi}_k}{\partial x_k} - m\bar{n} \Phi_{ij} \frac{\partial \tilde{\xi}_i}{\partial x_j} = - \frac{\partial u_i}{\partial x_j} \left(p\delta_{ij} + 2\mu E_{ij} \right) \qquad (3.443)$$

mit den Senken der kinetischen Energie der mittleren Geschwindigkeit K (Gl. 2.158) aufhebt.

3.5.6 Entropieproduktion

Nach dem *Clausius-Duhem-Theorem* (Gl. 3.1) folgt für die Änderung der inneren Energie e:

$$de = T ds - p dv \quad \Rightarrow \quad \rho\dot{e} = \rho T \dot{s} - p\rho\dot{v} \quad . \qquad (3.444)$$

Mit der Definition des spezifischen Volumens $v = 1/\rho$ (Gl. 2.189) folgt für die Änderung der Dichte:

$$0 = \frac{d}{dt}(\rho v) = \dot{\rho} v + \rho \dot{v} \quad \Rightarrow \quad \dot{\rho} = -\rho \frac{\dot{v}}{v} \qquad (3.445)$$

Da die zeitliche Änderung der inneren Energie der zeitlichen Änderung der halbierten Geschwindigkeitsvarianz ζ (Gl. 3.425) entspricht

$$\dot{e} = \dot{\zeta} \qquad (3.446)$$

gilt für die beiden Gleichungen 3.444 und 3.445:

$$\rho\dot{\zeta} = \rho T \dot{s} - p\rho\dot{v} \qquad (3.447)$$

$$\dot{\rho}\zeta = -\rho\zeta \frac{\dot{v}}{v} \quad . \qquad (3.448)$$

Aus der Summe dieser beiden Gleichungen resultiert mit dem statischen Druck (Gl. 3.391) und der zeitlichen Änderung des spezifischen Volumens (Gl. 2.132) die zeitliche Änderung der volumenspezifischen Größe $\bar{n}\zeta$:

$$\dot{\rho}\zeta + \rho\dot{\zeta} = \rho T \dot{s} - \frac{\dot{v}}{v}(p + \rho\zeta)$$

$$\frac{d}{dt}(\bar{n}\zeta) = \bar{n}T\dot{s} - \frac{\partial\tilde{\xi}_k}{\partial x_k}\left(\bar{n}\frac{2}{\kappa}\zeta + \bar{n}\zeta\right)$$

$$\frac{d}{dt}(\bar{n}\zeta) = \bar{n}T\dot{s} - \bar{n}\underbrace{\frac{\kappa+2}{\kappa}}_{=\gamma}\zeta\frac{\partial\tilde{\xi}_k}{\partial x_k} \quad . \tag{3.449}$$

Umgekehrt gilt für die zeitliche Änderung der Entropie mit Substitution der Momententransportgleichung (Gl. 3.402):

$$\frac{d}{dt}(\bar{n}\zeta) = \frac{\partial}{\partial t}(\bar{n}\zeta) + \tilde{\xi}_j\frac{\partial}{\partial x_j}(\bar{n}\zeta)$$

$$= -\bar{n}\overline{\xi_i''\xi_j''}\frac{\partial\tilde{\zeta}_i}{\partial x_j} - \frac{\partial}{\partial x_j}\left(\frac{\bar{n}}{2}\overline{\xi_i''\xi_i''\xi_j''}\right) - \bar{n}\zeta\frac{\partial\tilde{\xi}_j}{\partial x_j} \tag{3.450}$$

und des statistischen Tripelmoments (Gl. 3.437):

$$\bar{n}T\dot{s} = \bar{n}\frac{\kappa+2}{\kappa}\zeta\frac{\partial\tilde{\xi}_k}{\partial x_k} + \frac{d}{dt}(\bar{n}\zeta)$$

$$= \bar{n}\frac{\kappa+2}{\kappa}\zeta\frac{\partial\tilde{\xi}_k}{\partial x_k} - \bar{n}\overline{\xi_i''\xi_j''}\frac{\partial\tilde{\xi}_i}{\partial x_j} - \frac{\partial}{\partial x_j}\left(\frac{\bar{n}}{2}\overline{\xi_i''\xi_i''\xi_j''}\right) - \bar{n}\zeta\frac{\partial\tilde{\xi}_j}{\partial x_j}$$

$$= \underbrace{\bar{n}\frac{2}{\kappa}\zeta\frac{\partial\tilde{\xi}_k}{\partial x_k} - \bar{n}\overline{\xi_i''\xi_j''}\frac{\partial\tilde{\xi}_i}{\partial x_j}}_{-\bar{n}\Phi_{ij}\frac{\partial\tilde{\xi}_i}{\partial x_j}} + \frac{\partial}{\partial x_j}\left(\frac{1}{\kappa}\frac{D^3}{\bar{n}^2}\frac{\partial\bar{n}}{\partial x_i}\frac{\partial\bar{n}}{\partial x_i}\frac{\partial\bar{n}}{\partial x_j}\right)$$

$$+ \frac{\partial}{\partial x_j}\left(D\bar{n}\frac{\kappa+2}{\kappa}\frac{\partial\zeta}{\partial x_j} - D^2\frac{\kappa+2}{\kappa}\frac{\partial\tilde{\xi}_i}{\partial x_i}\frac{\partial\bar{n}}{\partial x_j}\right) \quad . \tag{3.451}$$

So entspricht dieser Term, ausgehend von der klassischen Thermodynamik dem Produkt aus mittlerer molekularer Anzahldichte $\bar{n}$, absoluter Temperatur T und der massenspezifischen Entropie s. Diese zeitliche Änderung der Entropie setzt sich aus Entropieproduktion und Entropiediffusion zusammen.

Die Bedingung der *thermodynamischen Konsistenz* wird durch die positive Entropieproduktion

$$-\frac{1}{T}\Phi_{ij}\frac{\partial \tilde{\xi}_i}{\partial x_j} = 2\frac{\mu}{\rho T}E_{ij}\frac{\partial \tilde{\xi}_i}{\partial x_j} \geq 0 \qquad (3.452)$$

befriedigt. Hieraus folgt für die Änderung der Entropie folgende Ungleichung:

$$\bar{n}T\dot{s} \quad - \quad \frac{\partial}{\partial x_j}\left(\frac{1}{\kappa}\frac{D^3}{\bar{n}^2}\frac{\partial \bar{n}}{\partial x_i}\frac{\partial \bar{n}}{\partial x_i}\frac{\partial \bar{n}}{\partial x_j}\right) \qquad (3.453)$$

$$- \quad \frac{\partial}{\partial x_j}\left(D\bar{n}\frac{\kappa+2}{\kappa}\frac{\partial \zeta}{\partial x_j} - D^2\frac{\kappa+2}{\kappa}\frac{\partial \tilde{\xi}_i}{\partial x_i}\frac{\partial \bar{n}}{\partial x_j}\right) \geq 0 \; .$$

Dieser Zusammenhang stellt die Grundvoraussetzung für die *thermodynamische Konsistenz* dieser molekularen Modellierung dar, welche mit der beschriebenen Modellierung des Impulsflusstensors Φ_{ij} bereits erfüllt ist.

3.5.7 Analogien zur makroskopischen Thermodynamik

Für den Transport der inneren Energie bzw. des zweiten statistischen Moments ergibt sich, sobald die statistische Definition der Entropiezunahme (Gl. 3.451) in die statistische Transportgleichung (Gl. 3.438) eingesetzt wird:

$$\frac{\partial}{\partial t}(\bar{n}\zeta) + \frac{\partial}{\partial x_j}\left(\bar{n}\zeta\tilde{\xi}_j\right) = \bar{n}T\dot{s} - \underbrace{\bar{n}\frac{2}{\kappa}\zeta}_{\frac{p}{m}}\underbrace{\frac{\partial \tilde{\xi}_j}{\partial x_j}}_{d\dot{v}/dv} \qquad (3.454)$$

Wird diese Gleichung mit dem Volumeninkrement dv multipliziert und die materielle Ableitung substituiert, ergibt sich in der integralen Schreibweise so für die Bilanz der inneren Energie innerhalb eines räumlichen Kontrollvolumens B_t in Abhängigkeit von der Entropieproduktion π_s (Gl. 3.32):

$$\frac{d}{dt}\int_{B_t}\rho e\,dv = \int_{B_t}(\rho T\pi_s dv + pd\dot{v}) = \int_{B_t}(\rho T\pi_s + p\nabla \cdot \vec{u})\,dv \qquad (3.455)$$

Diese Gleichung entspricht damit zugleich der *Caratheodory'schen Beobachtung* (Gl. 3.4) und der allgemeinen Definition der anisentropen Energieänderung in Form des *Clausius-Duhem-Theorems* (Gl. 3.1).

Aus den molekularen Erhaltungsgleichungen (Gln. 3.368, 3.387 und 3.438) resultiert damit die thermodynamisch konsistente, makroskopische Modellierung kompressibler Strömungen:

$$\frac{\partial \rho}{\partial t} + \frac{\partial}{\partial x_j}(\rho u_j) = 0 \tag{3.456}$$

$$\frac{\partial}{\partial t}(\rho u_i) + \frac{\partial}{\partial x_j}(\rho u_i u_j) = -\frac{\partial p}{\partial x_i} + \frac{\partial}{\partial x_j}[2\mu E_{ij}] \tag{3.457}$$

$$-\frac{\partial}{\partial x_j}\left[\frac{\mu^2}{\rho^3}\left(\frac{\partial \rho}{\partial x_i}\frac{\partial \rho}{\partial x_j} - \frac{\gamma-1}{2}\frac{\partial \rho}{\partial x_k}\frac{\partial \rho}{\partial x_k}\delta_{ij}\right)\right]$$

$$\frac{\partial}{\partial t}(\rho e) + \frac{\partial}{\partial x_j}(\rho e u_j) = -\rho e (\gamma - 1)\frac{\partial u_j}{\partial x_j} + 2\mu E_{ij}\frac{\partial u_i}{\partial x_j} + \frac{\partial}{\partial x_j}\left(\gamma\mu\frac{\partial e}{\partial x_j}\right)$$

$$-\frac{\partial}{\partial x_j}\left[\left(\gamma\mu\frac{\partial u_i}{\partial x_i} - \frac{\gamma-1}{2}\frac{\mu^2}{\rho^3}\frac{\partial \rho}{\partial x_i}\frac{\partial \rho}{\partial x_i}\right)\frac{\mu}{\rho^2}\frac{\partial \rho}{\partial x_j}\right] \tag{3.458}$$

$$\text{mit } E_{ij} = \frac{1}{2}\left(\frac{\partial u_j}{\partial x_i} + \frac{\partial u_i}{\partial x_j} - (\gamma - 1)\frac{\partial u_k}{\partial x_k}\delta_{ij}\right) \ . \tag{3.459}$$

Mit diesen drei Transportgleichungen wird die Kinematik und Thermodynamik verdünnter Gasströmungen wiedergegeben. Zugleich basieren alle drei Gleichungen einzig auf den modellierten Korrelationen molekularer Größen. Die molekulare Viskosität wird in Anlehnung an ihre molekulare Definition (Gl. 3.356) mittels der Energiesubstitution (Gl. 3.302) wie folgt beschrieben:

$$\mu = \frac{4}{3}\frac{\text{Pr}}{d_m^2}\sqrt{\frac{mk_B T}{\pi^3}} = \frac{4}{3}\frac{4\gamma}{9\gamma - 5}\frac{m}{d_m^2}\sqrt{\frac{(\gamma - 1)(e - e_0)}{\pi^3}} \ . \tag{3.460}$$

Durch diese thermodynamisch konsistente Zusammenfassung werden kompressible Strömungen basierend auf der statistischen Modellierung von Energie und Impuls inklusive der Entropieproduktion irreversibler Mischungsprozesse beschrieben.

Zusammenfassung: Diffusion molekularer Strömungen

Wie bei der Beschreibung turbulenter Strömungen werden bei der statistischen Beschreibung der Molekülgeschwindigkeit die statistischen Momente durch makroskopische Größen interpretiert. Auf Basis der kinematischen Betrachtung einer Molekülwolke werden der erste und der zweite Hauptsatz der Thermodynamik abgebildet, so dass die thermodynamische Konsistenz für diese statistischen Beschreibung nachgewiesen werden kann.

Selbstständig ablaufende Prozesse werden durch das Abklingen der makroskopisch zu beobachtenden Moleküldiffusion nachvollzogen, was als eine aus einem thermodynamischen Ungleichgewicht folgende, einem Maximum entgegen strebende Entropie interpretiert werden kann. Hiermit wird die Irreversibilität selbstständig ablaufender Prozesse auf molekularer Ebene interpretiert. Eben diese Moleküldiffusion entspricht zugleich einem Druckausgleich, der sich als Welle interpretiert mit Schallgeschwindigkeit ausbreitet. Beide Prozesse werden durch die dargestellte Methode der Interpretation makroskopischer Größen durch statistische Transportgleichungen abgebildet. Ebenso wie die Energieflüsse werden Impulsflüsse wie mechanische Spannungen als räumlich nicht aufgelöste Konvektion freier Moleküle interpretiert und als Impulsdiffusion modelliert.

Druckdiffusion entspricht der statistisch betrachteten Moleküldiffusion in Strömungen, welche sich mit einer vergleichbaren oder sogar höheren Geschwindigkeit bewegen als die durch einen Strömungswiderstand erzwungene Druckwelle. Da sich durch die hohe Anströmgeschwindigkeit die Druckwelle nicht entgegen der Hauptströmung ausbreiten kann, manifestiert sich aufgrund der hypersonischen Anströmgeschwindigkeit ein Verdichtungsstoß, der numerisch so gut abgebildet wird, dass die Druckverteilung an der Oberfläche eines Wiedereintrittskörpers hervorragend wieder gegeben wird [202, 204].

Für die molekulare Beschreibung werden numerische Methoden eingeführt wie die DSMC-Beschreibung einer Ringspaltdüse (*Direct Simulation Monte-Carlo*) [94]. Hier wird nachgewiesen, wie der Druckverlust stark verdünnter Strömungen mittels geeigneter numerischer Methoden und sinnvoll gewählter Randbedingungen zuverlässig vorhergesagt werden kann. Allerdings können in Versuchsaufbauten nachgewiesene Druckverluste stark verdünnter Gasströmungen unter Berücksichtigung modifizierter Randbedingungen auch durch kontinuierliche Methoden nachvollzogen werden [97].

Am Beispiel einer *Couette-* und einer *Poiseuille-Strömung* kann der Einfluss dieser statistischen Beschreibung nachgewiesen werden [87, 89]. Ergebnisse zeigen zufrieden stellende Übereinstimmungen mit Lösungen der *Boltzmann-Gleichung* nach der Methode von *Bhatnagar, Gross und Krook (BGK)*. In diesen Skalenbereichen und den untersuchten Niveaus der Ausdünnung, in denen jede Form der Geschwindigkeitsmessung auszuschließen ist, stellt die *BGK-Methode* die beste Wahl der Mittel dar.

4 Diffusion monodisperser Zweiphasenströmungen

Ziel ist es, Bewegung und Interaktion von Partikeln bzw. Tropfen innerhalb einer kontinuierlichen Phase zu beschreiben. Um eine Aussage über globale Zusammenhänge einer Zweiphasenströmung treffen zu können, wird zuerst die Bewegung einzelner Partikel untersucht, bevor eine Aussage über die Bewegung ganzer Partikelwolken getroffen werden kann. Analog zu Transportgleichungen aus der Mechanik einphasiger Strömungen werden physikalische Größen mehrphasiger Strömungen durch Gleichungen dargestellt, welche physikalische Relationen der zu beschreibenden Größe zu räumlicher Bewegung und/oder zeitlichem Ablauf mittels Differential- oder Integraloperatoren darstellt. Ein eminenter Unterschied zu einphasigen Transportgleichungen ist, dass bei Beschreibungen, welche sich bei jeder Phase auf eigene Referenzsysteme beziehen, auch eigene Bewegungen und eigene Deformationen vorliegen. Da sich beide Phasen zum gleichen Zeitpunkt häufig beliebig kleine Volumina teilen, aber eine Relativgeschwindigkeit, auch *Schlupf* genannt, aufweisen, sind sie nicht als aufgeteiltes Kontinuum, sondern stets als getrennte Kontinua anzusehen, welche daher durch eigene Referenzsysteme zu betrachten sind[185, 186, 187].

In Anlehnung an die Beschreibung mikroskopischer Strömungen werden auf weitaus höheren Längenskalen disperse Partikel in einer fluiden Trägerphase transportiert. Anstelle der statistisch verteilten Molekülgeschwindigkeit wird zur Beschreibung des Partikelphasenimpulses die mittlere Geschwindigkeit der dispersen Phase betrachtet. Sobald die disperse Partikelphase als Kontinuum modelliert wird, folgt aus der Eigendurchdringung solcher Partikelwolken die Diffusion partikelbeladener Strömungen. In Analogie zur *Reynolds-Spannung* der nicht aufgelösten Diffusion turbulenter Strömungen werden Geschwindigkeitskorrelationen der dispersen Phase als Diffusionsterme derselben verstanden [172, 213, 181].

Im Vergleich zur kontinuierlichen Phase tauchen bei der dispersen Phase zusätzliche Kräfte auf, die zwar keine Volumenkräfte sind, aber durch ihren Einfluss auf die Diffusion so behandelt werden:

- die Modellierung der Partikelinteraktion als Bestandteil der nicht aufgelösten Impulsdiffusion,

- die Modellierung der Volumenbruch-Geschwindigkeitskorrelation als Folge der statistisch gemittelten Transportgleichungen und

- die Modellierung des nicht aufgelösten Partikeltransports als Diffusion der dispersen Phase.

4.1 Partikelinteraktion

Durch die Reibungskraft, welche durch die kontinuierliche Phase auf den Tropfen wirkt, wird sein Impuls geändert, wodurch die Reibungskraft einen Quellterm in der Impulsbilanz der dispersen Phase darstellt. Der Quotient aus Impulsänderung und Partikel-Querschnittsfläche A_p senkrecht zur relativen Strömungsrichtung wird aus dimensionsanalytischen Betrachtungen heraus in Abhängigkeit von der relativen, volumenspezifischen kinetischen Energie K_{rel} der umströmenden kontinuierlichen Phase gesetzt. Als dimensionsloser Koeffizient wird an dieser Stelle der positive Strömungswiderstandsbeiwert c_D eingeführt.

$$\frac{\left|\vec{F}_D\right|}{A_p} = c_D \cdot \underbrace{\frac{\rho^C}{2} \left|\vec{u} - \vec{v}\right|^2}_{K_{rel}} \qquad (4.1)$$

Aus der Annahme sphärischer Partikel mit dem Durchmesser D_p folgt für die angreifende Widerstandskraft

$$\vec{F}_D = c_D \cdot A_p \cdot K_{rel} \cdot \frac{\vec{u} - \vec{v}}{\left|\vec{u} - \vec{v}\right|} = \frac{c_D}{2} \frac{\pi \cdot D_p^2}{4} \rho^C \left(\vec{u} - \vec{v}\right) \left|\vec{u} - \vec{v}\right|, \qquad (4.2)$$

da die Widerstandskraft stets entgegen der relativen Bewegungsrichtung des Partikels wirkt.

4.1.1 Impulserhaltung

Die zeitliche Ableitung des Impulses eines Partikels mit der Masse m_p und der Geschwindigkeit $\vec{v}$ entspricht der Summe der angreifenden Kräfte $\vec{F}_\alpha$.

$$m_p \frac{d\vec{v}}{dt} = \sum_\alpha \vec{F}_\alpha \qquad (4.3)$$

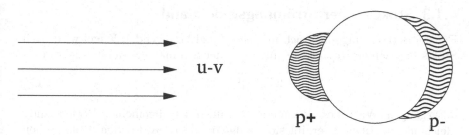

Abbildung 4.1: Druckverteilung an der Oberfläche eines angeströmten sphärischen Körpers

Diese angreifenden Kräfte stellen die Quellterme der Impulsbilanz dar. Die einzelnen Quellterme der Impulsbilanz eines Partikels der dispersen Phase werden in den folgenden Unterkapiteln vorgestellt.

4.1.2 Reibungsfreier Strömungswiderstand

Für den Spezialfall einer reibungsfreien Strömung gilt, dass alle Widerstandskräfte normal zur Oberfläche des angeströmten Körpers angreifen. Entsprechend ergibt sich die resultierende Widerstandskraft aus der Integration des an der Körperoberfläche anliegenden Drucks.

$$\vec{F}_D = \int_{\partial\Omega} p\vec{n}\,da \qquad (4.4)$$

Dieser inbesondere bei der Beschreibung aerodynamischer Profile betrachtete Strömungswiderstand wird analog zu reibungsbahafteten Strömungen durch den charakteristischen Beiwert c_D beschrieben. Der Einfluss dieses Widerstandes sinkt jedoch bei der Betrachtung von "kompakteren Körpern" und niedrigeren Reynolds-Zahlen, wie sie bei der Beschreibung partikelbeladener Strömungen auftauchen. Hier wird der Strömungswiderstand primär durch die Wandspannung der Strömung an dem zu umströmenden Körper betrachtet.

4.1.3 Stokes'scher Strömungswiderstand

Für die Betrachtung einer sich in einem Fluid bewegenden Kugel wird nach
Stokes bei kleinen Reynolds-Zahlen von der Strömungswiderstandskraft

$$\vec{F}_D = 3 \cdot \pi \cdot \mu^C \cdot D_p \left(\vec{u} - \vec{v} \right) \tag{4.5}$$

ausgegangen. Wird diese Widerstandskraft in der allgemeinen Widerstands-
gleichung substituiert, ergibt sich, aufgelöst nach c_D, für den Stokes'schen
Widerstandsbeiwert

$$c_{D,\text{Stokes}} = \frac{24}{\rho^C \cdot D_p \cdot |\vec{u} - \vec{v}|} \cdot \mu^C = \frac{24}{\text{Re}_{\text{rel}}} \quad ; \text{Re}_{\text{rel}} := \rho^C \cdot \frac{D_p \cdot |\vec{u} - \vec{v}|}{\mu^C}. \tag{4.6}$$

Für niedrige Reynolds-Zahlen steigt so der Widerstandsbeiwert nach Stokes
gegen ∞:

$$\lim_{\text{Re}_{\text{rel}} \to 0} c_D^{\text{Stokes}} = \lim_{\text{Re}_{\text{rel}} \to 0} \frac{24}{\text{Re}_{\text{rel}}} = \infty \quad . \tag{4.7}$$

Für Reynolds-Zahlen $\text{Re}_{\text{rel}} > 1$ weicht der Verlauf des Widerstandswertes
c_D vom Stokes'schen Widerstand zu stark ab, so dass eine solche Strömungs-
widerstandsdarstellung für höhere Reynolds-Zahlen nicht zu empfehlen ist.

4.1.4 Normierter Widerstandskoeffizient f

Da der Stokes'sche Widerstandskoeffizient c_D^{Stokes} für höhere Reynolds-Zahlen
nicht mehr zutrifft, wird die dimensionslose Funktion

$$f = \frac{c_D}{c_D^{\text{Stokes}}} = \frac{c_D}{24} \cdot \text{Re}_{\text{rel}} \tag{4.8}$$

als normierter Widerstandswert eingeführt, um Abweichungen vom Stokes'schen Widerstandswert ($f = 1$) zu beschreiben. Eine ausreichend gute
Beschreibung wurde bereits 1933 von *Schiller* und *Naumann* vorgestellt.

$$f = 1 + 0.15 \cdot \text{Re}_{\text{rel}}^{0.687} \quad . \tag{4.9}$$

Mittels dieser Anpassung kann der Widerstandswert c_D für $\text{Re}_{\text{rel}} < 10^3$
ausreichend gut beschrieben werden. Für höhere Reynolds-Zahlen reicht die
Annahme des Newton'schen Strömungswiderstandes $c_D \approx 0.44$ wie in den

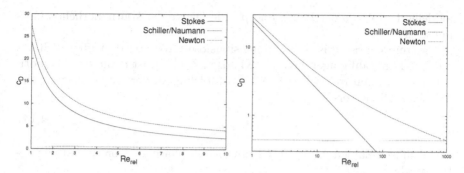

Abbildung 4.2: Widerstandsbeiwert in Abhängigkeit von der Reynolds-Zahl
(lineare und logarithmische Skalierung)

Abbildungen 4.2 dargestellt. So ergibt sich eine Fallunterscheidung für den
Widerstandswert c_D.

$$\text{Re}_{\text{rel}} \leq 1000 \quad : \quad c_D^{\text{SN}} = \frac{24}{\text{Re}_{\text{rel}}} \left(1 + 0.15 \cdot \text{Re}_{\text{rel}}^{0.687} \right) \tag{4.10}$$

$$\text{sonst} \quad : \quad c_D^{\text{ON}} = c_D^{\text{ON}} | \text{Re}_{\text{rel}} = 1000 \approx 0.44 \tag{4.11}$$

Mit der Modellierung von Schiller und Naumann lässt sich die angreifende
Strömungswiderstandskraft folgendermaßen darstellen

$$
\begin{aligned}
\vec{F}_D &= \frac{12 \cdot f}{\text{Re}_{\text{rel}}} \frac{\pi \cdot D_p^2}{4} \rho^C \left(\vec{u} - \vec{v} \right) \left| \vec{u} - \vec{v} \right| \\
&= \left(3 + 0.45 \cdot \text{Re}_{\text{rel}}^{0.687} \right) \cdot \mu^C \pi D_p \left(\vec{u} - \vec{v} \right),
\end{aligned}
\tag{4.12}
$$

falls die relative Reynolds-Zahl $\text{Re}_{\text{rel}} < 1000$.

4.1.5 Cunningham-Korrekturfaktor

Die mittlere freie Weglänge zwischen zwei Molekülen einer Gasphase hat
für sehr kleine Tropfen neben der Reynolds-Zahl einen zusätzlichen Einfluss
auf den Strömungswiderstand. Die durchschnittliche freie Weglänge λ der
Gasmoleküle wird durch den Quotienten [44]

$$\lambda = \frac{\mu^C}{0.499 \, \rho^C} \sqrt{\frac{\pi \rho^C}{8 \, p}} \tag{4.13}$$

modelliert, wobei p der Druck und ρ^C die Dichte der kontinuierlichen Gasphase ist.
Als weitere charakteristische, dimensionslose Größe wird an dieser Stelle die Knudsen-Zahl eingeführt. Die Knudsen-Zahl Kn ist definiert als Quotient des mittleren freien Weges λ eines Moleküls in der Gasphase und des Tropfendurchmessers D_p.

$$\text{Kn} = \frac{\lambda}{D_p} \tag{4.14}$$

Für Knudsen-Zahlen $\text{Kn} < 10^{-2}$ kann die Gasphase als Kontinuum angesehen werden.

Der mittlere freie Weg in der Atmosphäre beträgt an der Erdoberfläche 10^{-7}m. Daher können nur Widerstandskräfte für Tropfen mit einem Durchmesser $D_p > 10\mu\text{m}$ durch das Modell von Schiller und Naumann beschrieben werden. Aus diesem Grund wurde 1923 von *Robert Andrew Milikan (1868-1953)* ein 1910 nach *Ebenezer Cunningham (1881-1977)* benannter *Cunningham-Korrekturfaktor* [168] vorgeschlagen, der den Stokes'schen Widerstandskoeffizienten für größere Knudsen-Zahlen korrigiert.

$$\frac{c_D^{\text{Cunningham}}}{c_D^{\text{Stokes}}} = \frac{1}{1 + \text{Kn}\left(2.49 + 0.84\exp(-\frac{1.74}{\text{Kn}})\right)} \tag{4.15}$$

In den Abbildungen 4.3 ist zu erkennen, dass die Abweichung vom Widerstandsbeiwert nach Schiller und Naumann für Knudsen-Zahlen $\text{Kn} < 10^{-2}$ nicht berücksichtigt zu werden braucht, da die Gasphase für kleine Knudsen-Zahlen als Kontinuum angesehen werden kann. Mittels dieser Korrektur des Widerstandskoeffizienten ergibt sich für einen Tropfen des Durchmessers D_p die Widerstandskraft

$$\vec{F}_D = \frac{3f \cdot \mu^C \pi D_p\,(\vec{u} - \vec{v})}{1 + \text{Kn}\left(2.49 + 0.84\exp(-\frac{1.74}{\text{Kn}})\right)}\,. \tag{4.16}$$

Die Strömungswiderstandskraft kann somit auch für höhere Knudsen- und Reynolds-Zahlen dargestellt werden.

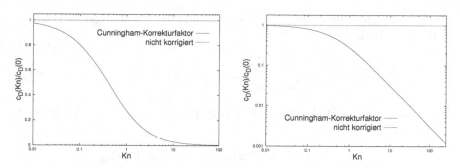

Abbildung 4.3: Widerstandsbeiwertkorrektur nach Cunningham (lineare und logarithmische Skalierung)

4.1.6 Kompressibilitätseffekte

Ausgehend von der Überlegung, dass die Dicke einer Schockwelle in direkter Abhängigkeit von der Viskosität, der Dichte und der Schallgeschwindigkeit [15]

$$a^C = \sqrt{\gamma \frac{R_0}{M^C} T^C} \quad \text{mit } \gamma = \frac{c_p}{c_v} \tag{4.17}$$

einer Gasphase steht und die mittlere freie Weglänge der Moleküle (Gl. 3.328) proportional zu dieser ist, liegt folgender dimensionsanalytischer Schluss nahe:

$$\lambda \sim \frac{\mu^C}{\rho^C \cdot a^C} \quad . \tag{4.18}$$

Daraus folgt für die *Knudsen-Zahl* eine Abhängigkeit von der *relativen Mach-Zahl*

$$\mathrm{Ma}_{\mathrm{rel}} = \frac{|\vec{u} - \vec{v}|}{a^C} \tag{4.19}$$

und der *relativen Reynolds-Zahl* $\mathrm{Re}_{\mathrm{rel}}$ (vgl. Gl. 4.6):

$$\mathrm{Kn} = \frac{\lambda}{D_p} \sim \frac{\mu^C}{\rho^C \cdot a^C \cdot D_p} = \frac{\mathrm{Ma}_{\mathrm{rel}}}{\mathrm{Re}_{\mathrm{rel}}} \tag{4.20}$$

Aufgrund dieser Relation stellte *Crowe 1967* ein später von *Hermsen* [109] *1979* vereinfachtes Modell für den Strömungswiderstand auf, welches den Strömungswiderstandsbeiwert c_D nicht mehr in Abhängigkeit von der Knudsen-Zahl, sondern als Funktion der Reynolds-Zahl und der Mach-Zahl darstellt.

Für hohe Mach-Zahlen $\text{Ma}_{\text{rel}} \to \infty$ konvergiert die Strömungswiderstands-kraft folgendermaßen:

$$\lim_{\text{Ma}_{\text{rel}} \to \infty} \frac{\left|\vec{F}_D\right|}{A_p} = \rho^C \left|\vec{u} - \vec{v}\right|^2 \quad . \tag{4.21}$$

Dadurch strebt der Widerstandsbeiwert gegen zwei ($c_D \to 2$). Der Beiwert wird definiert als

$$c_{D,\text{Crowe}} = 2 + (c_{D,0} - 2) \exp\left(-3.07\sqrt{\gamma} \cdot g(\text{Re}_{\text{rel}}) \frac{\text{Ma}_{\text{rel}}}{\text{Re}_{\text{rel}}}\right)$$
$$+ \frac{h(\text{Ma}_{\text{rel}})}{\sqrt{\gamma}\text{Ma}_{\text{rel}}} \cdot \exp\left(-\frac{\text{Re}_{\text{rel}}}{2 \cdot \text{Ma}_{\text{rel}}}\right) \tag{4.22}$$

mit den Funktionen

$$g(\text{Re}_{\text{rel}}) = \frac{1 + \text{Re}_{\text{rel}} \cdot (12.278 + 0.548\,\text{Re}_{\text{rel}})}{1 + 11.278\,\text{Re}_{\text{rel}}} \tag{4.23}$$

$$h(\text{Ma}_{\text{rel}}) = \frac{5.6}{1 + \text{Ma}_{\text{rel}}} + 1.7\sqrt{\frac{T^D}{T^C}} \tag{4.24}$$

mit der Tropfentemperatur T^D und der Temperatur der kontinuierliche Gasphase T^C. $c_{D,0}$ ist der Widerstandswert bei gegenüber der Reynolds-Zahl verschwindenden Mach-Zahlen $\text{Ma}_{\text{rel}}/\text{Re}_{\text{rel}} \to 0$.

$$c_{D,0} = c_{D,\text{SN}} = \frac{24}{\text{Re}_{\text{rel}}}\left(1 + 0.15 \cdot \text{Re}_{\text{rel}}^{0.687}\right) \tag{4.25}$$

Für $c_{D,0}$ wird der Widerstandsbeiwert von Schiller und Naumann verwendet, für den Kompressibilitätseffekte nicht berücksichtigt werden. In den Abbildungen 4.4 werden die Reynolds- und Mach-Zahl-abhängigen Funktionen der Korrektur für kompressible Strömungen miteinander verglichen. Während bei der *g-Funktion* eine nahezu lineare Abhängigkeit von der Reynolds-Zahl für $\text{Re}_{\text{rel}} < 1$ zu erkennen ist, ist bei der *h-Funktion* für $T_C = T_D$ im Bereich niedriger Mach-Zahlen ($\text{Ma}_{\text{rel}} < 0.03$) der Einfluss derer vernachlässigbar.

4.1.7 Gravitation und Auftriebskräfte

Während bei einphasigen Strömungen der Einfluss der Gravitation in den Geschwindigkeitsprofilen nicht sichtbar wird, da hier lediglich der Druck

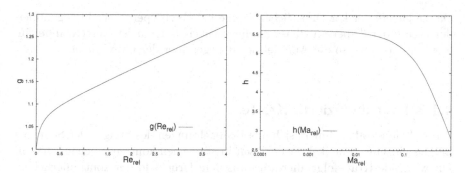

Abbildung 4.4: Mach-Zahl-abhängige g- und h-Funktion zur Beschreibung des Strömungswiderstandes sphärischer Körper in einer kompressiblen Strömung

in Gravitationsrichtung ansteigt, ist bei Zwei-Phasen-Strömungen zu beobachten, dass die Geschwindigkeit der Partikel eben unter jenem Einfluss in Gravitationsrichtung zunimmt.

Analog zu einphasigen, kompressiblen Gasströmungen ist auch innerhalb von Strömungen disperser Partikelphasen zu beobachten, dass in Bereichen von Partikelkompressionen kollisionsbedingte Kräfte auftreten, welche entgegen den Konzentrationsgradienten der Partikelphase gerichtet sind. In kompressiblen Gasströmungen ist dieser Effekt durch den kompressionsbedingten Druckanstieg zu beobachten. Aus der Massenerhaltung folgt für die Konzentration der beschleunigenden Partikel eine Abnahme. Die aus der Erdanziehung resultierende angreifende Kraft $\vec{F}_G$ wird für ein Partikel der Masse m_p folgendermaßen definiert:

$$\vec{F}_G = m_p \cdot \vec{g} \quad . \tag{4.26}$$

Die Erdbeschleunigung wird im Mittel mit $|\vec{g}| = 9.80665\frac{m}{s^2}$ angenommen. Als weitere additiv angreifende Kraft gilt die Auftriebskraft $\vec{F}_A$. Sie resultiert aus der durch das Partikel verdrängten Masse der kontinuierlichen Phase mit dem Partikelvolumen V_p.

$$\vec{F}_A = -V_p \cdot \rho^C \cdot \vec{g} \tag{4.27}$$

Mit der Dichte der kontinuierlichen Phase ρ^C und der Dichte der dispersen Phase ρ^D wird die Summe aus Gravitations- und Auftriebskraft entsprechend definiert.

$$\vec{F}_A + \vec{F}_G = \left(\rho^D - \rho^C\right) \cdot V_p \cdot \vec{g} \tag{4.28}$$

Da die Dichte der kontinuierlichen Phase bei Festkörperpartikeln gegenüber der Dichte der dispersen Phase häufig vernachlässigbar ist, verschwindet in diesen Fällen ebenso die Auftriebskraft gegenüber der Gravitation.

4.1.8 Druckinduzierte Kräfte

Die Auftriebskraft definiert sich aus Beobachtungen des Steig- oder Senkverhaltens einzelner Partikel oder Blasen in statischen kontinuierlichen Phasen. Die wirkende Kraft folgt allerdings aus dem Druckfeld der kontinuierlichen Phase. In der Hydrostatik definiert sich das Druckfeld folgendermaßen aus der Gravitation:

$$\rho^C \vec{g} = \nabla p \quad . \tag{4.29}$$

Bewegt sich die kontinuierliche Phase, ist das Druckfeld nicht mehr allein von der Gravitation abhängig. Aus diesem Grund muss auch die Definition der Auftriebskraft revidiert werden.

So wie der Druckgradient ∇p der *kontinuierlichen Phase* als Kraft Einfluss auf die Strömung nimmt, ist dieser Gradient mittels Gl. 4.27 ebenfalls als an einem Partikel angreifende Auftriebskraft $\vec{F}_A$ zu verstehen.

$$\vec{F}_A = -V_p \cdot \nabla p \tag{4.30}$$

Die Kraft selbst entspricht folglich Gl. 4.29 dem Produkt aus der volumenspezifischen Kraft ∇p und dem Volumen des Partikels V_p. Für kugelförmige Partikel gilt:

$$V_p = \frac{1}{6}\pi \cdot D_p^3 \tag{4.31}$$

mit dem Partikeldurchmesser D_p.

4.1.9 Partikelbewegungsgleichungen

Während in der Eulerschen Darstellung jedes Medium als ein Kontinuum beschrieben wird, werden in der diskreten Darstellung disperser Phasen einzelne Partikel verfolgt. Das heißt, dass eine physikalische Größe nicht in Abhängigkeit von Raum und Zeit durch eine Differenzialgleichung bestimmt wird, sondern die Änderung einer physikalische Größe eines einzelnen Partikels in Abhängigkeit von der Zeit beschrieben wird. Das Gegenstück zur räumlichen Abhängigkeit der Größe in der Euler'schen Darstellung stellt die zeitliche Abhängigkeit der Position des Partikels dar. Anders als bei der Euler'schen Darstellung lässt sich damit das Geschwindigkeitsfeld einer Partikelwolke auch nicht mehr stationär darstellen, da die Partikelgeschwindigkeit nur durch eine gewöhnliche Diffentialgleichung, die Partikelbewegungsgleichung, darstellbar ist. Die sich aus der Bahn des Partikels ergebende Kurve wird *Trajektorie* genannt. Partikelbewegungsgleichungen haben die Form:

$$\vec{x}(t) = \vec{x}_0 + \int\limits_0^t \vec{u}\,(\tau)\; d\tau \quad , \tag{4.32}$$

wobei die Änderung der Geschwindigkeit der Partikels mit der Masse m_p aus der Summe der angreifenden Kräfte $\vec{F}_i$ resultiert.

$$m_p \frac{d\vec{u}}{dt} = \sum_{i=1}^n \vec{F}_i \tag{4.33}$$

Als angreifende Kräfte liegen Phaseninteraktionskräfte wie der Strömungswiderstand des Partikels oder Kollisionskräfte mit anderen Partikeln an. Neben der Gravitationsbeschleunigung

$$\vec{F}_G = m_p \cdot \vec{g} \tag{4.34}$$

ist die für die Phaseninteraktion charakterische Strömungswiderstandsbeschleunigung, welche direkt proportional von der Geschwindigkeitsdifferenz der beiden Phasen abhängt, zu nennen:

$$\vec{F}_D = \frac{m_p}{\tau_D^D} \left(\vec{u}^C - \vec{u}^D \right) \; . \tag{4.35}$$

Neben diesen beiden für Partikel beladene Strömungen charakteristischen Kräften, erhalten bei höheren Beschleunigungen sogenannte Scheinkräfte eine größere Bedeutung. Werden diese in das bereits vorgestellte System eingesetzt, ergibt sich die *Basset-Boussinesq-Oseen-Gleichung*.

4.1.10 Basset-Boussinesq-Oseen-Gleichung

Für höhere Reynolds-Zahlen, werden in der Lagrange'schen Darstellung additiv sogenannte *virtuelle Kräfte* berücksichtigt. Für hohe Relativbeschleunigungen der dispersen Phase gegenüber der kontinuierlcihen Trägerphase wird die Kraft der *virtuellen Masse* F_V berücksichtigt.

$$\vec{F}_V = \frac{1}{2} C_V \rho^C \frac{m_p}{\rho^D} \frac{d}{dt} \left(\vec{u}^C - \vec{u}^D \right) \tag{4.36}$$

Analog wird auf der Basis der zeitlichen Entwicklung der sogenannte Basset-Term entwickelt, um ebenfalls die Einflüsse chronologisch zurückliegender Einflüsse zu berücksichtigen [44].

$$\vec{F}_B = 9 \sqrt{\frac{\rho^C \mu^C}{\pi}} \frac{m_p}{\rho^D D_p} C_B \left(\frac{\vec{u}^C - \vec{u}^D}{\sqrt{t}} + \int_0^t \frac{1}{\sqrt{t - \tau}} \frac{d}{d\tau} \left(\vec{u}^C - \vec{u}^D \right) d\tau \right) \tag{4.37}$$

Auf der Basis der sogenannten *Beschleunigungszahl* (Acceleration Number)

$$A_C = \frac{\left| \vec{u}^C - \vec{u}^D \right|^2}{D_p \left| \frac{d|\vec{u}^C - \vec{u}^D|}{dt} \right|} \tag{4.38}$$

wurden von *Odar und Hamilton* [180] die Koeffizeinten wie folgt definiert:

$$C_V = 2,1 - \frac{0,132}{A_C^2 + 0.12} \quad , \quad C_B = 0,48 + \frac{0,52}{(A_C + 1)^3} \quad . \tag{4.39}$$

In der historischen Variante dieser Gleichung sind diese Koeffizienten beide eins ($C_V = C_B = 1$), da die Beschleunigungszahl mit $A_C = 0$ verschwindet. Werden neben den klassischen Kräften, der Gravitation $\vec{F}_G$ (Gl. 4.34) und dem Strömungswiderstand $\vec{F}_D$ (Gl. 4.35), auch die Kräfte der virtuellen Masse $\vec{F}_V$ (Gl. 4.36) und Basset-Kräfte $\vec{F}_B$ (Gl. 4.37) berrücksichtigt, so ergibt sich die nach *Alfred Barnard Basset (1854-1930)*, *Joseph Valentin Boussinesq (1842-1929)* und *Carl Wilhelm Oseen (1879-1944)* benannte *Basset-Boussinesq-Oseen-Gleichung*:

$$m_p \frac{d\vec{u}}{dt} = m_p \cdot \vec{g} + \frac{18\mu^C m_p}{\rho^D D_p^2} \left(\vec{u}^C - \vec{u}^D \right) + \frac{1}{2} C_V \rho^C \frac{m_p}{\rho^D} \frac{d}{dt} \left(\vec{u}^C - \vec{u}^D \right)$$

$$+ 9 \sqrt{\frac{\rho^C \mu^C}{\pi}} \frac{m_p}{\rho^D D_p} C_B \left(\frac{\vec{u}^C - \vec{u}^D}{\sqrt{t}} + \int_0^t \frac{\frac{d}{dt} \left(\vec{u}^C - \vec{u}^D \right)}{\sqrt{t - \tau}} d\tau \right) \quad . \tag{4.40}$$

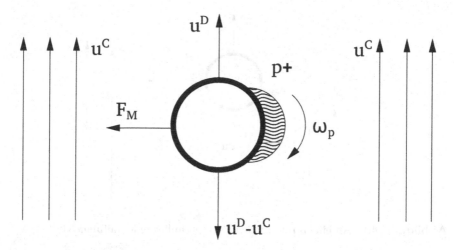

Abbildung 4.5: An einem rotierenden Partikel anliegende Magnus-Kraft

Als Relaxationszeitmaß des Strömungswiderstandes wurde von *Tchen* [243] das *Stokes'sche Strömungswiderstandszeitmaß* $\tau_D = \rho^D D_p^2/(18\mu^C)$ gewählt. Während in der *Basset-Boussinesq-Oseen-Gleichung* lediglich der mittlere Impuls fester, nicht rotierender Partikel berechnet wird, stellt sich innerhalb einer Partikel beladenen Strömung der Drall der einzelnen Partikel als eine Größe dar, welche einen direkten Einfluss auf die Partikeldiffusion aufweist. Die in Abb. 4.5 beschriebene Kraft

$$\vec{F}_M = \frac{\rho^C}{2} \cdot c_M \frac{D_p}{2} \cdot \vec{\omega}_p \times \left(\vec{u}^D - \vec{u}^C \right) \cdot \frac{\pi}{4} D_p^2 \quad , \tag{4.41}$$

welche aus dem durch die Rotation des Partikels induzierten Druck resultiert, wird nach *Heinrich Gustav Magnus (1802-1870) Magnus-Kraft* genannt. Zu beobachten ist das Auftreten dieser Kraft in erster Linie in Bereichen, in die rotierende Partikel mit einer hohen Relativgeschwindigkeit geschleudert werden, z. Bsp. bei schlagartig erweiterten Kanalströmungen oder Partikelrotation induzierenden Scherschichten innerhalb der Trägerphase. Als *Magnus-Koeffizient* c_M wird nach *Tsuji et al.* [245] $c_M = 0,4$ festgelegt. Während bei Berücksichtigung der *Magnus-Kraft* ein Einfluss von Geschwindigkeitsgradienten innerhalb der kontinuierlichen Phase vernachlässigt wird, ist insbesondere innerhalb turbulenter Scherschichten die Interaktion von Drall der transportierten Partikel und dem scherungsspezifischen Geschwindigkeitsgradienten der Trägerphase von zunehmender Bedeutung. Bedingt

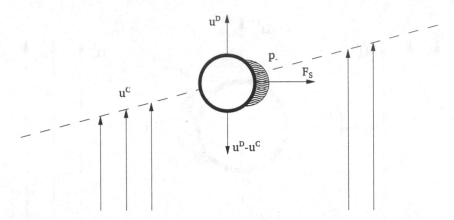

Abbildung 4.6: An einem rotierenden Partikel anliegende Saffman-Kraft

durch den Geschwindigkeitsgradienten wird bei der Umströmung des Partikels eine bezüglich der Strömungsachse asymmetrische Druckverteilung erzeugt, welche wiederum die Bahn des Partikels beeinflusst. Diese resultierende Kraft wird nach *Philip Geoffrey Saffman (1931-2008)* als *Saffman-Kraft* bezeichnet.

$$\vec{F}_S = 1,615\mu^C D_p u_{rel} \sqrt{Re_G} \cdot \frac{d\vec{u}_{rel}/dr}{|d\vec{u}_{rel}/dr|} \tag{4.42}$$

$$Re_G = \frac{D_p^2 \cdot \rho^C}{\mu^C} |du_{rel}/dr| \quad ; \quad \vec{u}_{rel} = \vec{u}^C - \vec{u}^D \tag{4.43}$$

Die *Saffman-Kraft* steht in direkter Abhängigkeit von der Differenzgeschwindigkeit der Partikel- und Gasphase sowie dem Geschwindigkeitsgradienten senkrecht zu diesem Relativgeschwindigkeitsvektor $\vec{u}_{rel}$.

4.1.11 Partikel/Wand-Interaktion

Bei einem voll elastischen Wandkontakt entsprechen die Beträge der Geschwindigkeitskomponenten normal und parallel zur Wand nach dem Wandkontakt exakt den Komponenten vor der Wandberührung. Bei einem inelastischen Kontakt wird die kinetische Energie des Partikels durch den Wandaufprall abgebaut. Für die Normalkomponente der Partikelgeschwin-

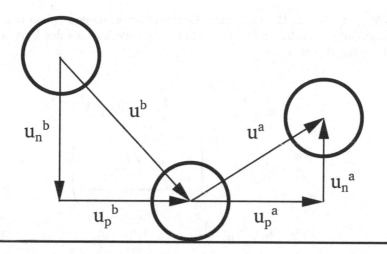

Abbildung 4.7: Partikel/Wand-Interaktion eines sphärischen Partikels an einer ebenen Wand

digkeit relativ zu Wand u_n^a, wobei die hochgestellten Indizes a und b für "*after* impact" und "*before* impact" stehen, gilt:

$$u_n^a = -e_c \cdot u_n^b \ . \tag{4.44}$$

Der Koeffizient e_c wird als *Elastizitätskoeffizient* (elasticity coefficient) bezeichnet. Ist dieser Koeffizeint $e_c = 1$, so wird von einer vollelastischen Kollision gesprochen. Im Gegansatz zur Normalkomponente ändert die Parallelkomponente der Partikelgeschwindigkeit nicht ihre Orientierung. Diese ändert in Abhängigkeit von der Betragsänderung der Normalkomponente $u_n^a + u_n^b$ wiederum ihren Betrag:

$$u_p^a = u_p^b + \mu_c \left(u_n^a + u_n^b \right) = u_p^b + \mu_c \left(1 - e_c \right) u_n^b \ . \tag{4.45}$$

Der Koeffizient μ_c wird als *Reibungskoeffizient* (friction coefficient) bezeichnet. Ist die Reibungskoeffizient $\mu_c = 0$, ist der Wandkontakt reibungsfrei und $u_p^a = u_p^b$. Für die mittleren Geschwindigkeitsfluktuationen nahe der Wand gilt so unter der Berücksichtigung oben angegebener Definitionen:

$$u_n' = \frac{1}{2} \left(u_n^a - u_n^b \right) = -\frac{1}{2} \left(1 + e_c \right) u_n^b \tag{4.46}$$

$$u_p' = \frac{1}{2} \left(u_p^b - u_p^a \right) = -\frac{1}{2}\mu_c \left(u_n^a + u_n^b \right) = -\frac{1}{2}\mu_c \left(1 - e_c \right) u_n^b \ . \tag{4.47}$$

He[105] gibt für ein Beispiel einer Glaspartikelbeladenen Strömung die Koeffizienten $e_c = 0,94$ und $\mu_c = 0,325$ an. Für die Varianz der Partikelgeschwindigkeit σ_u^2 gilt damit:

$$
\begin{aligned}
\sigma_u^2 &= {u'_n}^2 + 2 \cdot {u'_p}^2 \\
&= u_n^b \left(\frac{1}{4} \left(1 + e_c \right)^2 + \frac{1}{2}\mu_c \left(1 - e_c \right)^2 \right) \\
&= u_n^b \left(1 + e_c \right)^2 \left(\frac{1}{4} + \underbrace{\frac{1}{2}\mu_c \left(\frac{1 - e_c}{1 + e_c} \right)^2}_{\ll 1/4} \right) \\
&\approx u_n^b \left(\frac{1 + e_c}{2} \right)^2 .
\end{aligned}
\tag{4.48}
$$

Dieser Zusammenhang zeigt die direkte Abhängigkeit der Partikelgeschwindigkeitsvarianz mit der Normalkomponente der "Impact Velocity" bzw. Aufprallgeschwindigkeit auf.

4.2 Partikelbewegung

Um räumliche Verhältnisse wie freie Weglängen zwischen Partikeln oder die Dichte eines Sprays in einem bestimmten Abstand von der Düse abschätzen zu können oder gar räumliche Einflüsse in komplexen Strömungen zu beschreiben, werden Längenmaße sowie dimensionslose Kenngrößen zur Beschreibung benötigt.

4.2.1 Volumenanteil

Betrachtet man ein Volumeninkrement δV des zu beschreibenden Mediums, so setzt sich dieses additiv aus den beiden Volumina, δV^D und δV^C, welche durch die disperse und die kontinuierliche Phase ausgefüllt werden, zusammen.

$$
\delta V = \delta V^C + \delta V^D
\tag{4.49}
$$

Da an einem Ort innerhalb des Volumeninkrementes δV nur eine der beiden Phasen vorliegt, lässt sich der Volumenanteil α einer der beiden Phasen nicht durch eine infinitesimale Näherung bestimmen. Aus diesem Grund muss ein für diesen Zweck ausreichend kleines Volumeninkrement δV_0 als Grenzwert ausreichen.

$$\alpha^C = \lim_{\delta V \to \delta V_0} \frac{\delta V^C}{\delta V} \qquad \alpha^D = \lim_{\delta V \to \delta V_0} \frac{\delta V^D}{\delta V} \qquad (4.50)$$

Da das Gesamtvolumen durch beide Phasen ausgefüllt wird, gilt für die Summe der Volumenanteile

$$\alpha^C + \alpha^D = 1 \qquad (4.51)$$

mit dem Volumenanteil der dispersen Phase α^D und dem Volumenanteil der kontinuierlichen Phase α^C.

4.2.2 Effektive Dichte

Das zu beschreibende Medium mit der Dichte ρ besteht aus einer gasförmigen kontinuierlichen Phase mit der Dichte ρ^C und einer dispersen Phase mit der Dichte ρ^D. Betrachtet man die Zusammensetzung eines Volumeninkrementes δV des zu beschreibenden Mediums, sei δV^D das Volumen und δm^D die Masse der dispersen Phase innerhalb dieses Inkrementes. Um die effektive Dichte der dispersen Phase zu ermitteln, betrachtet man folgenden Grenzwert:

$$\lim_{\delta V \to \delta V_0} \frac{\delta m^D}{\delta V} = \lim_{\delta V \to \delta V_0} \frac{\rho^D \cdot \delta V^D}{\delta V} = \rho^D \cdot \underbrace{\lim_{\delta V \to \delta V_0} \frac{\delta V^D}{\delta V}}_{=\alpha^D} . \qquad (4.52)$$

Analog zur effektiven Dichte der dispersen Phase lässt sich auch die effektive Dichte der kontinuierlichen Phase bestimmen.

$$\lim_{\delta V \to \delta V_0} \frac{\delta m^C}{\delta V} = \lim_{\delta V \to \delta V_0} \frac{\rho^C \cdot \delta V^C}{\delta V} = \rho^C \cdot \underbrace{\lim_{\delta V \to \delta V_0} \frac{\delta V^C}{\delta V}}_{=\alpha^C} \qquad (4.53)$$

Mittels dieser Definition der effektiven Dichte ρ_{eff} ist es möglich, die Dichte des zu beschreibenden Mediums in eine Linearkombination der beiden Dichten aufzuspalten.

$$\rho_{\text{eff}} = \rho^C \alpha^C + \rho^D \alpha^D \qquad (4.54)$$

Durch diese Relation wird die Dichte ρ_{eff} direkt durch den Volumenanteil und die Dichte der beiden Phasen beschrieben.

4.2.3 Massen- und Volumenbruch

Der Quotient der effektiven Dichten, welcher die Massenverteilung der beiden Phasen beschreibt, wird als Massenquotient bzw. Ladung Z^D dargestellt:

$$Z^D := \frac{\rho^D \alpha^D}{\rho^C \alpha^C} \Rightarrow \underbrace{\frac{\rho^C}{\rho^D} Z^D}_{:=\kappa} \alpha^C = \alpha^D \quad . \tag{4.55}$$

Der Quotient der Volumenanteile α^D und α^C wird analog zum Massenbruch Z^D als Volumenbruchquotient κ bezeichnet. Wird α^C nach GL. 4.51 substituiert

$$\kappa \cdot \left(1 - \alpha^D\right) = \alpha^D \Rightarrow \kappa = \alpha^D + \kappa\alpha^D \quad , \tag{4.56}$$

folgt für den Volumenanteil der dispersen Phase

$$\alpha^D = \frac{\kappa}{1 + \kappa} \quad . \tag{4.57}$$

Auf diesem Weg lassen sich beide Volumenanteile durch den Volumenbruchquotienten κ darstellen.

$$\alpha^C = 1 - \alpha^D = \frac{1}{1 + \kappa} \quad . \tag{4.58}$$

So werden Z und κ zu aussagekräftigen Parametern für die Verhältnisse der effektiven Dichten und der Volumenanteile.

4.2.4 Das Relaxationszeitmaß

Trotz der Approximation instationärer Strömungen durch statistische Modelle sind speziell bei einer Zwei-Phasen-Strömung Interaktion und Relaxation von großer Bedeutung, um wiederum nicht geschlossene Terme zu modellieren. Aufgrund charakteristischer Zeitmaße ist es möglich Aussagen zu treffen, welche speziell bei statistisch stationären Berechnungen von hoher Bedeutung sind. Aus Gl. 4.12 folgt für den Strömungswiderstand eines sphärischen Partikels in Abhängigkeit von dem Korrekturfaktor f

$$\vec{F}_D = 3 \cdot f \cdot \mu^C \pi D_p \left(\vec{u}^C - \vec{u}^D\right) \quad . \tag{4.59}$$

Für den Fall, $\vec{F}_D$ sei die dominierende aller angreifenden Kräfte, sind die anderen in einer Abschätzung vernachlässigbar. Für die Beschleunigung des Partikels gilt so

$$\rho^D \frac{\pi \cdot D_p^3}{6} \cdot \frac{d\vec{u}^D}{dt} = m_p \cdot \frac{d\vec{u}^D}{dt}$$
$$= 3 \cdot f \cdot \mu^C \pi D_p \left(\vec{u}^C - \vec{u}^D \right) \quad . \tag{4.60}$$

So resultiert für die zeitliche Änderung der Partikelgeschwindigkeit das Geschwindigkeitsrelaxationsmaß τ_D^D.

$$\frac{d\vec{u}^D}{dt} = \frac{1}{\tau_D^D} \left(\vec{u}^C - \vec{u}^D \right) \tag{4.61}$$

$$\text{mit} \quad \tau_D^D = \frac{\rho^D \cdot D_p^2}{18 \cdot f \cdot \mu^C} \tag{4.62}$$

Das Relaxationszeitmaß ist damit ein Indikator für die Annäherung der Partikelgeschwindigkeit und der Geschwindigkeit der kontinuierlichen Phase aufgrund des Strömungswiderstandes des Partikels.

4.2.5 Flusszeitmaß

Bedingt durch die Reibung der kontinuierlichen Phase an der Oberfläche der dispersen Phase nähert sich die Geschwindigkeit eines Partikels bzw. eines Tropfens an die Geschwindigkeit der Gasphase an.
Die Relaxationsbeschleunigung wird in Abhängigkeit von dem Relaxationszeitmaß folgendermaßen definiert:

$$\dot{U}^D = \frac{1}{\tau_D^D} \left(U^C - U^D \right) \quad . \tag{4.63}$$

Mit der Definition des Geschwindigkeitsquotienten $q_u = \frac{U^D}{U^C}$ folgt die Relaxationsbeschleunigung:

$$\dot{U}^D = \frac{U^C}{\tau_D^D} \left(1 - q_u \right) \quad . \tag{4.64}$$

Mit der Definition des charakteristischen Flusszeitmaßes der kontinuierlichen Phase

$$\tau_f = \frac{U^C}{\dot{U}^C} \tag{4.65}$$

folgt die Differentialgleichung für den Geschwindigkeitsquotienten:

$$\dot{q}_u = \frac{\dot{U}^D \cdot U^C - \dot{U}^C \cdot q_u U^C}{(U^C)^2} = \frac{\dot{U}^D}{U^C} - q_u \frac{\dot{U}^C}{U^C} = \frac{1}{\tau_D^D}(1 - q_u) - \frac{q_u}{\tau_f} \quad . \quad (4.66)$$

Unter der Annahme der Vernachlässigung der zeitlichen Änderung des Geschwindigkeitsquotienten folgt mit der Definition der Stokes-Zahl des Flusses der kontinuierlichen Phase

$$\mathrm{St}_p = \frac{\tau_D^D}{\tau_f} \qquad (4.67)$$

die stationäre Lösung für den Geschwindigkeitsquotienten.

$$\dot{q}_u \approx 0 \quad \Rightarrow \quad q_u(\mathrm{St}_p) = \frac{1}{1 + \mathrm{St}_p} \qquad (4.68)$$

$$\mathrm{bzw.} \quad U^D = \frac{U^C}{1 + \mathrm{St}_p} \qquad (4.69)$$

Mittels dieser algebraischen Beziehung läßt sich ein Zusammenhang zwischen Geschwindigkeiten zweier Phasen herleiten, deren Quotienten sich sehr langsam ändern.

4.2.6 Geschwindigkeitsrelaxation

Unter der Annahme, dass die zeitliche Änderung der Geschwindigkeit der kontinuierlichen Phase gegenüber der zeitlichen Änderung der Geschwindigkeit des Partikels vernachlässigbar klein ist [192], ergibt sich aus Gl. 4.66 folgende Beziehung für die zeitliche Änderung des Geschwindigkeitsquotienten:

$$\frac{\dot{U}^C}{U^C} \approx 0 \quad \Rightarrow \quad \dot{q}_u = \frac{1}{\tau_D}(1 - q_u) \quad . \qquad (4.70)$$

Mit dem Ansatz

$$q_u(t) = A + B \cdot e^{\lambda t} \qquad (4.71)$$

müssen eingesetzt in die Gleichung (4.70)

$$B\lambda e^{\lambda t} = \frac{1}{\tau_D}\left(1 - A - Be^{\lambda t}\right) . \qquad (4.72)$$

folgende Teilgleichungen erfüllt sein:

$$\lambda = -\frac{1}{\tau_D} \tag{4.73}$$

$$0 = 1 - A \quad . \tag{4.74}$$

Die Variablen $A = 1$ und $\lambda = -\tau_D^{-1}$ können so in Abhängigkeit von B bestimmt werden. Als Anfangsbedingung wird

$$q_u^0 = q_u\,(t = 0) \tag{4.75}$$

angenommen. So folgt eingesetzt in Gl. 4.71 aus

$$q_u^0 = 1 + B \cdot e^0 = 1 + B \tag{4.76}$$

die Lösung

$$B = q_u^0 - 1 \quad . \tag{4.77}$$

Für die Gesamtgleichung ergibt sich so die zeitabhängige Lösung für den Geschwindigkeitsquotienten $q_u\,(t)$.

$$q_u\,(t) = 1 - (1 - q_u^0)e^{-\frac{t}{\tau_D}} \tag{4.78}$$

Da nach abgeschlossenem Relaxationsprozess für $t \to \infty$ die Geschwindigkeiten übereinstimmen, das heißt

$$\lim_{t \to \infty} \underbrace{\frac{U^D}{U^C}}_{=q_u} = 1 \quad , \tag{4.79}$$

muss der Exponent negativ sein. Daraus folgt

$$\tau_D > 0 \quad . \tag{4.80}$$

Für die algebraische Beschreibung des Relaxationsprozesses wird die Approximation der Partikelgeschwindigkeit

$$U^D = U^C \left(1 - \left(1 - q_u^0\right) e^{-\frac{t}{\tau_D}}\right) \quad ; \quad q_u^0 = \frac{U^D\,(t = 0)}{U^C\,(t = 0)} \tag{4.81}$$

verwendet.

4.2.7 Kollisionszeit

Die Anzahldichte n einer Partikelkonzentration an einer bestimmen Position wird durch den Grenzwert des Quotienten in einem ausreichend kleinen Volumen bestimmt [44].

$$n = \lim_{V \to V_0} \frac{N_V}{V} \tag{4.82}$$

Das Volumen V_0 muss ausreichend klein gewählt werden, so dass die Partikeldichte im Volumen ausreichend homogen ist. Das Grenzvolumen muss allerdings viel größer sein als die einzelnen Partikel, damit die Qualität des Grenzquotienten bewahrt bleibt.

Stellt man sich nun eine kreisförmige Fläche mit dem Durchmesser $2D_p$ im Raum vor, so sei $\dot{N}$ die Anzahl der Partikelmittelpunkte, welche pro Zeiteinheit diese Fläche A_n mit der Normalgeschwindigkeit v_n durchqueren.

$$\dot{N} = n \cdot A_n \cdot v_n = n\pi D_p^2 v_n \tag{4.83}$$

Als Radius der Fläche wurde der Partikeldurchmesser D_p gewählt, da, wenn die Position von Mittelpunkten anderer Partikel in einem geringeren Abstand als $2D_p$ zum Mittelpunkt eines beobachteten Partikels liegt, es zu einer Kollision kommt. $\dot{N}$ wird daher als charakteristische Kollisionsfrequenz und

$$\tau_K = \frac{1}{\dot{N}} = \left(n\pi D_p^2 v_n\right)^{-1} \tag{4.84}$$

als Kollisionszeit bezeichnet. Die Normalgeschwindigkeit v_n ist abhängig von der Varianz der Partikelgeschwindigkeit und mathematisch gesehen damit auch von der verwendeten Methode.

Bei einer Euler/Lagrange-Simulation [100, 250, 73] wird häufig von normalverteilten Komponenten der Partikelgeschwindigkeit ausgegangen. So ist die Normalgeschwindigkeit proportional zu der Standardabweichung σ der Normalverteilung. *Sommerfeld* [228] gibt

$$v_n = \frac{9}{4}\sigma = 2.25 \cdot \sigma \tag{4.85}$$

für diese Normalgeschwindigkeit an.

Bei einer Euler/Euler-Simulation [183, 43, 99] werden Geschwindigkeitskorrelationen einzeln gemittelt transportiert. Die Standardabweichung der Geschwindigkeit entspricht damit der Mittelung der quadrierten Geschwindigkeitsabweichung

$$U_{\mathrm{rms}}^D = \sqrt{k^D/1.5} \quad , \tag{4.86}$$

dem *rms-Wert* (root mean square). *He und Simonin* [105] geben

$$v_n = \sqrt{\frac{16}{\pi} \cdot \frac{2}{3} k^D} = \frac{4}{\pi^{\frac{1}{2}}} \cdot U_{\text{rms}}^D \approx 2.2568 \cdot U_{\text{rms}}^D \tag{4.87}$$

als charakteristische Geschwindigkeit für das Kollisionszeitmaß an.

4.2.8 Verschiedene Kopplungsparameter

Um ein Maß für die Partikeldichte einer Zwei-Phasen-Strömung angeben zu können, betrachtet man das Verhältnis zwischen Relaxationszeitmaß τ_D^D und Kollisionszeitmaß τ_K^D.

$$\frac{\tau_D^D}{\tau_K^D} = n\pi v_n \frac{\rho^D D_p^4}{18 f \mu^C} = \frac{D_p v_n}{3 f \mu^C} \cdot n\rho^D \underbrace{\frac{\pi D_p^3}{6}}_{=V_p} \tag{4.88}$$

Aus Gl. 4.82 folgt für den Volumenbruch

$$\alpha^D = n \cdot V_p = n \frac{\pi D_p^3}{6} \tag{4.89}$$

bzw. für die Anzahldichte

$$n = \frac{\alpha^D}{V_p} = \frac{6 \cdot \alpha^D}{\pi \cdot D_p^3} \quad . \tag{4.90}$$

So folgt für den Zeitmaßquotienten

$$\frac{\tau_D^D}{\tau_K^D} = \rho^D \alpha^D \frac{D_p v_n}{3 f \mu^C} \quad . \tag{4.91}$$

Falls die Kollisionszeit τ_K^D gleich oder kürzer ist als die Relaxationszeit τ_D^D, spricht man von einer *dichten Partikelströmung*. Mit der Modellierung von v_n [105] ergibt sich folgende Bedingung:

$$\frac{\tau_K^{D^{-1}}}{\tau_D^{D^{-1}}} = \rho^D \alpha^D \frac{4 D_p \sqrt{\frac{2}{3} k^D}}{3 \sqrt{\pi} f \mu^C} \geq 1 \quad . \tag{4.92}$$

Im anderen Fall spricht man von einer *dünnen Partikelströmung* [44].

$$\frac{\tau_K^{D-1}}{\tau_D^{D-1}} = \rho^D \alpha^D \frac{4D_p\sqrt{\frac{2}{3}k^D}}{3\sqrt{\pi}f\mu^C} \quad < \quad 1 \tag{4.93}$$

So dominiert bei dichten Strömungen das invertierte Kollisionszeitmaß und bei dünnen Strömungen das invertierte Relaxationszeitmaß. Als *Impulskopplungsparameter* bezeichnet man den dimensionslosen Quotienten aus Strömungswiderstandskraft und Impulsfluss. Aus der Definition der aus dem Strömungswiderstand resultierenden Beschleunigung (Gl. 4.63) folgt:

$$\Pi^I = \frac{n \cdot m_p \dot{U}^D}{\rho^C \alpha^C \dot{U}^C} = \underbrace{\frac{n \cdot m_p}{\rho^C \alpha^C}}_{=:Z} \cdot \frac{1}{\tau_D} \left(\frac{U^C}{\dot{U}^C} - \frac{U^D}{\dot{U}^C} \right) \quad . \tag{4.94}$$

So ergeben Definition des Flusszeitmaßes (Gl. 4.65) und Definition der *Fluss-Stokes-Zahl* (Gl. 4.67) folgende Beschreibung des Kopplungsparameters:

$$\Pi^I = \frac{Z}{\tau_D} \cdot \frac{U^C}{\dot{U}^C} \left(1 - \frac{U^D}{U^C} \right) = Z \frac{\tau_f}{\tau_D} \left(1 - \frac{U^D}{U^C} \right) = \frac{Z}{St_p} \left(1 - \frac{U^D}{U^C} \right) \quad . \tag{4.95}$$

Mit dem Spezialfall des Geschwindigkeitsquotienten aus Gl. 4.69 folgt

$$\Pi^I = \frac{Z}{St_p} \left(1 - \frac{U^D}{U^C} \right) = \frac{Z}{St_p} \left(1 - \frac{1}{1 + St_p} \right) = \frac{Z}{1 + St_p} \tag{4.96}$$

mit $Z = \frac{n \cdot m_p}{\rho^C \alpha^C}$ und der Partikelmasse m_p. Zusammenhänge zwischen charakteristischen Größen der dispersen Phase und ihrem entsprechenden Gegenstück der kontinuierlichen Phase können aufgrund der Modellierung von Interaktionen zwischen den beiden Phasen abgeschätzt und durch dimensionslose Parameter dargestellt werden. Diese Parameter werden Kopplungsparameter genannt. Da die Interaktion der beiden Phasen in erster Linie auf dem Strömungswiderstand und damit auch auf der Relaxation beruht, hängen eben diese Koeffizienten von dimensionslosen *Stokes-Zahlen* ab.

4.3 Statistische Filterung

Als Basis für die Beschreibung von Änderungen physikalischer Größen dienen Axiome, welche Ansätze formulieren, mit denen die jeweilige Herleitung oder eine Modellierung zu beginnen hat. Aus mechanischer Sicht stellen die Erhaltungsgleichungen von Masse, Impuls und Energie, mit welchen sich die Inhalte dieses Unterkapitels auseinandersetzen, den Grundstein für die Bildung von Transportgleichungen dar.

4.3.1 Massenerhaltung der Partikelphase

Mit der Definiton der Massenänderung eines einzelnen Partikels wird in Abhängigkeit von dessen Volumen V_p die *volumenspezifische Massentransferrate* der dispersen Phase $\dot{M}^D$ bestimmt:

$$\dot{M}^D = \frac{\dot{m}_p}{V_p} = \frac{\rho^D}{\tau_m} \quad . \tag{4.97}$$

Aufgrund der vorherrschenden Gesetzmäßigkeit der Massenhaltung gilt weiterhin, dass die Summe der Massenänderungen der beiden Phasen gleich ist:

$$\alpha^D \dot{M}^D + \alpha^C \dot{M}^C = 0 \quad . \tag{4.98}$$

Für die Kontinuitätsgleichung gilt nach dem *Reynolds'schen Transporttheorem* (Gl. 2.143) aufgrund der Massenerhaltung

$$\frac{\partial}{\partial t} \left(\rho^k \alpha^k \right) + \frac{\partial}{\partial x_j} \left(\rho^k \alpha^k u_j^k \right) = \alpha^k \dot{M}^k \quad . \tag{4.99}$$

Mittels dieser Erhaltungsgleichung werden in Abhängigkeit von der Massentransferrate zeitliche und räumliche Änderungen der Massenkonzentrationen in Relation zueinander gesetzt.

4.3.2 Impulserhaltung der Partikelphase

Mittels der Definition der angreifenden Kräfte des Strömungswiderstandes (Gl. 4.61) sowie der Auftriebs- und Gravitationskräfte (Gln. 4.30, 4.26) wird

unter der Anwedung der *Boussinesq-Approximation* für den Scherspannungstensor τ_{ij}^k in Form des Distorsionstensors E (Gl. 2.149) und dem *Reynolds-
Transporttheorem* (Gl. 2.143) die zeitliche Änderung der Geschwindigkeit der
dispersen Phase durch folgende Differentialgleichung beschrieben:

$$\frac{\partial}{\partial t} u_i^D + u_j^D \frac{\partial}{\partial x_j} u_i^D \qquad (4.100)$$

$$= -\frac{1}{\tau_D^D} \left(u_i^D - u_i^C \right) + g_i - \frac{1}{\rho^D \alpha^D} \frac{\partial}{\partial x_j} p^C \delta_{ij}$$

$$+ \frac{1}{\rho^D \alpha^D} \frac{\partial}{\partial x_j} \left(\alpha^D \underbrace{\mu^D \left(\frac{\partial}{\partial x_j} u_i^D + \frac{\partial}{\partial x_i} u_j^D - \frac{2}{3} \frac{\partial}{\partial x_l} u_l^D \delta_{ij} \right)}_{= \tau_{ij}^D} \right) .$$

Als Sonderfall wird in diesem Unterkapitel neben klassischen Quelltermen
und Phaseninteraktionstermen ein Phasengrenzenmassentransfer berücksichtigt, welcher ausschließlich von der dispersen in die kontinuierliche Phase
auftritt. Für diesen Fall wird lediglich die Geschwindigkeit der kontinuierlichen Phase beeinflusst, in welche die disperse Phase wiederum mit einer
anderen Geschwindigkeit als der der kontinuierlichen eintritt. Da aber an-
sonsten auf beide Phasen äquivalent Erdbeschleunigung und Druckgradient
der kontinuierlichen Phase wirken, sich die Widerstandskräfte gegenseitig
aufheben und Scherspannungskräfte analog zur dispersen Phase modelliert
werden, ergibt sich folgende Transportgleichung für die Geschwindigkeit der
kontinuierlichen Phase:

$$\frac{\partial}{\partial t} u_i^C + u_j^C \frac{\partial}{\partial x_j} u_i^C = \frac{1}{\tau_D^D} \left(u_i^D - u_i^C \right) + g_i \qquad (4.101)$$

$$+ \frac{1}{\rho^C \alpha^C} \left(\frac{\partial}{\partial x_j} \left(\mu^C \alpha^C \left(\frac{\partial}{\partial x_j} u_i^C + \frac{\partial}{\partial x_i} u_j^C - \frac{2}{3} \frac{\partial}{\partial x_l} u_l^C \delta_{ij} \right) \right) \right.$$

$$\left. - \frac{\partial}{\partial x_j} p^C \delta_{ij} - \alpha^D \dot{M}^D \left(u_i^D - u_i^C \right) \right) .$$

Werden beide Transportgleichungen mit dem jeweiligen Massenanteil $\rho^k \alpha^k$
multipliziert, folgen nach der Addition mit dem Produkt aus der Geschwin-

digleit u_i^k und der zugehörigen Massenbilanz (Gl. 4.99) die Impulstransportgleichungen der dispersen

$$\frac{\partial}{\partial t}\left(\rho^D \alpha^D u_i^D\right) \ + \ \frac{\partial}{\partial x_j}\left(\rho^D \alpha^D u_i^D u_j^D\right) \tag{4.102}$$

$$= \ \rho^D \alpha^D g_i - \frac{\rho^D \alpha^D}{\tau_D^D}\left(u_i^D - u_i^C\right) + \alpha^D \dot{M}^D u_i^D - \alpha^D \frac{\partial}{\partial x_i} p^C$$

$$+ \frac{\partial}{\partial x_j}\left(\mu^D \alpha^D \left(\frac{\partial}{\partial x_j} u_i^D + \frac{\partial}{\partial x_i} u_j^D - \frac{2}{3}\frac{\partial}{\partial x_l} u_l^D \delta_{ij}\right)\right)$$

und der kontinuierlichen Phase:

$$\frac{\partial}{\partial t}\left(\rho^C \alpha^C u_i^C\right) \ + \ \frac{\partial}{\partial x_j}\left(\rho^C \alpha^C u_i^C u_j^C\right) \tag{4.103}$$

$$= \ \rho^C \alpha^C g_i + \frac{\rho^C \alpha^C}{\tau_D^C}\left(u_i^D - u_i^C\right)$$

$$+ \underbrace{\alpha^C \dot{M}^C u_i^C - \alpha^D \dot{M}^D \left(u_i^D - u_i^C\right)}_{=\alpha^D \dot{M}^D u_i^D} - \alpha^C \frac{\partial}{\partial x_i} p^C$$

$$+ \frac{\partial}{\partial x_j}\left(\mu^C \alpha^C \left(\frac{\partial}{\partial x_j} u_i^C + \frac{\partial}{\partial x_i} u_j^C - \frac{2}{3}\frac{\partial}{\partial x_l} u_l^C \delta_{ij}\right)\right)\ .$$

Aufgrund der Massenerhaltung an der Phasengrenzfläche (Gl. 4.98) gleichen
sich, wie in den Impulstransportgleichungen zu sehen ist, die aus dem Massentransfer resultieren Kräfte in der Summe über beide Phasen hinweg aus.

4.3.3 Energieerhaltung der Partikelphase

In Analogie zur kontinuierlichen Phase wird die Energie der dispersen Partikelphase durch eine Transportgleichung beschrieben, welche wie die der
kontinuierlichen Phase auf dem Impulstransport aufbaut. Wird die Transportgleichung der Partikelgeschwindigkeit mit dem Vektor $\vec{u}^D$ multipliziert,
resultieren folgende Summen aus den einzelnen Produkten:

Instationärer Term:

$$
\begin{aligned}
u_i^D \frac{\partial}{\partial t} \left(\rho^D \alpha^D u_i^D \right) &= \rho^D \alpha^D u_i^D \frac{\partial}{\partial t} u_i^D + \underbrace{u_i^D u_i^D}_{=2K^D} \frac{\partial}{\partial t} \left(\rho^D \alpha^D \right) \\
&= \rho^D \alpha^D \frac{\partial}{\partial t} \underbrace{\left(\frac{1}{2} u_i^D u_i^D \right)}_{=K^D} + 2K^D \frac{\partial}{\partial t} \left(\rho^D \alpha^D \right) \\
&= \frac{\partial}{\partial t} \left(\rho^D \alpha^D K^D \right) + K^D \frac{\partial}{\partial t} \left(\rho^D \alpha^D \right) \quad , \quad (4.104)
\end{aligned}
$$

Konvektionsterm:

$$
\begin{aligned}
u_i^D \frac{\partial}{\partial x_j} \left(\rho^D \alpha^D u_i^D u_j^D \right) &= \underbrace{u_i^D u_i^D}_{=2K^D} \frac{\partial}{\partial x_j} \left(\rho^D \alpha^D u_j^D \right) + \rho^D \alpha^D u_j^D \underbrace{u_i^D \frac{\partial}{\partial x_j} u_i^D}_{=\frac{\partial}{\partial x_j} K^D} \\
&= \frac{\partial}{\partial x_j} \left(\rho^D \alpha^D K^D u_j^D \right) + K^D \left(\rho^D \alpha^D u_j^D \right) \quad (4.105)
\end{aligned}
$$

ij-Komponente des Diffusionsterms:

$$
\begin{aligned}
u_i^D \frac{\partial}{\partial x_j} \left(\mu^D \alpha^D \frac{\partial}{\partial x_j} u_i^D \right) = \ &\frac{\partial}{\partial x_j} \left(\mu^D \alpha^D \underbrace{u_i^D \frac{\partial}{\partial x_j} u_i^D}_{=\frac{\partial}{\partial x_j} K^D} \right) \\
&- \alpha^D \underbrace{\mu^D \frac{\partial}{\partial x_j} u_i^D \frac{\partial}{\partial x_j} u_i^D}_{=:\Phi_1^D} \quad ,
\end{aligned}
$$
$$(4.106)$$

ji-Komponente des Diffusionsterms:

$$
\begin{aligned}
u_i^D \frac{\partial}{\partial x_j} \left(\mu^D \alpha^D \frac{\partial}{\partial x_i} u_j^D \right) = \ &\frac{\partial}{\partial x_j} \left(\mu^D \alpha^D u_i^D \frac{\partial}{\partial x_i} u_j^D \right) \\
&- \alpha^D \underbrace{\mu^D \frac{\partial}{\partial x_i} u_j^D \frac{\partial}{\partial x_j} u_i^D}_{=:\Phi_2^D}
\end{aligned}
$$
$$(4.107)$$

und die abgezogene Spur des symmetrischen Tensors:

$$
u_i^D \frac{\partial}{\partial x_j} \left(\mu^D \alpha^D \frac{2}{3} \frac{\partial}{\partial x_l} u_l^D \right) \delta_{ij} = \frac{\partial}{\partial x_j} \left(\mu^D \alpha^D u_i^D \frac{\partial}{\partial x_l} u_l^D \right) \frac{2}{3} \delta_{ij}
$$

$$
- \underbrace{\frac{2}{3} \alpha^D \mu^D \delta_{ij} \frac{\partial}{\partial x_l} u_l^D \frac{\partial}{\partial x_j} u_i^D}_{=:\Phi_3^D} \quad .
$$

(4.108)

Für die Transportgleichung der kinetischen Energie der dispesen Phase folgt so:

$$
\frac{\partial}{\partial t} \left(\rho^D \alpha^D K^D \right) + \frac{\partial}{\partial x_j} \left(\rho^D \alpha^D K^D u_j^D \right) = \rho^D \alpha^D g_i u_i^D
$$

$$
+ \underbrace{2\alpha^D \dot{M}^D K^D - K^D \frac{\partial}{\partial t} \left(\rho^D \alpha^D \right) - K^D \frac{\partial}{\partial x_j} \left(\rho^D \alpha^D u_j^D \right)}_{=\alpha^D \dot{M}^D K^D}
$$

$$
+ \underbrace{\frac{\rho^D \alpha^D}{\tau_L^D} \left(2K^V - u_i^V u_i^V \right) - \alpha^V u_i^V \frac{\partial}{\partial x_i} p^V + \alpha^V \underbrace{\left(\Phi_1^V + \Phi_2^V - \frac{2}{3} \Phi_3^V \right)}_{}}_{=\Phi^D}
$$

$$
+ \frac{\partial}{\partial x_j} \left(\mu^D \alpha^D u_i^D \underbrace{\left(\frac{\partial}{\partial x_j} u_i^D + \frac{\partial}{\partial x_i} u_j^D - \frac{2}{3} \frac{\partial}{\partial x_l} u_l^D \delta_{ij} \right)}_{=2E_{ij}^D} \right) \quad (4.109)
$$

Den Dissipationsterm Φ^D analysierend fällt auf, dass das Tensorprodukt von $2E_{ij}^D$ mit sich selbst

$$
4E_{ij}^D E_{ij}^D = \left(\frac{\partial u_i^D}{\partial x_j} + \frac{\partial u_j^D}{\partial x_i} - \frac{2}{3} \frac{\partial u_l^D}{\partial x_l} \delta_{ij} \right) \left(\frac{\partial u_i^D}{\partial x_j} + \frac{\partial u_j^D}{\partial x_i} - \frac{2}{3} \frac{\partial u_l^D}{\partial x_l} \delta_{ij} \right)
$$

$$
= \frac{\partial u_i^D}{\partial x_j} \frac{\partial u_i^D}{\partial x_j} + \frac{\partial u_j^D}{\partial x_i} \frac{\partial u_j^D}{\partial x_i} + 2 \frac{\partial u_i^D}{\partial x_j} \frac{\partial u_j^D}{\partial x_i}
$$

(4.110)

$$
- \frac{4}{3} \delta_{ij} \left(\frac{\partial u_l^D}{\partial x_l} \frac{\partial u_j^D}{\partial x_i} + \frac{\partial u_l^D}{\partial x_l} \frac{\partial u_i^D}{\partial x_j} \right) + \frac{4}{3} \underbrace{\delta_{ij} \delta_{ij}}_{=3} \frac{\partial u_l^D}{\partial x_l} \frac{\partial u_k^D}{\partial x_k}
$$

$$
= 2 \frac{\partial}{\partial x_j} u_i^D \frac{\partial}{\partial x_j} u_i^D + 2 \frac{\partial}{\partial x_j} u_i^D \frac{\partial}{\partial x_i} u_j^D - \frac{4}{3} \frac{\partial}{\partial x_l} u_l^D \frac{\partial}{\partial x_k} u_k^D
$$

stets ein Vielfaches des Dissipationsterms darstellt. Mit dem Dissipationsterm

$$\Phi^D = \underbrace{\mu^D \frac{\partial u_i^D}{\partial x_j} \frac{\partial u_i^D}{\partial x_j}}_{\Phi_1^D} + \underbrace{\mu^D \frac{\partial u_i^D}{\partial x_j} \frac{\partial u_j^D}{\partial x_i}}_{\Phi_2^D} - \underbrace{\frac{2}{3} \mu^D \frac{\partial u_l^D}{\partial x_l} \frac{\partial u_k^D}{\partial x_k}}_{\Phi_3^D} = 2\mu^D E_{ij}^D E_{ij}^D$$

(4.111)

ergibt sich damit die Transportgleichung der kinetischen Energie der dispersen Phase:

$$\frac{\partial}{\partial t} \left(\rho^D \alpha^D K^D \right) + \frac{\partial}{\partial x_j} \left(\rho^D \alpha^D K^D u_j^D \right) = \rho^D \alpha^D g_i u_i^D - \alpha^D u_i^D \frac{\partial p^C}{\partial x_i}$$

$$+ \frac{\rho^D \alpha^D}{\tau_D^D} \left(2K^D - u_i^C u_i^D \right) + \alpha^D \dot{M}^D K^D$$

$$+ \frac{\partial}{\partial x_j} \left(\mu^D \alpha^D u_i^D E_{ij}^D \right) - 2\alpha^D \mu^D E_{ij}^D E_{ij}^D \quad . \quad (4.112)$$

So sind in dieser Transportgleichung die Einflüsse von Gravitation, Phasenschlupf, Phasenmassentransfer, Druck der kontinuierlichen Phase, Energiediffusion und Dissipation auf die kinetische Energie der Partikelwolke direkt abzulesen.

4.3.4 Energetische Phaseninteraktion

Analog zur Herleitung der kinischen Energie der dispersen Phase aus Gleichung 4.102 ergibt sich aus der Impulstransportgleichung der kontinuierlichen Phase (Gl. 4.103) die Transportgleichung der kinetischen Energie der kontinuierlichen Phase:

$$\frac{\partial}{\partial t} \left(\rho^C \alpha^C K^C \right) + \frac{\partial}{\partial x_j} \left(\rho^C \alpha^C K^C u_j^C \right) = \rho^C \alpha^C g_i u_i^C$$

$$- \frac{\rho^C \alpha^C}{\tau_D^C} \left(u_i^C u_i^D - 2K^C \right) - \alpha^C u_i^C \frac{\partial p^C}{\partial x_i}$$

$$\underbrace{- \alpha^D \dot{M}^D u_i^C u_i^D - \alpha^C \dot{M}^C K^C}_{= -\alpha^D \dot{M}^D \left(u_i^C u_i^D - K^C \right)}$$

$$+ \frac{\partial}{\partial x_j} \left(\mu^C \alpha^C u_i^C E_{ij}^C \right) - 2\alpha^C \mu^C E_{ij}^C E_{ij}^C \quad . \quad (4.113)$$

Aus dem einseitigen Massentransfer folgt eine asymmetrische Formulierung des Transports der kinetischen Energie der kontinuierlichen Phase. Werden aber die beiden durch den Massentranfer an der Phasengrenzfläche hervorgerufenen Quellterme addiert, ist nachgewiesen, dass bei einer negativen Massenänderung der dispersen Phase, wie es bei Verdampfungsprozessen der Fall ist, die kinetische Energie des Gesamtsystems als Summe der kinetischen Energien beider Phase abnimmt:

$$\alpha^D \dot{M}^D K^D - \alpha^D \dot{M}^D \left(u_i^C u_i^D - K^C \right) = \frac{1}{2} \alpha^D \dot{M}^D \left(u_i^D - u_i^C \right)^2 \quad . \quad (4.114)$$

Auch wenn es auf den ersten Blick so auszusehen scheint, dass sich die kinetische Energie des Zwei-Phasen-Gemischs lediglich durch des Massentransfer auf der Phasengrenze erhöht, ist dem nicht so, da die Transportgleichungen der dispersen und der kontinuierlichen Phase auf unterschiedlichen Referenzsystemen mit unterschiedlichen Geschwindigkeiten aufbauen. Nähere Zusammenhänge werden in dem Kapitel über die "Hybride Euler/Euler-Beschreibung" (Kap. 6.1) erläutert.

4.3.5 Volumenbruch-Korrelation

Der Volumenbruch ist eine Größe, welche in Transportgleichungen volumenspezifischer Größen als Faktor Einfluss nimmt. Wenn nun eine solche Transportgleichung einer *Reynolds-Mittelung* unterzogen wird, ergeben sich Korrelationen, welche selbst wieder modelliert werden müssen. Um solche Nebeneffekte zu vermeiden, werden an Stelle von Reynolds-gemittelten Größen sogenannte Favre-gemittelte Größen transportiert. *Alexandre Favre (1911-2005)* verwendete diese Form der gewichteten Mittelung nicht im Zusammenhang mit dem Volumenbruch, sondern mit der Dichte (vgl. [63]). Die *volumenbruchgewichtete Mittelung* $< . >^k$ einer vektoriellen Größe $\vec{\phi}$ ist wie folgt definiert:

$$< \phi_i >^k = \frac{\overline{\alpha^k \phi_i}}{\overline{\alpha^k}} \quad . \quad (4.115)$$

Die Variable α^k ist der Volumenbruch der Phase $k \in \{C, D\}$. So gilt für die Mittelung des Produktes

$$\overline{\alpha^k \phi_i} = \overline{\alpha^k} < \phi_i >^k \quad . \quad (4.116)$$

Der Zusammenhang zwischen volumenbruchgewichteter und zeitlicher Mittelung resultiert aus der Umformung

$$\overline{\alpha^k} < \phi_i >^k = \overline{\alpha^k \phi_i} \;\; = \;\; \overline{\alpha^k \left(\overline{\phi_i} + \phi_i' \right)}$$
$$= \;\; \bar{\alpha}^k \overline{\phi_i} + \overline{\alpha^k \phi_i'} \quad . \tag{4.117}$$

Aus der Definition des Volumenbruchs geht hervor, dass

$$\alpha^D = 1 - \alpha^C \quad . \tag{4.118}$$

Die Fluktuation $\{.\}^k$ wird analog zur Fluktuation der Reynolds-gewichteten Darstellung gewählt.

$$\{\phi_i\}^k = \phi_i - < \phi_i >^k \quad , \qquad {\phi_i}' = \phi_i - \overline{\phi_i} \tag{4.119}$$

Mittels der Zerlegung des Volumenbruchs in seinen zeitlich gemittelten Anteil und die Volumenbruchfluktuation $\alpha = \overline{\alpha^k} + \alpha^{k'}$ folgt aus der Definiton der volumenbruchgewichteten Mittelung

$$< \phi_i >^k = \frac{\overline{\alpha^k \phi_i}}{\overline{\alpha^k}} = \overline{\phi_i} + \frac{\overline{\alpha^{k'} \phi_i}}{\overline{\alpha^k}} \tag{4.120}$$

Die Korrelation einer vektoriellen Größe mit dem Volumenbruch α^k wird mittels folgendem Gradientenansatz [50] modelliert:

$$\overline{\alpha^{k'} \phi_i} = -\eta_\phi^k \frac{\partial}{\partial x_i} \overline{\alpha^k} \;\; \Rightarrow \;\; \overline{\phi_i} - < \phi_i >^k = -\frac{\overline{\alpha^{k'} \phi_i}}{\overline{\alpha^k}} = \frac{\eta_\phi^k}{\overline{\alpha^k}} \frac{\partial}{\partial x_i} \overline{\alpha^k} \quad . \tag{4.121}$$

Anhand des Koeffizienten η_ϕ^k wird die Differenz zwischen den beiden verschiedenen Mittelungsmethoden beschrieben.

4.3.6 Prinzipien der gewichteten Mittelung

Aus der Definition des Volumenbruchs geht hervor, dass

$$\alpha^D = 1 - \alpha^C \quad . \tag{4.122}$$

Wird die Reynolds-gemittelte Gleichung abgezogen, resultiert folgende Relation

$$\alpha^{D'} = -\alpha^{C'} \quad . \tag{4.123}$$

Für eine Volumenbruchkorrelation der kontinuierlichen Phase gilt so

$$\overline{\alpha^{D'}\phi'} = -\overline{\alpha^{C'}\phi'} \quad . \tag{4.124}$$

Da eine solche Korrelation mit dem Erwartungswert des Produktes von Volumenbruch und Fluktuation übereinstimmt,

$$\overline{\alpha^{k'}\phi'} = \overline{\alpha^k \phi'} - \bar{\alpha} \underbrace{\bar{\phi}'}_{=0} \quad , \tag{4.125}$$

folgt aus Gl. 4.120 die algebraische Beziehung zwischen den Favre-Mittelungen der beiden Phasen

$$<\phi>^D - \frac{\overline{\alpha^{D'}\phi'}}{\bar{\alpha}^D} = \bar{\phi} = <\phi>^C - \frac{\overline{\alpha^{C'}\phi'}}{\bar{\alpha}^C} \quad . \tag{4.126}$$

Mittels Gl. 4.123 folgt für die Differenz der beiden Favre-Mittelungen

$$
\begin{aligned}
<\phi>^D - <\phi>^C &= \frac{\overline{\alpha^{D'}\phi'}}{\bar{\alpha}^D} + \frac{\overline{\alpha^{D'}\phi'}}{\bar{\alpha}^C} \\
&\quad - \frac{\bar{\alpha}^C \overline{\alpha^{D'}\phi'} + \bar{\alpha}^D \overline{\alpha^{D'}\phi'}}{\bar{\alpha}^C \bar{\alpha}^D} \\
&= \frac{\overline{\alpha^{D'}\phi'}}{\alpha^C \alpha^D} \quad .
\end{aligned}
\tag{4.127}
$$

Somit ist eine Favre-Mittelung der einen Phase nach einer der anderen Phase durch einen additiven Term umwandelbar. Mit der Abhängigkeit der Favre-Mittelung (Gl. 4.120) wird die Größe Δ_i^k folgendermaßen definiert:

$$\Delta_i^k = <u_i^k>^k - \bar{u}_i^k = \frac{\overline{\alpha^k u_i'^k}}{\bar{\alpha}^k} \quad . \tag{4.128}$$

Die normierte Geschwindigkeit-Volumenbruch-Korrelation Δ_i^k stellt damit einen noch nicht geschlossenen Term in Volumenbruch-gewichteten und zugleich Reynolds-gemittelten Gleichungen dar.

4.3.7 Gradientendarstellung

Um die Linearität dieses Volumenbruchgewichteten Filters zu untersuchen, wird der Gradient einer vektoriellen Größe $\vec{\phi}$ dieser Volumenbruchgewichteten Filterung unterzogen.

$$
\begin{aligned}
< \frac{\partial}{\partial x_j} \phi_i >^k &= \frac{\partial}{\partial x_j} \overline{\phi_i} + \frac{\overline{\alpha^{k\prime} \frac{\partial}{\partial x_j} \phi_i}}{\overline{\alpha^k}} \\
&= \frac{\partial}{\partial x_j} \overline{\phi_i} + \frac{1}{\overline{\alpha^k}} \left(\frac{\partial}{\partial x_j} \overline{\alpha^{k\prime} \phi_i} - \overline{\phi_i \frac{\partial}{\partial x_j} \alpha^{k\prime}} \right) \\
&= \frac{\partial}{\partial x_j} \overline{\phi_i} + \frac{\partial}{\partial x_j} \frac{\overline{\alpha^{k\prime} \phi_i}}{\overline{\alpha^k}} - \overline{\alpha^{k\prime} \phi_i} \frac{\partial}{\partial x_j} \frac{1}{\overline{\alpha^k}} - \frac{1}{\overline{\alpha^k}} \overline{\phi_i \frac{\partial}{\partial x_j} \alpha^{k\prime}}
\end{aligned}
$$

$$(4.129)$$

Mittels der Annahme, dass der Gradient der Volumenbruchfluktuation kolinear zu dem Gradienten des gemittelten Volumenbruchs ist und die Beträge der Gradienten proportional zu den Größen selbst sind,

$$
\frac{\partial}{\partial x_j} \alpha^{k\prime} = \frac{\alpha^{k\prime}}{\overline{\alpha^k}} \frac{\partial}{\partial x_j} \overline{\alpha^k} \tag{4.130}
$$

$$
\Rightarrow \quad \overline{\alpha^k} \frac{\partial}{\partial x_j} \alpha^{k\prime} = \alpha^{k\prime} \frac{\partial}{\partial x_j} \overline{\alpha^k} \tag{4.131}
$$

$$
\Rightarrow \quad \frac{1}{\alpha^{k\prime}} \frac{\partial}{\partial x_j} \alpha^{k\prime} = \frac{1}{\overline{\alpha^k}} \frac{\partial}{\partial x_j} \overline{\alpha^k} \tag{4.132}
$$

$$
\Rightarrow \frac{\alpha^{k\prime}}{\overline{\alpha^k}} = \frac{\frac{\partial}{\partial x_{(j)}} \alpha^{k\prime}}{\frac{\partial}{\partial x_{(j)}} \overline{\alpha^k}} \tag{4.133}
$$

was für kleine Volumenbruchfluktuationen der *Regel von l'Hospital* [112] entspricht, folgt durch die Integration der Gl. 4.132

$$
\frac{\partial}{\partial x_j} \left(\ln \frac{\alpha^{k\prime}}{\overline{\alpha^k}} \right) = 0 \tag{4.134}
$$

und mittels Multiplikation mit ϕ_i und anschließender Mittelung der Gl. 4.131 entsprechend:

$$
\overline{\alpha^k} \cdot \overline{\phi_i \frac{\partial}{\partial x_j} \alpha^{k\prime}} = \overline{\phi_i \alpha^{k\prime}} \frac{\partial}{\partial x_j} \overline{\alpha^k} \quad . \tag{4.135}
$$

So folgt die Korrelation von der Größe $\vec{\phi}$ und dem Gradienten der Volumen-bruchfluktuation:

$$
\overline{\phi_i \frac{\partial}{\partial x_j} \alpha^{k'}} = \frac{\overline{\phi_i \alpha^{k'} \frac{\partial}{\partial x_j} \alpha^k}}{\overline{\alpha^k}} \tag{4.136}
$$

$$
= \overline{\alpha^k} \, \overline{\phi_i \alpha^{k'}} \cdot \frac{1}{\overline{\alpha^k}^2} \frac{\partial}{\partial x_j} \overline{\alpha^k}
$$

$$
= -\overline{\alpha^k} \, \overline{\phi_i \alpha^{k'}} \frac{\partial}{\partial x_j} \frac{1}{\overline{\alpha^k}}
$$

durch Einsetzen der resultierenden Beziehung

$$
\overline{\phi_i \alpha^{k'}} \frac{\partial}{\partial x_j} \frac{1}{\overline{\alpha^k}} + \frac{1}{\overline{\alpha^k}} \overline{\phi_i \frac{\partial}{\partial x_j} \alpha^{k'}} = 0 \tag{4.137}
$$

in die Ausgangsgleichung (Gl. 4.129) die Definition eines linearen Filters,

$$
< \frac{\partial}{\partial x_j} \phi_i >^k - \frac{\partial}{\partial x_j} \left(\overline{\phi_i} \mid \frac{\overline{\alpha^{k'} \phi_i}}{\overline{\alpha^k}} \right) - \frac{\partial}{\partial x_j} < \psi_i >^k \tag{4.138}
$$

womit gezeigt ist, dass diese Eigenschaft durch die Modellierung des Volu-menbruchfluktuationsgradienten herbeigeführt wird.

4.3.8 Filterdifferenz

Basierend auf der Tatsache, dass die Summe der Volumenbrüche von disperser und kontinuierlicher Phase 1 ergibt, folgt für die Aufspaltung der vektoriellen Größe $\vec{\phi}$:

$$
\phi_i = \alpha^D \phi_i + \alpha^C \phi_i \quad . \tag{4.139}
$$

Aus deren Reynolds-Mittelung folgt die Relation zwischen der Filterdif-ferenz der beiden volumenbruchgewichteten Filterungsmethoden und der Abweichung der volumenbruchgewichteten Filterung von der Transportgröße.

$$
\overline{\phi_i} = \overline{\alpha^D} < \phi_i >^D + \overline{\alpha^C} < \phi_i >^C
$$

$$
= \underbrace{\left(\overline{\alpha^D} + \overline{\alpha^C} \right)}_{=1} < \phi_i >^D + \overline{\alpha^C} < \phi_i >^C - \overline{\alpha^C} < \phi_i >^D \tag{4.140}
$$

$$
\Rightarrow \quad \overline{\phi_i} - < \phi_i >^D = \alpha^C \left(< \phi_i >^C - < \phi_i >^D \right) \quad . \tag{4.141}
$$

Zu der Nomenklatur sei noch zu sagen, dass $\bar{k}$ stets die Gegenphase von k ist.

$$\bar{C} = D \qquad (4.142)$$
$$\bar{D} = C \qquad (4.143)$$

Durch die bereits modellierte Differenz von zeitlicher und volumenbruchge-wichteter Filterung wird nun die Differenz der beiden volumenbruchgewich-teten Mittelungen untereinander beschrieben.

$$\overline{\phi_i} - <\phi_i>^k = \overline{\alpha^{\bar{k}}} \left(<\phi_i>^{\bar{k}} - <\phi_i>^k \right) \qquad (4.144)$$

$$\Rightarrow \quad <\phi_i>^{\bar{k}} - <\phi_i>^k = \frac{1}{\overline{\alpha^{\bar{k}}}} \left(\overline{\phi_i} - <\phi_i>^k \right) = \frac{\eta_\phi^k}{\overline{\alpha^{\bar{k}}} \cdot \overline{\alpha^k}} \frac{\partial}{\partial x_i} \overline{\alpha^k}$$
$$(4.145)$$

Da die Summe der Gradienten der Volumenbrüche beider Phasen k und $\bar{k}$ verschwindet

$$\overline{\alpha^C} + \overline{\alpha^D} = 1 \quad \Rightarrow \quad \frac{\partial}{\partial x_i} \overline{\alpha^C} = -\frac{\partial}{\partial x_i} \overline{\alpha^D} \qquad (4.146)$$

ist Gl. 4.145 invariant bezüglich des Tauschs von k und $\bar{k}$, so dass die Koeffizienten übereinstimmen.

$$\Rightarrow \quad \eta_\phi^k = \eta_\phi^{\bar{k}} \qquad (4.147)$$

Damit ist der Gradientenkoeffizient unabhängig von der Phase, deren Volu-menbruch-Geschwindigkeitsgradienten er beschreibt.

4.3.9 Volumenbruch-Geschwindigkeitskorrelationen

Die Kontinuität der dispersen Phase wird in der Zwei-Phasen-Beschreibung durch eine zusätzliche Größe, den Volumenbruch, beschrieben. An einer jeden Position ist zu einem festen Zeitpunkt nur eine der beiden Phasen vorhanden. Da letztendlich mit *finiten Volumen* gerechnet wird, können nicht die Eigenschaften einer bestimmten Position berechnet werden, sondern nur die eines bestimmten Volumens, in dem sich zum gleichen Zeitpunkt beide Phasen aufhalten können. Aus diesem Grund wird bei einer Euler/Euler-Simulation additiv das Massen- bzw. das Volumenverhältnis berechnet. In

Analogie zur allgemeinen Volumenbruch-Korrelationsmodellierung (Gl. 4.121) wird die Volumenbruch-Geschwindigkeitskorrelation wie folgt modelliert:

$$\overline{\alpha^{k'} u_j^k} = -\eta_{u^k}^k \frac{\partial}{\partial x_j} \overline{\alpha^k} \quad \text{mit} \quad \eta_{u^k}^k = \nu_\eta^k \quad . \tag{4.148}$$

Durch die Bestimmung der Diffusivität ν_η^k wird die Volumenbruch-Geschwindigkeitskorrelation explizit berechnet. Für die Filterdifferenz der gemittelten Geschwindigkeit $u_i^{\bar{k}}$ folgt nach der allgemeinen Formulierung (Gl. 4.145) die diffusivitätsabhängige Darstellung:

$$< u_i^k >^{\bar{k}} - < u_i^k >^k = \frac{\nu_\eta^k}{\alpha^{\bar{k}} \alpha^k} \frac{\partial}{\partial x_i} \overline{\alpha^k} \quad . \tag{4.149}$$

Der Koeffizient $\eta_{u^k}^k$ wird durch die volumenbruchgewichtete Diffusivität ν_η^k modelliert [50]. Aus Gl. 4.135 folgt für das Gegenstück der Geschwindigkeitskorrelation:

$$\overline{u_i^k \frac{\partial}{\partial x_j} \alpha^{k'}} - \frac{1}{\overline{\alpha^k}} \overline{u_i^k \alpha^{k'}} \frac{\partial}{\partial x_j} \overline{\alpha^k} = \frac{1}{\overline{\alpha^k}} \nu_\eta^k \frac{\partial}{\partial x_i} \overline{\alpha^k} \frac{\partial}{\partial x_j} \overline{u^k} - \overline{\{u_i^k\}^{l_0}} \frac{\partial}{\partial x_j} \overline{u^{l_0}} \quad . \tag{4.150}$$

Mittels dieser Form der Modellierung werden die verschiedenen Filterungskombinationen explizit durch die zu bestimmende Diffusivität ν_η^k dargestellt.

4.3.10 Relativgeschwindigkeit

Mit den Definitionen der volumenbruchgewichteten Geschwindigkeit U_i^k und der relativen Geschwindigkeit $U_{i,r}^k$:

$$U_i^k = < u_i^k >^k \quad , \qquad U_{i,r}^k = < u_i^{\bar{k}} - u_i^k >^k \tag{4.151}$$

folgt mit der Auflösung der Relativgeschwindigkeit

$$
\begin{aligned}
U_{i,r}^k &= < u_i^{\bar{k}} >^k - U_i^k \\
&= < u_i^{\bar{k}} >^k - U_i^k + U_i^{\bar{k}} - < u_i^{\bar{k}} >^{\bar{k}} \\
&= U_i^{\bar{k}} - U_i^k + \underbrace{< u_i^k >^k - < u_i^{\bar{k}} >^{\bar{k}}}_{=:U_{i,d}^{\bar{k}}}
\end{aligned}
\tag{4.152}
$$

und der Formulierung der Filterdifferenz (Gl. 4.149) die Definition der filterspezifischen Differenzgeschwindigkeit:

$$U_{i,d}^{\bar{k}} = < u_i^{\bar{k}} >^k - < u_i^{\bar{k}} >^{\bar{k}} = \frac{\nu_\eta^{\bar{k}}}{\overline{\alpha^{\bar{k}}} \alpha^k} \frac{\partial}{\partial x_i} \overline{\alpha^{\bar{k}}} \quad . \tag{4.153}$$

Im Speziellen gilt für die kontinuierliche und die disperse Phase:

$$U_{i,r}^C = < u_i^D >^D - < u_i^C >^C + \frac{\nu_\eta^D}{\overline{\alpha^C} \alpha^D} \frac{\partial}{\partial x_i} \overline{\alpha^D} \tag{4.154}$$

$$U_{i,r}^D = < u_i^C >^C - < u_i^D >^D + \frac{\nu_\eta^C}{\overline{\alpha^C} \alpha^D} \frac{\partial}{\partial x_i} \overline{\alpha^C} \quad . \tag{4.155}$$

Mittels dieser Auflösung werden die Relativgeschwindigkeiten innerhalb eines Filterungstyps so aufgelöst, dass die explizite Darstellung lediglich durch gemittelte Geschwindigkeiten des eigenen Filterungstyps formuliert wird.

4.3.11 Modellierung der Korrelation disperser Phasen

Deutsch und Simonin [50] modellieren die Differenz von Favre- und Reynolds-Mittelung für disperse Phase wie folgt:

$$< u_i^k >^D - \bar{u}_i^D = -D_{12,ij}^t \frac{1}{\bar{\alpha}^D} \frac{\partial}{\partial x_j} \bar{\alpha}^D \tag{4.156}$$

$$\text{mit} \quad D_{12,ij}^t = \tau_\alpha < \{u_i^C\}^C \{u_j^D\}^D >^D \tag{4.157}$$

Aus Gl. 4.120 ergibt sich damit

$$\overline{\alpha^D u_i^{D'}} = -D_{12,ij}^t \frac{\partial}{\partial x_j} \bar{\alpha}^D \quad . \tag{4.158}$$

Mit der Definition der Geschwindigkeitskovarianz

$$q^D = < \{u_i^C\}^C \{u_i^D\}^D >^D \tag{4.159}$$

folgt so für die skalare Diffusivität durch die Annahme eines isotropen Diffusionstensors $D_{12,ij}^t = \nu_\alpha \delta_{ij}$ ein skalares Analogon, die materielle Diffusivität:

$$\nu_\alpha = \frac{1}{3} \delta_{ij} D_{12,ij}^t = \frac{1}{3} \tau_\alpha < \{u_i^C\}^C \{u_i^D\}^D >^D = \frac{1}{3} \tau_\alpha q^D \tag{4.160}$$

Issa und *Oliveira* setzen folgende Gleichung [119] mit der Diffusivität ν_α als Grundlage für ihre Modellierung fest.

$$\overline{\alpha^C u_i^{C\prime}} = -\nu_\alpha \frac{\partial}{\partial x_i} \bar{\alpha}^C \tag{4.161}$$

$$\overline{\alpha^D u_i^{D\prime}} = -\nu_\alpha \frac{\partial}{\partial x_i} \bar{\alpha}^D \tag{4.162}$$

Die Summe der beiden Gleichungen ergibt auf beiden Seiten Null. In diesem Fall gilt zusätzlich folgende Annahme:

$$\overline{\alpha^D u_i^{C\prime}} = -\overline{\alpha^C u_i^{C\prime}} = \overline{\alpha^D u_i^{D\prime}} \quad . \tag{4.163}$$

Daraus resultiert die verallgemeinerte Korrelationsmodellierungsgleichung mit der Diffusivität ν_α.

$$\overline{\alpha^k u_i^{k\prime}} = -\nu_\alpha \frac{\partial}{\partial x_i} \bar{\alpha}^k \tag{4.164}$$

Auf der Basis zuvor definierter Diffusionskoeffizienten (Gln. 4.121,4.148) folgt mit Gl. 4.147 für diese isotrope Diffusivität:

$$\nu_\alpha = \eta_{u^D}^C = \eta_{u^D}^D = \nu_\eta^D \quad . \tag{4.165}$$

Auf den Transport der Kovarianz wird später (Kap. 4.5.7) eingegangen. Das Zeitmaß τ_α wird durch *Csanadys Approximation* [45]

$$\tau_\alpha = \tau_t^C \cdot \sqrt{1 + C_\beta \xi_r^2} \tag{4.166}$$

$$\text{mit} \quad \xi_r = \sqrt{\frac{(<\vec{u}^D>^D - <\vec{u}^C>^C)^2}{\frac{2}{3}k^D}} \tag{4.167}$$

$$\text{und} \quad k^D = \frac{1}{2} < \{u_i^D\}^D \{u_i^D\}^D >^D \tag{4.168}$$

mit dem turbulenten Zeitmaß (vgl. Gl. 2.325):

$$\tau_t^C = \frac{3}{2} C_\mu \frac{k^C}{\epsilon_M^C} \quad \text{mit } C_\mu = 0.09 \quad , \tag{4.169}$$

der turbulenten kinetischen Energie k^C und der Dissipationsrate der kontinuierlichen Phase ϵ_M^C. So ist

$$\nu_t^C = \frac{2}{3} k^C \tau_t^C \tag{4.170}$$

die turbulente Viskosität der kontinuierlichen Phase. Obwohl dieser Ansatz von Csanady ursprünglich ausschließlich für die disperse Phase formuliert wurde, wird in späteren Arbeiten [105, 119, 192] in Analogie zur tensoriellen Darstellung von *Deutsch und Simonin* [50] die beschriebene Diffusivität für beide Phasen äquivalent formuliert:

$$\nu^C_\eta = \frac{1}{3}\delta_{ij}D^t_{12,ij} = \nu_\alpha = \nu^D_\eta \quad . \tag{4.171}$$

Für die Differenz zwischen Favre- und Reynolds-Mittelung gilt damit

$$\Delta^k_i = <u^k_i>^k -\bar{u}^k_i = \frac{\overline{\alpha^k u^{k'}_i}}{\bar{\alpha}^k} = -\frac{\nu_\alpha}{\bar{\alpha}^k}\frac{\partial}{\partial x_i}\bar{\alpha}^k \tag{4.172}$$

und so auch für die Reynolds-Mittelung der Favre-Abweichung

$$\overline{\{u^k_i\}^k} = \bar{u}^k_i - <u^k_i>^k = -\Delta^k_i = \frac{\nu_\alpha}{\bar{\alpha}^k}\frac{\partial}{\partial x_i}\bar{\alpha}^k \quad . \tag{4.173}$$

Auf diesem Weg kann durch Berechnung der Geschwindigkeitsvarianzen bzw. der turbulenten kinetischen Energien und der Geschwindigkeitskovarianz der beiden Phasen die Berechnung der Volumenbruch-Geschwindigkeit-Volumenbruch-Korrelation geschlossen werden.

4.3.12 Phasengewichtete Kontinuität

Für die Kontinuität einer Zwei-Phasen-Strömung gilt aufgrund der Massenbilanz [52] für die Phase $k \in \{C, D\}$

$$\frac{\partial}{\partial t}\left(\rho^k \alpha^k\right) + \frac{\partial}{\partial x_i}\left(\rho^k \alpha^k u^k_i\right) = \Gamma^k \tag{4.174}$$

mit der Massenänderungsrate Γ^k. Nach Gl. 4.97 folgt für disperse Phase

$$\Gamma^D = -\frac{\rho^D \alpha^D}{\tau_m} \quad , \tag{4.175}$$

während durch die Massenerhaltung für die kontinuierliche Phase

$$\Gamma^C = -\Gamma^D = \frac{\rho^D \alpha^D}{\tau_m} \tag{4.176}$$

gilt, da die Summe Null sein muss. Für die zeitlich gemittelte Version der Massenerhaltungsgleichung gilt so

$$\frac{\partial}{\partial t}\left(\rho^k\bar{\alpha}^k\right) + \frac{\partial}{\partial x_i}\left(\rho^k\bar{\alpha}^k < u_i^k >^k\right) = \bar{\Gamma}^k \quad . \tag{4.177}$$

Für die Quellterme ergibt sich in dieser Darstellung

$$\bar{\Gamma}^D = -\frac{\rho^D}{\tau^m}\bar{\alpha}^D \quad \text{bzw.} \quad \bar{\Gamma}^C = \frac{\rho^D}{\tau^m}\bar{\alpha}^D \quad . \tag{4.178}$$

In der rein Reynolds-gemittelten Darstellung wird die Geschwindigkeit-Volumenbruch-Korrelation entsprechend modelliert.

$$
\begin{aligned}
\frac{\partial}{\partial t}\left(\rho^k\bar{\alpha}^k\right) + \frac{\partial}{\partial x_i}\left(\rho^k\bar{\alpha}^k\bar{u}_i^k\right) &= \bar{\Gamma}^k - \frac{\partial}{\partial x_i}\left(\rho^k\bar{\alpha}^k\Delta_i^k\right) \\
&= \bar{\Gamma}^k + \frac{\partial}{\partial x_i}\left(\rho^k\nu_\alpha\frac{\partial\bar{\alpha}^k}{\partial x_i}\right) \tag{4.179}
\end{aligned}
$$

Über alle Phasen ist in einem geschlossenen System unabhängig von der Form der Mittelung die Summe aller Massenquellterme Γ^k stets Null und die Summe aller Volumenbrüche α^k gleich Eins.

4.4 Statistischer Partikeltransport

Um die Position eines Partikels zu einem bestimmten Zeitpunkt festzustellen, muss die Geschwindigkeit zu einem jeden Zeitpunkt und einem jeden Ort bestimmt werden. Aus der Impulserhaltung werden Transportgleichungen für den Impuls eines solchen Partikels aufgestellt [163, 229], in denen die zeitliche Änderung des Impulses durch von außen angreifende Kräfte definiert wird. In der volumenspezifischen Darstellung müssen die Kräfte, welche an den einzelnen Partikeln angreifen, innerhalb dieses Kontrollvolumens summiert werden [206, 207].

4.4.1 Reibungskräfte

In der Euler/Euler-Darstellung stellt der *Stokes'sche Strömungswiderstand* (Gl. 4.5) einen Quellterm in der volumenspezifischen Transportgleichung des

Impulses der einzelnen Phasen dar. So folgt mit der der relativen Partikelgeschwindigkeit

$$\vec{U}_{\text{rel}} = \vec{u}^C - \vec{u}^D \qquad (4.180)$$

die zeitliche Änderung der Geschwindigkeit eines Partikels mit der erwarteten Querschnittsfläche

$$A_p = \frac{\pi}{4}\text{E}(D_p^2) \qquad (4.181)$$

bei konstanter Dichte der dispersen Phase

$$\rho^D \frac{d\vec{u}^D}{dt} = \frac{9}{2}\pi\mu^C \frac{\vec{U}_{\text{rel}}}{A_p} = 18\mu^C \frac{\vec{U}_{\text{rel}}}{\text{E}(D_p^2)} \qquad . \qquad (4.182)$$

So ergibt sich für eine Wolke von Partikeln mit variierenden Durchmessern das *Stokes'sche Partikel-Relaxationszeitmaß*

$$\tau_D^{\text{Stokes}} = \left|\vec{U}_{\text{rel}}\right| / \left|\frac{d\vec{u}^D}{dt}\right| = \frac{\rho^D \text{E}(D_p^2)}{18\mu^C} \qquad . \qquad (4.183)$$

Für ein sphärisches Partikel mit dem Volumen

$$V_p = \frac{\pi}{6}\text{E}(D_p^3) \qquad (4.184)$$

und der Strömungswiderstandskraft

$$\vec{F}_W^{\text{Stokes}} = \rho^D V_p \frac{d\vec{u}^D}{dt} = 3\pi\mu^C \vec{U}_{\text{rel}} \frac{\text{E}(D_p^3)}{\text{E}(D_p^2)} \qquad (4.185)$$

ergibt sich so der Widerstandsbeiwert

$$c_D^{\text{Stokes}} = \frac{\left|\vec{F}_W\right|}{\left|\vec{U}_{\text{rel}}\right|^2 \cdot A_p \rho^C / 2} = \frac{24\mu^C}{\rho^C \left|\vec{U}_{\text{rel}}\right|} \cdot \frac{\text{E}(D_p^3)}{\text{E}(D_p^2)} \cdot \qquad (4.186)$$

Aus Gl. 4.90 folgt für mit der Anzahldichte n die volumenspezifische Strömungswiderstandskraft.

$$
\begin{aligned}
\rho^D f_i^{\text{Stokes}} &= F_{W\,i} \cdot n = 3\pi\mu^C \vec{U}_{\text{rel}} \frac{\text{E}(D_p^3)}{\text{E}(D_p^2)} \cdot \frac{6 \cdot \alpha^D}{\pi \cdot \text{E}(D_p^3)} \\
&= 18\mu^C \alpha^D \frac{U_{\text{rel}\,i}}{\text{E}(D_p^2)} = \frac{\rho^D \alpha^D}{\tau_D^{\text{Stokes}}} \left(u_i^C - u_i^D\right) \qquad (4.187)
\end{aligned}
$$

Mit der Definition der Volumenbruch-Geschwindigkeits-Korrelation ergibt sich folgende Reynolds-gemittelte Darstellung des volumenbruchspezifischen Strömungswiderstandes.

$$\rho^D \bar{f}_i^{\text{Stokes}} = \frac{\rho^D \bar{\alpha}^D}{\tau_D^{\text{Stokes}}} \left(< u_i^D >^D - < u_i^C >^D\right) \tag{4.188}$$

Aus der Schiller-Naumann-Korrektur f (Gl. 4.8) und der Definition des korrigierten Relaxationszeitmaßes τ_D (Gl. 4.62)

$$\tau_D^D = \frac{\tau_D^{\text{Stokes}}}{f} = \frac{\rho^D E\left(D^2\right)}{18\,\mu^C} \left(1 + 0.15\,\text{Re}_{\text{rel}}^{0.687}\right)^{-1} \tag{4.189}$$

folgt für den Impulsänderung des gemittelten Impulses der dispersen Phase

$$\frac{d}{dt}\left(\rho^C \bar{\alpha}^C < u_i^C >^C\right) = \frac{\rho^D \bar{\alpha}^D}{\tau_D^D} \left(< u_i^D >^D - < u_i^C >^D\right) \tag{4.190}$$

Die Summe der beiden Interaktionskräfte hebt sich im gemittelten Impulstransport ebenfalls auf.

4.4.2 Gravitation

Wie bereits vorgestellt, wird die auf ein Partikel wirkende Kraft der Gravitation durch das Produkt der Masse des Partikels m_p und der Erdbeschleunigung $\vec{g}$ beschrieben. In der Euler'schen Darstellung ergibt sich mit der Partikel-Anzahldichte n folgende volumenspezifische Kraft

$$\vec{F}_G \cdot n = \rho^D V_p n \vec{g} = \rho^D \alpha^D \vec{g}, \tag{4.191}$$

welche additiv auf die Impulsgleichung Einfluss nimmt. Da die Erdbeschleunigung über einen endlichen Beobachtungszeitraum hinweg nicht variiert, folgt für eine disperse Phase

$$\rho^D \bar{\alpha}^D \vec{g} \tag{4.192}$$

und analog in der kontinuierlichen Trgerphase

$$\rho^C \bar{\alpha}^C \vec{g} \tag{4.193}$$

jeweils als Quellterm der Gravitation in den Reynolds-gemittelten Impulsgleichungen.

4.4.3 Auftriebskräfte

Analog berechnet sich nach *Archimedes* in einer ruhenden kontinuierlichen Phase der Auftrieb aus der Masse der kontinuierlichen Phase, welche durch die anwesende disperse Phase verdrängt wird.

$$\vec{F}_A \cdot n = -\rho^C V_p n \vec{g} = -\rho^C \alpha^D \vec{g} \qquad (4.194)$$

Diese Beziehung resultiert aus dem hydrostatischen Druckgradienten

$$\nabla p = \rho^C \vec{g} \quad , \qquad (4.195)$$

welcher sich aufgrund der Gravitation in der kontinuierlichen Phase aufbaut. In einer Strömung, deren Geschwindigkeitsfeld im Sinn der *Galilei-Transformation* relativ zum Erdmittelpunkt nicht verschwindet, wird der Auftrieb nicht mehr durch die verdrängte Masse des Fluides definiert, sondern allein durch den Druckgradienten. Aus diesem Grund definiert sich der volumenspezifische Auftrieb

$$\vec{F}_A \cdot n = -\alpha^D \nabla p \qquad (4.196)$$

durch den Volumenbruch-gewichteten Druckgradienten der kontinuierlichen Phase. Auf den Quellterm des Auftriebs in der statistisch gemittelten Transportgleichung wird bei der Definition der *druckinduzierten Kräfte* eingegangen.

4.4.4 Druckinduzierte Kräfte

Als weitere an beiden Phasen angreifende Kraft wird die Divergenz des molekularen Spannungstensors betrachtet. Dieser Spannungstensor setzt sich, wie in der Einführung beschrieben (Gl. 2.150), für Newtonsche Fluide aus zwei Termen zusammen

$$\frac{\partial}{\partial x_j} \left(-p\delta_{ij} + \tau_{ij} \right) , \qquad (4.197)$$

dem Drucktensor und dem Scherspannungstensor $\underline{\tau}^k$. In der Volumenbruch-gewichteten Darstellung wird dieser Term analog zur Auftriebskraft der dispersen Phase mit deren Volumenbruch multipliziert.

$$\vec{F}_\Sigma^k n = -\alpha^k \nabla p^k + \alpha^k \nabla \cdot \underline{\tau}^k \qquad (4.198)$$

In der dispersen Phase wird der Drucktensor als Auftriebskraft (Gl. 4.196) interpretiert, während p^C als Druck p der kontinuierlichen Phase definiert wird. Daraus ist auf folgende Übereinstimmung zu schließen:

$$\nabla p^C = \nabla p^D \quad . \tag{4.199}$$

Daraus folgen die Summen der angreifenden Druck- und Scherspannungs-Kräfte

$$\vec{F}_\Sigma^k n = -\alpha^k \nabla p + \alpha^k \nabla \cdot \underline{\tau}^k \tag{4.200}$$

für die kontinuierliche und die disperse Phase.

4.4.5 Scherinduzierte Kräfte

Die Scherspannung der Phase $k \in \{C, D\}$ definiert sich mit

$$\tau_{ij}^k = \mu^k \left(\frac{\partial}{\partial x_i} u_j^k + \frac{\partial}{\partial x_j} u_i^k - \frac{2}{3} \frac{\partial}{\partial x_l} u_l^k \delta_{ij} \right) \tag{4.201}$$

und der molekularen Viskosität μ^k in der gemittelten, Volumenbruch-gewichteten Form folgendermaßen:

$$\alpha^k \frac{\partial}{\partial x_j} \tau_{ij}^k = \frac{\partial}{\partial x_j} \left(\overline{\tau_{ij}^k \alpha^k} \right) - \overline{\tau_{ij}^k \frac{\partial}{\partial x_j} \alpha^k} \quad . \tag{4.202}$$

Nach einer These von *Oliveira* [183] kann das Produkt mit der Divergenz der Scherspannung gegenüber dem Produkt mit dem Volumenbruchgradienten auf der rechten Seite der Gl. 4.202 vernachlässigt werden.

$$\overline{\alpha^k \frac{\partial}{\partial x_j} \tau_{ij}^k} = \frac{\partial}{\partial x_j} \left(\overline{\tau_{ij}^k \alpha^k} \right) \tag{4.203}$$

$$= \frac{\partial}{\partial x_j} \left(\mu^k \bar{\alpha}^k \left(< \frac{\partial u_i^k}{\partial x_j} >^k + < \frac{\partial u_j^k}{\partial x_i} >^k - \frac{2}{3} < \frac{\partial u_l^k}{\partial x_l} >^k \delta_{ij} \right) \right)$$

Für die Modellierung dieses Momentes $\overline{\alpha^k \tau_{ij}^k}$ existieren zwei Wege, welche sich um einen Quellterm unterscheiden und an dieser Stelle kurz vorgestellt werden.

Modell 1

Aufgrund der Definition der *Favre-Mittelung* (Gl. 4.120) folgt durch

$$\frac{\partial}{\partial x_j} < u_i^k >^k = \frac{\partial}{\partial x_j} \bar{u}_i^k + \frac{\partial}{\partial x_j} \frac{\overline{\alpha^{k\prime} u_i^{k\prime}}}{\bar{\alpha}^k} \qquad (4.204)$$

für den Favre-gemittelten Geschwindigkeitsgradienten folgende Mittelung:

$$
< \frac{\partial}{\partial x_j} u_i^k >^k = \overline{\frac{\partial}{\partial x_j} u_i^k} + \frac{\overline{\alpha^{k\prime} \frac{\partial}{\partial x_j} u_i^{k\prime}}}{\bar{\alpha}^k}
$$

$$
= \underbrace{\frac{\partial}{\partial x_j} \bar{u}_i^k + \frac{\partial}{\partial x_j} \frac{\overline{\alpha^{k\prime} u_i^{k\prime}}}{\bar{\alpha}_k}}_{\frac{\partial}{\partial x_j} < u_i^k >^k} + \frac{\overline{u_i^{k\prime} \frac{\partial}{\partial x_j} \alpha^{k\prime}}}{\bar{\alpha}^k} \quad . \qquad (4.205)
$$

Da die Korrelation aus Geschwindigkeit und Volumenbruchgradient im Gegensatz zu der Korrelation aus Volumenbruch und Geschwindigkeitsgradient vernachlässigt werden kann, ergibt sich für die gemittelte, Volumenbruchgewichtete Divergenz der Scherspannung folgende Definition:

$$\overline{\alpha^k \frac{\partial}{\partial x_j} \tau_{ij}^k} \approx \frac{\partial}{\partial x_j} \left(\mu^k \bar{\alpha}^k \left(\frac{\partial < u_i^k >^k}{\partial x_j} + \frac{\partial < u_j^k >^k}{\partial x_i} - \frac{2}{3} \frac{\partial < u_l^k >^k}{\partial x_l} \delta_{ij} \right) \right) \quad .$$

$$(4.206)$$

Mittels der mehrfach angesprochenen Filterlinearität folgt für den zeitlich gemittelten Scherspannungsterm:

$$\overline{\alpha^k \tau_{ij}^k} = \overline{\alpha^k} \, \mu^k \underbrace{\left(\frac{\partial}{\partial x_j} < u_i^k >^k + \frac{\partial}{\partial x_i} < u_j^k >^k - \frac{2}{3} \frac{\partial}{\partial x_l} < u_l^k >^k \delta_{ij} \right)}_{:= \tau_{ij}^{k*}} \quad .$$

$$(4.207)$$

so dass der neu definierte Tensor τ^{k*} dem volumenbruchgewichtet gemittelten Scherspannungstensor $< \tau^k >^k$ entspricht. Analog zur Modellierung der Turbulenz kontinuierlicher Phasen wird die instationäre Geschwindigkeitsfluktuation der dispersen Phase als nicht aufgelöste Konvektion betrachtet und mittels des *Reynolds'schen Spannungstensors*, welcher die Geschwindigkeitskorrelationen der entsprechenden Phase beschreibt, ebenso als eine Art von "turbulenter Diffusion" interpretiert. Diese Approximation ist die kürzere der beiden und wird häufig verwendet.

Modell 2

Folgende Umformung wird in den Arbeiten von *Oliveira* [183] und *Politis* [192] verwendet:

$$
\begin{aligned}
\overline{\alpha^k \tau_{ij}^k} &= \mu^k \alpha^k \left(\frac{\partial}{\partial x_j} u_i^k + \frac{\partial}{\partial x_i} u_j^k - \frac{2}{3} \frac{\partial}{\partial x_l} u_l^k \delta_{ij} \right) \\
&= \mu^k \left(\frac{\partial}{\partial x_j} \overline{\alpha^k u_i^k} + \frac{\partial}{\partial x_i} \overline{\alpha^k u_j^k} - \frac{2}{3} \frac{\partial}{\partial x_l} \overline{\alpha^k u_l^k} \delta_{ij} \right) \\
&\quad - \mu^k \left(\overline{u_i^k \frac{\partial}{\partial x_j} \alpha^k} + \overline{u_j^k \frac{\partial}{\partial x_i} \alpha^k} - \frac{2}{3} \overline{u_l^k \frac{\partial}{\partial x_l} \alpha^k} \delta_{ij} \right) \\
&= \bar{\alpha}^k \mu^k \underbrace{\left(\frac{\partial}{\partial x_j} <u_i^k>^k + \frac{\partial}{\partial x_i} <u_j^k>^k - \frac{2}{3} \frac{\partial}{\partial x_l} <u_l^k>^k \delta_{ij} \right)}_{:=\tau_{ij}^{k*}} \\
&\quad + \mu^k \left(<u_i^k>^k \frac{\partial}{\partial x_j} \alpha^k + <u_j^k>^k \frac{\partial}{\partial x_i} \alpha^k - \frac{2}{3} <u_l^k>^k \frac{\partial}{\partial x_l} \alpha^k \delta_{ij} \right) \\
&\quad - \mu^k \left(\overline{u_i^k \frac{\partial}{\partial x_j} \alpha^k} + \overline{u_j^k \frac{\partial}{\partial x_i} \alpha^k} - \frac{2}{3} \overline{u_l^k \frac{\partial}{\partial x_l} \alpha^k} \delta_{ij} \right) \ .
\end{aligned}
\tag{4.208}
$$

Auf diesem Weg läßt sich das Moment in den aus *Modell 1* bekannten Scherspannungsterm $\bar{\alpha}^k \tau_{ij}^{k*}$ und einen additiven Quellterm

$$
\begin{aligned}
Q_{\tau,ij} &= \overline{\alpha^k \tau_{ij}^k} - \alpha^k \tau_{ij}^{k*} \\
&= \mu^k (<u_i^k>^k \frac{\partial}{\partial x_j} \alpha^k - \overline{u_i^k \frac{\partial}{\partial x_j} \alpha^k} + <u_j^k>^k \frac{\partial}{\partial x_i} \alpha^k - \overline{u_j^k \frac{\partial}{\partial x_i} \alpha^k} \\
&\quad - \frac{2}{3} <u_l^k>^k \frac{\partial}{\partial x_l} \alpha^k \delta_{ij} + \frac{2}{3} \overline{u_l^k \frac{\partial}{\partial x_l} \alpha^k} \delta_{ij})
\end{aligned}
\tag{4.209}
$$

zerlegen. Aus der Umformung der Differenz

$$
<u_i^k>^k \frac{\partial}{\partial x_j} \bar{\alpha}^k - \overline{u_i^k \frac{\partial}{\partial x_j} \alpha^k} = -\overline{\{u_i^k\}^k \frac{\partial}{\partial x_j} \alpha^k} \approx -\{u_i^k\}^k \frac{\partial}{\partial x_j} \bar{\alpha}^k = \Delta_i^k \frac{\partial}{\partial x_j} \bar{\alpha}^k
\tag{4.210}
$$

und der Definition (Gl. 4.128) sowie der Modellierung von Δ_i^k (Gl. 4.173) folgt die Beschreibung des gemittelten und des volumenbruchgewichteten

Spannungstensors.

$$\overline{\alpha^k \tau_{ij}^k} = \bar{\alpha}^k \tau_{ij}^{k*} + \mu^k \left(\Delta_i^k \frac{\partial}{\partial x_j} \bar{\alpha}^k + \Delta_j^k \frac{\partial}{\partial x_i} \bar{\alpha}^k - \frac{2}{3} \Delta_l^k \frac{\partial}{\partial x_l} \bar{\alpha}^k \delta_{ij} \right)$$

$$= \bar{\alpha}^k \tau_{ij}^{k*} - \frac{\bar{\alpha}^k \mu^k}{\nu_\alpha} \left(2 \Delta_i^k \Delta_j^k - \frac{2}{3} \Delta_i^l \Delta_j^l \delta_{ij} \right) \qquad (4.211)$$

Während im *Modell 1* (Gl. 4.206) der Scherspannungseinfluss durch

$$\overline{\alpha^k \tau_{ij}^k} = \bar{\alpha}^k \tau_{ij}^{k*} \qquad (4.212)$$

beschrieben wird, existiert in *Modell 2* ein weiterer Term

$$\frac{\partial}{\partial x_j} Q_{\tau,ij} = -\frac{\partial}{\partial x_j} \left(\frac{\bar{\alpha}^k \mu^k}{\nu_\alpha} \left(2 \Delta_i^k \Delta_j^k - \frac{2}{3} \Delta_i^l \Delta_j^l \delta_{ij} \right) \right), \qquad (4.213)$$

welcher in der Impulstransportgleichung eine additiv angreifende Kraft darstellt. Da Δ_i^k im Allgemeinen sehr klein ist, werden Quadrate dieses Terms wie in Modell 1 in Transportgleichungen vernachlässigt.

4.4.6 Impulserhaltung

Für die Simulation einer Zwei-Phasen-Strömung mittels einer Euler/Eulerschen Beschreibungsweise werden neben anderen physikalischen Größen Geschwindigkeit, Volumenbruch und Druck einer jeden der beiden Phasen zu einem festen Zeitpunkt an einem bestimmten Ort berechnet. Für die Ermittlung einer mittleren Geschwindigkeit wird die Lösung einer entsprechend modellierten Transportgleichung basierend auf der Impulserhaltung gesucht. Analog zu der einphasigen Impulserhaltung (Gl. 2.150) definiert sich die materielle Ableitung des Volumenbruch-gewichteten Impulses einer Phase $k \in \{C, D\}$ durch einen instationären Term und einen Konvektionsterm.

$$\frac{D}{Dt} \left(\rho^k \alpha^k u_i^k \right) = \frac{\partial}{\partial t} \left(\rho^k \alpha^k u_i^k \right) + \frac{\partial}{\partial x_j} \left(\rho^k \alpha^k u_i^k u_j^k \right) \qquad (4.214)$$

Als angreifende Kräfte nehmen, wie ausgeführt, neben Gravitation und Auftriebskräften auch molekulare Spannungskräfte und Strömungswiderstandskräfte Einfluss auf die Bewegung einer jeden der beiden Phasen. So ergibt sich folgende ungemittelte Impulstransportgleichung:

$$\frac{\partial}{\partial t} \left(\rho^k \alpha^k u_i^k \right) + \frac{\partial}{\partial x_j} \left(\rho^k \alpha^k u_i^k u_j^k \right) = -\alpha^k \frac{\partial}{\partial x_i} p + \alpha^k \frac{\partial}{\partial x_j} \tau_{ij}^k + \frac{\rho^D \alpha^D}{\tau_D^D} \left(u_i^{\bar{k}} - u_i^k \right).$$

$$(4.215)$$

In der statistischen Mittelung entsteht aus der Impulserhaltung neben der Konvektion der Favre-gemittelten Geschwindigkeit analog zu Gl. 2.282 eine zusätzliche Korrelation der einzelnen Geschwindigkeitskomponenten.

$$\frac{\partial}{\partial t}\left(\rho^k \bar{\alpha}^k < u_i^k >^k\right) + \frac{\partial}{\partial x_j}\left(\rho^k \bar{\alpha}^k < u_i^k >^k < u_j^k >^k\right) = \qquad (4.216)$$

$$- \overline{\alpha^k \frac{\partial}{\partial x_i} p} + \overline{\alpha^k \frac{\partial}{\partial x_j} \tau_{ij}^k}$$

$$- \frac{\partial}{\partial x_j}\left(\rho^k \bar{\alpha}^k < \{u_i^k\}^k \{u_j^k\}^k >^k\right)$$

$$+ \frac{\rho^D \bar{\alpha}^D}{\tau_D^D}\left(< u_i^{\bar{k}} >^D - < u_i^k >^D\right)$$

Um eine geschlossene Darstellung der Impulsbilanz zu erhalten, müssen neben der Druckkorrelation auch das zweite Moment der Geschwindigkeit und die Abhängigkeit des Strömungswiderstandsterms allein durch jeweils gewichtet gemittelten Geschwindigkeiten $< u_i^C >^C$ und $< u_i^D >^D$ bestimmt werden.

4.4.7 Phasentransfer

Aus der Kontinuität der Phase $k \in \{C, D\}$ (Gl. 4.174):

$$\frac{\partial}{\partial t}\left(\rho^k \alpha^k\right) + \frac{\partial}{\partial x_i}\left(\rho^k \alpha^k u_i^k\right) = \Gamma^k \qquad (4.217)$$

folgt mit der Massentransferrate Γ^k (Gln. 4.175,4.176), dass sich der Gesamtimpuls der Phase k, welche die Masse verlässt, um die vektorielle Komponente

$$- \Gamma^k \vec{u}^k = \left|\Gamma^k\right| \vec{u}^k \qquad (4.218)$$

verringert und sich dem entsprechend der Gesamtimpuls der Phase $\bar{k}$, in welche die Masse eintritt, um

$$\Gamma^{\bar{k}} \vec{u}^k = \left|\Gamma^{\bar{k}}\right| \vec{u}^k \qquad (4.219)$$

vergrößert. Entsprechend resultiert in der zeitlich gemittelten Darstellung der Impulserhaltungsgleichung, sofern, wie bei Verdampfungs- oder Feststoffverbrennungsvorgängen zu erwarten ist, der Massentransfer von der dispersen in die kontinuierliche Phase wechselt, der additive Quellterm $\overline{\Gamma^k u^D}$, welcher den durch den vollzogenen Phasentransfer gewonnenen Impulsgewinn beschreibt. Wird der Massentransfer durch die phasenspezifische Massenänderung $\dot{M}^k$ beschrieben, welche selbst invariant gegenüber zeitlichen Mittelungen ist, so wird die Massentransferrate wie folgt substituiert:

$$\Gamma^k = \alpha^k \dot{M}^k \quad . \tag{4.220}$$

Aus der Massenerhaltung während des Phasentranfers

$$\Gamma^k = -\Gamma^{\bar{k}} \tag{4.221}$$

folgen die Quellterme

$$\overline{\alpha}^C \dot{M}^C < u_i^D >^D = -\overline{\alpha}^D \dot{M}^D < u_i^D >^D \tag{4.222}$$

für die kontinuierliche Phase und

$$\overline{\alpha}^D \dot{M}^D < u_i^D >^D = -\overline{\alpha}^C \dot{M}^C < u_i^D >^D \tag{4.223}$$

für die disperse Phase.

4.4.8 Phaseninteraktion

In der Transportgleichung der Favre-gemittelten Geschwindigkeit (Gl. 4.216) wird der Strömungswiderstand durch die nach dem Volumenbruch der dispersen Phase Favre-gemittelten Geschwindigkeitsdifferenz definiert. Da durch die Impulstransportgleichungen nur nach der eigenen Phase gemittelte Geschwindigkeiten bestimmt werden, muss die nach der dispersen Phase gemittelte Geschwindigkeit der kontinuierlichen Phase $< u_i^C >^D$ definiert werden.

$$< u_i^k >^{\bar{k}} = < u_i^k >^k + \frac{\overline{\alpha'^{\bar{k}} u_i'^k}}{\overline{\alpha}^{\bar{k}} \cdot \overline{\alpha}^k} = < u_i^k >^k + \frac{\nu_\eta^k}{\overline{\alpha^k \alpha^{\bar{k}}}} \frac{\partial}{\partial x_i} \overline{\alpha^k} \tag{4.224}$$

Aus der Gl. 4.149 folgt so eine für die Impulsgleichungen beider Phasen geschlossene Formulierung des Strömungswiderstandes. Auf diesem Weg ergibt sich in Anlehnung an die Widerstandskräfte der dispersen Phase (Gl. 4.190) :

$$\frac{\rho^D \overline{\alpha^D}}{\tau_D^D} \left(\underbrace{< u_i^C >^D - < u_i^D >^D)}_{U_{r,i}^D} \right. \tag{4.225}$$

$$= \frac{\rho^D \overline{\alpha^D}}{\tau_D^D} \left((< u_i^C >^C - < u_i^D >^D) + \underbrace{\frac{\nu_\eta^C}{\overline{\alpha^C} \, \overline{\alpha^D}} \frac{\partial}{\partial x_i} \overline{\alpha^C}}_{U_{d,i}^C} \right)$$

als Widerstandsquellterm der dispersen Phase und

$$\frac{\rho^C \overline{\alpha^C}}{\tau_D^C} \left(\underbrace{< u_i^D >^C - < u_i^C >^C)}_{U_{r,i}^C} \right. \tag{4.226}$$

$$= \frac{\rho^C \overline{\alpha^C}}{\tau_D^C} \left((< u_i^D >^D - < u_i^C >^C) + \underbrace{\frac{\nu_\eta^D}{\overline{\alpha^C} \, \overline{\alpha^D}} \frac{\partial}{\partial x_i} \overline{\alpha^D}}_{U_{d,i}^D} \right)$$

als Quellterm der kontinuierlichen Phase. Der Vektor $U_{d,i}^k$ wurde in Gl. 4.153 definiert. Da sich die Summe der volumenspezifischen Kräfte aufhebt, gilt:

$$
\begin{aligned}
0 = {} & \frac{\rho^D \overline{\alpha^D}}{\tau_D^D} \left((< u_i^C >^C - < u_i^D >^D) + \frac{\nu_\eta^C}{\overline{\alpha^C} \, \overline{\alpha^D}} \frac{\partial}{\partial x_i} \overline{\alpha^C} \right) \\
+ {} & \frac{\rho^C \overline{\alpha^C}}{\tau_D^C} \left((< u_i^D >^D - < u_i^C >^C) + \frac{\nu_\eta^D}{\overline{\alpha^C} \, \overline{\alpha^D}} \frac{\partial}{\partial x_i} \overline{\alpha^D} \right) \quad (4.227)
\end{aligned}
$$

Da die Differenz der gemittelten Geschwindigkeiten nicht kolinear zu dem Volumenbruchgradienten ist, resultieren aus den skalaren Koeffizienten der

Gl. 4.227 die Beziehungen:

$$0 = \frac{\rho^C \alpha^C}{\tau_D^C} - \frac{\rho^D \alpha^D}{\tau_D^D} \qquad (4.228)$$

$$0 = \frac{\rho^C \alpha^C}{\tau_D^C} \nu_\eta^C \frac{\partial}{\partial x_i} \overline{\alpha^C} + \frac{\rho^D \alpha^D}{\tau_D^D} \frac{\nu_\eta^D}{\overline{\alpha^C}\,\overline{\alpha^D}} \frac{\partial}{\partial x_i} \overline{\alpha^D} \qquad (4.229)$$

$$(4.230)$$

Wie aus diesen Gleichungen folgt, gelten für das Relaxationszeitmaß der kontinuierlichen Phase τ_D^C und die filterungsbedingten Diffusivitäten ν_η^C und ν_η^D:

$$\tau_D^C = \underbrace{\frac{\rho^C \overline{\alpha^C}}{\rho^D \overline{\alpha^D}}}_{=:Z^C} \tau_D^D \qquad (4.231)$$

$$\frac{\nu_\eta^C}{\overline{\alpha^C}\,\overline{\alpha^D}} \frac{\partial}{\partial x_i} \overline{\alpha^C} = -\frac{\nu_\eta^D}{\overline{\alpha^C}\,\overline{\alpha^D}} \frac{\partial}{\partial x_i} \overline{\alpha^D} = \frac{\nu_\eta^D}{\overline{\alpha^C}\,\overline{\alpha^D}} \frac{\partial}{\partial x_i} \overline{\alpha^C} \qquad (4.232)$$

$$\Rightarrow \quad \nu_\eta^C = \nu_\eta^D \qquad (4.233)$$

Mittels der Definition des Relaxationszeitmaßes der dispersen Phase τ_D^D (Gl. 4.189), welches in erster Linie durch Form und Trägheit des Partikels sowie durch die Scherzähigkeit des Trägermediums beschrieben werden muss, wird auf diesem Weg das zugehörige Gegenzeitmaß der kontinuierlichen Phase (Gl. 4.231) berechnet. Zusätzlich ist die Äquivalenz der zuvor beschriebenen filterspezifischen Diffusivitäten nachgewiesen.

4.4.9 Druck- und Gravitationseinfluss

Unter Verwendung der Filterlinearität (Gl. 4.138) folgt für den Druckeinfluss in der Impulsgleichung:

$$\overline{\alpha^k \frac{\partial}{\partial x_l} p^C} = \overline{\alpha^k} \frac{\partial}{\partial x_l} < p^C >^k \qquad (4.234)$$

Unter der Annahme, dass die durch die Druckgradienten wirkenden Kräfte proportional zum Verhältnis der Volumenbrüche stehen, da eine beliebig durch das zweiphasige Medium verlaufende Fläche erwartungsgemäß mit einem Anteil von $\overline{\alpha^D}/\overline{\alpha^C}$ durch die disperse Phase läuft, gilt:

$$\frac{\overline{\alpha^D}\,\frac{\partial}{\partial x_{(i)}}<p^C>^D}{\overline{\alpha^C}\,\frac{\partial}{\partial x_{(i)}}<p^C>^C} = \frac{\overline{\alpha^D}}{\overline{\alpha^C}} \quad \Rightarrow \quad <p^C>^D=<p^C>^C \quad . \tag{4.235}$$

Aus der allgemeinen Grundgleichen für die Volumenaufteilung einer Zweiphasenströmung

$$p = \alpha^k p + \alpha^{\bar{k}} p \tag{4.236}$$

folgt für den Reynolds-gemittelten Druck

$$\begin{aligned} \bar{p} &= \bar{\alpha}^k <p>^k + \bar{\alpha}^{\bar{k}} <p>^{\bar{k}} \\ &= \underbrace{\left(\bar{\alpha}^k + \bar{\alpha}^{\bar{k}}\right)}_{=1} <p>^k \,, \end{aligned} \tag{4.237}$$

so dass

$$\overline{\{p\}^k} = 0\,. \tag{4.238}$$

So können Graviations- und Druckeinfluss mittels der Filterlinearität, der Konstanz der Erdbeschleunigung $\vec{g}$ der zeitlich gemittelten Darstellung des Drucks der kontinuierlichen Phase wie folgt beschrieben werden:

$$-\overline{\alpha^k \frac{\partial}{\partial x_i} p^C} + \overline{\rho^k \alpha^k g_i} = \overline{\alpha^k}\left(\rho^k g_i - \frac{\partial}{\partial x_i}\overline{p^C}\right) \quad . \tag{4.239}$$

Im Anschluss an diese Überlegungen sind für die Aufstellung der Impulstransportgleichung neben der Mittelung der Scherspannungsterme lediglich noch Korrelationen der Geschwindigkeit zu modellieren.

4.4.10 Phasengewichteter Impulstransport

Als einziger noch nicht geschlossener Term der Gl. 4.216 wird die Korrelation der Geschwindigkeitskomponenten der einzelnen Phasen betrachtet. In Anlehnung an die einphasige Beschreibung (Gl. 2.300) werden die Korrelationen für beide Phasen wie folgt definiert [119]:

$$\begin{aligned} <\{u_i^k\}^k\{u_j^k\}^k>^k &= \frac{2}{3}k^k\delta_{ij} \\ &\quad - \nu_t^k\left(\frac{\partial <u_i^k>^k}{\partial x_j} + \frac{\partial <u_j^k>^k}{\partial x_i} - \frac{2}{3}\frac{\partial <u_l^k>^k}{\partial x_l}\delta_{ij}\right). \end{aligned} \tag{4.240}$$

Auf die allgemeine Theorie wird mit der Diffusion der Turbulenz eingegangen. Während

$$k^C = \frac{1}{2} < \{u_i^C\}^C \{u_j^C\}^C >^C \delta_{ij} \qquad (4.241)$$

analog, nur in einer anderen Mittelungsform, die turbulente Energie der kontinuierlichen Phase beschreibt, ist das Gegenstück, die turbulente kinetische Energie der dispersen Phase

$$k^D = \frac{1}{2} < \{u_i^D\}^D \{u_j^D\}^D >^D \delta_{ij} \qquad (4.242)$$

wohl eher als Hälfte der Varianz der Partikelgeschwindigkeit zu betrachten. Für den Quellterm der Impulsbilanz folgt

$$-\frac{\partial}{\partial x_j} \left(\rho^k \bar{\alpha}^k < \{u_i^k\}^k \{u_j^k\}^k >^k \right) = -\frac{\partial}{\partial x_j} \left(\rho^k \bar{\alpha}^k \cdot \frac{2}{3} k^k \delta_{ij} \right) \qquad (4.243)$$

$$+\frac{\partial}{\partial x_j} \left(\mu_t^k \bar{\alpha}^k \left(\frac{\partial}{\partial x_j} < u_i^k >^k + \frac{\partial}{\partial x_i} < u_j^k >^k - \frac{2}{3} \frac{\partial}{\partial x_l} < u_l^k >^k \delta_{ij} \right) \right)$$

als Modellierung der Geschwindigkeitskomponenten-Korrelation. Somit ist die Impulstransportgleichung, sofern die turbulenten kinetischen Energien bestimmt sind, geschlossen. Aus der Impulserhaltung und den angegebenen Umformungen und Modellierungen der Quell- und Diffusionsterme ergibt sich die Bewegungsgleichung der kontinuierlichen und der dispersen Phase.

$$\frac{\partial}{\partial t} \left(\rho^k \bar{\alpha}^k < u_i^k >^k \right) + \frac{\partial}{\partial x_j} \left(\rho^k \bar{\alpha}^k < u_i^k >^k < u_j^k >^k \right)$$

$$= -\bar{\alpha}^k \frac{\partial}{\partial x_i} < p >^k - \frac{\partial}{\partial x_i} \rho^k \bar{\alpha}^k \cdot \frac{2}{3} k^k - \bar{\alpha}^D \dot{M}^D < u_i^D >^D \cdot \mathrm{sign}(k)$$

$$+\frac{\partial}{\partial x_j} \left((\mu^k + \mu_t^k)\bar{\alpha}^k \left(\frac{\partial < u_i^k >^k}{\partial x_j} + \frac{\partial < u_j^k >^k}{\partial x_i} - \frac{2}{3} \frac{\partial < u_l^k >^k}{\partial x_l} \delta_{ij} \right) \right)$$

$$+\underbrace{\frac{\rho^D \bar{\alpha}^D}{\tau_D^D} \left(< u_i^{\bar{k}} >^{\bar{k}} - < u_i^k >^k + \nu_\eta^D \frac{\partial}{\partial x_i} \overline{\alpha^D} \cdot \mathrm{sign}(k) \right)}_{\frac{\rho^D \bar{\alpha}^D}{\tau_D^D}(<u_i^{\bar{k}}>^{\bar{k}} - <u_i^k>^k) + \frac{\rho^D}{\tau_D^D}\{u_i^D\}^D \cdot \mathrm{sign}(k)} \qquad (4.244)$$

Die Signumsfunktion ist folgendermaßen definiert:

$$\mathrm{sign}(C) = 1 \qquad (4.245)$$

$$\mathrm{sign}(D) = -1 \quad . \qquad (4.246)$$

Auf diesem Weg ergibt sich die Rechenregel:

$$\text{sign}(\bar{k}) = -\text{sign}(k) \, . \tag{4.247}$$

Aufgrund dieser Gleichungen können, wie gefordert, unter Vorgabe eines Inertialgeschwindigkeitsfeldes zum Zeitpunkt $t = 0$ sowohl die Geschwindigkeit der dispersen als auch die der kontinuierlichen Phase zu einem bestimmten Zeitpunkt an einem festen Ort vorherbestimmt werden.

4.5 Modellierung der Partikeldiffusion

Analog zu der $RANS$-Darstellung einphasiger turbulenter Strömungen müssen ebenfalls für die disperse Phase höhere Momente - in der Impulstransportgleichung die Varianz der Partikelgeschwindigkeit - modelliert und damit geschlossen werden. Neben diesen Abweichungen von der statistisch mittleren Geschwindigkeit nimmt aufgrund des Strömungswiderstandes auch die Korrelation zwischen den Geschwindigkeiten der dispersen und der kontinuierlichen Phase Einfluss auf eben jene Varianz der Partikelgeschwindigkeit. Wie in der Definition der turbulenten Diffusion betont, muss zur Schließung der Impulsbilanz die turbulente kinetische Energie einer jeden Phase zuvor bestimmt werden. Dies wird analog zur Ein-Phasen-Problematik durch eine Lösung einer Transportgleichung getan.

4.5.1 Aufspaltung

Analog zu Herleitung der k-Gleichung (Gl. 2.302) wird die Differenz von der nicht gemittelten und der gemittelten Impulstransportgleichung (Gl. 4.244) bestimmt, um diese dann mit der Abweichung von der Favre-gemittelten Geschwindigkeit $\{u_i^k\}^k$ zu multiplizieren. Nach den aus der Definition der Mittelung folgenden Regeln

$$\alpha^D u_i^k \quad - \quad \bar{\alpha}^D < u_i^k >^k = \alpha'^D u_i^k + \bar{\alpha}^D \{u_i^k\}^k \tag{4.248}$$

$$\alpha_k u_i^k u_j^k \quad - \quad \bar{\alpha}^k \left(< u_i^k >^k < u_j^k >^k + < \{u_i^k\}\{u_j^k\}^k >^k \right) \tag{4.249}$$

$$= \quad \bar{\alpha} \left(\{u_i^k\}^k < u_j^k >^k + \{u_j^k\}^k < u_i^k >^k \right) + \alpha'^k \left(u_i^k u_j^k \right)$$

$$+ \quad \bar{\alpha}^k \left(\{u_i^k\}^k \{u_j^k\}^k - < \{u_i^k\}^k \{u_j^k\}^k >^k \right)$$

$$\alpha^k \frac{\partial}{\partial x_i} p - \bar{\alpha}^k \frac{\partial}{\partial x_i} \bar{p} \quad = \quad \bar{\alpha}^k \frac{\partial}{\partial x_i} p' + \alpha' \frac{\partial}{\partial x_i} p \tag{4.250}$$

folgt eben jene Differenz der momentanen und der gemittelten Impulstransportgleichung

$$I_i^k = -K_i^k + S_i^k \qquad (4.251)$$

mit dem instationären Term

$$I_i^k = \frac{\partial}{\partial t}\left(\rho^k\left(\alpha'^k u_i^k + \bar{\alpha}^k \{u_i^k\}^k\right)\right), \qquad (4.252)$$

dem Konvektionsterm

$$K_i^k = \frac{\partial}{\partial x_j}(\rho^k \bar{\alpha}^k (\{u_i^k\}^k < u_i^k >^k + \{u_j^k\}^k < u_j^k >^k + \{u_i^k\}^k \{u_j^k\}^k$$
$$- \; < \{u_i^k\}^k \{u_j^k\}^k >^k) + \rho^k \alpha'^k \left(u_i^k u_j^k\right)) \qquad (4.253)$$

und dem Quellterm

$$S_i^k = -\bar{\alpha}^k \frac{\partial}{\partial x_i} p' - \alpha'^k \frac{\partial}{\partial x_i} p + \frac{\rho^D}{\tau_D^D}\Delta_i^C \cdot \mathrm{sign}(k)$$
$$+ \; \frac{\rho^D}{\tau_D^D}\left(\alpha'^D\left(u_i^{\bar{k}} - u_i^k\right) + \bar{\alpha}^D\left(\{u_i^{\bar{k}}\}^{\bar{k}} - \{u_i^k\}^k\right)\right)$$
$$+ \; \alpha^k \frac{\partial}{\partial x_j}\tau_{ij}^k - \bar{\alpha}^k \frac{\partial}{\partial x_j}\tau_{ij}^{*k}. \qquad (4.254)$$

Durch eine Multiplikation mit der Geschwindigkeitsfluktuation und einer
anschließenden Mittelung wird der Transport der turbulenten kinetischen
Energie k^k bestimmt.

4.5.2 Konvektionsterm

Aus der Multiplikation resultiert folgende Zerlegung des Konvektionsterms,
in welcher der letzte Term mit dem skalaren Wert ψ^k definiert wird:

$$\{u_i^k\} \quad \cdot \quad K_i^k = \rho^k \bar{\alpha}^k < u_j^k >^k \frac{\partial}{\partial x_j}\frac{\{u_i^k\}^k \{u_i^k\}^k}{2} \qquad (4.255)$$
$$+ \; \{u_i^k\}^k \{u_i^k\}^k \frac{\partial}{\partial x_j}\left(\rho^k \bar{\alpha}^k < u_j^k >^k\right)$$
$$+ \; \rho^k \bar{\alpha}^k \{u_i^k\}^k \{u_j^k\}^k \partial < u_i^k >^k + \underbrace{\{u_i^k\}^k < u_i^k >^k \frac{\partial}{\partial x_j}\left(\rho^k \bar{\alpha}^k \{u_j^k\}^k\right)}_{A}$$

$$+ \quad \rho^k \bar{\alpha}^k \{u_j^k\}^k \frac{\partial}{\partial x_j} \frac{\{u_i^k\}^k \{u_i^k\}^k}{2} + \underbrace{\{u_i^k\}^k \{u_i^k\}^k \frac{\partial}{\partial x_j} \left(\rho^k \bar{\alpha}^k \{u_j^k\}^k \right)}_{B}$$

$$\underbrace{-\{u_i^k\}^k \frac{\partial}{\partial x_j} \left(\rho^k \bar{\alpha}^k < \{u_i^k\}^k \{u_j^k\}^k >^k \right) + \{u_i^k\}^k \frac{\partial}{\partial x_j} \left(\rho \alpha_k' u_i u_j \right)}_{=: \psi^k} \quad .$$

Die Divergenz des Impulses der fluktuierenden Geschwindigkeit ist im Allgemeinen vernachlässigbar. Daher verschwinden Term A sowie Term B. Die Mittelung des Produktterms stellt den Konvektionsterm der Transportgleichung der turbulenten kinetischen Energie dar, in dem sich die Hälfte der Varianz der Geschwindigkeit zu

$$k^k = \frac{< \{u_i^k\}^k \{u_i^k\}^k >^k}{2} \tag{4.256}$$

zusammenfassen läßt:

$$< \{u_i^k\} K_i^k >^k \quad - \quad \rho^k \bar{\alpha}^k < u_j^h >^h \frac{\partial}{\partial x_j} k^k + k^k \frac{\partial}{\partial x_j} \left(\rho^k \bar{\alpha}^k < u_j^k >^k \right)$$

$$+ \rho^k \bar{\alpha}^k < \{u_i^k\}^k \{u_j^k\}^k >^k \frac{\partial}{\partial x_j} < u_i^k >^k$$

$$+ \frac{\partial}{\partial x_j} \left(\rho^k \bar{\alpha}^k \frac{1}{2} < \{u_i^k\}^k \{u_i^k\}^k \{u_j^k\}^k >^k \right) + < \psi^k >^k$$

$$= \quad \frac{\partial}{\partial x_j} \left(\rho^k \bar{\alpha}^k k^k < u_j^k >^k \right)$$

$$+ \underbrace{\rho^k \bar{\alpha}^k < \{u_i^k\}^k \{u_j^k\}^k >^k \frac{\partial}{\partial x_j} < u_i^k >^k}_{=: <\Pi^k>^k}$$

$$+ \underbrace{\frac{\partial}{\partial x_j} \left(\rho^k \bar{\alpha}^k \frac{1}{2} < \{u_i^k\}^k \{u_i^k\}^k \{u_j^k\}^k >^k \right)}_{=: <G^k>^k}$$

$$+ \underbrace{k^k \frac{\partial}{\partial x_j} \left(\rho^k \bar{\alpha}^k < u_j^k >^k \right) + < \psi^k >^k}_{=: C_2} \quad . \tag{4.257}$$

Der Term $< G^k >^k$ ist das Moment dritter Ordnung, auf welches später (Gl. 4.268) noch eingegangen wird, $< \Pi^k >^k$ ist der Produktionsterm und C_2

wird sich mit einen anderen Term in Gl. 4.259 aufheben.

4.5.3 Instationärer Transport

Analog zum Konvektionsterm multipliziert man auf die Differenz der instationären Terme der Impulstransportgleichungen (Gl. 4.252) die Fluktuation der Geschwindigkeit.

$$
\begin{aligned}
\{u_i^k\}^k \cdot I_i^k &= \{u_i^k\}^k \frac{\partial}{\partial t} \left(\rho_k \alpha'^k u_i^k\right) + \{u_i^k\}^k \frac{\partial}{\partial t} \left(\rho_k \bar{\alpha}^k \{u_i^k\}^k\right) \\
&= \{u_i^k\}^k u_i^k \frac{\partial}{\partial t} \left(\rho^k \alpha'^k\right) + \rho^k \alpha'^k \{u_i^k\}^k \frac{\partial}{\partial t} u_i^k \\
&\quad + \rho^k \bar{\alpha}^k \frac{\partial}{\partial t} \frac{\{u_i^k\}\{u_i^k\}}{2} + \{u_i^k\}\{u_i^k\} \frac{\partial}{\partial t} \left(\rho^k \bar{\alpha}^k\right) \quad (4.258)
\end{aligned}
$$

Nach der Mittelung und der energetischen Substitution (Gl. 4.256) folgt der instationäre Term der Transportgleichung, dessen Term C_1 zusammen mit dem Term C_2 aus der Konvektion aufgrund der Kontinuitätsgleichung verschwindet.

$$
\begin{aligned}
< \{u_i^k\}^k \cdot I_i^k >^k &= \underbrace{< \{u_i^k\}^k u_i^k \frac{\partial}{\partial t} \left(\rho^k \alpha'^k\right) >^k}_{=:D_1} + \underbrace{< \rho^k \alpha'^k \{u_i^k\}^k \frac{\partial}{\partial t} u_i^k >^k}_{=:E_1} \\
&\quad + \rho^k \bar{\alpha}^k \frac{\partial}{\partial t} k^k + 2k^k \frac{\partial}{\partial t} \left(\rho^k \bar{\alpha}^k\right) \\
&= D_1 + E_1 + \frac{\partial}{\partial t} \left(\rho^k \bar{\alpha}^k k^k\right) + \underbrace{k^k \frac{\partial}{\partial t} \left(\rho^k \bar{\alpha}^k\right)}_{C_1} \quad (4.259)
\end{aligned}
$$

Die Terme D_1 und E_1 werden sich ebenfalls durch die Kontinuitätsbeziehung gegen im Quellterm auftauchende Terme aufheben.

4.5.4 Diffusion und Interaktion

Aus der Multiplikation von Geschwindigkeitsfluktuation und Quellterm S_i^k (Gl. 4.254) folgen die Diffusions- und Interaktionsterme der Turbulenztransportgleichung.

$$\{u_i^k\}^k \cdot S_i^k = \underbrace{-\bar{\alpha}^k\{u_i^k\}^k \frac{\partial}{\partial x_i}p' - \alpha'^k\{u_i^k\}^k \frac{\partial}{\partial x_i}p + \frac{\rho^D}{\tau_D}\Delta_i^C\{u_i^k\}^k \cdot \text{sign}(k)}_{=:P^k}$$

$$+ \underbrace{\frac{\rho^D}{\tau_D^D}\{u_i^k\}^k \left(\alpha'^D \left(u_i^{\bar{k}} - u_i^k\right) + \bar{\alpha}^D \left(\{u_i^{\bar{k}}\}^{\bar{k}} - \{u_i^k\}^k\right)\right)}_{=:W^k}$$

$$+ \underbrace{\alpha^k\{u_i^k\}^k \frac{\partial}{\partial x_j}\tau_{ij}^k - \bar{\alpha}^k\{u_i^k\}^k \frac{\partial}{\partial x_j}\tau_{ij}^{*k}}_{=:D^k} \tag{4.260}$$

Werden nun - wie in Gl. 4.251 definiert - Konvektion und Quellterm addiert, resultiert nach anschließender Multiplikation und Mittelung nach dem Verschwinden von C_2 und der Reduzierung von $<\psi^k>^k$ mittels Gl. 4.257 folgender Zusammenhang

$$- < \{u_i^k\} \cdot K_i^k >^k \ + \ < \{u_i^k\}^k \cdot S_i^k >^k = \tag{4.201}$$

$$-\frac{\partial}{\partial x_j}\left(\rho^k\bar{\alpha}^k k^k < u_j^k >^k\right) - < \Pi^k >^k$$

$$- < G^k >^k + < P^k >^k + < W^k >^k + < D^k >^k$$

$$\underbrace{- < \{u_i^k\}^k \frac{\partial}{\partial x_j}\left(\rho^k\bar{\alpha}^k < \{u_i^k\}^k\{u_j^k\}^k >^k\right) >^k}_{=0}$$

$$\underbrace{- < \{u_i^k\}^k \frac{\partial}{\partial x_j}\left(\rho\alpha'^k u_i^k u_j^k\right) >^k}_{=<\psi^k>^k} .$$

Da die Signumsfunktion (Gln. 4.245,4.246) bezüglich der Mittelung invariant ist, verschwindet nach dieser der gesamte Term aus Gl. 4.260. Zerlegt man nun $<\psi^k>^k$, fällt wieder aufgrund der Kontinuitätsgleichung D_2 gegen D_1 aus dem instationären Term (Gl. 4.259) weg. Der Gradient der nicht gemittelten Geschwindigkeit wird durch Kontinuität und momentane Impulserhaltung substituiert.

$$
\begin{aligned}
< \psi^k >^k \;=\; & \underbrace{< \{u_i^k\}^k u_i^k \frac{\partial}{\partial x_j} \left(\rho^k \alpha'^k u_j^k \right) >^k}_{=:D_2} + < \{u_i^k\}^k \rho^k \alpha'^k u_j^k \frac{\partial u_i^k}{\partial x_j} >^k \\[2mm]
=\; & < \{u_i^k\}^k \left(-\rho^k \alpha'^k \frac{\partial u_i^k}{\partial t} + \frac{\rho^D \alpha'^D}{\tau_D^D} \left(u_i^{\bar{k}} - u_i^k \right) \right) >^k \\[2mm]
& + \{u_i^k\}^k \left(-\alpha'^k \frac{\partial p}{\partial x_i} + \alpha'^k \frac{\partial \tau_{ij}^k}{\partial x_j} \right) >^k \\[2mm]
=\; & \underbrace{- < \rho^k \alpha'^k \{u_i^k\}^k \frac{\partial}{\partial t} u_i^k >^k}_{=:E_2} \hspace{3cm} (4.262) \\[2mm]
& + < \{u^k\}^k \left(\frac{\rho^D \alpha'^D}{\tau_D^D} \left(u_i^{\bar{k}} - u_i^k \right) + \alpha'^k \left(\frac{\partial}{\partial x_j} \tau_{ij}^k - \frac{\partial}{\partial x_i} p \right) \right) >^k
\end{aligned}
$$

Der Term E_2 fällt wiederum aus Kontinuitätsgründen gegen E_1 aus dem instationären Term (Gl. 4.259) weg. Setzt man nun P^k, W^k und D^k aus Gl. 4.260 sowie ψ^k in Gl. 4.261 ein, verschwinden die Produkte der momentanen Größen.

$$
\begin{aligned}
- < \{u_i^k\} \cdot K_i^k >^k \;+\;\; & < \{u_i^k\}^k \cdot S_i^k >^k = - \frac{\partial}{\partial x_j} \left(\rho^k \bar{\alpha}^k k^k < u_j^k >^k \right) \\[2mm]
& - < \Pi^k >^k - < G^k >^k - \bar{\alpha}^k < \{u_i^k\}^k \frac{\partial}{\partial x_i} p' >^k \\[2mm]
& + \frac{\rho^D \bar{\alpha}^D}{\tau_D^D} \left(\underbrace{< \{u_i^{\bar{k}}\}^{\bar{k}} \{u_i^k\}^k >^k}_{=:q^k} - \underbrace{< \{u_i^k\}^k \{u_i^k\}^k >^k}_{2k^k} \right) \\[2mm]
& + \bar{\alpha}^k < \{u_i^k\}^k \left(\frac{\partial}{\partial x_j} \tau_{ij}^k - \frac{\partial}{\partial x_j} \tau_{ij}^{*k} \right) >^k \hspace{1cm} (4.263)
\end{aligned}
$$

Nach dieser Nomenklatur ergibt sich durch das Einsetzen der Produktion und des dritten Momentes, welches zusammen mit der Geschwindigkeit-

Druckgradienten-Korrelation die Diffusion der turbulenten kinetischen Energie darstellt,

$$
\frac{\partial}{\partial t} \left(\rho^k \bar{\alpha}^k k^k \right) \quad + \quad \frac{\partial}{\partial x_j} \left(\rho^k \bar{\alpha}^k k^k < u_j^k >^k \right) =
$$

$$
\bar{\alpha}^k < \{u_i^k\}^k \left(\frac{\partial}{\partial x_j} \tau_{ij}^k - \frac{\partial}{\partial x_j} \tau_{ij}^{*k} \right) >^k
$$

$$
+ \quad \frac{\rho^D \bar{\alpha}^D}{\tau_D^D} \left(q^k - 2k^k \right) - \bar{\alpha}^k < \{u_i^k\}^k \frac{\partial}{\partial x_i} p' >^k
$$

$$
- \quad \frac{\partial}{\partial x_j} \left(\rho^k \bar{\alpha}^k \frac{1}{2} < \{u_i^k\}^k \{u_i^k\}^k \{u_j^k\}^k >^k \right)
$$

$$
- \quad \rho^k \bar{\alpha}^k < \{u_i^k\}^k \{u_j^k\}^k >^k \frac{\partial}{\partial x_j} < u_i^k >^k \qquad (4.264)
$$

als Transportgleichung der turbulenten kinetischen Energie beider Phasen. Die Modellierung der noch nicht besprochenen Terme dieser Gleichung, wie der Kovarianz q^k, der Differenz der molekularen Spannungen und des dritten Momentes werden in den kommenden Unterkapiteln behandelt.

4.5.5 Transport der Turbulenz der kontinuierlichen Phase

Bisher wurden allgemeine Transportgleichungen, welche für jede der beiden Phasen gelten, hergeleitet. Aufgrund der unterschiedlichen Charaktere der beiden Phasen, die eine kontinuierlich und die andere aus abgeschlossenen Partikeln bestehend, müssen einzelne Korrelationen, jeweils speziell auf die Phase abgestimmt, formuliert werden. Nach der allgemeinen Definition der Scherspannung (Gl. 4.201) und der Definition der mittleren Scherspannung (Gl. 4.207) gilt für die Differenz der beiden molekularen Spannungen folgende Approximation:

$$
D_\tau^k \quad := \quad < \{u_i^k\}^k \left(\frac{\partial}{\partial x_j} \left(\bar{\alpha}^k \tau_{ij}^k \right) - \left(\bar{\alpha}^k \frac{\partial}{\partial x_j} \tau_{ij}^{*k} \right) \right) >^k \qquad (4.265)
$$

$$
= \quad < \{u_i^k\}^k \frac{\partial}{\partial x_j} \left(\bar{\alpha}^k \mu^k \left(\frac{\partial \{u_i^k\}^k}{\partial x_j} + \frac{\partial \{u_j^k\}^k}{\partial x_i} - \frac{2}{3} \frac{\partial \{u_l^k\}^k}{\partial x_l} \delta_{ij} \right) \right) >^k .
$$

Nach Gl. 4.203 kann der Volumenbruch sowohl innerhalb, als auch außerhalb der Divergenz der molekularen Spannung stehen. Aufgrund der Homogenität der molekularen Viskosität μ^k folgt für die Differenz

$$D_\tau^k = < \bar{\alpha}^k \mu^k \{u_i^k\}^k \left(\frac{\partial}{\partial x_j} \frac{\partial}{\partial x_j} \{u_i^k\}^k + \underbrace{\frac{\partial}{\partial x_i} \frac{\partial}{\partial x_j} u_j - \frac{2}{3} \frac{\partial}{\partial x_l} \{u_l^k\}^k \delta_{ij}}_{\approx 0} \right) >^k ,$$

(4.266)

da Divergenzen von Geschwindigkeitsfluktuationen in dünnen, inkompressiblen Zwei-Phasen-Strömungen vernachlässigt werden.

$$D_\tau^k \approx < \{u_i^k\}^k \left(\bar{\alpha}^k \mu^k \frac{\partial}{\partial x_j} \frac{\partial}{\partial x_j} \{u_i^k\}^k \right) >^k$$

(4.267)

$$\approx \frac{\partial}{\partial x_j} \left(\underbrace{\bar{\alpha}^k \mu^k < \{u_i^k\}^k \frac{\partial}{\partial x_j} \{u_i^k\}^k >^k}_{\approx \frac{\partial}{\partial x_j} k^k} \right)$$

$$- \rho \bar{\alpha}^k \underbrace{< \nu^k \frac{\partial}{\partial x_j} \{u_i^k\}^k \frac{\partial}{\partial x_j} \{u_i^k\}^k >^k >^k}_{= \epsilon_M^k}$$

$$\cdot \approx \frac{\partial}{\partial x_j} \left(\bar{\alpha}^k \mu^k \frac{\partial}{\partial x_j} k^k \right) - \rho^k \bar{\alpha}^k \epsilon_M^k$$

Analog zur molekularen Diffusion des Impulses wird die gewichtete Mittelung des Gradienten durch den Gradienten der gemittelten Größe, in diesem Fall der turbulenten kinetischen Energie, approximiert, da auch hier Restterme eine vernachlässigbare Rolle spielen. Die turbulente Dissipationsrate ϵ_M^k verschwindet bei abgeschlossenen Partikeln in der Transportgleichung der Varianz der Partikelgeschwindigkeit, da die Viskosität der dispersen Phase in diesem Fall nicht zur Dissipation beiträgt. Die Summe aus dem dritten Moment und der Druckgradientenkorrelation in Gl. 4.264 wird in der kontinuierlichen Phase analog zum *Reynolds-Spannungs-Tensor* durch einen

Gradienten-Flussansatz modelliert.

$$-\bar{\alpha}^C < \{u_i^C\}^C \frac{\partial}{\partial x_i} p' >^C \quad - \quad \frac{\partial}{\partial x_j}\left(\rho^C \bar{\alpha}^C \frac{1}{2} < \{u_i^C\}^C \{u_i^C\}^C \{u_j^C\}^C >^C\right)$$

$$= \frac{\partial}{\partial x_j}\left(\rho^C \bar{\alpha}^C \frac{\nu_t^C}{\sigma_k^C} \frac{\partial}{\partial x_j} k^C\right) \tag{4.268}$$

Die turbulente Viskosität der kontinuierlichen Phase

$$\nu_t^C = \frac{2}{3} k^C \tau_t^C \tag{4.269}$$

wird in der bekannten Weise mit dem turbulenten Zeitmaß

$$\tau_t^C = 1.5 \cdot C_\mu \frac{k^C}{\epsilon_M^C} \tag{4.270}$$

in Abhängigkeit von der turbulenten Energie und der molekularen Dissipationsrate modelliert. Die Summe der beiden Terme

$$\frac{\partial}{\partial x_j}\left(\left(\mu^C + \frac{\mu_t^C}{\upsilon_k}\right)\bar{\alpha}^C \frac{\partial}{\partial x_j} k^C\right) \tag{4.271}$$

wird als Diffusion der turbulenten kinetischen Energie bezeichnet. Die turbulente Prandtl-Zahl wird mit $\sigma_k = 1.0$ definiert. Aus der Aufsummierung und Modellierung der turbulenten und molekularen Leistungen folgt die Transportgleichung der turbulenten kinetischen Energie der kontinuierlichen Phase.

$$\frac{\partial}{\partial t}\left(\rho^C \bar{\alpha}^C k^C\right) \quad + \quad \frac{\partial}{\partial x_j}\left(\rho^C \bar{\alpha}^C k^C < u_j^C >^C\right) = \frac{\rho^D \bar{\alpha}^D}{\tau_D^D}\left(q^C - 2k^C\right)$$

$$- \quad \rho^C \bar{\alpha}^C < \{u_i^C\}^C \{u_j^C\}^C >^C \frac{\partial}{\partial x_j} < u_i^C >^C \tag{4.272}$$

$$+ \quad \frac{\partial}{\partial x_j}\left(\left(\mu^C + \frac{\mu_t^C}{\sigma_k}\right)\bar{\alpha}^C \frac{\partial}{\partial x_j} k^C\right) - \rho^C \bar{\alpha}^C \epsilon_M^C$$

Der Reynolds-Spannungs-Tensor (Gl. 4.240) im Produktionsterm der Transportgleichung wird wie in der Impulstransportgleichung substituiert. Wie in der Beschreibung einphasiger Strömungen geschildert (Gl. 2.316), wird auch in der zweiphasigen Darstellung die turbulente Dissipation analog zur turbulenten kinetischen Energie transportiert.

$$\frac{\partial}{\partial t}\left(\rho^C \bar{\alpha}^C \epsilon_M^C\right) + \frac{\partial}{\partial x_j}\left(\rho^C \bar{\alpha}^C \epsilon_M^C < u_j^C >^C\right) = C_{\epsilon 3}\frac{\rho^D \bar{\alpha}^D}{\tau_D^D}\left(\frac{\epsilon_M^C q^C}{k^C} - 2\epsilon_M^C\right)$$

$$- \; C_{\epsilon 1}\rho^C \bar{\alpha}^C \frac{\epsilon_M^C}{k^C} < \{u_i^C\}^C \{u_j^C\}^C >^C \frac{\partial}{\partial x_j} < u_i^C >^C$$

$$+ \; \frac{\partial}{\partial x_j}\left(\left(\mu^C + \frac{\mu_t^C}{\sigma_\epsilon}\right)\bar{\alpha}^C \frac{\partial}{\partial x_j}\epsilon_M^C\right) - C_{\epsilon 2}\rho^C \bar{\alpha}^C \frac{\epsilon_M^{C\,2}}{k^C}$$

$$(4.273)$$

Wie auch in der einphasigen Darstellung werden $\sigma_\epsilon = 1,3$, $C_{\epsilon 1} = 1,44$ und $C_{\epsilon 2} = 1,92$ definiert. In die Zwei-Phasen-Darstellung des Turbulenztransportes wird der Einfluss des Strömungswiderstandes auf die turbulente Dissipation mit dem Korrekturfaktor $C_{\epsilon 3} = 1,2$ [105] versehen.

4.5.6 Transport der Varianz der Partikelgeschwindigkeit

Wie in der Herleitung der mathematischen Formulierung des Impulstransports gezeigt, ist in der statistischen Formulierung eine Bestimmung der Varianz notwendig. In der kontinuierlichen Phase wird eine Transportgleichung für die turbulente kinetische Energie aufgestellt, um die Varianz der Strömungsgeschwindigkeit zu bestimmen. Für die disperse Phase wird ein analoger Ansatz verwandt. Wie in der kontinuierlichen Phase müssen auch in der dispersen Phase das dritte Moment der Geschwindigkeit und die Druckgradienten-Korrelation (Gl. 4.264) modelliert werden. Dies geschieht analog zur kontinuierlichen Phase durch einen Gradientenflussansatz mit der Diffusivität K_t^D.

$$-\bar{\alpha}^D < \{u_i^D\}^D \frac{\partial}{\partial x_i}p' >^D \; - \; \frac{\partial}{\partial x_j}\left(\rho^D \bar{\alpha}^D \frac{1}{2} < \{u_i^D\}^D \{u_i^D\}^D \{u_j^D\}^D >^D\right)$$

$$= \frac{\partial}{\partial x_j}\left(\rho^D \bar{\alpha}^D K_t^D \frac{\partial}{\partial x_j}k^D\right) \qquad (4.274)$$

Als Modellierung der Diffusivität der Varianz der Partikelgeschwindigkeit (KSD, *Kinetic Stress Diffusivity*) wird

$$K_t^D = \left(\frac{\nu_\alpha}{\sigma_k} + \frac{5}{9}\tau_D^D \frac{2}{3}k^D\right)\left(1 + \frac{5}{9}\tau_D^D \frac{\xi_c}{\tau_K^D}\right)^{-1} \qquad (4.275)$$

angegeben [105]. Diese Diffusivität setzt sich aus drei Einflüssen zusammen: der Diffusivität der Volumenbruchkorrelation ν_α (Gl. 4.160), der Kombination aus Geschwindigkeitsvarianz und Relaxationszeitmaß des Strömungswiderstandes (Gl. 4.62) sowie im Nenner der Kollisionszeit τ_K^D (Gl. 4.84). Mit der bereits definierten Partikeldichte (Gl. 4.90) folgt so für die invertierte Kollisionszeit

$$\tau_K^{D^{-1}} = 6\bar{\alpha}^D \frac{E(D_p^2)}{E(D_p^3)} \sqrt{\frac{16}{\pi} \frac{2}{3} k^D} \quad . \tag{4.276}$$

Der Parameter ξ_c ist ein Elastizitätsparameter, auf welchen anschließend noch eingegangen wird. Nach *Jenkins* und *Richman* [124] wird der Parameter e_c eingeführt. Mit der Normalgeschwindigkeit v_n^b, mit der sich ein Partikel auf die Wand zubewegt (b für "before Impact"), und v_n^a, der Normalgeschwindigkeit, mit der sich das Partikel von der Wand wegbewegt (a für "after Impact"), wird der *Elastizitätskoeffizient* e_c (RC, *restitution coefficient*) folgendermaßen definiert:

$$v_n^a = -e_c \cdot v_n^b \quad . \tag{4.277}$$

Der Parameter e_c wird so mit einem Wert zwischen 0 und 1 angegeben. Aus dem *Elastizitätsparameter* ξ_c (RP, *restitution parameter*) folgt nach der Definition von *Jenkins* und *Richman*

$$\xi_c = (1 + e_c)(49 - 33e_c)/100 \tag{4.278}$$

für rein elastische Partikel ($e_c = 1$) der Elastizitätsparameter $\xi_c = \frac{8}{25}$. Das ist wiederum genau der Wert, der von *Grad* [75] angenommen wurde. Neben dieser Definition des Elastizitätsparameters definierten sie eine additive Dissipationsrate der turbulenten kinetischen Energie der dispersen Phase.

$$\epsilon_c^D = \frac{1 - e_c^2}{\tau_K} \cdot \frac{2}{3} k^D \tag{4.279}$$

In der Transportgleichung der Varianz der Partikelgeschwindigkeit taucht so

$$- \rho^D \bar{\alpha}^D \epsilon_c^D \tag{4.280}$$

als durch Inelastizität bedingter Dissipationsterm, welcher für elastische Partikel ($e_c = 1$) verschwindet, auf. Analog zum Produktionsterm der Transportgleichung der kontinuierlichen Phase muss der Reynolds-Spannungstensor durch die Terme der kinetischen Energie und der Scherspannungen substituiert werden. Während die turbulente Diffusivität der kontinuierlichen Phase

durch die turbulente kinetische Energie und die turbulente Dissipationsrate
beschrieben wird, muss die turbulente Diffusivität ν_t^D einer nicht viskosen,
dispersen Phase unabhängig von der turbulenten Dissipationsrate formuliert
werden. In Anlehnung an die Diffusivität der Varianz der Partikelgeschwindigkeit (Gl. 4.275) wird von *He* und *Simonin* [105] eine ähnliche Formulierung
vorgeschlagen.

$$\nu_t^D = \left(\nu_\alpha + \frac{1}{3}\tau_D^D k^D \right) \left(1 + \frac{1}{2}\tau_D^D \frac{\sigma_c}{\tau_K^D} \right)^{-1} \tag{4.281}$$

Der Parameter σ_c wird als *Return-to-Isotropy Parameter* bezeichnet, da
er wie der Elastizitätsparameter in Abhängigkeit von der Elastizität des
Partikels zusammen mit Relaxations- und Kollisionszeitmaß Einfluss auf ν_t^D
(PAC, *Particle Anisotropy Coefficient*) und so auch auf die Diffusion des
statistisch gemittelten Impulses nimmt.

$$\sigma_c = (1 + e_c)(3 - e_c)/5 \tag{4.282}$$

Für elastische Parameter ($e_c = 1$) folgt auch hier aus der Theorie von *Jenkins*
und *Richman* [124] der Parameter $\sigma_c = \frac{4}{5}$ aus Grads Theorie [75]. Zusammen
mit der molekularen Diffusion der dispersen Phase (Gl. 4.267)

$$\frac{\partial}{\partial x_j} \left(\bar{\alpha}^D \mu^D \frac{\partial}{\partial x_j} k^D \right) - \rho^D \bar{\alpha}^D \epsilon_M^D \tag{4.283}$$

ergibt sich für den Transport der halben Varianz der Partikelgeschwindigkeit,
beziehungsweise für die "turbulente kinetische Energie" der dispersen Phase
eine ähnliche Formulierung wie für den Transport der kontinuierlichen Phase.
Zusätzlich wird durch inelastische Partikelkontakte (ϵ_c^D) turbulente kinetische
Energie dissipiert.

$$\frac{\partial}{\partial t} \left(\rho^D \bar{\alpha}^D k^D \right) + \frac{\partial}{\partial x_j} \left(\rho^D \bar{\alpha}^D k^D < u_j^D >^D \right) = \frac{\rho^D \bar{\alpha}^D}{\tau_D^D} \left(q^D - 2k^D \right)$$

$$- \rho^D \bar{\alpha}^D < \{u_i^D\}^D \{u_j^D\}^D >^D \frac{\partial}{\partial x_j} < u_i^D >^D \tag{4.284}$$

$$+ \frac{\partial}{\partial x_j} \left((\mu^D + K_t^D) \bar{\alpha}^D \frac{\partial}{\partial x_j} k^D \right) - \rho^D \bar{\alpha}^D \left(\epsilon_M^D + \epsilon_c^D \right)$$

Lediglich die Definition der Diffusivitäten von Impuls und Turbulenz unterscheiden sich deutlich. Während die turbulente Dissipationsrate der kontinuierlichen Phase aufgrund der Existenz einer molekularen Viskosität über

das turbulente Zeitmaß τ_t^C Impuls- und Turbulenzdiffusion definiert, hat die turbulente Dissipationsrate der dispersen Phase ϵ_M^D im Fall viskoser Partikel lediglich die Rolle eines Quellterms der Transportgleichung. Für abgeschlossene Partikel verschwindet dieser Term neben der molekularen Viskosität in den Transportgleichungen der dispersen Phase vollständig. Wie in der kontinuierlichen Phase ist zu beobachten, dass die Geschwindigkeitsvarianz der dispersen Phase scheinbar ohne Differenz der mittleren Geschwindigkeiten von kontinuierlicher Trägerphase und disperser Phase und auch ohne Kollisionen der dispersen Partikel untereinander abnimmt. Dieses Phänomen ist durch den Umstand begründen, dass die Turbulenzproduktion der kontinuierlichen Phase, die auf die Scherrate der Geschwindigkeitsvarianz der dispersen Phase zurckzuführen ist, eine Senke für deren Geschwindigkeitsvarianz darstellt.

In der Turbulenzmodellierung der kontinuierlichen Phase wurde dies durch den Transport der Dissipationsrate der turbulenten kinetischen Energie ϵ_M^C (Gl. 2.316) in Anlehnung an den Transport der turbulenten kinetische Energie dargestellt. In der dispersen Phase wird dieser Term als Senke der statistischen Varianz der Partikelgeschwindigkeit ebenfalls analog zur statistischen Geschwindigkeitsvarianz der dispersen Phase dargestellt.

So kann diese "turbulente Dissipationsrate der disperen Phase" ϵ_M^D in Analogie zum k-ϵ-Modell in der gleichen Form wie die turbulente kinetische Energie der dispersen Phase k^D transportiert werden:

$$
\frac{\partial}{\partial t}\left(\rho^D \bar{\alpha}^D \epsilon_M^D\right) \;+\; \frac{\partial}{\partial x_j}\left(\rho^D \bar{\alpha}^D \epsilon_M^D < u_j^D >^D\right) =
$$

$$
-C_{\epsilon 1}\rho^D \bar{\alpha}^D \frac{\epsilon_M^D}{k^D} < \{u_i^D\}^D \{u_j^D\}^D >^D \frac{\partial}{\partial x_j} < u_i^D >^D
$$

$$
+\frac{\partial}{\partial x_j}\left(\left(\mu^D + \frac{\mu_t^D}{\sigma_\epsilon}\right)\bar{\alpha}^D \frac{\partial}{\partial x_j}\epsilon_M^D\right) - C_{\epsilon 2}\rho^D \bar{\alpha}^D \frac{\epsilon_M^{D\,2}}{k^D}
$$

$$
+C_{\epsilon 3}\frac{\rho^D \bar{\alpha}^D}{\tau_D D}\left(\frac{\epsilon_M^D q^D}{k^D} - 2\epsilon_M^D\right) \qquad . \qquad (4.285)
$$

Die Konstanten $C_{\epsilon 1} = 1,44$, $C_{\epsilon 2} = 1,92$ und $C_{\epsilon 3} = 1,2$ sowie die turbulente Prandtl-Zahl $\sigma_\epsilon = 1,3$ werden für die Transportgleichung der turbulenten Dissipationsrate beider Phasen verwendet. Diese Äquivalenz der Koeffizienten wird durch das Diffusionsgleichgewicht der nicht aufgelösten Skalen zurückgeführt (Gl. 4.163).

4.5.7 Transport der Kovarianz der Geschwindigkeiten

Als letztes noch nicht geschlossenes statistisches Moment wird in diesem Unterkapitel der Transport der Kovarianz q^k betrachtet. Die Kovarianzen der beiden Phasen definieren die Diffusionskoeffizienten der Volumenbruch-Geschwindigkeits-Korrelation (Gl. 4.148):

$$\eta_{u^D}^k = \frac{1}{3}\tau_\alpha q^k \quad . \tag{4.286}$$

Zusammenfassend sei berücksichtigt, dass die Korrelation des Volumenbruchs einer der beiden Phasen und einer Geschwindigkeit unabhängig von der Phasenzugehörigkeit der Geschwindigkeit ist (Gl. 4.163). Daraus wiederum folgt, dass die Diffusivität des Volumenbruchtransports Phasen-unabhängig ist. Aus diesem Grund gibt es nur ein ν_α (Gl. 4.160), welches durch q^D definiert wird [50].

$$\frac{1}{3}\tau_\alpha q^D = \eta_{u^D}^D = \nu_\alpha \quad = \quad \eta_{u^D}^C = \frac{1}{3}\tau_\alpha q^C$$

$$\Rightarrow \quad q^C = q^D =: q \quad . \tag{4.287}$$

Diese Feststellung erbringt den Nachweis, dass sich die "turbulenten kinetischen Energien der beiden Phasen" aufgrund des Strömungswiderstandes einander annähern bzw. sich über die Zeit hinweg dem gleichen Wert nähern. Damit wird die Kovarianz unabhängig von der Gewichtung der Mittelung von des Fluktuationsproduktes $\{u_i^C\}^C\{u_i^D\}^D$ betrachtet und folgendermaßen definiert:

$$q := \overline{\{u_i^C\}^C\{u_i^D\}^D} = < \{u_i^C\}^C\{u_i^D\}^D >^C = < \{u_i^C\}^C\{u_i^D\}^D >^D \quad . \tag{4.288}$$

Um nun für die phasenunabhängige Kovarianz eine Transportgleichung aufzustellen, wird analog zur allgemeinen Transportgleichung der turbulenten kinetische Energie verfahren. Analog zur Aufspaltung des Turbulenztransports (Gl. 4.251) wird eine Gleichung für die Kovarianz q aufgestellt. Anstatt Konvektionsterm, Quellterm oder instationären Term einer Phase k mit der Geschwindigkeitsfluktuation der gleichen Phase zu multiplizieren, wird die Geschwindigkeitsfluktuation der Phase $\bar{k}$ gewählt, da

$$< \{u_i^k\}^k \frac{\partial}{\partial x_j}\{u_i^k\}^k >^k = \frac{\partial}{\partial x_j}k^k \tag{4.289}$$

$$< \{u_i^k\}^k \frac{\partial}{\partial x_j}\{u_i^{\bar{k}}\}^k >^D + < \{u_i^{\bar{k}}\}^k \frac{\partial}{\partial x_j}\{u_i^k\}^k >^D \approx \frac{\partial}{\partial x_j}q \, . \tag{4.290}$$

So folgt für

$$< \{u_i^D\}^D I_i^C Z + \{u_i^C\}^C I_i^D >^D = \quad - \quad < \{u_i^D\}^D K_i^C Z + \{u_i^C\}^C K_i^D >^D$$
$$+ \quad < \{u_i^D\}^D S_i^C Z + \{u_i^C\}^C S_i^D >^D$$

$$(4.291)$$

mit der Ladung (Gl. 4.55)

$$Z = \frac{\rho^D \alpha^D}{\rho^C \alpha^C} \qquad (4.292)$$

die Transportgleichung der Kovarianz.

$$\frac{\partial}{\partial t} \left(\rho^D \bar{\alpha}^D q \right) + \frac{\partial}{\partial x_j} \left(\rho^D \bar{\alpha}^D q < u_j^D >^D \right) = \qquad (4.293)$$

$$- \quad \bar{\alpha}^D < \frac{\rho^D}{\rho^C} \{u_i^D\}^D \frac{\partial}{\partial x_i} p' + \{u_i^C\}^C \frac{\partial}{\partial x_i} p' >^D$$

$$- \quad \underbrace{\frac{\partial}{\partial x_j} \left(\rho^D \bar{\alpha}^D \frac{1}{2} < \{u_i^D\}^D \{u_i^C\}^C \{u_j^C\}^C + \{u_i^C\}^C \{u_i^D\}^D \{u_j^D\}^D >^D \right)}_{=:G_q}$$

$$- \quad \underbrace{\rho^D \bar{\alpha}^D < (\nu^C + \nu^D) \frac{\partial}{\partial x_j} \{u_i^C\}^C \frac{\partial}{\partial x_j} \{u_i^D\}^D >^D}_{=:\epsilon_\alpha}$$

$$+ \quad \underbrace{\frac{\rho^D \bar{\alpha}^D}{\tau_D^D} \left(2 Z k^D + 2 k^C - (1+Z) q \right)}_{=:I_q}$$

$$- \quad \rho^D \bar{\alpha}^D < \{u_i^D\}^D \{u_j^C\}^C >^D \frac{\partial}{\partial x_j} < u_i^C >^C$$

$$- \quad \rho^C \bar{\alpha}^C < \{u_i^C\}^C \{u_j^D\}^D >^D \frac{\partial}{\partial x_j} < u_i^D >^D$$

Die Quellterme der Kovarianz sind folgendermaßen definiert: die Summe der Druckgradienten-Korrelationen, die Divergenz der Summe der dritten Momente $-G_q$, die turbulente Dissipation $-\rho^D \bar{\alpha}^D \epsilon_\alpha$, der Interaktionsterm I_q mit den beiden turbulenten kinetischen Energien und die Summe der beiden Produktionsterme. Das turbulente Zeitmaß der Kovarianz τ_α wird nach *Csanady* [45] mittels der angegebenen Parameter

$$\tau_\alpha = \frac{q}{\epsilon_\alpha} \;=\; \tau_t^C / \sqrt{1 + C_\beta \xi_r^2} \quad , C_\beta = 0.45 \tag{4.294}$$

$$\text{mit} \quad \xi_r \;=\; \sqrt{\frac{(<\vec{u}^D>^D - <\vec{u}^C>^C)^2}{\frac{2}{3}k^C}} \tag{4.295}$$

$$\text{und} \quad \tau_t^C \;=\; \frac{3}{2}C_\mu \frac{k^C}{\epsilon_M^C} \quad \text{mit } C_\mu = 0.09 \tag{4.296}$$

approximiert. Für die Dissipationsrate der Kovarianz [105] folgt so

$$\epsilon_\alpha = \frac{q}{\tau_\alpha} . \tag{4.297}$$

Die Diffusion resultiert analog zur Turbulenz aus der Summe der Druckkorrelationen und der dritten Momente aus einem Gradientenflussansatz mit der Diffusivität ν_α.

$$
\begin{aligned}
&- \;\bar{\alpha}^D < \frac{\rho^D}{\rho^C}\{u_i^D\}^D \frac{\partial}{\partial x_i}p' + \{u_i^C\}^C \frac{\partial}{\partial x_i}p' >^D \\
&- \;\underbrace{\frac{\partial}{\partial x_j}\left(\rho^D \bar{\alpha}^D \frac{1}{2} < \{u_i^D\}^D\{u_i^C\}^C\{u_j^C\}^C + \{u_i^C\}^C\{u_i^D\}^D\{u_j^D\}^D >^D\right)}_{=:G_q} \\
&= \;\partial\left(\rho^D \bar{\alpha}^D \frac{\nu_\alpha}{\sigma_k}\frac{\partial}{\partial x_j}q\right)
\end{aligned}
\tag{4.298}
$$

Diese Diffusivität leitet sich, wie in den Gln. 4.160 und 4.294 zu sehen ist, aus dem turbulenten Zeitmaß der Kovarianz ab. Die beiden Produktionsterme der Transportgleichung

$$-\rho^D \bar{\alpha}^D < \{u_i^D\}^D\{u_j^C\}^C >^D \frac{\partial}{\partial x_j} <u_i^C>^C \tag{4.299}$$

und

$$-\rho^C \bar{\alpha}^C < \{u_i^C\}^C\{u_j^D\}^D >^D \frac{\partial}{\partial x_j} <u_i^D>^D \tag{4.300}$$

beinhalten wie in der Turbulenz Geschwindigkeitskorrelationen, welche nach *He* und *Simonin* [105] wie folgt modelliert werden:

$$< \{u_i^D\}^D \{u_j^C\}^C >^D = \frac{1}{3} q \delta_{ij} \qquad (4.301)$$

$$- \nu_\alpha \left(\frac{\partial}{\partial x_i} < u_j^C >^C + \frac{\partial}{\partial x_j} < u_i^D >^D \right.$$

$$\left. - \frac{1}{3} \left(\frac{\partial}{\partial x_l} < u_l^D >^D + \frac{\partial}{\partial x_l} < u_l^C >^C \right) \delta_{ij} \right)$$

$$< \{u_i^C\}^C \{u_j^D\}^D >^D = \frac{1}{3} q \delta_{ij} \qquad (4.302)$$

$$- \nu_\alpha \left(\frac{\partial}{\partial x_i} < u_j^D >^D + \frac{\partial}{\partial x_j} < u_i^C >^C \right.$$

$$\left. - \frac{1}{3} \left(\frac{\partial}{\partial x_l} < u_l^C >^C + \frac{\partial}{\partial x_l} < u_l^D >^D \right) \delta_{ij} \right) \quad .$$

Da die Spur dieser Korrelationen der Kovarianz q entspricht, darf auch an dieser Stelle nur die Deviation des Scherspannungstensors als additive Komponente dienen. Werden die modellierten Quellterme in die konzeptionierte Transportgleichung der Kovarianz ein,

$$\frac{\partial}{\partial t} \left(\rho^D \bar{\alpha}^D q \right) + \frac{\partial}{\partial x_j} \left(\rho^D \bar{\alpha}^D q < u_j^D >^D \right) = \qquad (4.303)$$

$$+ \frac{\rho^D \bar{\alpha}^D}{\tau_D^D} \left(2 Z k^D + 2 k^C - (1 + Z) q \right)$$

$$- \rho^D \bar{\alpha}^D < \{u_i^D\}^D \{u_j^C\}^C >^D \frac{\partial}{\partial x_j} < u_i^C >^C$$

$$- \rho^C \bar{\alpha}^C < \{u_i^C\}^C \{u_j^D\}^D >^D \frac{\partial}{\partial x_j} < u_i^D >^D$$

$$+ \partial \left(\rho^D \bar{\alpha}^D \frac{\nu_\alpha}{\sigma_k} \frac{\partial}{\partial x_j} q \right) - \rho^D \bar{\alpha}^D \frac{q}{\tau_\alpha}$$

ergibt sich die Transportgleichung der Kovarianz in Abhängigkeit von den bereits modellierten Geschwindigkeitskorrelationen.

Zusammenfassung:
Diffusion monodisperser Zweiphasenströmungen

Wie bei der Beschreibung molekularer Strömungen werden suspendierte Partikel in einer fluiden Trägerphase zum Einen mit der Strömung transportiert, zum Anderen bewegen sie sich relativ zur Strömung. Ihre räumliche Anordnung variiert somit in der Form, dass, wenn eine Partikelwolke als kompaktes Gebilde betrachtet wird, diese sich durch die Bewegung selbst durchdringt. Eine konvektive Beschreibung ist damit im kontinuumsmechanischen Sinne nicht mehr möglich.

Diese nicht aufgelöste Konvektion wird als Diffusion sich kreuzender Trajektorien modelliert. Ebenso werden die aus der Partikelinteraktion resultierenden Kräfte als Bestandteil dieser Impulsdiffusion modelliert. In Analogie zur Beschreibung der molekularen Diffusion wird mittels einer statistischen Betrachtung von Partikelanzahldichte und mittlerer Partikelgeschwindigkeit die Korrelation dieser beiden Größen modelliert. Der durch die Mittelung nicht aufgelöste Partikeltransport wird durch die Modellierung dieser statistischen Volumenbruch-Geschwindigkeitskorrelation als Diffusion der dispersen Phase innerhalb einer kontinuierlichen Trägerphase modelliert.

Bei der Beschreibung der Partikeldiffusion als nicht materiellem Impulsfluss stehen die Interaktion eines Partikels mit der fluiden Trägerphase sowie die Interaktion mit anderen Elementen der Partikelphase im Fokus der Beobachtung. Ergebnisse basieren hier stets auf einer Modellierung der nicht geschlossenen statistischen Momente von kontinuierlicher Trägerphase und disperser Partikelphase. Die hergeleitete Modellierung des Transports von Partikelkonzentration und -geschwindigkeit wurde in der Vergangenheit an verschiedenen Testfällen validiert [84, 86].

Die Diffusionsmodellierung baut auf der Abhängigkeit des zu modellierenden Anteils des konvektiv nicht aufgelösten Transports von statistischen Momenten der Transportgrößen auf. Im Anlehnung an die Approxiamtion durch *Wirbelviskositätsmodelle* in der Turbulenzmodellierung wird neben den statistischen Momenten von Geschwindigkeiten der kontinuierlichen und der dispersen Phase die Korrelation der Geschwindigkeiten der beiden Phasen für die Diffusionsmodellierung berücksichtigt, die Kovarainz.

Aufbauend auf diesen Modellen dienen Weiterentwicklungen dazu, die Kinematik höher beladene Strömungen, wie sie in Wirbelschichtreaktoren oder bei der Bewegung granularen Medien untersucht werden, vorherzusagen [90, 91]. In diesen Diffusionsmodellen unberücksichtigt bleibt nach wie vor der Einfluss variierender Teilchengrößen. Prozesse von Medien, bei denen der Unterschied von Partikeldurchmessern im Vordergrund steht bedürfen alternativer Modellansätze. Hier wird nicht von "monodispersen Medien" einer konstanten Partikelgröße ausgegangen, sondern von sogenannten "polydispersen Medien", bei denen die Partikelgröße entsprechend einer statistischen Verteilungsfunktion variiert.

5 Diffusion eines polydispersen Mehrphasengemischs

Die Vorhersage monodisperser Strömungen wird durch die dominierende Interaktion zwischen disperser Phase und Trägerphase beeinflusst[253, 159, 239]. Für monodisperse Strömungen verbleibt als einziger einflussnehmender Parameter die Phasendifferenzgeschwindigkeit. Variierende charakteristischer Längenmaße oder gar deren Änderung bestimmen in keiner Form die Phaseninteraktion. Ebensowenig spielt die Partikelseparation untereinander eine entscheidende Rolle. Sowohl bei der Diffusion in Partikelverbänden unterschiedlicher Korngröße als auch bei der Separation turbulenter Spray-strömungen nimmt die Kolloidgrößenänderung entscheidenden Einfluss auf die Kinetik der Mehrphasentrömung [221, 222, 249].
Unabhängig von der Verteilung abgeschlossener Festkörperpartikel in einer fluiden Trägerphase gelten vergleichbare Gesetzmäßigkeiten für ein flüssig/gasförmiges Mehrphasengemisch, an dessen Phasengrenzfläche im Falle eines thermodynamischen Ungleichgewichts selbstständig ablaufende Wärme- und Massentransporte stattfinden [4, 5, 6]. Aufgrund der fehlenden Vorgabe für die Größe der suspendierten Körper stellt sich eine statistische Wahrscheinlichkeitsdichte der unterschiedlichen Tropfengrößen ein. Der nicht aufgelöster Massen-, Impuls- und Energietransport wird damit als Diffusion eines polydispersen Mehrphasengemischs modelliert [51, 59, 263].

Bei der Beschreibung einer Suspension in einem polydispersen Mehrphasen-gemisch verbleiben als offene Fragen die:

- Modellierung und anschließende algebraische Beschreibung der Verteilung einer Suspension in einer Trägerphase

- Selbstähnlichkeit von Tropfenverbänden in einer polydispersen Phase und Modellierung der Größenverteilung

- Umgebungsbedingter Phasenübergang und Modellierung der Verdampfungsrate sowie deren Einfluss auf die Kinematik

5.1 Diffusion einer Suspension

Als Suspension wird eine disperse Phase bezeichnet, die in der Trägerphase
"aufgehängt" ist (*lat. suspendere - aufhängen*). Eine Geschwindigkeitsdifferenz, wie sie bei Partikeln in einer Trägerphase beschrieben wird, existiert
nicht. Bei der Diffusion der Suspension eines Mehrphasengemischs wird in
Analogie zur Diffusion der dispersen Phase einer Zwei-Phasen-Strömung ein
nicht durch ein Geschwindigkeitfeld beschriebener Ausbreitungsprozess der
suspendierten Phase durch die lokale Veränderung der Gemischkonzentration
beschrieben [178, 208, 145]. Das heißt, dass die nicht aufgelöste Konvektion
der Suspension wie die Bewegung von Fluidelementen in einer räumlich nicht
ausreichend aufgelösten turbulenten Strömung als Diffusion modelliert wird
[13, 179].

Am Beispiel eines offenen Flüssigkeitsbehälters stellt sich in der Nähe der
Phasengrenzfläche ein gesättigter Zustand Suspesionskonzentration der jeweils anderen Phase ein, die jeweils von der Phasengrenze aus in das Medium
diffundiert [83, 259]. Um den Abfall der zuvor gesättigten Konzentration
an der Phasengrenze auszugleichen, resultiert ein Massenstrom über die
Phasengrenzfläche in das Trägermedium hinein. In der Abbildung (Abb. 5.1)
wird die Suspension einer Gasphase (Phase G) in einem Flüssigkeitsbehälter
(Phase F) skizziert.

5.1.1 Konzentration und Molenbruch

Um den Anteil der der suspendierten Phase an der Trägerphase zu quantifi-
zieren, wird der Massenanteil der Suspension der Phase α wie folgt definiert:

$$Y^\alpha = \frac{\rho^\alpha}{\sum_\beta \rho^\beta} = \frac{\rho^\alpha}{\rho} \quad . \tag{5.1}$$

Die Dichte des Träger-/Suspensionsphasengemischs ρ wird durch die Summe
aller *partiellen Dichten* beschrieben. Die Größe ρ^α übernimmt die Rolle
einer partiellen Dichte und beschreibt den Massenanteil einer Phase α pro
Gesamtvolumen V:

$$\rho^\alpha = \frac{m^\alpha}{V} \quad . \tag{5.2}$$

Mit der Molmasse der Spezies α:

$$M^\alpha = \frac{m^\alpha}{N^\alpha} = \frac{\rho^\alpha V}{N^\alpha} = \frac{\rho Y^\alpha V}{N^\alpha} \tag{5.3}$$

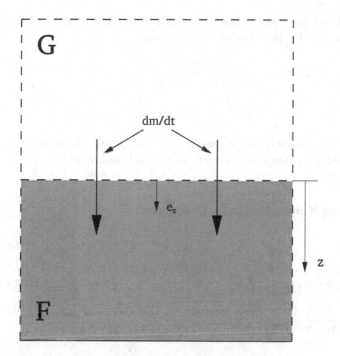

Abbildung 5.1: Getrennte Phasen: G suspendiert in F mit dem Massenstrom dm/dt

ergibt sich für die Konzentration einer Phase α, welche die Molanzahl pro Volumen dimensionsbehaftet beschreibt:

$$c^\alpha = \frac{N^\alpha}{V} = \frac{\rho Y^\alpha}{M^\alpha} \quad . \tag{5.4}$$

Da die Konzentration mit der SI-Einheit mol/m^3 als dimensionsbehaftete Größe eher seltener für relative Aussagen herangezogen wird, gilt aufgrund der Proportionalität (Gl. 5.4 bei kontanter Molmasse der Suspension M^α und annähernd konstanter Gemischdichte ρ der dimensionslose Massenanteil als Maß für die Konzentration.

Der Molanteil einer Spezies α folgt in Analogie zum Massenanteil (Gl. 5.1) aus der Definition der Konzentration:

$$x^\alpha = \frac{N^\alpha}{\sum_\beta N^\beta} = \frac{c^\alpha}{\sum_\beta c^\beta} \quad . \tag{5.5}$$

Angewandt auf das aktuelle Besipiel aus einer flüssigen und einer gasförmigen Phase bedeutet das für Massen- und Molanteil:

$$Y^G \;=\; \frac{M^G N^G}{M^F N^F + M^G N^G} \tag{5.6}$$

$$x^G \;=\; \frac{N^G}{N^F + N^G} = \frac{M^G N^G}{M^G N^F + M^G N^G} \quad . \tag{5.7}$$

Für die Umrechungen aus Massen- und Molanteil folgen aus den Defintionen in Abhängigkeit von Molmasse M und Molanzahl N die folgenden Beziehungen.

Umrechnung Konzentration $\rightarrow$ Molenbruch

$$x^G M^G N^F + x^G M^G N^G \;=\; M^G N^G \tag{5.8}$$

$$x^G M^G N^F - x^G M^F N^F + x^G M^F N^F + x^G M^G N^G \;=\; M^G N^G \tag{5.9}$$

$$x^G N^F \left(M^G - M^F \right) + x^G \left(M^F N^F + M^G N^G \right) \;=\; M^G N^G \tag{5.10}$$

$$x^G \frac{N^F \left(M^G - M^F \right)}{M^F N^F + M^G N^G} + x^G - \underbrace{\frac{M^G N^G}{M^F N^F + M^G N^G}}_{=Y^G} \;=\; 0 \tag{5.11}$$

$$x^G \left(1 + \frac{M^G - M^F}{M^F} \cdot \underbrace{\frac{M^F N^F}{M^F N^F + M^G N^G}}_{=Y^F} \right) \;=\; Y^G \tag{5.12}$$

$$\frac{Y^G}{1 + \left(\frac{M^G}{M^F} - 1 \right) \left(1 - Y^G \right)} \;=\; x^G \tag{5.13}$$

Umrechnung Molenbruch $\rightarrow$ Konzentration

$$x^G \;=\; \frac{N^G}{N^F + N^G} \tag{5.14}$$

$$Y^G \;=\; \frac{M^G N^G}{M^F N^F + M^G N^G} = \frac{N^G}{\frac{M^F}{M^G} N^F + N^G} \tag{5.15}$$

$$Y^G \left(\frac{M^F}{M^G} N^F + N^G \right) \; = \; N^G \qquad (5.16)$$

$$Y^G \left(\frac{M^F}{M^G} N^F - N^F \right) + Y^G \left(N^F + N^G \right) \; = \; N^G \qquad (5.17)$$

$$\underbrace{\frac{Y^G N^F}{N^F + N^G}}_{Y^G x^F} \left(\frac{M^F}{M^G} - 1 \right) + Y^G = \underbrace{\frac{N^G}{N^F + N^G}}_{= x^G} \qquad (5.18)$$

$$Y^G = \frac{x^G}{1 + (1 - x^G) \left(\frac{M^F}{M^G} - 1 \right)} \qquad (5.19)$$

Für kleine x^G gilt so:

$$Y^G = \frac{M^G}{M^F} x^G \quad . \qquad (5.20)$$

5.1.2 Partialdruck und Sättigungskonzentration

Mit der Einführung des *Partialdrucks* von suspendierter Phase p^{sus} und Trägerphase p^{carrier} wird ein druckspezifisches Äquivalent für die molaren Verhältnisse des Gemischs festgelegt:

$$\frac{p^{\mathrm{sus}}}{p^{\mathrm{carrier}}} \; = \; \frac{N^{\mathrm{sus}} \cdot R_0 T}{N^{\mathrm{carrier}} \cdot R_0 T} \qquad (5.21)$$

$$p = p^{\mathrm{carrier}} + p^{\mathrm{sus}} \quad , \qquad \rho^k = M^k N^k \quad . \qquad (5.22)$$

$$(5.23)$$

Auf der Basis der Umrechungen molarer und massenspezifischer Anteile ist die Maximumskonzentration wurde durch *Francois-Marie Raoult (1830-1901)* das nach ihm benannte Gesetz gestellt, welches die Relation zwischen dem Partialdruck

$$\frac{p^{\mathrm{sus}}}{p - p^{\mathrm{sus}}} \; = \; \frac{\rho^{\mathrm{sus}}/M^{\mathrm{sus}}}{\rho^{\mathrm{carrier}}/M^{\mathrm{carrier}}} \qquad (5.24)$$

$$\frac{M^{\mathrm{carrier}}}{M^{\mathrm{sus}}} \frac{p^{\mathrm{sus}}}{p - p^{\mathrm{sus}}} \; = \; \frac{\rho^{\mathrm{sus}}}{\rho - \rho^{\mathrm{sus}}} = \frac{1}{\rho/\rho^{\mathrm{sus}} - 1} \qquad (5.25)$$

$$\frac{1}{Y^{\mathrm{sus}}} = \frac{\rho}{\rho^{\mathrm{sus}}} \; = \; 1 + \frac{M^{\mathrm{sus}}}{M^{\mathrm{carrier}}} \frac{p - p^{\mathrm{sus}}}{p^{\mathrm{sus}}} \qquad (5.26)$$

und dem Massenanteil eines suspendierten Gases herstellt:

$$Y^{sus} = \frac{1}{1 + \frac{M^{sus}}{M^{carrier}} \frac{p - p^{sus}}{p^{sus}}} \tag{5.27}$$

$$Y^{sus}_{max} = \frac{1}{1 + \frac{M^{sus}}{M^{carrier}} \frac{p - p^{sus}_{sat}}{p^{sus}_{sat}}} . \tag{5.28}$$

Für die Suspension von Gasen in Flüssigkeiten wird durch das nach *William Henry (1774-1836)* benannte Gesetz die Relation von Partialdruck und der Sättigungskonzentration von Gas in Flüssigkeit hergeleitet. Diese Konzentrazion stellt an der Phasengrenzfläche das Maximum in der gesamten Trägerphase dar. Daher breitet sich diese Suspension auch von diesem Maximum weg in das Trägermedium aus.

$$p^{sus} = K^{sus}_H \underbrace{\frac{N^{sus}}{N^{carrier} + N^{sus}}}_{x^{sus}} \tag{5.29}$$

Für kleine x^{sus} gilt so:

$$p^{sus} = \frac{M^{carrier}}{M^{sus}} K^{sus}_H Y^{sus} \tag{5.30}$$

$$p^{sus}_{sat} = \frac{M^{carrier}}{M^{sus}} K^{sus}_H Y^{sus}_{max} \tag{5.31}$$

$$Y^{sus}_{max} = \frac{M^{sus}}{M^{carrier}} \frac{p^{sus}_{sat}}{K^{sus}_H} \tag{5.32}$$

Aus den bestehenden Relationen heraus resultiert das Verhältnis des Massenanteils der Gas-Suspension in der Flüssigkeit und der Flüssigkeitssuspension (Dunst) im Gas.

$$\frac{1 - Y^{gas\text{-}sus}_{max}}{Y^{liq\text{-}sus}_{max}} = \left(1 - \frac{M^{gas}}{M^{liq}} \frac{p^{gas}_{sat}}{K^{gas}_H}\right)\left(1 + \frac{M^{liq}}{M^{gas}} \frac{p - p^{liq}_{sat}}{p^{liq}_{sat}}\right) \tag{5.33}$$

Diese maximale Flüssigkeitssuspension entspricht der Menge, mit welcher das Gas die relative Feuchtigkeit von 100% erreicht.

5.1.3 Kontinuität eines Gemischs

In Abb. 5.1 wird skizziert, wie der Suspensionsprozess vonstatten geht. Bei der Suspension nimmt die flüssige Phase der Spezies ($k = F$) Moleküle aus der Gasphase der Spezies ($k = G$) auf. Die partiellen Dichten ρ^k der beiden Phasen entsprechen dem Produkt von m^k, der Molekülmasse der Spezies k, und n^k, der Molekülanzahldichte der Spezies k. Die Molekülanzahldichte beschreibt das Verhältnis der Anzahl N_V der Moleküle, die sich in einem Volumen V befinden, und diesem Volumen V selbst.

$$\rho^F = m^F \frac{N_V^F}{V} = m^F n^F \tag{5.34}$$

$$\rho^G = m^G \frac{N_V^G}{V} = m^G n^G \tag{5.35}$$

Davon ausgehend, dass die suspendierten Gasmoleküle kein Volumen verdrängen, entspricht die Gemischdichte ρ^* der Summe der Partialdichten:

$$\rho^* = \rho^F + \rho^G \tag{5.36}$$

Die Konzentration der Spezies k ist, wie folgt, als Quotient der Partialdichte und der Gemischdichte definiert:

$$Y^k = \frac{\rho^k}{\rho^*} \tag{5.37}$$

Für die Partialdichten ρ^k und die Konzentrationen Y^k der beiden Spezies gelten damit:

$$Y^F + Y^G = 1 \tag{5.38}$$

$$\rho^* Y^k = \rho^k \tag{5.39}$$

Aufgrund der Massenerhaltung beider Spezies gilt für die partiellen Dichten in Abhängigkeit von den partiellen Geschwindigkeiten:

$$\frac{\partial}{\partial t}\rho^F + \frac{\partial}{\partial x_j}\left(\rho^F u_j^F\right) = 0 \tag{5.40}$$

$$\frac{\partial}{\partial t}\rho^G + \frac{\partial}{\partial x_j}\left(\rho^G u_j^G\right) = 0 \ . \tag{5.41}$$

Werden die beiden Gleichungen addiert, um eine Aussage über die Gesamtmassenbilanz zu erhalten, resultiert die globale Massenbilanz. Durch die

Zusammensetzung der Gemischdichte ρ^* aus den Partialdichten reduziert sich die Summe der Gleichungen wie folgt:

$$0 = \frac{\partial}{\partial t} \left(\underbrace{\rho^F + \rho^G}_{\rho^*} \right) + \frac{\partial}{\partial x_j} \left(\rho^F u_j^F + \rho^G u_j^G \right)$$

$$= \frac{\partial}{\partial t} \rho^* + \frac{\partial}{\partial x_j} \left(\rho^* \underbrace{\frac{\rho^F u_j^F + \rho^G u_j^G}{\rho^F + \rho^G}}_{=:U_j^*} \right)$$

$$= \frac{\partial}{\partial t} \rho^* + \frac{\partial}{\partial x_j} \left(\rho^* U_j^* \right) \ . \tag{5.42}$$

Diese Gleichung ist die Kontinuitätsgleichung des Gemischs der beiden Spezies G und F. Der Gesamtmassenstrom resultiert aus der Gemischdichte ρ^* und der Gemischgeschwindigkeit U^*.

5.1.4 Konzentration einer Suspension

Um nun eine Transportgleichung für die Konzentration zu erhalten, wird die Dichte in Gl. 5.40 mit der konzentrationsabhängigen Definition der Dichte (Gl. 5.39) substituiert:

$$\frac{\partial}{\partial t} \left(\rho^* Y^F \right) + \frac{\partial}{\partial x_j} \left(\rho^* Y^F u_j^F \right) = 0 \quad , \tag{5.43}$$

so dass sich mit einem gemischgeschwindigkeitsabhängigen Konvektionsterm folgende Transportgleichung ergibt:

$$\frac{\partial}{\partial t} \left(\rho^* Y^F \right) + \frac{\partial}{\partial x_j} \left(\rho^* Y^F U_j^* \right) = \frac{\partial}{\partial x_j} \left[\rho^* Y^F \left(U_j^* - u_j^F \right) \right] \tag{5.44}$$

$$= \frac{\partial}{\partial x_j} \left[Y^F \left(\underbrace{\rho^* U_j^*}_{=\rho^F u_j^F + \rho^G u_j^G} - \rho^* u_j^F \right) \right]$$

$$= \frac{\partial}{\partial x_j} \left[Y^F \left(\rho^G u_j^G \right) + \underbrace{\left(Y^F - 1 \right)}_{=-Y^G} \left(\rho^F u_j^F \right) \right]$$

Aufgrund der Substitution eines der beiden Fluidkonzentrationskoeffizienten mittels Gl. 5.38 ergibt sich für den Konzentrationstransport folgende Gleichung:

$$\frac{\partial}{\partial t}\left(\rho^* Y^F\right) + \frac{\partial}{\partial x_j}\left(\rho^* Y^F U_j^*\right) = \frac{\partial}{\partial x_j}\left[Y^F\left(\rho^G u_j^G\right) - Y^G\left(\rho^F u_j^F\right)\right] \quad . \quad (5.45)$$

Für die Konzentration ergibt sich damit analog zu anderen Gemischgrößen eine Transportgleichung in Abhängigkeit von der Gemischdichte ρ^* und der Gemischgeschwindigkeit $\vec{U}^*$.

5.1.5 Modellierung der Diffusionsgeschwindigkeit

Unter Berücksichtigung der Definitionen der spezifischen Dichten

$$\rho^G = M^G N^G \quad , \quad \rho^F = M^F N^F \quad , \quad \rho^* = M^G N^G + M^F N^F \quad (5.46)$$

in Abhängigkeit von den Molzahlen N^k, den Molmassen M^k werden für die Beschreibung der molaren Diffusion zuvor aufgestellte Gleichungen durch diese molaren Größen beschrieben. Da die molare Anzahldichte der fluiden Phase als konstant angenommen wird und die molaren Anzahldichte der gasförmigen Phase viel geringer ist als die der fluiden Phase, kann die effektive Dichte ρ^* als homogen angenommen werden.

Mit der Definition der Konzentration

$$Y^k = \frac{\rho^k}{\rho^*} = \frac{M^k N^k}{M^G N^G + M^F N^F} \quad \Rightarrow \quad M^k N^k = \rho^* Y^k \quad (5.47)$$

und des molaren Verhältnisses

$$x^k = \frac{N^k}{N^G + N^F} = \frac{M^k N^k}{M^k N^G + M^k N^F} = \frac{\rho^* Y^k}{M^k N^G + M^k N^F} \quad (5.48)$$

$$x^G = \frac{Y^G}{1 + \left(\frac{M^G}{M^F} - 1\right)(1 - Y^G)} \quad (5.49)$$

$$x^F = \frac{Y^F}{1 - \left(1 - \frac{M^F}{M^G}\right)(1 - Y^F)} \quad (5.50)$$

folgt aus dem *Henry-Gesetz*

$$p^G = k^H x^G = \frac{k^H N^G}{N^F + N^G} \quad (5.51)$$

mittels Substitution des Partialdrucks

$$p^G = N^G R_0 T \tag{5.52}$$

für die Summe der Molzahlen

$$N^F + N^G = \frac{k^H}{R_0 T} = \text{const.} \tag{5.53}$$

Aus der Definition des Molenbruchs (Gl. 5.48) folgt so $x^k \sim N^k$. Und aus dem Fick'schen Gesetz (Gl. 3.347)

$$\frac{\partial}{\partial t}\left(x^k\right) + \frac{\partial}{\partial x_j}\left(x^k U_j^*\right) = \frac{\partial}{\partial x_j}\left(D \frac{\partial x^k}{\partial x_j}\right) \tag{5.54}$$

folgt so

$$\frac{\partial}{\partial t}\left(N^k\right) + \frac{\partial}{\partial x_j}\left(N^k U_j^*\right) = \frac{\partial}{\partial x_j}\left(D \frac{\partial N^k}{\partial x_j}\right) \quad . \tag{5.55}$$

Mittels Multiplikation der Molmasse und der Equivalenz aus Gl. 5.47 resultiert die Transportgleichung der Konzentration Y^k:

$$\frac{\partial}{\partial t}\left(\rho^* Y^k\right) + \frac{\partial}{\partial x_j}\left(\rho^* Y^k U_j^*\right) = \frac{\partial}{\partial x_j}\left(D \frac{\partial \rho^* Y^k}{\partial x_j}\right) \quad . \tag{5.56}$$

Für kleine Y^G gilt:

$$\frac{1}{\rho^*}\frac{\partial \rho^*}{\partial x_j} << \frac{1}{Y^G}\frac{\partial Y^G}{\partial x_j} \tag{5.57}$$

$$\Rightarrow D\frac{\partial \rho^* Y^k}{\partial x_j} \approx \rho^* D\frac{\partial Y^k}{\partial x_j} \quad , \tag{5.58}$$

womit aus Gl. 5.45 folgende Äquivalenz resultiert:

$$\rho^* D\frac{\partial Y^F}{\partial x_j} = Y^F\left(\rho^G u_j^G\right) - Y^G\left(\rho^F u_j^F\right) + A_j \tag{5.59}$$

mit dem konstanten Vektor $\vec{A}$. Mit der Hypothese $|\vec{u}^F| = 0$ wird formuliert, dass sich das flüssige Medium nicht bewegt, während sich das suspendierte Gas im flüssigen Medium ausbreitet. Aus obiger Schlussfolgerung (Gl. 5.59) resultiert damit:

$$\rho^* D\frac{\partial Y^F}{\partial x_j} = Y^F\left(\rho^G u_j^G\right) + A_j \quad . \tag{5.60}$$

An der Wand (W) gelte für alle Spezies k:

$$\frac{\partial Y^k}{\partial x_j}\bigg|_W = 0 \quad , \quad u_j^k\big|_W = 0 \quad . \tag{5.61}$$

Aus Gl. 5.60 folgt damit für den konstanten Vektor $\vec{A} = \vec{0}$ und für die Geschwindigkeit unter Berücksichtigung von Gl. 5.39:

$$
\begin{aligned}
u_j^G &= \frac{\rho^*}{Y^F \rho^G} D \frac{\partial Y^F}{\partial x_j} \\
&= \frac{D}{Y^F Y^G} \frac{\partial Y^F}{\partial x_j} \quad .
\end{aligned}
\tag{5.62}
$$

Mit dieser Formulierung wird der globale Zusammenhang zwischen Diffusionsgeschwindigkeit und Kozentrationsgradienten definiert.

5.1.6 Massentransport an der Phasengrenzfläche

Ausgehend von der Randbedingung, dass das Gas an der Phasengrenzfläche (PG) die Sättigungskonzentration

$$Y^G\big|_{PG} = c_{\max}^G \tag{5.63}$$

erreicht, heißt das für die Geschwindigkeit und den Massenstrom an der Phasengrenzfläche:

$$u_j^G\big|_{PG} = \frac{D}{(1 - Y_{\max}^G)Y_{\max}^G} \frac{\partial Y^F}{\partial x_j}\bigg|_{PG} = \frac{D}{(Y_{\max}^G - 1)Y_{\max}^G} \frac{\partial Y^G}{\partial x_j}\bigg|_{PG} \tag{5.64}$$

$$\dot{m}\big|_{PG} = \left(\rho^* Y^G \vec{u}^G \cdot \vec{e}_z\right)_{PG} = \frac{\rho^* D}{Y_{\max}^G - 1} \frac{\partial Y^G}{\partial z}\bigg|_{PG} \quad . \tag{5.65}$$

Da die Gemischdichte ρ^* von ρ^G und damit implizit auch von der Konzentration der Suspension abhängt, wird diese durch $\rho^* = \rho^F/Y^F$ substituiert, so dass für den Massenstom an der Phasengrenzfläche folgende explizite Gleichung resultiert:

$$\dot{m}\big|_{PG} = - \underbrace{\frac{\rho^F D}{(1 - Y_{\max}^G)^2}}_{=\text{const.}} \frac{\partial Y^G}{\partial z}\bigg|_{PG} \quad . \tag{5.66}$$

In dieser Form lässt sich der Massenstrom an der Phasengrenzfläche durch die Initialdichte der fluiden Phase (ohne Suspension) ρ^F, die Sättigungskonzentration $Y_{\max}^G$, den binären Diffusionskoeffizienten D und den lokalen Konzentrationsgradienten der suspendierten Spezies in der flüssigen Phase darstellen.

5.1.7 Transportgleichung

Setzt man nun die resultierende Geschwindigkeit der Suspension (Gl. 5.62) in die Kontinuitätsgleichung dieser ein, resultiert:

$$\frac{\partial}{\partial t}\rho^G + \frac{\partial}{\partial x_j}\left(\frac{\rho^G D}{Y^F Y^G}\frac{\partial Y^F}{\partial x_j}\right) = 0 \quad . \tag{5.67}$$

Mit Gl. 5.39 folgt die von der Suspensionsgeschwingigkeit unabhängige Transportgleichung:

$$\frac{\partial}{\partial t}\left(\rho^* Y^G\right) = \frac{\partial}{\partial x_j}\left(\frac{\rho^* D}{1 - Y^G}\frac{\partial Y^G}{\partial x_j}\right) \quad \text{mit} \quad \rho^* = \frac{\rho^F}{1 - Y^G} \quad . \tag{5.68}$$

Da die implizite Form dieser Gleichung (unabhängig von der Dichte)

$$\frac{\partial}{\partial t}\left(\frac{Y^G}{1 - Y^G}\right) = \frac{\partial}{\partial x_j}\left(\frac{D}{(1 - Y^G)^2}\frac{\partial Y^G}{\partial x_j}\right) = \frac{\partial}{\partial x_j}\left[D\frac{\partial Y^G}{\partial x_j}\left(\frac{Y^G}{1 - Y^G}\right)\right]$$
$$\tag{5.69}$$

für lineare Löser ungeeignet ist, wird für die numerische Lösung aus Gl. 5.68 mit der Randbedingung aus Gl. 5.66 gewonnen.

5.1.8 Vergleich mit exakter Lösung

In Analogie zur exakten Lösung nach Baehr/Stephan entspricht der Quotient $Y^G/(1 - Y^G)$ der Lösung der Wärmeleitungsgleichung in einem nicht beschränkten Bereich:

$$\frac{Y^G}{1 - Y^G} = \frac{Y_{\max}^G}{1 - Y_{\max}^G}\left[1 - \text{erf}\left(\frac{x}{2\sqrt{Dt}}\right)\right] \quad . \tag{5.70}$$

Nach einer entsprechenden Umformung resultiert die explizite Darstellung der Suspensionskonzentration Y^G in Abhängigkeit von Position und Zeitpunkt.

$$\frac{1}{Y^G} - 1 = \frac{\frac{1}{Y^G_{max}} - 1}{1 - \text{erf}\left(\frac{x}{2\sqrt{Dt}}\right)} \tag{5.71}$$

$$Y^G = \left[1 + \frac{\frac{1}{Y^G_{max}} - 1}{1 - \text{erf}\left(\frac{x}{2\sqrt{Dt}}\right)}\right]^{-1} = \left[1 + \frac{1 - Y^G_{max}}{Y^G_{max}\left(1 - \text{erf}\left(\frac{x}{2\sqrt{Dt}}\right)\right)}\right]^{-1}.$$

$$\tag{5.72}$$

Diese exakte Beschreibung der Konzentration ist nur gültig für einen unendlich ausgedehnten Bereich, in den die Suspension diffundiert.

In einer Simulation wurden die vorgeschlagene Inlet-Randbedingung (Gl. 5.66) verifiziert. Vorgabe für die durchgeführte Simulation war, dass zum Zeitpunkt $t = 0$ die Suspensionskonzentration in der fluiden Phase Null ist, aber die Konzentration an der Phasengrenzfläche (x=0) dem Maximalwert c_{max} entspricht. Auf dieser Basis wurden zwei Simulationen durchgeführt. Zwecks Validierung der zu überprüfenden Massenstrom-Randbedingung wurden die Ergebnisse (Inlet 2) mit Simulationsergebnissen verglichen, die aus einer Simulation mit fest vorgegebener Konzentration als Randbedingung $c|_{x=0} = c_{max}$ resultieren (Inlet 1). Für die Simulationen sowie die exakte Lösung wurden $c_{max} = 0,2$ und $D = 10^{-3}\frac{m^2}{s}$ eingesetzt. Zu erkennen ist, dass solange die Konzentration in der Nähe der Wand noch vernachlässigbar ist, beide Simulationsergebnisse mit der exakten Lösung (erf, Gl. 5.71) vergleichbar sind (Abb.5.2).

Wenn die höheren Konzentrationen aber die Wand erreichen (Abb.5.3), weichen die Simulationsergebnisse von Gl. 5.71 ab, da diese Gleichung der Suspensionsdiffusion in beschränkten Volumina nicht genügt. Die beiden Simulationergebnisse stimmen aber immer noch miteinander überein, womit gezeigt ist, dass beide Randbedingungen, die Konzentrationsvorgabe wie die Massenstromvorgabe, äquivalent zu einander sind. Um die Diffusion einer Suspension in einer fluiden Trägerphase zu beschreiben, sind für Gl. 5.68 zwei Randbedingungen möglich:

1. Feste Vorgabe der Konzentration am am Inlet-Rand $c|_{x=0} = c_{max}$

2. Massenstrom am Inlet-Rand nach Gl. 5.66

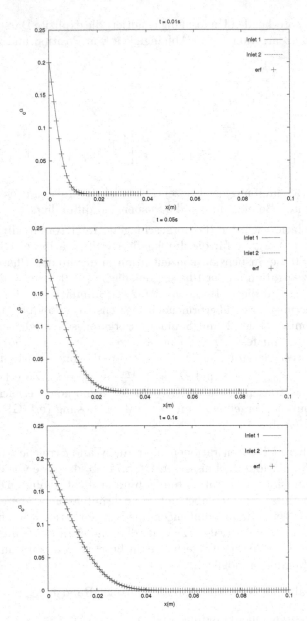

Abbildung 5.2: Numerische Lösungen der Konzentrationsverteilung (Inlet 1, Inlet 2) entsprechen der Fehlerfunktion (erf) entfernt von der Wand

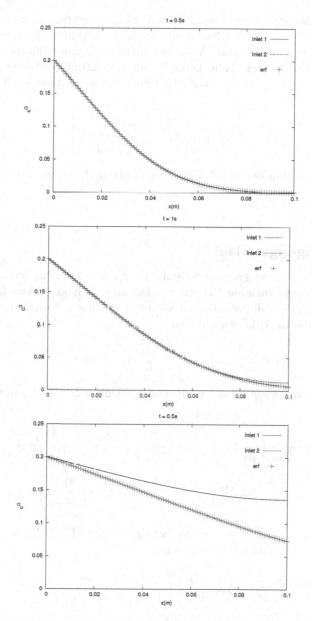

Abbildung 5.3: Numerische Lösungen (Inlet 1, Inlet 2) weichen nahe der Wand von der "exakten Lösung" (erf, ohne Berücksichtigung der Wand) ab, stimmen aber untereinander überein

Die Simulationsergebnisse beider Randbedingungstypen stimmen in der durchgeführten Beispielsimulation miteinander überein. Sofern der Diffusionsprozess weit genug von das Volumen einschränkenden Wänden entfernt stattfindet - also an der Wand keine hohen und damit einflussnehmenden Konzentration vorliegen - stimmen die Simulationergebnisse zusätzlich mit

$$Y^G = \left[1 + \frac{1 - Y^G_{\max}}{Y^G_{\max} \left(1 - \operatorname{erf}\left(\frac{x}{2\sqrt{Dt}} \right) \right)} \right]^{-1}$$

der exakten Lösung der in Gl. 5.69 aufgeführten Wärmeleitungsgleichung überein.

5.1.9 Sättigungsverlauf

Um die zeitliche Änderung der Sättigung zu beschrieben, wird Gl. 5.68 entdimensioniert. Variable Größen werden an den Konstanten L, ρ^f und D so normiert, dass die normierten Werte dimensionslos sind. Hierfür wird diese Gleichung in Abhängigkeit von

$$t_+ = \frac{tD}{L^2} \quad , \qquad x_+ = \frac{x}{L} \quad , \qquad \rho_+ = \frac{\rho^*}{\rho^F} \tag{5.73}$$

dargestellt wird, indem Gl. 5.68 mit dem Qutienten $L^2/(D\rho^F)$ multipliziert wird:

$$\frac{\partial}{\partial \left(\frac{tD}{L^2} \right)} \left(\frac{\rho^*}{\rho^F} Y^G \right) = \frac{\partial}{\partial \left(\frac{x_j}{L} \right)} \left(\frac{\rho^*}{\rho^F} \frac{1}{1 - Y^G} \frac{\partial Y^G}{\partial \left(\frac{x_j}{L} \right)} \right) \tag{5.74}$$

$$\Rightarrow \quad \frac{\partial}{\partial t_+} \left(\rho_+ Y^G \right) = \frac{\partial}{\partial x_{+j}} \left(\frac{\rho_+}{1 - Y^G} \frac{\partial Y^G}{\partial x_{+j}} \right) \quad . \tag{5.75}$$

Die zeitliche Änderung der relativen Sättigung $c_+ = Y^G/Y^G_{\max}$ würde somit durch folgende Gleichung beschrieben:

$$\frac{\partial}{\partial t_+} \left(\rho_+ c_+ \right) = \frac{\partial}{\partial x_{+j}} \left(\frac{\rho_+}{1 - Y^G_{\max} c_+} \frac{\partial c_+}{\partial x_{+j}} \right) \quad . \tag{5.76}$$

Auffällig ist, dass die zeitliche Änderung der Sättigung von der Sättigungskonzentration $Y^G_{\max}$ abhängt. Für $Y^G_{\max} = 0,01$ scheint $t_+ = 2,5$ ausreichend

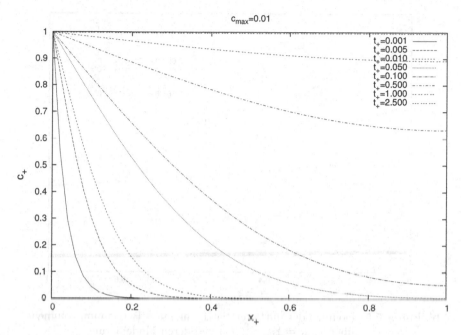

Abbildung 5.4: Zeitliche Änderung der räumlichen Verteilung der lokalen Sättigung zwischen $t_+ = 0,001$ und $t_+ = 2,5$ bei $Y_{max}^G = 0.01$

groß zu sein um eine instationäre Simulation zu beenden, da das Träger-fluid im Berechnungsvolumen nahezu vollständig gesättigt zu sein scheint. Werden die Isolinien der mittleren Sättigung im Berechnungsvolumen analysiert (Abb.5.5), fällt auf, dass bei niedrigen Maximalkonzentrationen Y_{max}^G das Zeitmaß t_+ deutlich höher sein muss, um Sättigungskonzentrationen von über 99% zu erreichen, die als "vollständig" angesehen werden können Als Abschätzung für die Zeit T, nach der ein Volumen der Länge L als gesättigt angesehen weden kann, scheint ein Wert zwischen $t_+ = 2,0$ und $t_+ = 2,7$ sinnvoll. Als pauschaler Abschätzungswert wird somit $t_+ = 2,5$ vorgeschlagen oder:

$$\frac{TD}{L^2} = t_+ \approx 2,5 \quad \Rightarrow \quad T \approx \frac{5L^2}{2D} \quad . \tag{5.77}$$

Eine präzisere Alternative wäre in Abhängigkeit von Y_{max}^G:

$$T = \left[2,7 - 0.415 \ln\left(1 + 11\, Y_{max}^G\right)\right] \frac{L^2}{D} < 2,7 \frac{L^2}{D} \quad . \tag{5.78}$$

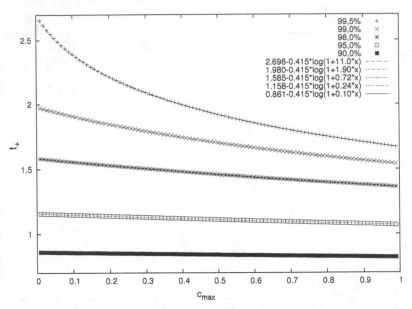

Abbildung 5.5: Isolinien der mittleren Sättigung eines Berechnungvolumens über $[c_{\max} = Y_{\max}^G] \times [t_+]$ und deren Modellierung

In diesem Fall wären in jedem Fall mindestens 99,5% der maximal aufnehmbaren Suspensionsmenge in der Trägerphase gebunden.

5.2 Selbstähnlichkeit polydisperser Systeme

Viele in der Natur vorkommende Phänomene haben folgende, in diesem Unterkapitel vorgestellte Eigenschaft: *die Selbstähnlichkeit*. Betrachtet man eine Standaufnahme einer Spraywolke, stechen dem Beobachter in der Umgebung großer Partikel stets kleinere Partikel ins Auge. Würden die kleineren Partikel genauer beobachtet werden, würden in unmittelbarer Umgebung wiederum kleinere Partikel auffallen, so dass von dem in einer gewissen "Zoomtiefe" erhaltenen Bild nicht auf die Zoomtiefe selbst geschlossen werden kann. Diese Eigenschaft bestimmter geometrischer Strukturen nennt man Selbstähnlichkeit.

5.2.1 Trema und Generator

Basis für folgende Überlegungen sei ein Euklidischer Raum M_0 endlicher Ausdehnung der Dimension $D_T \in \mathbb{N}$ mit dem D_T-dimensionalen Maß $\mu(M_0)$. Reduziert man nun diesen Raum M_0 um eine endliche Anzahl von Unterräumen R_i mit $i \in \{1, ..., n\}$ auf den Raum M_1, so reduziert sich auch das Maß auf $\mu(M_1) = r \cdot \mu(M_0)$ mit

$$r = 1 - \frac{1}{\gamma} \quad \text{und} \quad \gamma = \frac{\mu(M_0)}{\sum\limits_{i=1}^{n} \mu(R_i)} \quad . \tag{5.79}$$

Die den Originalraum M_0 reduzierenden Unterräume nennt man *Tremata*. In einem selbstähnlichen Gebilde findet man seine Struktur in diesem selbst wieder, wenn man ein geringeres oder größeres Längenmaß betrachtet. Unterteilt man nun einen Euklidischen Raum M_0 in γ Unterräume, welche alle das gleiche Maß besitzen, und betrachtet einen dieser Unterräume als Trema, so stellt die Vereinigung der anderen $\gamma - 1$ Unterräume den Raum M_1 dar. Verfährt man mit jedem dieser Unterräume analog zu M_0, so reduziert sich wiederum der Raum M_1 auf einen Unterraum M_2, für welchen gilt:

$$\mu(M_2) = r \cdot \mu(M_1) = r^2 \cdot \mu(M_0) \quad . \tag{5.80}$$

Führt man diese Reduktion der Räume M_k unendlich fort, so verschwindet das Maß für $k \to \infty$.

$$\lim_{k \to \infty} \mu(M_k) = \lim_{k \to \infty} r^k \cdot \mu(M_0) = 0 \quad \text{mit } 0 < r < 1 \quad . \tag{5.81}$$

Dieser "Grenzwertraum" ist nicht mehr durch das Maß $\mu(\cdot)$ messbar, da seine Dimension nicht D_T ist. Auf die Dimension solcher Räume soll später eingegangen werden.
Betrachtet man die Entwicklung von Raum M_0 und die eines der $\gamma - 1$ Unterräume von M_1 ist festzustellen, dass die Struktur der beiden "Grenzwerträume" identisch ist. Da sich die beiden Räume durch eine kanonische Projektion aufeinander abbilden lassen, sind sie ähnlich. Da sie sich in ihrem charakteristischen Längenmaß unterscheiden, sind sie nicht kongruent.
Stellt man sich die Tremata z.B. als Würfel vor, so ist die Kantenlänge ein geeignetes, zu betrachtendes Längenmaß. Wählt man

$$D_T = 3 \tag{5.82}$$

und stellt sich den würfelförmigen Raum M_0 unterteilt in $3 \times 3 \times 3$ Würfel vor, so ist $\gamma = 27$ und der Quotient der beiden charakteristischen Längenmaße $\lambda = 3$. Den erzeugenden Faktor $\frac{1}{\lambda}$ nennt man aus diesem Grund *Generator*.

5.2.2 Die fraktale Dimension

Stellt man sich einen dreidimensionalen Würfel vor und unterteilt diesen wie zuvor beschrieben, so folgt aus $N = 27$ Würfelchen und dem Generator $\frac{1}{3}$ die Dimension

$$D = \log_3 27 = 3 \quad , \tag{5.83}$$

da

$$N = \lambda^D \quad . \tag{5.84}$$

Unterteilt man eine ebene, quadratische Fläche in 3×3 quadratische Felder, resultiert aus $N = 9$ und $\lambda = 3$ die Dimension $D = \log_3 9 = 2$.

Analog lassen sich auch gebrochene, sogenannte *fraktale Dimensionen* beschreiben. Reduziert man einen Raum rekursiv durch Tremata, reicht die Anzahl der restlichen Unterräume nicht mehr aus, um einen ganzzahlig dimensionalen Raum zu erzeugen.

Wird erneut ein Würfel betrachtet, welcher durch den Generator $\frac{1}{3}$ in 27 kleinere Würfel unterteilt wird - nur diesmal seien alle Würfelchen, welche nicht an einer Kante des großen Würfels liegen, Tremata. Rekursiv wird diese Reduzierung des Raums an den verbleibenden $N = 20$ Würfelchen ebenfalls vorgenommen, so dass auch in diesem Fall der Grenzraum nicht mehr die Dimension 3 besitzt, sondern die Dimension

$$D = \log_\lambda N = \log_3 20 \approx 2.727 \quad . \tag{5.85}$$

Dieses Beispiel eines fraktal-geometrischen Gebildes nennt man *Menger Schwamm*.

5.2.3 Skaleninvariante Tropfenverbände

Bisher wurden nur *skaleninvariante Fraktale betrachtet.* Skaleninvarianz bedeutet, dass der Generator während des gesamten rekursiven Prozesses konstant bleibt. Wenn zudem N konstant bleibt, besitzt der Grenzraum in jedem Punkt die gleiche Dimension. Auf einen Großteil der in der Natur vorkommenden fraktalen Strukturen trifft diese Annahme der *Skaleninvarianz* nicht zu. Da Sprühnebel analog zu Wolken oder Strukturen des Gischt in einer sich am Ufer brechenden Welle als Folgen natürlicher Phänomene anzusehen sind, wird im folgenden Kapitel verstärkt auf *nicht skaleninvariante, fraktale Strukturen* eingegangen. Stellt man sich den Verband von Tropfen in einem Spray als ein selbstähnliches Gebilde vor, so existieren für jeden Tropfen mit dem Durchmesser d N weitere Tropfen mit dem Durchmesser $\frac{d}{\lambda}$. Jedem dieser Tropfen sind in unmittelbarer Umgebung wiederum N Tropfen mit dem Durchmesser $\frac{d}{\lambda^2}$ zuzuordnen, sowie jedem Tropfen mit dem Durchmesser $\frac{d}{\lambda^k}$ wiederum N Tropfen mit dem Durchmesser $\frac{d}{\lambda^{k+1}}$. Anhand dieses Axioms können entsprechende Aussagen über die Wahrscheinlichkeitsdichte des Tropfendurchmessers getroffen werden. Bezugnehmend auf die Begrifflichkeit der *fraktalen Geometrie* stellen die Tropfen die Tremata des gasgefüllten Raums dar. Nummeriert man die einzelnen Tropfen der Reihe nach durch, so lassen sich die Tropfendurchmesser in Abhängigkeit von der Tropfennummer $\xi \in N$ durch eine Folge darstellen.

$$d(1), d(2), d(3), ..., d(\xi), ... \tag{5.86}$$

Entsprechend gilt für den Tropfendurchmesser $d(\zeta)$ mit

$$\xi = \sum_{i=0}^{k} N^i - \frac{N^{k+1} - 1}{N - 1} \tag{5.87}$$

die Beziehung

$$d(\xi) = d(1) \cdot \lambda^{-k} := d_k \quad . \tag{5.88}$$

Aus dieser Beziehung folgt der Parameter

$$-k = \frac{\ln\left(\frac{d}{d_0}\right)}{\ln(\lambda)} \quad \Rightarrow \quad k + 1 = 1 - \frac{\ln\left(\frac{d}{d_0}\right)}{\ln\lambda} \tag{5.89}$$

und durch die Definition der fraktalen Dimension

$$D = \frac{\ln(N)}{\ln(\lambda)} \tag{5.90}$$

$$\left(\frac{1}{\lambda}\right)^{-D} = N \tag{5.91}$$

auch die Beschreibung der Tropfennummer:

$$\xi \;=\; \frac{1}{N-1}\left(N^{1-\frac{\ln\left(\frac{d}{d_0}\right)}{\ln\,(\lambda)}} - 1\right) = \frac{1}{N-1}\left(\lambda^{-\frac{\ln\,(N)}{\ln\,\lambda}\cdot\frac{\ln\left(\frac{d}{\lambda\cdot d_0}\right)}{\ln\,(\lambda)}} - 1\right)$$

$$=\; \frac{1}{N-1}\left(\left(\frac{d}{\lambda\cdot d_0}\right)^{-D} - 1\right) = \frac{N}{N-1}\left(\left(\frac{d}{d_0}\right)^{-D} - \frac{1}{N}\right) \quad . \,(5.92)$$

Für den Tropfendurchmesser ergibt sich so in Abhängigkeit von der Tropfennummer ξ

$$d = d_0\left(\frac{N-1}{N}\cdot\xi + \frac{1}{N}\right)^{-\frac{1}{D}} \quad . \tag{5.93}$$

Das Ergebnis ist der Durchmesser des Tropfens ξ von N.

5.2.4 Tremakonstante γ

Analog zu einem Trema in einem fraktalen Gebilde, nimmt ein Tropfen in einem Kontrollvolumen V das Volumen $\frac{V}{\gamma}$ ein. Das Volumen des verbleibenden Raums kann so in $\gamma - 1$ gleichgroße Volumina der Größe $\frac{V}{\gamma}$ aufgeteilt werden. Ist jedes dieser Volumina ähnlich dem Gesamtvolumen V, werden die N dem großen Tropfen zugeordneten Tröpfchen einzeln auf die Volumina aufgeteilt. So gilt $N = \gamma - 1$ und für den inversen Generator

$$\lambda = \gamma^{\frac{1}{D_T}} \quad . \tag{5.94}$$

Für die fraktale Dimension des Gebildes gilt damit:

$$D = \log_\lambda(N) = \frac{\ln\,(\gamma-1)}{\ln\,(\gamma^{\frac{1}{D_T}})} = D_T\frac{\ln\,(\gamma-1)}{\ln\,(\gamma)} \quad . \tag{5.95}$$

Die Darstellung des Durchmessers d und der Tropfennummer ξ reduzieren sich dadurch auf

$$d \;=\; d_0\left(\frac{\gamma-2}{\gamma-1}\cdot\xi + \frac{1}{\gamma-1}\right)^{-\frac{\ln\,(\gamma)}{D_T\ln\,(\gamma-1)}} \tag{5.96}$$

$$\xi \;=\; \frac{\gamma-1}{\gamma-2}\left(\left(\frac{d}{d_0}\right)^{-D_T\frac{\ln\,(\gamma-1)}{\ln\,(\gamma)}} - \frac{1}{\gamma-1}\right) . \tag{5.97}$$

Durch diese Relationen wird der Zusammenhang zwischen Tropfennummer ξ und entdimensioniertem Tropfendurchmesser d/d_0 in Abhängigkeit von der Tremakonstanten γ beschrieben.

5.2.5 Variation des Generators

Die Tropfennummer ξ ist demnach als Funktion der Tremakonstanten γ und einer charakteristischer Länge:

$$l := \frac{d}{d_0} \tag{5.98}$$

anzusehen. In Sprühnebel-Strömungen ist anhand von Messungen [227] davon auszugehen, dass die Anzahl von Gruppen kleiner Tropfen mit abnehmendem Durchmesser ebenfalls wieder abnimmt. Dieses Phänomen lässt sich auf eine für die Natur nicht unübliche Skaleninvarianz zurückführen.

Variiert man den Generator $\frac{1}{\lambda^*}$, lässt sich eine solche Skaleninvarianz innerhalb der Tropfenstruktur erzeugen. Da die Wahrscheinlichkeitsdichte für Tropfen, deren Durchmesser gegen Null geht, ebenfalls verschwindet, ist davon auszugehen, dass für $l \to 0$ sowohl der Generator als auch die fraktale Dimension D^* gegen ein Minimum konvergieren.

$$\lim_{l \to 0} \lambda^* = \lambda \quad \text{mit} \quad \lambda^* < \lambda \tag{5.99}$$

$$\text{und} \lim_{l \to 0} D^* = D = \frac{\ln N}{\ln \lambda} \quad \text{mit} \quad D^* = \frac{\ln N}{\ln \lambda^*} \tag{5.100}$$

Eine entsprechende Modellierung kann durch eine Funktion $g(l)$ mit

$$\lambda^* = \lambda^{g(l)} \quad \text{mit } g(0) = 1 \quad \text{und} \quad 0 < g(l < 0) < 1 \tag{5.101}$$

vorgenommen werden.

5.2.6 Wahrscheinlichkeitsdichte des Tropfendurchmessers

Beschreibt man Spray-Strömungen durch die Euler/Lagrange-Betrachtungsweise [24, 223, 240], interagieren Impulstransportgleichung der Gasphase und Bewegungsgleichung des Tropfenverbandes miteinander. Die Bewegungsgleichung des Tropfenverbandes, setzt sich aus dem Strömungswiderstand, dem die Gasphase beschleunigenden Inertialterm, dem Auftriebsterm, dem die Geschichte der Bewegung berücksichtigenden Basset-Term und der materiellen Ableitung der Bewegung zusammen [243, 160]. Der Einfluss der Tropfenbewegung auf die Gasphase drückt sich durch einen Quellterm im Impulstransport der kontinuierlichen Phase aus.

Der Tropfendurchmesser wird als Einflussgröße zwar berücksichtigt, aber nicht bestimmt. Die Wahrscheinlichkeit, dass ein Tropfen einen größeren normierten Durchmesser hat als l^*, ist proportional zur Anzahl der größeren Tropfen $\xi(l^*, \gamma(l^*))$. Da die Wahrscheinlichkeit durch eine Veränderung von γ für ein konstantes l nicht variiert, ist die Wahrscheinlichkeitsdichte f proportional zu der negierten partiellen Ableitung

$$-\frac{\partial \xi}{\partial l} = \frac{\gamma - 1}{\gamma - 2} \left(D_T \frac{\ln(\gamma - 1)}{\ln(\gamma)} \right) \cdot l^{-\left(1 + D_T \frac{\ln(\gamma-1)}{\ln(\gamma)}\right)} \quad . \tag{5.102}$$

Normiert man die partielle Ableitung durch das Integral über dem Ereignisraum erhält man die Wahrscheinlichkeitsdichte

$$f(l) = \frac{-\frac{\partial \xi}{\partial l}}{\int_0^{\infty} \left(-\frac{\partial \xi}{\partial l}\right) dl} \quad . \tag{5.103}$$

Bedingung für diese Form der Normierung ist die Existenz des Integrals nach der Substitution der Variationsfunktion des Generators. Zu berücksichtigen ist, dass trotz der Variation die Tremakonstante und die Anzahl N unverändert bleiben.

5.2.7 Tropfenverdunstung

Anhand der bereits beschriebenen geometrischen Überlegungen kann mittels der angeführten Gesetze eine Wahrscheinlichkeitsdichtefunktion, welche in Abhängigkeit von charakteristischen Tropfenwolkenmaßen steht, aufgestellt werden. Nach einer solchen Festlegung muss die zeitliche Änderung der Wahrscheinlichkeitsdichte aufgrund der Verdunstung einer Tropfenschar berücksichtigt werden [62, 148]. Die selbstähnliche Anordnung in einer Wolke zusammengestellter Tropfen ist nicht in gleichem Maß in allen Skalen zu beobachten. Neben der in der Natur häufig auftretenden Skaleninvarianz stört die den Durchmesser verändernde Verdunstung die Homogenität des selbstähnlichen Aufbaus. Bei der Verdunstung eines sphärischen Tropfens ist zu beobachten, dass die Oberfläche linear über der Zeit abnimmt [128]. Insofern kann für die zeitliche Änderung der Tropfendurchmessers D_p folgende Gleichung aufgestellt werden:

$$\frac{d}{dt} D_p^2 = -\Gamma \quad \text{mit} \quad \dot{\Gamma} = 0 \quad . \tag{5.104}$$

Aus der allgemeinen Lösung

$$D_p(t) = \sqrt{C - \Gamma t} \tag{5.105}$$

folgt mit der Anfangsbedingung

$$d^* = D_p(0) \Rightarrow C = (d^*)^2 \tag{5.106}$$

die allgemeine zeitliche Formulierung des Tropfendurchmessers

$$D_p(t) = \sqrt{(d^*)^2 - \Gamma t} \tag{5.107}$$

in Abhängigkeit von der *Verdunstungskonstanten* Γ. Mit dem Referenzdurchmesser

$$d_0 = (\Gamma t)^{\frac{1}{2}} \tag{5.108}$$

gilt

$$(d^*)^2 = D_p^2 + d_0^2 \quad . \tag{5.109}$$

An dieser Stelle wird wie in Gl. 5.97 eine ξ-Funktion für die Durchmesser d^* einer Schar von Tropfen, welche noch nicht begonnen haben zu verdunsten, aufgestellt:

$$\xi = \frac{\gamma - 1}{\gamma - 2} \left(\left(\frac{d^*}{d_0} \right)^{-D^*} - \frac{1}{\gamma - 1} \right) \quad . \tag{5.110}$$

Mit der Definition

$$\beta = \frac{D_p^2}{d_0^2} = l^2 \tag{5.111}$$

folgt für den Durchmesserquotienten

$$\frac{d^*}{d_0} = \sqrt{\frac{D_p^2 + d_0^2}{d_0^2}} = \sqrt{1 + \beta} \tag{5.112}$$

und damit die Definition der ξ-Funktion:

$$\xi = \frac{\gamma - 1}{\gamma - 2} (1 + \beta)^{-\frac{D^*}{2}} - \frac{1}{\gamma - 2} \quad . \tag{5.113}$$

Im Anschluss kann durch das Aufstellen der Verteilungsfunktion die Wahrscheinlichkeitsdichte des Tropfendurchmessers bestimmt werden.

5.2.8 Variation der Skalierung

Wie in Gl. 5.99 festgelegt wird, muss an dieser Stelle eine Funktion der dimensionslosen Größe β festgelegt werden, um die Skaleninvarianz entsprechend zu definieren. Da für $\beta > 0$

$$0 < (1 + \beta)^{\frac{1}{\beta}} < e \qquad (5.114)$$

und

$$\lim_{\beta \to 0} (1 + \beta)^{\frac{1}{\beta}} = e \qquad (5.115)$$

gilt, entspricht mit $\beta > 0$ die Hypothese

$$\lambda^* = (1 + \beta)^{\frac{1}{\beta} \ln \lambda} < \lambda \quad , \qquad (5.116)$$

für die

$$\lim_{\beta \to 0} \lambda^* = \lim_{\beta \to 0} (1 + \beta)^{\frac{1}{\beta} \ln \lambda} = e^{\ln \lambda} = \lambda \qquad (5.117)$$

gilt, der vorgegebenen Restriktion. Aus dieser Annahme resultiert, wie folgt, die gesuchte Funktion:

$$(1 + \beta)^{\frac{1}{\beta} \ln \lambda} = \lambda^* = \lambda^{g(\beta)} = e^{g(\beta) \ln \lambda} \qquad (5.118)$$

$$\frac{1}{\beta} \ln (1 + \beta) \ln \lambda = g(\beta) \ln \lambda \qquad (5.119)$$

$$\Rightarrow g(\beta) = \frac{\ln (1 + \beta)}{\beta} \quad . \qquad (5.120)$$

Aus dieser Substitution folgt entsprechend die ξ-Funktion:

$$\lambda^* = \lambda^{\frac{\ln (1+\beta)}{\beta}} \Rightarrow D^* = \frac{\ln N}{\ln \lambda^*} = \frac{\beta}{\ln (1 + \beta)} \underbrace{\frac{\ln N}{\ln \lambda}}_{=D} \qquad (5.121)$$

$$\Rightarrow \xi = \frac{\gamma - 1}{\gamma - 2} (1 + \beta)^{-\frac{D}{2} \frac{\beta}{\ln (1+\beta)}} - \frac{1}{\gamma - 2}$$

$$= \frac{\gamma - 1}{\gamma - 2} e^{-\frac{D}{2} \beta} - \frac{1}{\gamma - 2} \quad . \qquad (5.122)$$

Mit Gl. 5.103 läßt sich durch die Proportionalität

$$f(\beta) \sim -\frac{d\xi}{d\beta} = \frac{\gamma - 1}{\gamma - 2} \frac{D}{2} e^{-\frac{D}{2} \beta} \qquad (5.123)$$

und das Integral

$$\int\limits_0^\infty \frac{\gamma - 1}{\gamma - 2} \frac{D}{2} e^{-\frac{D}{2}\beta} \, d\beta = \left[\frac{\gamma - 1}{\gamma - 2} e^{-\frac{D}{2}\beta}\right]_0^\infty = \frac{\gamma - 1}{\gamma - 2} \tag{5.124}$$

die Wahrscheinlichkeitsdichtefunktion des dimensionslosen Wertes β

$$f(\beta) = \frac{D}{2} e^{-\frac{D}{2}\beta} \tag{5.125}$$

bestimmen, da das Integral einer Wahrscheinlichkeitsdichtefunktion über dem Ereignisraum stets dem Wert 1 entspricht.

5.2.9 Resultierende Wahrscheinlichkeitsdichte

Aus der Wahrscheinlichkeit P, der Stammfunktion der Wahrscheinlichkeitsdichte,

$$P(\beta \le X) = \int\limits_0^X \frac{D}{2} e^{-\frac{D}{2}\beta} \, d\beta \tag{5.126}$$

$$P\left(\sqrt{\beta} \le \sqrt{X}\right) = \int\limits_0^{\sqrt{X}} \frac{D}{2} e^{-\frac{D}{2}\beta} \underbrace{\frac{d\beta}{d\sqrt{\beta}}}_{=2\sqrt{\beta}} \, d\sqrt{\beta} \tag{5.127}$$

$$= \int\limits_0^{\sqrt{X}} D\sqrt{\beta} \, e^{-\frac{D}{2}\left(\sqrt{\beta}\right)^2} \, d\sqrt{\beta} \tag{5.128}$$

folgt die Wahrscheinlichkeitsdichtefunktion

$$f\left(\sqrt{\beta}\right) = D\sqrt{\beta} \, e^{-\frac{D}{2}\left(\sqrt{\beta}\right)^2} \tag{5.129}$$

des normierten Durchmessers

$$\sqrt{\beta} = \frac{D_p}{d_0} \quad . \tag{5.130}$$

Mit einer analogen Transformation auf den Durchmesser D_p

$$P\left(D_p \leq Y\right) = \int\limits_0^Y D_p \frac{D}{d_0} e^{-\frac{D_p^2}{2}\frac{D}{d_0^2}} \underbrace{\frac{d\sqrt{\beta}}{dD_p}}_{=d_0^{-1}} dD_p \qquad (5.131)$$

folgt die Wahrscheinlichkeitsdichte

$$f\left(D_p\right) = \frac{D_p}{l_D^2} e^{-\frac{D_p^2}{2\,l_D^2}} \qquad (5.132)$$

und mit $F(0) = 0$ die Verteilungsfunktion

$$F\left(D_p\right) = 1 - e^{-\frac{D_p^2}{2\,l_D^2}} \qquad (5.133)$$

des Partikeldurchmessers mit der Länge

$$l_D = \frac{d_0}{\sqrt{D}} \quad . \qquad (5.134)$$

Diese Länge gilt es, aus gegebenen Zusammenhängen der Oberfläche und des Volumenbruchs der dispersen Phase zu bestimmen.

5.2.10 Oberflächendichte eines Tropfenverbandes

Die mittlere Oberfläche der dispersen Phase pro Volumen $\bar{a}$ definiert sich aus der zu erwartenden Oberfläche eines sphärischen Partikels (Gl. 4.181).

$$E\left(O_p\right) = \pi E\left(D_p^2\right) \qquad (5.135)$$

und der mittleren Anzahldichte $\bar{n}$ (Gl. 4.90).

$$\bar{a} = \bar{n}\,E\left(O_p\right) = \frac{6\bar{\alpha}^D}{\pi E\left(D_p^3\right)} \pi E\left(D_p^2\right) = 6\bar{\alpha}^D \frac{E\left(D_p^2\right)}{E\left(D_p^3\right)} \qquad (5.136)$$

Der *Sauter-Durchmesser*

$$D_{32} = \frac{E\left(D_p^3\right)}{E\left(D_p^2\right)} = \frac{6\bar{\alpha}^D}{\bar{a}} \qquad (5.137)$$

definiert sich auf diesem Weg durch den Quotienten von Volumen und Oberfläche der dispersen Phase pro Volumen. Aus den Erwartungswerten des
Partikeldurchmesserquadrates und der dritten Potenz des Partikeldurchmessers [31]

$$\mathrm{E}\left(D_p^2\right) = \int_0^\infty \frac{D_p^3}{l_D^2} e^{-\frac{D_p^2}{2l_D^2}} \, dD_p \tag{5.138}$$

$$= \left[-\left(D_p^2 + 2l_D^2\right) c^{-\frac{D_p^2}{2l_D^2}}\right]_0^\infty = 2l_D^2$$

$$\mathrm{E}\left(D_p^3\right) = \int_0^\infty \frac{D_p^4}{l_D^2} e^{-\frac{D_p^2}{2l_D^2}} \, dD_p = 3\sqrt{\frac{\pi}{2}}\, l_D^3 \tag{5.139}$$

resultiert nach der Wahrscheinlichkeitsdichte in Gl. 5.132 und der Definition
des Sauter-Durchmessers (Gl. 5.137) die Definition der Länge l_D.

$$D_{32} = \frac{\mathrm{E}\left(D_p^3\right)}{\mathrm{E}\left(D_p^2\right)} = \frac{3}{2}\sqrt{\frac{\pi}{2}}\, l_D \Rightarrow l_D = \sqrt{\frac{8}{9\pi}} D_{32} \tag{5.140}$$

Wird die charakteristische Länge in der Verteilungsdichtefunktion

$$f\left(D_p\right) = \frac{9}{8}\pi \frac{D_p}{D_{32}^2} e^{-\frac{9}{16}\pi \frac{D_p^2}{D_{32}^2}} \tag{5.141}$$

substituiert, ergeben sich nach Gl. 2.264 folgende Momente:

$$\mathrm{E}\left(D_p\right) = \frac{2}{3} D_{32} \tag{5.142}$$

$$\mathrm{E}\left(D_p^2\right) = \frac{16}{9\pi} D_{32}^2 \tag{5.143}$$

$$\mathrm{E}\left(D_p^3\right) = \frac{16}{9\pi} D_{32}^3 \tag{5.144}$$

$$D_{21} = \frac{\mathrm{E}\left(D_p^2\right)}{\mathrm{E}\left(D_p\right)} = \frac{8}{3\pi} D_{32} \quad . \tag{5.145}$$

Für die Wahrscheinlichkeitsdichtefunktion des am Erwartungswert normierten Tropfendurchmessers

$$f\left(\frac{D_p}{\mathrm{E}\left(D_p\right)}\right) = \frac{\pi}{2} \frac{D_p}{\mathrm{E}\left(D_p\right)} e^{-\frac{\pi}{4}\frac{D_p^2}{\mathrm{E}(D_p)^2}} \tag{5.146}$$

resultiert die in Abb. 5.6 dargestellte Funktion.

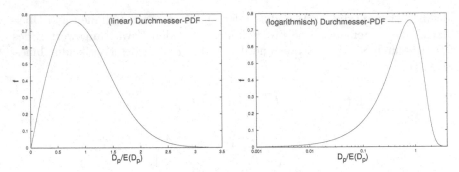

Abbildung 5.6: Wahrscheinlichkeitsdichtefunktion des normierten Tropfen-durchmessers in linearer und logarithmischer Skalierung

5.3 Wärme- und Stoffdiffusion polydisperser Systeme

In verdampfenden Sprühnebeln nehmen Temperaturveränderungen starken Einfluss auf Kinetik der Tropfen sowie auf die Materialeigenschaften der kontinuierlichen und der dispersen Phase. Aus diesem Grund ist die Betrachtung der thermodynamischen Prozesse sowie der Irreversibilität des Verdunstungsprozesses von hoher Bedeutung für die Modellierung. In der bisherigen Beschreibung fehlte die Interaktion zwischen Wärmetransport, absoluter Feuchtigkeit der Gasphase und der Turbulenz. Ohne weitere Transportgleichungen könnte der Einfluss einer solchen Wechselwirkung nicht berücksichtigt werden. Der elementare Hintergrund des Transports für die Thermodynamik relevanter Größen ist die Interaktion zwischen der Erwärmung der einzelnen Tropfen und der Verdunstungsrate der flüssigen Phase [25, 67, 101].

5.3.1 Veränderung der Anzahldichte

Nachdem die Momente der Wahrscheinlichkeitsdichte des Tropfendurchmessers definiert sind, müssen deren zeitliche Änderungen, welche aus dem Vorgang der Verdunstung resultieren, bestimmt werden. Um das zu erreichen, müssen Transportgleichungen für den Volumenbruch und die Oberfläche pro Volumen in Abhängigkeit von der Verdunstungsrate aufgestellt werden

[7, 225, 226]. Aus der Definition der Verdunstungsrate folgt, dass nach einer Zeit T alle Tropfen mit einem Durchmesser

$$D_p < (\Gamma T)^{\frac{1}{2}} \tag{5.147}$$

verdunstet sind. Durch die Wahrscheinlichkeitsdichte des Tropfendurchmessers (Gl. 5.141) lässt sich mit

$$\int_0^{(\Gamma T)^{\frac{1}{2}}} f(D_p)\, dD_p \tag{5.148}$$

der Anteil der Anzahl der in dieser Zeit verdunsteten Tropfen bestimmen. Für die zeitliche Änderung der Anzahldichte (Gl. 4.90) resultiert folgende Umformung:

$$\frac{d}{dt} n = -\lim_{T \to 0} \left[\frac{\bar{n}}{T} \int_0^{(\Gamma T)^{\frac{1}{2}}} f(D_p)\, dD_p \right]$$

$$= \lim_{T \to 0} \left[\frac{\bar{n}}{T} \left(e^{-\frac{9\pi}{16}\frac{\Gamma T}{D_{02}^2}} - 1 \right) \right]$$

$$- \lim_{T \to 0} \left[\frac{\bar{n}}{T} \left(e^{mT} - 1 \right) \right] \quad ; \quad m = -\frac{9\pi}{16}\frac{\Gamma}{D_{32}^2} \tag{5.149}$$

$$= \lim_{T \to 0} \left[\frac{\bar{n}}{T} \left((1 + mT)^{\frac{1}{mT} \cdot mT} - 1 \right) \right]$$

$$= \lim_{T \to 0} \left[\frac{\bar{n}}{T} \cdot mT \right] = \bar{n} \cdot m = -\frac{9\pi}{16}\frac{\Gamma}{D_{32}^2}\bar{n} \quad . \tag{5.150}$$

Mittels dieser zeitlichen Änderung kann auch die Änderung der Momente bestimmt werden.

5.3.2 Veränderung des Volumenbruchs

Mit der Herleitung der Momente (Gl. 5.142) folgt aus der Definition der Verdunstungskonstanten Γ (Gl. 5.104)

$$-\Gamma = \frac{d}{dt} \mathrm{E}\left(D_p^2\right) = \frac{16}{9\pi}\frac{d}{dt}D_{32}^2 \tag{5.151}$$

die zeitliche Änderung des Sauter-Durchmessers:

$$\Rightarrow \quad -\frac{9\pi}{16}\Gamma = \frac{d}{dt}D_{32}^2 = 2D_{32}\frac{d}{dt}D_{32} \tag{5.152}$$

$$\Rightarrow \quad \dot{D}_{32} = -\frac{9\pi}{32}\frac{\Gamma}{D_{32}} \quad . \tag{5.153}$$

Für die zeitliche Änderung des Erwartungswertes der dritten Potenz des Partikeldurchmessers gilt folgende Herleitung:

$$
\begin{aligned}
\frac{d}{dt}\mathrm{E}\left(D_p^3\right) &= \frac{16}{9\pi}\frac{d}{dt}D_{32}^3 = \frac{16}{9\pi}\left(\dot{D}_{32}D_{32}^2 + D_{32}\frac{d}{dt}D_{32}^2\right) \\
&= \frac{16}{9\pi}\left(-\frac{9\pi}{32}\frac{\Gamma}{D_{32}}D_{32}^2 - \frac{9\pi}{16}\Gamma D_{32}\right) \\
&= -\Gamma D_{32} - \frac{1}{2}\Gamma D_{32} = -\frac{3}{2}\Gamma D_{32} \quad .
\end{aligned} \tag{5.154}
$$

Aus Gl. 5.142 folgt für die Anzahldichte

$$\bar{n} = \frac{6\bar{\alpha}^D}{\pi\mathrm{E}\left(D_p^3\right)} = \frac{27}{8}\frac{\bar{\alpha}}{D_{32}^3} \tag{5.155}$$

$$\frac{27}{8}\frac{d}{dt}\frac{\bar{\alpha}}{D_{32}^3} = \frac{d}{dt}\bar{n} = -\frac{9\pi}{16}\frac{\Gamma}{D_{32}^2}\frac{27}{8}\frac{\bar{\alpha}}{D_{32}^3} \tag{5.156}$$

und mit Gl. 5.154 die zeitliche Änderung des Volumenbruchs der dispersen Phase:

$$\frac{d}{dt}\frac{\bar{\alpha}^D}{D_{32}^3} = \frac{1}{D_{32}^3}\frac{d}{dt}\bar{\alpha}^D - \frac{\bar{\alpha}^D}{D_{32}^6}\frac{d}{dt}D_{32}^3 = -\frac{9\pi}{16}\frac{\Gamma\bar{\alpha}^D}{D_{32}^5} \tag{5.157}$$

$$\frac{16}{9\pi}\frac{1}{D_{32}^3}\frac{d}{dt}\bar{\alpha}^D - \frac{\bar{\alpha}^D}{D_{32}^6}\frac{d}{dt}\underbrace{\left(\frac{16}{9\pi}D_{32}^3\right)}_{\mathrm{E}\left(D_p^3\right)} = -\frac{\Gamma\bar{\alpha}^D}{D_{32}^5} \tag{5.158}$$

$$\frac{16}{9\pi}\frac{1}{D_{32}^3}\frac{d}{dt}\bar{\alpha}^D + \frac{3}{2}\frac{\Gamma\bar{\alpha}^D}{D_{32}^5} = -\frac{\Gamma\bar{\alpha}^D}{D_{32}^5} \tag{5.159}$$

$$\Rightarrow \quad \frac{16}{9\pi}\frac{d}{dt}\bar{\alpha}^D = -\frac{5}{2}\frac{\Gamma\bar{\alpha}^D}{D_{32}^2} \quad \Rightarrow \quad \frac{d}{dt}\bar{\alpha}^D = -\frac{45\pi}{32}\Gamma\frac{\bar{\alpha}^D}{D_{32}^2} \quad . \tag{5.160}$$

Aus der Definition des Sauter-Durchmessers folgt die Relation zwischen den zeitlichen Änderungen von Oberfläche (Gl. 5.136), Volumenbruch und Durchmesser

$$D_{32} = 6\frac{\bar{\alpha}^D}{\bar{a}} \Rightarrow \dot{D}_{32} = \frac{6}{\bar{a}^2}\left(\bar{a}\frac{d}{dt}\bar{\alpha}^D - \bar{\alpha}^D\frac{d}{dt}\bar{a}\right)$$

$$= \underbrace{6\frac{\bar{\alpha}}{\bar{a}}}_{D_{32}}\left(\frac{1}{\bar{\alpha}^D}\frac{d}{dt}\bar{\alpha}^D - \frac{1}{\bar{a}}\frac{d}{dt}\bar{a}\right) \qquad (5.161)$$

und mit den Gln. 5.153 und 5.160 im Speziellen die allgemeine Formulierung der zeitlichen Änderung der volumenspezifischen Oberfläche:

$$\frac{1}{\bar{a}}\frac{d}{dt}\bar{a} = \frac{1}{\bar{\alpha}^D}\frac{d}{dt}\bar{\alpha}^D - \frac{1}{D_{32}}\frac{d}{dt}D_{32} = -\frac{45\pi}{32}\frac{\Gamma}{D_{32}^2} + \frac{9\pi}{32}\frac{\Gamma}{D_{32}^2}$$

$$= -\frac{9\pi}{8}\frac{\Gamma}{D_{32}^2} \Rightarrow \frac{d}{dt}\bar{a} = -\frac{9\pi}{8}\frac{\Gamma}{D_{32}^2}\bar{a} \quad . \qquad (5.162)$$

Mittels der zeitlichen Änderungen von mittlerem Volumenbruch $\bar{a}^n$ und mittlerer volumenspezifischer Oberfläche $\bar{a}$ kann der Sauter-Durchmesser und damit die Wahrscheinlichkeitsdichtefunktion des Partikeldurchmessers in Abhängigkeit von Position und Zeit bestimmt werden.

5.3.3 Verdunstungsrate

Durch das, wie folgt, definierte *Verdunstungszeitmaß*

$$\tau_\Gamma = -\bar{a}\left(\frac{d}{dt}\bar{a}\right)^{-1} = \frac{8}{9\pi}\frac{D_{32}^2}{\Gamma} \qquad (5.163)$$

lassen sich mit Gl. 5.161 die Einflüsse die Verdunstungsrate auf Oberfläche, Volumen und Durchmesser der Tropfen bestimmen.

$$\frac{d}{dt}\bar{a} = -\tau_\Gamma^{-1}\bar{a} \qquad (5.164)$$

$$\frac{d}{dt}\bar{\alpha}^D = -\frac{45\pi}{32}\Gamma\frac{\bar{\alpha}^D}{D_{32}^2} = -\frac{5}{4}\tau_\Gamma^{-1}\bar{\alpha}^D \qquad (5.165)$$

$$\Rightarrow \frac{d}{dt}D_{32} = D_{32}\left(\frac{1}{\bar{\alpha}^D}\frac{d}{dt}\bar{\alpha}^D - \frac{1}{\bar{a}}\frac{d}{dt}\bar{a}\right) = -\frac{1}{4}\tau_\Gamma^{-1}D_{32} \qquad (5.166)$$

Analog zu den Volumenbruch-gemittelten Transportgleichungen der turbulenten Größen können für Volumen und Oberfläche der dispersen Phase analoge Gleichungen aufgestellt werden.

$$\frac{\partial}{\partial t}\left(\rho^D \bar{\alpha}^D\right) + \frac{\partial}{\partial x_j}\left(\rho^D \bar{\alpha}^D < u_j^D >^D\right) = -\frac{5}{4}\rho^D \tau_\Gamma^{-1} \bar{\alpha}^D \qquad (5.167)$$

$$\frac{\partial}{\partial t}\left(\rho^D \bar{a}\right) + \frac{\partial}{\partial x_j}\left(\rho^D \bar{a} < u_j^D >^D\right) = -\rho^D \tau_\Gamma^{-1} \bar{a} \qquad (5.168)$$

Nun können Volumenbruch $\bar{\alpha}^D$, spezifische Oberfläche $\bar{a}$, und die Wahrscheinlichkeitsdichte des Tropfendurchmessers in Abhängigkeit von der Verdunstungskonstanten Γ bestimmt werden. Zusammenfassend seien die algebraischen Gleichungen des Sauter-Durchmessers und des Verdunstungszeitmaßes

$$D_{32} = 6\frac{\bar{\alpha}^D}{\bar{a}} \qquad (5.169)$$

$$\tau_\Gamma = \frac{8}{9\pi}\frac{D_{32}^2}{\Gamma} \qquad (5.170)$$

sowie der Verdunstungsrate eines Tropfens

$$\frac{d}{dt}\bar{m}_p = \frac{\pi}{6}\rho^D \frac{d}{dt}\mathrm{E}\left(D_p^3\right) = -\frac{\pi}{4}\rho^D D_{32}\Gamma \quad , \qquad (5.171)$$

durch welche das System ebenfalls in Abhängigkeit von der Verdunstungskonstanten bestimmt werden kann, erwähnt. Während eines Verdunstungsprozesses reduziert sich der Volumenanteil der dispersen Phase zu Gunsten der Dichte der kontinuierlichen Phase. Bei der Betrachtung eines Wassersprühnebels in Luft bei atmosphärischem Druck bedarf der Einfluss der relativen Luftfeuchtigkeit und der Verdunstungsenthalpie auf die Phasenübergangsgeschwindigkeit besonderer Aufmerksamkeit [69, 85, 107]. Betrachtet man im zu beschreibenden Medium ein ausreichend kleines würfelförmiges Kontrollvolumen mit der Kantenlänge L, welches nur einen einzigen zusammenhängenden Tropfen mit dem Durchmesser D_p enthält, folgt aus der Definition des Volumenanteils der dispersen Phase

$$\alpha^D = \frac{V_{\text{Tropfen}}}{L^3} = \frac{\pi D_p^3}{6 \cdot L^3}. \qquad (5.172)$$

Für das Verhältnis der beiden charakteristischen Längen, L für die kontinuierliche Phase und D_p für die disperse Phase, folgt so eine direkte Abhängigkeit vom Volumenbruch κ.

$$\frac{D_p}{L} = \left(\frac{6 \cdot \alpha^D}{\pi}\right)^{1/3} = \left(\frac{6}{\pi} \cdot \frac{\kappa}{1+\kappa}\right)^{1/3} \qquad (5.173)$$

Durch diese Relation wird ein Zusammenhang zwischen einem dimensionslosen Durchmesser und dem Verhältnis der Volumenanteile hergestellt.

5.3.4 Tropfenspezifischer Massentransfer

Im Fall einsetzenden Massentransfers an der Phasengrenzfläche wirken sich aus einer flüssigen Phase diffundierende Moleküle besschleunigend auf die umgebende kontinuierliche Phase aus. Die auf die kontinuierliche Phase in unmittelbarere Umgebung des dispersen Partikels wirkende Kraft

$$\vec{F}_\Gamma = -\dot{m}_p \left(\vec{u}^D - \vec{u}^C \right) \tag{5.174}$$

beschleunigt die kontinuierliche Trägerphase folgendermaßen:

$$\rho^C \alpha^C \frac{d\vec{u}^C}{dt} = -n\dot{m}_p \left(\vec{u}^D - \vec{u}^C \right) \quad . \tag{5.175}$$

Durch Substitution der Anzahldichte n und des charakteristischen Massentransferzeitmaßes τ_1

$$n = \frac{\rho^D \alpha^D}{m_p} \quad ; \quad \tau_m^{-1} - \frac{\dot{m}_p}{m_p} \tag{5.176}$$

resultiert die Beschleunigung der kontinuierlichen Phase

$$\frac{d\vec{u}^C}{dt} = \underbrace{\frac{\rho^D \alpha^D}{\rho^C \alpha^C}}_{=Z^D} \underbrace{\left(-\frac{\dot{m}_p}{m_p} \right)}_{\tau_m^{-1}} \left(\vec{u}^D - \vec{u}^C \right) = \frac{Z^D}{\tau_m} \left(\vec{u}^D - \vec{u}^C \right) \quad . \tag{5.177}$$

Dieser Einfluss charakterisiert den verdunstungsbedingten Quellterm der Impulstransportgleichung der kontinuierlichen Phase.

5.3.5 Massentransferrelaxation und Massenkopplung

In Anlehnung an die Geschwindifkeitsrelaxation (Gl. 4.63) gilt für den Massentransfer an der Phasengrenzfläche folgende gewöhnliche Differentialgleichung:

$$\dot{U}^C = \frac{Z^D}{\tau_m} \left(U^D - U^C \right) \quad . \tag{5.178}$$

Analog folgt unter Verwendung des Geschwindigkeitsquotienten $q_u = \frac{U^D}{U^C}$ und des Flusszeitmaßes der kontinuierlichen Phase τ_f (Gl. 4.65):

$$\tau_f^{-1} = \frac{\dot{U}^C}{U^C} = \frac{Z^D}{\tau_m}(q_u - 1) \quad . \tag{5.179}$$

Anhand der Definition der *transfertechnischen Stokes-Zahl* St_m

$$St_m = \frac{\tau_m}{\tau_f} \tag{5.180}$$

resultiert aus dem Geschwindigkeitsquotionten

$$q_u = 1 + \tau_f^{-1}\frac{\tau_m}{Z^D} \quad \Rightarrow \quad U^C = \frac{U^D}{1 + St_m/Z^D} \tag{5.181}$$

die algebraische Formulierung der Relation zwischen den Geschwindigkeiten von disperser und kontinuierlicher Phase. Der dimensionslose *Massenkopplungsparameter* Π^M setzt die Massenverdunstungsrate eines Tropfens bzw. die Zunahme des Massenflusses der kontinuierlichen Phase und die Konvektion der kontinuierlichen Phase in Zusammenhang.

$$\Pi^M = -\frac{n \cdot \dot{m}_p U^C}{\rho^C \alpha^C \dot{U}^C} = -\underbrace{\frac{n \cdot m_p}{\rho^C \alpha^C}}_{=:C_n}\underbrace{\frac{\dot{m}_p}{m_p}}_{=:-\tau_m^{-1}}\underbrace{\frac{U^C}{\dot{U}^C}}_{=\tau_f} \tag{5.182}$$

Aus der Definition des Flusszeitmaßes (Gl. 4.65) und der Anzahldichte (Gl. 4.90) folgt mit der Definition des Anzahlquotienten

$$C_n = \frac{n \cdot m_p}{\rho^C \alpha^C} = \frac{6\alpha^D m_p}{\pi \rho^C \alpha^C D_p^3} = \frac{\rho^D \alpha^D}{\rho^C \alpha^C} = Z^D \tag{5.183}$$

und dem Massenrelaxationszeitmaß (Gl. 5.176) in Abhängigkeit von der *Massen-Stokes-Zahl* (Gl. 5.180) die direkte Darstellung des Massenkopplungsparameters

$$\Pi^M = C_n \frac{\tau_f}{\tau_m} = \frac{Z^D}{St_m} \quad . \tag{5.184}$$

Dieser Kopplungsparameter ist bereits aus der vorangegangenen Relaxationsbeschreibung bekannt (Gl. 5.178).

5.3.6 Thermische Relaxation und Energiekopplung

Da die Dichte der dispersen Phase im allgemeinen als konstant angenommen wird, und so die innere Energie unabhängig von Druck und Dichte ist, gilt die direkte Abhängigkeit der Partikel-Wärmeänderung von der absoluten Temperatur der dispersen Phase T^D. Diese Abhängigkeit kann für Festkörper und für Wasser analog zu kalorisch idealen Gasen als linear angenommen werden.

$$\dot{q} \sim \dot{T}^D \tag{5.185}$$

Für ein sphärisches Partikel der Dichte ρ^D gilt entsprechend dem nach *Jean-Baptiste Joseph Fourier (1768-1830)* benannten *Fourier'schen Wärmeleitgesetz* für den Wärmefluss über seine Oberfläche

$$\dot{q} \sim \pi D_p^2 \lambda^C \frac{\left(T^D - T^C\right)}{D_p} \tag{5.186}$$

$$m_p c_p^D \dot{T}^D = m_p \dot{q} = m_p \mathrm{Nu} \cdot \pi D_p \lambda^C \left(T^C - T^D\right) \tag{5.187}$$

mit dem Konduktionskoeffizienten der kontinuierlichen Phase λ^C (Gl. 3.334), der absoluten Temperatur der kontinuierlichen Phase T^C, dem Durchmesser D_p und der *Nusselt-Zahl* Nu nach der *Ranz-Marshall-Korrelation* [197]:

$$\mathrm{Nu} = 2 + 0.6 \, \mathrm{Re}_{\mathrm{rel}}^{\frac{1}{2}} \mathrm{Pr}^{\frac{1}{3}} \quad , \tag{5.188}$$

mit der *Prandtl-Zahl* (Gl. 3.354)

$$\mathrm{Pr} = \frac{\mu^C c_p^C}{\lambda^C} \tag{5.189}$$

in Abhängigkeit vom spezifischen Wärmekoeffizienten der kontinuierlichen Phase c_p^C. So gilt für die zeitliche Änderung der Temperatur eines Partikels

$$\frac{\pi}{6} \rho^D D_p^3 c_p^D \dot{T} = \mathrm{Nu} \cdot \pi D_p \lambda^C \left(T^C - T^D\right) \tag{5.190}$$

$$\dot{T}^D = \underbrace{\frac{\mathrm{Nu}}{2}}_{\approx 1} \cdot \underbrace{\frac{12\lambda^C}{\rho^D c_p^D D_p^2}}_{=:\tau_T^{-1}} \left(T^C - T^D\right) \quad . \tag{5.191}$$

Unter verschwindendem Einfluss der Reynolds-Zahl und der Prandtl-Zahl auf die Nusselt-Zahl, ist diese etwa 2. Für mit der Definition des Temperaturrelaxationszeitmaßes τ_T folgt für die zeitliche Änderung der Temperatur des Partikels

$$\dot{T}^D = \frac{1}{\tau_T} \left(T^C - T^D\right) \quad \text{mit} \quad \tau_T = \frac{\rho^D c_p^D D_p^2}{12\lambda^C} \quad . \tag{5.192}$$

So folgt analog zur Geschwindigkeitsrelaxation für die Temperatur der dispersen Phase (Gl. 4.69)

$$T^D = \frac{T^C}{1 + \mathrm{St}_E} \tag{5.193}$$

mit der *thermischen Stokes-Zahl*

$$\mathrm{St}_E = \frac{\tau_T}{\tau_f} \quad . \tag{5.194}$$

Auf diesem Weg kann die Temperatur des Partikels T^D durch die Temperatur der kontinuierlichen Phase T^C und die thermische Stokes-Zahl St_E definiert werden. Als Energiekopplungsparameter dient der Quotient aus Wärmefluss und thermischer Konvektion.

$$\Pi^E = \frac{n m_p c_p^D \dot{T}^D U^C}{\rho^C \alpha^C T^C \dot{U}^C} = \underbrace{\frac{n m_p}{\rho^C \alpha^C}}_{=Z} \underbrace{\frac{U^C}{\dot{U}^C}}_{=\tau_f} \frac{1}{\tau_T} \left(1 - \frac{T^D}{T^C} \right) \quad \text{mit } \tau_T = \frac{\rho^D c_p^D D_p^2}{12 \lambda^C} \tag{5.195}$$

Mit der Definition der *thermischen Stokes-Zahl* (Gl. 5.194) folgt für den Energiekopplungsparameter

$$\Pi^E = \frac{Z}{\mathrm{St}_E} \left(1 - \frac{T^D}{T^C} \right) \quad . \tag{5.196}$$

Nutzt man den die algebraische Beziehung für die Partikeltemperatur (Gl. 5.193), folgt für den Energiekopplungsparameter

$$\Pi^E = \frac{Z}{\mathrm{St}_E} \left(1 - \frac{1}{1 + \mathrm{St}_E} \right) = \frac{Z}{1 + \mathrm{St}_E} \quad . \tag{5.197}$$

Auf diesem Weg kann nun auch der dritte und letzte Kopplungsparameter durch eine Stokes-Zahl und den Massenquotienten Z ausgedrückt werden. Aus den Gleichungen 4.62 und 4.65 folgt für den Quotienten aus thermischem und kinetischem Relaxationszeitmaß

$$\frac{\tau_T}{\tau_D} = \frac{18 \cdot f \cdot \mu^C}{\rho^D \cdot D_p^2} \cdot \frac{\rho^D c_p^D D_p^2}{12 \lambda^C} = \frac{3}{2} f \cdot \frac{c_p^D}{c_p} \cdot \underbrace{\frac{\mu^C c_p^C}{\lambda^C}}_{=\mathrm{Pr}} = \frac{3}{2} f \cdot \frac{c_p^D}{c_p^C} \mathrm{Pr} \tag{5.198}$$

eine lineare Abhängigkeit von der Prandtl-Zahl Pr und dem Quotienten der beiden spezifischen Wärmen c_p^D und c_p^C.

5.3.7 Feuchtigkeitsanteil und -diffusion

Zu Beginn sollen energetische Verhältnisse zwischen Flüssigkeit und Dunst sowie Dunst- und Wärmediffusion beobachtet werden und durch entsprechende Differentialgleichungen in der momentanen Darstellung festgehalten werden. Im Anschluss wird der Einfluss der Wärmestrahlung auf die Tropfentemperatur bestimmt. Durch den Verdunstungsvorgang eines Sprühnebels [106, 161, 173] nimmt die relative Feuchtigkeit der kontinuierlichen Phase zu. Der Dichte der kontinuierlichen Phase wird durch die Summe der Massenanteile von Gas und Flüssigkeit pro Volumen

$$\rho^C = \rho^{\text{Gas}} + \rho^{\text{Dunst}} \tag{5.199}$$

in der kontinuierlichen Phase definiert. Aus dem relativen Massenanteil des Dunstes

$$Y = \frac{\rho^{\text{Dunst}}}{\rho^{\text{Gas}} + \rho^{\text{Dunst}}} = \left(\frac{\rho^{\text{Gas}}}{\rho^{\text{Dunst}}} + 1 \right)^{-1} \tag{5.200}$$

lässt sich wie folgt der Massenanteil pro Volumen bestimmen:

$$\frac{\rho^{\text{Gas}}}{\rho^{\text{Dunst}}} = \frac{1}{Y} - 1 = \frac{1 - Y}{Y} \tag{5.201}$$

$$\Rightarrow \quad \rho^{\text{Dunst}} = \rho^{\text{Gas}} \frac{Y}{1 - Y} \tag{5.202}$$

Daraus folgt die Dichte der kontinuierlichen Phase in Abhängigkeit von der Dichte des trockenen Gases und des relativen Massenanteils:

$$\rho^C = \rho^{\text{Gas}} + \rho^{\text{Dunst}} = \rho^{\text{Gas}} \left(1 + \frac{Y}{1 - Y} \right) = \frac{\rho^{\text{Gas}}}{1 - Y} \tag{5.203}$$

$$\text{bzw.} \quad \rho^{\text{Gas}} = \rho^C (1 - Y), \quad \rho^{\text{Dunst}} = \rho^C Y \ . \tag{5.204}$$

Durch die Veränderung der Dichte nimmt die dynamische Viskosität der kontinuierlichen Phase

$$\mu^C = \rho^C \nu^C = \frac{\rho^{\text{Gas}}}{1 - Y} \nu^{\text{Gas}} \tag{5.205}$$

proportional zu. Die kinematische Viskosität ν^C wird über den Verdunstungsprozess hinweg als konstant betrachtet. Der Massenanteil des Dunstes wird in der momentanen Darstellung einer Ein-Phasen-Strömung durch die Differentialgleichung

$$\frac{\partial}{\partial t} (\rho Y) + \frac{\partial}{\partial x_j} (\rho Y u_j) = \frac{\partial}{\partial x_j} \left(\rho D_{\alpha\beta} \frac{\partial}{\partial x_j} Y \right) \tag{5.206}$$

dargestellt. Der binäre Diffusionskoeffizient [247]

$$D_{\alpha\beta} = \frac{\frac{1,013\cdot10^5\,\text{Pa}}{p}T^{\frac{7}{4}} \cdot 10^{-\frac{3}{2}} \left(\frac{M^{\text{Gas}}+M^{\text{Dunst}}}{M^{\text{Gas}}\cdot M^{\text{Dunst}}}\right)^{\frac{1}{2}}}{\left(\left(\sum_{\alpha} v_{\alpha}^{\text{Gas}}\right)^{\frac{1}{3}} + \left(\sum_{\alpha} v_{\alpha}^{\text{Dunst}}\right)^{\frac{1}{3}}\right)^2} \cdot 10^{-12} \left(\frac{\text{kg}}{\text{mol}}\right)^{\frac{1}{2}} \text{K}^{-\frac{7}{4}}\frac{\text{m}^2}{\text{s}}$$

$$(5.207)$$

wird neben Druck, Temperatur und Molmassenverhältnissen durch die Diffusionskonstanten der trockenen Gasphase und des Flüssigkeitsdunstes berechnet.

$$\sum_{\alpha} v_{\alpha}^{\text{Luft}} = 20,1 \qquad \sum_{\alpha} v_{\alpha}^{\text{Wasser}} = 12,7 \qquad (5.208)$$

Für Wasser und Luft gelten die angegebenen Diffusionskonstanten.

5.3.8 Wärmeübertragung

Die Molanzahl pro Masse und die effektive spezifische Wärmekapazität der kontinuierlichen Phase werden durch die Massenanteilgewichtung

$$\frac{1}{M^C} = \frac{1-Y}{M^{\text{Gas}}} + \frac{Y}{M^{\text{Dunst}}} \qquad (5.209)$$

$$c_p^C = (1-Y)\,c_p^{\text{Gas}} + Y c_p^{\text{Dunst}} \qquad (5.210)$$

definiert. Für ein thermodynamisch (Gl. 2.177) und kalorisch (Gl. 2.217) ideales Gas mit

$$c_p^C dT^C = c_\omega^{\text{id}} dT^C + \omega^C dp = c_\omega^{\text{id}} dT^C + \frac{R_0}{M^C} dT^C \qquad (5.211)$$

folgt für den Wärmekoeffizienten bei einer isochoren Änderung der Temperatur

$$c_\omega^{\text{id}} = c_p^C - \frac{R_0}{M^C} \qquad . \qquad (5.212)$$

Anhand dieses Koeffizienten kann der Wärmeleitkoeffizient der kontinuierlichen Phase, in diesem Beispiel für ein Luft/Wasserdunst-Gemisch, [247]

$$\lambda^C = \mu^C \left(1,3 c_\omega^{\text{id}} + 1,762\frac{R_0}{M^C} - 0,352\frac{R_0}{M^C}\frac{T_{\text{krit}}^{\text{Gas}}}{T^C}\right) \qquad (5.213)$$

in Abhängigkeit von der kritischen Temperatur $T_{\text{krit}}^{\text{Gas}}$, der Viskosität und des idealen Wärmekoeffizienten c_ω^{id} bestimmt werden.

$$T_{\text{krit}}^{\text{Luft}} = 133,2\,\text{K} \tag{5.214}$$

Für die kritische Temperatur von Luft wird der angegebene Wert verwendet.

5.3.9 Sättigungsdruck

Durch den Verdunstungsprozess steigt die absolute Feuchtigkeit ρ^{Dunst} in der kontinuierlichen Phase an. Dieser Prozess dauert solange an, bis die maximale Feuchtigkeit, welche die Gasphase annehmen kann, erreicht ist. Dieser Zustand wird *Sättigung* genannt. Für den Massenanteil Y und den Partialdruck p^{Dunst} des Flüssigkeitsdunstes, sowie den absoluten Druck der kontinuierlichen Phase p gilt folgende Relation [151]:

$$\frac{Y}{1-Y} = \frac{\rho^{\text{Dunst}}}{\rho^{\text{Gas}}} \quad . \tag{5.215}$$

Basierend auf den Tatsachen, dass die Partialdrücke von Suspension und reinem Gas dem "Idealen Gasgesetz" (Gl. 2.177) folgen:

$$p^{\text{Gas}} = \rho^{\text{Gas}} \frac{R_0}{M^{\text{Gas}}} T \tag{5.216}$$

$$p^{\text{Dunst}} = \rho^{\text{Dunst}} \frac{R_0}{M^{\text{Dunst}}} T \quad , \tag{5.217}$$

und die Temperaturen der beiden Gemischanteile equivalent sind, folgt für das Verhältnis der Massenanteile:

$$\frac{Y}{1-Y} = \frac{p^{\text{Dunst}}}{p^{\text{Gas}}} \frac{M^{\text{Dunst}}}{M^{\text{Gas}}} = \frac{M^{\text{Dunst}}}{M^{\text{Gas}}} \frac{p^{\text{Dunst}}}{p - p^{\text{Dunst}}} \quad . \tag{5.218}$$

Der absolte Druck setzt sich stets aus der Summe der Parialdrücke zusammen:

$$p = \sum_k p^k = p^{\text{Dunst}} + p^{\text{Gas}} \quad . \tag{5.219}$$

Für ein vollständig gesättigtes Wasserdunst/Luft-Gemisch sind die Messdaten [151] des Partialdrucks in Abhängigkeit von der Temperatur aus Abb. 5.7 zu entnehmen. Dieser Sättigungsdruck p_{sat} stellt somit den maximalen

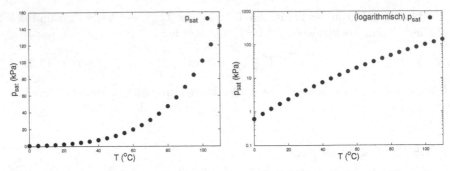

Abbildung 5.7: Sättigungsdruck-Messdaten (vgl. Abb. 3.5), lineare Darstellung (links) und logarithmische Darstellung (rechts)

Partialdruck, welcher in einem Gemisch von dem Feuchtigkeitsanteil angenommen werden kann, dar. In der Praxis wird der Sättigungsdruck (Abb. 3.5) über ausgewählte Messdaten interpoliert und damit durch eine Funktion in Abhängigkeit von der Temperatur (vgl. Gl. 3.148) beschrieben.

5.3.10 Absolute Luftfeuchtigkeit

Unter der Annahme eines thermodynamisch idealen Gases kann mittels der Dichte

$$\rho = \frac{M\,p}{R_0 T} \Rightarrow \rho^{\text{Luft}} = x^{\text{Luft}} \frac{M^{\text{Luft}}}{R_0\,T^C}\,p \quad , \tag{5.220}$$

welche das Gas im trockenen Zustand hätte, dem Molanteil x^{Luft} und der Dichte der kontinuierlichen Phase (Gl. 5.203) die absolute Feuchtigkeit

$$\rho^{\text{Dunst}} = \rho^C - \rho^{\text{Luft}} = \rho^{\text{Luft}}\left(\frac{1}{1-Y}-1\right) = \rho^{\text{Luft}}\frac{Y}{1-Y} \tag{5.221}$$

der kontinuierlichen Phase bestimmt werden. Aus den Massenanteilen von Stickstoff (N_2), Sauerstoff (O_2) und Argon (Ar) in Luft:

$$Y^{N_2} = 0,755 \quad Y^{O_2} = 0,232 \quad Y^{Ar} = 0,013 \tag{5.222}$$

und den angegebenen Molmassen:

$$M^{N_2} = 0,028\frac{\text{kg}}{\text{mol}} \quad Y^{O_2} = 0,032\frac{\text{kg}}{\text{mol}} \quad Y^{Ar} = 0,040\frac{\text{kg}}{\text{mol}} \tag{5.223}$$

resultiert die effektive Molmasse des Luft-Suspensions-Gemischs mit

$$\frac{R_0}{M^{\text{Luft}}} = 0,232\frac{R_0}{M^{O_2}} + 0,755\frac{R_0}{M^{N_2}} + 0,013\frac{R_0}{M^{Ar}} \quad (5.224)$$

$$\Rightarrow \quad M^{\text{Luft}} \approx 0,02895\frac{\text{kg}}{\text{mol}} \ . \quad (5.225)$$

Bei der Bestimmung der absoluten Luftfeuchtigkeit folgt mit dem Molmassenverhältnis von Wasser und trockener Luft

$$\frac{M^{\text{Dunst}}}{M^{\text{Gas}}} \approx \frac{0,018}{0,02895} \approx 0,622 \quad (5.226)$$

aus Gl. 5.218 die Abhängigkeit der Massenverhältinisse zum Verhältnis zu Partialdruck und absolutem Druck:

$$\frac{Y}{1-Y} = 0,622\left(\frac{p}{p^{\text{Dunst}}} - 1\right)^{-1} \Rightarrow \frac{p}{p^{\text{Dunst}}} = 1 + 0,622\frac{1-Y}{Y} \ . \quad (5.227)$$

Umgekehrt ergibt sich für den Partialdruck der Suspension:

$$p^{\text{Dunst}} = \frac{p\,Y}{0,378Y + 0,622} \quad (5.228)$$

in Abhängigkeit von Konzentration und absolutem Druck.

5.3.11 Molare Anteile und relative Luftfeuchtigkeit

Aus den Gln. 5.202 und 5.220 folgt mit den temperaturabhängigen Dichten

$$\rho^{\text{Luft}} = x^{\text{Luft}}\frac{M^{\text{Luft}}}{R_0\,T^C}p \quad (5.229)$$

$$\rho^{\text{Luft}}\frac{Y}{1-Y} = \rho^{\text{Dunst}} = \left(1 - x^{\text{Luft}}\right)\frac{M^{\text{Dunst}}}{R_0\,T^C}p^{\text{Dunst}} \quad (5.230)$$

für den Molanteil der Luft in der kontinuierlichen Phase:

$$\frac{x^{\text{Luft}}}{1-Y}M^{\text{Luft}}p = \frac{\left(1 - x^{\text{Luft}}\right)}{Y}M^{\text{Dunst}}p^{\text{Dunst}} \quad (5.231)$$

$$x^{\text{Luft}}\left(\frac{M^{\text{Luft}}p}{1-Y} + \frac{M^{\text{Dunst}}p^{\text{Dunst}}}{Y}\right) = \frac{M^{\text{Dunst}}p^{\text{Dunst}}}{Y} \quad (5.232)$$

$$\Rightarrow x^{\text{Luft}} = \left(1 + \frac{Y}{1-Y}\frac{M^{\text{Luft}}\,p}{M^{\text{Dunst}}p^{\text{Dunst}}}\right)^{-1} \tag{5.233}$$

Mittels dieses Anteils kann die Dichte der trockenen Luft (Gl. 5.220) sowie die absolute Feuchtigkeit ρ^{Dunst} und damit auch die Dichte der kontinuierlichen Phase (Gl. 5.203) bestimmt werden.

$$x^{\text{Dunst}} = 1 - x^{\text{Luft}} \tag{5.234}$$

Die Summe der Molanteile von Dunst und "trockener Luft" ergeben 100%. Aus Gl. 5.218 folgt die Darstellung des maximalen Massenanteils des Dunstes Y_{sat}:

$$Y_{\text{sat}} = (1 - Y_{\text{sat}})\,0,622\frac{p_{\text{sat}}}{p - p_{\text{sat}}} \tag{5.235}$$

$$Y_{\text{sat}}\left(1 + 0,622\frac{p_{\text{sat}}}{p - p_{\text{sat}}}\right) = 0,622\frac{p_{\text{sat}}}{p - p_{\text{sat}}} \tag{5.236}$$

$$\Rightarrow Y_{\text{sat}} = \frac{0,622}{\frac{p-p_{\text{sat}}}{p_{\text{sat}}} + 0,622} = \frac{0,622 p_{\text{sat}}}{p - 0,378 p_{\text{sat}}} \quad . \tag{5.237}$$

Nach der Bestimmung des maximalen Massenanteils kann die *relative Luftfeuchtigkeit*

$$\phi = \frac{\rho^{\text{Dunst}}}{\rho_{\text{sat}}^{\text{Dunst}}} = \frac{Y}{Y_{\text{sat}}} \tag{5.238}$$

durch den Massenanteil Y, den absoluten Druck p und den Sättigungsdruck p_{sat} berechnet werden.

5.4 Wärme- und Stoffdiffusion an Phasengrenzflächen

Die Problematik der Verdunstung kann in erster Linie durch zwei interagierende Energieflüsse dargestellt werden. Der eine ist der Wärmestrom, welcher von der wärmeren kontinuierlichen Gasphase aus in den Flüssigkeitstropfen eindringt [16, 121, 200]. Der andere wird durch die Enthalpie beschrieben, welche von den Flüssigkeitsmolekülen durch die Phasengrenze in Form eines Massenstroms, *Stefanstrom* genannt, transportiert wird. Analog zu der Turbulenz der dispersen Phase sind den Verdunstungsprozess beschreibende

Phasenübergänge in einem durch eine Finite-Volumen-Methode diskretisiertes Euler/Euler-Verfahren nur volumenspezifisch darstellbar. Insofern müssen die in diesem Verdunstungsmodell beschriebenen Mechanismen in eine *Euler'sche Darstellung* umgeschrieben werden. Die Verdunstung ist ein Prozess, bei welchem selbstständig ein Massenfluss über die Phasengrenze stattfindet. Bei diesem Vorgang wechselt die disperse Phase ihren Zustand von flüssig zu gasförmig, wobei diese angeregt von der höheren Umgebungstemperatur erwärmt wird [260, 242, 170]. Da dieser Vorgang unter den beschriebenen Bedingungen nur in eine Richtung abläuft und der Massenanteil seinen Maximalwert nicht erreicht, wird Kondensation ausgeschlossen und von der *Irreversibilität* des Verdunstungsprozesses gesprochen.

5.4.1 Oberflächenspannung

Für einen Verdunstungsvorgang ergibt sich zusätzlich zu der bereits hergeleiteten thermodynamischen Funktion der inneren Energie (Gl. 3.24) ein additiver Term. Dieser Term γdA_O beschreibt die Arbeit, welche aufgewendet werden muss, um die Oberfläche zu vergrößern.

$$de = Tds - p^{\text{Dunst}}d\omega + \gamma dA_O \qquad (5.239)$$

Damit folgt für die Änderung der Energie der verdunstenden Phase eine Abhängigkeit von der Änderung der Oberfläche A_O und der massenspezifischen Oberflächenspannung γ [28]. Für die Enthalpie (Gl. 2.213) ergibt sich

$$dh = Tds + \omega dp^{\text{Dunst}} + \gamma dA_O \quad . \qquad (5.240)$$

Die Änderung der freien Enthalpie

$$g = h - sT \qquad (5.241)$$

wird durch die Änderung der Gesamtenergie in der Oberfläche definiert:

$$dg = \gamma dA_O + A_O d\gamma \quad . \qquad (5.242)$$

Aus den Gln. 5.240 und 5.241 folgt damit

$$dg = \gamma dA_O + \omega dp^{\text{Dunst}} - sdT \qquad (5.243)$$

und aus der Gleichsetzung mit Gl. 5.242 resultiert die thermodynamische Funktion der Oberflächenspannung:

$$A_O d\gamma = \omega dp^{\text{Dunst}} - sdT \quad . \qquad (5.244)$$

Mittels dieser Differentialgleichung soll analog zu Unterkapitel 3.1.3 der durch die Verdunstung bedingte Entropiezuwachs bestimmt werden. Durch die zweifache Ableitung der freien Enthalpie (Gl. 5.243) und der Tatsache, dass deren Differential über der Oberfläche, dem Druck und der Temperatur ein totales Differential ist, ergeben sich die *Maxwell-Gleichungen* der Oberflächenspannung:

$$\frac{\partial}{\partial T}\frac{\partial g}{\partial A_O} = \frac{\partial}{\partial A_O}\frac{\partial g}{\partial T} \quad \Rightarrow \quad \left(\frac{\partial \gamma}{\partial T}\right)_{p,A_O} = -\left(\frac{\partial s}{\partial A_O}\right)_{T,p} \qquad (5.245)$$

$$\frac{\partial}{\partial p}\frac{\partial g}{\partial A_O} = \frac{\partial}{\partial A_O}\frac{\partial g}{\partial p} \quad \Rightarrow \quad \left(\frac{\partial \gamma}{\partial p}\right)_{T,A_O} = \left(\frac{\partial \omega}{\partial A_O}\right)_{T,p} \qquad . \quad (5.246)$$

Anhand dieser Beziehungen wird der thermobare Einfluss auf die Oberflächenspannung in Abhängigkeit von der Oberflächenänderung bestimmt. Bei der Betrachtung des Phasenübergangs kann davon ausgegangen werden, dass die Beschreibung des Oberflächenspannungsdifferentials $d\gamma$ (Gl. 5.244) während des gesamten Massentransports über die Phasengrenze Anwendung findet. Die Indizes A und B beschreiben die Zustände der dispersen Phase: flüssig (A) und verdunstet (B). In Anlehnung an das *Clapeyron-Gleichung* (Gl. 3.136) ergibt sich aus der Äquivalenz der infinitesimalen Oberflächenspannungsänderung die absolute Änderung der Entropie Δs:

$$d\gamma^A \left(p^{\mathrm{Dunst}}, T\right) = d\gamma^B \left(p^{\mathrm{Dunst}}, T\right) \qquad (5.247)$$

$$\omega^A \, dp^{\mathrm{Dunst}} - s^A \, dT = \omega^B dp^{\mathrm{Dunst}} - s^B \, dT \qquad (5.248)$$

$$s^B - s^A = \left(\omega^B - \omega^A\right)\frac{dp^{\mathrm{Dunst}}}{dT} \qquad (5.249)$$

$$\Delta s = \frac{dp^{\mathrm{Dunst}}}{dT}\left(\frac{1}{\rho^B} - \frac{1}{\rho^A}\right) \qquad . \quad (5.250)$$

Da die Entropie über den Verdunstungsprozess hinweg nicht abnehmen kann, gilt

$$\frac{dp^{\mathrm{Dunst}}}{dT}\left(\frac{1}{\rho^B} - \frac{1}{\rho^A}\right) = s_B - s_A \geq 0 \qquad (5.251)$$

für die Differenz der massenspezifischen Volumina. Diese Ungleichung wird *Clausius-Clapeyron-Theorem* genannt [141].

5.4.2 Verdunstungsenthalpie

Bei der Betrachtung der Umgebung eines verdunstenden Tropfens ist ein kontinuierlicher Übergang zwischen zwei Zuständen zu beschreiben. In unmittelbarer Nähe der Tropfenoberfläche ist die Gasphase vollständig mit dem Flüssigkeitsdunst gesättigt ($Y = Y_{\text{sat}}$). In von einem Tropfen weiter entfernt liegenden Bereichen ist die Gasphase nicht unbedingt gesättigt und es liegt ein Minimum ($Y = Y_\infty$) des Dunstmassenanteils vor. Der Zwischenraum ist der sogenannte *Feuchtigkeitsfilm*, in welchem der bereits beschriebene Massenfluss über die Phasengrenzfläche Einfluss auf den Wärmeübergang nimmt. Der Dunstmassenanteil $\tilde{Y}$, die Temperatur T_{ref} (Gl. 5.259) sowie alle anderen skalaren, physikalischen Größen in diesem Feuchtigkeitsfilm werden durch das $\frac{1}{3}$-Gesetz [114] beschrieben.

$$\tilde{Y} = Y_{\text{sat}} + A_r \left(Y_\infty - Y_{\text{sat}} \right) \tag{5.252}$$

$$T_{\text{ref}} = T^D + A_r \left(T^C - T^D \right) \tag{5.253}$$

$$\text{mit} \quad A_r = \frac{1}{3} \tag{5.254}$$

Das $\frac{1}{3}$-Gesetz ist eine auf empirischen Beobachtungen basierende Annahme, um physikalische Vorgänge in unmittelbarer Nähe der Phasengrenze, wie die Verdunstungsenthalpie, zu beschreiben. Durch die in Gl. 5.250 vorgestellte Entropiedifferenz wird der verdunstenden Phase Wärme entzogen.

$$\Delta h_v - T\Delta s = T \frac{dp^{\text{Dunst}}}{dT} \left(\frac{1}{\rho^B} - \frac{1}{\rho^A} \right) \tag{5.255}$$

Diese entzogene Wärme Δh_v wird *Verdunstungsenthalpie* genannt. Da das spezifische Volumen des Dunstes viel größer ist als das der Flüssigkeit

$$\frac{1}{\rho^B} >> \frac{1}{\rho^A} \tag{5.256}$$

wird die Differenz folgendermaßen approximiert:

$$\frac{1}{\rho^B} - \frac{1}{\rho^A} \approx \frac{1}{\rho^B} = \frac{x^{\text{Dunst}}}{\rho^{\text{Dunst}}} = \frac{R_0 T}{M^{\text{Dunst}} p^{\text{Dunst}}} \quad . \tag{5.257}$$

Da die Luft in unmittelbarer Entfernung von der Phasengrenze vollständig gesättigt ist, folgt aus den Gln. 5.255 und 5.257 die thermische Ableitung des Sättigungsdrucks in Abhängigkeit von der Verdunstungsenthalpie:

$$\frac{dp_{\text{sat}}}{dT} = \frac{M^{\text{Dunst}} \Delta h_v}{R_0 T^2} p_{\text{sat}} \quad . \tag{5.258}$$

Aus dem Integral

$$\ln\frac{p_{\text{sat}}(T_{\text{ref}})}{p_{\text{sat}}(T^D)} = \int_{T^D}^{T_{\text{ref}}} \left(\frac{1}{p_{\text{sat}}} \frac{dp_{\text{sat}}}{dT} \right) dT \tag{5.259}$$

$$= \int_{T^D}^{T_{\text{ref}}} \frac{M^{\text{Dunst}}\Delta h_v}{R_0 T^2} dT \tag{5.260}$$

$$= \frac{M^{\text{Dunst}}\Delta h_v}{R_0} \left(\frac{1}{T^D} - \frac{1}{T_{\text{ref}}} \right) \tag{5.261}$$

resultiert die Funktion der *Verdunstungsenthalpie* [9] in Abhängigkeit von der Tropfentemperatur T^D.

$$\Delta h_v = \frac{R_0}{M^{\text{Dunst}}} \left(\frac{1}{T^D} - \frac{1}{T_{\text{ref}}} \right)^{-1} \ln\frac{p_{\text{sat}}(T_{\text{ref}})}{p_{\text{sat}}(T^D)} \tag{5.262}$$

Diese Wärme wird der verdunstenden Masse durch den Phasenübergang in den Dunstfilm mit der Temperatur T_{ref} (Gl. 5.253), welcher den verdunstenden Tropfen umgibt, entzogen.

5.4.3 Dimensionslose Kennzahlen

Um die thermodynamischen Effekte des Phasenübergangs zu beschreiben, wird die *Nusselt-Zahl* Nu (Gl. 5.186) verwendet. Durch diese Zahl wird vom Temperaturunterschied der beiden Phasen auf die Erwärmung des Tropfens geschlossen. Die *Sherwood-Zahl* beschreibt den verdunstungsbedingten Massenverlust eines Tropfens aufgrund der Diffusion des Dunstgehaltes in der kontinuierlichen Phase.

$$\frac{\dot{m}}{A_O} = \rho^C D_{\alpha\beta} B_M \frac{\text{Sh}}{\text{E}(D_p)} \quad \text{mit } A_O = \pi\,\text{E}\left(D_p^2\right) \tag{5.263}$$

$$\Rightarrow \dot{m} = \rho^C \pi D_{21} D_{\alpha\beta} \text{Sh} B_M \tag{5.264}$$

Diese Relation beschreibt die Massenverlustrate $\dot{m}$ über die sphärische Tropfenoberfläche A_O in Abhängigkeit vom Massentransferkoeffizienten B_M dem *binären Diffusionskoeffizienten* $D_{\alpha\beta}$ (Gl. 5.302), dem Erwartungswert des Tropfendurchmessers D_p und der Sherwood-Zahl Sh. Für die Modellierung der Nusselt- und der Sherwood-Zahl wird an Stelle der Standard-Formulierung

$$\text{Nu}_0 \;=\; 2 + C_{RM}\text{Re}_{\text{rel}}^{\frac{1}{2}}\text{Pr}^{\frac{1}{3}} \tag{5.265}$$

$$\text{Sh}_0 \;=\; 2 + C_{RM}\text{Re}_{\text{rel}}^{\frac{1}{2}}\text{Sc}^{\frac{1}{3}} \tag{5.266}$$

mit $0,55 \le C_{RM} \le 0,67$ (Gl. 5.188), welche bei niedrigen Reynolds-Zahlen (Re ≤ 10) inkorrekte Ergebnisse liefert, ein durch eine Zusatzfunktion modifiziertes Modell [40] verwendet:

$$\text{Nu}_0 \;=\; 1 + (1 + \text{Re}_{\text{rel}}\,\text{Pr})^{\frac{1}{3}} \cdot f\,(\text{Re}_{\text{rel}}) \tag{5.267}$$

$$\text{Sh}_0 \;=\; 1 + (1 + \text{Re}_{\text{rel}}\,\text{Sc})^{\frac{1}{3}} \cdot f\,(\text{Re}_{\text{rel}}) \quad . \tag{5.268}$$

Für die Funktion f gilt:

$$f\,(\text{Re}_{\text{rel}}) = \left| \begin{array}{ll} 1 & ;\, \text{Re}_{\text{rel}} \le 1 \\ \text{Re}_{\text{rel}}^{0,077} & ;\, \text{sonst} \end{array} \right| \quad . \tag{5.269}$$

Die relevanten Basisgrößen der kontinuierlichen Phase sind die *Reynolds-Zahl*

$$\text{Re}_{\text{rel}} = \frac{\rho^C \left| u^D - \bar{u}^C \right| \,\text{E}\,(D_p)}{\mu^C} \tag{5.270}$$

für die Konvektion bzw. die turbulente Umströmung, die *Prandtl-Zahl*

$$\text{Pr} = \frac{c_p^C \mu^C}{\lambda^C} \tag{5.271}$$

für den Wärmefluss innerhalb der Gasphase und die *Schmidt-Zahl*

$$\text{Sc} = \frac{\mu^C}{\rho^C D_{\alpha\beta}} \tag{5.272}$$

für die Diffusion der Luftfeuchtigkeit. Die *Lewis-Zahl*

$$\text{Le} = \frac{\text{Sc}}{\text{Pr}} = \frac{\lambda^C}{\rho^C c_p^C D_{\alpha\beta}} \tag{5.273}$$

ist der Quotient der beiden Kennzahlen.

5.4.4 Massentransferkoeffizient

Der Massentransferkoeffizient B_M (Gl. 5.264) wird durch den Differenzenquotienten

$$B_M = \frac{Y_{\text{sat}} - Y_\infty}{1 - Y_{\text{sat}}} \tag{5.274}$$

definiert. Aus Gl. 5.237 folgt

$$\frac{Y_\infty}{1 - Y_{\text{sat}}} = Y_\infty \left(1 - \frac{0,622 p_{\text{sat}}}{p - 0,378 p_{\text{sat}}} \right)^{-1} = Y_\infty \underbrace{\frac{p - 0,378 p_{\text{sat}}}{p - p_{\text{sat}}}}_{>1;\ p_{\text{sat}}<p} \tag{5.275}$$

und aus Gl. 5.218

$$\frac{Y_{\text{sat}}}{1 - Y_{\text{sat}}} = 0,622 \frac{p_{\text{sat}}}{p - p_{\text{sat}}} \quad . \tag{5.276}$$

Damit kann der Transferkoeffizient

$$B_M = \frac{Y_{\text{sat}}}{1 - Y_{\text{sat}}} - \frac{Y_\infty}{1 - Y_{\text{sat}}} = \frac{0,622 p_{\text{sat}} - Y_\infty (p - 0,378 p_{\text{sat}})}{p - p_{\text{sat}}} \tag{5.277}$$

in Abhängigkeit von dem minimalen Massenanteil Y_∞, dem absoluten Druck p und dem Sättigungsdruck p_{sat} dargestellt werden.

5.4.5 Korrektur des Wärmeübergangs

Analog zum Massenfluss, über die Phasengrenze hinweg (Gl. 5.264), wird der effektive Wärmefluss in den Tropfen durch die Konduktion abzüglich der latenten Wärme $L\left(T^D\right)$, welche der dem Tropfen entzogen wird und mit der verdunstenden Masse in die kontinuierliche Phase übergeht, beschrieben.

$$Q_L = \text{Nu}\pi D_{21}\lambda^C \left(T^C - T^D \right) - \dot{m}\, L\left(T^D \right) \tag{5.278}$$

Auf die latente Wärme wird bei der Energiebilanzierung (Gl. 5.320) im Detail eingegangen. In dem Modell von *Abramzon* und *Sirignano* [1] wird der *Wärmetransferkoeffizient*

$$B_T = \frac{c_p^D \left(T^C - T^D \right)}{Q_L/\dot{m} + L\left(T^D \right)} \tag{5.279}$$

eingeführt, um den durch den Stefanstrom beeinflußten Wärmefluss

$$Q_L = \dot{m} \left(\frac{c_p^D \left(T^C - T^D \right)}{B_T} - L\left(T^D \right) \right) \tag{5.280}$$

mittels dieses Koeffizienten zu bestimmen.

$$\Rightarrow \dot{m}\frac{c_p^D}{B_T} = \mathrm{Nu}\pi D_{21}\lambda^C \tag{5.281}$$

$$\dot{m} = \pi D_{21}\frac{\lambda^C}{c_p^D}\mathrm{Nu}B_T \tag{5.282}$$

Aus der Gleichsetzung mit der allgemeinen Formulierung resultiert eine Relation zwischen dem Massenfluss über die Phasengrenze und dem effektiven Wärmefluss. Mit der Definition

$$2 + \frac{\mathrm{Sh}_0 - 2}{F(B_M)} = \mathrm{Sh}^* = \mathrm{Sh}\frac{B_M}{\ln(1 + B_M)} \tag{5.283}$$

$$2 + \frac{\mathrm{Nu}_0 - 2}{F(B_T)} = \mathrm{Nu}^* = \mathrm{Nu}\frac{B_T}{\ln(1 + B_T)} \tag{5.284}$$

der durch die Funktion

$$F(B) = (1 + B)^{0,7}\frac{\ln(1 + B)}{B} \tag{5.285}$$

modifizierten Sherwood-Zahl Sh^* und Nusselt-Zahl Nu^* kann der modifizierte Massenfluss bestimmt werden. Werden die Terme der Gln. 5.264 und 5.282 entsprechend modifiziert,

$$\Rightarrow \dot{m} = \pi D_{21}\frac{\lambda^C}{c_p^D}\mathrm{Nu}^*\ln(1 + B_T) \tag{5.286}$$

$$\text{bzw. } \dot{m} = \pi D_{21}\rho^C D_{\alpha\beta}\mathrm{Sh}^*\ln(1 + B_M) \quad , \tag{5.287}$$

ergeben sich zwei Möglichkeiten für die Bestimmung des effektiven mit dem Wärmefluss interagierenden Massenflusses. Aus der Übereinstimmung der Formulierungen folgt

$$\frac{c_p^C}{c_p^D}\underbrace{\frac{\lambda^C}{\rho^C c_p^C D_{\alpha\beta}}}_{=\mathrm{Le}}\mathrm{Nu}^*\ln(1 + B_T) = \mathrm{Sh}^*\ln(1 + B_M) \quad . \tag{5.288}$$

Aus dieser Relation der modifizierten Nusselt- und Sherwood-Zahl in Abhängigkeit von der Lewis-Zahl (Gl. 5.273) folgt

$$\phi_B = \frac{\ln(1 + B_T)}{\ln(1 + B_M)} = \frac{c_p^D}{c_p^C}\frac{\mathrm{Sh}^*}{\mathrm{Nu}^*}\mathrm{Le}^{-1} \tag{5.289}$$

$$\Rightarrow B_T = (1 + B_M)^{\phi_B} - 1 \tag{5.290}$$

die direkte Abbildung des Massentransferkoeffizienten B_M auf den Wärme-transferkoeffizienten B_T.

5.4.6 Iterativer Algorithmus zur Bestimmung

Bereits berechnete Werte sind die Initialwerte von Nusselt- und Sherwood-Zahl, Nu_0 und Sh_0 (Gln. 5.267, 5.268), sowie der Massentransferkoeffizient B_M (Gl. 5.274) und damit auch die modifizierte Sherwood-Zahl Sh^* (Gl. 5.283). Die Initialbedingung

$$Nu^{*(0)} = Nu_0 \qquad (5.291)$$

sei die Startannahme für den Algorithmus. Mit folgenden Iterationsschritten erhält man eine Näherung für die modifizierte Nusselt-Zahl:

$$\phi_B^{(n)} = \frac{c_p^D}{c_p^C} \frac{Sh^*}{Nu^{*(n)}} Le^{-1} \qquad (5.292)$$

$$B_T^{(n+1)} = (1 + B_M)^{\phi_B^{(n)}} - 1 \qquad (5.293)$$

$$Nu^{*(n+1)} = 2 + \frac{Nu_0 - 2}{F\left(B_T^{(n+1)}\right)} \quad . \qquad (5.294)$$

Diese Form der Iteration setzt sich aus den Gln. 5.289, 5.290 und 5.284 zusammen. Diese Iteration wird solange wiederholt bis die relative Änderung

$$\left| \frac{B_T^{(n+1)}}{B_T^{(n)}} - 1 \right| < \epsilon \qquad (5.295)$$

kleiner einer unteren Grenze ist. Mittels des bestimmten Wärmetransferko-effizienten B_T läßt sich der durch den Stefanstrom beeinflusste Wärmefluss (Gl. 5.280) bestimmen.

5.4.7 Charakteristisches Verdunstungszeitmaß

Aus den Gln. 5.171 und 5.287 folgt mit Gl. 5.145

$$\frac{\pi}{4}\rho^D D_{32}\Gamma = -\dot{m}_p = \dot{m} = \pi D_{21}\rho^C D_{\alpha\beta}Sh^*\ln\left(1 + B_M\right) \qquad (5.296)$$

die Definition des vom Tropfendurchmesser unabhängigen Verdunstungskoeffizienten Γ:

$$\Rightarrow \Gamma = 4 \underbrace{\frac{D_{21}}{D_{32}}}_{\frac{32}{3\pi}} \frac{\rho^C}{\rho^D} D_{\alpha\beta} \mathrm{Sh}^* \ln\left(1 + B_M\right) \quad . \tag{5.297}$$

Mittels dieses Koeffizienten wird das charakteristische Verdunstungszeitmaß τ_T (Gl. 5.163) wie folgt definiert:

$$\tau_T = \frac{8}{9\pi} \frac{D_{32}^2}{\Gamma} = \frac{D_{32}^2}{12} \frac{\rho^D}{\rho^C} \left(D_{\alpha\beta} \mathrm{Sh}^* \ln\left(1 + B_M\right)\right)^{-1} \quad . \tag{5.298}$$

Anhand dieses Zeitmaßes läßt sich die Massenverdunstungsrate (Gl. 5.167) bestimmen. Die Masse, welche sich in einer verdunstenden Zwei-Phasen-Strömung bewegt, läßt sich in drei Gruppen unterteilen. Die erste ist die Masse der dispersen Phase. Diese Phase ist flüssig. Die zweite ist der Flüssigkeitsdunst, dessen Masse um die gleichen Anteile zunimmt, um welche die erste abnimmt. Die dritte Gruppe ist die Masse der Luft, deren Feuchtigkeit durch den Verdunstungsvorgang zunimmt. Die Summe der zweiten und dritten Massengruppe stellt die Masse der kontinuierlichen Phase dar. Der zweite Massenanteil pro Volumen der kontinuierlichen Phase ist die absolute Feuchtigkeit. Mittels des Volumenbruchs der kontinuierlichen Phase kann wie folgt die Transportgleichung dieser Dunstmasse relativ zum Gesamtvolumen bestimmt werden.

5.4.8 Resultierender Massentransport

Die momentane Transportgleichung für die absolute Feuchtigkeit ρ^{Dunst} lautet:

$$\frac{\partial}{\partial t}\left(\rho^{\mathrm{Dunst}}\alpha^C\right) + \frac{\partial}{\partial x_j}\left(\rho^{\mathrm{Dunst}}\alpha^C u_j^C\right) = -\frac{\partial}{\partial x_j}\left(\alpha^C j_j^{\mathrm{Dunst}}\right) \quad . \tag{5.299}$$

Die Massendiffusion in einem binären Gemisch wird mittels eines Gradientenflussansatzes durch das *Fick'sche Gesetz* (vgl. Gl. 3.347) modelliert [255].

$$j_i^{\mathrm{Dunst}} = -\underbrace{\left(\sum_\alpha \rho^\alpha\right)}_{=\rho^C} D_{\alpha\beta} \frac{\partial}{\partial x_i} \underbrace{\frac{\rho^{\mathrm{Dunst}}}{\sum_\alpha \rho^\alpha}}_{=Y} \tag{5.300}$$

Mit der Definition der absoluten Feuchtigkeit

$$\rho^{\text{Dunst}} = \rho^C Y \qquad (5.301)$$

folgt die momentane Transportgleichung des Dunstmassenbruchs:

$$\frac{\partial}{\partial t} \left(\rho^C \alpha^C Y \right) + \frac{\partial}{\partial x_j} \left(\rho^C \alpha^C Y u_j^C \right) = \frac{\partial}{\partial x_j} \left(\rho^C \alpha^C D_{\alpha\beta} \frac{\partial}{\partial x_j} Y \right) \quad . \qquad (5.302)$$

Der binäre Diffusionskoeffizient (Gl. 5.207) quantifiziert die Diffusion eines binären Mediums. In diesem Fall setzt sich die kontinuierliche Phase aus Wasserdunst und Luft zusammen. Zusätzlich zur Diffusion wird der Massenanteil des Wasserdunstes durch den aufgrund der Tropfenverdunstung entstehenden Massenquellterm

$$\dot{w} = -\frac{\partial}{\partial t} \left(\rho^D \alpha^D \right) - \frac{\partial}{\partial x_j} \left(\rho^D \alpha^D u_D \right) \qquad (5.303)$$

beeinflusst. Der Quellterm stellt die negierte zeitliche Änderung der Masse der dispersen Phase dar, da die Masse, welche pro Volumen und Zeit verdunstet, dem Quellterm der absoluten Feuchtigkeit entspricht.

$$\frac{\partial}{\partial t} \left(\rho^C \alpha^C Y \right) + \frac{\partial}{\partial x_j} \left(\rho^C \alpha^C Y u_j^C \right) \qquad (5.304)$$

$$= \frac{\partial}{\partial x_j} \left(\rho^C \alpha^C D_{\alpha\beta} \frac{\partial}{\partial x_j} Y \right) - \frac{\partial}{\partial t} \left(\rho^D \alpha^D \right) - \frac{\partial}{\partial x_j} \left(\rho^D \alpha^D u_j^D \right)$$

Mit diesem Quellterm nimmt die absolute Feuchtigkeit solange zu, bis die disperse Phase vollständig verdunstet oder die kontinuierliche Phase gesättigt ist [49]. Wird die momentane Transportgleichung (Gl. 5.304) statistisch gemittelt und sei die Dichte der kontinuierlichen Phase statistisch unabhängig, so ergibt sich die Transportgleichung:

$$\frac{\partial}{\partial t} \left(\rho^C \bar{\alpha}^C \bar{Y} \right) + \frac{\partial}{\partial x_j} \left(\rho^C \bar{\alpha}^C < u_j^C Y >^C \right) = \frac{\partial}{\partial x_j} \left(\rho^C \bar{\alpha}^C D_{\alpha\beta} \frac{\partial}{\partial x_j} \bar{Y} \right)$$

$$- \frac{\partial}{\partial t} \left(\rho^D \bar{\alpha}^D \right) - \frac{\partial}{\partial x_j} \left(\rho^D \bar{\alpha}^D < u_j^D >^D \right) \quad . \qquad (5.305)$$

Die Korrelation von Volumenbruch der kontinuierlichen Phase und Dunst-Massenbruch wird vernachlässigt. Mit

$$Y = \bar{Y} + Y' \qquad (5.306)$$

lässt sich die gewichtete Mittelung des Geschwindigkeitsproduktes folgendermaßen zerlegen:

$$< u_j^C Y >^C = < u_j^C >^C \bar{Y} + < u_j^C Y' >^C \quad . \tag{5.307}$$

Die Geschwindigkeits-Massenbruch-Korrelation beschreibt den Turbulenz-Einfluss auf die Dunstdiffusion und wird durch einen Gradientenflussansatz

$$< u_j^C Y' >^C = -\frac{\nu_t^C}{\mathrm{Sc}_t} \frac{\partial}{\partial x_j} \bar{Y} \tag{5.308}$$

mittels der *turbulenten Schmidt-Zahl* in Abhängigkeit von der turbulenten Viskosität (Gl. 4.269) der kontinuierlichen Phase modelliert. Mit der turbulenten Diffusion und der gemittelten Darstellung der Verdunstungrate $\dot{w}$ (Gl. 5.167) erhält man die gemittelte Transportgleichung folgende Form:

$$\frac{\partial}{\partial t} \left(\rho^C \bar{\alpha}^C \bar{Y} \right) + \frac{\partial}{\partial x_j} \left(\rho^C \bar{\alpha}^C < u_j^C >^C \bar{Y} \right) \tag{5.309}$$

$$= \frac{\partial}{\partial r_j} \left(\rho^C \bar{\alpha}^C \left(D_{\alpha\beta} + \frac{\nu_t^C}{\mathrm{Sc}_t} \right) \frac{\partial}{\partial x_j} \bar{Y} \right) + \frac{5}{4} \frac{\rho^D}{r_\Gamma} \bar{\alpha}^D \quad .$$

Mit der turbulenten Schmidt-Zahl $\mathrm{Sc}_t = 0,85$ wird durch die beschriebene Gleichung der Transport des Dunst-Massenanteils inklusive Massenquelltermen und turbulenter Diffusion bestimmt.

5.4.9 Wärmestrahlung und Wärmetransport

Wie im verwendeten Verdunstungsmodell [1] abzulesen ist, sind Wärmeaustausch und der Fluss der latenten Wärme über die Phasengrenze wesentliche Einflussgrößen der Verdunstungsrate. Insofern ist die Bestimmung und die Berücksichtigung von weiteren Wärmequellen, wie der Absorption von Strahlung, oder Senken, wie der Verdunstungsenthalpie, von hoher Bedeutung. Neben diesen thermischen Effekten ist auch die Interaktion der Wärmediffusion mit der Turbulenz beider Phasen zu bestimmen. Zu Enthalpiequellen zählen Strahlungsemissionen und Strahlungsabsorptionen. Streuung von Wärmestrahlung wird berücksichtigt, wenn von einer Orientierung der Strahlung ausgegangen wird und sie damit als vektorielle Größe in den Enthalpietransport eingeht.

Im Fall der Verdunstung wird allerdings von der Luft als einem optisch dünnen Medium ausgegangen. Das heißt, dass Absorption und Streuung nicht beachtet werden, da sie gegenüber der emittierenden Strahlung verschwindend gering sind. Für skalare Strahlungsgrößen folgt aus einer Integration der Strahlungsintensität über die Oberfläche A und den gesamten Wellenlängenbereich, gewichtet mit dem Emissionskoeffizienten ϵ_{em}^{α}, die Summe der in der vierten Potenz temperaturabhängigen momentanen Absorptions- und Emissionsleistungen der Enthalpie der dispersen Phase [135]:

$$P_{ab} = \epsilon_{em}^{\alpha} \sigma T_{\infty}^4 \cdot A \qquad (5.310)$$

$$P_{em} = -\epsilon_{em}^{\alpha} \sigma T^4 \cdot A \quad . \qquad (5.311)$$

Mit der *Stefan-Boltzmann-Konstanten*

$$\sigma = 5,67051 \cdot 10^{-8} \frac{W}{m^2 \cdot K} \qquad (5.312)$$

und dem für das Beispiel eines Wassersprühnebels relevanten Emissionskoeffizienten

$$\epsilon_{em}^{D} = \epsilon_{em}^{Wasser} = 0,92 \qquad (5.313)$$

wird der Quellterm

$$\dot{q}_{Str}^{D} = a\epsilon_{em}^{D} \sigma \left((T^C)^4 - (T^D)^4 \right) \qquad (5.314)$$

der Enthalpietransportgleichung durch die volumenspezifische Oberfläche a bestimmt. Die momentane Darstellung der Temperaturtransportgleichung der kontinuierlichen Phase lautet:

$$\frac{\partial}{\partial t} \left(\rho^C \alpha^C T^C \right) + \frac{\partial}{\partial x_j} \left(\rho^C \alpha^C u_j^C T^C \right) = -\frac{\partial}{\partial x_j} \left(\alpha^C \frac{q_j^C}{c_p^C} \right) - \frac{\dot{q}_{Str}}{c_p^C} \quad . \qquad (5.315)$$

Der Strahlungsquellterm resultiert aus Gl. 5.314. Der Wärmefluss q_i^C wird mittels eines Gradientenflussansatzes

$$q_i^C = -\lambda^C \frac{\partial}{\partial x_i} T^C \qquad (5.316)$$

durch das *Fourier'sche Wärmeleitgesetz* beschrieben [251]. Der Wärmeleitkoeffizient der kontinuierlichen Phase λ^C wird durch Gl. 5.213 bestimmt.

$$\frac{\partial}{\partial t} \left(\rho^C \alpha^C T^C \right) + \frac{\partial}{\partial x_j} \left(\rho^C \alpha^C u_j^C T^C \right) = \frac{\partial}{\partial x_j} \left(\alpha^C \frac{\lambda^C}{c_p^C} \frac{\partial}{\partial x_j} T^C \right) \qquad (5.317)$$

Während sich bei der Luft der Nullpunkt der Enthalpie am absoluten Temperatur-Nullpunkt ansiedelt, liegt der Enthalpie-Nullpunkt von Wasser bei dessen Schmelzpunkt.

$$(5.318)$$

$$\frac{\partial}{\partial t} \left(\rho^D \alpha^D \left(T^D - T_0^D \right) \right) \; + \; \frac{\partial}{\partial x_j} \left(\rho^D \alpha^D u_j^D \left(T^D - T_0^D \right) \right) = \frac{\dot{q}_{\text{Str}}}{c_p^D}$$

$$\text{mit } T_0^D \;=\; T_0^{\text{Wasser}} = 273,15 K \qquad (5.319)$$

Konduktion findet nur in der kontinuierlichen Phase (Gl. 5.317) statt. Ohne Berücksichtigung der Erwärmung der dispersen Phase durch die kontinuierliche bleibt die Partikeltemperatur unverändert (Gl. 5.318). Mittels des Wärmeübergangsmodells [1] wird der additive Wärmefluss (Gl. 5.280) in Abhängigkeit von der Massenverdunstungsrate $\dot{w}$ (Gl. 5.303) und der latenten Wärme des verdunstenden Wassers

$$L \left(T^D \right) = c_p^D \left(T^D - T_0^D \right) + \Delta h_v \qquad (5.320)$$

mit Gl. 5.319 und in Abhängigkeit von der massenspezifischen Verdampfungsenthalpie Δh_v (Gl. 3.138) bestimmt. So wird die additive Wärmequelle der kontinuierlichen Phase mit

$$
\begin{aligned}
\dot{\psi}_l^C \;&=\; -\dot{w} \left(\frac{c_p^D \left(T^C - T^D \right)}{B_T} - L \left(T^D \right) \right) \\[2mm]
&=\; \dot{w} c_p^D \left(T^D - T_0^D - B_T^{-1} \left(T^C - T^D \right) - \frac{\Delta h_v}{c_p^D} \right) \qquad (5.321)
\end{aligned}
$$

und die Wärmequelle der dispersen Phase mit

$$
\begin{aligned}
\dot{\psi}_l^D \;&=\; \dot{w} \left(\frac{c_p^D \left(T^C - T^D \right)}{B_T} - c_p^D \left(T^D - T_0^D \right) \right) \\[2mm]
&=\; -\dot{\psi}_l^C + \frac{\Delta h_v}{c_p^D} \dot{w} \qquad (5.322)
\end{aligned}
$$

definiert. Mit der Normierung der Quellterme durch die spezifische Wärmekapazität der entsprechenden Phase können diese Terme in die Temperaturtransportgleichungen entsprechend implementiert werden.

$$\frac{\partial}{\partial t} \left(\rho^C \alpha^C T^C \right) + \frac{\partial}{\partial x_j} \left(\rho^C \alpha^C u_j^C T^C \right) = -\frac{\dot{q}_{Str}}{c_p^C} \tag{5.323}$$

$$+\frac{\partial}{\partial x_j} \left(\alpha^C \frac{\lambda^C}{c_p^C} \frac{\partial}{\partial x_j} T^C \right) + \dot{w} \frac{c_p^D}{c_p^C} \left(T^D - T_0^D - B_T^{-1} \left(T^C - T^D \right) - \frac{\Delta h_v}{c_p^D} \right)$$

$$\frac{\partial}{\partial t} \left(\rho^D \alpha^D \left(T^D - T_0^D \right) \right) + \frac{\partial}{\partial x_j} \left(\rho^D \alpha^D u_j^D \left(T^D - T_0^D \right) \right) = \frac{\dot{q}_{Str}}{c_p^D} \tag{5.324}$$

$$- \dot{w} \left(T^D - T_0^D - B_T^{-1} \left(T^C - T^D \right) \right)$$

Zusätzlich zu diesem Wärmeübergangsquellterm muss in der kontinuierlichen Phase die Verdunstungsenthalpie (Gl. 5.262) berücksichtigt werden, welche der Gasphase durch die Dichteänderung der verdunstenden Masse entzogen wird.

5.4.10 Turbulenter Wärmetransport

Analog zu der Darstellung des Feuchtigkeitstransportes (Gl. 5.305) wird der gemittelte Konvektionsterm der Temperaturgleichung wie folgt zerlegt:

$$\frac{\partial}{\partial x_j} \left(\rho^k \bar{\alpha}^k < u_j^k \left(T^k - T_0^k \right) >^k \right) = \frac{\partial}{\partial x_j} \left(\rho^k \bar{\alpha}^k < u_j^k >^k \left(\bar{T}^k - T_0^k \right) \right)$$

$$+ \frac{\partial}{\partial x_j} \left(\rho^k \bar{\alpha}^k < u_j^k T'^k >^k \right). \tag{5.325}$$

Die Geschwindigkeit-Temperatur-Korrelation wird wie beim Dunstmassenanteil durch einen Gradientenflussansatz modelliert.

$$< u_i^k T'^k >^k = -\frac{\nu_t^k}{Pr_t^k} \frac{\partial}{\partial x_i} \bar{T}^k \tag{5.326}$$

Die turbulente Diffusion der Wärme in disperser und kontinuierlicher Phase wird durch die turbulente Viskosität der jeweiligen Phase und den *turbulenten Prandtl-Zahlen*

$$Pr_t^C = 0,6 \tag{5.327}$$
$$Pr_t^D = 1,0 \tag{5.328}$$

approximiert. Unter Berücksichtigung der gemittelten Form der Massenverdunstungsrate $\dot{w}$ resultieren die statistisch gemittelten Wärmetransportgleichungen für die kontinuierliche

$$\frac{\partial}{\partial t}\left(\rho^C \bar{\alpha}^C \bar{T}^C\right) + \frac{\partial}{\partial x_j}\left(\rho^C \bar{\alpha}^C < u_j^C >^C \bar{T}^C\right) = \qquad (5.329)$$

$$\frac{\partial}{\partial x_j}\left(\bar{\alpha}^C \left(\frac{\lambda^C}{c_p^C} + \rho^C \frac{\nu_t^C}{\mathrm{Pr}_t^C}\right)\frac{\partial}{\partial x_j}\bar{T}^C\right) - \frac{\overline{\dot{q}_{\mathrm{Str}}}}{c_p^C}$$

$$+\frac{5}{4}\rho^D \frac{\bar{\alpha}^D}{\tau_\Gamma}\frac{c_p^D}{c_p^C}\left(\bar{T}^D - T_0^D - B_T^{-1}\left(\bar{T}^C - \bar{T}^D\right) - \frac{\Delta h_v}{c_p^D}\right)$$

und die disperse Phase.

$$\frac{\partial}{\partial t}\left(\rho^D \bar{\alpha}^D \left(\bar{T}^D - T_0^D\right)\right) + \frac{\partial}{\partial x_j}\left(\rho^D \bar{\alpha}^D < u_j^D >^D \left(\bar{T}^D - T_0^D\right)\right) =$$

$$\frac{\partial}{\partial x_j}\left(\bar{\alpha}^D \rho^D \frac{\nu_t^D}{\mathrm{Pr}_t^D}\frac{\partial}{\partial x_j}\bar{T}^D\right) + \frac{\overline{\dot{q}_{\mathrm{Str}}}}{c_p^D} \qquad (5.330)$$

$$-\frac{5}{4}\rho^\nu \frac{\bar{\alpha}^D}{\tau_\Gamma}\left(\bar{\bar{T}}^D - T_0^D - B_T^{-1}\left(\bar{T}^C - \bar{T}^D\right)\right)$$

Mittels dieser beiden Transportgleichungen kann der gesamte Wärmetransport inklusive turbulenter Durchmischung und Verdunstungseffekten, wie dem Einfluss des Stefanstroms, der Tropfenerwärmung und der Verdunstungsenthalpie, beschrieben werden [244, 266, 265].

5.4.11 Turbulenter Impulstransport

Analog zu der latenten Wärme, welche durch den Stefanstrom von der dispersen zur kontinuierlichen Phase wechselt, werden auch andere physikalische Größen durch diesen Massenfluss beeinflusst. Aus diesem Grund müssen die Transportgleichungen von Impuls sowie sämtlichen turbulenten Größen entsprechend modifiziert werden. Analog zum Wärme- und Dunsttransport reduziert sich der Impuls der dispersen Phase (Gl. 4.244) um den Impuls der verdunstenden Masse.

$$\frac{\partial}{\partial t}\left(\rho^D \bar{\alpha}^D < u_i^D >^D\right) \;+\; \frac{\partial}{\partial x_j}\left(\rho^D \bar{\alpha}^D < u_i^D >^D < u_j^D >^D\right)$$

$$= \; -\bar{\alpha}^D \frac{\partial}{\partial x_i}\bar{p} - \frac{\partial}{\partial x_i}\left(\rho^D \bar{\alpha}^D \cdot \frac{2}{3} k^D\right) \qquad (5.331)$$

$$+ \frac{\partial}{\partial x_j}\left(\mu_t^D \bar{\alpha}^D \left(\frac{\partial}{\partial x_j} < u_i^D >^D \right.\right.$$

$$\left.\left. + \frac{\partial}{\partial x_i} < u_j^D >^D -\frac{2}{3}\frac{\partial}{\partial x_l} < u_l^D >^D \delta_{ij}\right)\right)$$

$$+ \frac{\rho^D \bar{\alpha}^D}{\tau_D^D}\left(< u_i^C >^C - < u_i^D >^D\right)$$

$$- \frac{\rho^D}{\tau_D^D}\Delta_i^C - \frac{5}{4}\rho^D \frac{\bar{\alpha}^D}{\tau_\Gamma} < u_i^D >^D$$

Aufgrund der Impulserhaltung ist dieser Term zugleich der Quellterm der Impulsbilanz der kontinuierlichen Phase.

$$\frac{\partial}{\partial t}\left(\rho^C \bar{\alpha}^C < u_i^C >^C\right) \;+\; \frac{\partial}{\partial x_j}\left(\rho^C \bar{\alpha}^C < u_i^C >^C < u_j^C >^C\right)$$

$$= \; -\bar{\alpha}^C \frac{\partial}{\partial x_i}\bar{p} - \frac{\partial}{\partial x_i}\left(\rho^C \bar{\alpha}^C \cdot \frac{2}{3} k^C\right) \qquad (5.332)$$

$$+ \frac{\partial}{\partial x_j}\left((\mu^C + \mu_t^C)\bar{\alpha}^C \left(\frac{\partial}{\partial x_j} < u_i^C >^C \right.\right.$$

$$\left.\left. + \frac{\partial}{\partial x_i} < u_j^C >^C -\frac{2}{3}\frac{\partial}{\partial x_l} < u_l^C >^C \delta_{ij}\right)\right)$$

$$+ \frac{\rho^D \bar{\alpha}^D}{\tau_D^D}\left(< u_i^D >^D - < u_i^C >^C\right)$$

$$+ \frac{\rho^D}{\tau_D^D}\Delta_i^C + \frac{5}{4}\rho^D \frac{\bar{\alpha}^D}{\tau_\Gamma} < u_i^D >^D$$

Mittels des aus dem Verdunstungsmodell resultierenden Zeitmaß τ_Γ (Gl. 5.298) wird durch diese beiden Gleichungen das Geschwindigkeitsfeld einer verdunstenden Zweiphasenströmung bestimmt.

5.4.12 Turbulenztransport

Die turbulente kinetische Energie der dispersen Phase wird durch den Massenfluss über die Phasengrenze der dispersen Phase entzogen und stellt damit in der Transportgleichung (Gl. 4.284) eine zusätzliche Senke dar.

$$
\frac{\partial}{\partial t}\left(\rho^D \bar{\alpha}^D k^D\right) + \frac{\partial}{\partial x_j}\left(\rho^D \bar{\alpha}^D k^D < u_j^D >^D\right) = \frac{\rho^D \bar{\alpha}^D}{\tau_D^D}\left(q - 2k^D\right)
$$

$$
- \rho^D \bar{\alpha}^D < \{u_i^D\}^D \{u_j^D\}^D >^D \frac{\partial}{\partial x_j} < u_i^D >^D \quad (5.333)
$$

$$
+ \frac{\partial}{\partial x_j}\left(\left(\mu^D + K_t^D\right) \bar{\alpha}^D \frac{\partial}{\partial x_j} k^D\right)
$$

$$
- \rho^D \bar{\alpha}^D \epsilon_c^D - \frac{5}{4}\rho^D \frac{\bar{\alpha}^D}{\tau_\Gamma} k^D
$$

Im Gegensatz zur Impulstransportgleichung wird die durch den Massenübergang übergebene Energie bei turbulenten Größen nicht durch eine Erhaltungsgleichung dargestellt, da die Partikelgeschwindigkeit und die Geschwindigkeit der Gasphase nicht vollständig korreliert sind. Mit dem entsprechenden Quellterm resultiert aus der Transportgleichung der kontinuierlichen Phase (Gl. 4.272):

$$
\frac{\partial}{\partial t}\left(\rho^C \bar{\alpha}^C k^C\right) + \frac{\partial}{\partial x_j}\left(\rho^C \bar{\alpha}^C k^C < u_j^C >^C\right) = \frac{\rho^D \bar{\alpha}^D}{\tau_D^D}\left(q - 2k^C\right)
$$

$$
- \rho^C \bar{\alpha}^C < \{u_i^C\}^C \{u_j^C\}^C >^C \frac{\partial}{\partial x_j} < u_i^C >^C \quad (5.334)
$$

$$
+ \frac{\partial}{\partial x_j}\left(\left(\mu^C + \frac{\mu_t^C}{\sigma_k}\right) \bar{\alpha}^C \frac{\partial}{\partial x_j} k^C\right)
$$

$$
- \rho^C \bar{\alpha}^C \epsilon_M^C + \frac{5}{4}\rho^D \frac{\bar{\alpha}^D}{\tau_\Gamma}\left(q - k^C\right) \quad .
$$

Die turbulente kinetische Energie wird durch die verdunstende Masse aufgehoben, sofern die Geschwindigkeiten der beiden Phasen nicht korrelieren. Aus diesem Grund gilt: je höher die Korrelation ist, desto niedriger wird der turbulente Energieverlust aufgrund der Verdunstung in der Gasphase. Analog zur turbulenten kinetischen Energie der kontinuierlichen Phase existiert in der Transportgleichung der Dissipationsrate (Gl. 4.273) ein zusätzlicher Quellterm.

$$
\frac{\partial}{\partial t}\left(\rho^C \bar{\alpha}^C \epsilon_M^C\right) + \frac{\partial}{\partial x_j}\left(\rho^C \bar{\alpha}^C \epsilon_M^C <u_j^C>^C\right) = C_{\epsilon 3}\frac{\rho^D \bar{\alpha}^D}{\tau_D^D}\left(\frac{\epsilon_M^C q}{k^C} - 2\epsilon_M^C\right)
$$

$$
- C_{\epsilon 1}\rho^C \bar{\alpha}^C \frac{\epsilon_M^C}{k^C} <\{u_i^C\}^C\{u_j^C\}^C>^C \frac{\partial}{\partial x_j} <u_i^C>^C
$$

$$
+ \frac{\partial}{\partial x_j}\left(\left(\mu^C + \frac{\mu_t^C}{\sigma_\epsilon}\right)\bar{\alpha}^C \frac{\partial}{\partial x_j}\epsilon_M^C\right) \tag{5.335}
$$

$$
- C_{\epsilon 2}\rho^C \bar{\alpha}^C \frac{\epsilon_M^{C\,2}}{k^C} + \frac{5}{4}\rho^D \frac{\bar{\alpha}^D}{\tau_\Gamma}\epsilon_M^C\left(\frac{q}{k^C} - 1\right)
$$

Diese entspricht dem Term in der Turbulenztransportgleichung dividiert durch das turbulente Zeitmaß $\frac{k^C}{\epsilon_M^C}$. Da sich die Summe der Verdunstungsquellterme der drei turbulenten Produkte $\rho^C \bar{\alpha}^C k^C$, $\rho^D \bar{\alpha}^D k^D$ und $\rho^D \bar{\alpha}^D q$ aus Gründen der Energieerhaltung aufheben, resultiert die Kovarianzgleichung (Gl. 4.303) der dispersen Phase

$$
\frac{\partial}{\partial t}\left(\rho^D \bar{\alpha}^D q\right) + \frac{\partial}{\partial x_j}\left(\rho^D \bar{\alpha}^D q <u_j^D>^D\right) = \tag{5.336}
$$

$$
+ \frac{\rho^D \bar{\alpha}^D}{\tau_D^D}\left(2Zk^D + 2k^C - (1+Z)q\right)
$$

$$
- \rho^D \bar{\alpha}^D <\{u_i^D\}^D\{u_j^C\}^C>^D \frac{\partial}{\partial x_j} <u_i^C>^C
$$

$$
- \rho^C \bar{\alpha}^C <\{u_i^C\}^C\{u_j^D\}^D>^D \frac{\partial}{\partial x_j} <u_i^D>^D
$$

$$
+ \partial\left(\rho^D \bar{\alpha}^D \frac{\nu_\alpha}{\sigma_k}\frac{\partial}{\partial x_j}q\right) - \rho^D \bar{\alpha}^D \frac{q}{\tau_\alpha}
$$

$$
- \frac{5}{4}\rho^D \frac{\bar{\alpha}^D}{\tau_\Gamma}\left(q - k^C - k^D\right)
$$

mit einem additiven Quellterm, welcher durch die entsprechenden Massenquellen und Senken gebildet wird.

5.5 Verallgemeinerte Modellierung der Partikeldiffusion

Basierend auf klassischen, bereits getroffenen Annahmen bzgl. der statistischen Korrelation von Geschwindigkeitskomponenten innerhalb einer Partikel-beladenen Strömung werden in diesem Kapitel allgemeine Ansätze zur Modellierung des Diffusionscharakters einer dispersen, aus Partikel bestehenden, Phase vorgestellt. Aufbauend auf das Konzept von Produktion und Dissipation turbulenter kinetischer Energie wird zu Beginn das Standard-k-ϵ-Modell analysiert und auf charakteristische Parameter reduziert, welche auch in nicht-viskosen Systemen, wie sie in sich ungeordnet durchdringenden Partikelwolken z.B. in der Staubfeuerung eines Kohlekraftwerks auftreten, den Diffusionscharakter materieller Elemente abbilden.

5.5.1 Gleichgewichtsdiffusion

Basierend auf der Annahme der Gleichgewichtsturbulenz, für welche gilt, dass sich Turbulenzproduktion und -dissipation gegenseitig aufheben, gilt in einem Strömungsfeld mit einer mittleren Strömungsgeschwindigkeit $< u^C >^C$ in x-Richtung:

$$\epsilon_\beta^C = \frac{1}{3}\epsilon_\beta^C\,\delta_{ij}\delta_{ij} \tag{5.337}$$

$$= -<\{u^C\}^C\{v^C\}^C>^C\,\frac{\partial < u^C >^C}{\partial y}$$

$$\Rightarrow -\frac{<\{u^C\}^C\{v^C\}^C>^C}{\frac{2}{3}k^C}\epsilon_\beta^C \tag{5.338}$$

$$= \left(\frac{<\{u^C\}^C\{v^C\}^C>^C}{\frac{2}{3}k^C}\right)^2\cdot\frac{2}{3}k^C\frac{\partial < u^C >^C}{\partial y}\quad.$$

Anhand des definierten Turbulenzstrukturparameters (vgl. Gl. 2.326)

$$C_\beta^C = -\frac{<\{u^C\}^C\{v^C\}^C>^C}{\frac{2}{3}k^C} \tag{5.339}$$

gilt so:

$$-\frac{<\{u^C\}^C\{v^C\}^C>^C}{\frac{2}{3}k^C} \;=\; \frac{2}{3}\frac{k^C}{\epsilon_\beta^C}C_\beta^{C2}\frac{\partial <u^C>^C}{\partial y} \tag{5.340}$$

$$\Rightarrow -<\{u^C\}^C\{v^C\}^C>^C \;=\; \frac{k^{C2}}{\epsilon_\beta^C}\underbrace{\left(\frac{2}{3}C_\beta^C\right)^2}_{=C_\mu^C}\frac{\partial <u^C>^C}{\partial y} \quad,\tag{5.341}$$

wobei für das Standard-k-ϵ-Modell [125] die Konstante $C_\beta^C = 0,45$ vorgeschlagen wird, so dass sich $C_\mu^C = 0,09$ ergibt.

Alternativ zum "Eddy-Dissipation-Concept" lässt sich die Geschwindigkeitskorrelation aber auch durch die Abhängigkeit von der Restitutionsleistung ("Restitution Power") $\pi_\beta^C = \epsilon_\beta^C/C_\beta^{C2}$ in der Form dastellen, dass

$$\underbrace{-\frac{<\{u^C\}^C\{v^C\}^C>^C}{\frac{2}{3}k^C}}_{=C_\beta^C} = \frac{2}{3}\frac{k^C}{\epsilon_\beta^C}C_\beta^{C2}\frac{\partial <u^C>^C}{\partial y} = \frac{2}{3}\frac{k^C}{\pi_\beta^C}\frac{\partial <u^C>^C}{\partial y} \quad,$$

$$\tag{5.342}$$

woraus wiederum einerseits aus der Definition von C_β^C eine alternative Definition der Restitutionsleistung selbst resultiert

$$\pi_\beta^C = \frac{\frac{2}{3}k^C}{C_\beta^C}\frac{\partial <u^C>^C}{\partial y} \quad,\tag{5.343}$$

andererseits eine alternative Formulierung für die Geschwindigkeitskorrelation

$$-<\{u^C\}^C\{v^C\}^C>^C = \frac{\left(\frac{2}{3}k^C\right)^2}{\pi_\beta^C}\frac{\partial <u^C>^C}{\partial y}\tag{5.344}$$

gefunden werden kann. Was qualitativ aus diesen Beoachtungen hervorgeht, ist, dass die Restitutionsleistung π_β^C analog zur Dissipationsrate im k-ϵ – *Modell* nicht nur die turbulente Impulsdiffusion reduziert, sondern auch unabhängig von einem Turbulenzstrukturparameter die Turbulenzproduktion

$$-<\{u^C\}^C\{v^C\}^C>^C\frac{\partial <u^C>^C}{\partial y} = \pi_\beta^{C-1}\left(\frac{2}{3}k^C\frac{\partial <u^C>^C}{\partial y}\right)^2\tag{5.345}$$

verringert. Da die Turbulenzproduktion nicht negativ wird, ist folglich die vorgestellte Restitutionsleistung ebenfalls stets positiv.

5.5.2 Diffusionszeitmaß

Basierend auf der Definition der Restitutionsleistung (Gl. 5.343) in Abhängigkeit von der turbulenten Dissipationsleistung ergibt sich aus dem Verhältnis von Dissipation und Restitution eine alternative Definition des Turbulenzstrukturparameters:

$$\pi_\beta^C = \frac{\epsilon_\beta^C}{C_\beta^{C\,2}} \quad \Rightarrow \quad C_\beta^C = \sqrt{\frac{\epsilon_\beta^C}{\pi_\beta^C}} \quad . \tag{5.346}$$

Je größer die anisotropen Elemente des Reynolds-Stress-Tensors gegenüber den Diagonalelementen sind, desto größer ist auch der Turbulenzstrukturparameter C_β^C (Gl. 5.339). Entsprechend ist auch nach Gl. 5.345 ein vom Betrag her großer Turbulenzstrukturparameter ein Indiz für hohe Turbulenzproduktionen.

Aus der Darstellung der Geschwindigkeitskorrelation (Gl. 5.344) in Abhängigkeit der Restitutionsleistung folgt für die turbulente Diffusivität ν_β^C:

$$\nu_\beta^C - \frac{\left(\frac{2}{3}k^C\right)^2}{\pi_\beta^C} \quad . \tag{5.347}$$

Aus der allgemeinen Definition der turbulenten Diffusivität in Abhängigkeit von dem charakteristischen Zeitmaß τ_β^C

$$\nu_\beta^C = \tau_\beta^C \cdot \frac{2}{3}k^C \quad \Rightarrow \quad \pi_\beta^C = \frac{\frac{2}{3}k^C}{\tau_\beta^C} \tag{5.348}$$

folgt anhand Substitution der Diffusvität eine Zeitmaß-abhängige Definiton der Restitutionsleistung. Aufbauend auf die Folge, dass $2/3k^C$ das Produkt von charakteristischem Zeitmaß und Restitutionsleistung und die Diffusivität das Produkt von charakteristischem Zeitmaß und $2/3k^C$ ist

$$\pi_\beta^C \xrightarrow{\cdot\tau_\beta^C} \frac{2}{3}k^C \xrightarrow{\cdot\tau_\beta^C} \nu_\beta^C \quad , \tag{5.349}$$

folgt, dass einer hohen Diffusivität im Verhältnis zur turbulenten kinetischen Energie eine entsprechend niedrige Restitutionsleistung und ein entsprechen hohes charakteristisches Zeitmaß zuzuordnen ist. Auf dem hier dargestellten Weg ist die Diffusivität der Transportgleichung des mittleren Impulses abhängig von der Restitutionsleistung $\pi_\beta^C = 2/3 \cdot k^C/\tau_\beta^C$ darstellbar.

5.5.3 Dissipation

Durch das Standard-k-ϵ-Modell vorgegebene Modellparameter sind die in der "Epsilon-Gleichung" transportierte Dissipationrate der turbulenten Energie, welche zugleich den Senkenterm der Transportgleichung der turbulenten kinetischen Energie darstellt, und die turbulente Viskosität in Abhängigkeit von der turbulenten kinetischen Energie k^C, der Dissipationsrate ϵ^C und dem konstanten Koeffizienten C_μ^C.

$$\epsilon_\beta^C = \epsilon_M^C \quad , \quad \nu_\beta^C = \nu_t^C = C_\mu^C \frac{k^{C2}}{\epsilon_\beta^C} \quad ; \quad C_\mu^C = 0,09 \tag{5.350}$$

Basierend auf den Definitionen der Turbulenzsenke und der turbulenten Viskosität

$$\nu_\beta^C = C_\mu^C \frac{k^{C2}}{\epsilon_\beta^C} = \tau_\beta^C \cdot \frac{2}{3} k^C \quad \Rightarrow \quad \tau_\beta^C = \frac{3}{2} C_\mu^C \frac{k^C}{\epsilon_\beta^C} \tag{5.351}$$

$$\Rightarrow \quad \pi_\beta^C = \tau_\beta^{C-1} \cdot \frac{2}{3} k^C = \frac{4}{9} \frac{\epsilon_\beta^C}{C_\mu^C}$$

ergeben sich aus den Beschreibungen des turbulenten Zeitmaßes τ_β^C und der daraus resultierenden Formulierung der Restitutionsleistung (Gl. 5.348) die entsprechenden Modellierung die dissipationsbasierte Difusionsvorgänge. In Anlehnung an die allgemeine Definition der Restitutionsleistung π_β^C ergibt dich der Parameter C_β^C

$$C_\beta^C = \sqrt{\frac{\epsilon_\beta^C}{\pi_\beta^C}} = \frac{3}{2} \sqrt{C_\mu^C} = 0,45 \tag{5.352}$$

mit der klassischen Definiton von $C_\mu^C = 0,09$ aus dem Standard-k-ϵ-Modell.

5.5.4 Strömungswiderstand

Aufbauend auf der Entwicklung der Transportgleichung der statistischen Geschwindigkeitvarianz der Partikelphase ergibt sich ein Senkenterm ϵ_p^k in Abhängigkeit von der Partikel-/Fluid-Geschwindigkeitskovarianz:

$$\epsilon_p^k = \frac{1}{\tau_D^k} \left(2k^k - q^k \right) \tag{5.353}$$

Mit der Modellierung des partiellen Turbulenzstrukturparameters $C_p = \sqrt{\frac{3}{2}}$ folgt die Restitutionsleistung:

$$\pi_p^k = \frac{\epsilon_p^k}{C_p^2} = \frac{2}{\tau_D^k}\left(\frac{2}{3}k^k - \frac{1}{3}q^k\right) \qquad (5.354)$$

und das charakteristische Zeitmaß:

$$\tau_p^k = \frac{\frac{2}{3}k^k}{\pi_p^k} = \frac{k^k}{\epsilon_p^k} = \frac{\tau_D^k}{2 - \frac{q^k}{k^k}} \qquad . \qquad (5.355)$$

Wird die Zeitmaß-Gleichung wie folgt umgeformt:

$$2\tau_p^k - \tau_p^k \cdot \frac{q^k}{k^k} = \tau_D^k \quad \Rightarrow \quad \underbrace{\tau_p^k \cdot \frac{2}{3}k^k}_{=\nu_p^k} - \underbrace{\tau_p^k \cdot \frac{1}{3}q^k}_{=\nu_\alpha^{k\,(p)}} = \tau_D^k \cdot \frac{1}{3}k^k \quad , \qquad (5.356)$$

ergibt sich für die spezifische Diffusivität auf der Basis des neu errechneten charakteristischen Zeitmaßes

$$\nu_p^{l_0} = \tau_p^k \cdot \frac{2}{3}k^k = \underbrace{\tau_p^k \cdot \frac{1}{3}q^k}_{=\nu_\alpha^{k\,(p)}} - \tau_D^k \cdot \frac{1}{3}k^k \quad , \qquad (5.357)$$

welche selbst wiederum die Abhängigkeiten von Geschwindigkeitsvarianz, widerstandsbedingtem Relaxationszeitmaß und der Diffusivität des Kovarianztransportes $\nu_\alpha^{k\,(p)}$ beinhaltet. Der Index (p), dies wird in den folgenden Unterkapiteln erläutert, dient als Indikator dafür, welche Submodelle in dieser Kovarianzdiffusivität enthalten sind.

5.5.5 Partikelkollisionen

Basierend auf der bereits festgelegten Definition der Elastizitätskonstanten e_c (Gl. 4.44) ergibt sich aus der korrespondierenden Relation der Partikelgeschwindigkeitsnormalkomponenten vor der Wandkollision u_n^b (*before impact*) und der nach der Kollision u_n^a (*after impact*)

$$u_n^a = -e_c u_n^b \; ; \quad u_n^b \le 0 \qquad (5.358)$$

der kinetische Energieverlust eines Partikels bei einer solchen Kollision:

$$\Delta E_c = \frac{m}{2} \left((u_n^b)^2 - (u_n^a)^2 \right) \ . \tag{5.359}$$

Aus der Geschwindigkeitsrelation folgt so für den Energieverlust:

$$u_n^a = -e_c u_n^b \quad \Rightarrow \quad (u_n^a)^2 = e_c^2 (u_n^b)^2 \tag{5.360}$$

$$\Rightarrow \quad \Delta E_c = \frac{m}{2} \left(1 - e_c^2 \right) (u_n^b)^2 \ . \tag{5.361}$$

Unter der Annahme, dass die mittlere Geschwindigkeit eines mit einem anderen im Raum kollidierenden Partikels der Standardabweichung entspricht, ergibt sich für den Energieverlust eines solchen Partikels:

$$(u_n^b)^2 = \frac{2}{3} k^D \quad \Rightarrow \quad \Delta E_c = \frac{m}{3} \left(1 - e_c^2 \right) k^D \ . \tag{5.362}$$

Die räumliche Dissipationrate resultiert aus der massenspezifischen Verdopplung der pro Partikel und Kollision dissiperten Energie, da an einer solchen Kollision stets zwei Partikel beteiligt sind, und an der Normierung mit dem Kollisionzeitmaß τ_K^D:

$$\epsilon_c^D = \frac{\Delta E_c}{m} \cdot 2 \cdot \tau_K^{D-1} = \frac{2}{3} \left(1 - e_c^2 \right) \frac{k^D}{\tau_K^D} \ . \tag{5.363}$$

Wie im Modell von *Jenkins und Richman* [124] (Gl. 4.279) erläutert wird die Senke der Partikelgeschwindigkeitsvarianz durch diesen Term in Abhängigkeit von dem Elastizitätskoeffizienten e_c und dem Kollisionzeitmaß τ_K^D modelliert. Die Diffusivität der Partikelwolke wird durch die Approximation:

$$\nu_c^D = \frac{\tau_K^D}{\sigma_c} \frac{2}{3} k^D \tag{5.364}$$

dargestellt. Nach Definition des charakteristischen Diffusionzeitmaßes ergibt dieses unter alleiniger Berücksichtigung der Partikelkollision als Einfluss nehmender Ursache:

$$\tau_c^D = \frac{\nu_c^D}{\frac{2}{3} k^D} = \frac{\tau_K^D}{\sigma_c} \quad \text{mit} \quad \sigma_c = \frac{1}{5} \left(1 + e_c \right) \left(3 - e_c \right) \ . \tag{5.365}$$

Der Parameter σ_c wurde bereits bezeichnend als "restitution parameter" eingefürt. Für die Restitutionsleistung folgt so:

$$\pi_c^D = \tau_c^D \cdot \frac{2}{3} k^D = \sigma_c \frac{\frac{2}{3} k^D}{\tau_K^D} \ . \tag{5.366}$$

Für die Restitutionsleistung π_c ergibt sich aufgrund der Proportionalität $\tau_K^D \sim 1/\dot{N}$ eine direkte Proportionalität zur Kollisionsrate $\dot{N}$ (Gl. 4.84).

5.5.6 Kopplung für disperse Partikelphasen

Werden innerhalb einer partikelbeladenen Zwei-Phasen-Strömung sowohl Phaseninteraktion als auch Partikelinteraktion für die Diffusionsmodellierung verwendet, bildet die Summe der Turbulenzsenken $\epsilon_\alpha^{D^{(\gamma)}}$ den effektiven Energieverlust

$$\epsilon_\alpha^{D^{(p,c)}} = \epsilon_p^D + \epsilon_c^D \quad , \tag{5.367}$$

welcher im k-ϵ-Modell, durch die Dissipationsrate ϵ beschrieben wird, während die Summe der Restitutionsleistungen, die effektive Restitutionsleistung darstellt:

$$\pi_\alpha^{D^{(p,c)}} = \pi_p^D + \pi_c^D \quad . \tag{5.368}$$

Für die effektive Restitutionsleistung ergibt sich durch die angegebenen Modellierungen

$$\pi_\alpha^{D^{(p,c)}} = \frac{2}{\tau_D^D} \left(\frac{2}{3} k^D - \frac{1}{3} q^D \right) + \frac{\sigma_c}{\tau_K^D} \frac{2}{3} k^D \quad . \tag{5.369}$$

Mit der Relation von charakteristischem Zeitmaß und Restitutionsleistung $\pi_\alpha^{D^{(\gamma)}} = \frac{2}{3} k^D / \tau_\alpha^{D^{(\gamma)}}$ ergibt sich aus dieser Summe:

$$\frac{\tau_D^D}{2} \cdot \frac{2}{3} k^D = \underbrace{\tau_\alpha^D \frac{2}{3} k^D}_{\nu_t^D} - \underbrace{\tau_\alpha^D \frac{1}{3} q^D}_{\nu_\alpha^D} + \underbrace{\frac{\tau_D^D}{2} \frac{\sigma_c}{\tau_K^D} \cdot \tau_\alpha^D \cdot \frac{2}{3} k^D}_{\nu_t^D} \quad . \tag{5.370}$$

Aufgelöst nach ν_t^D folgt für die Diffusivität der Partikelphase:

$$\frac{\tau_D^D}{2} \cdot \frac{2}{3} k^D + \nu_\alpha^D = \nu_t^D \left(1 + \frac{\tau_D^D}{2} \frac{\sigma_c}{\tau_K^D} \right) \tag{5.371}$$

$$\Rightarrow \quad \nu_t^D = \frac{\nu_\alpha^D + \frac{\tau_D^D}{2} \cdot \frac{2}{3} k^D}{1 + \frac{\tau_D^D}{2} \frac{\sigma_c}{\tau_K^D}} \quad . \tag{5.372}$$

Diese Beschreibung entspricht der Formulierung von *He und Simonin*[105], welche bereits in (Gl. 4.281) vorgestellt wurde.

5.5.7 Phasenübergreifende Korrelation der Partikeldiffusion

Für die statistische Betrachtung der phasenübergreifenden Interaktion von Partikel- und Kontinuumsdiffusion wird aus der Betrachtung von *Csanady* [45] heraus, dass Diffusionszeitmaß der kreuzenden Trajektorien unter anderem in Abhängigkeit vom turbulenten Zeitmaß τ_β^C definiert:

$$\tau_d^D = \tau_\beta^C \sqrt{\frac{\frac{2}{3}k^C}{\frac{2}{3}k^C + C_\beta^C \left|\vec{u}^D - \vec{u}^C\right|^2}} = \tau_\beta^C \bigg/ \sqrt{1 + C_\beta^C \frac{\left|\vec{u}^D - \vec{u}^C\right|^2}{\frac{2}{3}k^C}} \quad . \quad (5.373)$$

Da der Quotient der charakteristischen Längenmaße

$$\lambda_d^D = \tau_d^D \sqrt{2/3k^D} \quad \text{und} \quad \lambda_\beta^C = \tau_\beta^C \sqrt{2/3k^C} \; .$$

$$\frac{\lambda_d^D}{\lambda_\beta^C} = \sqrt{\frac{\frac{2}{3}k^D}{\frac{2}{3}k^C + C_\beta^C \left|\vec{u}^D - \vec{u}^C\right|^2}} \qquad (5.374)$$

dem phasenübergreifenden Geschwindigkeitskorrelationskoeffizienten

$$\Omega^D = \frac{\frac{1}{3}q^D}{\sqrt{\frac{2}{3}k^D}\sqrt{\frac{2}{3}k^C}} \qquad (5.375)$$

entspricht, resultiert aus der Gleichsetzung des Korrelationskoeffizienten

$$\Omega^D = \frac{\lambda_d^D}{\lambda_\beta^C} = \sqrt{\frac{\frac{2}{3}k^D}{\frac{2}{3}k^C + C_\beta^C \left|\vec{u}^D - \vec{u}^C\right|^2}} \qquad (5.376)$$

mit dem Quotienten der charakteristischen Zeitmaße (Gl. 5.373) aber auch:

$$\frac{\frac{1}{3}q^D}{\sqrt{\frac{2}{3}k^D}\sqrt{\frac{2}{3}k^C}} = \sqrt{\frac{\frac{2}{3}k^D}{\frac{2}{3}k^C + C_\beta^C \left|\vec{u}^D - \vec{u}^C\right|^2}}$$

$$\frac{\frac{2}{3}k^D}{\frac{1}{3}q^D} = \sqrt{1 + C_\beta^C \frac{\left|\vec{u}^D - \vec{u}^C\right|^2}{\frac{2}{3}k^C}} = \frac{\tau_\beta^C}{\tau_d^D} \quad . \quad (5.377)$$

Hieraus wiederum folgt das charakteristische Zeitmaß der kreuzenden Trajektorien in Abhängigkeit vom turbulenten Zeitmaß τ_β^C der kontinuierlichen Phase

$$\tau_d^D = \tau_\beta^C \cdot \frac{q^D}{2k^D} \qquad (5.378)$$

sowie der spezifische Diffusionskoeffizient und die Restitutionsleistung der kreuzenden Trajektorien

$$\nu_d^D = \tau_d^D \cdot \frac{2}{3}k^D = \tau_\beta^C \cdot \frac{1}{3}q^D \qquad (5.379)$$

$$\pi_d^D = \frac{\frac{2}{3}k^D}{\tau_d^D} = \frac{\frac{2}{3}k^D}{\tau_\beta^C}\frac{2k^D}{q^D} \ . \qquad (5.380)$$

Da aufgrund der Relation der Zeitmaße die Verhältnismäßigkeit von Restitutions- und Dissipationsleistung übernommen wird, resultiert für die spezifische Dissipationsleistung:

$$\epsilon_d^D = C_\beta^{C^2}\pi_d^D = \frac{\frac{2}{3}C_\beta^{C^2}k^D}{\tau_\beta^C}\frac{2k^D}{q^D} = \frac{\frac{2}{3}C_\beta^{C^2}k^D}{\tau_\beta^C}\sqrt{1 + C_\beta^C\frac{|\vec{u}^D - \vec{u}^C|^2}{\frac{2}{3}k^C}} \ . \qquad (5.381)$$

All diese Annahmen der kreuzenden Trajektorien wurden davon ausgehend getroffen, dass der Einfluss der Partikelphase auf die fluide Trägerphase vernachlässigbar ist, weshalb auch die spezifische Dissipationsleistung der kreuzenden Trajektorien der kontinuierlichen Phase ϵ_d^C verschwindet.

5.5.8 Modellierung des Strukturparameters C_α

In Analogie zu klassischen Turbulenzmodellen, welche bedingt durch die Scherzähigkeit Newton'scher Fluide auf der Existenz von scherinduzierter Turbulenzproduktion und zähigkeitsinduzierter Dissipation beruhen, werden in diesem Unterkapitel Diffusionmodellierungen vorgestellt, welche insbesondere bei dispersen Partikelphasen angewandt werden. In diesen Phasen spielen viskose Effekte eine untergeordnete Rolle, da bei dem Transport fester Partikel, deren rheologische Eigenschaften selbst keine viskosen Anteile besitzen, lediglich die Scherzähigkeit der Trägerphase einen mittelbaren Einfluss auf die Diffusion besagter Partikel aufweist.

Entsprechend dient die in den vorangegangenen Unterkapiteln aufgeführte Restitutionsleistung neben der Geschwingkeitsvarianz der Partikelphase als charakterisierende Größe der Partikeldiffusion. Während C_β als Turbulenzstrukturparameter den Charakter der Turbulenzstuktur abbildet, definiert der analog definierte globale Strukturparameter C_α die entsprechende Struktur der dispersen Phase. Über alle Einflussdetails hinweg ist für jede Phase einer Mehrphasenströmung die Definition einer Restitutions- und Dissipationsleistung sowie eines charakteristischen Zeitmaßes und eines Strukturparameters notwendig.

Werden nun die Definitionen der einzelnen Einflussgrößen für die gewichtet gemittelte Form der Transportgleichungen angewendet, so ergibt sich aus der allgemeinen Definition der Restitutionsleistung wie folgt die Definition des Diffusionskoeffizienten:

$$\pi_\alpha^k = \frac{\frac{2}{3}k^k}{\tau_\alpha^k} \quad \Rightarrow \quad \frac{\left(\frac{2}{3}k^k\right)^2}{\pi_\alpha^k} = \tau_\alpha^k \cdot \frac{2}{3}k^k = \nu_t^k \; . \tag{5.382}$$

Für den globalen Strukturparameter C_α gilt aus der Definition des Diffusionskoeffizienten folgend:

$$- < \{u\}^k \{v\}^k >^k \;\; = \;\; \nu_t \frac{\partial < u^k >^k}{\partial y}$$

$$\Rightarrow \sqrt{\frac{\epsilon_\alpha^k}{\pi_\alpha^k}} = C_\alpha^k \;\; = \;\; -\frac{< \{u\}^k \{v\}^k >^k}{\frac{2}{3}k^k} = \frac{\frac{2}{3}k^k}{\pi_\alpha^k} \frac{\partial < u^k >^k}{\partial y} . \tag{5.383}$$

So wird nach entsprechender Bildung der globalen Restitutions- und Dissipationsleistung der Strukturparameter C_α definiert. Die globale Restitutionsleistung sowie die globale Dissipationsleistung entspricht jeweils der Summe der spezifischen Einzelleistungen:

$$\pi_\alpha^k \;\; = \;\; \frac{\frac{2}{3}k^k}{\tau_\alpha^k} = \sum_\gamma \pi_\gamma^k \tag{5.384}$$

$$\epsilon_\alpha^k \;\; = \;\; C_\alpha^{k\,2} \pi_\alpha^k = \sum_\gamma \epsilon_\gamma^k \; . \tag{5.385}$$

Sobald also eine Summe der Restitutions- und Dissipationsleistungen über der Variablen $\gamma \in \{\beta, p, c, d\}$ gebildet wurde, ergibt sich der Strukturparameter C_α aus dem Quotienten dieser Summen:

$$C_\alpha^k = \sqrt{\frac{\epsilon_\alpha^k}{\pi_\alpha^k}} = \sqrt{\frac{\sum_\gamma \epsilon_\gamma^k}{\sum_\gamma \pi_\gamma^k}} \; . \tag{5.386}$$

Das spezifische Strukturzeitmaß ergibt sich aus der allgemeinen Definition:

$$\tau_\gamma^k = \frac{\frac{2}{3}k^k}{\pi_\gamma^k} = \frac{2}{3} C_\gamma^{k\,2} \frac{k^k}{\epsilon_\alpha^k} \; . \tag{5.387}$$

Als globales charakteristisches Zeitmaß resultiert somit

$$\tau_\alpha^k = \frac{\frac{2}{3}k^k}{\sum_\gamma \pi_\gamma^k} = \frac{\frac{2}{3}k^k}{\sum_\gamma \frac{\frac{2}{3}k^k}{\tau_\gamma^k}} \; . \tag{5.388}$$

Mit diesem Schema werden aufbauend auf der Definition von Dissipations- und Restitutionsleistung das charakteristische Zeitmaß und damit die globalen Diffusionskoeffizienten ν_t und ν_α bestimmt.

5.5.9 Globale Dissipations- und Restitutionsleistung

Die globale Dissipation der Phase k wird durch die Summe der spezifischen Dissipationsleistungen definiert. Die widerstandsspezifische, die kollisionsspezifische und die turbulente Dissipationsleistung wird in der Transportgleichung der Partikelgeschwindigkeitsvarianz (Gl. 4.284) wie folgt modelliert:

$$\epsilon_p^k = \frac{1}{\tau_D^k}\left(2k^k - q^k\right) \tag{5.389}$$

$$\epsilon_c^k = \frac{2}{3}\frac{1 - e_c^{k\,2}}{\sigma_c^k}\frac{k^k}{\tau_c^k} \quad \left[= \left(1 - e_c^{k\,2}\right)\frac{\frac{2}{3}k^k}{\tau_K^k}\right] \tag{5.390}$$

$$\epsilon_\beta^k = \epsilon_M^k . \tag{5.391}$$

Da in dieser allgemeinen Form im Gegensatz zu der Methode der kreuzenden Trajektorien (Gln. 5.380, 5.381) die entsprechende spezifische Dissipationsleistung durch die Summe aller Dissipationsleistungen der anderen Phase k beschrieben wird

$$C_d^k = C_\alpha^{\bar{k}} . \tag{5.392}$$

ergibt sich für diese:

$$\epsilon_d^k = \frac{\frac{2}{3}C_\alpha^{\bar{k}\,2}k^D}{\tau_\alpha^{\bar{k}}}\sqrt{1 + C_\alpha^{\bar{k}}\frac{|< \vec{u}^D >^D - < \vec{u}^C >^C|^2}{\frac{2}{3}k^{\bar{k}}}} . \tag{5.393}$$

Das charakteristische Zeitmaß

$$\tau_\alpha^{\bar{k}} = \frac{\frac{2}{3}k^{\bar{k}}}{\pi_\alpha^{\bar{k}}} , \tag{5.394}$$

welches zur Bestimmung dieser spezifischen Disspationsleistung benötigt wird, resultiert aus den analogen Parametern der komplementären Phase $\bar{k}$. Die globale Dissipationsleistung entspricht der Summe der spezifischen Dissipationsleitungen

$$\epsilon_\alpha^k = \epsilon_p^k + \epsilon_c^k + \epsilon_\beta^k + \epsilon_d^k . \tag{5.395}$$

Desweiteren wird im Anschluss neben der globalen Dissipationsleistung die globale Restitutionsleistung bestimmt. Die globale Restitutionsleistung resultiert analog zur Dissipationsleistung aus der Summe der spezifischen Restitutionsleistungen:

$$\pi_\alpha^k = \pi_p^k + \pi_c^k + \pi_\beta^k + \pi_d^k \; . \tag{5.396}$$

Wie bereits definiert (Gl. 5.369) entsprechen die widerstands- und kollisionsspezifischen Restitutionsleistungen folgenden Definitionen:

$$\pi_p^k \;=\; \frac{2}{\tau_W}\left(\frac{2}{3}k^k - \frac{1}{3}q^k\right) = \frac{\epsilon_p^k}{C_p^2} \; ; \; \text{mit } C_p = \sqrt{\frac{3}{2}} \tag{5.397}$$

$$\pi_c^k \;=\; \frac{\sigma_c}{\tau_K^k}\frac{2}{3}k^k = \frac{\epsilon_c^k}{C_c^{k\,2}} \; ; \; \text{mit } C_c^k = \sqrt{\frac{1 - e_c^{k\,2}}{\sigma_c}} \; . \tag{5.398}$$

Entsprechend ergeben sich für die spezifischen Restitutionsleistungen bedingt durch Turbulenz und Betrachtung der kreuzenden Trajektorien:

$$\pi_\beta^k \;=\; \frac{\epsilon_\beta^k}{C_\beta^{k\,2}} \; ; \; \text{mit } C_\beta^k = \frac{3}{2}\sqrt{C_\mu^k} = \sqrt{\frac{3}{2}\tau_\beta^k \frac{\epsilon_\beta^k}{k^k}} \tag{5.399}$$

$$\pi_d^k \;=\; \frac{\epsilon_d^k}{C_d^{k\,2}} = \frac{\frac{2}{3}k^k}{\tau_\alpha^{\bar k}}\sqrt{1 + C_\alpha^{\bar k}\zeta_r^{\bar k\,2}} \; ; \; \text{mit } \zeta_r^{\bar k} = \sqrt{\frac{|<\vec{u}^D>^D - <\vec{u}^C>^C|^2}{\frac{2}{3}k^{\bar k}}} \; . \tag{5.400}$$

Sobald als Beispiel ausschließlich die Turbulenz als einflussnehmender Parameter berücksichtigt werden würde, wrde mit einem reduzierten Zeitmaß:

$$\tau_\alpha^k = \frac{\frac{2}{3}k^k}{\pi_\beta^k} = \frac{\frac{2}{3}k^k}{\frac{2}{3}C_\mu} \quad \Rightarrow \quad \nu_t = \tau_\alpha^k\frac{2}{3}k^k = C_\mu\frac{k^{k\,2}}{\epsilon^k} \tag{5.401}$$

der globale Diffusionskoeffizient ν_t der turbulenten Viskosität des k-ϵ-Modells (Gl. 5.351) entsprechen.

5.5.10 Turbulente Diffusivität

Die globalen Diffusionskoeffizienten ν_t und ν_α basieren auf der Definition des charakteristischen Zeitmaßes

$$\tau_\alpha^k = \frac{\frac{2}{3}k^k}{\pi_\alpha^k} \; . \tag{5.402}$$

Mit der Definition der globalen Viskosität ν_t^k und der Restitutionsleistung (Gl. 5.348) ergibt für diese

$$\nu_t^k = \tau_\alpha^k \cdot \frac{2}{3} k^k = \frac{\left(\frac{2}{3} k^k\right)^2}{\pi_\alpha^k} \; . \tag{5.403}$$

Mit der Definition des Turbulenzstrukturparameters (Gl. 5.352) ergibt sich in Anlehnung an die turbulenzspezifische Form (Gl. 5.339) die von der globalen Dissipationsleitung abhängige Form:

$$-\frac{< \{u\}^k \{v\}^k >^k}{\frac{2}{3} k^k} = C_\alpha^k = \sqrt{\frac{\epsilon_\alpha^k}{\pi_\alpha^k}} \quad \Rightarrow \quad \nu_t^k = C_\alpha^{k\,2} \frac{\left(\frac{2}{3} k^k\right)^2}{\epsilon_\alpha^k} \; . \tag{5.404}$$

Diese globale Form ermöglicht es, sowohl für kontinuierliche Phase wie für disperse Systeme, bei denen nicht von Turbulenz gesprochen werden kann, globale Strukturparameter und Diffusionskoeffizienten zu definieren und damit den Impuls- und Energietransport in einem turbulenten Partikel-/Fluid-Gemisch zu beschreiben.

5.5.11 Partikel/Wand-Kollisionen

Basierend auf dem modellierten Einfluss der Partikelkollision auf makroskopische Diffusion und Zähigkeit des dispersen Mediums wird die Partikel/Wand-Kollision als maßgeblicher Einflussparameter für die Modellierung der Wandschubspannung und damit des Strömungswiderstandes der partikulären Phase behandelt. Daher wird um das makroskopische Gesetz festzulegen, die Kinematik einzelner auf die Wand aufprallenden Partikel statistisch betrachtet. Für die mittlere absolute Normalkomponente der Geschwindigkeit eines Partikels an der Wand ergibt sich das arithmetische Mittel aus den Beträgen:

$$\sqrt{\frac{2}{3} k^D} \;=\; \frac{1}{2} \left(|u_n^a| + |u_n^b| \right) = \frac{1}{2} \left(u_n^a - u_n^b \right)$$

$$=\; -\frac{u_n^b}{2} (1 + e_c) \quad \Rightarrow \quad u_n^b = -\frac{2}{1 + e_c} \sqrt{\frac{2}{3} k^D} \; . \tag{5.405}$$

Die Normalkomponente der Partikelgeschwindigkeit nach dem Aufprall ist damit positiv:

$$u_n^a = -e_c u_n^b = \frac{2}{1 - e_c^{-1}} \sqrt{\frac{2}{3} k^D} \tag{5.406}$$

Für den dissipativen Energieverlust folgt mit der Defintion (Gl. 5.361):

$$\Delta E_c = m(u_n^b)^2 \cdot \frac{1 - e_c^2}{2} = 4m\frac{2}{3}k^D\frac{1 - e_c^2}{2\left(1 + e_c\right)^2} = m\frac{1 - e_c}{1 + e_c}\frac{4}{3}k^D \ . \quad (5.407)$$

Als Beispiele sind hier zwei Fälle direkt abzulesen. Für rein plastische Partikel ($e_c = 0$) entspräche die dissipierte Energie der gesamten kinetischen Energie des auftrefenden Partikels $E = 2mk/3$. Für rein elastische Partikel hingegen ($e_c = 1$) ist die Dissipationsleistung an der Wand stets Null. Die lokale Dissipationleistung an der Wand ergibt sich aus der kinetischen Energie, welche aufgrund der Partikel/Wand-Kontakte dissipiert. Wandspannung sowie Produktion und Dissipation der Partikelgeschwindigkeitsvarianz resultieren analog zur turbulenten Wandspannung einer kontinuierlichen Phase aus den charakteristischen Längen- und Zeitmaßen der Partikelbewegung innerhalb der Wandgrenzschicht(Gl. 2.328), nur dass diese mit dem effektiven Strukturparameter C_α^k anstelle des einphasigen C_β bestimmt werden:

$$u_t^k = \sqrt{\frac{2}{3}C_\alpha^k k^k} \qquad \lambda_t^k = \frac{\left(\frac{2}{3}C_\alpha^k k^k\right)^{\frac{3}{2}}}{\epsilon_\alpha^k} \ . \quad (5.408)$$

Unter Berücksichtigung der allgemeinen Definition des Strukturparameters in Abhängigkeit von der Dissipations- und Restitutionsleistung (Gl. 5.386) ergibt sich für diese Parameter:

$$u_t^k = \sqrt{\frac{2}{3}k^k}\left(\frac{\epsilon_\alpha^k}{\pi_\alpha^k}\right)^{\frac{1}{4}} \qquad \lambda_t^k = \frac{\left(\frac{2}{3}k^k\right)^{\frac{3}{2}}}{\epsilon_\alpha^{k\,\frac{1}{4}}\pi_\alpha^{k\,\frac{3}{4}}} \ . \quad (5.409)$$

Werden nun die durch den allgemeinen Strukturparameter definierten charakteristischen Größen in das Grenzschicht-Gesetz der kontinuierlichen Phase substituiert, resultieren Wandspannung, Produktion der Geschwindigkeitskorrelation und Dissipation sowohl der kontinuierlichen als auch der dispersen Phase. Analog zur turbulenten Wandgrenzschicht der kontinuierlichen Phase entspricht für beide Phasen das Produkt aus Geschwindigkeit und turbulenter Wandspannung τ_W dem turbulenten Impulsfluss und ist damit proportional zu der Korrelation der Geschwindigkeitskomponenten innerhalb der Wandgrenzschicht:

$$\tau_W^k u^k = -\rho^k\overline{u_1^{k\prime}u_2^{k\prime}} = \rho^k u_t^{k\,2} \quad \Rightarrow \quad \tau_W^k = \frac{\rho^k u_t^k}{u_+^k} = \frac{\kappa\rho^k\sqrt{\frac{2}{3}C_\alpha^k k^k}}{\ln\left(Ey_+^k\right)} \ . \quad (5.410)$$

Die Produktion Π_{12}^k ist daher direkt von der Wandspannung abhängig:

$$\Pi_{12}^k = -\rho^k \overline{u_1^{k'} u_2^{k'}} \frac{\partial \bar{u}_1^k}{\partial x_2} = \tau_W^k u^k \frac{u_t^k}{\lambda_t^k} = \frac{\tau_W^k u^k \epsilon_\alpha^k}{\frac{2}{3} C_\alpha^k k^k} \ . \tag{5.411}$$

Entsprechend der Dissipationsdefintion der Quasi-Stationarität für die Gleichgewichtsturbulenz (Gl. 2.320) resultiert mit Substitution der turbulenten Geschwindigkeit (Gl. 2.323):

$$\epsilon_\alpha^k = \frac{u_t^{k3}}{\lambda_t^k} = \frac{u_t^{k4}}{\kappa \nu^C y_+^k} = \frac{\left(\frac{2}{3} C_\alpha^k k^k\right)^2}{\kappa \nu^C y_+^k} \ . \tag{5.412}$$

Die Dissipationsrate (vgl. Gl. 2.337) an der Wand wird analog zu turbulenter Wandspannung τ_W^k und turbulenter Produktion Π_{12}^k ebenfalls rein durch die Abhängigkeit von dem entdimensionierten Wandabstand (vgl. 2.332)

$$y_+^k = y \frac{u_t^k}{\nu^C} \tag{5.413}$$

beschrieben. Entsprechend dem logarithmischen Wandgesetz (Gl. 2.333) gilt so auch in der allgemeinen Form der Wandgrenzschicht für die entdimensionierte Geschwindigkeit:

$$u_+^k = \frac{1}{\kappa} \ln \left(E y_+^k \right) \ . \tag{5.414}$$

Die dimensionslosen Koeffizienten $\kappa = 0,41$ und $E = 8,432$ (vgl. Gl. 2.334) werden empirisch ermittelt und stimmen mit den Koeffizienten der Kontinuumsformulierung ohne Phaseninteraktion, Kollision oder kreuzenden Trajektorien überein.

Zusammenfassung:
Diffusion polydisperser Mehrphasengemische

Während bei der Beschreibung eines monodispersen Gemischs die Größe
der einzelnen suspendierten Partikel nicht nur identisch ist, sondern sich
die Größe dieser Partikel zudem auch nicht ändert, weichen polydisperse
Strömungen von dieser Definition ab. Bei polydispersen Phasen wird die
Partikel-Größenverteilung durch die Wahrscheinlichkeitsdichte des Durchmessers eines in diesem Fall als sphärisch angenommenen Partikels beschrieben,
welche unter anderem aufgrund der Durchmischung eine zeitliche Abhängigkeit aufweisen kann. Beispiele für diese Form disperser Suspensionen finden
sich z.B. bei *Spray-Strömungen*. Hierbei hat die Verdunstung der zumeist
als sphärisch angenommenen Tropfen einen entscheidenden Einfluss auf die
zeitliche Änderung der statistischen Verteilung des Tropfendurchmessers
[85].

Neben der bereits für monodisperse Systeme beschriebenen Konzentration
der suspendierten Partikel bedarf es einer Transportgröße, mit der die sich
ändernde Partikel- oder Tropfengrößenverteilung abgebildet wird. Hierfür
wird der Transport der volumetrischen Dichte der Phasengrenzfläche eingeführt. Mittels des volumetrischen Oberflächen- und Volumenanteils der
dispersen Phase wir auf die Größenverteilung der Kolloide rückgeschlossen,
wobei der Modellierung ein fraktaldimensionaler Ansatz des Tropfenverbandes zugrunde liegt. Auf Basis der Oberflächendichte und der relativen
Feuchtigkeit der Trägerphase stellt sich eine Verdampfungsrate und damit
verbunden ein Wärme- und Massentransport an der Phasengrenzfläche ein,
der wiederum einen direkten Einfluss auf die Kinematik des Partikel/Träger-
phasensystems ausübt.

Mittels der beschriebenen Ansätze wird die Verdampfung einer tropfenbela-
denen Strömung vorhergesagt [88, 93]. Durch eine lokale Erwärmung wird
das thermodynamische Gleichgewicht in einer feuchtigkeitsgesättigten Umgebung gestört und dadurch ein Verdunstungsprozess initiiert. Die numerischen
Simulationsergebnisse werden mit den Ergebnissen einer Euler/Lagrange-
Simulation verglichen, in welcher der konvektive Transport mittels der Beschreibung von Trajektorien materieller Teilchenpakete vollständig aufgelöst
wird.

Auf Basis der durchgeführten Beobachtungen wird weiterhin ein allgemeines
Modell für die Beschreibung unterschiedlicher Einflüsse auf die Diffusion

einer Suspension aufgestellt. Hierfür werden als Grundlage *kreuzende Trajektorien*, *Interaktionskräfte der Trägerphase*, *Partikelkollision* sowie *dissipative Effekte* durch beispielsweise inelastische Kollisionen berücksichtigt. Am Beispiel bereits untersuchter Testfälle und erzeugter Messdaten ist das neue Modell verifiziert und wurde mit Simulationsergebnissen alternativer Modelle verglichen [90, 91].

6 Plasmadiffusion

Nachdem die Modellierung einer molekularen Strömung bereits in Kapitel 3 diskutiert wurde und deren disperser Charakter entsprechend abgebildet wurde, wird nun die Mischung von Teilchen unterschiedlicher elektrischer Ladung untersucht. Hierbei spielen Interaktion und Separation eine wesentliche Rolle, welche die Diffusion und die Konzentrationsverteilung steuern. Um diese Durchmischung unterschiedlicher Teilchenklassen entsprechend zu beschreiben, werden die Transportgleichungen gemäß Kapitel 2 für verschiedene Teilchenklassen wie in Kapitel 4 aufgestellt und eine Modellierung der Interaktionsmechanismen wie in Kapitel 5 genutzt. Auf der Basis dieser bisherigen Arbeiten soll nun die Kinematik eines Plasmas gemäß der beschriebenen Methoden hergeleitet werden.

Bei der Beschreibung eines polydispersen Mehrphasengemischs sind beispielsweise die kolloiddurchmesserabhängigen Phaseninteraktionskräfte ausschlaggebend für die Separation einzelner Partikelgrößenklassen. Anstelle der Phaseninteraktion, welche in der Euler/Euler-Modellierung als entgegenwirkende Volumenkräfte in der Träger- und der Partikelphase angreifen, wirken beispielsweise in Plasmen aus einem elektrischen Feld resultierende Kräfte auf in einem Plasma transportierte Ladungsträger. Wird das Plasma selbst als Gemisch einzelner Ladungsträgerphasen betrachtet, so entspricht wiederum die in einer Plasmaströmung nicht aufzulösende Interaktion von Elektronen, Ionen und Neutralteilchen der Plasmadiffusion.

Bei der Beschreibung der Partikelinteraktion resultieren aus der neuen Interaktionsform von Ladungsträgern Kräfte und Leistungen, die durch ein numerisches Gitter nicht aufgelöst werden und daher folgende Anforderungen an die Plasmadiffusion stellen:

- eine Gemischdiffusionsmodellierung als Zwei-Gleichungs-Modellierung eines binären Mehrphasengemischs,

- eine Plasmamodellierung als Produktion und Dynamik ionisierter Gase und Bilanzierung von Ladungsträgergemischen und

- eine Modellierung der Plasmadiffusion mittels Multi-Fluid-Methoden und erweiterten Transportgleichungen thermodynamisch idealer Gase.

6.1 Hybride Euler-Darstellung eines Mehrphasengemischs

Bislang wurden Euler/Euler-Darstellungen von Gemischen disperser Medien und Trägerphasen oder Gemische einzelner Partikelklassen durch eine Vervielfachung der Transportgleichungen aufgebaut. Für jede Phase wurde ein Gleichungssystem von Transportgleichungen generiert, welche durch Koeffizienten oder Quellterme miteinander gekoppelt wurden.

Sobald aber nicht die mittlere Geschwindigkeit einer jeder Einzelphase - ob einfach oder gewichtet gemittelt - transportiert wird, sondern der Impuls des Gesamtgemischs bilanziert wird, ändert sich dieses Gleichungssystem. Dieses resultierende System würde entsprechend nicht auf dem Transport der Phasengeschwindigkeiten $\vec{u}^C$ und $\vec{u}^D$ oder auf mehreren dispersen Phasen $\vec{u}_k^D$ aufbauen, sondern auf der Gemischgeschwindigkeit $\vec{u}^*$. Diese Geschwindigkeit beschreibt dem massenspezifischen Gesamtimpuls des Mehrphasengemischs.

6.1.1 Allgemeine Kontinuität

Aufbauend auf den allgemeinen Kontinuitätsgleichungen der kontinuierlichen und der dispersen Phase

$$\frac{\partial}{\partial t}\left(\rho^C \alpha^C\right) + u_j^C \frac{\partial}{\partial x_j}\left(\rho^C \alpha^C\right) = \Gamma^C - \rho^C \alpha^C \frac{\partial}{\partial x_j} u_j^C \tag{6.1}$$

$$\frac{\partial}{\partial t}\left(\rho^D \alpha^D\right) + u_j^D \frac{\partial}{\partial x_j}\left(\rho^D \alpha^D\right) = \Gamma^D - \rho^D \alpha^D \frac{\partial}{\partial x_j} u_j^D \tag{6.2}$$

werden die zeitlich gemittelten Gleichungen wie folgt definiert:

$$\frac{\partial}{\partial t}\left(\rho^C \overline{\alpha^C}\right) + \frac{\partial}{\partial x_j}\left(\rho^C \overline{\alpha^C} < u_j^C >^C\right) = \overline{\Gamma^C} \tag{6.3}$$

$$\frac{\partial}{\partial t}\left(\rho^D \overline{\alpha^D}\right) + \frac{\partial}{\partial x_j}\left(\rho^D \overline{\alpha^D} < u_j^D >^D\right) = \overline{\Gamma^D} \ . \tag{6.4}$$

Im Gegensatz zur Euler/Euler'schen werden in der hybriden Euler'schen Darstellung die Massenanteile der dispersen und der kontinuierlichen Phase nicht getrennt voneinander betrachtet, sondern in einer *effektiven Dichte* ρ^* zusammen gefasst:

$$\rho^* = \rho^C \overline{\alpha^C} + \rho^D \overline{\alpha^D} \quad . \tag{6.5}$$

Mit der durch die effektive Dichte normierten *Gemischgeschwindigkeit*: Gewichtete mittlere Geschwindigkeit:

$$u_i^* = \frac{\rho^C \overline{\alpha^C} < u_i^C >^C + \rho^D \overline{\alpha^D} < u_i^D >^D}{\rho^C \overline{\alpha^C} + \rho^D \overline{\alpha^D}} \tag{6.6}$$

ergibt sich aus der Summation der gemittelten Kontinuitätsgleichungen (Gln. 6.3, 6.4) die Hybrid-Eulersche Zusammenfassung:

$$\frac{\partial}{\partial t} \rho^* + \frac{\partial}{\partial x_j} \left(\rho^* u_i^* \right) = 0 \quad . \tag{6.7}$$

Analog zu einphasigen Strömungen wird in der Kontinuitätsgleichung des Mehrphasengemischs (Gl. 6.7) lediglich die Relation zwischen lokaler zeitlicher Änderung und Gemischkonvektion beschrieben. Ein eventuell vorliegender Massentransfer an der Phasengrenzfläche des Gemischs hat auf diese Gleichung keinen direkten Einfluss.

6.1.2 Allgemeine Impulserhaltung

Analog zur nicht gemittelten Impulserhaltung in Gl. 4.214 unter zusätzlicher Berücksichtigung der phasenspezifischen und durch den Massentransfer bedingten Impulsquelle bzw. -senke (Gln. 4.222, 4.223) gelten für die Transportgleichungen der partikulären Geschwindigkeiten der einzelnen Phasen zuzüglich der Divergenz des jeweiligen Impulsdiffusionstensors Φ^k:

$$\rho^C \alpha^C \frac{\partial}{\partial t} u_i^C \;+\; \rho^C \alpha^C u_j^C \frac{\partial}{\partial x_j} u_i^C = \Gamma^C \left(u_i^D - u_i^C \right)$$

$$+ \frac{\rho^D \alpha^D}{\tau_D^D} \left(u_i^D - u_i^C \right) + \rho^C \alpha^C g_i + \frac{\partial}{\partial x_j} \Phi_{ij}^C \tag{6.8}$$

$$\rho^D \alpha^D \frac{\partial}{\partial t} u_i^D \;+\; \rho^D \alpha^D u_j^D \frac{\partial}{\partial x_j} u_i^D =$$

$$- \frac{\rho^D \alpha^D}{\tau_D^D} \left(u_i^D - u_i^C \right) + \rho^D \alpha^D g_i + \frac{\partial}{\partial x_j} \Phi_{ij}^D \quad . \tag{6.9}$$

Werden Gl. 6.8 und das Produkt von u_i^C und Gl. 6.1 sowie Gl. 6.9 und das Produkt von u_i^D und Gl. 6.2 addiert, so ergibt sich:

$$\frac{\partial}{\partial t}\left(\rho^C \alpha^C u_i^C\right) + u_j^C \frac{\partial}{\partial x_j}\left(\rho^C \alpha^C u_i^C\right) = \Gamma^C u_i^D$$

$$-\rho^C \alpha^C u_i^C \frac{\partial}{\partial x_j} u_j^C + \frac{\rho^D \alpha^D}{\tau_D^D}\left(u_i^D - u_i^C\right)$$

$$+\rho^C \alpha^C g_i + \frac{\partial}{\partial x_j} \Phi_{ij}^C \tag{6.10}$$

$$\frac{\partial}{\partial t}\left(\rho^D \alpha^D u_i^D\right) + u_j^D \frac{\partial}{\partial x_j}\left(\rho^D \alpha^D u_i^D\right) = \Gamma^D u_i^D$$

$$-\rho^D \alpha^D u_i^D \frac{\partial}{\partial x_j} u_j^D - \frac{\rho^D \alpha^D}{\tau_D^D}\left(u_i^D - u_i^C\right)$$

$$+\rho^D \alpha^D g_i + \frac{\partial}{\partial x_j} \Phi_{ij}^D \; . \tag{6.11}$$

Aus der zeitlichen Mittelung folgt unter Verwendung des volumenbruchgewichteten Filters:

$$\frac{\partial}{\partial t}\left(\rho^C \overline{\alpha^C} < u_i^C >^C\right) + \frac{\partial}{\partial x_j}\left(\rho^C \overline{\alpha^C} < u_i^C >^C < u_i^C >^C\right) =$$

$$\frac{\partial}{\partial x_j}\left(\rho^C \overline{\alpha^C} < \{u_i^C\}\{u_j^C\} >^C\right) + \overline{\Gamma^C u_i^D}$$

$$+\frac{\rho^D \alpha^D}{\tau_D^D}\left(< u_i^D >^D - < u_i^C >^D\right)$$

$$+\rho^C \overline{\alpha^C} g_i + \frac{\partial}{\partial x_j} \Phi_{ij}^C \tag{6.12}$$

$$\frac{\partial}{\partial t}\left(\rho^D \overline{\alpha^D} < u_i^D >^D\right) + \frac{\partial}{\partial x_j}\left(\rho^D \overline{\alpha^D} < u_i^D >^D < u_i^D >^D\right) =$$

$$\frac{\partial}{\partial x_j}\left(\rho^D \overline{\alpha^D} < \{u_i^D\}\{u_j^D\} >^D\right) + \overline{\Gamma^D u_i^D}$$

$$-\frac{\rho^D \alpha^D}{\tau_D^D}\left(< u_i^D >^D - < u_i^C >^D\right)$$

$$+\rho^D \overline{\alpha^D} g_i + \frac{\partial}{\partial x_j} \Phi_{ij}^D \; . \tag{6.13}$$

Entsprechend der volumenbruchgewichteten Mittelung ergibt sich wie in Gl. 4.216 eine Impulserhaltungsgleichung mit Quelltemen, welche aus angreifenden Druckgradienten, Gravitation, Phaseninteraktionen sowie Phasentransfer resultieren. Die *allgemeine Impulserhaltung* ergibt sich analog zur *allgemeinen Kontinuitätsgleichung* (Gl. 6.7) aus der Addition der kontinuierlichen und der dispersen Phase (Gln. 6.12, 6.13). Aus der Differenz zwischen den aufsummierten Argumenten der partiellen Ableitungen innerhalb der Konvektionsterme der partikulären Impulserhaltungen und dem zu erwartenden Argument der allgemeinen Impulserhaltungsgleichung:

$$
\rho^C \overline{\alpha^C} < u_i^C >^C < u_j^C >^C + \rho^D \overline{\alpha^D} < u_i^D >^D < u_j^D >^D - \rho^* u_i^* u_j^*
$$

$$
= \quad \rho^C \overline{\alpha^C} < u_i^C >^C < u_j^C >^C + \rho^D \overline{\alpha^D} < u_i^D >^D < u_j^D >^D
$$

$$
- \frac{\rho^D \overline{\alpha^D} < u_i^D >^D \left(\rho^C \overline{\alpha^C} < u_j^C >^C + \rho^D \overline{\alpha^D} < u_j^D >^D \right)}{\rho^C \overline{\alpha^C} + \rho^D \overline{\alpha^D}}
$$

$$
- \frac{\rho^C \overline{\alpha^C} < u_i^C >^C \left(\rho^C \overline{\alpha^C} < u_j^C >^C + \rho^D \overline{\alpha^D} < u_j^D >^D \right)}{\rho^C \overline{\alpha^C} + \rho^D \overline{\alpha^D}}
$$

$$
= \quad \frac{1}{\rho^*} [\underbrace{\rho^D \overline{\alpha^D} \rho^D \overline{\alpha^D} < u_i^D >^D < u_j^D >^D}_{\Psi^D} + \underbrace{\rho^C \overline{\alpha^C} < u_i^C >^C < u_j^C >^C \rho^D \overline{\alpha^D}}
$$

$$
+ \rho^D \overline{\alpha^D} < u_i^D >^D < u_j^D >^D \rho^C \overline{\alpha^C} + \underbrace{\rho^C \overline{\alpha^C} \rho^C \overline{\alpha^C} < u_i^C >^C < u_j^C >^C}_{\Psi^C}
$$

$$
- \underbrace{\rho^D \overline{\alpha^D} \rho^D \overline{\alpha^D} < u_i^D >^D < u_j^D >^D}_{\Psi^D} - \rho^D \overline{\alpha^D} \rho^C \overline{\alpha^C} < u_i^D >^D < u_j^C >^C
$$

$$
- \rho^C \overline{\alpha^C} \rho^D \overline{\alpha^D} < u_i^C >^C < u_j^D >^D - \underbrace{\rho^C \overline{\alpha^C} \rho^C \overline{\alpha^C} < u_i^C >^C < u_j^C >^C}_{\Psi^C}]
$$

$$
= \quad \underbrace{\frac{\rho^D \overline{\alpha^D} \rho^C \overline{\alpha^C}}{\rho^*}}_{=:\zeta} (< u_i^D >^D < u_j^D >^D - < u_i^D >^D < u_j^C >^C
$$

$$
- < u_i^C >^C < u_j^D >^D + < u_i^C >^C < u_j^C >^C)
$$

$$
= \quad \zeta \left(< u_i^D >^D - < u_i^C >^C \right) \left(< u_j^D >^D - < u_j^C >^C \right) \quad . \tag{6.14}
$$

folgt, dass ein additiver Quellterm in Abhängigkeit von der gewichtet gemittelten Phasendifferenzgeschwindigkeit in der allgemeinen Impulstransportgleichung auftritt. Mit der Definition der Phasendifferenzgeschwindigkeit oder auch Separationsgeschwindigkeit

$$
v_i^* = < u_i^D >^D - < u_i^C >^C \tag{6.15}
$$

resultiert aus der Summe der partikulären Impulstransportgleichungen (Gln. 6.12, 6.13) folgende Formulierung der *allgemeinen Impulstransportgleichung*:

$$\frac{\partial}{\partial t}\left(\rho^* u_i^*\right) + \frac{\partial}{\partial x_j}\left(\rho^* u_i^* u_j^*\right) = \underbrace{\overline{\Gamma^D u_i^D} + \overline{\Gamma^D u_i^D}}_{=0}$$

$$-\frac{\partial}{\partial x_j}\left(\rho^D \overline{\alpha^D} < \{u_i^D\}^D \{u_j^D\} >^D\right.$$

$$\left. +\rho^C \overline{\alpha^C} < \{u_i^C\}^C \{u_j^C\} >^C\right)$$

$$+\rho^* g_i + \frac{\partial}{\partial x_j}\left(\Phi_{ij}^C + \Phi_{ij}^D\right) - \frac{\partial}{\partial x_j}\left(\zeta v_i^* v_j^*\right) \quad . \quad (6.16)$$

Die Transportgleichung des Gesamtimpulses ähnelt in ihrer Darstellung in vielen Punkten der Transportgleichung der phasenspezifischen Impulstransportgleichung in der Euler/Euler-Darstellung (Gln. 6.12, 6.13). Anstelle des Phaseninteraktionsterms fällt in dieser Darstellung allerdings der additive Kovektionsterm der Separationsgeschwindigekeit $\vec{v}^*$ ins Auge des Betrachters.

6.1.3 Phasenspezifische Geschwindigkeiten

Die lokale Beladung einer kontinuierliche Phase Z^D wird durch den Quotienten aus Massenanteil der dispersen und Massenanteil der kontinuierlichen Phase definiert:

$$Z^D = \frac{\rho^D \overline{\alpha^D}}{\rho^C \overline{\alpha^C}} \quad . \quad (6.17)$$

Auf der Basis der effektiven Dichte ρ (Gl. 6.5) lassen sich über die partikulären Dichten folgende Aussagen treffen:

$$\rho^* = \underbrace{Z^D \rho^C \overline{\alpha^C}}_{\rho^D \overline{\alpha^D}} + \rho^C \overline{\alpha^C}$$

$$= \left(1 + Z^D\right)\rho^C \overline{\alpha^C} \quad \Rightarrow \quad \rho^C \overline{\alpha^C} = \rho^* \frac{1}{1+Z^D} \quad (6.18)$$

$$\rho^* = \underbrace{\frac{1}{Z^D}\rho^D \overline{\alpha^D}}_{\rho^C \overline{\alpha^C}} + \rho^D \overline{\alpha^D}$$

$$= \left(1 + \frac{1}{Z^D}\right)\rho^D \overline{\alpha^D} \quad \Rightarrow \quad \rho^D \overline{\alpha^D} = \rho^* \frac{Z^D}{1+Z^D} \quad . \quad (6.19)$$

So werden die partikulären Dichten explizit durch effektive Dichte ρ^* und die phasenspezifische Beladung Z^k explizit bestimmt. In Analogie zur Beladung werden mittels geschickter Umformung auch die phasenspezifischen Geschwindigkeiten in Abhängigkeit von der effektiven Geschwindigkeit und der phasenspezifischen Beladung bestimmt:

$$u_i^* = \frac{1}{\rho^*}\left(\rho^D\overline{\alpha^D} < u_i^D >^D +\rho^C\overline{\alpha^C} < u_i^C >^C\right) \qquad (6.20)$$

$$= \frac{Z^D}{1+Z^D} < u_i^D >^D +\frac{1}{1+Z^D}\left(< u_i^D >^D -v_i^*\right)$$

$$= < u_i^D >^D -\frac{1}{1+Z^D}v_i^*$$

$$\Rightarrow \quad < u_i^D >^D = u_i^* + \frac{1}{1+Z^D}v_i^* \quad . \qquad (6.21)$$

So resultiert sowohl für die Geschwindigkeit der dispersen Phase (Gl. 6.21) als auch für die Geschwindigkeit der kontinuierlichen Phase (Gl. 6.23) eine Summe bestehend aus der effektiven Geschwindigkeit und der beladungsgewichteten Separationsgeschwindigkeit:

$$u_i^* = \frac{1}{\rho^*}\left(\rho^D\overline{\alpha^D} < u_i^D >^D +\rho^C\overline{\alpha^C} < u_i^C >^C\right) \qquad (6.22)$$

$$= \frac{Z^D}{1+Z^D}\left(< u_i^C >^C +v_i^*\right) + \frac{1}{1+Z^D} < u_i^C >^C$$

$$= < u_i^C >^C +\frac{Z^D}{1+Z^D}v_i^*$$

$$\Rightarrow < u_i^C >^C = u_i^* - \frac{Z^D}{1+Z^D}v_i^* \quad . \qquad (6.23)$$

Insofern können mittels räumlicher und zeitlicher Auflösung von effektiver Geschwindigkeit $\vec{u}^*$ und Separationsgeschwindigekt $\vec{v}^*$ auch die phasenspezifischen Geschwindigkeiten $< u_i^C >^C$ und $< u_i^D >^D$ explizit bestimmt werden. Werden, um die Differenzgeschwindigkeit $\vec{v}^*$ zu berechnen, die Differenzen aus Gl. 6.12 und dem Produkt von $< u_i^C >^C$ und Gl. 6.3

$$\rho^C\overline{\alpha^C}\frac{\partial}{\partial t} < u_i^C >^C +\rho^C\overline{\alpha^C} < u_j^C >^C \frac{\partial}{\partial x_j} < u_i^C >^C \qquad (6.24)$$

$$= -\frac{\partial}{\partial x_j}\left(\rho^C\overline{\alpha^C} < \{u_i^C\}^C\{u_j^C\}^C >^C\right) - \overline{\Gamma^D u_i^D} - \overline{\Gamma^C} < u_i^C >^C$$

$$+ \frac{\rho^D\overline{\alpha^D}}{\tau_D^D}\left(< u_i^D >^D - < u_i^C >^D\right) + \rho^C\overline{\alpha^C}g_i + \frac{\partial}{\partial x_j}\Phi_{ij}^C$$

sowie aus Gl. 6.13 und dem Produkt von $< u_i^D >^D$ und Gl. 6.4

$$\rho^D \overline{\alpha^D} \frac{\partial}{\partial t} < u_i^D >^D + \rho^D \overline{\alpha^D} < u_j^D >^D \frac{\partial}{\partial x_j} < u_i^D >^D \qquad (6.25)$$

$$= \quad -\frac{\partial}{\partial x_j} \left(\rho^D \overline{\alpha^D} < \{u_i^D\}^D \{u_j^D\}^D >^D \right) + \overline{\Gamma^D u_i^D} - \overline{\Gamma^D} < u_i^D >^D$$

$$-\frac{\rho^D \overline{\alpha^D}}{\tau_D^D} \left(< u_i^D >^D - < u_i^C >^D \right) + \rho^D \overline{\alpha^D} g_i + \frac{\partial}{\partial x_j} \Phi_{ij}^D$$

gebildet, so ergibt die Differenz der Quotienten von Gl. 6.25 durch $\rho^D \overline{\alpha^D}$ und Gl. 6.24 durch $\rho^C \overline{\alpha^C}$:

$$\frac{\partial}{\partial t} v^* + < u_j^D >^D \frac{\partial}{\partial x_j} < u_i^D >^D - < u_j^C >^C \frac{\partial}{\partial x_j} < u_i^C >^C$$

$$= \quad -\frac{1}{\rho^*} \left(1 + \frac{1}{Z^D} \right) \frac{\partial}{\partial x_j} \left(\rho^D \overline{\alpha^D} < \{u_i^D\}^D \{u_j^D\}^D >^D \right)$$

$$+\frac{1}{\rho^*} \left(1 + Z^D \right) \frac{\partial}{\partial x_j} \left(\rho^C \overline{\alpha^C} < \{u_i^C\}^C \{u_j^C\}^C >^C \right)$$

$$-\frac{1}{\rho^*} \left(1 + \frac{1}{Z^D} \right) \left(-\overline{\Gamma^D u_i^D} + \overline{\Gamma^D} < u_i^D >^D \right)$$

$$+\frac{1}{\rho^*} \left(1 + Z^D \right) \left(-\overline{\Gamma^D u_i^D} + \overline{\Gamma^D} < u_i^C >^C \right)$$

$$-\frac{1 + Z^D}{\tau_D^D} \left(< u_i^D >^D - < u_i^C >^D \right)$$

$$-\left(\frac{1}{\rho^C \overline{\alpha^C}} \frac{\partial}{\partial x_j} \Phi_{ij}^C - \frac{1}{\rho^D \overline{\alpha^D}} \frac{\partial}{\partial x_j} \Phi_{ij}^D \right) \quad . \qquad (6.26)$$

Mittels dieser Entwicklung wird neben der Transportgleichung der effektiven Geschwindigkeit eine zweite Gleichung für die Phasendifferenzgeschwindigkeit oder auch *Separationsgeschwindigkeit* $\vec{v}^*$ aufgestellt. Diese zwei Gleichungen ersetzen damit die Transportgleichungen der phasenspezifischen Impulse in einer Zwei-Phasen-Strömung mittels Euler/Euler-Darstellung.

6.1.4 Referenzgeschwindigkeit

Um die Transportgleichung der Phasen-Differenzgeschwindigkeit ausschließlich durch Größen der Hybrid-Eulerschen Darstellung zu beschreiben, ist eine genauere Untersuchung des Konvektionsterms der Gl. 6.26 nötig, so dass sich aus einer entsprechenden Umformung die benötigte Substitution ergibt:

$$
\begin{aligned}
K_{v^*} &= <u_j^D>^D \frac{\partial}{\partial x_j} <u_i^D>^D - <u_j^C>^C \frac{\partial}{\partial x_j} <u_i^C>^C \quad (6.27)\\[2mm]
&= \left(v_j^* + <u_j^C>^C\right) \frac{\partial}{\partial x_j} \left(v_i^* + <u_i^C>^C\right)\\[2mm]
&\quad - \left(<u_j^D>^D - v_j^*\right) \frac{\partial}{\partial x_j} \left(<u_i^D>^D - v_i^*\right)\\[2mm]
&= \underbrace{v_j^* \frac{\partial}{\partial x_j} v_i^*}_{\Psi_1} + \underbrace{<u_j^C>^C \frac{\partial}{\partial x_j} v_i^*}_{\Psi_2^C} + \underbrace{v_j^* \frac{\partial}{\partial x_j} <u_i^C>^C}_{\Psi_3^C}\\[2mm]
&\quad + \underbrace{<u_j^C>^C \frac{\partial}{\partial x_j} <u_i^C>^C - <u_j^D>^D \frac{\partial}{\partial x_j} <u_i^D>^D}_{}\\[2mm]
&\quad + \underbrace{v_j^* \frac{\partial}{\partial x_j} <u_i^D>^D}_{\Psi_3^D} + \underbrace{<u_j^D>^D \frac{\partial}{\partial x_j} v_i^*}_{\Psi_2^D} - \underbrace{v_j^* \frac{\partial}{\partial x_j} v_i^*}_{\Psi_1}\\[2mm]
&= \underbrace{-<u_j^D>^D \frac{\partial}{\partial x_j} <u_i^D>^D - <u_j^C>^C \frac{\partial}{\partial x_j} <u_i^C>^C}_{=K_{v^*}}\\[2mm]
&\quad + v_j^* \frac{\partial}{\partial x_j} \underbrace{\left(<u_i^D>^D + <u_i^C>^C\right)}_{=:2v_i^{**}}\\[2mm]
&\quad + \underbrace{\left(<u_i^D>^D + <u_i^C>^C\right)}_{=:2v_i^{**}} \frac{\partial}{\partial x_j} v_i^* \quad .
\end{aligned}
$$

Aus obiger Umformung ergibt sich folgende Definition einer Referenzgeschwindigkeit, welche die Konvektion der Phasendifferenzgeschwindigkeit charakterisiert:

$$
v_i^{**} = \frac{1}{2} \left(<u_i^D>^D + <u_i^D>^D\right) \quad (6.28)
$$

$$
\Rightarrow \quad K_{v^*} = v_j^* \frac{\partial}{\partial x_j} v_i^{**} + v_j^{**} \frac{\partial}{\partial x_j} v_i^* \quad . \quad (6.29)
$$

Wird die Referenzgeschwindigkeit auf der Basis der einzelnen Phasengeschwindigkeiten durch die Substitution der Gln. 6.23 und 6.21 beschrieben:

$$\frac{1}{2} \left(< u_i^D >^D + < u_i^D >^D \right) = u_i^* - \frac{v_i^*}{2} \frac{1 - Z^D}{1 + Z^D} \qquad (6.30)$$

$$= u_i^* - \frac{1}{2\rho^*} \left(\rho^D \overline{\alpha^D} - \rho^C \overline{\alpha^C} \right) v_i^* \quad ,$$

ergibt sich eine direkte Abhängigkeit von der Mittleren Dichteabweichung η
durch

$$\eta = \frac{1}{2} \left(\rho^D \overline{\alpha^D} - \rho^C \overline{\alpha^C} \right) \qquad (6.31)$$

$$\Rightarrow \quad \rho^* v_i^{**} = \rho^* u_i^* - \eta v_i^* \quad , \qquad (6.32)$$

so dass eine direkte Beziehung zwischen *effektivem Massenstrom* $\rho^* \vec{u}^*$, *Refe-
renzmassenstrom* $\rho^* \vec{v}^{**}$ und dem Abweichungsprodukt $\eta \vec{v}^*$ resultiert. Basierend auf dieser Beobachtung lässt sich folgende Relation herleiten:

$$v_i^{**} = u_i^* - \frac{\eta}{\rho^*} v_i^* \quad , \qquad (6.33)$$

in welcher die Definiton der *Referenzgeschwindigkeit* $\vec{v}^{**}$ festgelegt wird.

6.1.5 Koeffizienten der hybriden Euler/Euler-Darstellung

Die relevanten Koeffizienten bisher aufgestellter Transportgleichungen be-
schreibend η (Gl. 6.31), Beladung Z^D (Gl. 6.17) und ζ (Gl. 6.14) ergibt
sich für die Dichteabweichung η, die partikulären Dichten (Gln. 6.19,6.18)
substituierend,

$$\eta = \frac{1}{2} \left(\frac{Z^D}{1 + Z^D} \rho^* - \frac{1}{1 + Z^D} \rho^* \right) = -\frac{1}{2} \frac{1 - Z^D}{1 + Z^D} \rho^* \quad . \qquad (6.34)$$

Nach der Ladung Z^D aufgelöst

$$2 \left(Z^D + 1 \right) \eta = \left(Z^D - 1 \right) \rho^* \qquad (6.35)$$

$$Z^D \left(2\eta - \rho^* \right) = -\rho^* - 2\eta \qquad (6.36)$$

$$Z^D = \frac{\rho^* + 2\eta}{\rho^* - 2\eta} \qquad (6.37)$$

ergibt sich eine durch die effektive Dichte ρ^* und die Dichteabweichung η definierte Beschreibung der Beladung Z^D. Der Koeffizient der Differenzkonvektion (Gl. 6.14) lässt sich analog zu Gl. 6.34 mit

$$\zeta = \frac{\rho^D \overline{\alpha^D} \rho^C \overline{\alpha^C}}{\rho^*} = \frac{\frac{Z^D}{1+Z^D}\rho^* \frac{1}{1+Z^D}\rho^*}{\rho^*} = \frac{Z^D}{(1+Z^D)^2}\rho^* \tag{6.38}$$

in Abhängigkeit von der effektiven Dichte ρ^* und der Beladung Z^D darstellen.

6.1.6 Dichteabweichung und Massentransfer

Die Differenz der Gln. 6.4 und 6.3 bildend

$$\frac{\partial}{\partial t}\left(\rho^D\overline{\alpha^D} - \rho^C\overline{\alpha^C}\right) + \frac{\partial}{\partial x_j}\left(\rho^D\overline{\alpha^D} <u_j^D>^D -\rho^C\overline{\alpha^C} <u_j^C>^C\right) = 2\overline{\Gamma^D} \tag{6.39}$$

und die partikulären Dichten (Gln. 6.19,6.18) sowie die partikulären Geschwindigkeiten (Gln. 6.21,6.23) substituierend

$$\frac{\partial}{\partial t}(2\eta) + \frac{\partial}{\partial x_j}\left(\rho^*\frac{Z^D}{1+Z^D}\left(u_i^* + \frac{1}{1+Z^D}v_i^*\right)\right.$$
$$\left. - \rho^*\frac{1}{1+Z^D}\left(u_i^* - \frac{Z^D}{1+Z^D}v_i^*\right)\right) = 2\overline{\Gamma^D} \quad, \tag{6.40}$$

resultiert die Transportgleichung der Dichteabweichung in der Hybrid-Eulerschen Nomenklatur.

$$\frac{\partial}{\partial t}\eta + \frac{\partial}{\partial x_j}\left(\underbrace{\rho^*\frac{Z^D}{(1+Z^D)^2}v_i^*}_{=\zeta}\right) - \frac{\partial}{\partial x_j}\left(\underbrace{\rho^*\frac{1}{2}\frac{1-Z^D}{1+Z^D}u_i^*}_{-\eta}\right) = \overline{\Gamma^D} \tag{6.41}$$

Vereinfacht durch die in den Gln. 6.34 und 6.38 entwickelten Substitutionen ergibt sich die Transportgleichung der Dichteabweichung wie folgt:

$$\frac{\partial}{\partial t}\eta + \frac{\partial}{\partial x_j}\left(\eta u_j^*\right) = \overline{\Gamma^D} - \frac{\partial}{\partial x_j}\left(\zeta v_j^*\right) \quad. \tag{6.42}$$

Mittels Substitution von Gl. 6.38 folgt:

$$\frac{\partial}{\partial t}\eta + \frac{\partial}{\partial x_j}\left(\eta u_j^*\right) = \overline{\Gamma^D} - \frac{\partial}{\partial x_j}\left(\frac{Z^D}{(1+Z^D)^2}\rho^* v_j^*\right) \quad . \qquad (6.43)$$

Entsprechend liefert diese Transportgleichung der Dichteabweichung die feh-
lende Relation zur Bestimmung des Gesamtsystems. Der volumenspezifische
Massenstrom über die Phasengrenzfläche von der flüssigen Phase hin zur
gasförmigen Phase, gegebenenfalls bedingt durch eine nicht gesättigte Umgebung, wird durch das Relaxationszeitmaß τ_Γ beschrieben. Bedingt durch die
Substitution der spezischen Dichte der dispersen Phase (Gl. 6.19) resultiert
mit dem Koeffizienten ζ (Gl. 6.38) für den Massentransfer:

$$-\Gamma^D = \frac{\rho^D\alpha^D}{\tau_\Gamma} = \frac{\rho^* Z}{\tau_\Gamma\left(1+Z\right)} = \zeta\frac{1+Z}{\tau_\Gamma} \quad . \qquad (6.44)$$

Aus der Definition den Massentransfers folgt für die Korrelation mit einer
beliebigen Größe ϕ.

$$-\overline{\Gamma^D\phi} = \overline{\frac{\rho^D\alpha^D}{\tau_\Gamma}\phi} = <\frac{\rho^D}{\tau_\Gamma}\phi>^D \overline{\alpha^D} \qquad (6.45)$$

Ausgehend davon, dass weder Verdunstungszeitmaß noch Dichte der dispersen Phase mit dem Volumenbruch korrelieren, resultiert für den Erwartungswert des Produktes:

$$-\overline{\Gamma^D\phi} = <\phi>^D \overline{\frac{\rho^D}{\tau_\Gamma}\alpha^D} = -<\phi>^D \overline{\Gamma^D} \quad . \qquad (6.46)$$

So verhält sich der volumenspezifische Massenstrom gegenüber der zeitlichen
Mittelung wie der Volumenbruch.

$$\overline{\Gamma^D u_i^D} = <u_i^D>^D \overline{\Gamma^D} \qquad (6.47)$$

$$\overline{\Gamma^D u_i^C} = <u_i^C>^D \overline{\Gamma^D} \qquad (6.48)$$

Für die Geschwindigkeitskorrelationen, wie sie in den Impulserhaltungsgleichungen enthalten sind, resultieren Produkte aus zeitlich gemittelter
Massentransferrate und volumenbruchgewichtet gemittelter Geschwindige-
keit.

6.1.7 Volumenbruch und effektive Dichte

Analog zu den kinematischen Größen der hybriden Euler'schen Beschreibung einer Zwei-Phasen-Strömung werden die volumetrischen Partikel-Konzentrationen, welche in der Euler/Euler-Beschreibung durch die Volumenbrüche α^C und α^D beschrieben werden, aus den bekannten Parametern mittels Umformung hergeleitet. Aus der Differenz der Massenanteile folgen die Darstellung des Volumenbruchs der dispersen Phase

$$\eta = \frac{1}{2}\left(\rho^D\overline{\alpha^D} - \rho^C\overline{\alpha^C}\right) = \frac{1}{2}\left(\rho^D\overline{\alpha^D} - \rho^C\left(1 - \alpha^D\right)\right)$$

$$= \overline{\alpha^D}\left(\rho^D + \rho^C\right) - \rho^C \tag{6.49}$$

$$\Rightarrow \overline{\alpha^D} = \frac{2\eta + \rho^C}{\rho^D + \rho^C} \tag{6.50}$$

sowie die des Volumenbruchs der kontinuierlichen Phase

$$\eta = \frac{1}{2}\left(\rho^D\overline{\alpha^D} - \rho^C\overline{\alpha^C}\right) = \frac{1}{2}\left(\rho^D\left(1 - \overline{\alpha^C}\right) - \rho^C\overline{\alpha^C}\right)$$

$$= -\overline{\alpha^D}\left(\rho^D + \rho^C\right) + \rho^D \tag{6.51}$$

$$\Rightarrow \overline{\alpha^C} = \frac{\rho^D - 2\eta}{\rho^D + \rho^C} \ . \tag{6.52}$$

Aus diesen beiden Beziehungen resultiert somit die effektive Dichte:

$$\rho^* = \rho^D\alpha^D + \rho^C\alpha^C \tag{6.53}$$

$$= \frac{\rho^D}{\rho^C + \rho^D}\left(\rho^C + 2\eta\right) + \frac{\rho^C}{\rho^C + \rho^D}\left(\rho^D + 2\eta\right)$$

$$= 2\frac{\rho^C\rho^D}{\rho^C + \rho^D} + 2\eta\frac{\rho^D - \rho^C}{\rho^C + \rho^D} \ .$$

Nach der Lösung der Dichteabweichung (Gl. 6.43) wird wie beschrieben explizit die effektive Dichte ermittelt, um die Transportgleichungen von effektiver Geschwindigkeit und Separationsgeschwindigkeit zu schließen.

6.1.8 Transport der Separationsgeschwindigkeit

Anstelle der in den Impulstransportgleichungen von kontinuierlicher und disperser Phase beschriebenen Geschwindigkeiten werden in der hybriden

Darstellung die Gemischgeschwindigkeit (Gl. 6.6) und die Separationsgeschwindigkeit (Gl. 6.15) transportiert. Wird in der Differenz der Geschwindigkeitstransportgleichungen (Gl. 6.26) der linksseitige, konvektive Anteil (vgl. Gl. 6.27) mit der expliziten Darstellung von K_{v^*} (Gl. 6.29) substituiert, resultiert auf der linken Seite folgende Summe:

$$\frac{\partial}{\partial t} v^* + v_j^* \frac{\partial}{\partial x_j} v_i^{**} + v_j^{**} \frac{\partial}{\partial x_j} v_i^* \quad . \tag{6.54}$$

Aus der Korrelation von Massentransport an der Phasengrenzfläche und der Strömungsgeschwindigkeit der disperen Phase (Gl. 6.47) folgt, dass der entsprechende Term

$$- \overline{\Gamma^D u_i^D} + \overline{\Gamma^D} < u_i^D >^D = 0 \quad . \tag{6.55}$$

in der Transportgleichung verschwindet:

$$\frac{\partial}{\partial t} v^* + v_j^* \frac{\partial}{\partial x_j} v_i^{**} + v_j^{**} \frac{\partial}{\partial x_j} v_i^* \tag{6.56}$$

$$= -\frac{1}{\rho^*} \left(1 + \frac{1}{Z^D} \right) \frac{\partial}{\partial x_j} \left(\rho^D \overline{\alpha^D} < \{u_i^D\}^D \{u_j^D\}^D >^D \right)$$

$$+ \frac{1}{\rho^*} \left(1 + Z^D \right) \left(\rho^C \overline{\alpha^C} < \{u_i^C\}^C \{u_j^C\}^C >^C \right)$$

$$+ \frac{1}{\rho^*} \left(1 + Z^D \right) \left(\overline{-\Gamma^D u_i^D} + \overline{\Gamma^D} < u_i^C >^C \right)$$

$$- \frac{1 + Z^D}{\tau_D^D} \left(< u_i^D >^D - < u_i^C >^D \right)$$

$$- \left(\frac{1}{\rho^C \overline{\alpha^C}} \frac{\partial}{\partial x_j} \Phi_{ij}^C - \frac{1}{\rho^D \overline{\alpha^D}} \frac{\partial}{\partial x_j} \Phi_{ij}^D \right)$$

Um die mit dem Volumenbruch der dispersen Phase gewichtete Geschwindigkeitsdifferenz abzubilden wird die zweite Hälfte der rechten Seite von

$$< u_i^D >^D - < u_i^C >^D = < u_i^D >^D - < u_i^C >^C + \left(< u_i^C >^C - < u_i^C >^D \right) \quad . \tag{6.57}$$

mit der gemischten Filterung aus den Gln. 4.153 und 4.160 wie folgt umgeformt:

$$
\begin{aligned}
< u_i^C >^C - < u_i^C >^D &= -\frac{\nu_\alpha}{\overline{\alpha^C}\,\overline{\alpha^D}} \frac{\partial}{\partial x_i}\overline{\alpha^C} \\[2mm]
&= -\frac{\nu_\alpha}{\overline{\alpha^C}\,\overline{\alpha^D}}\left(\overline{\alpha^C}+\overline{\alpha^D}\right)\frac{\partial}{\partial x_i}\overline{\alpha^C} \\[2mm]
&= \frac{\nu_\alpha}{\overline{\alpha^C}\,\overline{\alpha^D}}\overline{\alpha^C}\frac{\partial}{\partial x_i}\overline{\alpha^D} - \frac{\nu_\alpha}{\overline{\alpha^C}\,\overline{\alpha^D}}\overline{\alpha^D}\frac{\partial}{\partial x_i}\overline{\alpha^C} \\[2mm]
&= \frac{\nu_\alpha}{\overline{\alpha^D}}\frac{\partial}{\partial x_i}\overline{\alpha^D} - \frac{\nu_\alpha}{\overline{\alpha^C}}\frac{\partial}{\partial x_i}\overline{\alpha^C} \\[2mm]
&= \frac{\nu_\alpha}{Z}\frac{\rho^C\overline{\alpha^C}\rho^D\overline{\alpha^D}\frac{1}{\overline{\alpha^D}}\frac{\partial}{\partial x_i}\overline{\alpha^D} - \frac{1}{\overline{\alpha^C}}\frac{\partial}{\partial x_i}\overline{\alpha^C}}{\left(\rho^C\overline{\alpha^C}\right)^2} \\[2mm]
&= \frac{\nu_\alpha}{Z^D}\frac{\rho^C\overline{\alpha^C}\frac{\partial}{\partial x_i}\left(\rho^D\overline{\alpha^D}\right) - \rho^D\overline{\alpha^D}\frac{\partial}{\partial x_i}\left(\rho^C\overline{\alpha^C}\right)}{\left(\rho^C\overline{\alpha^C}\right)^2} \\[2mm]
&= \frac{\nu_\alpha}{Z^D}\frac{\partial}{\partial x_i}\left(\frac{\rho^D\overline{\alpha^D}}{\rho^C\overline{\alpha^C}}\right) \\[2mm]
&= \frac{\nu_\alpha}{Z^D}\frac{\partial}{\partial x_i}Z^D \quad . \tag{6.58}
\end{aligned}
$$

Für die volumenbruchgewichtete Geschwindigkeitdifferenz ergibt sich damit:

$$
< u_i^D >^D - < u_i^C >^D = \underbrace{< u_i^D >^D - < u_i^C >^C}_{v^*} + \frac{\nu_\alpha}{Z^D}\frac{\partial}{\partial x_i}Z^D \quad . \tag{6.59}
$$

Aus der Korrelation von Massentransfer und Geschwindigkeit der kontinuierlichen Phase (Gl. 6.48) folgt die Relation:

$$
- \overline{\Gamma^D u_i^D} + \overline{\Gamma^D} < u_i^C >^C = -\overline{\Gamma^D}\underbrace{\left(< u_i^D >^D - < u_i^C >^C\right)}_{=v^*} \quad . \tag{6.60}
$$

Aus der Differenz der Gln. 6.21 und 6.23 sowie den Modellierungsansätzen der Filterdifferenz (Gl. 4.149) und dem Diffusionskoeffizienten (Gl. 4.160 ff.)

folgt:

$$
< u_i^D >^D - < u_i^C >^D
$$

$$
= \underbrace{< u_i^D >^D - < u_i^C >^C}_{=v_i^*} - \underbrace{\left(< u_i^C >^D - < u_i^C >^C\right)}_{=:U_{i,d}^C}
$$

$$
= v_i^* - \nu_\alpha^C \frac{\partial}{\partial x_i} \overline{\alpha^C} \tag{6.61}
$$

Darüber hinaus gilt, sobald Γ^D (Gl. 6.44) entsprechend substituiert wird:

$$
-\frac{1}{\rho^*}\left(1 + Z^D\right)\Gamma^D = \frac{1}{\rho^*}\left(1 + Z^D\right) \cdot \frac{\rho^* Z^D}{\tau_\Gamma \left(1 + Z^D\right)} = \frac{Z^D}{\tau_\Gamma} \quad , \tag{6.62}
$$

für die Transportgleichung der Separationsgeschwindigkeit unter Berücksichtigung der Differenz der der Phasengeschwindigkeiten:

$$
\frac{\partial}{\partial t} v_i^* + v_j^* \frac{\partial}{\partial x_j} v_i^{**} + v_j^{**} \frac{\partial}{\partial x_j} v_i^* \tag{6.63}
$$

$$
= -\frac{1}{\rho^*}\left(1 + \frac{1}{Z^D}\right) \frac{\partial}{\partial x_j}\left(\rho^D \overline{\alpha^D} < \{u_i^D\}^D \{u_j^D\}^D >^D\right)
$$

$$
+ \frac{1}{\rho^*}\left(1 + Z^D\right)\left(\rho^C \overline{\alpha^C} < \{u_i^C\}^C \{u_j^C\}^C >^C\right)
$$

$$
+ \left(\frac{Z^D}{\tau_\Gamma} - \frac{1 + Z^D}{\tau_D^D}\right) v_i^* - \frac{1 + Z^D}{Z^D} \frac{\nu_\alpha}{\tau_D^D} \frac{\partial}{\partial x_i} Z^D
$$

$$
- \left(\frac{1}{\rho^C \overline{\alpha^C}} \frac{\partial}{\partial x_j} \Phi_{ij}^C - \frac{1}{\rho^D \overline{\alpha^D}} \frac{\partial}{\partial x_j} \Phi_{ij}^D\right) \quad .
$$

Mit dieser Relation wird damit der Transport eines Zwei-Phasen-Gemischs durch die hybride Euler-Beschreibung geschlossen.

6.1.9 Allgemeine Gleichungen der hybriden Betrachtung

Bevor die Geschwindigkeitskorrelationen der dispersen und der kontinuierlichen Phase

$$
T_{ij}^D = < \{u_i^D\}^D \{u_j^D\}^D >^D \quad \text{und} \quad T_{ij}^C = < \{u_i^C\}^C \{u_j^C\}^C >^C \tag{6.64}
$$

getrennt voneinander betrachtet werden, stellen drei Transportgleichungen die Basis der hybriden Euler/Euler-Darstellung dar: der Transport der

Gemischgeschwindigkeit u_i^*, der Transport der Separationsgeschwindigkeit v_i^* und der Dichteabweichung η. Aus der allgemeinen Impulserhaltung (Gl. 6.16) folgt der Transport der Gemischgeschwindigkeit:

$$\frac{\partial}{\partial t}\left(\rho^* u_i^*\right) + \frac{\partial}{\partial x_j}\left(\rho^* u_i^* u_j^*\right) = -\frac{\partial}{\partial x_j}\left(\rho^D \overline{\alpha^D} T_{ij}^D + \rho^C \overline{\alpha^C} T_{ij}^C\right) \tag{6.65}$$

$$+\rho^* g_i + \frac{\partial}{\partial x_j}\left(\Phi_{ij}^C + \Phi_{ij}^D\right) - \frac{\partial}{\partial x_j}\left(\zeta v_i^* v_j^*\right) \quad .$$

Die den Diffusionsterm im Quadrat ergänzende Separationsgeschwindigkeit wird mit Substitution von den Gln. 6.18 und 6.19 im Detail durch deren Transportgleichung (Gl. 6.63) beschrieben:

$$\frac{\partial}{\partial t} v^* + v_j^* \frac{\partial}{\partial x_j} v_i^{**} + v_j^{**} \frac{\partial}{\partial x_j} v_i^* \tag{6.66}$$

$$= -\frac{1}{\rho^*}\left(1 + \frac{1}{Z^D}\right)\frac{\partial}{\partial x_j}\left(\rho^D \overline{\alpha^D} T_{ij}^D\right)$$

$$+\frac{1}{\rho^*}\left(1 + Z^D\right)\frac{\partial}{\partial x_j}\left(\rho^C \overline{\alpha^C} T_{ij}^C\right)$$

$$+\left(\frac{Z^D}{\tau_{\Upsilon}} - \frac{1 + Z^D}{\tau_D^D}\right) v^* - \left(1 + \frac{1}{Z^D}\right)\frac{\nu_\alpha}{\tau_{\cancel{R}}}\frac{\partial}{\partial x_i} Z^D$$

$$-\frac{1 + Z^D}{\rho^*}\left(\frac{\partial}{\partial x_j}\Phi_{ij}^C - \frac{1}{Z^D}\frac{\partial}{\partial x_j}\Phi_{ij}^D\right) \quad .$$

Die Konvektion wird bei dieser Gleichung durch die Referenzgeschwindigkeit $\vec{v}^{**}$ definiert. Als dritte Transportgleichung der hybriden Euler-Darstellung ergibt sich mit der Approximation der Massentransferrate (Gl. 6.44) und des Separationskoeffizienten ζ (Gl. 6.38) aus Gl. 6.43 die Transportgleichung der Dichteabweichung:

$$\frac{\partial}{\partial t}\eta + \frac{\partial}{\partial x_j}\left(\eta u_j^*\right) = -\zeta \frac{1 + Z^D}{\tau_{\Upsilon}} - \frac{\partial}{\partial x_j}\left(\zeta v_j^*\right) \quad . \tag{6.67}$$

Die vier bislang nicht geschlossenen Parameter Referenzgeschwindigkeit $\vec{v}^{**}$ (Gl. 6.33), eff. Dichte ρ^* (Gl. 6.53), Ladung Z^D (Gl. 6.35) und Separationskoeffizient ζ (Gl. 6.38) werden algebraisch durch folgende Relationen bestimmt:

$$v_i^{**} = u_i^* - \frac{\eta}{\rho^*} v_i^* \quad,$$

$$\rho^* = 2\frac{\rho^C \rho^D}{\rho^C + \rho^D} + 2\eta\frac{\rho^D - \rho^C}{\rho^C + \rho^D} \quad,$$

$$Z^D = \frac{\rho^* + 2\eta}{\rho^* - 2\eta} \quad \text{und}$$

$$\zeta = \frac{Z^D}{(1 + Z^D)^2}\rho^* \quad.$$

Mittels dieser sieben Gleichungen ist das Gesamtsystem der Transportgrößen u^*, $\vec{v}^*$, η, $\vec{v}^{**}$, ρ^*, Z und ζ bis auf die Geschwindigkeitskorrelation (Gl. 6.64) bestimmt.

6.1.10 Wirbelviskositätsapproximation

Weiterhin bleiben die statistsichen und die molekularen Impulsflüsse des aus sieben Gleichungen bestehenden Gleichungssystems nicht beschrieben. Eine Lösung für die Modellierung des Impulsflusses Φ^k soll folgender *Boussinesq'scher Ansatz* liefern:

$$\Phi_{ij}^k = -\overline{\alpha^k}p^C\delta_{ij} + \rho^k\overline{\alpha^k}\nu^k\left(\frac{\partial}{\partial x_j} < u_i^k >^k + \frac{\partial}{\partial x_i} < u_j^k >^k \delta_{ij}\right) \quad. \quad (6.68)$$

Die bislang nicht geschlossenen Geschwindigkeitskorrelationen der dispersen und der kontinuierlichen Phase (Gl. 6.64) werden mittels eines Gradientenflussansatzes approximiert:

$$T_{ij}^D = < \{u_i^D\}^D\{u_j^D\}^D >^D + \frac{2}{3}k^D\delta_{ij} \qquad\qquad\qquad (6.69)$$

$$= -\nu_t^D\left(\frac{\partial}{\partial x_j} < u_i^D >^D + \frac{\partial}{\partial x_i} < u_j^D >^D - \frac{2}{3}\frac{\partial}{\partial x_k} < u_k^D >^D \delta_{ij}\right)$$

$$T_{ij}^C = < \{u_i^C\}^C\{u_j^C\}^C >^C + \frac{2}{3}k^C\delta_{ij} \qquad\qquad\qquad (6.70)$$

$$= -\nu_t^C\left(\frac{\partial}{\partial x_j} < u_i^C >^C + \frac{\partial}{\partial x_i} < u_j^C >^C - \frac{2}{3}\frac{\partial}{\partial x_k} < u_k^C >^C \delta_{ij}\right) \quad.$$

Da diese Geschwindigkeitsgradienten nicht durch die sieben Transportgleichungen der hybriden Euler-Beschreibung aufgelöst werden, sind die Einzelphasengeschwindigkeiten mittels deren Equivalenten (Gln. 6.21, 6.23) zu beschreiben. Werden diese Ansätze für die bislang nicht geschlossene Transportgleichung von $\vec{u}^*$ (Gl. 6.65) herangezogen, so nimmt diese folgende Form an:

$$\frac{\partial}{\partial t}\left(\rho^* u_i^*\right) + \frac{\partial}{\partial x_j}\left(\rho^* u_i^* u_j^*\right) = \rho^* g_i + \frac{\partial}{\partial x_j}\Phi_{ij}^* - \frac{\partial}{\partial x_j}\left(\zeta v_i^* v_j^*\right) \qquad (6.71)$$

mit

$$\begin{aligned}
\Phi_{ij}^* =\; & \Phi_{ij}^C + \Phi_{ij}^D - \rho^D\overline{\alpha^D}T_{ij}^D - \rho^C\overline{\alpha^C}T_{ij}^C \qquad (6.72)\\[2mm]
=\; & -\overline{\alpha^C}p^C\delta_{ij} + \rho^C\overline{\alpha^C}\nu^C\left(\frac{\partial}{\partial x_j}<u_i^C>^C + \frac{\partial}{\partial x_i}<u_j^C>^C\delta_{ij}\right)\\[2mm]
& -\overline{\alpha^D}p^C\delta_{ij} + \rho^D\overline{\alpha^D}\nu^D\left(\frac{\partial}{\partial x_j}<u_i^D>^D + \frac{\partial}{\partial x_i}<u_j^D>^D\delta_{ij}\right)\\[2mm]
& +\rho^D\overline{\alpha^D}\nu_t^D\left(\frac{\partial}{\partial x_j}<u_i^D>^D + \frac{\partial}{\partial x_i}<u_j^D>^D\right.\\[2mm]
& \left. \qquad\qquad -\frac{2}{3}\frac{\partial}{\partial x_k}<u_k^D>^D\delta_{ij} - \frac{2}{3}k^D\delta_{ij}\right)\\[2mm]
& +\rho^C\overline{\alpha^C}\nu_t^C\left(\frac{\partial}{\partial x_j}<u_i^C>^C + \frac{\partial}{\partial x_i}<u_j^C>^C\right.\\[2mm]
& \left. \qquad\qquad -\frac{2}{3}\frac{\partial}{\partial x_k}<u_k^C>^C\delta_{ij} - \frac{2}{3}k^C\delta_{ij}\right) \;.
\end{aligned}$$

Werden die komplexeren Terme mit folgender Nomenklatur zusammengefasst, resultiert nach erfolgreicher Substitutionen dieser Terme:

$$S_{ij}^k = \frac{\partial}{\partial x_j}<u_i^k>^k + \frac{\partial}{\partial x_i}<u_j^k>^k \qquad (6.73)$$

$$S_{ij}^* = \frac{\partial}{\partial x_j}u_i^* + \frac{\partial}{\partial x_i}u_j^* \qquad (6.74)$$

$$= \frac{\rho^C}{\rho^*}\alpha^C S_{ij}^C + \frac{\rho^D}{\rho^*}\alpha^D S_{ij}^D$$

$$P^k = p^C + \rho^k \nu_t^k \cdot \frac{1}{3}\frac{\partial}{\partial x_k}<u_l^k>^k + \rho^k \frac{2}{3}k^k \qquad (6.75)$$

die vereinfachte Schreibweise des Impulsfluss Φ^* in der Form:

$$
\begin{aligned}
\Phi_{ij}^* &= -\overline{\alpha^C}\left[P^C + \rho^C\left(\nu^C + \nu_t^C\right)S_{ij}^C\right] \\
&\quad -\overline{\alpha^D}\left[P^D + \rho^D\left(\nu^D + \nu_t^D\right)S_{ij}^D\right] \\
&= -\overline{\alpha^C}\left[P^C + \frac{\rho^* Z^D}{1 + Z^D}\left(\nu^C + \nu_t^C\right)S_{ij}^C\right] \\
&\quad -\overline{\alpha^D}\left[P^D + \frac{\rho^*}{1 + Z^D}\left(\nu^D + \nu_t^D\right)S_{ij}^D\right] \quad .
\end{aligned}
\tag{6.76}
$$

Soll nun dieser Diffusionstensor durch einen hybriden Wirbelviskositätsansatz wie folgt approximiert werden:

$$
\Phi_{ij}^* \equiv \rho^* \nu_t^* S_{ij}^*,
\tag{6.77}
$$

so wird ein ν_t^* gesucht, für das die Funktion

$$
\hat{G}(\nu_t^*) = \left|\Phi_{ij}^* - \rho^* \nu_t^* S_{ij}^*\right|
\tag{6.78}
$$

minimal ist. Wird das Quadrat dieser Funktion

$$
\hat{G}^2(\nu_t^*) = \Phi_{ij}^* \Phi_{ij}^* - 2\rho^* \nu_t^* S_{ij}^* \Phi_{ij}^* + \left(\rho^* \nu_t^*\right)^2 S_{ij}^* S_{ij}^*
\tag{6.79}
$$

nach der zu modellierenden hybriden Wirbelviskosität abgeleitet:

$$
\frac{d\hat{G}^2}{d\nu_t^*} = 2\rho^{*2} \nu_t^* S_{ij}^* - 2\rho^* S_{ij}^* \Phi_{ij}^*
\tag{6.80}
$$

und anschließend an der Nullstelle der Ableitung der Extrempunkt der Funktion $\hat{G}$ bestimmt, resultiert die effektive Wirbelviskosität ν_t^*:

$$
\frac{d\hat{G}^2}{d\nu_t^*} = 0 \qquad \Leftrightarrow \qquad \nu_t^* - \frac{\Phi_{ij}^* S_{ij}^*}{\rho^* S_{ij}^* S_{ij}^*} \quad .
\tag{6.81}
$$

Da die zweite Ableitung der Quadratfunktion G^2 stets positiv ist:

$$
\frac{d^2 \hat{G}^2}{d\nu_t^{*2}} = 2\rho^{*2} S_{ij}^* S_{ij}^* \geq 0,
\tag{6.82}
$$

ist die Funktion für die ausgewählte hybride Wirbelviskosität minimal.

6.2 Dynamik ionisierter Gase

Werden nicht feste Suspensionen in fluider Umgebung, Gasblasen in Flüssigkeit oder flüssige Kolloide in einer gasförmigen Trägerphase betrachtet, sondern wie in Kapitel 3 Teilchen auf molekularer Ebene, die ihre Position tauschen oder miteinander interagieren, so wird bei einer ausreichend kleinen mittleren freien Weglänge gegenüber den geometrischen Abmessungen ein Kontinuitätsansatz aufgestellt. Bei einem Plasma ist die Bewegung von Ladungsträgern äquivalent der Beschreibung eines elektrischen Stroms. Sobald das Plasma als kontinuierliches Gemisch beschrieben wird, wird statistische betrachtet die Bewegung von Elektronen und Ionen als Ladungsträger jedoch nicht numerisch aufgelöst. Somit ist elektrischer Strom kinematisch als Ladungsträgerdiffusion zu verstehen [20, 70, 120].

6.2.1 Ionendiffusion

Die Diffusivität von Plasmen wird aufgrund ihrer geringen Masse ohne Berücksichtigung der Elektronen bestimmt. Aufbauend auf der allgemeinen Formulierung für die binäre Diffusion von geladenen Teilchen (Ionen) mit der Anzahldichte n_1 und nicht geladenen Teilchen (Neutralteilchen) mit der Anzahldichte n_0 folgt für den binäre Diffusionskoeffizienten:

$$D_{01} = \frac{n_1 \lambda_0 \bar{c}_0 + n_0 \lambda_1 \bar{c}_1}{3 (n_1 + n_0)} \quad . \tag{6.83}$$

Aus der Definiton des Ionisationsgrades η folgt für die Anzahldichten einzelnen Teilchenklassen:

$$\eta = \frac{n_1}{n} = \frac{n_1}{n_1 + n_0} \quad \rightarrow \quad \frac{n_0}{n_1 + n_0} = 1 - \eta \quad . \tag{6.84}$$

Die mittlere freie Weglänge wurde bereits wie folgt definiert (vgl. Gl. 3.328):

$$\lambda = \frac{1}{\sqrt{2} n A_k} \quad , \tag{6.85}$$

und mit der Definiton des Ionisationsgrades

$$\eta = \frac{n_1}{n} \text{ und } \frac{n_0}{n} = 1 - \eta \text{ ,da } n = n_1 + n_0 \tag{6.86}$$

resultiert für die mittlere freie Weglänge eines Ions:

$$\lambda_1 = \frac{1}{\sqrt{2} A_k n} = \frac{\eta}{\sqrt{2} A_k n_1} \quad , \tag{6.87}$$

das die gleiche mittlere freie Weglänge hat wie ein Neutralteilchen:

$$\lambda_0 = \frac{1}{\sqrt{2}A_k n} = \frac{1-\eta}{\sqrt{2}A_k n_0} \quad . \tag{6.88}$$

Die Kollisionsfläche A_k wäre bei Elektron/Neutralteilchen- bzw. Elektron/Ion-Kollisionen nicht mehr die vierfache Querschnittsfläche eines Neutralteilchens sondern nur noch gut die einfache, da der Durchmesser eines Elektrons um ein Vielfaches geringer ist als der einen jeden Atoms. Für Ion/Neutralteilchen-Kollisionen ist die Kollisionsfläche äquivalent der Kollisionfläche zweier Neutralteilchen (Gl. 3.326). Für den Diffusionskoeffizienten folgt dadurch, dass die mittleren freien Weglängen übereinstimmen:

$$\lambda_0 = \lambda = \lambda_1 \quad . \tag{6.89}$$

Werden die obigen Äquivalente (Gln. 6.87,6.88) in die Beziehung des Diffusionskoeffizienten (Gl. 6.83) eingesetzt, ergibt sich folgende Beziehung:

$$D_{01} = \frac{\eta\,(1-\eta)}{3\sqrt{2}A_k} \left(\frac{\bar{c}_0}{n_0} + \frac{\bar{c}_1}{n_1} \right) \quad . \tag{6.90}$$

Direkt abzulesen ist, dass, sobald der Ionisationsgrad $\eta = 0$ oder $\eta = 1$ ist, der Diffusionskoeffizient $D_{01} = 0$ ist. Weiter folgt nach nochmaliger Substitution der verbleibenden Anzahldichten (Gl. 6.83) unter Berücksichtigung der thermischen Interpretation der mittleren Geschwindigkeit (Gl. 3.320):

$$\begin{aligned}
D_{01} &= \frac{m}{3} \frac{\eta\,(1-\eta)}{\sqrt{2}\rho A_k} \left[\frac{\bar{c}_0}{n_0} + \frac{\bar{c}_1}{n_1} \right] \tag{6.91} \\
&= \frac{m}{3} \frac{\eta\,(1-\eta)}{\sqrt{2}\rho A_k} \sqrt{\frac{8k_B}{\pi m}} \left[\frac{\sqrt{T_0}}{n_0} + \frac{\sqrt{T_1}}{n_1} \right] \\
&= \frac{2}{3} \sqrt{\frac{k_B m}{2\pi}} \frac{1}{\rho A_k} \left[\eta\sqrt{T_0} + (1-\eta)\,\sqrt{T_1} \right] \quad .
\end{aligned}$$

Durch diese allgemeine Form der binären Diffusivität werden massenspezifische Diffusionsraten wie Viskosität, Wärmeleitfähigkeit oder auch elektrische Leitfähigkeit auf molekularer Basis bestimmt.

6.2.2 Elektrische Leitung mittels Diffusion ionisierter Gase

Die elektrische Leitfähigkeit σ wird durch die Beziehung von elektrischer Flussdichte $\vec{j}$ und elektrischer Feldstärke $\vec{E}$

$$\vec{j} = \sigma \vec{E} \quad . \tag{6.92}$$

Als Einheit ergibt sich aus denen der elektrischen Feld- und Flussgrößen:

$$[j] = \frac{A}{m^2} \quad , \quad [E] = \frac{V}{m} = \frac{W}{Am} = \frac{kg\,m}{A\,s^3} \quad \Rightarrow \quad [\sigma] = \frac{A^2}{Wm} = \frac{A^2\,s^3}{kg\,m^3} \quad .$$
(6.93)

Für schwach ionisierte Plasmen folgt aus der Ionenanzahldichte n_1 und dem binären Diffusionskoeffizienten (Gl. 3.347) von Ionen und Neutralteilchen (vgl. Gl. 6.83):

$$D_{01} = \frac{n_1\lambda_0\bar{c}_0 + n_0\lambda_1\bar{c}_1}{3\,(n_1 + n_0)} \quad .$$
(6.94)

Die Elementarladung e ist die negative elektrische Ladung eines Elektrons und wie folgt definiert:

$$e = 1,602 \cdot 10^{-19}\,J \quad .$$
(6.95)

Für schwach ionisierte Gase heißt das damit aber auch

$$n_1 \ll n_0 \quad \Rightarrow \quad D_{01} \approx \frac{\lambda_1\bar{c}_1}{3} \quad .$$
(6.96)

Der Diffusion positiv geladener Ionen liegt folgender Zusammenhang zugrunde, dass das Produkt aus der Ladung eines einfach geladenen Ions e und dem elektrischen Potential Φ äquivalent zur kinetischen Energie der Ionengeschwindigkeit $\vec{v}_1$ in Richtung des elektrischen Flusses $\vec{n}_j$ ist. Die Ionentemperatur ist dementsprechend T_1.

$$e\Phi = \frac{1}{2}m_1 \underbrace{(\vec{v}_1 \cdot \vec{n}_j)\,(\vec{v}_1 \cdot \vec{n}_j)}_{c_1^2} = \frac{3}{2}k_B T_1$$
(6.97)

Ausgehend von einer Proportionalität von $n_1 \sim T_1$ resultiert aus der Differentiation:

$$\nabla\left(n_1 e \frac{e\Phi}{k_B T_1}\right) = \nabla\left(\frac{2}{3}n_e e\right)$$
(6.98)

$$\frac{n_1 e^2}{k_B T_1}\underbrace{\nabla\Phi}_{=-\vec{E}} = \frac{2}{3}\nabla\,(n_1 e) \quad .$$
(6.99)

Der negierte Gradient des elektrischen Potentials ist die elektrische Feldstärke $\vec{E}$. In Analogie zur Diffusion einer Konzentration (Gl. 3.344), resultiert für die elektrische Flussdichte, welche als Produkt von Ladungsträgerdichte und Geschwindigkeit definiert ist:

$$E\left(L \to R\right) \quad = \quad e\frac{\hat{n}_1\left(-\frac{4}{3}\lambda_1\right)\bar{c}_1}{2}\frac{\bar{c}_1}{2} = e\frac{\bar{c}_1}{4}\left(\hat{n}_1\left(0\right) - \frac{4}{3}\lambda_1\frac{dn_1}{dx}\right) \qquad (6.100)$$

$$E\left(R \to L\right) \quad = \quad -e\frac{\hat{n}_1\left(+\frac{4}{3}\lambda_1\right)\bar{c}_1}{2}\frac{\bar{c}_1}{2} = -e\frac{\bar{c}_1}{4}\left(\hat{n}_1\left(0\right) + \frac{4}{3}\lambda_1\frac{dn_1}{dx}\right) \qquad (6.101)$$

$$\vec{j}\cdot\vec{n}_j \quad = \quad E\left(L \to R\right) + E\left(R \to L\right) = e\frac{\bar{c}_1}{4}\left(-\frac{4}{3}\lambda_1\frac{dn_1}{dx} - \frac{4}{3}\lambda_1\frac{dn_1}{dx}\right)$$

$$\quad = \quad -e\frac{2}{3}\lambda_1\bar{c}_1\frac{dn_1}{dy} \quad . \qquad (6.102)$$

Mit Gl. 6.96 folgt für den Ionenfluss:

$$\vec{j} = -2D_{01}\nabla\left(n_1 e\right) \quad \Rightarrow \quad \nabla\left(n_1 e\right) = -\frac{1}{2D_{01}}\vec{j} \quad . \qquad (6.103)$$

Eingesetzt in Gl. 6.99 folgt:

$$\frac{n_1 e^2}{k_B T_1}\vec{E} = \frac{1}{3D_{01}}\vec{j} \quad . \qquad (6.104)$$

Für das Verhältnis von elektrischer Flussdichte und elektrischer Feldstärke (Gl. 6.92) folgt aus diesem Ionendiffusionsprozess:

$$\vec{j} = \underbrace{3D_{01}\frac{n_1 e^2}{k_B T_1}}_{=\sigma_1}\vec{E} \quad . \qquad (6.105)$$

Mit den Definitonen der mittleren Geschwindigkeit (Gl. 3.320) für ein *Lighthill-Gas* mit $\gamma = 5/3$:

$$\bar{c}_1 = \sqrt{\frac{4}{\pi}\left(\frac{5}{3} - 1\right)}\underbrace{\sqrt{3\frac{k_B}{m_1}T_1}}_{c_1} = \sqrt{\frac{8k_B T_1}{\pi m_1}} \qquad (6.106)$$

und der mittleren freien Weglänge eines Ions (Gl. 6.87) folgen für Diffusionskoeffizienten und elektrische Leitfähigkeit

$$D_{01} \quad = \quad \frac{\lambda_1\bar{c}_1}{3} = \frac{2\eta}{3A_k n_1}\sqrt{\frac{k_B T_1}{\pi m_1}} \qquad (6.107)$$

$$\Rightarrow \quad \sigma_1 \quad = \quad 3\frac{n_1 e^2}{k_B T_1}\underbrace{\frac{2\eta}{3A_k n_1}\sqrt{\frac{k_B T_1}{\pi m_1}}}_{D_{01}} = \frac{2e^2\eta}{A_k\sqrt{\pi m_1 k_B T_1}} \quad . \qquad (6.108)$$

Die elektrische Leitfähigkeit wird damit durch einen hohen Ionisationsgrad begünstigt und eine ansteigende Temperatur behindert. Die elektrische Leitfähigkeit basiert in diesem Beispiel ausschließlich auf der Ionendiffusion. Entscheidend für den messbaren elektrischen Widerstand eines Plasmas wird aber die Elektronendichte sein, welche hier noch nicht berücksichtigt wird. Soll nun in einem Lichtbogen der elektrische Widerstand bestimmt werden, muss zur Berechnung der elektrischen Leitfähigkeit zuvor der Ionisationsgrad bestimmt werden.

6.2.3 Ionisationsenergie

Um ein Atom zu ionisieren, muss die Anziehungskraft des Atomkerns auf das sich im Orbital bewegende Elektron überwunden werden. Die auf das Elektron wirkende Kraft $\vec{F}_e$ steht im direkten Verhältnis zum Abstand des Atomkernmittelpunkts. Dieser Abstand wird als *klassischen Atomradius* r_e bezeichnet. Die Anziehungskraft wird durch die nach *Charles Augustin de Coulomb* (1736-1806) benannte *Coulomb-Formel* bestimmt [12]:

$$F_e = \frac{e^2 z}{4\pi\epsilon_0 r_e^2} \quad . \tag{6.109}$$

Die *Kernladungszahl* z, auch *Ordnungszahl* genannt, beschreibt die Anzahl der im Kern des Atoms enthaltenen Protonen. Die *elektrische Feldkonstante*

$$\epsilon_0 = \frac{1}{\mu_0 c_0} \approx 8,854188 \cdot 10^{-12} \frac{As}{Vm} \tag{6.110}$$

oder auch *Permittivität des Vakuums* wird zugleich durch die anderen Naturkonstanten, die *magnetische Feldkonstante im Vakuum* μ_0 und die *Lichtgeschwindigkeit im Vakuum* c_0, bestimmt:

$$\mu_0 = 4\pi \cdot 10^7 \frac{Vs}{Am} \tag{6.111}$$

$$c_0 \approx 2,997925 \cdot 10^8 \frac{m}{s} \quad . \tag{6.112}$$

Der *Bahndrehimpuls* eines Elektrons existiert nur als *quantisierte Größe*, d. h. als ganzzahliges Vielfaches des *reduzierten Planck'schen Wirkungsquantums*

$$\hbar = \frac{h}{2\pi} \quad ; h = 6,62607 \cdot 10^{-34} Js \quad , \tag{6.113}$$

wobei h als das nach *Max Planck (1817-1900)* benannte *Planck'sche Wirkungsquantum* definiert ist:

$$m_e v_e r_e = n\hbar = \frac{nh}{2\pi} \quad \Rightarrow \quad v_e = \frac{n\hbar}{m_e r_e} \quad . \tag{6.114}$$

Als Geschwindigkeit des Elektrons resultiert v_e aus dem gegebenen Bahndrehimpuls. Für ein sich auf einer als vereinfacht angenommenen Kreisbahn mit dem klassischen Atomradius r_e bewegendes Elektron folgt aus der Äquivalenz von Zentripedalkräften und den Anziehungskräften des Atomkerns (Gl. 6.109) folgendes Gleichgewicht, aus dem wiederum der klassische Atomradius r_e resultiert:

$$m_e \frac{v_e^2}{r_e} = \frac{e^2 z}{4\pi\epsilon_0 r_e^2} \tag{6.115}$$

$$\frac{n^2 \hbar^2}{m_e r_e^3} = \frac{e^2 z}{4\pi\epsilon_0 r_e^2} \tag{6.116}$$

$$\frac{n^2 \hbar^2}{m_e} = \frac{e^2 z r_e}{4\pi\epsilon_0} \tag{6.117}$$

$$r_e = \frac{4\pi\epsilon_0 n^2 \hbar^2}{m_e e^2 z} \quad . \tag{6.118}$$

Für die Energie χ, die nötig ist, um das Elektron aus dem Anziehungsfeld des Atomkerns zu entfernen, bedeutet das, dass diese dem radialen Integral der Anziehungskraft auf das Elektron entspricht:

$$\chi = \int_{r_e}^{\infty} \underbrace{-\frac{e^2 z}{4\pi\epsilon_0 r^2}}_{=F(\tilde{r})} d\tilde{r} \tag{6.119}$$

$$= \left[-\frac{e^2 z}{4\pi\epsilon_0 r} \right]_{r_e}^{\infty} = \frac{e^2 z}{4\pi\epsilon_0 r_e}$$

$$= \frac{e^2 z}{4\pi\epsilon_0} \cdot \frac{m_e e^2 z}{4\pi\epsilon_0 n^2 \hbar^2}$$

$$= m_e \left(\frac{e^2 z}{4\pi\epsilon_0 n\hbar} \right)^2 \quad .$$

Diese Energie χ, die nötig ist, um ein Elektron aus dem Anziehungsfeld des Atomkerns zu entfernen, wird *Ionisationsenergie* genannt.

6.2.4 De-Broglie-Wellenlänge eines Elektrons

Die *thermische De-Broglie-Wellenlänge* Λ eines Masseteilchens mit Masse m beschreibt die Wellenlänge, welche die elektromagnetische Welle hätte, wenn diese wiederum die gleiche Energie wie das Teilchen hätte.
Wird der quantisierte Bahndrehimpuls (Gl. 6.114) so als Welle verstanden und die n Wellenlängen $n \cdot \Lambda_e$ einem komplettem Umlauf entsprechen, dann gilt:

$$2\pi r_e = n\Lambda_e \quad \Rightarrow \quad \Lambda_e = \frac{2\pi\hbar}{m_e v_e} = \frac{h}{m_e v_e} \quad . \tag{6.120}$$

Wenn sich eine solche Welle mit der Teilchengeschwindigkeit v ausbreiten würde und somit die Frequenz $\nu = v/\Lambda$ hätte, ließe sich wie folgt eine direkte Relation zwischen dieser Wellenlänge und dem Impuls $p = mv$ des Masseteilchens herleiten:

$$\Lambda = \frac{h}{p} \quad \Rightarrow \quad E = \frac{m}{2}v^2 = \frac{p^2}{2m} = h\frac{v}{\Lambda} = h\nu \quad . \tag{6.121}$$

Für die *De-Broglie-Wellenlänge* eines Elektrons folgt damit die Abhängigkeit von dessen Impuls $p_e = m_e v_e$, der durch seine drei Raumrichtungskomponenten p_1, p_2 und p_3 und damit auch der Elektronenmasse m_e sowie den Geschwindigkeitskomponenten ξ_i definiert wird:

$$p_e^2 = \sum_i p_i^2 = m_e^2 \sum_i \xi_i^2 \quad . \tag{6.122}$$

Für die charakteristische Geschwindigkeit der Elektronen, die in der Lage sind Neutralteilchen zu ionisieren, wird lediglich der Anteil des sogenannten *Maxwell-Schwanzes* der *Maxwell-Geschwindigkeitsverteilung* (Gl. 3.297) berücksichtigt (vgl. [166]).

$$v_e = \left[\int_{-\infty}^{+\infty} \int_{-\infty}^{+\infty} \int_{-\infty}^{+\infty} e^{-\frac{m}{2k_B T_e}(\xi_1^2 + \xi_2^2 + \xi_3^2)} d\xi_1 d\xi_2 d\xi_3 \right]^{\frac{1}{3}} \tag{6.123}$$

$$= \left[\int_{-\infty}^{+\infty} \int_{-\infty}^{+\infty} \int_{-\infty}^{+\infty} \frac{1}{m^3} e^{-\frac{p_1^2 + p_2^2 + p_3^2}{2m_e k_B T_e}} dp_1 dp_2 dp_3 \right]^{\frac{1}{3}}$$

$$= \left[4\pi \int_0^{+\infty} \frac{1}{m^3} e^{-\frac{p^2}{2m_e k_B T_e}} p^2 dp \right]^{\frac{1}{3}}$$

$$= \left[4\pi \int_0^{+\infty} \frac{(2m_e k_B T_e)^{\frac{3}{2}}}{m_e^3} e^{-\frac{p^2}{2m_e k_B T_e}} \frac{p^2}{2m_e k_B T_e} d\left(\frac{p}{\sqrt{2m_e k_B T_e}} \right) \right]^{\frac{1}{3}}$$

Mit der Substitution

$$X = \frac{p_e}{\sqrt{2m_e k_B T_e}} \qquad (6.124)$$

folgt das bestimmte und bereits gelöste *Gauss-Integral* (Gl. 3.271):

$$\frac{p_e}{m_e} = \left[4\pi \frac{(2m_e k_B T_e)^{\frac{3}{2}}}{m_e^3} \underbrace{\int_0^{+\infty} X^2 e^{-X^2} dX}_{=\sqrt{\pi}/4} \right]^{\frac{1}{3}}$$

$$= \left[\frac{(2\pi m_e k_B T_e)^{\frac{3}{2}}}{m_e^3} \right]^{\frac{1}{3}}$$

$$= \sqrt{\frac{2\pi k_B T_e}{m_e}} \ . \qquad (6.125)$$

Für den zur ermittelnden Impuls des ionisierenden Elektrons folgt:

$$p_e = (2\pi m_e k_B T_e)^{\frac{1}{2}} \quad \Rightarrow \quad \Lambda_e = \frac{h}{p_e} = \sqrt{\frac{h^2}{2\pi m_e k_B T_e}} \ . \qquad (6.126)$$

Somit wird die *De-Broglie-Wellenlänge* eines Elektrons Λ_e durch die Elektronentemperatur T_e bestimmt.

6.2.5 Entartung von Molekülen

Die Entartung von Molekülen beschreibt die Anzahl der unterscheidbaren Zustände, welche in den Schalen der einzelnen Atome vorherrschen. Diese Anzahl der unterscheidbaren Zustände des Atoms einer Spezie α wird das *"statistische Gewicht"* $W_\alpha^{(0)}$ genannt. $W_\alpha^{(i)}$ ist dem entsprechend das *statistische Gewicht* der i-ten Ionisationsstufe. Für die erste Ionisationsstufe von Wasserstoff mit einem Proton und nur einem Elektron mit entweder einem positiven oder einem negativen Spin bedeutet das, dass es für nicht ionisierten Fall zwei unterscheidbare Zustände, nämlich mit einem positiven oder einem negativen Spin des Elektons, gibt. Da dem ionisierten Atom allerding dieses Elektron fehlt, gilt für Wasserstoff:

$$W_H^{(0)} = 2 \quad ; \quad W_H^{(1)} = 1 \quad \Rightarrow \quad \frac{W_H^{(1)}}{W_H^{(0)}} = \frac{1}{2} \ . \qquad (6.127)$$

Für Edelgase gilt, dass die äußerste Schale stets voll besetzt ist und damit
für Helium zwei Elektronen (s-Block) und für die restlichen Edelgase 6
Elektronen (p-Block) für die Ionisation zur Verfügung stehen. Für ein Helium-
Atom und damit den s-Block gilt, dass nach dem *Pauli-Prinzip* nach *Wolfgang
Pauli (1900-1958)* zwei Elektronen stets einen gegenläufigen Spin haben.
Daher ist im nicht ionisierten Fall kein zweiter Zustand detektierbar. Die
statistische Summe ist daher 1. Wird ein Elektron mittels Ionisation entfernt,
ergeben sich für das zurückbleibende Teilchen zwei Spinmöglichkeiten. Daher
entspricht das statistische Gewicht der ersten Ionisationsstufe dem Wert 2.

$$W_{He}^{(0)} = 1 \quad ; \quad W_{He}^{(1)} = 2 \quad \Rightarrow \quad \frac{W_{He}^{(1)}}{W_{He}^{(0)}} = 2 \qquad (6.128)$$

Die zweite Ionisationsstufe würde wie bei Wasserstoff keine Elektronen
zurücklassen und damit auch keine unterscheidbaren Zustände produzieren:

$$W_{He}^{(2)} = 1 \quad \Rightarrow \quad \frac{W_{He}^{(2)}}{W_{He}^{(1)}} = \frac{1}{2} \quad . \qquad (6.129)$$

Der p-Block von Edelgasen mit höherer Ordnungszahl wird in drei vonein
ander unterscheidbare Suborbitale unterteilt. In jedem der drei Suborbitale
p_y, p_y und p_z sind bei voller Besetzung der Außenschale zwei Elektronen
enthalten. Daher ist auch hier im nicht ionisierten Fall kein unterscheidbarer
Zustand erkennbar und die *statistische Summe* gleich 1.
In der ersten Ionisationsstufe ergeben sich für das fehlenden Elektron drei
mögliche Suborbitale. Und das in dem jeweiligen Suborbital zurückbleibende
Elektron hat zwei möglich Spinorientierungen. Daraus ergeben sich sechs
unterscheidbare Zustände. Daher gilt für Edelgase höherer Ornung wie Neon, Argon, Krypton oder Xenon, dass die statisitsche Summe der ersten
Ionisationsstufe dem Wert 6 entspricht [214].

$$W_{Ar}^{(0)} = 1 \quad ; \quad W_{Ar}^{(1)} = 6 \quad \Rightarrow \quad \frac{W_{Ar}^{(1)}}{W_{Ar}^{(0)}} = 6 \qquad (6.130)$$

Mittels dieses statistischen Gewichts wird wird anhand der *Boltzmann-
Statistik* die Anzahldichte der durch einen Ionisationsprozess generierten
Ionen beschrieben.

6.2.6 Eggert-Saha-Gleichung

Aus der bereits diskutierten Betrachtung des *Maxwell-Schwanzes* (Gl. 6.123) folgt mit der sogenannten *Boltzmann-Statistik*:

$$n_\alpha^{(k)} \sim W_\alpha^{(k)} e^{-\frac{E^{(k)}}{k_B T_\alpha}} \quad . \tag{6.131}$$

Auf der Basis der Boltzmann-Statistik wird das Anzahlverhältnis der ionisierten und der nicht ionisierten Moleküle in Abhängigkeit von den statistischen Gewichten von Ionen der $i+1$.Ionisationsstufe $W^{(i+1)}$ und den Teilchen einer Stufe niedriger $W^{(i)}$, dem Elektronenvolumen V_e, der kinetischen Energie und der Ionisationsenergie eines einzelnen Moleküls ξ dargestellt:

$$
\begin{aligned}
\frac{n^{(i+1)}}{n^{(i)}} &= 2 \frac{W^{(i+1)}}{W^{(i)}} \frac{V_e}{h^3 m_e^3} \iiint_{-\infty}^{+\infty} e^{-\frac{X}{k_B T_e} - \frac{m}{2 k_B T_e}(\xi_1^2 + \xi_2^2 + \xi_3^2)} d\xi_1 d\xi_2 d\xi_3 \\
&= 2 \frac{W^{(i+1)}}{W^{(i)}} \frac{V_e}{h^3} \iiint_{-\infty}^{+\infty} e^{-\frac{X}{k_B T_e} - \frac{1}{2 m k_B T_e}(p_1^2 + p_2^2 + p_3^2)} dp_1 dp_2 dp_3 \\
&= 2 \frac{W^{(i+1)}}{W^{(i)}} \frac{V_e}{h^3} \int_{-\infty}^{+\infty} e^{-\frac{X}{k_B T_e} - \frac{p^2}{2 m k_B T_e}} \cdot 4\pi p^2 dp \\
&= 2 \frac{W^{(i+1)}}{W^{(i)}} \frac{V_e}{h^3} (2 m_e k_B T_e)^{\frac{3}{2}} e^{-\frac{X}{k_B T_e}} \\
&\quad \cdot 4\pi \int_{-\infty}^{+\infty} e^{-\frac{p^2}{2 m_e k_B T_e}} \frac{p^2}{2 m_e k_B T_e} d\left(\frac{p}{\sqrt{2 m_e k_B T_e}}\right) \tag{6.132}
\end{aligned}
$$

Mit der Substitution

$$X = \frac{p_e}{\sqrt{2 m_e k_B T_e}} \tag{6.133}$$

folgt durch das bestimmte und bereits gelöste *Gauss-Integral* (Gl. 3.271) die explizite Darstellung des Neutralteilchen/Ionenverhältnisses:

$$
\begin{aligned}
\frac{n^{(i+1)}}{n^{(i)}} &= 2 \frac{W^{(i+1)}}{W^{(i)}} \frac{V_e}{h^3} (2 m_e k_B T_e)^{\frac{3}{2}} e^{-\frac{X}{k_B T_e}} \\
&\quad \cdot 4\pi \underbrace{\int_{-\infty}^{+\infty} e^{-X^2} dX}_{=\frac{1}{4}\sqrt{\pi}} \tag{6.134} \\
&= 2 \frac{W^{(i+1)}}{W^{(i)}} \frac{V_e}{h^3} (2\pi m_e k_B T_e)^{\frac{3}{2}} e^{-\frac{X}{k_B T_e}}
\end{aligned}
$$

Das Elektronenvolumen V_e entspricht dem Kehrwert der Elektronendichte

$$n_e = (1 + \delta) \sum_k k n_k \qquad (6.135)$$

und die Anzahl der Elektronen, welche in einem quasineutralen Plasma ($\delta = 0$) der Anzahl der Ionen entspricht, sofern die Ionen höchstens einmal ionisiert sind. Quasineutralität beschreibt den ladungstechnischen Ausgleich der durch die vorhandenen Elektronen und Ionen repräsentierten Ladungen. Das bedeutet, dass sich die Ladung der N_e Elektronen q_e und die der jeweils N_k Ionen k-ter Stufe q_k ausgleicht:

$$q_e + \sum_k q_k = 0 \Rightarrow -e N_e + e \sum_k k N_k = 0 \quad . \qquad (6.136)$$

So folgt für das Anzahlverhältnis und die Anzahldichte der Elektronen n_e:

$$e N_e = e N_e \sum_k \frac{k N_k}{N_e} \qquad (6.137)$$

$$\Rightarrow n_e = n_e \underbrace{\sum_k \frac{k n_k}{n_e}}_{1/(1+\delta)} \quad . \qquad (6.138)$$

Aus der Definition der charakteristischen Größe δ (Gl. 6.135) folgt das für quasineutrale Plasmen:

$$\Rightarrow \delta = 0 \quad . \qquad (6.139)$$

Bei einem aktiv gesteuerten Ionierungsprozess muss diese Anzahldichte deutlich größer sein, so dass mit der charakteristischen Größe $\delta \geq 0$ angenommen werden kann:

$$V_e = n_e^{-1} \quad . \qquad (6.140)$$

Aus der Gleichung für die Anzahlverhältnisse folgt damit:

$$n_e \frac{n_{i+1}}{n_i} = 2 \frac{W^{(i+1)}}{W^{(i)}} \frac{(2\pi m_e k_B T_e)^{\frac{3}{2}}}{h^3} e^{-\frac{\chi}{k_B T_e}} \qquad (6.141)$$

$$n_e \frac{n_{i+1}}{n_i^2} = 2 \frac{W^{(i+1)}}{W^{(i)}} \left(\frac{\sqrt{2\pi m_e}}{h} \right)^3 \frac{(k_B T_e)^{\frac{3}{2}}}{n_i} e^{-\frac{\chi}{k_B T_e}} \quad . \qquad (6.142)$$

Dadurch folgt für das Quadrat des Anzahldichteverhältnisses zwischen einfach ionisierten ($n_e = (1 + \delta) n_1$) und nicht ioisierten Atomen:

$$(1 + \delta) \frac{n_1^2}{n_0^2} = \frac{2}{n_0} \frac{W^{(1)}}{W^{(0)}} \left(\frac{\sqrt{2\pi m_e k_B T_e}}{h} \right)^3 e^{-\frac{\chi}{k_B T_e}} \quad . \qquad (6.143)$$

Aus dem Ziehen der Wurzel folgt das Anzahldichteverhältinis in Abhängigkeit von Neutralteilchendichte und Elektronentemperatur:

$$\frac{n_1}{n_0} = \sqrt{\frac{2}{(1+\delta)\, n_0} \frac{W^{(1)}}{W^{(0)}}} \left(\frac{\sqrt{2\pi m_e k_B T_e}}{h} \right)^{\frac{3}{2}} e^{-\frac{\chi}{2k_B T_e}} \quad . \qquad (6.144)$$

Aufbauend auf den Arbeiten von *John Emil Max Eggert* (1891-1973) konnte der indische Astrophysiker *Meghnad Saha* (1893-1956) mit dem Ansatz, dass die Elektronentemperatur T_e im thermischen Gleichgewicht der absoluten Temperatur T entspricht $(T \approx T_e)$ und der Ionisationsgrad sehr gering ist $(n \approx n_0)$ die Gleichung

$$\frac{n_1}{n_0} = \sqrt{\frac{2}{(1+\delta)\, n} \frac{W^{(1)}}{W^{(0)}}} \left(\frac{\sqrt{2\pi m_e k_B T}}{h} \right)^{\frac{3}{2}} e^{-\frac{\chi}{2k_B T}} \quad . \qquad (6.145)$$

auf makroskopische Größen transformieren. Eine häufig zitierte Form dieser Gleichung ist das Anzahldichteverhältnis von Ionen zu Neutralteilchen eines neutralen Wasserstoffplasmas mit $W^{(0)} = 2W^{(1)}$ (Gl. 6.127), bei dem auch schließlich nur eine Ionisationsstufe existiert und sich sie Anzahl der Ionen mit der der Elektronen aufhebt $(\delta = 0)$. Insbesondere bei schwach ionisierten Plasmen, bei denen die Dichte der Neutralteichen n_0 annähernd der Dichte aller Teilchen entspricht, ist mit der Definition des absoluten Drucks

$$p = n k_B T \qquad (6.146)$$

der Ionisationsgrad η direkt aus dieser Gleichung in Abhängigkeit von Druck und Temperatur ablesbar:

$$\eta = \frac{n_1}{n} = \left(\frac{\sqrt{2\pi m_e}}{h} \right)^{\frac{3}{2}} \frac{(k_B T)^{\frac{5}{4}}}{\sqrt{p}} e^{-\frac{\chi}{2k_B T}} \quad . \qquad (6.147)$$

Diese Definiton gilt somit für den Spezialfall eines isothermen Wasserstoffplasmas für mit einfach ionisierten Atomen.

6.2.7 Zustandssumme und kanonisches Ensemble

Die Zustandssumme der i. Ionisationsstufe $Z^{(i)}$ folgt aus dem sogenannten *kanonischen Ensemble* nach *Josiah Willard Gibbs (1839-1903)*.

$$Z^{(i)} = W^{(i)} e^{-\frac{E^{(i)}}{k_B T}} \qquad (6.148)$$

Das kanonische Ensemble ist mit der *Energie E*, der *Entropie S* und der *freien Energie F* wie folgt definiert:

$$E = -\frac{\partial}{\partial \beta}\ln Z \quad \text{mit } \beta = \frac{1}{k_B T} \qquad (6.149)$$

$$S = k_B \frac{\partial}{\partial T}(T\ln Z) \qquad (6.150)$$

Für die sogenannte freie oder auch *Helmholtz-Energie* (vgl. 3.81) folgt somit:

$$\begin{aligned} F = E - TS &= -\frac{\partial}{\partial \beta}\ln Z - k_B T \frac{\partial}{\partial T}(T\ln Z) \\ &= -\frac{\partial T}{\partial \beta}\frac{\partial}{\partial T}\ln Z - k_B T\ln Z - k_B T^2 \frac{\partial}{\partial T}(\ln Z) \\ &= \underbrace{\left(\frac{1}{k_B \beta^2} - k_B T^2\right)}_{=0} \frac{\partial}{\partial T}\ln Z - k_B T \frac{\partial}{\partial T}\ln Z \\ &= -k_B T\ln Z. \end{aligned} \qquad (6.151)$$

Für die Zustandssumme folgt damit:

$$Z = e^{-\frac{F}{k_B T}} = e^{-\frac{U}{k_B T}} \cdot e^{\frac{S}{k_B}} \quad . \qquad (6.152)$$

Wird dieser Gleichung die Definiton der Entropie von *Ludwig Boltzmann (1844-1906)*:

$$S = k_B \ln W \qquad (6.153)$$

zugrunde gelegt, resultiert für das Verhältnis der Zustandssummen:

$$\frac{Z^{(1)}}{Z^{(0)}} = e^{-\frac{E^{(1)} - E^{(0)}}{k_B T}} \cdot e^{\frac{S^{(1)} - S^{(0)}}{k_B}} \quad , \qquad (6.154)$$

Die zur Ionisation benötigte Energie ist die bereits definierte Ionisationsenergie χ (Gl. 6.119). Werden das Verhältnis der Zustandssummen und die Wellenlänge eines Elektrons (Gl. 6.126) in der Eggert-Saha-Gleichung(Gl. 6.134) substituiert:

$$\frac{n_1 \cdot n_e}{n_0} = \frac{2}{\Lambda_e^3}\frac{W^{(1)}}{W^{(0)}}e^{-\frac{\chi}{k_B T_e}} \quad \text{mit } \Lambda_e = \frac{h}{p_e} = \sqrt{\frac{h^2}{2\pi m_e k_B T_e}} \quad , \qquad (6.155)$$

resultiert die eine leicht modifizierte Form, in der

$$Z_e = W_e = 2 \qquad (6.156)$$

als Zustandssumme eines Elektrons beschrieben wird, das mit dem statistischen Gewicht $W_e = 2$ durch zwei mögliche Spinorientierungen dargestellt werden kann:

$$\frac{n_1 \cdot n_e}{n_0} = \frac{Z_e}{\Lambda_e^3} \frac{Z^{(1)}}{Z^{(0)}} \quad . \tag{6.157}$$

Wird die zuvor hergeleitete explizite Form (Gl. 6.154) des Zustandssummenverhältnisses mit der eigentlichen Definition der Zustandssumme (Gl. 6.148):

$$\frac{Z^{(1)}}{Z^{(0)}} = \frac{W^{(1)}}{W^{(0)}} e^{-\frac{E^{(1)} - E^{(0)}}{k_B T}} = \frac{W^{(1)}}{W^{(0)}} e^{-\frac{X}{k_B T}} \tag{6.158}$$

verglichen, ergibt sich die Definition der mikrokanonischen Entropieänderung:

$$\left(S^{(1)} - S^{(0)} \right) = k_B \ln \frac{W^{(1)}}{W^{(0)}} \quad . \tag{6.159}$$

Entsprechend der Boltzmann-Gleichung (Gl. 6.153) gilt für das Elektron:

$$S_e = k_B \ln W_e = k_B \ln 2 \quad . \tag{6.160}$$

Mit diesem Ansatz wird in Abhängigkeit von der molekularen Zustandswahrscheinlichkeit ein direkter Zusammenhang zwischen dem statistischen Gewicht (Gl. 6.153) und der Entropieänderung des Plasmas hergeleitet. Mit der Transformation anhand der Neutralteilchenmasse m_0 auf die massenspezifische Darstellung folgt:

$$\Delta s = \left(S_e + S^{(1)} - S^{(0)} \right) / m_0 = \frac{k_B}{m_0} \ln \frac{2W^{(1)}}{W^{(0)}} \quad . \tag{6.161}$$

Mit dieser Beziehung ist die massenspezifische Entropiezunahme eines beschriebenen Ionisationsprozesses durch eine konstante Größe quantifiziert. Die Ionisation von Wasserstoff entspäche somit einem reversiblen Prozess, da mit $W_e = 2$ die aus dem Verhältnis der statistischen Gewichte resultierende Entropieänderung verschwinden würde.

6.2.8 Ionentemperatur

Aus der massenspezifischen Betrachtung der Entropieänderung in Kombination mit den Entropiefunktionen (Gln. 3.42, 3.45) folgt mit dem Adiabatenexponenten $\gamma = c_p/c_v$:

$$
\begin{aligned}
\ln \frac{2W^{(1)}}{W^{(0)}} &= \frac{\Delta s}{k_B/m_0} = \frac{\Delta s}{c_p - c_v} \\
&= \frac{c_p \ln \frac{T^{(1)}}{T^{(0)}} - (c_p - c_v) \ln \frac{p^{(1)}}{p^{(0)}}}{c_p - c_v} \\
&= \frac{\gamma}{\gamma - 1} \ln \frac{T^{(1)}}{T^{(0)}} - \ln \frac{p^{(1)}}{p^{(0)}} \\
&= \ln \left[\frac{p^{(0)}}{p^{(1)}} \left(\frac{T^{(1)}}{T^{(0)}} \right)^{\frac{\gamma}{\gamma-1}} \right] \quad.
\end{aligned}
\tag{6.162}
$$

Wird nun berücksichtigt, dass die Drücke durch diese Beziehungen:

$$
p^{(0)} = (n_0 + n_1) k_B T^{(0)} + (n_e - n_1) k_B T_e \tag{6.163}
$$
$$
p^{(1)} = n_0 k_B T^{(0)} + n_1 k_B T_1 + n_e k_B T_e \tag{6.164}
$$

und die Temperaturen folgende Beziehung bestimmt sind:

$$
(n_0 + n_1) k_B T^{(1)} = n_0 k_B T^{(0)} + n_1 k_B T_1 + n_e k_B T_e \quad, \tag{6.165}
$$

folgt mit

$$
n_e = (1 + \delta) n_1 \tag{6.166}
$$
$$
n_1 = \theta n_0 \tag{6.167}
$$

für das Druckverhältnis:

$$
\begin{aligned}
\frac{p^{(0)}}{p^{(1)}} &= \frac{(n_0 + n_1) T^{(0)} + (n_e - n_1) T_e}{n_0 T^{(0)} + n_1 T_1 + n_e T_e} \\
&= \frac{(1 + \theta) T^{(0)} + \delta \theta T_e}{T^{(0)} + \theta T_1 + (1 + \delta) \theta T_e} \\
&= \frac{1 + \delta \theta \frac{T_e}{T^{(0)}} + \theta}{1 + \delta \theta \frac{T_e}{T^{(0)}} + \theta \left(\frac{T_1}{T^{(0)}} + \frac{T_e}{T^{(0)}} \right)}
\end{aligned}
\tag{6.168}
$$

und das Temperaturverhältnis:

$$\frac{T^{(1)}}{T^{(0)}} = \frac{n_0}{n_0 + n_1} + \frac{n_1}{n_0 + n_1}\frac{T_1}{T^{(0)}} + \frac{n_e}{n_0 + n_1}\frac{T_e}{T^{(0)}} \qquad (6.169)$$

$$= \frac{1}{1 + \theta}\left(1 + \theta\frac{T_1}{T^{(0)}} + (1 + \delta)\,\theta\frac{T_e}{T^{(0)}}\right)$$

$$= \frac{1}{1 + \theta}\left(1 + \delta\theta\frac{T_e}{T^{(0)}} + \theta\left(\frac{T_1}{T^{(0)}} + \frac{T_e}{T^{(0)}}\right)\right) \quad .$$

Werden die Größenverhältniss in das Referenzverhältnis (Gl. 6.162) eingesetzt, resultiert:

$$e^{\frac{\Delta s}{k_B/m_0}} = \frac{2W^{(1)}}{W^{(0)}}$$

$$= \frac{p^{(0)}}{p^{(1)}}\left(\frac{T^{(1)}}{T^{(0)}}\right)^{\frac{\gamma}{\gamma-1}} \qquad (6.170)$$

$$= \frac{1 + \delta\theta\frac{T_e}{T^{(0)}} + \theta}{(1 + \theta)^{\frac{\gamma}{\gamma-1}}}\left(1 + \delta\theta\frac{T_e}{T^{(0)}} + \theta\left(\frac{T_1}{T^{(0)}} + \frac{T_e}{T^{(0)}}\right)\right)^{\frac{1}{\gamma-1}} \geq 1 \quad .$$

Da mit einer positiven Ionisationsenergie davon ausgegangen werden kann, dass die Summe von Ionen- und Elektronentemperatur höher ist als die ursprüngliche Neutralteilchentemperatur, ist das Ergebnis dieser Exponentialfunktion stets größer eins und die Entropiezunahme damit positiv. Diese Gleichung läßt sich ohne weiteres nach der Ionentemperatur T_1 auflösen:

$$T_1 = \frac{T^{(0)}}{\theta}\left[\left(\frac{2W^{(1)}}{W^{(0)}}\right)^{\gamma-1}\frac{(1+\theta)^{\gamma}}{\left(1 + \delta\theta\frac{T_e}{T^{(0)}} + \theta\right)^{\gamma-1}} - \delta\theta\frac{T_e}{T^{(0)}} - 1\right] - T_e \quad .$$

$$(6.171)$$

Für ein neutrales Plasma ($\delta = 0$) folgt außerdem der Spezialfall:

$$\Delta s = \frac{k_B}{m_0}\ln\left(\frac{1 + \theta\left(\frac{T_1}{T^{(0)}} + \frac{T_e}{T^{(0)}}\right)}{1 + \theta}\right)^{\frac{1}{\gamma-1}} > 0 \quad . \qquad (6.172)$$

Sind Neutralteilchen-, Elektronen und damit auch Ionentemperatur bekannt, folgt mit dem Ionisationsgrad

$$\eta = \frac{n_1}{n_0 + n_1} \qquad (6.173)$$

aus der Temperaturrelation (Gl. 6.174) entsprechend mit

$$T^{(1)} = (1 - \eta)\,T^{(0)} + \eta\,[T_1 + (1 + \delta)\,T_e] \quad , \qquad (6.174)$$

die vorliegende Plasmatemperatur in Abhängigkeit von Elektronentemperatur T_e und Ionisationsgrad η. Sobald der Ionisationgrad verschwindet ($\eta = 0$), ist die Neutralteilchentemperatur äquivalent der Gastemperatur.

6.2.9 Ionisationsgrad schwach geladener Plasmen

Wird nun das Verhältnis der statistischen Gewichte (Gl. 6.144) in der Elektronentemperatur-abhängigen Darstellung der Ionenanzahldichte (Gl. 6.170) substituiert, folgt die Beziehung:

$$\frac{n_1}{n_0} = \sqrt{\frac{1}{(1+\delta)\,n_0}} \sqrt{\frac{p^{(0)}}{p^{(1)}}} \left(\frac{T^{(1)}}{T^{(0)}}\right)^{\frac{\gamma}{2\gamma - 2}} \left(\frac{\sqrt{2\pi m_e k_B T_e}}{h}\right)^{\frac{3}{2}} e^{-\frac{\chi}{2k_B T_e}} \quad .$$

(6.175)

Für schwach ionisierte Gase ist die Druckänderung (Gl. 6.168) vernachlässigbar. Die Elektronentemperatur kann als äquivalent zur Neutralteilchentemperatur angenommen werden:

$$T_e \approx T^{(0)}$$

(6.176)

$$\frac{p^{(0)}}{p^{(1)}} \approx 1 \quad .$$

(6.177)

Eingesetzt in die obige Gleichung folgt daraus:

$$\frac{n_1}{n_0} = \sqrt{\frac{T^{(1)\frac{\gamma}{\gamma-1}}}{(1+\delta)\,(n_0 + n_1)}\frac{T_e^{\frac{3}{4}}}{T^{(0)\frac{\gamma}{2\gamma-2}}}} \left(\frac{\sqrt{2\pi m_e k_B}}{h}\right)^{\frac{3}{2}} e^{-\frac{\chi}{2k_B T_e}} \quad .$$

(6.178)

Für ein ionisiertes und thermodynamisch ideales Edelgas (Gl. 3.310) mit

$$\gamma = \frac{5}{3}$$

(6.179)

folgt damit die Beziehung:

$$\frac{n_1}{n_0} = \sqrt{\frac{T^{(1)\frac{\gamma}{\gamma-1}}}{(1+\delta)\,n_0 T^{(0)}}} \left(\frac{\sqrt{2\pi m_e k_B}}{h}\right)^{\frac{3}{2}} e^{-\frac{\chi}{2k_B T^{(0)}}}$$

(6.180)

und mit vernachlässigbaren Anzahldichten von Ionen uns Elektronen folgt aus Gl. 6.164 sogar:

$$p^{(1)} = n_0 k_B T^{(0)}$$

(6.181)

und damit die Relation:

$$\frac{n_1}{n_0} = \sqrt{\frac{k_B T^{(1)\frac{\gamma}{\gamma-1}}}{(1+\delta)\, p^{(1)}}} \left(\frac{\sqrt{2\pi m_e k_B}}{h}\right)^{\frac{3}{2}} e^{-\frac{\chi}{2k_B T^{(0)}}} \quad . \tag{6.182}$$

Hiermit ist der Zusammenhang hergeleitet, dass das Anzahldichteverhältnis stets proportional zu dem angegebenen Temperatur/Druckverhältnis steht:

$$\frac{n_1}{n_0} \sim \frac{T^{(1)\frac{\gamma}{2\gamma-2}}}{p^{(1)\frac{1}{2}}} = \frac{T^{\frac{5}{4}}}{p^{\frac{1}{2}}} \quad . \tag{6.183}$$

Für schwach ionisierte Edelgase gilt entsprechend, dass der Ionisationsgrad proportional zum Verhältnis der 5/4-Potenz der absoluten Temperatur und der Quadratwurzel des absoluten Drucks ist.

6.3 Ionisation von Plasmen

Wie bereits beschrieben, werden Ladungsdichte und Leitfähigkeit eines Plasmas in festen Zusammenhang mit den makroskopischen Größen wie Temperatur und Druck gesetzt [95, 201]. Ebenso können mikroskopische Größen wie die Anzahldichten verschiedener Teilchen sowie die Änderung dieser einen direkten Einfluss auf makroskopische Vorgänge gewinnen. Die Ionisation eines Plasmas beeinflusst einzig durch die Änderung der Teilchen-Anzahldichten elektrische Leitfähigkeit, Plasmatemperatur und schließlich auch den Druck.

6.3.1 Elektrische Leitfähigkeit von Plasmen

Ein aus elektrischen Ladungsträgern bestehendes Plasma besitzt eine ungleich höhere elektrische Leitfähigkeit als ein nicht ionisiertes Neutralgas. Diese Eigenschaft ist duch die hohe Anzahl von Elektronen und Ionen mit nicht besetzten Positionen in ihrer äußeren Schale zu erklären. Durch den ständigen Prozess von Ionisation, also dem Abzug von Elektronen aus der äußersten Schale eines Neutralteilchens, und Rekombination, das heißt: der Besetzung der Fehlstelle, wird ein Elektronenfluss generiert, der sich entgegen der Orientierung des elektrischen Feldes ausrichtet.

Die Flussdichte dieses Elektronenstroms wird *elektrische Flussdichte* genannt und entspricht vom Betrag her dem Produkt von Ladungsträgerdichte

$$\rho_q = -en_e \tag{6.184}$$

und Ladungsträgergeschwindigkeit v_e:

$$\vec{j} = \rho_q v_e = -en_e v_e \quad . \tag{6.185}$$

Auf Basis der nach *Gustav Robert Kirchhoff (1824-1887)* postulierten Regeln beschreibt das später zu Ehren nach *Georg Simon Ohm (1789-1854)* benannte Gesetz die elektrische Leitfähigkeit als Proportionalitätsfaktor zwischen der *elektrischen Flussdichte* $\vec{j}$ und der *elektrischen Feldstärke* $\vec{E}$:

$$\vec{j} = \sigma\vec{E} \quad . \tag{6.186}$$

Wird der elektrische Strom durch sich im elektischen Feld in Richtung steigender Ionenanzahldichte bewegende negativ geladene Ladungsträger beschrieben, so entspricht das Produkt der auf ein Elektron wirkenden Kraft:

$$\vec{F}_e = -e\vec{E} \tag{6.187}$$

und der Zeit zwischen zwei Kollisionen τ_e dem *mittleren Impuls* eines Elektrons. Sei die Kollisionsrate (vgl. Gl. 3.327):

$$z_e = \frac{1}{\tau_e} \tag{6.188}$$

der Gegenwert dieser charakteristischen Kollsionszeit. So folgt für den Impuls eines Elektrons:

$$m_e \vec{v}_e = -\frac{e\vec{E}}{z_e} \quad , \Rightarrow \quad \vec{v}_e = -\frac{e}{m_e z_e}\vec{E} \quad . \tag{6.189}$$

Wird diese Definition in die Gleichung der Ladungsträgergeschwindigkeit (Gl. 6.185) eingesetz, folgt:

$$\vec{j} = \rho_q \vec{v}_e = \frac{e^2 n_e}{m_e z_e}\vec{E} \quad . \tag{6.190}$$

So resultiert als Modell für die aus der Elektronenbewegung resultierende elektrische Leitfähigkeit:

$$\sigma_e = \frac{e^2 n_e}{m_e z_e} \quad . \tag{6.191}$$

Da der elektrische Strom aber aus der Bewegung aller Ladungsträger resultiert, ergänzt sich die aus der Elektronenbewegung resultierende Leitfähigkeit mit der zuvor aus der Ionenbewegung ermittelten Leitfähigkeit (vgl. Gl. 6.105):

$$\sigma_1 = D_{01} \frac{n_1 e^2}{k_B T_1} \quad . \tag{6.192}$$

Mit der Energieäquivalenz:

$$\frac{3}{2} k_B T_1 = \frac{1}{2} m_1 \bar{c}_1^2 \tag{6.193}$$

und der mittleren freien Weglänge der Ionen:

$$\lambda_1 = \frac{\bar{c}_1}{z_1} \tag{6.194}$$

folgt für den Diffusionskoeffizienten (vgl. Gl. 6.96):

$$D_{01} = \frac{\lambda_1 \bar{c}_1}{3} = \frac{\bar{c}_1^2}{3 z_1} = \frac{k_B T_1}{m_1 z_1} \quad . \tag{6.195}$$

Eingesetzt in elektrische Leitfähigkeit durch Ionendiffusion (Gl. 6.192) folgt für diese:

$$\sigma_1 = \frac{n_1 e^2}{m_1 z_1} \quad . \tag{6.196}$$

Aus der Summe der beiden partiellen Leitfähigkeiten folgt für die Leitfähigkeit des Plasmas:

$$\sigma = \sigma_e + \sigma_1 = e^2 \left(\frac{n_e}{m_e z_e} + \frac{n_1}{m_1 z_1} \right) \quad . \tag{6.197}$$

Dies ist somit ein Modell, das die Leitfähigkeit eines Plasma in Abhängigkeit von Ionenanzahldichte und Stoßfrequenz darstellt. Mittels geschickter Substitution von n_e (Gl. 6.166) folgt mit $m_e \ll m_1$:

$$\sigma = n_1 e^2 \left(\frac{1 + \delta}{m_e z_e} + \frac{1}{m_1 z_1} \right) \approx \frac{n_e e^2}{m_e z_e} = \sigma_e \quad . \tag{6.198}$$

Offentsichlich ist hier, dass auch wenn die Diffusion der Ionen hinsichtlich der Leitfähigkeit eines Plasmas zu vernachlässigen ist

$$\sigma \approx \sigma_e \quad , \tag{6.199}$$

die Leitfähigkeit zwar mit der Elektronenanzahldichte aber eben auch mit der Ionenanzahldichte und damit dem Ionisationsgrad korreliert.

6.3.2 Plasmafrequenz

Aus der Kontinuität der elektrischen Ladungen folgt für die Ladungsdichte ρ_q und die elektrischen Flussdichte $\vec{j}$:

$$\frac{\partial \rho_q}{\partial t} + \nabla \cdot \vec{j} = 0 \quad . \tag{6.200}$$

Mit den Definition der Elektronenanzahldichte (Gl. 6.135) und der dazugehörigen Ladungsdichte:

$$n_e = (1 + \delta) \sum_k k n_k \tag{6.201}$$

$$\rho_q = -n_e e \tag{6.202}$$

wie der Gesamt-Ionenanzahldichte, welche die Anzahldichten der verschiedenen Ionisationsstufen zusammenfasst, inklusive Ladungsdichte:

$$n_I = \sum_k n_k \tag{6.203}$$

$$\rho_I = \sum_k k n_k e \tag{6.204}$$

wird neben der charakteristischen Elektronengeschwindigkeit v_e in Analogie zur Gemischgeschwindigkeit (Gl. 6.6) die *effektive Geschwindigkeit* dieses "Ionengemischs" wie folgt beschrieben:

$$v_I = \frac{1}{n_I} \sum_k (n_k v_k) \quad . \tag{6.205}$$

In schwach ionisierten Plasmen wird generell von einer gegenüber einfach ionisierten Molekülen vernachlässigend geringen Anzahl höherwertig ionisierter Molküle ausgegangen. So wird rechnerisch von folgenden Relationen ausgegangen:

$$\sum_k n_k = n_I \approx n_1 \Rightarrow \sum_k (k n_k) \approx n_1 \Rightarrow n_e \approx (1 + \delta) n_1 \quad . \tag{6.206}$$

Für Ladungsdichte und elektrische Flussdichte folgen entsprechend:

$$\rho_q = \rho_I + \rho_e = e (n_1 - n_e) \tag{6.207}$$

$$\vec{j} = \rho_I \vec{v}_I + \rho_e \vec{v}_e = e (n_1 \vec{v}_1 - n_e \vec{v}_e) \quad . \tag{6.208}$$

Werden nun diese Definitionen in die Kontinuitätsgleichung der elektrischen Ladung (Gl. 6.200) eingesetzt, folgt die Form:

$$\frac{\partial}{\partial t}(n_1 - n_e) = -\nabla \cdot (n_1 \vec{v}_1 - n_e \vec{v}_e)$$

$$n_1 = \frac{n_e}{1 + \delta} \quad \Rightarrow \quad n_1 - n_e = -\frac{\delta}{1 + \delta} n_e$$

$$\Rightarrow \quad -\frac{\partial}{\partial t} \frac{\delta n_e}{1 + \delta} = -n_e \nabla \cdot \left(\frac{1}{1 + \delta} \vec{v}_1 - \vec{v}_e \right) \quad . \quad (6.209)$$

Da Elektronen- und Ionengeschwindigkeit durch das elektrische Feld der Feldstärke $\vec{E}$ beschleunigt werden, folgt für die Impulsbilanz der Ladungsträger:

$$m_e \frac{\partial}{\partial t} \vec{v}_e = -e\vec{E} \qquad\qquad (6.210)$$

$$m_1 \frac{\partial}{\partial t} \vec{v}_1 = e\vec{E} \qquad\qquad (6.211)$$

$$\Rightarrow \frac{\partial}{\partial t} \left(\frac{1}{1 + \delta} \vec{v}_1 - \vec{v}_e \right) = \frac{1}{1 + \delta} \frac{e}{m_1} \vec{E} + \frac{e}{m_e} \vec{E}$$

$$= e\vec{E} \left(\frac{1}{1 + \delta} \frac{1}{m_1} + \frac{1}{m_e} \right) \quad . \quad (6.212)$$

Wird dieser Zusammenhang nun für eine Umformung der Ladungstransportgleichung (Gl. 6.209) verwendet, folgt:

$$-\frac{\partial^2}{\partial t^2} \left(\frac{\delta n_e}{1 + \delta} \right) = -n_e \nabla \cdot \frac{\partial}{\partial t} \left(\frac{1}{1 + \delta} \vec{v}_1 - \vec{v}_e \right)$$

$$= -n_e e \left(\frac{1}{1 + \delta} \frac{1}{m_1} + \frac{1}{m_e} \right) \nabla \cdot \vec{E} \quad . \quad (6.213)$$

Mittels Anwendung der *Maxwell-Gleichungen* für die elektrische Feldstärke $\vec{E}$ und die magnetische Flussdichte $\vec{B}$:

$$\nabla \cdot \vec{E} = \frac{\rho_q}{\epsilon_0}$$

$$= \frac{e}{\epsilon_0}(n_1 - n_e)$$

$$= -n_e \frac{e}{\epsilon_0} \frac{\delta}{1 + \delta} \qquad\qquad (6.214)$$

$$\nabla \cdot \vec{B} = 0 \tag{6.215}$$

$$\nabla \times \vec{E} = -\frac{\partial \vec{B}}{\partial t} \tag{6.216}$$

$$\nabla \times \vec{B} = \mu_0 \vec{j} + \mu_0 \epsilon_0 \frac{\partial \vec{E}}{\partial t} \quad . \tag{6.217}$$

folgt letztlich die Differentialgleichung für die Ionenanzahldichte:

$$-\frac{\partial^2}{\partial t^2} \underbrace{\frac{\delta n_e}{1+\delta}}_{=n_e-n_1} = \underbrace{\left(\frac{1}{1+\delta}\frac{1}{m_1} + \frac{1}{m_e}\right) n_e \frac{e^2}{\epsilon_0}}_{=\omega_P^2} \underbrace{\frac{\delta n_e}{1+\delta}}_{=n_e-n_1} \tag{6.218}$$

$$\Rightarrow 0 = \frac{\partial^2}{\partial t^2}\left(n_e - n_1\right) + \left(\omega_e^2 + \omega_I^2\right)\left(n_e - n_1\right) \quad . \tag{6.219}$$

Die *elektrischen Feldkonstante* ϵ_0 (Gl. 6.110) ist definiert als:

$$\epsilon_0 \approx 8,854188 \cdot 10^{-12} \frac{As}{Vm} \quad . \tag{6.220}$$

Aus der Gleichung der Ionenanzahldichte (Gl. 6.210) folgt für die Ionenanzahldichte eine harmonische Schwingung mit der Kreisfrequenz:

$$\omega_P = \sqrt{\omega_e^2 + \omega_I^2} \quad . \tag{6.221}$$

Diese *Plasmafrequenz* setzt sich aus der Elektronenfrequenz ω_e und der Ionenfrequenz ω_I zusammen:

$$\omega_e = \sqrt{\frac{n_e e^2}{m_e \epsilon_0}} \tag{6.222}$$

$$\omega_I = \sqrt{\frac{1}{1+\delta}\frac{n_e e^2}{m_1 \epsilon_0}} = \sqrt{\frac{n_1 e^2}{m_1 \epsilon_0}} \quad . \tag{6.223}$$

Diese Plasmafrequenz ω_P gilt als charakteristische Größe für die dauerhafte Instationarität des Ladungszustandes innerhalb eines Plasmas.

6.3.3 Debye'sche Abschirmlänge

Für das elektrische Potential Φ, dessen negierter Gradient die elektrische Feldstärke $\vec{E}$ darstellt:

$$\vec{E} = -\nabla\Phi \tag{6.224}$$

folgt mit der Maxwell-Gleichung der elektrischen Feldstärke (Gl. 6.214):

$$\begin{aligned} \Delta\Phi &= -\frac{\rho_q}{\epsilon_0} \\ &= \frac{e}{\epsilon_0}(n_e - n_1) \\ &= n_e\frac{e}{\epsilon_0}\left(1 - \underbrace{\frac{n_1}{n_e}}_{=1/(1+\delta)}\right) \end{aligned} \tag{6.225}$$

Aus der sogenannten *Boltzmann-Statistik* folgt mit der Definition der Zustandssumme (Gl. 6.152) und der Relation der Ladungsträgerdichte (Gl. 6.157) die Beziehung:

$$n \sim Z = e^{\frac{F}{k_B T}} \quad \Rightarrow \quad 1 + \delta = \frac{n_e}{n_1} = \frac{e^{\frac{F_e}{k_B T}}}{e^{\frac{F_1}{k_B T_1}}}. \tag{6.226}$$

Mit der Definition der freien Energie von Elektronen und Ionen:

$$dF_e = ed\Phi \quad \& \Rightarrow \quad F_e - F_0 = e\Phi \tag{6.227}$$

$$dF_1 = -ed\Phi \quad \& \Rightarrow \quad F_1 - F_0 = -e\Phi \tag{6.228}$$

folgt für das Anzahldichteverhältnis:

$$\frac{1}{1+\delta} = e^{\frac{F_1}{k_B T_1} - \frac{F_e}{k_B T_e}} = e^{-\frac{e}{k_B}\left(\frac{1}{T_1}+\frac{1}{T_e}\right)\Phi}. \tag{6.229}$$

Mit dem nach dem ersten Glied abgeschnittenen *Taylor-Reihen-Ansatz* für die dargestellte *e-Funktion*:

$$e^x = 1 + x + \frac{x^2}{2!} + \frac{x^3}{3!} + \cdots + \frac{x^k}{k!} + \dots \tag{6.230}$$

resultiert für kleine $F/(k_B T)$

$$\frac{1}{1+\delta} = e^{-\frac{e}{k_B}\left(\frac{1}{T_1}-\frac{1}{T_e}\right)\Phi} \approx 1 - \frac{e}{k_B}\left(\frac{1}{T_e}+\frac{1}{T_1}\right)\Phi. \tag{6.231}$$

Setzt man diese Relation wiederum in die *Poisson-Gleichung* des elektrischen Potentials (Gl. 6.225) ein, so folgt für dieses

$$\frac{\partial^2 \Phi}{\partial x^2} = n_e \frac{e}{\epsilon_0} \left(1 - \frac{1}{1+\delta} \right)$$

$$= n_e \frac{e^2}{k_B \epsilon_0} \left(T_e^{-1} + T_1^{-1} \right) \Phi \quad . \tag{6.232}$$

Mit dem Ansatz

$$\Phi(x) = \Phi_0 e^{-\frac{x}{\lambda}} \tag{6.233}$$

folgt für λ:

$$\lambda_{1/2} = \pm \sqrt{\frac{k_B \epsilon_0}{n_e e^2 \left(T_e^{-1} + T_1^{-1} \right)}} \quad . \tag{6.234}$$

Da das elektrische Potential von einem Ladungsträger mit einem Potential Φ_0 gegenüber seiner Umgebung streng monoton abfällt, folgt, dass die Länge λ_D positiv sein muss:

$$\lambda_D = \sqrt{\frac{k_B \epsilon_0}{n_e e^2 \left(T_e^{-1} + T_1^{-1} \right)}} \quad . \tag{6.235}$$

Nach *Petrus (Peter) Josephus Wilhelmus Debye (1884-1966)* und *Erich Hückel (1896-1980)* wurde diese Länge λ_D wird *Debye-Hückel-Länge* oder auch *Debye'sche Abschirmlänge* genannt. In der allgemeinen Nomenklatur setzt diese sich aus den Abschirmlängen der Elektronen λ_{De} und der Ionen λ_{Di} mit:

$$\lambda_{De}^{-2} = \frac{n_e e^2}{\epsilon_0 k_B T_e} = \frac{\omega_e^2}{T_e} \tag{6.236}$$

$$\lambda_{Di}^{-2} = \frac{n_e e^2}{\epsilon_0 k_B T_1} = \frac{\omega_e^2}{T_1} \tag{6.237}$$

wie folgt zusammen:

$$\lambda_D^{-2} = \lambda_{De}^{-2} + \lambda_{Di}^{-2} = \frac{n_e e^2}{\underbrace{\epsilon_0 k_B}_{\omega_e^2}} \left(T_e^{-1} + T_1^{-1} \right) \quad . \tag{6.238}$$

Die Antiproportionalität mit der Plasmafrequenz (Gl. 6.222) folgt aus der Definition. Zusätzlich ergibt sich für δ allein durch Gleichung 6.231 mit Substitution der *Debye-Länge*:

$$\frac{n_1}{n_e} = \frac{1}{1+\delta} = 1 - \frac{n_e e}{\epsilon_0}\lambda_D\Phi \qquad (6.239)$$

$$\Rightarrow \quad \frac{n_1 - n_e}{n_e} = -\frac{\delta}{1+\delta} = 1 - \frac{1}{1+\delta} = \frac{n_e e}{\epsilon_0}\lambda_D\Phi. \qquad (6.240)$$

Mittels dieser Relationen wird die Anzahldichte der Ladungsträger einzig durch den elektrischen Potentialabfall und die plasmaspezifische *Debye-Länge* λ_D abgebildet.

6.3.4 Reduzierte Masse und Energietransport

Bewegen sich zwei Teilchen α und β mit den Massen m_α und m_β wie den Geschwindigkeiten $\vec{v}_\alpha$ und $\vec{v}_\beta$ aufeinander zu und kollidieren mit der Relativgeschwindigkeit

$$\vec{v}^* = \vec{v}_\alpha - \vec{v}_\beta \quad , \qquad (6.241)$$

so folgt durch den *Kosinussatz* der Betrag der Relativgeschwindigkeit:

$$|\vec{v}^*| = \sqrt{\vec{v}_\alpha^2 + \vec{v}_\beta^2 - 2\,|\vec{v}_\alpha|\,|\vec{v}_\beta|\cos\alpha} \quad . \qquad (6.242)$$

Als über den gesamten Raumwinkel gemittelte Kollisionsgeschwindigkeit folgt für den mittleren Kollisionswinkel $\alpha = \pi/2$ und damit für den Betrag der charakteristischen Kollisionsgeschwindigkeit:

$$E\left(\alpha\right) = \frac{\pi}{2} \quad \Rightarrow E\left(|\vec{v}^*|\right) = \sqrt{\vec{v}_\alpha^2 + \vec{v}_\beta^2} \quad . \qquad (6.243)$$

Aus der Energieerhaltung mit der Gesamtenergie E_{ges}, der potentiellen Energie E_{pot} und den kinetischen Energien der beiden Teilchen

$$E_{\text{kin},\alpha} = \frac{m_\alpha}{2}\vec{v}_\alpha^2 \quad \text{und} \quad E_{\text{kin},\beta} = \frac{m_\beta}{2}\vec{v}_\beta^2 \qquad (6.244)$$

folgt für den Stoßprozess

$$E_{\text{pot}} + E_{\text{kin},\alpha} + E_{\text{kin},\beta} = E_{\text{ges}} \quad . \qquad (6.245)$$

Aufgrund der Erhaltung der Gesamtenergie im Verlauf der Annäherung zweier sich anziehender Partikel die *potentielle Energie* ab und die *kinetische*

Energie zu, während es sich bei der Annäherung zweier sich abstoßender Partikel genau umgekehrt verhält.
Wenn über den Zeitraum der Partikelkollision von Teilchen α und Teilchen β eine Kraft $\vec{F}$ Teichen α beschleunigt:

$$m_\alpha \frac{d\vec{v}_\alpha}{d_t} = \vec{F} \quad , \tag{6.246}$$

dann wirkt auf Teilchen β gemäß dem *dritten Newton'schen Axiom* genau die Gegenkraft:

$$m_\beta \frac{d\vec{v}_\beta}{d_t} = -\vec{F} \quad . \tag{6.247}$$

Während der Gesamtimpuls verschwindet:

$$m_\alpha \frac{d\vec{v}_\alpha}{dt} + m_\beta \frac{d\vec{v}_\beta}{dt} = 0 \quad , \tag{6.248}$$

resultiert für die Bilanz der Differenzgeschwindigkeit:

$$\frac{d\vec{v}^*}{d_t} = \frac{d\vec{v}_\alpha}{d_t} - \frac{d\vec{v}_\beta}{d_t} = \frac{\vec{F}}{m_\alpha} + \frac{\vec{F}}{m_\beta} \quad . \tag{6.249}$$

Entsprechend resultiert für die Bilanz der Differenzgeschwindigkeit:

$$\underbrace{\left(\frac{1}{m_\alpha} + \frac{1}{m_\beta}\right)^{1}}_{=m^*} \frac{d}{dt} \underbrace{(\vec{v}_\alpha - \vec{v}_\beta)}_{=v^*} = \vec{F} \quad . \tag{6.250}$$

Der Koeffizient m^* wird als sogenannte *reduzierte Masse* bezeichnet (vgl. Gl. 3.324):

$$m^* := \left(\frac{1}{m_\alpha} + \frac{1}{m_\beta}\right)^{-1} = \frac{m_\alpha m_\beta}{m_\alpha + m_\beta} \quad . \tag{6.251}$$

Für gleiche Massen der kollidierenden Partikel folgt sogar (vgl. Gl. 3.325):

$$m_\alpha = m_\beta \quad \Rightarrow \quad m^* = \frac{1}{2}m_\alpha \quad . \tag{6.252}$$

Der Name folgt dabei aus der Tatsache, dass sich bei einer Interaktion von zwei Partikeln das jeweils andere auch bewegt, wodurch der Effekt auf die eigentliche Masse "reduziert" wird. Diese Masse ist entsprechend ausschlaggebend für die Beschreibung eines Teilchens α im Kraftfeld eines zweiten Teilchens β.

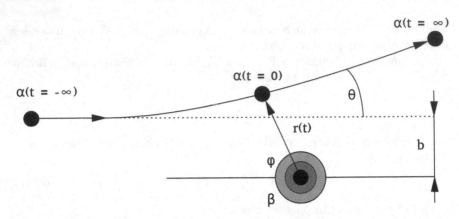

Abbildung 6.1: Bahnkurve eines Teilchens α mit Ablenkung durch ein Teilchen β

6.3.5 Coulomb-Streuung

Um die Bewegung eines Teilchens α im Kraftfeld eines Teilchens β zu beschreiben, folgt mit der Definition der elektromagnetischen Kraft auf Ladungsträger (vgl. Gl. 6.211):

$$\vec{F} = q_\alpha \vec{E}_\beta \quad . \tag{6.253}$$

Wird das Flächenintegral über eine Sphäre S_r mit dem Radius r um das Teilchen β gebildet

$$\int_{S_r} \vec{F} da = \int_{S_r} q_\alpha \vec{E}_\beta da \quad , \tag{6.254}$$

folgt aus dem *Gauss'schen Satz* für das Volumenintegral innerhalb dieser Sphäre:

$$4\pi r^2 \left| \vec{F} \right| = \int_{V_r} q_\alpha \nabla \cdot \vec{E}_\beta dv \quad . \tag{6.255}$$

Aus der *Maxwell-Gleichung* (vgl. Gl. 6.214):

$$\nabla \cdot \vec{E}_\beta = \frac{\rho_\beta}{\epsilon_0} \tag{6.256}$$

folgt mit der Tatsache, dass die in der Sphäre aufintegrierte Ladungsträgerdichte der Ladung des Teilchens β entspricht:

$$\int_{V_r} \rho_\beta dv = q_\beta \quad , \tag{6.257}$$

aus dem Flächenintegral (Gl. 6.255) die *Coulomb-Kraft* zwischen zwei Ladungsträgern:

$$\left|\vec{F}\right| = \frac{q_\alpha}{4\pi r^2} \int_{V_r} \nabla \cdot \vec{E}_\beta dv = \frac{q_\alpha q_\beta}{4\pi\epsilon_0 r^2} \tag{6.258}$$

$$\Rightarrow \quad \vec{F} = \frac{q_\alpha q_\beta}{4\pi\epsilon_0 r^2} \frac{q_\alpha \vec{E}_\beta}{\left|q_\alpha \vec{E}_\beta\right|} \quad . \tag{6.259}$$

Die zugehörige potentielle Energie wird nach *Charles Augustin de Coulomb (1736-1806)* Coulomb-Potential genannt:

$$\vec{F} = -\nabla E_{\text{Coulomb}} \quad \Rightarrow \quad E_{\text{Coulomb}} = \frac{q_\alpha q_\beta}{4\pi\epsilon_0 r} \quad . \tag{6.260}$$

Wie in Abbildung 6.1 dargestellt wird durch dieses Potential die Bewegung des Teilchens β abgelenkt. Aus der Transportgleichung der Kollisionsgeschwindigkeit (Gl. 6.250) in Abhängigkeit von der reduzierten Masse (Gl. 6.251) folgt mit der aus dem Coulomb-Potential resultierenden Kraft (Gl. 6.259):

$$m^* \frac{d\vec{v}^*}{dt} = \frac{q_\alpha q_\beta}{4\pi\epsilon_0 r^2} \frac{q_\alpha \vec{E}_\beta}{\left|q_\alpha \vec{E}_\beta\right|} \quad . \tag{6.261}$$

Wird wie in Abb. 6.1 ausschließlich die y-Komponente der Ablenkung beschrieben, folgt für eine Winkel ϕ mit

$$\frac{q_\alpha \vec{E}_\beta}{\left|q_\alpha \vec{E}_\beta\right|} \cdot \vec{n}_y = \sin \phi \tag{6.262}$$

aus der Bewegungsgleichung (G. 6.261) folgende Formulierung für die y-Komponente:

$$F_y(\vec{r}) = m^* \frac{dv_y}{dt} = \frac{q_\alpha q_\beta}{4\pi\epsilon_0} \frac{\sin \phi}{r^2} \quad . \tag{6.263}$$

Aus der Drehimpulserhaltung folgt:

$$m^* \left|\vec{v}^*\right| b = \left|\vec{L}\right| = \left|\vec{r} \times m^* \vec{v}^*\right| = m^* r^2 \frac{d\phi}{dt} \quad . \tag{6.264}$$

Wird die Drehimpulserhaltung (Gl. 6.264) nach r aufgelöst

$$r^{-2} = \frac{1}{v^* b} \frac{d\phi}{dt} \tag{6.265}$$

und in die Impulserhaltung (Gl. 6.263) eingesetzt, folgt die Relation zwischen Änderung der Geschwindigkeit und des Positionswinkels ϕ:

$$\frac{dv_y}{dt} = \frac{q_\alpha q_\beta}{4\pi\epsilon_0} \frac{\sin\phi}{m^* v^* b} \frac{d\phi}{dt} \qquad (6.266)$$

Mittels Integration vom relativen Anflugwinkel $\phi = 0$ mit $v_y = 0$ bis hin zum Ablenkungswinkel $\phi = \pi - \theta$ wird mit

$$\lim_{t\to\infty} v_y = \int_0^{v^* \sin\theta} dv_y = \int_0^{\pi-\theta} \frac{q_\alpha q_\beta}{4\pi\epsilon_0} \frac{\sin\phi}{m^* v^* b} d\phi \qquad (6.267)$$

die Normalgeschwindigkeitskomponente berechnet, um welche das Teilchen α mit der relativen Anfluggeschwindigkeit v^* abgelenkt wird.

6.3.6 Stoßquerschnitte im Plasma

Um Kollisionsraten einzelner Partikel innerhalb eines Plasmas zu bestimmen, müssen die solche *Coulomb'schen Stoßprozesse* beschreibenden *Stoßquerschnitte* beschrieben werden. Während im klassischen Sinn eine Kollision genau dann vorliegt, wenn sich zwei sphärische Körper berühren, liegt bei einer "nicht-materiellen Kollision" im Fall einer Abstoßung eine Kollision vor, wenn der Ablenkungswinkel über 90° liegt.
Mit der Integration über die Geschwindigkeit (Gl. 6.267) folgt aufintegriert für den Ablenkungswinkel θ:

$$\int_0^{v^* \sin\theta} dv_y = \frac{q_\alpha q_\beta}{4\pi\epsilon_0 m^* v^* b} \int_0^{\pi-\theta} \sin\phi \, d\phi \qquad (6.268)$$

$$v^* \sin\theta = \frac{q_\alpha q_\beta}{4\pi\epsilon_0 m^* v^* b} (\cos\theta + 1) \qquad (6.269)$$

$$\tan\left(\frac{\theta}{2}\right) = \frac{\sin\theta}{1 + \cos\theta} = \frac{q_\alpha q_\beta}{4\pi\epsilon_0 m^* v^{*2} b} \qquad . \qquad (6.270)$$

So wird eine direkte Relation zwischen dem Ablenkungswinkel θ und dem Radius des Kollisionskorridors b erzeugt:

$$b = \frac{q_\alpha q_\beta}{4\pi\epsilon_0 m^* v^{*2}} \cot\left(\frac{\theta}{2}\right) \qquad . \qquad (6.271)$$

Werden für eine als solche bezeichnete Kollision nur die Abstände berücksichtigt, bei denen der Ablenkungswinkel $\theta \geq \pi/2$ ist, so ergibt sich als maximaler Kollisionsradius:

$$b_{\pi/2} = \frac{q_\alpha q_\beta}{4\pi\epsilon_0 m^* v^{*2}} \cot\left(\frac{\pi}{4}\right) = \frac{q_\alpha q_\beta}{4\pi\epsilon_0 m^* v^{*2}} \quad . \tag{6.272}$$

Als sogenannter *Stoßquerschnitt* folgt daraus die Kreisfläche innerhalb des maximalen Kollisionsradius:

$$\sigma^* = \pi b_{\pi/2}^2 = \pi \left(\frac{q_\alpha q_\beta}{4\pi\epsilon_0 m^* v^{*2}}\right)^2 \quad . \tag{6.273}$$

Die zu diesem Ansatz (vgl. Gl. 3.327) korrespondierende Stoßfrequenz

$$\begin{aligned} z^* &= \overline{v_\alpha} n_\beta \sigma^* \\ &= \frac{\bar{v}_\alpha n_\beta q_\alpha^2 q_\beta^2}{16\pi\epsilon_0^2 m^{*2} v^{*4}}. \end{aligned} \tag{6.274}$$

resultiert in Analogie zur molekularen Kollisionsrate (Gl. 3.327).

6.3.7 Berücksichtigung der Mehrfachstreuung

Die größte Annäherung, die zwei Teilchen α und β haben können wird durch die Äquivalenz von potentieller (Gl. 6.260):

$$E_{\text{Coulomb}} = \frac{q_\alpha q_\beta}{4\pi\epsilon_0 r} \tag{6.275}$$

und kinetischer Energie (vgl. Gl. 6.261)

$$E_{\text{kin}} = \int_0^{v^*} \vec{m}^* \vec{v} d\vec{v} = \frac{m^*}{2} \vec{v}^{*2} \quad . \tag{6.276}$$

Für den minimalen Abstand b_0 folgt damit:

$$\frac{q_\alpha q_\beta}{4\pi\epsilon_0 b_0} = \frac{m^*}{2} \vec{v}^{*2} \quad \Rightarrow \quad b_0 = \frac{q_\alpha q_\beta}{2\pi\epsilon_0 m^* \vec{v}^{*2}} \quad . \tag{6.277}$$

Aus den Gln. 6.271 und 6.272 folgen damit für den Stoßparameter b und den Stoßparameter bei einer Ablenkung um 90° $b_{\pi/2}$:

$$b = b_0 \cot \frac{\theta}{2} \tag{6.278}$$

$$b_{\pi/2} = \frac{b_0}{2} \quad . \tag{6.279}$$

Werden im erweiterten Sinn auch Kollisionen berücksichtigt, bei denen der Ablenkungswinkel kleiner als 90° sein kann, so muss als maximaler Kollisionsradius die *Debye'sche Abschirmlänge* eines Teilchens α (vgl. Gln. 6.236, 6.237):

$$\lambda_{D\alpha} = \sqrt{\frac{\epsilon_0 k_B T_\alpha}{n_\beta q_\alpha q_\beta}} \qquad (6.280)$$

angenommen werden. Da aber auch aus diesen Kollisionen ein Ablenkungswinkel von 90° erreicht werden muss, können nur Mehrfachkollisionen zusammengefasst werden, sodass sich der effektive Wirkungsquerschnitt zwar vergrößert aber eben nicht auf $\pi \lambda_D^2$, sondern nur auf:

$$\sigma_\infty^* = E \left(\frac{\theta}{\pi/2} \right)^2 \cdot \pi \lambda_D \quad . \qquad (6.281)$$

Mit dem Erwartungswert von θ^2:

$$E\left(\theta^2\right) = \frac{\int_\Omega \theta^2 d\sigma^*}{\int_\Omega d\sigma^*} \qquad (6.282)$$

und der Differentialumformung:

$$d\sigma^* = d\left(\pi b^2\right) = 2\pi b db \qquad (6.283)$$

folgt für den Erwartungswert von θ^2 im Stoßparameterintervall von $b_{\pi/2}$ bis λ_D:

$$E\left(\theta^2\right) = \frac{\int_{b_{\pi/2}}^{\lambda_D} \theta^2 \cdot 2\pi b db}{\pi \left(\lambda_D^2 - b_{\pi/2}^2\right)} \quad . \qquad (6.284)$$

Da es sich bei dieser Integration in erster Linie um eine Aufaddition kleiner Ablenkungswinkel handelt, gilt in Anlehnung an Gl. 6.270 für kleine θ:

$$\frac{q_\alpha q_\beta}{4\pi \epsilon_0 m^* v^{*2} b} = \tan\left(\frac{\theta}{2}\right) \approx \frac{\theta}{2} \quad \Rightarrow \quad \theta \approx \frac{b_0}{b} \quad . \qquad (6.285)$$

Die Schreibweise in Abhängigkeit von b_0 (Gl. 6.277) dient bei den folgenden Umformungen in erster Linie der Vereinfachung. Aus dem Integral (Gl. 6.284) wird mittels Substitution von θ entsprechend:

$$\begin{aligned} E\left(\theta^2\right) &= \frac{2}{\lambda_D^2 - b_{\pi/2}^2} \int_{b_{\pi/2}}^{\lambda_D} \frac{b_0^2}{b} db \\ &= \frac{2 b_0^2}{\lambda_D^2 - b_{\pi/2}^2} \ln \frac{\lambda_D}{b_{\pi/2}} \end{aligned} \qquad (6.286)$$

folgt mit der Definition von b_0 (Gl. 6.279):

$$E\left(\theta^2\right) = \frac{8}{\left(\frac{\lambda_D}{b_{\pi/2}}\right)^2 - 1} \ln \frac{\lambda_D}{b_{\pi/2}} \quad . \tag{6.287}$$

Für den effektiven Wirkungsquerschnitt (Gl. 6.281) folgt damit:

$$
\begin{aligned}
\sigma_\infty^* &= E\left(\frac{\theta}{\pi/2}\right)^2 \cdot \pi \lambda_D^2 \\[2mm]
&= \frac{4\lambda_D^2}{\pi} E\left(\theta^2\right) \\[2mm]
&= \frac{32\lambda_D^2}{\pi \left(\left(\frac{\lambda_D}{b_{\pi/2}}\right)^2 - 1\right)} \ln \frac{\lambda_D}{b_{\pi/2}} \\[2mm]
&= \frac{32}{\pi \left(b_{\pi/2}^{-2} - \lambda_D^{-2}\right)} \underbrace{\ln \frac{\lambda_D}{b_{\pi/2}}}_{\Lambda} \quad . \tag{6.288}
\end{aligned}
$$

Der Faktor $\ln \Lambda$ wird als *Coulomb-Logarithmus* bezeichnet, der häufig mit 10, im Allgemeinen aber mit $5 \leq \ln \Lambda \leq 20$, abgeschätzt wird. Da der Stoßparameter für den *Ahlenkwinkel* von 90° viel kleiner als die *Debye-Länge* ist, folgt für den *effektiven Wirkungsquerschnitt*:

$$b_{\pi/2}^{-2} \gg \lambda_D^{-2} \quad \Rightarrow \quad \sigma_\infty^* \approx \frac{32}{\pi b_{\pi/2}^{-2}} \ln \Lambda = \sigma^* \frac{32}{\pi^2} \ln \Lambda = \frac{2q_\alpha^2 q_\beta^2 \ln \Lambda}{\pi^3 \epsilon_0^2 m^{*2} v^{*4}} \quad , \tag{6.289}$$

also das etwa 30-fache des Wirkungsquerschnitts, für den nur einzelne Stöße berücksichtigt werden. Dem entsprechend folgt analog zu Stoßfrequenz durch einen einzelnen Stoß die *effektive Stoßfrequenz*:

$$z_\infty^* = v^* n_\beta \sigma_\infty^* \quad . \tag{6.290}$$

Aus der Kollisionsgeschwindigkeit zweier Teilchen (vgl. Gl. 3.323) und dem effektiven Wirkungsquerschnitt (Gl. 6.289)

$$v^* = \sqrt{\frac{8k_B}{\pi}\left(\frac{T_\alpha}{m_\alpha} + \frac{T_\beta}{m_\beta}\right)} \tag{6.291}$$

$$\sigma_\infty^* = \frac{2q_\alpha^2 q_\beta^2 \ln \Lambda}{\pi^3 \epsilon_0^2 m^{*2} v^{*4}} \tag{6.292}$$

folgt der Absolutbetrag der effektiven Stoßfrequenz:

$$z_\infty^* = \frac{2 n_\beta q_\alpha^2 q_\beta^2 \ln \Lambda}{\pi^3 \epsilon_0^2 m^{*2} v^{*3}} \tag{6.293}$$

$$= \frac{32}{\pi} n_\beta \left(\frac{q_\alpha q_\beta}{4\pi\epsilon_0}\right)^2 \ln \Lambda \frac{\left(\frac{1}{m_\alpha} + \frac{1}{m_\beta}\right)^2}{\left(\frac{8 k_B}{\pi}\left(\frac{T_\alpha}{m_\alpha} + \frac{T_\beta}{m_\beta}\right)\right)^{\frac{3}{2}}}$$

$$= \sqrt{\frac{8 k_B}{\pi}\left(\frac{T_\alpha}{m_\alpha} + \frac{T_\beta}{m_\beta}\right)} \frac{\pi}{2} \frac{n_\beta}{k_B^2} \left(\frac{q_\alpha q_\beta}{4\pi\epsilon_0}\right)^2 \ln \Lambda \left(\frac{\frac{1}{m_\alpha} + \frac{1}{m_\beta}}{\frac{T_\alpha}{m_\alpha} + \frac{T_\beta}{m_\beta}}\right)^2 \; .$$

Diese Kollisionsrate beschreibt die zugrunde liegende Frequenz der sogenannten *Rutherford-Streuung*, welche eben nicht nur direkte Kollisionen mit
einem Ablenkungswinkel von über 90° berücksichtigt, sondern auch kleinere
Ablenkungen, die sich zu einem solchen addieren.

6.3.8 Modellierung des Ionisation

Der Wirkungsquerschnitt zweier interagierender Elektronen ist gemäß Gl.
6.273:

$$\sigma_{ee}^* = \pi \left(\frac{e^2}{4\pi\epsilon_0 m^* v^{*2}}\right)^2 \; . \tag{6.294}$$

Da es sich um eine Fläche handelt hat der isolierte Wirkungsquerschnitt
eines jeden Elektrons nur den halben Radius. Der Wirkungsquerschnitt ist
so nur ein Viertel. Der geschwindigkeitsabhängige Wirkungsquerschnitt eines
isolierten Elektrons ist damit:

$$\sigma_e^* = \frac{\sigma_{ee}^*}{4} = \pi \left(\frac{e^2}{4\pi\epsilon_0 \frac{m^*}{2} v^{*2}}\right)^2 \; . \tag{6.295}$$

Voraussetzung ist nur das die *kinetische Energie der relativen Geschwindigkeit*
des Elektrons, die zur Ionisation notwendige Ionisationsenergie χ übersteigt

$$\chi \leq \frac{m^*}{2} v^{*2} < \infty \; . \tag{6.296}$$

So ist der für die Ionisation relevante Wirkungsquerschnitt das Maximum
für eine kinetische Energie, welche nämlich gerade die Ionisationsenergie

erreicht.

Wird dieses Maximum entsprechend gebildet, folgt für den Wirkungsquerschnitt eines Elektrons, das wiederum ein Neutralteilchen ionisiert:

$$\sigma_{\text{ion}}^* = \max \sigma_e^* = \max \frac{\sigma_{ee}^*}{4} = \pi \left(\frac{e^2}{4\pi\epsilon_0 \chi} \right)^2 \quad . \tag{6.297}$$

Die *volumetrische Ionisationsrate* r_{ion} wird durch die Kollisionsrate von Elektronen mit Neutralteilchen beschrieben:

$$r_{\text{ion}} = n_e n_0 \underbrace{\sigma_{\text{ion}}^* \overline{v^*}}_{k_{\text{ion}}} \quad . \tag{6.298}$$

Hierbei beschreibt der *Ionisationsratenkoeffizient* k_{ion} die anzahldichtenspezifische Ionisationsrate. Der Anteil der Elektronen, welche diesen Wert übersteigen wird durch die *Boltzmann-Statistik* (Gl. 6.131) beschrieben.

$$\frac{n_e \left(0 \leq E_{\text{kin}} \leq \chi \right)}{n_e \left(0 \leq E_{\text{kin}} < \infty \right)} = e^{-\frac{\chi}{k_B T_e}} \quad . \tag{6.299}$$

Der Anteil der Elektronen mit einer für eine Ionisation ausreichenden Geschwindigkeit ist damit:

$$\frac{\overline{v^*}}{v^*} = 2 \frac{W_\beta^{(1)}}{W_\beta^{(0)}} e^{-\frac{\chi}{k_B T_e}} \quad . \tag{6.300}$$

Entsprechend ist dieses charakteristische Geschwindigkeitsverhältnis proportional zur Anzahl der Valenzelektronen in der äußersten Schale des Teilchens β, welche zugleich dem statistischen Gewicht der ersten Ionisationsstufe (Gl. 6.128) entspricht.

Unter der Berücksichtigung, dass die Elektronenmasse viel kleiner ist als die Masse von Neutralteichen oder Ionen und die Elektronentemperatur entsprechend die Temperatur des Elektrons darstellt:

$$m_e \ll m_\beta \quad \Rightarrow \quad m^* = \left(\frac{1}{m_e} + \frac{1}{m_\beta} \right)^{-1} \approx m_e \tag{6.301}$$

$$T_e = T_\alpha \quad \Rightarrow \quad \left(\frac{T_e}{m_e} + \frac{T_\beta}{m_\beta} \right)^{-1} \approx \frac{m_e}{T_e} \quad , \tag{6.302}$$

ergeben sich der Relativgeschwindigkeit:

$$\overline{v^*} = 2 \frac{W_\beta^{(1)}}{W_\beta^{(0)}} v^* e^{-\frac{\chi}{k_B T_e}} = 2 \frac{W_\beta^{(1)}}{W_\beta^{(0)}} \sqrt{\frac{8 k_B T_e}{\pi m_e}} e^{-\frac{\chi}{k_B T_e}} \tag{6.303}$$

und letztlich der *Ionisationsratenkoeffizient*:

$$k_{\text{ion}} = \sqrt{\frac{8k_B T_e}{\pi m_e}} \cdot 2\pi \frac{W_\beta^{(1)}}{W_\beta^{(0)}} \left(\frac{e^2}{4\pi\epsilon_0 \chi}\right)^2 e^{-\frac{\chi}{k_B T_e}} \quad . \tag{6.304}$$

Mittels der Definition der Ionisationsrate (Gl. 6.298) wird bezogen auf die Anzahldichte von Elektronen und Neutralteilchen die absolute Ionisationsrate ermittelt:

$$r_{\text{ion}} = n_e n_0 k_{\text{ion}} = \sqrt{\frac{8k_B T_e}{\pi m_e}} n_e n_0 \cdot 2\pi \frac{W_\beta^{(1)}}{W_\beta^{(0)}} \left(\frac{e^2}{4\pi\epsilon_0 \chi}\right)^2 e^{-\frac{\chi}{k_B T_e}} \quad . \tag{6.305}$$

Für ein Plasma im lokalen Gleichgewicht, gilt dass sich Ionisationsrate r_{ion} und Rekombinationsrate r_{rek} an einer Position ausgleichen.

6.3.9 Rekombination durch Dreierstoß

So wie ein Elektron bei dem Ionisationsprozess aus einem Neutralteilchen ein Ion und ein weiteres Elektron benötigt, werden für die Formulierung eines Gleichgewichts zwei Elektronen und ein Ion benötigt, um wieder um ein Neutralteilchen und ein Elektron zu generieren:

$$e + N \quad \rightarrow_{\text{ion}} \quad e + I + e \quad \rightarrow_{\text{rek}} \quad N + e \quad . \tag{6.306}$$

Dieser Rekombinationsprozess wird aufgrund der drei beteiligten Teilchen auch Dreierstoß genannt. Für das lokale Ionisationsgleichgewicht folgt damit folgende Relation:

$$r_{\text{ion}} = r_{\text{rek}} \quad \Rightarrow \quad n_e n_0 k_{\text{ion}} = n_e^2 n_1 k_{\text{rek}} \quad . \tag{6.307}$$

Mit der entsprechenden Umformung folgt unter Verwendung der *Eggert-Saha-Gleichung* (Gl. 6.141):

$$\frac{k_{\text{ion}}}{k_{\text{rek}}} = \frac{n_e n_1}{n_0} = 2\frac{W_\beta^{(1)}}{W_\beta^{(0)}} \left(\frac{\sqrt{2\pi m_e k_B T_e}}{h}\right)^3 e^{-\frac{\chi}{k_B T_e}} \quad . \tag{6.308}$$

Für den *Koeffizienten der Rekombinationsrate* k_{rek} resultiert nach Substitution des *Koeffizienten der Ionisationsrate* k_{ion} (Gl. 6.304) somit folgender Term:

$$
\begin{aligned}
k_{\text{rek}} &= \frac{k_{\text{ion}} e^{\frac{\chi}{k_B T_e}}}{2\frac{W_\beta^{(1)}}{W_\beta^{(0)}} \left(\frac{\sqrt{2\pi m_e k_B T_e}}{h}\right)^3} \\
&= \frac{\sqrt{\frac{8 k_B T_e}{\pi m_e}} \cdot \pi \left(\frac{e^2}{4\pi\epsilon_0 \chi}\right)^2}{\left(\frac{\sqrt{2\pi m_e k_B T_e}}{h}\right)^3} .
\end{aligned}
\tag{6.309}
$$

Die absolute *Rekombinationsrate* (vgl. Gl. 6.307):

$$
\begin{aligned}
r_{\text{rek}} &= n_e^2 n_1 k_{\text{rek}} \\
&= \frac{n_e^2 n_0}{\left(\frac{\sqrt{2\pi m_e k_B T_e}}{h}\right)^3} \sqrt{\frac{8 k_B T_e}{\pi m_e}} \cdot \pi \left(\frac{e^2}{4\pi\epsilon_0 \chi}\right)^2 \\
&\quad - n_e n_1 \underbrace{\frac{n_e}{2\frac{W_\beta^{(1)}}{W_\beta^{(0)}} \left(\frac{\sqrt{2\pi m_e k_B T_e}}{h}\right)^3 e^{-\frac{\chi}{k_B T_e}}}}_{=n_0/n_1} \\
&\quad \cdot \underbrace{\sqrt{\frac{8 k_B T_e}{\pi m_e}} \cdot 2\pi \frac{W_\beta^{(1)}}{W_\beta^{(0)}} \left(\frac{e^2}{4\pi\epsilon_0 \chi}\right)^2 e^{-\frac{\chi}{k_B T_e}}}_{r_{\text{ion}}/(n_e n_0)} \\
&= r_{\text{ion}}
\end{aligned}
\tag{6.310}
$$

ist damit dem Ansatz folgend äquivalent zur *Ionisationsrate* r_{ion}.

6.4 Modellierung der molekularen Geschwindigkeitsverteilung

Plasmaparameter werden in Abhängigkeit von Kollisionen verschiedener Teilchenklassen abgebildet. Entscheidend für Ionisationsraten sowie die Elektronen- und Ionentemperatur sind die molekularen Geschwindigkeitsverteilungen im Phasenraum. Auf Basis der kinematischen Beschreibung werden mikroskopische Vorgänge skalenüberschreitend auf makroskopische Vorgänge abgebildet. Dieser Vorgang basiert auf der Analyse der Transportanteile im die molekulare Geschwindigkeitsverteilung aufspannenden Phasenraum [188, 231, 248].

6.4.1 Transportanteile der Boltzmann-Gleichung

Das Phasenraumvolumen $d\Omega = dv d\vec{\xi}$ beschreibt das Produkt von räumlichem Volumen dv und dem Volumen des Geschwindigkeitsraums $d\vec{\xi}$. Wie aus der Definition der *Maxwell-Verteilung* der Molekülgeschwindigkeit (Gl. 3.289) beschrieben

$$f_{\text{Maxwell}}(\xi_i) = \sqrt{\frac{m}{2\pi k_B T}}\, e^{-\frac{1}{2}\frac{m(\xi_{(i)} - u_{(i)})^2}{k_B T}} . \tag{6.311}$$

wird die statistische Verteilung einer Komponente der Molekülgeschwindigkeit in Form der *Gauss'schen Normalverteilung* abgebildet:

$$f_{\text{Gauss}}(x) = \frac{1}{\sigma(2\pi)^{\frac{1}{2}}} e^{-\frac{1}{2}\left(\frac{x-\mu}{\sigma}\right)^2} . \tag{6.312}$$

In Abb. 6.2 ist die beschriebene eindimensionale Maxwell-Verteilung dargestellt. In diesem Fall werden zwei Temperaturen betrachtet $T_1 = 300K$ und $T_2 = 1200K$. Im Grenzfall des thermisch gesehen absoluten Nullpunktes $T = 0$ würde die Verteilungsfunktion $f(\xi_i)$ einer *Dirac-Funktion* entsprechen. Während die hier beschriebene Maxwellverteilung (Gl. 6.311) die Wahrscheinlichkeitsdichte einer einzelnen Geschwindigkeitskomponenten beschreibt, entspricht die Wahrscheinlichkeitsdichte einer Geschwindigkeitsverteilung im dreidimensionalen Raum aufgrund der statistischen Unabhängigkeit der Geschwindigkeitskomponenten dem Produkt derer Wahrscheinlichkeitsdichten. Wird eine sogenannte *Maxwell-Boltzmann-Funktion* im Gleichgewicht definiert, so entspricht das Integral über einem abgeschlossenen Bereich des Phasenraums nicht dem Anteil der Moleküle die sich darin befinden, sondern der absoluten Anzahldichte (vgl. Gl. 3.251). Diese Funktion ist daher wie folgt definiert

$$
\begin{aligned}
F_B &= n \cdot f_{\text{Maxwell}}(\xi_1) \cdot f_{\text{Maxwell}}(\xi_2) \cdot f_{\text{Maxwell}}(\xi_3) \\
&= n \left(\frac{m}{2\pi k_B T}\right)^{\frac{3}{2}} e^{-\frac{1}{2}\frac{m(\xi_1^2 + \xi_2^2 + \xi_3^2)}{k_B T}} .
\end{aligned} \tag{6.313}
$$

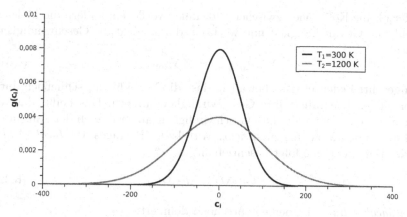

Abbildung 6.2: Eindimensionale Maxwell-Verteilung für zwei Temperaturen (vgl. [102])

Die Änderung der Molekülanzahl (Gl. 3.252) im Phasenraum über Positions- und Geschwindigkeitsvektorraum ändert sich in Abhängigkeit von der Zeit:

$$dN(t) = f_B(\vec{r}, \vec{\xi}, t)d\Omega(t) \quad , \qquad (6.314)$$

so dass zu einem späteren Zeitpunkt die beschriebenen Molekülanzahl wie folgt definiert ist:

$$dN(t + \Delta t) = f_B(\vec{x} + \Delta \vec{x}, \vec{\xi} + \Delta \vec{\xi}, t + \Delta t)d\Omega(t + \Delta t) \quad . \qquad (6.315)$$

Dabei wird die Positionsänderung durch die Geschwindigkeit

$$\Delta \vec{x} = \Delta t \vec{\xi} \qquad (6.316)$$

und die Geschwindigkeitsänderung durch äußere Kräfte beschrieben:

$$\Delta \vec{\xi} = \frac{\Delta t}{m}\vec{F} \quad . \qquad (6.317)$$

Die durch den Transport bedingte Anzahländerung wird wie folgt beschrieben:

$$\begin{aligned}
\Delta N_{\text{Transport}} &= dN(t + \Delta t) - dN(t) \qquad (6.318) \\
&= f_B(\vec{x} + \Delta \vec{x}, \vec{\xi} + \Delta \vec{\xi}, t + \Delta t)d\Omega(t + \Delta t) - f_B(\vec{x}, \vec{\xi}, t)d\Omega(t) \\
&= 0
\end{aligned}$$

Sofern keine Kollisionen zwischen Molekülen vorliegen, ändern die Moleküle nicht ihre Geschwindigkeit und wechseln damit nicht die Geschwindigkeitsklasse.

$$\Delta N_{\text{Transport}} = \Delta N_{\text{Kollision}} \tag{6.319}$$

Umgekehrt bedeutet das aber auch, dass die Moleküle ausschließlich durch Kollisionen beeinflusst ihre Geschwindigkeit ändern. Das heißt, dass die Anzahl der Moleküle die ihre Geschwindigkeit ändern, auch der Anzahl der kollidierenden Moleküle entspricht. Mittels des Betrages der *Jacobi-Matrix* J der Bewegung wie folgt beschrieben:

$$d\Omega(t + \Delta t) = |J| \, d\Omega(t) \quad . \tag{6.320}$$

Die *Jacobi-Matrix* ist dementsprechend definiert:

$$
J \;=\; \begin{bmatrix}
1 & & & & & \cdots & 0 \\
& 1 & & & & & \vdots \\
& & 1 & & & & \\
& & & 1 + \frac{\partial(F_1/m)}{\partial \xi_1} + \mathcal{O}(\Delta^2) & & & \\
\vdots & & & & 1 + \frac{\partial(F_2/m)}{\partial \xi_2} + \mathcal{O}(\Delta^2) & & \\
0 & \cdots & & & & 1 + \frac{\partial(F_3/m)}{\partial \xi_3} + \mathcal{O}(\Delta^2)
\end{bmatrix}.
$$

Die Determinante der *Jacobi-Matrix* kann somit unter Vernachlässigung quadratischer Terme wie folgt abgeschätzt werden:

$$|J| = 1 + \frac{\partial(F_i/m)}{\partial \xi_i} \Delta t + \mathcal{O}(\Delta)^2 \quad . \tag{6.321}$$

Wird entsprechend dem Ansatz

$$f_B\left(\vec{x} + \Delta\vec{x}, \vec{\xi} + \Delta\vec{\xi}, t + \Delta t\right) \tag{6.322}$$

eine *Taylor-Reihe* um $(\vec{x}, \vec{\xi}, t)$ entwickelt, so resultiert:

$$
\begin{aligned}
f_B(\vec{x} + \Delta\vec{x}, \vec{\xi} + \Delta\vec{\xi}, t + \Delta t) & \tag{6.323} \\
= f_B(\vec{x}, \vec{\xi}, t) + \frac{\partial f_B}{\partial t}\Delta t + \frac{\partial f_B}{\partial x_i}\Delta x_i + \frac{\partial f_B}{\partial \xi_i}\Delta \xi_i + \mathcal{O}(\Delta^2) & \quad .
\end{aligned}
$$

Für die Änderung der Molekülanzahl resultiert aus dem Transport:

$$\Delta N_{\text{Transport}} = \left(f_B(\vec{x}, \vec{\xi}, t) + \frac{\partial f_B}{\partial t}\Delta t + \frac{\partial f}{\partial x_i}\Delta x_i + \frac{\partial f_B}{\partial \xi_i}\Delta \xi_i + \mathcal{O}(\Delta^2) \right) \cdot$$

$$\left(1 + \frac{\partial(F_i/m)}{\partial \xi_i}\Delta t + \mathcal{O}(\Delta)^2 \right) d\Omega(t) - f_B(\vec{x}, \vec{\xi}, t)d\Omega(t)$$

$$= \left(\frac{\partial f_B}{\partial t}\Delta t + \frac{\partial f_B}{\partial x_i}\Delta x_i + \frac{\partial f_B}{\partial \xi_i}\Delta \xi_i + f_B\frac{\partial(F_i/m)}{\partial \xi_i}\Delta t + \right.$$

$$\left. \mathcal{O}(\Delta^2) \right) d\Omega(t) \qquad (6.324)$$

$$\overset{6.317}{\Longrightarrow} \quad \frac{\Delta N_{\text{Transport}}}{\Delta t} \approx \left(\frac{\partial f_B}{\partial t} + \xi_i\frac{\partial f_B}{\partial x_i} + \frac{F_i}{m}\frac{\partial f_B}{\partial \xi_i} + f_B\frac{\partial F_i/m}{\partial \xi_i} \right) d\Omega(t)$$

$$(6.325)$$

Aus der Kontinuität folgt die Äquivalenz von Transport- und Kollisionstermen.

6.4.2 Kollisionsanteile der Boltzmann-Gleichung

Die Anzahl der Moleküle, die kollisionsbedingt die Geschwindigkeitsklasse wechseln, resultiert aus der Differenz der Raten der Moleküle, die in die Klasse hinein wechseln abzüglich derer, die aus der Klasse hinaus wechseln:

$$\frac{\Delta N_{\text{Kollision}}}{\Delta t} := \left(\frac{\Delta N}{\Delta t} \right)^+ - \left(\frac{\Delta N}{\Delta t} \right)^- . \qquad (6.326)$$

Um den differentiellen Wirkungsquerschnitt zu modellieren, wird die Größe

$$b \cdot db \cdot d\epsilon \qquad (6.327)$$

verwendet (vgl. Abb. 6.3). Um die Anzahl der Moleküle mit einer Geschwindigkeit zwischen ξ_c und $\xi_c + \Delta\xi_c$ zu ermitteln, die im Zeitintervall Δt den differentiellen Wirkungsquerschnitt durchdringen, wird folgendes Integral gebildet:

$$\int_{\xi_{c,3}}^{\xi_{c,3}+\Delta\xi_{c,3}} \int_{\xi_{c,2}}^{\xi_{c,2}+\Delta\xi_{c,2}} \int_{\xi_{c,1}}^{\xi_{c,1}+\Delta\xi_{c,1}} f_B(\vec{x}, \vec{\xi_c}, t)d\xi_{c,1}d\xi_{c,2}d\xi_{c,3} \cdot \left|\vec{\xi_r}\right| \Delta t b\, db\, d\epsilon \approx$$

$$f_B(\vec{x}, \vec{\xi_c}, t)\Delta\xi_{c,1}\Delta\xi_{c,2}\Delta\xi_{c,3} \cdot \left|\vec{\xi_r}\right| \Delta t b\, db\, d\epsilon .$$

$$(6.328)$$

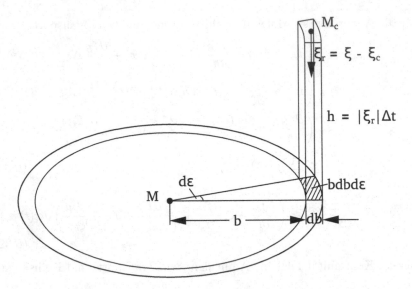

Abbildung 6.3: Visualisierung des Kollisionszylinders um Molekül M

Dieses Intervall wird in Abb. 6.3 durch das Hexaeder mit der Höhe $h = (\xi - \xi_c)\Delta t$ visualisiert. Aus dem Produkt der Kollisionsrate mit dem Wirkungsquerschnitt und dm Integral der *Boltzmann-Funktion* über den Phasenraum, resultiert

$$f_B(\vec{x}, \vec{\xi_c}, t)\Delta\xi_{c,1}\Delta\xi_{c,2}\Delta\xi_{c,3} \cdot \left|\vec{\xi_r}\right| \Delta t b db d\varepsilon \cdot f(\vec{x}, \vec{\xi}, t) d\Omega \quad . \qquad (6.329)$$

Für die Abwanderungsrate ergibt sich damit

$$\left(\frac{\Delta N}{\Delta t}\right)^- = \left(\int_{\mathbb{R}^3}\int_0^{2\pi}\int_0^\infty f_B(\vec{x}, \vec{\xi_c}, t) f_B(\vec{x}, \vec{\xi}, t) \left|\vec{\xi_r}\right| b db d\varepsilon d\vec{\xi_c}\right) d\Omega$$

$$(6.330)$$

und für die Zunahme der Moleküle in der beschriebenen Geschwindigkeitsklasse resultiert das Integral:

$$\left(\frac{\Delta N}{\Delta t}\right)^+ = \left(\int_{\mathbb{R}^3}\int_0^{2\pi}\int_0^\infty f_B(\vec{x}, \vec{\xi_c'}, t) f_B(\vec{x}, \vec{\xi'}, t) \left|\vec{\xi_r}\right| b db d\varepsilon d\vec{\xi_c}\right) d\Omega \quad .$$

$$(6.331)$$

Durch den hier beschriebenen *Stoßzahlansatz* ergibt sich aus der Summe die Änderung der Molekülanzahl

$$\frac{\Delta N_{\text{Kollision}}}{\Delta t} = \left(\int_{\mathbb{R}^3} \int_0^{2\pi} \int_0^\infty (f_c' f' - f_c f) \left| \vec{\xi}_r \right| b\, db\, d\varepsilon\, d\vec{\xi}_c \right) d\Omega \qquad (6.332)$$

unter Verwendung der verkürzten Schreibweise

$$f_c' := f_B(\vec{x}, \vec{\xi}_c', t),\ f' := f_B(\vec{x}, \vec{\xi}', t),\ f_c := f_B(\vec{x}, \vec{\xi}_c, t),\ f := f_B(\vec{x}, \vec{\xi}, t) \quad . \tag{6.333}$$

In Indexschreibweise ergibt sich so für die *Boltzmann-Gleichung*

$$\frac{\partial f}{\partial t} + \xi_i \frac{\partial f}{\partial x_i} + \frac{F_i}{m} \frac{\partial f}{\partial \xi_i} = \int_{\mathbb{R}^3} \int_0^{2\pi} \int_0^\infty (f_c' f' - f_c f) \left| \vec{\xi}_r \right| b\, db\, d\varepsilon\, d\vec{\xi}_c \quad , \tag{6.334}$$

welche wiederum verkürzt aus dem Ansatz

$$\left. \frac{Df}{Dt} \right|_{\text{Transport}} = \left. \frac{Df}{Dt} \right|_{\text{Kollision}} \tag{6.335}$$

folgt. Werden die Transportgrößen in der folgenden Weise mit der charakteristischen Länge L und der Standardabweichung der Molekülgeschwindigkeit $c = |\vec{c}|$ entdimensioniert:

$$x_i = x_i^* \cdot L \tag{6.336}$$

$$t = t^* \cdot \frac{c}{L} \tag{6.337}$$

$$\xi_i = \xi_i^* \cdot c \tag{6.338}$$

$$f = f_B^* \cdot \frac{n}{c^3} \tag{6.339}$$

$$b \cdot db \cdot d\varepsilon = \frac{dA^*}{n\lambda} \tag{6.340}$$

resultiert die entsprechend dimensionslose Form der Transportgleichung:

$$\underbrace{\frac{\partial f_B^*}{\partial t^*} + \xi_i^* \frac{\partial f_B^*}{\partial x_i^*} + \frac{F_i^*}{m^*} \frac{\partial f_B^*}{\partial \xi_i^*}}_{\frac{Df_B^*}{Dt^*}\big|_{\text{Transport}}} \tag{6.341}$$

$$= \frac{1}{Kn} \int_{\mathbb{R}^3} \int_0^{2\pi} \int_0^\infty (f_c^{*'} f_B^{*'} - f_c^* f_B^*) \left| \vec{\xi}_r^* \right| dA^* d\vec{\xi}_c^* \quad ,$$

bei der die linke Seite durch die materielle Ableitung im Phasenraum dargestellt wird. Für den Grenzfall der freien molekularen Strömung bei $Kn \to \infty$
resultiert ein wegfallender Einfluss aller molekularen Kollisionen:

$$\frac{Df_B^*}{Dt^*}\Big|_{\text{Transport}} = 0 \Rightarrow \frac{Df}{Dt}\Big|_{\text{Transport}} = \frac{\partial f}{\partial t} + \xi_i \frac{\partial f}{\partial x_i} + \frac{F_i}{m}\frac{\partial f}{\partial \xi_i} = 0 \quad . \quad (6.342)$$

Mit der Beziehung

$$0 = \int_{\mathbb{R}^3} \int_0^{2\pi} \int_0^\infty (\bar{f}_c' \bar{f}' - \bar{f}_c f_B^*)|\vec{\bar{\xi}}_r|\bar{b}d\bar{b}d\varepsilon d\vec{\bar{\xi}}_c \qquad (6.343)$$

folgt somit die Äquivalenz folgender Produkte aus dem Kollisionsterm:

$$f_c^{*'}f_B^{*'} - f_c^* f^* = 0 \Rightarrow f_c^{*'}f_B^{*'} = f_c^* f^* \Rightarrow f_c' f' = f_c f \quad . \qquad (6.344)$$

Makroskopisch ereignet sich somit bei stark verdünnten Gasen keine Änderung der Strömung aufgrund von Molekülkollisionen.

6.4.3 Das $\hat{H}$-Theorem

Um die thermodynamische Konsistenz dieser Abschätzung zu beweisen, hat
Ludwig Boltzmann 1872 das $\hat{H}$-*Theorem* aufgestellt. Mittels der Definition
der Größe $\hat{H}$

$$\hat{H} := f_0 \int_{\mathbb{R}^3} \frac{f}{f_0} \ln \frac{f}{f_0} d\vec{\xi}'. \qquad (6.345)$$

und dessen zeitlicher Änderung

$$\frac{\partial \hat{H}}{\partial t} = f_0 \int_{\mathbb{R}^3} \frac{\partial}{\partial t}\left(\frac{f}{f_0}\ln\frac{f}{f_0}\right)d\vec{\xi}' = \int_{\mathbb{R}^3}\left(1 + \ln\frac{f}{f_0}\right)\frac{\partial}{\partial t}\left(\frac{f}{f_0}\right)d\vec{\xi}' \qquad (6.346)$$

resultiert unter Annahme der *Maxwell-Verteilung* (vgl. Gl. 3.292) als Grund-
form für die *Boltzmann-Verteilung*:

$$f(\xi') = n \cdot \left(\frac{m}{2\pi k_B T}\right)^{\frac{3}{2}} e^{-\frac{m}{2k_B T}\left[(\xi_1 - u_1)^2 + (\xi_2 - u_2)^2 + (\xi_3 - u_3)^2\right]} \qquad (6.347)$$

die Beziehung

$$\begin{aligned}
\hat{H} &= f_0 \int_{\mathbb{R}^3} \frac{f}{f_0}\ln\frac{f}{f_0}d\vec{\xi}' \\
&= f_0 \int_{\mathbb{R}^3} \frac{f(\xi')}{f_0}\left[\ln\left(\frac{n}{f_0}\left(\frac{m}{2\pi k_B T}\right)^{\frac{3}{2}}\right) - \frac{m}{2k_B T}\vec{\xi}'^2\right]d\vec{\xi}'
\end{aligned}$$

$$= \int_{\mathbb{R}^3} f(\xi') \left[\ln \left(\frac{n}{f_0} \left(\frac{m}{2\pi k_B T} \right)^{\frac{3}{2}} \right) \right] d\vec{\xi}' - \frac{m}{2k_B T} \underbrace{\int_{\mathbb{R}^3} f(\xi') \vec{\xi}'^2 d\vec{\xi}'}_{=0}$$

$$= n \cdot \left[\ln \left(\frac{n}{f_0} \left(\frac{m}{2\pi k_B T} \right)^{\frac{3}{2}} \right) \right] \quad . \tag{6.348}$$

So ergibt sich für die anzahlspezifische Änderung des Funktionals $\hat{H}$ die Relation:

$$\Delta \left(\frac{\hat{H}}{n} \right) = \ln \left(\frac{n_2}{f_0} \left(\frac{m}{2\pi k_B T_2} \right)^{\frac{3}{2}} \right) - \ln \left(\frac{n_1}{f_0} \left(\frac{m}{2\pi k_B T_1} \right)^{\frac{3}{2}} \right)$$

$$= \frac{3}{2} \ln \frac{T_2}{T_1} - \ln \frac{n_2}{n_1} \tag{6.349}$$

Für ein Lighthill-Gas (vgl. Gl. 3.311):

$$n = 3 \Rightarrow \gamma - \frac{5}{3} \rightarrow c_p - \frac{5}{2} \frac{k_B}{m} \tag{6.350}$$

folgt aus der Entropiefunktion (Gl. 3.42ff.):

$$\Delta s = \frac{3}{5} c_p \ln \frac{T_2}{T_1} - \frac{2}{5} c_p \ln \frac{n_2}{n_1}$$

$$= \frac{k_B}{m} \left(\frac{3}{2} \ln \frac{T_2}{T_1} - \ln \frac{n_2}{n_1} \right) \quad , \tag{6.351}$$

bzw. mit $N = n \cdot V$:

$$\Delta S = nmV \Delta s$$

$$= nVk_B \left(\frac{3}{2} \ln \frac{T_2}{T_1} - \ln \frac{n_2}{n_1} \right) \quad . \tag{6.352}$$

Vor dem Hintergrund der Änderung des $\hat{H}$-Funktionals (Gl. 6.349) ist dessen Zusammenhang mit der Entropieänderung direkt abzulesen:

$$\Delta \left(\frac{\hat{H}}{n} \right) = \frac{3}{2} \ln \frac{T_2}{T_1} - \ln \frac{n_2}{n_1} = \frac{\Delta S}{N k_B} \quad . \tag{6.353}$$

Ohne lokale Änderung der molekularen Anzahldichte folgt hieraus entsprechend:

$$\frac{\partial S}{\partial t} = -k_B \underbrace{\frac{N}{n}}_{V} \frac{\partial \hat{H}}{\partial t} = -k_B V \frac{\partial \hat{H}}{\partial t} \quad . \tag{6.354}$$

Für eine homogene Interpretation der Verteilungsfunktion folgt aus Gl. 6.334 deren zeitliche Ableitung:

$$\frac{\partial f}{\partial t} = \int_{\mathbb{R}^3} \int_0^{2\pi} \int_0^{\infty} (f_c' f' - f_c f) \left| \vec{\xi}_r \right| b \, db \, d\varepsilon \, d\vec{\xi}_c \quad . \tag{6.355}$$

Eingesetzt in die Ableitung der Funktion $\hat{H}$ (Gl. 6.346) ergibt sich für diese Ableitung:

$$\frac{\partial \hat{H}}{\partial t} = \frac{1}{4} \int_{\mathbb{R}^3} \int_{\mathbb{R}^3} \int_0^{2\pi} \int_0^{\infty} (f_c' f' - f_c f) \ln\left(\frac{f f_c}{f' f_c'}\right) \left| \vec{\xi}_r \right| b \, db \, d\varepsilon \, d\vec{\xi}_c \, d\vec{\xi} \quad . \tag{6.356}$$

Für alle Relationen:

$$f f_c < f' f_c' \quad , \quad f f_c = f' f_c' \quad \text{und} \quad f f_c > f' f_c' \tag{6.357}$$

ergibt sich die Beziehung:

$$(f_c' f' - f_c f) \ln\left(\frac{f f_c}{f' f_c'}\right) \leq 0, \quad , \tag{6.358}$$

woraus wiederum folgt, dass die $\hat{H}$-*Funktion* abnimmt.

$$\frac{\partial \hat{H}}{\partial t} \leq 0 \Rightarrow \frac{\partial S}{\partial t} \geq 0 \tag{6.359}$$

Für die Entropie folgt mit Gl. 6.354 aber, dass diese mit der Zeit zunimmt, womit nachgewiesen ist, dass die Kollisionsrelation der Anforderung des zweiten Hauptsatzes der Thermodynamik genügt.

6.4.4 BGK-Modellierung der Boltzmann-Gleichung

Der durch *Bhatnagar, Gross und Crook* geprägte Ansatz (BGK) der Modellierung des Kollisionsterms mittels der Geschwindigkeitsdifferenz der

Verteilungsfunktion mit der *Maxwell-Boltzmann-Verteilung* F_B in Abhängigkeit von der Kollisionsfrequenz ω_c

$$\frac{\partial f_B}{\partial t} + \xi_j \frac{\partial f_B}{\partial x_j} = \omega_c(F_B - f_B) \qquad (6.360)$$

ergibt sich mit

$$\frac{D}{Dt} = \frac{\partial}{\partial t} + \xi_j \frac{\partial}{\partial x_j} \qquad (6.361)$$

ohne von außen angreifende Kräfte:

$$\frac{Df_B}{Dt} = \omega_c(\Gamma_B - f_B) \quad . \qquad (6.362)$$

Entsprechend der Entdimensionierungsvorschrift

$$x_i = x_i^* L \qquad (6.363)$$

$$t = \frac{t^* L}{c_0} \qquad (6.364)$$

$$\zeta_i = \xi_i^* c_0 \qquad (6.365)$$

$$f_B = \frac{f_B^*}{L^3 c_0^3} \qquad (6.366)$$

$$\omega_c = \frac{\omega_c^* \cdot c_0}{\lambda} \qquad (6.367)$$

resultiert mit der *Knudsen-Zahl* $\mathrm{Kn} = \lambda/L$ die entdimensionierte Darstellung des BGK-Modells:

$$\mathrm{Kn}\frac{Df_B^*}{Dt^*} = \omega_c^*(F_B^* - f_B^*) \quad . \qquad (6.368)$$

Wird entsprechend die entdimensionierte Verteilungsfunktion f_B^* als Reihenentwicklung über der *Knudsen-Zahl* modelliert, so resultiert das Modell:

$$f_B^* = f_0^* + \mathrm{Kn} f_1^* + \mathrm{Kn}^2 f_2^* + \dots \qquad (6.369)$$

Das erste Glied beschreibt die Gleichgewichtsfunktion, die sich für beliebig kleine Knudsen-Zahlen einstellt. In diesem Fall sind anisotrope Geschwindigkeitsverteilungen nicht mehr möglich. Daher entspricht diese Verteilung der entdimensionierten *Maxwell-Verteilung*:

$$f_0^* = \lim_{\mathrm{Kn} \to 0} f_B^* = F_B^* \quad . \qquad (6.370)$$

Für die Geschwindigkeitsverteilung ergibt sich somit die Näherung n-ter Ordnung:

$$f_B^* = F_B^* + \sum_{k=1}^{n} f_n^* \mathrm{Kn}^n \quad . \tag{6.371}$$

6.4.5 Näherungsansatz erster Ordnung

Mit dem Näherungsansatz erster Ordnung ($n = 1$) resultiert für die Verteilungsfunktion:

$$f_B^* = F_B^* + \mathrm{Kn} f_1^* \quad . \tag{6.372}$$

Wird dieser Ansatz in die obige Differentialgleichung (Gl. 6.368) eingesetzt, ergibt sich zur Bestimmung von f_1^* die Beziehung:

$$\mathrm{Kn}\frac{D}{Dt^*}\left(\underbrace{f_0^*}_{=F_B^*} + \mathrm{Kn} f_1^*\right) = \omega_c^*\left(\underbrace{F_B^* - f_0^*}_{=0} - \mathrm{Kn} f_1^*\right) \quad . \tag{6.373}$$

Werden auch hier Summanden der Größenordnung Kn^2 vernachlässigt, resultiert die Differentialgleichung:

$$\frac{D}{Dt^*}F_B^* = -\omega_c^* f_1^* \quad \Rightarrow \quad f_1^* = -\frac{1}{\omega_c^*}\frac{D}{Dt^*}F_B^* \quad . \tag{6.374}$$

Für die Verteilungsfunktion ergibt sich damit:

$$f_B^* = f_0^* + f_1^* \mathrm{Kn} = F_B^* - \underbrace{\frac{\mathrm{Kn}}{\omega_c^*}\frac{D}{Dt^*}F_B^*}_{\ll F_B^*; \mathrm{Kn} \ll 1} \quad . \tag{6.375}$$

Mit der Definition

$$\phi = -\frac{\mathrm{Kn}}{F_B^*} f_1^* = \frac{\mathrm{Kn}}{\omega_c^* F_B^*}\frac{D}{Dt^*}F_B^* \ll 1 \tag{6.376}$$

resultieren für die entdimensionierte Geschwindigkeitsverteilung

$$f_B^* = F_B^* - \phi F_B^* = F_B^*\left(1 - \phi\right) \tag{6.377}$$

und die dimensionsbehaftete Fassung:

$$f_B = F_B\,(1 - \phi) \quad . \tag{6.378}$$

Hiermit entspricht die dimensionsbehaftete Geschwindigkeitsverteilung einer mit der relativen Störung ϕ modifizierten *Maxwell-Geschwindigkeitsverteilung*.

6.4.6 Störung des isotropen Gleichgewichts

Wird dieser Störungsansatz (Gl. 6.377) in die rechte Seite der BGK-Gleichung (Gl. 6.368) eingesetzt, resultiert für kleine ϕ folgender Zusammenhang:

$$\text{Kn}\frac{Df_B^*}{Dt^*} = \omega_c^* \phi F_B^* \approx \omega_c^* \phi f_B^* \quad . \tag{6.379}$$

Während die Abhängigkeit der *Maxwell-Verteilung* von makroskopischen Größen hinlänglich geklärt ist (Gl. 6.313)

$$F_B(\xi_i) = n\left(\frac{m}{2\pi k_B T}\right)^{\frac{3}{2}} e^{-\frac{1}{2}\frac{m(\xi_{(i)} - u_{(i)})^2}{k_B T}} \tag{6.380}$$

ist die Abhängigkeit des Störparameters von makroskopischen Größen noch weitgehend ungeklärt. Bei einer Analyse des Störparameters ergibt sich bei entsprechender Vernachlässigung quadratischer Terme für ϕ:

$$\phi = \frac{\text{Kn}}{\omega_c^* F_B^*}\frac{D}{Dt^*}F_B^* = \frac{\text{Kn}}{\omega_c^*}\frac{D}{Dt^*}\left[\ln F_B^*\right] \quad . \tag{6.381}$$

Für das Differential der *Maxwell-Verteilung* in Abhängigkeit von den makroskopischen Größen *Anzahldichte* n, *mittlerer Geschwindigkeit* $\bar{u}$, und *absoluter Temperatur* T

$$\frac{D}{Dt^*}F_B^*\,(n, u_i, T) = \frac{\partial F}{\partial n}\frac{D}{Dt^*}n + \frac{\partial F}{\partial u_i}\frac{D}{Dt^*}u_i + \frac{\partial F}{\partial T}\frac{D}{Dt^*}T \tag{6.382}$$

resultiert für das Differential des Logarithmus davon:

$$\frac{D}{Dt^*}\ln F_B^* = \left(\frac{\partial}{\partial n}\ln F_B^*\right)\frac{D}{Dt^*}n \tag{6.383}$$

$$+ \left(\frac{\partial}{\partial u_i}\ln F_B^*\right)\frac{D}{Dt^*}u_i + \left(\frac{\partial}{\partial T}\ln F_B^*\right)\frac{D}{Dt^*}T \quad .$$

Aus der *Maxwell-Boltzmann-Funktion* (Gl. 6.313)

$$F_B = n \left(\frac{m}{2\pi k_B T} \right)^{\frac{3}{2}} e^{-\frac{1}{2}\frac{m(\xi_i - u_i)^2}{k_B T}} \tag{6.384}$$

und der dazugehörigen Entdimensionierung

$$F_B = F_B^* / (L^3 c_0^3) \tag{6.385}$$

folgt

$$F_B^* = L^3 c_0^3 n \left(\frac{m}{2\pi k_B T} \right)^{\frac{3}{2}} e^{-\frac{1}{2}\frac{m(\xi_i - u_i)^2}{k_B T}} . \tag{6.386}$$

Für die partiellen Ableitungen folgen mit der Geschwindigkeitsabweichung

$$c_i := \xi_i - u_i \tag{6.387}$$

damit diese Relationen:

$$\frac{\partial}{\partial n} \ln F_B^* = \frac{1}{F_B^*} \frac{\partial F_B^*}{\partial n} = \frac{1}{n} \tag{6.388}$$

$$\frac{\partial}{\partial u_i} \ln F_B^* = \frac{1}{F_B^*} \frac{\partial F_B^*}{\partial u_i} = \frac{1}{F_B^*} \frac{m(\xi_i - u_i)}{k_B T} F_B^* = \frac{mc_i}{k_B T} \tag{6.389}$$

$$\frac{\partial}{\partial T} \ln F_B^* = \frac{1}{F_B^*} \frac{\partial F_B^*}{\partial T} \tag{6.390}$$

$$= \frac{1}{F_B^*} \left[\left(-\frac{3}{2} \right) \frac{n L^3 c_0^3}{(2\pi k_B / m)^{\frac{3}{2}} T^{\frac{5}{2}}} + \frac{n L^3 c_0^3}{(2\pi k_B / m)^{\frac{3}{2}} T^{\frac{3}{2}}} \frac{mc_i^2}{2 k_B T^2} \right] e^{-\frac{1}{2}\frac{m(\xi_i - u_i)^2}{k_B T}}$$

$$= -\frac{3}{2}\frac{1}{T} + \frac{mc_i^2}{2 k_B T^2} = \frac{1}{T} \left(\frac{mc_i^2}{2 k_B T} - \frac{3}{2} \right) .$$

Wird nun das Diffential des Logarithmus der *Maxwell-Boltzmann-Funktion* (Gl. 6.383) in die Störfunktion ϕ selbst (Gl. 6.381) eingesetzt, resultiert:

$$\phi = \frac{\text{Kn}}{\omega_c^*} \frac{D}{Dt^*} (\ln F_B^*) \tag{6.391}$$

$$= \frac{\text{Kn}}{\omega_c^*} \left[\left(\frac{\partial}{\partial n} \ln F_B^* \right) \frac{Dn}{Dt^*} + \left(\frac{\partial}{\partial u_i} \ln F_B^* \right) \frac{Du_i}{Dt^*} + \left(\frac{\partial}{\partial T} \ln F_B^* \right) \frac{DT}{Dt^*} \right]$$

$$= \frac{\text{Kn}}{\omega_c^*} \left[\frac{1}{n} \frac{Dn}{Dt^*} + \frac{mc_i}{k_B T} \frac{Du_j}{Dt^*} + \frac{1}{T} \left(\frac{mc_i^2}{2 k_B T} - \frac{3}{2} \right) \frac{DT}{Dt^*} \right] .$$

Aus einer Umformung der Ableitung (Gl. 6.361)

$$\frac{D}{Dt^*} = \frac{L}{c_0}\frac{D}{Dt}$$

$$= \frac{L}{c_0}\left(\frac{\partial}{\partial t} + \underbrace{\xi_j}_{u_j+c_j}\frac{\partial}{\partial x_j}\right)$$

$$= \frac{L}{c_0}\left(\underbrace{\frac{\partial}{\partial t} + u_j\frac{\partial}{\partial x_j}}_{d/dt} + c_j\frac{\partial}{\partial x_j}\right)$$

$$= \frac{L}{c_0}\left(\frac{d}{dt} + c_j\frac{\partial}{\partial x_j}\right) \tag{6.392}$$

folgt für die Störfunktion in der dimensionbehafteten Schreibweise die Beschreibung:

$$\phi = \underbrace{\frac{L}{c_0}\frac{Kn}{\omega_c^*}}_{1/\omega_c}\left[\frac{1}{n}\left(\frac{dn}{dt} + c_j\frac{\partial n}{\partial x_j}\right) + \frac{mc_i}{k_BT}\left(\frac{du_i}{dt} + c_j\frac{\partial u_i}{\partial x_j}\right)\right.$$

$$\left. +\frac{1}{T}\left(\frac{mc_i^2}{2k_BT} - \frac{3}{2}\right)\left(\frac{dT}{dt} + c_j\frac{\partial T}{\partial x_j}\right)\right] \quad .$$

Eingesetzt in die Wahrscheinlichkeitsdichte der *Boltzmann-Verteilung* (Gl. 6.378) folgt für diese:

$$f_B = F_B\,(1 - \phi) \tag{6.393}$$

$$= F_B\left[1 - \frac{1}{\omega_c}\left(\frac{1}{n}\left(\frac{dn}{dt} + c_j\frac{\partial n}{\partial x_j}\right) + \frac{mc_i}{k_BT}\left(\frac{du_i}{dt} + c_j\frac{\partial u_i}{\partial x_j}\right)\right.\right.$$

$$\left.\left. +\frac{1}{T}\left(\frac{mc_i^2}{2k_BT} - \frac{3}{2}\right)\left(\frac{dT}{dt} + c_j\frac{\partial T}{\partial x_j}\right)\right)\right] \quad .$$

So wird die statistische Verteilung der Molekülgeschwindigkeiten im Phasenraum durch durch eine Form der *Boltzmann-Verteilung* beschrieben, welche selbst durch makroskopische Größen beschrieben wird.

6.4.7 Nicht-konservative Euler-Gleichungen

Um Transportgleichungen für diese makroskopische Größen aufzustellen, wird die *Boltzmann-Gleichung* (Gl. 6.334) genutzt. Für den allgemeinen Aufbau einer Transportgleichung dient der infinitesimalen Größe $f_B d\xi$ die Transportgröße ψ als Vorfaktor:

$$\frac{\partial}{\partial t}\int_{\mathbb{R}^3}\psi f_B d\vec{\xi} \;+\; \frac{\partial}{\partial x_i}\int_{\mathbb{R}^3}\psi\xi_i f_B d\vec{\xi} + \frac{F_i}{m}\int_{\mathbb{R}^3}\psi\frac{\partial f}{\partial\xi_i}d\vec{\xi} \qquad (6.394)$$

$$= \int_{\mathbb{R}^3}\int_{\mathbb{R}^3}\int_0^{2\pi}\int_0^\infty \psi(f_c'f' - f_cf)\left|\vec{\xi_r}\right| bdbd\varepsilon d\vec{\xi_c}d\vec{\xi} \quad .$$

Durch den Kollisionsterm auf der rechten Seite der Gleichung werden vier Perspektiven für die Transportgröße ψ aufgezählt: ψ', ψ_1 und ψ_1', so dass der Kollisionsterm durch das arithmetische Mittel folgender vier Terme beschrieben werden muss:

$$\int_{\mathbb{R}^3}\int_{\mathbb{R}^3}\int_0^{2\pi}\int_0^\infty \psi(f_c'f' - f_cf)\left|\vec{\xi_r}\right| bdbd\varepsilon d\vec{\xi_c}d\vec{\xi}$$

$$\int_{\mathbb{R}^3}\int_{\mathbb{R}^3}\int_0^{2\pi}\int_0^\infty \psi_c(f'f_c' - ff_c)\left|\vec{\xi_r}\right| bdbd\varepsilon d\vec{\xi_c}d\vec{\xi}$$

$$\int_{\mathbb{R}^3}\int_{\mathbb{R}^3}\int_0^{2\pi}\int_0^\infty \psi'(f_cf - f_c'f')\left|\vec{\xi_r}\right| bdbd\varepsilon d\vec{\xi_c}d\vec{\xi}$$

$$\int_{\mathbb{R}^3}\int_{\mathbb{R}^3}\int_0^{2\pi}\int_0^\infty \psi_c'(ff_c - f'f_c')\left|\vec{\xi_r}\right| bdbd\varepsilon d\vec{\xi_c}d\vec{\xi} \quad .$$

Daraus resultiert die Beziehung:

$$\frac{\partial}{\partial t}\int_{\mathbb{R}^3}\psi f_B d\vec{\xi} + \frac{\partial}{\partial x_i}\int_{\mathbb{R}^3}\psi\xi_i f_B d\vec{\xi} \qquad (6.395)$$

$$= \frac{1}{4}\int_{\mathbb{R}^3}\int_{\mathbb{R}^3}\int_0^{2\pi}\int_0^\infty (\psi + \psi_c - \psi' - \psi_c')\,(f_c'f' - f_cf)\left|\vec{\xi_r}\right| bdbd\varepsilon d\vec{\xi_c}d\vec{\xi}$$

Werden der molekularen Kinematik elastische Stöße hinsichtlich der Erhaltungseigenschaft der Transportgrößen zugrunde gelegt

$$\psi + \psi_c = \psi' + \psi_c' \Rightarrow \psi + \psi_c - \psi' - \psi_c' = 0 \quad , \qquad (6.396)$$

folgt das vollständige Wegfallen der rechten Seite der Transportgleichung:

$$\frac{\partial}{\partial t}\int_{\mathbb{R}^3}\psi f_B d\vec{\xi} + \frac{\partial}{\partial x_i}\int_{\mathbb{R}^3}\psi\xi_i f_B d\vec{\xi} = 0 \quad . \qquad (6.397)$$

Aus dieser verallgemeinerten Form einer Erhaltungsgleichung resultiert der Transport der Erhaltungsgrößen.

6.4.7.1 Kontinuität im Phasenraum

Aus der Massenerhaltung folgt mit $\psi = m$:

$$\frac{\partial}{\partial t} \int_{\mathbb{R}^3} m f_B d\vec{\xi} + \frac{\partial}{\partial x_j} \int_{\mathbb{R}^3} m \xi_j f_B d\vec{\xi} = 0 \qquad (6.398)$$

Wird diese Integralgleichung nach der Zerlegung der Molekülgeschwindigkeit in die mittlere Geschwindigkeit $\vec{u}$ und die Abweichung $\vec{c}$:

$$\xi_i = u_i + c_i \qquad (6.399)$$

entsprechend substituiert:

$$\int_{\mathbb{R}^3} m f_B d\vec{\xi} = m \cdot n \qquad (6.400)$$

$$\int_{\mathbb{R}^3} u_i m f_B d\vec{\xi} = u_i \int_{\mathbb{R}^3} m f_B d\vec{\xi} = mn\rho u_i \qquad (6.401)$$

$$\int_{\mathbb{R}^3} c_i m f_B d\vec{\xi} = 0 \qquad (6.402)$$

die Kontinuitätsgleichung (Gl. 2.145):

$$\frac{\partial \rho}{\partial t} + \frac{\partial}{\partial x_j}(\rho u_j) = 0 \quad . \qquad (6.403)$$

Die mittlere Molekülgeschwindigkeit $\vec{u}$ ist invariant gegenüber der integralen Faltung und kann somit aus der integralen Darstellung raus gezogen werden. Aus der Kontinuitätsgleichung folgt mit der Dichte

$$\rho = m \cdot n \qquad (6.404)$$

und der Definition des gewöhnlichen Ableitung (Gl. 6.392) damit:

$$\frac{d\rho}{dt} + \rho \frac{\partial u_j}{\partial x_j} = 0 \quad \Rightarrow \quad \frac{1}{n}\frac{dn}{dt} = -\frac{\partial u_j}{\partial x_j} \quad . \qquad (6.405)$$

Durch letzte Beziehung wird somit die Kontinuität dieses Filterungsansatzes formuliert.

6.4.7.2 Impulstransport im Phasenraum

Für den Impuls als Erhaltungsgröße folgt mit $\psi = m\xi_i$:

$$\frac{\partial}{\partial t} \underbrace{\int_{\mathbb{R}^3} m\xi_i f_B d\vec{\xi}}_{\rho u_i} + \frac{\partial}{\partial x_j} \int_{\mathbb{R}^3} m\xi_i \xi_j f_B d\vec{\xi} = 0 \qquad (6.406)$$

die Impulstransportgleichung (Gl. 2.153):

$$\frac{\partial}{\partial t}\left(\rho u_i\right) + \frac{\partial}{\partial x_j}\left(\rho u_i u_j + p\delta_{ij} - \tau_{ij}\right) = 0 \quad . \tag{6.407}$$

Das rechte Integral spaltet sich mit $\vec{\xi} = \vec{u} + \vec{c}$ hierbei wie folgt auf:

$$\int_{\mathbb{R}^3} m\xi_i\xi_j f_B d\vec{\xi} = \int_{\mathbb{R}^3} m\xi_i u_j f_B d\vec{\xi} \tag{6.408}$$

$$+ \int_{\mathbb{R}^3} m\xi_i c_j F_B d\vec{\xi} + \int_{\mathbb{R}^3} m\xi_i c_j \left(f_B - F_B\right) d\vec{\xi}$$

$$\text{mit } \rho u_i u_j = \int_{\mathbb{R}^3} m\xi_i u_j f_B d\vec{\xi} \tag{6.409}$$

$$\text{und } p\delta_{ij} = \int_{\mathbb{R}^3} m\xi_i c_j F_B d\vec{\xi} \tag{6.410}$$

$$\text{und } \tau_{ij} = \int_{\mathbb{R}^3} m\xi_i c_j \left(F_B - f_B\right) d\vec{\xi}. \tag{6.411}$$

Ergänzend sei festgestellt, dass der Druckterm $p\delta_{ij}$ verschwinden muss, wenn $i \neq j$, da die *Maxwell-Boltzmann-Funktion* symmetrisch zu u und c antisymmetrisch zu u ist. Damit verschwindet das unendliche Integral über eine antisymmetrische Funktion. Die Nichtdiagonalelemente dieses Terms sind damit Null. Druck- und Spannungsterme resultieren somit aus der Integration der nichtlinearen Terme,

$$\frac{\partial}{\partial x_j} \int_{\mathbb{R}^3} m\xi_i\xi_j f_B d\vec{\xi} = \frac{\partial}{\partial x_j}\left(\rho u_i u_j + p\delta_{ij} - \tau_{ij}\right) \quad , \tag{6.412}$$

wobei $\vec{u}$ für die mittlere Geschwindigkeit der Moleküle steht und als Mittelwert rechnerisch vor das Integral gezogen werden kann:

$$\int_{\mathbb{R}^3} m\xi_i f_B d\vec{\xi} = \rho u_i \tag{6.413}$$

$$\int_{\mathbb{R}^3} m\xi_i u_j f_B d\vec{\xi} = \rho u_i u_j \quad . \tag{6.414}$$

Aus der Impulserhaltung resultiert, sobald die Kontinuitätsgleichung (Gl. 6.405) abgezogen wird:

$$\frac{\partial}{\partial t}(\rho u_i) + \frac{\partial}{\partial x_j}(\rho u_i u_j + p\delta_{ij} - \tau_{ij}) = 0 \tag{6.415}$$

$$\rho\frac{\partial u_i}{\partial t} + \rho u_j\frac{\partial u_i}{\partial x_j} + \frac{\partial}{\partial x_j}(p\delta_{ij} - \tau_{ij}) = 0 \tag{6.416}$$

$$\rho\frac{du_i}{dt} + \frac{\partial}{\partial x_j}(p\delta_{ij} - \tau_{ij}) = 0 \quad . \tag{6.417}$$

Für kleine Störungen wird mit $\phi \ll 1$ nach den Gln. 6.378 und 6.411 die auf der Abweichung der Geschwindigkeitsverteilungen f_B und F_B basierende Spannung σ vernachlässigt, wodurch sich die Transportgleichung für thermodynamisch ideale Gase (Gln. 2.170, 2.174) mit

$$p = nk_B T \tag{6.418}$$

wie folgt reduziert:

$$\rho\frac{du_i}{dt} + \frac{\partial p}{\partial x_i} = 0 \tag{6.419}$$

$$nm\frac{du_i}{dt} = -k_B\left(T\frac{\partial n}{\partial x_i} + n\frac{\partial T}{\partial x_i}\right) \tag{6.420}$$

$$\frac{du_i}{dt} = -\frac{k_B T}{m}\left(\frac{1}{n}\frac{\partial n}{\partial x_i} + \frac{1}{T}\frac{\partial T}{\partial x_i}\right) \quad . \tag{6.421}$$

Die Änderung der Geschwindigkeit ist somit direkt mit den Gradienten der Anzahldichte und der absoluten Temperatur gekoppelt.

6.4.7.3 Energietransport im Phasenraum

Für kleine Störungen wird wie bei der Impulserhaltung die Abweichung der Geschwindigkeitsverteilung von der *Maxwell-Boltzmann-Verteilung* vernachlässigt ($f_B \approx F_B$), wodurch σ und $\dot{q}$ in der Transportgleichung entfallen. Mit dem Druck (Gl. 6.418), der Definition der *inneren Energie e*:

$$E = e + \frac{u_i^2}{2} \quad \Rightarrow \quad dE = de + u_i du_i \tag{6.422}$$

und der thermischen Energieänderung

$$de = c_v dT = \frac{k_B}{m}(\gamma - 1)^{-1} dT \tag{6.423}$$

ergibt sich nach dem Wegfallen von Schubspannungen und Wärmeflüssen in Kombination mit der Impulserhaltung (Gl. 6.419) für den Energietransport

$$\rho\frac{dE}{dt} + \frac{\partial}{\partial x_j}\left(u_j p\right) = 0 \tag{6.424}$$

$$\rho\frac{de}{dt} + \rho u_i \frac{du_i}{dt} = -p\frac{\partial u_j}{\partial x_j} - u_j \frac{\partial p}{\partial x_j} \tag{6.425}$$

$$\rho\frac{de}{dt} + u_i \underbrace{\left(\rho\frac{du_i}{dt} + \frac{\partial p}{\partial x_i}\right)}_{=0} = -p\frac{\partial u_j}{\partial x_j} \quad . \tag{6.426}$$

Werden nun die zeitlichen Änderungen der inneren Energie (Gl. 6.423) und der Geschwindigkeit (Gl. 6.421) gemäß der hergeleiteten Approximationen interpretiert, resultiert aus der Energieerhaltung folgende Beziehung:

$$\frac{nk_B}{\gamma-1}\frac{dT}{dt} = -nk_B T\frac{\partial u_j}{\partial x_j} \tag{6.427}$$

$$\frac{1}{T}\frac{dT}{dt} = (1-\gamma)\frac{\partial u_j}{\partial x_j} \quad . \tag{6.428}$$

Mittels dieser Umformungen werden unabhängig von der Modellierung der Impuls- oder Energiediffusion molekulare Bilanzgleichungen in Form von Feldgleichungen dargestellt.

6.4.8 Analogie zur Chapman-Enskog-Entwicklung

Werden nun die hergeleiteten *Euler-Gleichungen* (Gln. 6.405, 6.421 und 6.428):

$$\frac{1}{n}\frac{dn}{dt} = -\frac{\partial u_j}{\partial x_j} \tag{6.429}$$

$$\frac{du_j}{dt} = -\frac{k_B T}{m}\left(\frac{1}{n}\frac{\partial n}{\partial x_j} + \frac{1}{T}\frac{\partial T}{\partial x_j}\right) \tag{6.430}$$

$$\frac{1}{T}\frac{dT}{dt} = (1-\gamma)\frac{\partial u_j}{\partial x_j} \quad . \tag{6.431}$$

in die zuvor hergeleitete Gleichung der *Boltzmann-Verteilung* im Phasenraum (Gl. 6.393) eingesetzt

$$
\begin{aligned}
f_B &= F_B \left[1 - \frac{1}{\omega_c} \left(\frac{1}{n} \left(\frac{dn}{dt} + c_j \frac{\partial n}{\partial x_j} \right) + \frac{mc_i}{k_B T} \left(\frac{du_i}{dt} + c_j \frac{\partial u_i}{\partial x_j} \right) \right. \right. \\
&\quad \left. \left. + \frac{1}{T} \left(\frac{mc_i^2}{2k_B T} - \frac{3}{2} \right) \left(\frac{dT}{dt} + c_j \frac{\partial T}{\partial x_j} \right) \right) \right] \\
&= F_B \left[1 - \frac{1}{\omega_c} \left(\frac{1}{n} \frac{dn}{dt} + \frac{c_j}{n} \frac{\partial n}{\partial x_j} + \frac{mc_i}{k_B T} \frac{du_i}{dt} \right. \right. \\
&\quad \left. \left. + \frac{m}{k_B T} c_i c_j \frac{\partial u_i}{\partial x_j} + \left(\frac{mc_i^2}{2k_B T} - \frac{3}{2} \right) \left(\frac{1}{T} \frac{dT}{dt} + \frac{c_j}{T} \frac{\partial T}{\partial x_j} \right) \right) \right] \\
&= F_B \left[1 - \frac{1}{\omega_c} \left(\underbrace{ - \frac{\partial u_j}{\partial x_j} + \frac{c_j}{n} \frac{\partial n}{\partial x_j} - \frac{c_i}{n} \frac{\partial n}{\partial x_i} - \frac{c_i}{T} \frac{\partial T}{\partial x_i} }_{=0} \right. \right. \\
&\quad \left. \left. + \frac{m}{k_B T} c_i c_j \frac{\partial u_i}{\partial x_j} + \left(\frac{mc_i^2}{2k_B T} - \frac{3}{2} \right) \left((1-\gamma) \frac{\partial u_j}{\partial x_j} + \frac{c_j}{T} \frac{\partial T}{\partial x_j} \right) \right) \right] \\
&= F_B \left[1 - \frac{1}{\omega_c} \left(\left(\frac{mc_i^2}{2k_B T} - \frac{5}{2} \right) \left(\frac{c_j}{T} \frac{\partial T}{\partial x_j} \right) \right. \right. \\
&\quad \left. \left. + \frac{m}{k_B T} c_i c_j \frac{\partial u_i}{\partial x_j} + \left(\left(\frac{mc_i^2}{2k_B T} - \frac{3}{2} \right) (1-\gamma) - 1 \right) \frac{\partial u_j}{\partial x_j} \right) \right] \quad .
\end{aligned}
\tag{6.432}
$$

Da das Tensorprodukt $c_i c_j$ symmetrisch ist und

$$
c_i c_j \frac{\partial u_i}{\partial x_j} = c_j c_i \frac{\partial u_j}{\partial x_i}
\tag{6.433}
$$

können folgende Umformungen vorgenommen werden:

$$
c_i c_j \frac{\partial u_i}{\partial x_j} = \frac{1}{2} c_i c_j \left(\frac{\partial u_i}{\partial x_j} + \frac{\partial u_j}{\partial x_i} \right)
\tag{6.434}
$$

$$
c_i c_i = c_i c_j \delta_{ij} \quad .
\tag{6.435}
$$

Für die *Boltzmann-Verteilung* (Gl. 6.432) folgt somit:

$$
\begin{aligned}
f_B &= F_B \left[1 - \frac{1}{\omega_c} \left(\left(\frac{mc_i^2}{2k_BT} - \frac{5}{2} \right) \left(\frac{c_j}{T} \frac{\partial T}{\partial x_j} \right) + \frac{m}{2k_BT} c_i c_j \left(\frac{\partial u_i}{\partial x_j} + \frac{\partial u_j}{\partial x_i} \right) \right. \right. \\
&\quad \left. \left. + \frac{m}{2k_BT} c_i c_j (1 - \gamma) \delta_{ij} \frac{\partial u_k}{\partial x_k} - \left(\frac{3}{2}(1 - \gamma) + 1 \right) \frac{\partial u_k}{\partial x_k} \right) \right] \\
&= F_B \left[1 - \frac{1}{\omega_c} \left(\left(\frac{mc_i^2}{2k_BT} - \frac{5}{2} \right) \left(\frac{c_j}{T} \frac{\partial T}{\partial x_j} \right) \right. \right. \\
&\quad \left. + \frac{m}{2k_BT} c_i c_j \left(\frac{\partial u_i}{\partial x_j} + \frac{\partial u_j}{\partial x_i} - (\gamma - 1) \delta_{ij} \frac{\partial u_k}{\partial x_k} \right) \right. \\
&\quad \left. \left. + \left(\frac{3}{2}(\gamma - 1) - 1 \right) \frac{\partial u_k}{\partial x_k} \right) \right] \quad .
\end{aligned}
\tag{6.436}
$$

Mittels dieser Approximation wird im Abhängigkeit vom Adiabatenexponenten γ ein direkter Zusammenhang zwischen der molekularen Geschwindigkeitsverteilung f_B und den makroskopischen Größen $\vec{u}$, p und T hergeleitet. Mittels dieser molekularen Ansätze resultiert die *Chapman-Enskog-Entwicklung* auf der Basisannahme der Stoßintegral-Approximation nach *Prabhu L. Bhatnagar, Eugene P. Gross und Max Krook* [17].

6.4.9 Diffusion in einem Lighthill-Gas

Im vielzitierten Spezialfall eines *Lighthill-Gases* mit $\gamma = 5/3$ (Gl. 3.310), welches aus einatomigen Molekülen besteht, reduziert sich die Gleichung (Gl. 6.436) zu:

$$
\begin{aligned}
f_B &= F_B \left[1 - \frac{1}{\omega_c} \left(\left(\frac{mc_i^2}{2k_BT} - \frac{5}{2} \right) \left(\frac{c_j}{T} \frac{\partial T}{\partial x_j} \right) \right. \right. \\
&\quad \left. \left. + \frac{m}{2k_BT} c_i c_j \left(\frac{\partial u_i}{\partial x_j} + \frac{\partial u_j}{\partial x_i} - \frac{2}{3} \frac{\partial u_k}{\partial x_k} \delta_{ij} \right) \right) \right] \quad .
\end{aligned}
\tag{6.437}
$$

Zur Bestimmung von Impuls- und Wärmeflüssen seien vorweg mit

$$
F_B = n \left(\frac{m}{2\pi k_BT} \right)^{\frac{3}{2}} e^{-\frac{1}{2}m \frac{\xi_1^2 + \xi_2^2 + \xi_3^2}{k_BT}}
\tag{6.438}
$$

einige Integrale bestimmt. Hintergrund sind Integrale vom Typ $\int_0^\infty x^k e^{-\beta^2 x^2}$. Die angewendete Integrationsregel der beschriebenen Integrale wurde bereits in den Gln. 3.273-3.277 erläutert.

- Moment erster Ordnung

$$\int_{\mathbb{R}^3} \xi_i F_B d\vec{\xi} = \int_0^\infty 2\pi c^3 F_B - 2\pi c^3 F_B dc = 0 \qquad (6.439)$$

Sobald eine ungerade Potenz multipliziert mit einer symmetrischen Funktion wie der *Maxwell-Boltzmann-Verteilung* über den gesamten Phasenraum integriert wird, ergibt sich das Integral einer antisymmetrischen Funktion, welches per Definition Null ergibt.

- Moment zweiter Ordnung

$$\int_{\mathbb{R}^3} \xi_i c_i F_B d\vec{\xi} = \int_0^\infty 4\pi c^4 F_B dc \qquad (6.440)$$

$$= \int_0^\infty 4\pi \frac{n}{\pi^{\frac{3}{2}}} \left(\frac{m}{2k_B T} \right)^{\frac{3}{2}} c^4 e^{-\frac{mc^2}{2k_B T}} dc$$

$$= 4\pi \frac{n}{\pi^{\frac{3}{2}}} \frac{3}{8} \sqrt{\pi} \frac{2k_B T}{m}$$

$$= 3n \frac{k_B T}{m}$$

- Moment dritter und höherer ungerader Ordnung
  Wie bei dem statistischen Moment erster Ordnung (Gl. 6.439) verschwinden auch bei höheren ungeraden Potenzen die statistischen Momente.

$$\int_{\mathbb{R}^3} \xi_i c_i c_j F_B d\vec{\xi} = 0 \qquad (6.441)$$

- Moment vierter Ordnung

$$\int_{\mathbb{R}^3} \xi_i c_i c_j c_j F_B d\vec{\xi} = \int_0^\infty 4\pi c^6 F_B dc \qquad (6.442)$$

$$= \int_0^\infty 4\pi \frac{n}{\pi^{\frac{3}{2}}} \left(\frac{m}{2k_B T} \right)^{\frac{3}{2}} c^6 e^{-\frac{mc^2}{2k_B T}} dc$$

$$= 4\pi \frac{n}{\pi^{\frac{3}{2}}} \left(\frac{m}{2k_B T} \right)^{\frac{3}{2}} \frac{15}{16} \sqrt{\pi} \left(\frac{2k_B T}{m} \right)^{\frac{7}{2}}$$

$$= 4n \left(\frac{2k_B T}{m} \right)^2 \cdot \frac{15}{16}$$

$$= 15n \cdot \left(\frac{k_B T}{m} \right)^2$$

- Moment sechster Ordnung

$$\int_{\mathbb{R}^3} \xi_i c_i c_j c_j c_k c_k F_B d\vec{\xi} = \int_0^\infty 4\pi c^8 F_B dc \qquad (6.443)$$

$$= \int_0^\infty 4\pi \frac{n}{\pi^{\frac{3}{2}}} \left(\frac{m}{2k_B T}\right)^{\frac{3}{2}} c^8 e^{-\frac{mc^2}{2k_B T}} dc$$

$$= 4\pi \frac{n}{\pi^{\frac{3}{2}}} \left(\frac{m}{2k_B T}\right)^{\frac{3}{2}} \frac{105}{32} \sqrt{\pi} \left(\frac{2k_B T}{m}\right)^{\frac{9}{2}}$$

$$= 4n \left(\frac{2k_B T}{m}\right)^3 \cdot \frac{105}{32}$$

$$= 105 n \cdot \left(\frac{k_B T}{m}\right)^3$$

Mit der Differenz von *Boltzmann-Verteilung* f_B und idealisierter *Maxwell-Boltzmann-Funktion* F_B:

$$F_B - f_B = \frac{F_B}{\omega_c} \left[\left(\frac{mc_k^2}{2k_B T} - \frac{5}{2}\right) \left(\frac{c_l}{T} \frac{\partial T}{\partial x_l}\right) \right.$$

$$+ \frac{m}{2k_B T} c_k c_l \left(\frac{\partial u_k}{\partial x_l} + \frac{\partial u_l}{\partial x_k} - \frac{2}{3} \frac{\partial u_m}{\partial x_m} \delta_{kl}\right)$$

$$\left. + \frac{1}{3nT} \left(\frac{mc_k^2}{2k_B T} - \frac{3}{2}\right) \frac{\partial}{\partial x_l} (nTu_l) \right] \quad . \qquad (6.444)$$

folgt aus der Definition der mechanischen Spannung (Gl. 6.411):

$$\tau_{ij} = \int_{\mathbb{R}^3} m\xi_i c_j (F_B - f_B) d\vec{\xi} \qquad (6.445)$$

$$= \underbrace{\int_{\mathbb{R}^3} \left(\frac{mc_k^2}{2k_B T} - \frac{5}{2}\right) \frac{1}{\omega_c T} \frac{\partial T}{\partial x_l} m^2 \xi_i c_j c_l F_B d\vec{\xi}}_{=0}$$

$$+ \frac{1}{2\omega_c k_B T} \left(\frac{\partial u_k}{\partial x_l} + \frac{\partial u_l}{\partial x_k} - \frac{2}{3} \frac{\partial u_m}{\partial x_m} \delta_{kl}\right) \underbrace{\int_{\mathbb{R}^3} m^2 \xi_i c_j c_k c_l F_B d\vec{\xi}}_{=15n(k_B T)^2 \frac{\delta_{ik}\delta_{jl}}{6}}$$

$$= \left[\underbrace{\frac{15}{12} \left(\frac{\partial u_i}{\partial x_j} + \frac{\partial u_j}{\partial x_i} - \frac{2}{3} \frac{\partial u_k}{\partial x_k} \delta_{ij}\right)}_{=2E_{ij}} \right] \frac{nk_B T}{\omega_c} = \frac{15}{6} E_{ij} \frac{nk_B T}{\omega_c} \quad .$$

Mit der Deviation E des symmetrischen Anteils des *Deformationsgeschwindigkeitstensors*:

$$E_{ij} = \frac{1}{2}\left(\frac{\partial u_i}{\partial x_j} + \frac{\partial u_j}{\partial x_i}\right) - \frac{1}{3}\frac{\partial u_k}{\partial x_k}\delta_{ij} \quad . \tag{6.446}$$

wird die mechanische Spannung gemäß einer an die *Boussinesq-Approximation* anlehnenden Darstellung als spurfrei beschrieben:

$$\tau_{ij} = 2\mu \cdot E_{ij} \quad . \tag{6.447}$$

So folgen aus der *Boltzmann-Verteilung* für die dynamische Viskosität:

$$\mu = \frac{5}{4}\frac{nk_BT}{\omega_c} \tag{6.448}$$

und die kinematische Viskosität:

$$\nu = \frac{\mu}{\rho} = \frac{5}{4}\frac{k_BT}{m\omega_c} \quad . \tag{6.449}$$

Auf Basis der vom Molekülradius r_m abhängigen Darstellung der Kollisionsfrequenz (vgl. Gl. 6.531):

$$\omega_0 = 16\pi\sqrt{\frac{k_BT}{\pi m}}nr_m^2 \tag{6.450}$$

folgt mit dem Moleküldurchmesser $d_m = 2r_m$ für die explizite Darstellung der Viskosität:

$$\mu = \frac{5}{4}\frac{nk_BT}{\omega_c} = \frac{5}{16}\sqrt{\frac{\pi k_BT}{m}}\left(d_m^2\right)^{-1} \quad . \tag{6.451}$$

Diese Formulierung ist identisch mit der aus der kinetischen Gastheorie resultierenden Darstellung [37, 111, 140, 141].

6.4.10 Energie- und Enthalpietransport im Phasenraum

Aus der Energieerhaltung folgt mit $\psi = \frac{m}{2}\vec{\xi}^2$:

$$\begin{aligned}
0 &= \frac{\partial}{\partial t}\int_{\mathbb{R}^3}\frac{m}{2}\xi^2 f_B d\vec{\xi} + \frac{\partial}{\partial x_j}\int_{\mathbb{R}^3}\frac{m}{2}\xi^2\xi_j f_B d\vec{\xi} \tag{6.452} \\
&= \frac{\partial}{\partial t}\int_{\mathbb{R}^3}\frac{m}{2}\xi^2 f_B d\vec{\xi} + \frac{\partial}{\partial x_j}\int_{\mathbb{R}^3}\frac{m}{2}\xi^2 u_j f_B d\vec{\xi} \\
&\quad + \frac{\partial}{\partial x_j}\int_{\mathbb{R}^3}\frac{m}{2}\left(\vec{u}^2 + 2\vec{u}\cdot\vec{c} + \vec{c}^2\right)c_j f_B d\vec{\xi} \quad .
\end{aligned}$$

Mit dem verschwindenden Integral

$$\int_{\mathbb{R}^3} \frac{m}{2} \vec{u}^2 c_j f_B d\vec{\xi} = \frac{m}{2} \vec{u}^2 \int_{\mathbb{R}^3} c_j f_B d\vec{\xi} = 0 \qquad (6.453)$$

resultiert die Transportgleichung

$$\frac{\partial}{\partial t} \int_{\mathbb{R}^3} \frac{m}{2} \xi_i \xi_i f_B d\vec{\xi} \;+\; \frac{\partial}{\partial x_j} \int_{\mathbb{R}^3} \frac{m}{2} \xi_i \xi_i u_j f_B d\vec{\xi} \qquad (6.454)$$

$$+\; \frac{\partial}{\partial x_j} \int_{\mathbb{R}^3} m u_i c_i c_j f_B d\vec{\xi} + \frac{\partial}{\partial x_j} \int_{\mathbb{R}^3} \frac{m}{2} c_i c_i c_j f_B d\vec{\xi} = 0.$$

Für die makroskopische Beschreibung des Transports der totalen Energie E sowie der totalen Enthalpie H als Summe von innerer und kinetischer Energie bzw. Enthalpie und kinetischer Energie:

$$E \;=\; e + K \qquad (6.455)$$

$$H \;=\; h + K \qquad (6.456)$$

werden die Transportgleichungen der kinetischen Energie K (Gl. 2.160), der inneren Energie e (Gl. 2.235) und der Enthalpie h (Gl. 2.239) ohne Berücksichtigung angreifender Kräfte oder nicht spezifizierter Wärmequellen summiert:

$$\frac{\partial}{\partial t}(\rho K) + \frac{\partial}{\partial x_j}(\rho u_j K) \;=\; -\frac{\partial p}{\partial x_i} u_i - \phi + \frac{\partial}{\partial x_j}(u_i \tau_{ij}) \qquad (6.457)$$

$$\frac{\partial}{\partial t}(\rho e) + \frac{\partial}{\partial x_j}(\rho u_j e) \;=\; -\frac{\partial \dot{q}_j}{\partial x_j} + \phi - p\frac{\partial u_j}{\partial x_j} \qquad (6.458)$$

$$\frac{\partial}{\partial t}(\rho h) + \frac{\partial}{\partial x_j}(\rho u_j h) \;=\; -\frac{\partial \dot{q}_j}{\partial x_j} + \phi + \underbrace{\frac{\partial p}{\partial t} + u_j \frac{\partial p}{\partial x_j}}_{\dot{p}} \quad . \qquad (6.459)$$

So folgen für den Transport von totaler Energie und totaler Enthalpie die Gleichungen:

$$\rho \dot{E} \;=\; \frac{\partial}{\partial x_j}(-u_j p + u_i \tau_{ij} - \dot{q}_j) \qquad (6.460)$$

$$\rho \dot{H} \;=\; \frac{\partial}{\partial x_j}(u_i \tau_{ij} - \dot{q}_j) + \frac{\partial p}{\partial t} \quad . \qquad (6.461)$$

Werden hier erneut die Produkte aus totaler Energie bzw. Enthalpie und Kontinuitätsgleichung (Gl. 6.405) hinzuaddiert, ergibt sich folgendes Gleichungssystem:

$$\frac{\partial}{\partial t}(\rho E) + \frac{\partial}{\partial x_j}(\rho u_j E + u_j p - u_i \tau_{ij} + \dot{q}_j) = 0 \tag{6.462}$$

$$\frac{\partial}{\partial t}(\rho H) + \frac{\partial}{\partial x_j}(\rho u_j H + u_j p - u_i \tau_{ij} + \dot{q}_j) = \frac{\partial p}{\partial t} + \frac{\partial}{\partial x_j}(u_j p) \tag{6.463}$$

Mit dem kontinuumsmechanischen und thermodynamischen Zusammenhang thermodynamisch idealer Gase

$$\frac{\partial p}{\partial t} + \frac{\partial}{\partial x_j}(u_j p) = \frac{dp}{dt} + p\frac{\partial u_j}{\partial x_j} \tag{6.464}$$

$$= p\left(\frac{1}{p}\frac{dp}{dt} - \frac{1}{\rho}\frac{d\rho}{dt}\right) = \frac{p}{T}\frac{dT}{dt} = \rho\frac{k_B}{m}\frac{dT}{dt}$$

wird der Einfluss von Dichte- und Druckänderung auf die Temperatur deutlich. Da bei dem zu beschreibenden Wärmefluss nicht vorgegeben ist ob Druck oder Dichte konstant bleiben, muss ein allgemeinerer Ansatz zur Beschreibung der Wärmeänderung gefunden werden. Mit der Definition der isobaren und isochoren spezifischen Wärmekapazitäten c_p und c_v (vgl. Gl. 2.227) resultiert für Lighthill-Gase ($\gamma = 5/3$):

$$c_v dT \leq dq := G\frac{k_B}{m}dT \leq c_p dT \quad \Leftrightarrow \quad \frac{3}{2} \leq G \leq \frac{5}{2} \quad . \tag{6.465}$$

Für die Druckänderung gilt so:

$$\frac{\partial p}{\partial t} + \frac{\partial}{\partial x_j}(u_j p) = \rho\frac{k_B}{m}\frac{dT}{dt} = \frac{\rho}{G}\frac{dq}{dt} = -G^{-1}\frac{\partial \dot{q}_j}{\partial x_j} \quad . \tag{6.466}$$

Im Einklang mit den Definitionen von p (Gl. 6.410) und σ (Gl. 6.411) resultiert hieraus

$$\frac{\partial}{\partial t}(\rho H) + \frac{\partial}{\partial x_j}\left(\rho u_j H + u_j p - u_i \tau_{ij} + (1 + G^{-1})\dot{q}_j\right) = 0 \tag{6.467}$$

mit den einzelnen Komponenten der statistischen Energietransportgleichung (Gl. 6.454):

$$H = \int_{\mathbb{R}^3} \frac{1}{2}\xi_i\xi_i f_B d\vec{\xi} \tag{6.468}$$

$$\rho u_j H = \int_{\mathbb{R}^3} \frac{m}{2}\xi_i\xi_i u_j f_B d\vec{\xi} \tag{6.469}$$

$$u_i p \delta_{ij} = \int_{\mathbb{R}^3} m u_i c_i c_j F_B d\vec{\xi} \tag{6.470}$$

$$-u_i \tau_{ij} = \int_{\mathbb{R}^3} m u_i c_i c_j \left(f_B - F_B \right) d\vec{\xi} \tag{6.471}$$

$$\left(1 + G^{-1} \right) \dot{q}_j = \int_{\mathbb{R}^3} \frac{m}{2} c_i c_i c_j f_B d\vec{\xi} \quad . \tag{6.472}$$

Aus der Definition der Wärmeleitung (Gl. 6.472) folgt mit der Differenz der statistischen Verteilungsdichtefunktionen (Gl. 6.444) für die Wärmestromdichte

$$
\begin{aligned}
\left(1 + G^{-1} \right) \dot{q}_j &= \int_{\mathbb{R}^3} \frac{m}{2} \xi_i c_i c_j f_B d\vec{\xi} \\
&= -\int_{\mathbb{R}^3} \frac{m}{2} \xi_i c_i c_j \left(F_B - f_B \right) d\vec{\xi} + \underbrace{\int_{\mathbb{R}^3} \frac{m}{2} \xi_i c_i c_j F_B d\vec{\xi}}_{=0} \\
&= -\left(\frac{1}{T \omega_c} \frac{\partial T}{\partial x_j} \right) \int_{\mathbb{R}^3} \frac{m}{2} \xi_i c_i c_j c_j \left(\frac{m c_k^2}{2 k_B T} - \frac{5}{2} \right) F_B d\vec{\xi} \\
&\quad - \frac{m}{2 k_B T} \left(\frac{\partial u_i}{\partial x_j} + \frac{\partial u_j}{\partial x_i} - \frac{2}{3} \frac{\partial u_k}{\partial x_k} \delta_{ij} \right) \underbrace{\int_{\mathbb{R}^3} \frac{m}{2} \xi_k c_k c_i c_i c_j F_B d\vec{\xi}}_{=0} \\
&= -\frac{m}{2} \left[\left(\frac{1}{T \omega_c} \frac{\partial T}{\partial x_j} \right) \left(\frac{m}{2 k_B T} \int_{\mathbb{R}^3} \xi_i c_i c_j c_j c_k c_k F_B d\vec{\xi} \right. \right. \\
&\quad \left. \left. - \frac{5}{2} \int_{\mathbb{R}^3} \xi_i c_i c_j c_j F_B d\vec{\xi} \right) \right] \quad .
\end{aligned}
$$

Werden nun die statistischen Momente (Gln. 6.441, 6.442 und 6.443) substituiert, ergibt sich der resultierende Wärmestrom:

$$
\begin{aligned}
\left(1 + G^{-1} \right) \dot{q}_j &= -\frac{m}{2} \left[\left(\frac{1}{T \omega_c} \frac{\partial T}{\partial x_j} \right) \left(\frac{m}{2 k_B T} \cdot 105 n \left(\frac{k_B T}{m} \right)^3 \right. \right. \\
&\quad \left. \left. - \frac{5}{2} \cdot 15 n \left(\frac{k_B T}{m} \right)^2 \right) \right]
\end{aligned}
$$

$$= -\left(\frac{105}{4}\frac{n}{\omega_c} - \frac{75}{4}\frac{n}{\omega_c}\right)\frac{k_B^2 T}{m}\frac{\partial T}{\partial x_j}$$

$$= -\frac{k_B}{m} \cdot \underbrace{\frac{15}{2}\frac{n k_B T}{\omega_c}}_{=6\mu}\frac{\partial T}{\partial x_j} \quad . \tag{6.474}$$

Für den Fourier'schen Wärmeleitkoeffizienten λ_f ergibt sich nach dessen Definition (Gl. 2.241):

$$\lambda_f = \underbrace{\frac{k_B}{m}}_{\frac{2}{5}c_p}\frac{6\mu}{1 + G^{-1}} \quad . \tag{6.475}$$

Die Prandtl-Zahl entspricht so:

$$Pr = \frac{\mu c_p}{\lambda_f} = \frac{5}{12}\left(1 + G^{-1}\right) \quad . \tag{6.476}$$

Mit einem Wert für G im angenommenen Spektrum zwischen einer isochoren und einer isobaren Erwärmung ergibt sich eine *Prandtl-Zahl* von:

$$\frac{3}{2} \leq G \leq \frac{5}{2} \quad \Rightarrow \quad \frac{7}{12} \leq Pr \leq \frac{25}{36} \quad . \tag{6.477}$$

Die unter anderem von *Hirschfelder, Curtiss und Bird* [111] postulierte Prandtl-Zahl von $Pr = 2/3$ für ein Lighthill-Gas liegt im errechneten Spektrum und entspricht mit $G = 5/3$ einem Wert nahe der isochoren Wärmeänderung.Aufgrund der Temperaturabhängigkeit der Wärmeleitfähigkeit werden Kollisionsrate ω_c (Gl. 6.450) und absolute Temperatur T (Gln. 6.422,6.423) algebraisch beschrieben:

$$\omega_c = 16\pi\sqrt{\frac{k_B T}{\pi m}}n r_m^2 \tag{6.478}$$

$$T = \frac{2}{5}\left(H - \frac{u_i u_i}{2}\right)\frac{m}{k_B} \quad . \tag{6.479}$$

Zusammenfassend resultieren für den molekularen Transport folgende Erhaltungsgleichungen für Masse (Gl. 6.405), Impuls (Gl. 6.415,6.445) und totale Enthalpie (Gl. 6.463):

$$\frac{\partial n}{\partial t} + \frac{\partial}{\partial x_i}\left(n u_i\right) = 0 \tag{6.480}$$

$$\frac{\partial}{\partial t}(mnu_i) + \frac{\partial}{\partial x_j}(mnu_iu_j + nk_BT\delta_{ij} \tag{6.481}$$

$$- \frac{5}{4}\frac{nk_BT}{\omega_c}\left(\frac{\partial u_i}{\partial x_j} + \frac{\partial u_j}{\partial x_i} - \frac{2}{3}\frac{\partial u_k}{\partial x_k}\delta_{ij}\right)\right) = 0$$

$$\frac{\partial}{\partial t}(mnH) + \frac{\partial}{\partial x_j}(mnu_jH + u_ink_BT\delta_{ij} \tag{6.482}$$

$$- \frac{5}{4}\frac{nk_BT}{\omega_c}\left(u_i\left(\frac{\partial u_i}{\partial x_j} + \frac{\partial u_j}{\partial x_i}\right) - \frac{u_i}{3}\frac{\partial u_k}{\partial x_k}\delta_{ij} + 6\frac{k_B}{m}\frac{\partial T}{\partial x_j}\right)\right) = 0$$

Mittels dieser Integration werden die drei Erhaltungsgleichungen für Masse, Impuls und Energie bzw. die Transportgleichungen von Dichte ρ, Geschwindigkeit $\vec{u}$ und totaler Enthalpie bzw. Kesselenthalpie H in Abhängigkeit von Druck (Gl. 6.418) und Viskosität (Gl. 6.448) dargestellt.

6.5 Plasmamodellierung mittels Multi-Fluid-Modells

Bei der Betrachtung eines Plasmas, welches sich aus Neutralteilchen wie negativ und positiv geladenen Ladungsträgern zusammensetzt, ist die kinematische Beschreibung vergleichbar mit der einer aus mehreren Partikelklassen bestehenden Mehrphasenströmung. Während bei einer Partikelströmung die Interaktion nur durch einen unmittelbaren Kontakt realisiert werden kann, wirken bei Ladungsträgern Abstoßungs- und Anziehungskräfte, welche den Durchmesser des Wirkungsquerschnitts auf ein Vielfaches des Partikeldurchmessers erhöhen.

6.5.1 Boltzmann-Transport verschiedener Teilchenklassen

Wird nun ein Plasma, das aus Elektronen ($\alpha = e$), Ionen ($\alpha = 1$) und Neutralteilchen ($\alpha = 0$) besteht, entsprechend durch ein System von *Boltzmann-Funktionen* beschrieben, folgt für jede der drei Teilchenklassen (α) die Equivalenz von Kollisions- und Transportanteilen (vgl. Gl. 6.335):

$$\left(\frac{Df_\alpha}{Dt}\right)_{\text{Transport}} = \left(\frac{Df_\alpha}{Dt}\right)_{\text{Kollision}} \tag{6.483}$$

Entsprechend der zeitlichen Änderung der Teilchenanzahl bedingt durch den Transport im Phasenraum (vgl. Gl. 6.325) folgt für jede Teilchenklasse α:

$$\frac{\Delta N_{\text{Transport}}}{\Delta t} \approx \left(\frac{\partial f_\alpha}{\partial t} + \xi_i \frac{\partial f}{\partial x_i} + \frac{F_i}{m} \frac{\partial f_\alpha}{\partial \xi_i} + f_\alpha \frac{\partial F_i/m_\alpha}{\partial \xi_i} \right) d\Omega(t) \quad (6.484)$$

Mit der Definition der zeitabhängigen Änderung der Teilchenanzahl, wie in Gl. 6.326 beschrieben

$$\frac{\Delta N_{\text{Kollision}}}{\Delta t} := \left(\frac{\Delta N}{\Delta t} \right)^+ - \left(\frac{\Delta N}{\Delta t} \right)^- \quad , \quad (6.485)$$

in welcher die Bewegungsänderung beider kollidierenden Teilchen (vgl. Gln. 6.330, 6.331):

$$\left(\frac{\Delta N}{\Delta t} \right)^- = \left(\int_{\mathbb{R}^3} \int_0^{2\pi} \int_0^\infty f_\alpha \vec{x}, \vec{\xi}_c, t) f_\alpha(\vec{x}, \vec{\xi}, t) \left| \vec{\xi}_r \right| b\,db\,d\varepsilon\,d\vec{\xi}_c \right) d\Omega$$

$$(6.486)$$

$$\left(\frac{\Delta N}{\Delta t} \right)^+ = \left(\int_{\mathbb{R}^3} \int_0^{2\pi} \int_0^\infty f_\alpha(\vec{x}, \vec{\xi}_c, t) f_\alpha(\vec{x}, \vec{\xi}', t) \left| \vec{\xi}_r \right| b\,db\,d\varepsilon\,d\xi_c \right) d\Omega$$

$$(6.487)$$

zusammengefasst werden, resultiert somit die vollständige Beschreibung der des Einflusses der Teilchenkollision auf die Partikelanzahl (vgl. Gln. 6.332):

$$\frac{\Delta N_{\text{Kollision}}}{\Delta t} = \left(\int_{\mathbb{R}^3} \int_0^{2\pi} \int_0^\infty (f_\beta' f_\alpha' - f_\beta f_\alpha) \left| \vec{\xi}_r \right| b\,db\,d\varepsilon\,d\vec{v}^* \right) d\Omega \quad . \quad (6.488)$$

So folgt für den Transport eines Teilchens α gemäß der hergeleiteten Transportgleichung folgende Abhängigkeit für die zeitliche Änderung der zugehörigen *Boltzmann-Funktion* f_α (vgl. Gl. 6.334):

$$\frac{\partial f_\alpha}{\partial t} + \xi_i \frac{\partial f_\alpha}{\partial x_i} + \frac{F_i}{m_\alpha} \frac{\partial f_\alpha}{\partial \xi_i} = \int_{\mathbb{R}^3} \int_0^{2\pi} \int_0^\infty (f_\beta' f_\alpha' - f_\beta f_\alpha) \left| \vec{v}_\alpha - \vec{v}_\beta \right| b\,db\,d\varepsilon\,d\vec{v}^* \quad .$$

$$(6.489)$$

So wie zuvor für die molekulare Geschwindigkeitsverteilung wird nun durch ein Gleichungssystem für den Transport von Neutralteilchen, Elektronen und Ionen die zeitliche Änderung der Teilchengeschwindigkeiten und -anzahldichten in einem Plasma beschrieben.

6.5.2 Erhaltungsgrößen und Klasseninteraktion

Aus der Betrachtung der *nicht-konservativen Euler-Gleichungen* (Gl. 6.394) folgt für die *Boltzmann-Verteilung* einer jeden Teilchenklasse die Transportgleichung:

$$\frac{\partial}{\partial t} \int_{\mathbb{R}^3} \psi f_\alpha d\vec{\xi} \;+\; \frac{\partial}{\partial x_i} \int_{\mathbb{R}^3} \psi \xi_i f_\alpha d\vec{\xi} + \frac{F_i}{m_\alpha} \int_{\mathbb{R}^3} \psi \frac{\partial f_\alpha}{\partial \xi_i} d\vec{\xi} \qquad (6.490)$$

$$= \int_{\mathbb{R}^3} \int_{\mathbb{R}^3} \int_0^{2\pi} \int_0^\infty \psi (f'_\beta f'_\alpha - f_\beta f_\alpha) \left| \vec{\xi_r} \right| b\, db\, d\varepsilon\, d\vec{\xi_c} d\vec{\xi} \quad .$$

Nach durchgeführter Integration über den Phasenraum folgt die von der Verteilung über die Geschwindigkeitskomponenten unabhängige Transportgleichung (vgl. Gl. 6.397). Sofern nicht der Transport einer Erhaltungsgröße abgebildet wird, verschwindet der *Stoßterm* und damit die rechte Seiter der Gleichung allerdings nicht:

$$\frac{\partial}{\partial t} \int_{\mathbb{R}^3} \psi f_\alpha d\vec{\xi} + \frac{\partial}{\partial x_i} \int_{\mathbb{R}^3} \psi \xi_i f_\alpha d\vec{\xi} = \gamma_\alpha \quad . \qquad (6.491)$$

Die rechte Seite wird hier stellvertretend durch den allgemeinen Quellterm γ_α beschrieben. Wird als Transportgröße die molekulare Masse gewählt, resultiert aus der Transportgleichung eine Art "Kontinuitätsgleichung" (vgl. Gl. 6.398):

$$\frac{\partial}{\partial t} \int_{\mathbb{R}^3} m_\alpha f_\alpha d\vec{\xi} + \frac{\partial}{\partial x_j} \int_{\mathbb{R}^3} m_\alpha \xi_j f_\alpha d\vec{\xi} = S_\alpha \quad . \qquad (6.492)$$

Es kann nur von einer "Art" gesprochen werden, da durch Ionisation und Rekombination nicht von einer Massenerhaltung in jeder einzelnen Teilchenklasse gesprochen werden kann. Der *Quell- bzw. Senkenterm* S_α beschreibt Zu- bzw. Abnahme der Dichte einer Klasse (vgl. Gl. 6.403). Selbstverständlich verschwindet stets die Summe der einzelnen Quellterme:

$$\sum_\alpha S_\alpha = 0 \quad . \qquad (6.493)$$

Aus der Integration resultiert die Transportgleichung der *partiellen Dichte* von Elektronen, Ionen und Neutralteilchen:

$$\frac{\partial \rho_\alpha}{\partial t} + \frac{\partial}{\partial x_j} (\rho_\alpha u_{\alpha,j}) = S_\alpha \quad . \qquad (6.494)$$

Wird entsprechend der Impuls eines Teilchens α betrachtet, resultiert aus der Integration entsprechend die Impulsbilanz (vgl. Gl. 6.406):

$$\frac{\partial}{\partial t} \int_{\mathbb{R}^3} m_\alpha \xi_i f_\alpha d\vec{\xi} + \frac{\partial}{\partial x_j} \int_{\mathbb{R}^3} m_\alpha \xi_i \xi_j f_\alpha d\vec{\xi} = I_{\alpha,i} \quad . \tag{6.495}$$

Die hier zwischen den Teilchen auftretende Interaktion sind die den Impuls der Teilchenklassen beeinflussenden Kräfte, die nicht durch die Interaktionskräfte innerhalb einer Teilchenklasse (Gl. 6.408) abgebildet werden:

$$\int_{\mathbb{R}^3} m_\alpha \xi_i \xi_j f_\alpha d\vec{\xi} = \int_{\mathbb{R}^3} m_\alpha \xi_i u_j f_\alpha d\vec{\xi} \tag{6.496}$$

$$+ \int_{\mathbb{R}^3} m_\alpha \xi_i c_{\alpha,j} F_\alpha d\vec{\xi} + \int_{\mathbb{R}^3} m_\alpha \xi_i c_{\alpha,j} \left(f_\alpha - F_\alpha \right) d\vec{\xi}$$

$$\text{mit } p_\alpha \delta_{ij} = \int_{\mathbb{R}^3} m_\alpha \xi_i c_{\alpha,j} F_\alpha d\vec{\xi} \tag{6.497}$$

$$\text{und } \tau_{\alpha,ij} = \int_{\mathbb{R}^3} m_\alpha \xi_i c_{\alpha,j} \left(F_\alpha - f_\alpha \right) d\vec{\xi}. \tag{6.498}$$

Für die Impulsbilanz einer jeden Klasse folgt so neben spezifischen Impulsflüssen auch der Impulsaustausch (Gl. 6.407) zwischen Elektronen, Ionen und Neutralteilchen:

$$\frac{\partial}{\partial t} \left(\rho_\alpha u_{\alpha,i} \right) + \frac{\partial}{\partial x_j} \left(\rho_\alpha u_{\alpha,i} u_{\alpha,j} + p_\alpha \delta_{ij} - \tau_{\alpha,ij} \right) = I_{\alpha,i} \quad . \tag{6.499}$$

Bei einer entsprechenden Herleitung des Enthalpietransports folgt so aus der Bilanz der kinetischen Energie (vgl. Gl. 6.452) einer jeden Teilchenklasse:

$$\frac{\partial}{\partial t} \int_{\mathbb{R}^3} \frac{m_\alpha}{2} \vec{\xi}^2 f_\alpha d\vec{\xi} + \frac{\partial}{\partial x_j} \int_{\mathbb{R}^3} \frac{m_\alpha}{2} \vec{\xi}^2 \xi_j f_\alpha d\vec{\xi} = Q_\alpha \quad . \tag{6.500}$$

Aus der in der Gln. 6.468 - 6.472 vorgestellten Interpretation der Faltungsintegrale:

$$\rho u_{\alpha,j} H_\alpha = \int_{\mathbb{R}^3} \frac{m_\alpha}{2} \xi_i \xi_i u_j f_\alpha d\vec{\xi} \tag{6.501}$$

$$u_{i,\alpha} p_\alpha \delta_{ij} = \int_{\mathbb{R}^3} \frac{m_\alpha}{2} \xi_i u_{\alpha,i} c_{\alpha,j} F_\alpha d\vec{\xi} \tag{6.502}$$

$$-u_{\alpha,i} \tau_{\alpha,ij} = \int_{\mathbb{R}^3} \frac{m_\alpha}{2} \xi_i u_{\alpha,i} c_{\alpha,j} \left(f_\alpha - F_\alpha \right) d\vec{\xi} \tag{6.503}$$

$$\left(1 + G^{-1} \right) \dot{q}_{\alpha,j} = \int_{\mathbb{R}^3} \frac{m_\alpha}{2} \xi_i c_{\alpha,i} c_{\alpha,j} f_\alpha d\vec{\xi} \quad . \tag{6.504}$$

folgt der substituierte Enthalpietransport (vgl. Gl. 6.467):

$$\frac{\partial}{\partial t}\left(\rho_\alpha H_\alpha\right) + \frac{\partial}{\partial x_j}\left(\rho_\alpha u_{\alpha,j} H_\alpha + u_{\alpha,j} p_\alpha - u_{\alpha,i}\tau_{\alpha,ij} + \dot{q}_{\alpha,j}\right) = Q_\alpha \quad . \quad (6.505)$$

Der Quell- bzw. Senkenterm der kinetischen Energie der Moleküle beschreibt die Summe allen Energieaustausches zwischen den Teilchenklassen.

$$\sum_\alpha I_\alpha = 0 \quad , \quad \sum_\alpha Q_\alpha = 0 \qquad (6.506)$$

Wie bei der Massenerhaltung (Gl. 6.493) verschwinden sowohl beim Impuls- als auch beim Energieaustausch die Summen über alle Teilchenklassen.

6.5.3 Massenaustausch zwischen Teilchenklassen

Aus dem Transport der Dichte einer Teilchenklasse folgt durch Zerlegung der *partiellen Dichte* ρ_α (vgl. 6.480):

$$\frac{\partial}{\partial t}(n_\alpha m_\alpha) + \frac{\partial}{\partial x_j}(n_\alpha m_\alpha u_{\alpha,i}) = S_\alpha \quad . \qquad (6.507)$$

Die Quellterme der Transportgleichung werden durch den aufgrund von Ionisation und Rekombination vorliegenden Massentransfer beschrieben. Aus dem in Gl. 6.307 beschriebenen Gleichgewicht, folgt das Verhältnis von Massenabnahmen und -zunahmen in den Partikelklassen von Neutralteilchen S_0, Ionen S_1 und Elektronen S_e:

$$S_0 = m_0(-n_0 n_e k_{ion} + n_1 n_e^2 k_{rek}) \qquad (6.508)$$

$$S_1 = m_1(n_0 n_e k_{ion} - n_1 n_e^2 k_{rek}) \qquad (6.509)$$

$$S_e = m_e(n_0 n_e k_{ion} - n_1 n_e^2 k_{rek}) \quad . \qquad (6.510)$$

Die Koeffizienten der Ionisations- und Rekombinationsraten, k_{ion} (Gl. 6.304) und k_{rek} (Gl. 6.309), lassen im Gleichgewicht die Quellterme der Massentransportgleichungen der einzelnen Spezies bzw. Partikelklassen verschwinden.

6.5.4 Impulsaustausch zwischen Teilchenklassen

Aus dem Transport der Impulses einer jeden Teilchenklasse folgt auf der Basis der allgemeinen Impulsbilanz (Gl. 6.481):

$$
\frac{\partial}{\partial t} \left(m_\alpha n_\alpha u_{\alpha,i} \right) + \frac{\partial}{\partial x_j} \left(m_\alpha n_\alpha u_{\alpha,i} u_{\alpha,j} + n_\alpha k_B T_\alpha \delta_{ij} \right.
$$
$$
\left. - \frac{5}{4} \frac{n_\alpha k_B T_\alpha}{\omega_{c,\alpha\alpha}} \left(\frac{\partial u_{\alpha,i}}{\partial x_j} + \frac{\partial u_{\alpha,j}}{\partial x_i} - \frac{2}{3} \frac{\partial u_{\alpha,k}}{\partial x_k} \delta_{ij} \right) \right)
$$
$$
= I_{\alpha,i} + F'_{\alpha,i} \tag{6.511}
$$

In der alternativen Schreibweise für die Geschwindigkeitsänderung wird das Produkt aus $u_{\alpha,i}$ und der Kontinuitätsgleichung (Gl. 6.507) von der Impulstransportgleichung (Gl. 6.511) abgezogen:

$$
m_\alpha n_\alpha \frac{\partial}{\partial t} \left(u_{\alpha,i} \right) + m_\alpha n_\alpha u_{\alpha,j} \frac{\partial u_{\alpha,i}}{\partial x_j} + \frac{\partial}{\partial x_j} \left(n_\alpha k_B T_\alpha \delta_{ij} \right. \tag{6.512}
$$
$$
\left. - \frac{5}{4} \frac{n_\alpha k_B T_\alpha}{\omega_{c,\alpha\alpha}} \left(\frac{\partial u_{\alpha,i}}{\partial x_j} + \frac{\partial u_{\alpha,j}}{\partial x_i} - \frac{2}{3} \frac{\partial u_{\alpha,k}}{\partial x_k} \delta_{ij} \right) \right)
$$
$$
= I_{\alpha,i} + F_{\alpha,i} - u_{\alpha,i} S_\alpha \quad .
$$

Mit der Substitution des Impulsflusstensors (Gl. 3.299):

$$
\Phi_{\alpha,ij} = n_\alpha k_B T_\alpha \delta_{ij} - \frac{5}{4} \frac{n_\alpha k_B T_\alpha}{\omega_{c,\alpha\alpha}} \left(\frac{\partial u_{\alpha,i}}{\partial x_j} + \frac{\partial u_{\alpha,j}}{\partial x_i} - \frac{2}{3} \frac{\partial u_{\alpha,k}}{\partial x_k} \delta_{ij} \right) \tag{6.513}
$$

reduziert sich die Impulserhaltung zu:

$$
m_\alpha n_\alpha \frac{\partial}{\partial t} \left(u_{\alpha,i} \right) + m_\alpha n_\alpha u_{\alpha,j} \frac{\partial u_{\alpha,i}}{\partial x_j} + \frac{\partial}{\partial x_j} \Phi_{\alpha,ij} = I_{\alpha,i} + F_{\alpha,i} - u_{\alpha,i} S_\alpha \quad .
$$
$$
\tag{6.514}
$$

Die kollisionsbedingte Impulsänderung einer jeden Partikelklasse resultiert aus dem Produkt von Kollisionsrate mit Partikeln einer anderen Klasse und dem Differenzimpuls:

$$
\vec{I}_0 = n_0 (\omega_{c,0e}(m_e \vec{u}_e - m_0 \vec{u}_0) + \omega_{c,01}(m_1 \vec{u}_1 - m_0 \vec{u}_0)) \tag{6.515}
$$
$$
\vec{I}_1 = n_1 (\omega_{c,1e}(m_e \vec{u}_e - m_1 \vec{u}_1) + \omega_{c,10}(m_0 \vec{u}_0 - m_1 \vec{u}_1)) \tag{6.516}
$$
$$
\vec{I}_e = n_e (\omega_{c,e0}(m_0 \vec{u}_0 - m_e \vec{u}_e) + \omega_{c,e1}(m_1 \vec{u}_1 - m_e \vec{u}_e)) \quad . \tag{6.517}
$$

Der Impulsaustausch basiert damit auf der Kollisionsfrequenz von Teilchen unterschiedlicher Partikelklassen. Werden nun die Kollisionsfrequenzen von

Partikeln unterschiedlicher Klassen, aber auch Kollisionen von Partikeln innerhalb der gleichen Klasse beschrieben, so werden die Transportgleichungen (Gln. 6.480-6.482) auf der Basis dieser Modellierung geschlossen gelöst.

6.5.5 Interne und externe Kollisionsfrequenzen

Die Kollisionrate folgt im klassischen Sinn der Beziehung:

$$\omega_{c,\alpha\beta} = v_{\alpha\beta}^{*} n_{\beta} \sigma_{\alpha\beta} \quad . \tag{6.518}$$

Die Kollisionsgeschwindigkeiten werden wie in Gl. 6.291 beschrieben in abhängigkeit von Teilchenmasse und -temperatur beschrieben:

$$v_{01}^{*} = v_{10}^{*} \;\; = \;\; \sqrt{\frac{8k_B}{\pi}\left(\frac{T_0}{m_0}+\frac{T_1}{m_1}\right)} \tag{6.519}$$

$$v_{e0}^{*} = v_{0e}^{*} \;\; = \;\; \sqrt{\frac{8k_B}{\pi}\left(\frac{T_e}{m_e}+\frac{T_0}{m_0}\right)} \tag{6.520}$$

$$v_{1e}^{*} = v_{e1}^{*} \;\; = \;\; \sqrt{\frac{8k_B}{\pi}\left(\frac{T_1}{m_1}+\frac{T_e}{m_e}\right)} \tag{6.521}$$

Für Kollisionen mit Neutralteilchen lässt sich vereinfachend feststellen, dass *Coulomb-Kräfte* weder die mittlere Kollisionsgeschwindigkeit $v_{\alpha\beta}^{*}$ noch den Stoßquerschnitt bzw. den Wirkungsquerschnitt $\sigma_{\alpha\beta}^{*}$ beeinflussen. Der Wirkungsquerschnitt wird damit im klassischen Sinne durch eine Kreisfläche beschrieben, deren Radius durch die Summe der Radien der kollidierenden Teilchen beschrieben wird. Daraus folgt:

$$\sigma_{01}^{*} = \sigma_{10}^{*} \;\; = \;\; \pi\left(r_1 + r_0\right)^2 \tag{6.522}$$

$$\sigma_{0e}^{*} = \sigma_{0e}^{*} \;\; = \;\; \pi\left(r_e + r_0\right)^2 \tag{6.523}$$

und für die Kollisionsraten (Gl. 6.518) resultieren somit diese Relationen:

$$\omega_{c,01} \;\; = \;\; \sqrt{\frac{8k_B}{\pi}\left(\frac{T_0}{m_0}+\frac{T_1}{m_1}\right)}\, n_1 \pi\left(r_0 + r_1\right)^2 \tag{6.524}$$

$$\omega_{c,10} \;\; = \;\; \sqrt{\frac{8k_B}{\pi}\left(\frac{T_0}{m_0}+\frac{T_1}{m_1}\right)}\, n_0 \pi\left(r_0 + r_1\right)^2 \tag{6.525}$$

$$\omega_{c,e0} = \sqrt{\frac{8k_B}{\pi}\left(\frac{T_e}{m_e}+\frac{T_0}{m_0}\right)}n_0\pi\left(r_0+r_e\right)^2 \qquad (6.526)$$

$$\omega_{c,0e} = \sqrt{\frac{8k_B}{\pi}\left(\frac{T_e}{m_e}+\frac{T_0}{m_0}\right)}n_e\pi\left(r_0+r_e\right)^2 \quad . \qquad (6.527)$$

Bei der Kollision von Ladungsträgern ist stets der Einfluss von *Coulomb-Kräften* zu berücksichtigen. Die Kollisionsraten werden damit wie folgt beschrieben (vgl. 6.293):

$$\omega_{c,e1} = \sqrt{\frac{8k_B}{\pi}\left(\frac{T_e}{m_e}+\frac{T_1}{m_1}\right)}\frac{\pi}{2}\frac{n_1}{k_B^2}\left(\frac{e^2}{4\pi\epsilon_0}\right)^2 \ln\Lambda \left(\frac{\frac{1}{m_e}+\frac{1}{m_1}}{\frac{T_e}{m_e}+\frac{T_1}{m_1}}\right)^2 \qquad (6.528)$$

$$\omega_{c,1e} = \sqrt{\frac{8k_B}{\pi}\left(\frac{T_e}{m_e}+\frac{T_1}{m_1}\right)}\frac{\pi}{2}\frac{n_e}{k_B^2}\left(\frac{e^2}{4\pi\epsilon_0}\right)^2 \ln\Lambda \left(\frac{\frac{1}{m_e}+\frac{1}{m_1}}{\frac{T_e}{m_e}+\frac{T_1}{m_1}}\right)^2 \qquad (6.529)$$

Somit ist unabhängig von den ladungsbedingten Interaktionskräften das Verhältnis der Teilchenkollisionsraten:

$$\frac{\omega_{c,\alpha\beta}}{\omega_{c,\beta\alpha}} = \frac{n_\beta}{n_\alpha} \quad . \qquad (6.530)$$

Mittels dieser Beschreibung der Kollisionsraten ist die Definition der kollisionbedingten Impulsänderung in den einzelnen Teilchenklassen (Gl. 6.515) geschlossen. Kollisionen innerhalb einer Teilchenklasse werden durch die "interne" Kollisionsrate beschrieben. Für Neutralteilchen gilt dementsprechend:

$$\omega_{c,00} = 16\pi\sqrt{\frac{k_BT_0}{\pi m_0}}n_0r_0^2 \quad . \qquad (6.531)$$

Für geladene Teilchen folgt dementsprechend:

$$\omega_{c,ee} = 2\sqrt{\frac{k_BT_e}{\pi m_e}}\frac{\pi n_e}{k_B^2}\left(\frac{e^2}{4\pi\epsilon_0}\right)^2 \ln\Lambda \left(\frac{1}{T_e}\right)^2 \qquad (6.532)$$

$$\omega_{c,11} = 2\sqrt{\frac{k_BT_1}{\pi m_1}}\frac{\pi n_1}{k_B^2}\left(\frac{e^2}{4\pi\epsilon_0}\right)^2 \ln\Lambda \left(\frac{1}{T_1}\right)^2 \quad . \qquad (6.533)$$

Mittels der Kollisionsfrequenzen werden sowohl die Stoßeffekte von Teilchen der selben Partikelklasse, aber auch von Teilchen unterschiedlicher Partikelklassen beschrieben.

6.5.6 Energieaustausch zwischen Teilchenklassen

Aus dem Transport der totalen Enthalpie (Gl. 6.482) folgt mit der Summe aller Interaktionsleistungen Q_α, welche von der Teilchenklasse α weg oder zu ihr hin transferiert werden:

$$\frac{\partial}{\partial t}(m_\alpha n_\alpha H_\alpha) \quad + \quad \frac{\partial}{\partial x_j}(m_\alpha n_\alpha u_j H_\alpha \tag{6.534}$$

$$+ \quad u_{\alpha,i}\Phi_{\alpha,ij} - \frac{15}{2}\frac{n_\alpha k_B T_\alpha}{\omega_{c,\alpha\alpha}}\frac{k_B}{m_\alpha}\frac{\partial T_\alpha}{\partial x_j}\Big) = Q_\alpha \quad .$$

Für den aus den Stößen zwischen den Klassen resultierenden Quellterm folgt in Analogie zu den Zusatztermen des Impulstransports (Gl. 6.515):

$$Q_0 \;=\; n_0(\omega_{c,0e}(m_e H_e - m_0 H_0) + \omega_{c,01}(m_1 H_1 - m_0 H_0)) \tag{6.535}$$

$$Q_1 \;=\; n_1(\omega_{c,1e}(m_e H_e - m_1 H_1) + \omega_{c,10}(m_0 H_0 - m_1 H_1)) \tag{6.536}$$

$$Q_e \;=\; n_e(\omega_{c,e0}(m_0 H_0 - m_e H_e) + \omega_{c,e1}(m_1 H_1 - m_e H_e)). \tag{6.537}$$

Wird nun von der Enthalpiegleichung die mit H_α multiplizierte Kontinuitätsgleichung (Gl. 6.507) abgezogen, folgt:

$$m_\alpha n_\alpha \frac{\partial}{\partial t}(H_\alpha) \quad + \quad m_\alpha n_\alpha u_j \frac{\partial}{\partial x_j}(H_\alpha) \tag{6.538}$$

$$+ \quad \frac{\partial}{\partial x_j}\left(u_{\alpha,i}\Phi_{\alpha,ij} - \frac{15}{2}\frac{n_\alpha k_B T_\alpha}{\omega_{c,\alpha\alpha}}\frac{k_B}{m_\alpha}\frac{\partial T_\alpha}{\partial x_j}\right)$$

$$= Q_\alpha - S_\alpha H_\alpha \quad .$$

Die Gesamtenthalpie H_α der Teilchenklasse α ist in Abhängigkeit von Geschwindigkeit und Temperatur wie folgt definiert:

$$H_\alpha = \frac{1}{2}u_{\alpha,i}^2 + \underbrace{\frac{5}{2}\frac{k_B}{m_\alpha}T_\alpha}_{=h_\alpha} \quad . \tag{6.539}$$

Wird nun von der substituierten Form der Transportgleichung:

$$m_\alpha n_\alpha \frac{\partial}{\partial t}\frac{u_{\alpha,i}^2}{2} \quad + \quad m_\alpha n_\alpha \frac{\partial}{\partial x_j}\frac{u_{\alpha,i}^2}{2}$$

$$+ \quad m_\alpha n_\alpha \frac{\partial}{\partial t}\left(\frac{5}{2}\frac{k_B}{m_\alpha}T_\alpha\right) + m_\alpha n_\alpha \frac{\partial}{\partial x_j}\left(\frac{5}{2}n_\alpha \frac{k_B}{m_\alpha}T_\alpha u_j\right)$$

$$+ \quad \frac{\partial}{\partial x_j}\left(u_{\alpha,i}\Phi_{\alpha,ij} - \frac{15}{2}\frac{n_\alpha k_B T_\alpha}{\omega_{c,\alpha\alpha}}\frac{k_B}{m_\alpha}\frac{\partial T_\alpha}{\partial x_j}\right)$$

$$= \quad Q_\alpha - S_\alpha H_\alpha \tag{6.540}$$

die mit $u_{\alpha,i}$ multiplizierte Impulstransportgleichung (Gl. 6.514):

$$m_\alpha n_\alpha \frac{\partial}{\partial t} \frac{u_{\alpha,i}^2}{2} \;+\; m_\alpha n_\alpha u_{\alpha,j} \frac{\partial}{\partial x_j} \frac{u_{\alpha,i}^2}{2} + u_{\alpha,i} \frac{\partial}{\partial x_j} \Phi_{\alpha,ij}$$

$$= u_{\alpha,i} \left(I_{\alpha,i} + F_{\alpha,i} \right) - u_{\alpha,i} u_{\alpha,i} S_\alpha \tag{6.541}$$

abgezogen, resultiert die thermische Energietransportgleichung:

$$m_\alpha n_\alpha \frac{\partial}{\partial t} \left(\frac{5}{2} \frac{k_B}{m_\alpha} T_\alpha \right) \;+\; m_\alpha n_\alpha \frac{\partial}{\partial x_j} \left(\frac{5}{2} \frac{k_B}{m_\alpha} T_\alpha u_j \right) \tag{6.542}$$

$$- \frac{\partial}{\partial x_j} \left(\frac{15}{2} \frac{n_\alpha k_B T_\alpha}{\omega_{c,\alpha\alpha}} \frac{k_B}{m_\alpha} \frac{\partial T_\alpha}{\partial x_j} \right) + \Phi_{\alpha,ij} \frac{\partial u_{\alpha,i}}{\partial x_j}$$

$$= Q_\alpha - S_\alpha \left(H_\alpha - u_{\alpha,i} u_{\alpha,i} \right) - u_{\alpha,i} \left(I_{\alpha,i} + F_{\alpha,i} \right) \quad .$$

Wird hier wieder das Produkt der Enthalpie

$$h_\alpha = \frac{5}{2} \frac{k_B}{m_\alpha} T_\alpha \tag{6.543}$$

und der Kontinuitätsgleichung (Gl. 6.507) hinzu addiert, folgt der Transport der Enthalpie:

$$\frac{\partial}{\partial t} \underbrace{\left(\frac{5}{2} n_\alpha k_B T_\alpha \right)}_{\rho_\alpha h_\alpha} \;+\; \frac{\partial}{\partial x_j} \underbrace{\left(\frac{5}{2} n_\alpha k_B T_\alpha u_j \right)}_{\rho_\alpha h_\alpha} \tag{6.544}$$

$$- \frac{\partial}{\partial x_j} \left(\frac{15}{2} \frac{n_\alpha k_B T_\alpha}{\omega_{c,\alpha\alpha}} \frac{k_B}{m_\alpha} \frac{\partial T_\alpha}{\partial x_j} \right) + \Phi_{\alpha,ij} \frac{\partial u_{\alpha,i}}{\partial x_j}$$

$$= Q_\alpha - S_\alpha \underbrace{\left(H_\alpha - u_{\alpha,i} u_{\alpha,i} - \frac{5}{2} \frac{k_B}{m_\alpha} T_\alpha \right)}_{-u_{\alpha,i} u_{\alpha,i}/2} - u_{\alpha,i} \left(I_{\alpha,i} + F_{\alpha,i} \right) \quad .$$

Somit setzt sich der Transport der thermischen Energie aus der Diffusion bzw. dem Wärmefluss, der "reibungsbedingten Dissipation" als Wärmequelle, dem Wärmefluss zwischen den Partikelklassen (I) (Gl. 6.535), dem materiellen Energieaustausch zwischen den Partikelklassen (II) (Gl. 6.508) und der

Aufheizung durch Impulsaustausch zwischen den Partikelklassen bzw. durch von außen angreifende Kräfte (III)

$$
\underbrace{\frac{\partial}{\partial t}\left(\frac{5}{2}n_\alpha k_B T_\alpha\right)}_{\rho_\alpha h_\alpha} + \underbrace{\frac{\partial}{\partial x_j}\left(\frac{5}{2}n_\alpha k_B T_\alpha u_j\right)}_{\rho_\alpha h_\alpha} \tag{6.545}
$$

$$
= \underbrace{-\Phi_{\alpha,ij}\frac{\partial u_{\alpha,i}}{\partial x_j}}_{\text{Dissipation}} + \underbrace{\frac{\partial}{\partial x_j}\left(\frac{15}{2}\frac{n_\alpha k_B T_\alpha}{\omega_{c,\alpha\alpha}}\frac{k_B}{m_\alpha}\frac{\partial T_\alpha}{\partial x_j}\right)}_{\text{Wärmefluss}}
$$

$$
+ \underbrace{Q_\alpha}_{\text{I}} + \underbrace{\frac{S_\alpha}{2}u_{\alpha,i}u_{\alpha,i}}_{\text{II}} + \underbrace{u_{\alpha,i}\left(-I_{\alpha,i}-F_{\alpha,i}\right)}_{\text{III}}
$$

mit dem Impulsflusstensor (vgl. Gl. 6.513):

$$
\Phi_{\alpha,ij} = n_\alpha k_B T_\alpha \delta_{ij} - \frac{5}{4}\frac{n_\alpha k_B T_\alpha}{\omega_{c,\alpha\alpha}}\left(\frac{\partial u_{\alpha,i}}{\partial x_j}+\frac{\partial u_{\alpha,j}}{\partial x_i}-\frac{2}{3}\frac{\partial u_{\alpha,k}}{\partial x_k}\delta_{ij}\right) \quad .
$$

zusammen. Letzteres würde z.B. aus einem elektrischen Feld resultieren und beschreibt demnach die durch den elektrischen Widerstand bedingte Aufheizung eines Plasmas.

6.5.7 Transportgleichungen der Neutralteilchenklasse

Wie beschrieben werden für alle drei Teilchenklassen, Neutralteilchen, Elektronen und Ionen, Transportgleichungen für deren Erhaltungsgrößen aufgestellt. Für die Kontinuität folgt aus der allgemeinen Gleichung (Gl. 6.507):

$$
\frac{\partial}{\partial t}(n_0 m_0) + \frac{\partial}{\partial x_j}(n_0 m_0 u_{0,i}) = S_0 \tag{6.546}
$$

mit dem Quellterm: (Gl. 6.508)

$$
S_0 = m_0(-n_0 n_e k_{ion} + n_1 n_e^2 k_{rek}) \quad . \tag{6.547}
$$

Der Quellterm wird durch die Ionisations- und Rekombinationskoeffizienten der Ionisationsbilanz beschrieben. Der Ionisationskoeffizient wird in Abhängigkeit von der Elektronentemperatur T_e wie die 1. Ionisationsenergie des Gases χ festgelegt (Gl. 6.304):

$$
k_{ion} = \sqrt{\frac{8k_B T_e}{\pi m_e}} \cdot 2\pi \frac{W_\beta^{(1)}}{W_\beta^{(0)}}\left(\frac{e^2}{4\pi\epsilon_0\chi}\right)^2 e^{-\frac{\chi}{k_B T_e}} \quad . \tag{6.548}
$$

Der Rekombinationskoeffizient wird durch das Gleichgewicht von Ionisation und Rekombination bestimmt (Gl. 6.309):

$$k_{\text{rek}} = \frac{\sqrt{\frac{8k_B T_e}{\pi m_e}} \cdot \pi \left(\frac{e^2}{4\pi\epsilon_0 \chi}\right)^2}{\left(\frac{\sqrt{2\pi m_e k_B T_e}}{h}\right)^3} \quad . \tag{6.549}$$

Sofern sich ein solches Gleichgewicht einstellt, verschwindet der Quellterm der Kontinuitätsgleichung. Die Impulsbilanz folgt entsprechend der allgemeinen Impulstransportgleichung (Gl. 6.511):

$$\frac{\partial}{\partial t}\left(m_0 n_0 u_{0,i}\right) \; + \; \frac{\partial}{\partial x_j}\left(m_0 n_0 u_{0,i} u_{0,j} + \Phi_{0,ij}\right) = I_{0,i} + F_{0,i} \tag{6.550}$$

Der Impulsflusstensor resultiert aus der allgemeinen Definition (Gl. 6.513):

$$\Phi_{0,ij} = n_0 k_B T_0 \delta_{ij} - \frac{5}{4}\frac{n_0 k_B T_0}{\omega_{c,00}}\left(\frac{\partial u_{0,i}}{\partial x_j} + \frac{\partial u_{0,j}}{\partial x_i} - \frac{2}{3}\frac{\partial u_{0,k}}{\partial x_k}\delta_{ij}\right) \quad . \tag{6.551}$$

Der Diffusionskoeffizient wird durch die "interne" Kollisionsrate (Gl. 6.531)

$$\omega_{c,00} = 16\pi\sqrt{\frac{k_B T_0}{\pi m_0}}\, n_0 r_0^2 \tag{6.552}$$

bestimmt. Der aus der Teilchenklasseninteraktion resultierende Quellterm (Gl. 6.515)

$$\vec{I}_0 \;\; = \;\; n_0(\omega_{c,0e}(m_e \vec{u}_e - m_0 \vec{u}_0) + \omega_{c,01}(m_1 \vec{u}_1 - m_0 \vec{u}_0)) \tag{6.553}$$

steht in Abhängigkeit von der Kollisionsrate der Partikel unterschiedlicher Teilchenklassen (Gl. 6.524):

$$\omega_{c,01} \;\; = \;\; \sqrt{\frac{8k_B}{\pi}\left(\frac{T_0}{m_0} + \frac{T_1}{m_1}\right)}\, n_1 \pi \left(r_0 + r_1\right)^2 \tag{6.554}$$

$$\omega_{c,0e} \;\; = \;\; \sqrt{\frac{8k_B}{\pi}\left(\frac{T_e}{m_e} + \frac{T_0}{m_0}\right)}\, n_e \pi \left(r_0 + r_e\right)^2 \quad . \tag{6.555}$$

Als dritte Transportgröße folgt die Neutralteilchentemperatur (Gl. 6.545):

$$\frac{\partial}{\partial t}\underbrace{\left(m_0 n_0 \frac{5}{2}\frac{k_B}{m_0}T_0\right)}_{\rho_0 e_0} + \frac{\partial}{\partial x_j}\underbrace{\left(\frac{5}{2}n_0 k_B T_0 u_j\right)}_{\rho_0 e_0} \tag{6.556}$$

$$= \underbrace{-\Phi_{0,ij}\frac{\partial u_{0,i}}{\partial x_j}}_{\text{Dissipation}} + \underbrace{\frac{\partial}{\partial x_j}\left(\frac{15}{2}\frac{n_0 k_B T_0}{\omega_{c,00}}\frac{k_B}{m_0}\frac{\partial T_0}{\partial x_j}\right)}_{\text{Wärmefluss}}$$

$$+ \underbrace{Q_0}_{\text{I}} + \underbrace{\frac{S_0}{2}u_{0,i}u_{0,i}}_{\text{II}} + \underbrace{u_{0,i}\left(-I_{0,i}-F_{0,i}\right)}_{\text{III}} \quad .$$

Der Quellterm basiert ebenfalls auf der Kollisionsrate von Partikeln unterschiedlicher Teilchenklassen (Gl. 6.535):

$$Q_0 = n_0\left(\omega_{c,0e}(m_e H_e - m_0 H_0) + \omega_{c,01}(m_1 H_1 - m_0 H_0)\right)$$

$$= n_0 \left(\omega_{c,0e}(\frac{m_e}{2}u_{e,i}^2 + \underbrace{\frac{5}{2}k_B T_e}_{=h_e} - \frac{m_0}{2}u_{0,i}^2 - \underbrace{\frac{5}{2}k_B T_0}_{h_0}) \right.$$

$$\left. + \omega_{c,01}(\frac{m_1}{2}u_{1,i}^2 + \underbrace{\frac{5}{2}k_B T_1}_{=h_1} - \frac{m_0}{2}u_{0,i}^2 - \underbrace{\frac{5}{2}k_B T_0}_{h_0}) \right) \quad , \tag{6.557}$$

wobei hier der Austausch der kinetischen Energie der Teilchen (Gl. 6.539) im Vordergrund steht. So wie für die Neutralteilchen folgen Elektronen und Ionen denselben Gesetzen. Kollisionsraten und sonstige Interaktionsterme werden allerdings durch die elektrische Ladung der Teilchen beeinflusst.

6.5.8 Transportgleichungen der Elektronenklasse

Wie bei den Neutralteilchen wird die Bilanz der Elektronen durch die Kontinuitätsgleichung (Gl. 6.507) beschrieben:

$$\frac{\partial}{\partial t}(n_e m_e) + \frac{\partial}{\partial x_j}(n_e m_e u_{e,i}) = S_e \quad . \tag{6.558}$$

Der Quellterm (Gl. 6.508)

$$S_e = m_e(n_0 n_e k_{ion} - n_1 n_e^2 k_{rek}) \quad . \tag{6.559}$$

basiert auf dem Ionisationskoeffizienten k_{ion} (Gl. 6.304) und dem Rekombitationskoeffizienten k_{rek} (Gl. 6.309). Die Impulsbilanz der Elektronen folgt wie die der Neutralteilchen folgt wie der allgemeinen Vorschrift (Gl. 6.511):

$$\frac{\partial}{\partial t}\left(m_e n_e u_{e,i}\right) + \frac{\partial}{\partial x_j}\left(m_e n_e u_{e,i} u_{e,j} + \Phi_{e,ij}\right) = I_{e,i} + F_{e,i} \tag{6.560}$$

Der Impulsflusstensor (Gl. 6.513)

$$\Phi_{e,ij} = n_e k_B T_e \delta_{ij} - \frac{5}{4}\frac{n_e k_B T_e}{\omega_{c,ee}}\left(\frac{\partial u_{e,i}}{\partial x_j} + \frac{\partial u_{e,j}}{\partial x_i} - \frac{2}{3}\frac{\partial u_{e,k}}{\partial x_k}\delta_{ij}\right) \tag{6.561}$$

Steht in Abhängigkeit von der klassseninternen Kollisionsrate (Gl. 6.532):

$$\omega_{c,cc} = 2\sqrt{\frac{k_B T_e}{\pi m_e}}\frac{\pi n_e}{k_D^2}\left(\frac{e^2}{4\pi\epsilon_0}\right)^2 \ln\Lambda \left(\frac{1}{T_e}\right)^2 \quad . \tag{6.562}$$

Der interaktionsbedingte Quellterm folgt der allgemeinen Definition (Gl. 6.515):

$$\vec{I}_e = n_e(\omega_{c,e0}(m_0\vec{u}_0 - m_e\vec{u}_e) + \omega_{c,e1}(m_1\vec{u}_1 - m_e\vec{u}_e)) \quad . \tag{6.563}$$

Die Kollisionsraten mit Neutralteilchen folgen gemäß Gl. 6.524

$$\omega_{c,e0} = \sqrt{\frac{8k_B}{\pi}\left(\frac{T_e}{m_e} + \frac{T_0}{m_0}\right)}n_0\pi\left(r_0 + r_e\right)^2 \quad . \tag{6.564}$$

und die eine Kollision mit Ionen beschreibende Rate folgt Gl. 6.528:

$$\omega_{c,e1} = \sqrt{\frac{8k_B}{\pi}\left(\frac{T_e}{m_e} + \frac{T_1}{m_1}\right)}\frac{\pi}{2}\frac{n_1}{k_B^2}\left(\frac{e^2}{4\pi\epsilon_0}\right)^2 \ln\Lambda \left(\frac{\frac{1}{m_e} + \frac{1}{m_1}}{\frac{T_e}{m_e} + \frac{T_1}{m_1}}\right)^2 \tag{6.565}$$

Aus der Energieerhaltung folgt mit der allgemeinen Transportgleichung (Gl. 6.545):

$$\frac{\partial}{\partial t}\underbrace{\left(m_e n_e \frac{5}{2}\frac{k_B}{m_e}T_e\right)}_{\rho_e e_e} + \frac{\partial}{\partial x_j}\underbrace{\left(\frac{5}{2}n_e k_B T_e u_j\right)}_{\rho_e e_e} \qquad (6.566)$$

$$= \underbrace{-\Phi_{e,ij}\frac{\partial u_{e,i}}{\partial x_j}}_{\text{Dissipation}} + \underbrace{\frac{\partial}{\partial x_j}\left(\frac{15}{2}\frac{n_e k_B T_e}{\omega_{c,ee}}\frac{k_B}{m_e}\frac{\partial T_e}{\partial x_j}\right)}_{\text{Wärmefluss}}$$

$$+ \underbrace{Q_e}_{\text{I}} + \underbrace{\frac{S_e}{2}u_{e,i}u_{e,i}}_{\text{II}} + \underbrace{u_{e,i}\left(-I_{e,i}-F_{e,i}\right)}_{\text{III}} \quad .$$

Der entsprechende Quellterm folgt mit der Definition (vgl. Gl. 6.535)

$$Q_e = n_e\left(\omega_{c,e0}(m_0 H_0 - m_e H_e) + \omega_{c,e1}(m_1 H_1 - m_e H_e)\right)$$

$$= n_e\left(\omega_{c,e0}(\underbrace{\frac{m_0}{2}u_{0,i}^2 + \frac{5}{2}k_B T_0}_{=h_0} - \underbrace{\frac{m_e}{2}u_{e,i}^2 - \frac{5}{2}k_B T_e}_{=h_e})\right.$$

$$\left. + \omega_{c,e1}(\underbrace{\frac{m_1}{2}u_{1,i}^2 + \frac{5}{2}k_B T_1}_{=h_1} - \underbrace{\frac{m_e}{2}u_{e,i}^2 - \frac{5}{2}k_B T_e}_{=h_e})\right) \qquad (6.567)$$

in Abhängigkeit von der kinetischen Energie der Elektronen (vgl. Gl. 6.539), wobei diese durch die Elektronentemperatur und die Elektronengeschwindigkeit definiert ist.

6.5.9 Transportgleichungen der Ionenklasse

Neben der Transportgrößen von Neutralteilchen und Elektronen werden äquivalent Anzahldichte n_1, Geschwindigkeit $u_{1,i}$ und Temperatur T_1 der Ionen durch separate Bilanzgleichungen abgebildet (vgl. Gl. 6.507):

$$\frac{\partial}{\partial t}(n_1 m_1) + \frac{\partial}{\partial x_j}(n_1 m_1 u_{1,i}) = S_1 \quad . \qquad (6.568)$$

Der Quellterm der Massenbilanz folgt wie bei den Bilanzen der Neutralteilchen und der Elektronen der allgemeinen Formulierung (Gl. 6.508):

$$S_1 = m_1(n_0 n_e k_{ion} - n_1 n_e^2 k_{rek}) \quad . \tag{6.569}$$

in Abhängigkeit von den Koeffizienten der Ionisations- und Rekombinationsrate: k_{ion} (Gl. 6.304) und k_{rek} (Gl. 6.309). Der Geschwindigkeitstransport resultiert aus der Impulsbilanz (Gl. 6.511):

$$\frac{\partial}{\partial t}(m_1 n_1 u_{1,i}) + \frac{\partial}{\partial x_j}(m_1 n_1 u_{1,i} u_{1,j} + \Phi_{1,ij}) = I_{1,i} + F_{1,i} \tag{6.570}$$

wobei der Ionenimpulsflusstensor (Gl. 6.513):

$$\Phi_{1,ij} = n_1 k_B T_1 \delta_{ij} - \frac{5}{4} \frac{n_1 k_B T_1}{\omega_{c,11}}\left(\frac{\partial u_{1,i}}{\partial x_j} + \frac{\partial u_{1,j}}{\partial x_i} - \frac{2}{3}\frac{\partial u_{1,k}}{\partial x_k}\delta_{ij}\right) \tag{6.571}$$

und der Quellterm (Gl. 6.515):

$$\vec{I}_1 = n_1(\omega_{c,1e}(m_e \vec{u}_e - m_1 \vec{u}_1) + \omega_{c,10}(m_0 \vec{u}_0 - m_1 \vec{u}_1)) \quad . \tag{6.572}$$

durch die "innere Kollisionsrate" der Ionen-Teilchenklasse (Gl. 6.532):

$$\omega_{c,11} = 2\sqrt{\frac{k_B T_1}{\pi m_1}}\frac{\pi n_1}{k_B^2}\left(\frac{e^2}{4\pi\epsilon_0}\right)^2 \ln\Lambda\left(\frac{1}{T_1}\right)^2 \tag{6.573}$$

und die Kollisionsrate mit Neuralteilchen (Gl. 6.524):

$$\omega_{c,10} = \sqrt{\frac{8k_B}{\pi}\left(\frac{T_0}{m_0} + \frac{T_1}{m_1}\right)}n_0\pi\left(r_0 + r_1\right)^2 \tag{6.574}$$

wie die Kollisionsrate mit Elektronen (Gl. 6.528):

$$\omega_{c,1e} = \sqrt{\frac{8k_B}{\pi}\left(\frac{T_e}{m_e} + \frac{T_1}{m_1}\right)}\frac{\pi}{2}\frac{n_e}{k_B^2}\left(\frac{e^2}{4\pi\epsilon_0}\right)^2 \ln\Lambda\left(\frac{\frac{1}{m_e} + \frac{1}{m_1}}{\frac{T_e}{m_e} + \frac{T_1}{m_1}}\right)^2 \tag{6.575}$$

beschrieben wird. Die Ionentemperatur des Plasmas folgt analog der allgemeinen Transportgleichung der Teilchentemperatur (Gl. 6.545):

$$
\frac{\partial}{\partial t}\underbrace{\left(m_1 n_1 \frac{5}{2}\frac{k_B}{m_1}T_1\right)}_{\rho_1 e_1} + \frac{\partial}{\partial x_j}\underbrace{\left(\frac{5}{2}n_1 k_B T_1 u_j\right)}_{\rho_1 e_1} \tag{6.576}
$$

$$
= \underbrace{-\Phi_{1,ij}\frac{\partial u_{1,i}}{\partial x_j}}_{\text{Dissipation}} + \underbrace{\frac{\partial}{\partial x_j}\left(\frac{15}{2}\frac{n_1 k_B T_1}{\omega_{c,11}}\frac{k_B}{m_1}\frac{\partial T_1}{\partial x_j}\right)}_{\text{Wärmefluss}}
$$

$$
+ \underbrace{Q_1}_{\text{I}} + \underbrace{\frac{S_1}{2}u_{1,i}u_{1,i}}_{\text{II}} + \underbrace{u_{1,i}\left(-I_{1,i}-F_{1,i}\right)}_{\text{III}}\quad.
$$

Der Quellterm (vgl. Gl. 6.535):

$$
Q_1 = n_1\left(\omega_{c,1e}(m_e H_e - m_1 H_1) + \omega_{c,10}(m_0 H_0 - m_1 H_1)\right)
$$

$$
= n_1\left(\omega_{c,1e}(\underbrace{\frac{m_e}{2}u_{e,i}^2 + \frac{5}{2}k_B T_e}_{=h_e} - \underbrace{\frac{m_1}{2}u_{1,i}^2 - \frac{5}{2}k_B T_1}_{=h_1})\right.
$$

$$
\left. + \omega_{c,10}(\underbrace{\frac{m_0}{2}u_{0,i}^2 + \frac{5}{2}k_B T_0}_{h_0} - \underbrace{\frac{m_1}{2}u_{1,i}^2 - \frac{5}{2}k_B T_1}_{h_1})\right) \tag{6.577}
$$

basiert wiederum auf den Kollisionsraten mit Partikeln anderer Teilchenklassen sowie der kinetischen Energie von Elektronen, Ionen und Neutralteilchen (vgl. Gl. 6.539).

Zusammenfassung: Plasmadiffusion

Wie bei dem Phasenanteil einer Mehrphasenströmung mit Phasenübergang ändert sich bei einem sich aus verschiedenen Ladungsträgern zusammensetzenden Plasma der Anteil der einzelnen Ladungsträgerklassen. Nur wird hierfür keine Masse über eine Phasengrenzfläche transportiert, sondern es werden Teilchen aufgespalten oder rekombiniert, wodurch die die Anzahlverteilung der einzelnen Klassen ändert. Auch wenn dieser Prozess sich entscheidend von dem der Verdampfung einer flüssigen Phase unterscheidet, so wird der Übergang genau wie im makroskopischen Mehrphasenbeispiel durch eine Transformationsrate mit Einfluss auf die einzelnen Erhaltungsgleichungen modelliert.

Analog zur partikelbeladenen Strömung wird bei einer Plasmaströmung der räumlich nicht aufgelöste Ladungsträgertransport durch die Modellierung der Ladungsträgerdiffusion beschrieben. Hierbei wird neben der klassischen Beschreibung auch eine alternative Darstellungsform der Transportgleichungen vorgestellt. Überprüft wird die Diffusionsmodellierung eines binären Gemischs. Hier kann der Transport einmal durch den Transport der Erhaltungsgrößen dargestellt werden, aber auch durch den Transport einer Gemischgröße und dem Transport der Erhaltungsgrößendifferenz. Die Anzahl der Transportgleichungen bleibt selbstverständlich gleich.

Für ein aus Neutralteilchen, Elektronen und Ionen verschiedener Ordnung bestehendes Plasma ist die Kollision von Elektronen mit Teilchen unterschiedlicher Klassen ein Indikator für Ionisation und Rekombination. Hiermit wird das Gemisch der Ladungsträger entsprechend bilanziert. Teilchengeschwindigkeit und Kollisionsraten innerhalb einer Klasse werden für die Beschreibung der konvektiv nicht aufgelösten Ladungsträgerdiffusion genutzt. Auf der Basis dieser Ansätze wird die Plasmadynamik mittels einem der Euler/Euler-Darstellung ähnlichen System von Transportgleichungen für die verschiedenen Ladungsträgerklassen sowie deren durch Ionisation und Rekombination bedingten Stoffaustausch modelliert. Mittels der Modellierung räumlich und zeitlich nicht aufgelöster Stoffströmung werden erweiterte Transportgleichungen für das Plasmagemisch aufgestellt.

Die vorgestellte Methode wird am Beispiel der Entladung eines Plasmastroms in einem Ringspalt demonstriert [95, 96, 98]. Die lokale Geschwindigkeitsverteilung und besonders die Geschwindigkeitsgradienten der Ladungsträger zweigen den erwarteten Zusammenhang zwischen Ladungsträgerverteilung und resultierendem Potenzialgefälle auf.

Die aus der Kathode ausbrechenden Elektronen haben an beiden Elektroden einen Wärmeeintrag zur Folge, der bei der thermischen Auslegung technischer Anwendungen, wie der Thermalanalyse eines Lichtbogentriebwerks, in besonderem Maße berücksichtigt werden muss. Mit der Modellierung kann ein Lichtbogentriebwerk analysiert werden, bei dem die Wärmeaufnahme und -abführung für verschiedene elektrische Leistungen beschrieben werden [92]. Bei dieser Voruntersuchung wird nachgewiesen, bis zu welchen thermischen Belastungsgrenzen die verwendeten Materialien der leistungstechnischen Beanspruchung Stand halten.

Neben der Vorentwicklung thermisch hochbelasteter Lichtbogentriebwerke werden die vorgestellten Methoden auch zur Beschreibung verkleinerter elektromagnetischer Antriebssysteme in der Raumfahrt verwendet. Als Beispiel sei abschließend an dieser Stelle die Familie der "Hoch-Effizienten-Mehrstufen-Plasma"-Trieberke, der *HEMP-Thruster*, erwähnt [22, 23, 133].

7 Zusammenfassung

Im Rahmen der gezeigten Arbeit wurde eine skalenübergreifende Vorstellung der Diffusionsmodellierung einphasiger, mehrphasiger, partikulärer und molekularer Stoffsysteme vorgestellt. In den beschriebenen Systemen basiert Diffusion auf berührungsloser Kreuzung von Trajektorien, durch den Kolloiddurchmesser bedingte Teilchenkollision und der elektromagnetischen Interaktion geladener Teilchen. Auf der Basis der direkten Analogie von Partikelinteraktionen mit Molekülkollisionen wurden Modelle auf turbulenter makro- und molekularer Mikroebene miteinander verglichen.

Diffusion wird umgangssprachlich häufig im Zusammenhang mit einem nicht-materiellen oder nicht nachvollziehbaren Transport verwendet. Real ist Diffusion eine Summe von klassischen Transportvorgängen, welche auf Skalen stattfinden, die nicht betrachtet werden. Durch das Raster fallen sie im wahrsten Sinne des Wortes, weil fast alle Transportvorgänge der Thermo- und Fluiddynamik primär als kontinuumsmechanische Verzerrung interpretiert werden. Bei dieser kontinuumsmechanischen Betrachtung werden Schwankungen physikalischer Größen unterhalb einer charakteristischen Skala nicht mehr berücksichtigt, da über diesen Skalenbereich entsprechend der Ergodenannahme gemittelt wird. Entsprechend werden molekulare Vorgänge nicht mehr berücksichtigt und sie werden entsprechend auch nicht in der Kinematik des "gemittelten" Kontinuums wiedergegeben. Da sie aber physikalisch dennoch existieren, werden diese in der Beschreibung als nicht nachvollziehbarer Transport oder eben als Diffusion bezeichnet. Dabei handelt es sich um die gleiche Bewegung wie die der makroskopisch betrachtet konvektiven Prozesse. **Als nicht aufgelöste Bewegung definiert Diffusion die Kombination materiellen Austauschs und diskreter Interaktion auf einer niedrigeren Skalenebenen.** Mittels der *Diffusionsmodellierung* wird dieser Effekt mathematisch beschrieben.

- Im Meso- bis Makroskalenbereich wird bei der Turbulenzmodellierung versucht, einen hochgradig instationären Prozess über festgelegte Längen- und Zeitskalen zu mitteln. Bei einer *LES (Large-Eddy-Simulation)* das räumiche Maß der lokalen Zellgröße des numerischen Gitters verwendet. Bei der *RANS-Modellierung (Reynolds-averaged Navier-Stokes modelling)*,

werden Transportgleichungen gemittelt und die aus der Mittelung resultierenden Korrelationen werden modelliert, um die Transportgleichungen zu
"schließen". Diese Herangehensweise wird auf die sogenannte *Reynolds-
Mittelung* zurückgeführt, mit der bei der Umformung einer Bilanzgleichung
hin zu der Transportgleichung einer mittleren Größe zusätzliche Korrelationen als weitere unbekannte zusätzliche Terme in der neuen Gleichung
auftauchen. Bei der in dieser Arbeit vorgestellten Wirbelviskosität wird
deutlich, dass ungeordnete Bewegungen auf der Mesoskalenebene durch
eine Wirbelviskosität auf der Makroskalenebene modelliert werden, genau
so wie molekulare Bewegungen auf der Mikroebene durch eine "molekulare"
Viskosität auf der Mesoskalenebene betrachtet werden. So entspricht die
bekannte Methode der **Wirbelviskositätsmodellierung** der Darstellung, materiellen Austausch als Bestandteil der Diffusion zu betrachten.
Dieser Ansatz dient als Referenz für weiterführende statistische Modelle
der Thermofluiddynamik. Nur sind die kinematischen Grundlagen der
Diffusion hier im Mikro- bis Meso-Skalenbereich zu finden.

- Wird auf der Mikroebene eine entsprechende Bilanz für den Masse-, Impuls-
und Energietransport der einzelnen Moleküle durchgeführt, so resultieren
aus der Mittelung entsprechende Transportgleichungen für die mittlere molekulare Anzahldichte, welche multipliziert mit der Molekülmasse
die Fluiddichte ergeben, die mittlere Molekülgeschwindigkeit, welche die
Strömungsgeschwindigkeit darstellt, und die mittlere kinetische Energie
eines Moleküls, welche in der massenspezifischen Darstellung der inneren
Energie entspricht. Druck, Temperatur, Schallgeschwindigkeit, Scherzähigkeit und Phasenübergänge resultieren aus dem direkten Vergleich mit
den klassischen Transportgleichungen kompressibler Strömungen. Bei
diesem Vergleich wird jedoch deutlich, dass qualitative Abweichungen
zwischen den entwickelten und den klassischen, zumeist linearisierten,
Transportgleichungen auftauchen. Diese Abweichungen resultieren daraus, dass als konstant angenommene Koeffizienten in klassichen Modellen
zumeist durch nichtlineare Abhängigkeiten "approximiert" werden. Dieses Abhängigkeitsproblem taucht andererseits nicht auf, wenn auf eine
generelle Anfangslinearisierung verzichtet wird. Diese Kopplungsproble-
matik wird in dieser Arbeit durch die skalenübergereifende Entwicklung
eines **thermofluidmechanisches Modells**, das ohne separate Diffusi-
onsmodelle Kontinuität, Impulserhaltung und Energie auf der Basis der
statistisch gemittelten Bewegung der Moleküle beschreibt.

- So wie die einphasige Diffusion in Makro- und Mesoskalen durch die Konvektion auf Mikroskalenebene beschrieben wird, so wird die makroskopische Durchmischung und Diffusion einer Partikelwolke durch die Bewegung disperser Partikel auf Mesoskalenebene beschrieben. Als Zusatz zum rein materiellen Austausch kommt bei dieser Betrachtung die Interaktion mit einer fluiden Trägerphase. Die Partikel bewegen sich ähnlich wie Moleküle mit dem Zusatz, dass die Partikelbewegung gegebenenfalls durch die umgebende Phase stark beeinträchtigt wird, was nach einer Erweiterung der bisherigen Beschreibung verlangt. Ähnlich wie bei der molekularen Strömung resultieren aus den angreifenden Kräften lokale Erhöhungen der Konzentration. An anderer Stelle sinkt die Konzentration so stark, dass sich z.B. in Totzonen der Strömung der Trägerphase gegebenenfalls gar kein Partikel aufhalten kann. Basis für diese Form der Beschreibung ist die sogenannte Euler/Euler-Methode hierbei wird die kontinuierliche Trägerphase durch eine Feldgleichung mit Konvektions- und Diffusionstermen beschrieben, wie sie sich für mittlere Geschwindigkeit und Energie ergeben. Für die disperse Phase wurde die nicht durch die konvektiven Anteile aufgelöste Partikelbewegung als Diffusionsterm modelliert. Während sich die Interaktion mit der kontinuierlichen Trägerphase sowohl in Quellterme der Transportgleichung der mittleren Geschwindigkeit als auch im Modellansatz für den effektiven Diffusionskoeffizienten - analog zur Zähigkeit - widerspiegelt, wirkt sich die Kollisionsrate ausschließlich auf die modellierte Impuls- und Energiediffusion der dispersen Phase aus. In diesem Kapitel wurde somit ein **Zwei-Phasen-Modell** entwickelt, welches auf der Basis einer statistischen Kovarianz der Geschwindigkeiten der beiden Phasen die Diffusion der Partikelphase modelliert.

- Für die Interaktion zwischen kontinuierlicher Trägerphase und disperser Partikelphase ist für Massen-, Impuls- und Energieübertragung die Größe der Partikel von großer Bedeutung. Sobald an Stelle einer monodispersen eine polydisperse Partikelphase betrachtet wird, variieren die Partikelgrößen, und phasengrenzenüberschreitende Flüsse wie Interaktionskräfte werden nicht wie zuvor ausschließlich durch die Differenzgeschwindigkeit zwischen kontinuierlicher und disperser Phase beschrieben. Eine Sprayströmung wre ein Beispiel für eine solche polydisperse Phase, in welcher sphärische Tropfen, deren Größenverteilung mittels eines fraktaldimensionalen Ansatzes beschrieben wird, in einer nicht feuchtigkeitsgesättigten Trägerphase verdunsten. Um die Änderung der Größenverteilung entsprechend abzubilden, werden zusätzlich zum Volumenbruch die mit dem

Mehrphasengemisch mittransportierte Phasengrenzfläche bilanziert. Auf der Basis dieser beiden Größen wird unter Berücksichtigung der Verdunstung der dispersen Tropfenphase die zeitliche Änderung des Massenanteils und der Durchmesserverteilung beschrieben. Zusätzlich dazu wurde mittels kinematischer Überlegungen auch der Einfluss des modellierten **phasengrenzflächenüberschreitenden Massenaustauschs** auf den Impuls- und Energieaustausch der beiden Phasen hergeleitet.

• Mit der Kenntnis alternativer Ansätze für die Modellierung eines Mehrphasengemischs wird so das grundsätzliche Konzept der Phaseninteraktion sowie des Phasenübergangs disperser Strömungen auf die numerische Beschreibung eines elektrischen Plasmas angewendet. Die Beschreibung des Plasmas versetzt alle Ansätze wieder in den Mikromaßstab, da nicht die Bewegung einer dispersen und einer kontinuierlichen Phase beschrieben wird, sondern die Bewegung von drei dispersen, "molekularen" Phasen (Teilchenklassen): Moleküle (Neutralteilchen), Ionen (Positiv geladene Teilchen) und Elektronen. Die Bewegung der Teilchen entspricht einem elektrischen Strom. Gradienten der Anzahldichte beschreiben einen elektrischen Potenzialabfall. Kollisionen von Partikeln der selben Teilchenklasse beschreiben eine nicht konvektiv aufzulösende Bewegung und somit wie in der molekularen Beschreibung eine Diffusion bzw. eine mechanische Spannung. Kollisionen unterschiedlicher Teilchenklassen verursachen in Abhängigkeit von der Kollisionsenergie die Ionisation eines Neutralteilchens oder die Mehrfachionisation eines bereits ionisierten Teilchens. Durch Ionisation wird eine Änderung der Anzahldichte der verschiedenen Partikelklassen initiiert, so wie Verdunstung und Kondensation durch einen Phasenübergang von disperser zu kontinuierlicher Phase und zurück beschrieben werden. Durch die Aufarbeitung dieser Ansätze konnte mittels der **Modellierung der Plasmadiffusion** in diesem letzten Kapitel ein System für die elektrische Entladung auf der Grundlage eines Ladungsträgerinteraktionsmodells aufgestellt werden.

Zusammenfassend kann gesagt werden, dass sich die Strömungsmodellierung in den vergangenen Jahrhunderten darauf beschränkt hat, komplexe Zusammenhänge zu vereinfachen und anschließend durch meist linearisierte Gleichungen zu beschreiben, um sie dann bei Bedarf wieder untereinander zu koppeln. Das Ergebnis sind zahlreiche Modellkoeffizienten, welche in Abhängigkeit vom Berechnungsfall angepasst werden. Dies war in Zeiten, in denen die Ingenieurskunst ausschließlich durch die Anwendung von Stift und Papier zu ihrer Blüte kommen musste, auch notwendig. Im Computerzeitalter, Anfang des 21. Jahrhunderts, in dem eine instationäre Strömung durch fast beliebig große Differentialgleichungssysteme auf einem numerischen Gitter von mehreren Millionen Zellen binnen Stunden gelöst werden können, ist der Wunsch nach einer Belastbarkeit der Ergebnisse umso größer als der nach einer Abschätzbarkeit der Ergebnisse auf einem Blatt Papier. Aus diesem Grund sind bereits heute schon, wie auch in dieser Arbeit, neue Ansätze der Beschreibung thermofluidmechanischer Prozesse im Vakuumbereich oder Strömungen in Mikro- und Nanokanälen wie von *Jason Reese [80, 149], Howard Brenner [26, 27], Franz Durst [56, 54, 212], Henning Struchtup [236] oder Gilberto Kremer [134]* auf dem Vormarsch, die keine polynomiale Modellierung von Materialeigenschaften und keine Kopplung von Transportgleichungen der Fluid- und Thermodynamik mehr benötigen, da sie nicht mehr zwischen den beiden Disziplinen unterscheiden.

Literaturverzeichnis

[1] **B. Abramzon, W. A. Sirignano** (1989) : *Droplet Vaporization Model for Spray Combustion Calculations* ; Int. J. Heat Mass Transf. **32**:1605-1618

[2] **R. K. Agarwal, K.-Y. Yun, R. Balakrishnan** (2001) : *Beyound Navier-Stokes: Burnett equations for flows in the continuum-transition regime* ; Phys. Fluids **13(10)**:3061-3085, American Inst. of Physics 2001

[3] **A. Agrawal, L. Djenidi, R. A. Antonia** (2005) : *Simulation of gas flow in Microchannels with a sudden expansion or contraction* ; J. Fluid Mech. **530**:135-144, Cambridge University Press 2005

[4] **V. M. Alipchenkov, L. I. Zaichik** (2004) : *Statistical model of particle motion and dispersion in an anisotropic turbulent flow* ; Fluid Dynamics **39(5)**:735, 2004

[5] **V. M. Alipchenkov, L. I. Zaichik** (2006) : *Modelling of turbulent motion of particles in a vertical channel* ; Fluid Dynamics **41(4)**:531, 2006

[6] **V. M. Alipchenkov, L. I. Zaichik** (2007) : *Differential and algebraic models for the socond moments of particle velocity and temperature fluctuations in turbulent flows* ; Fluid Dynamics **42(2)**:236, 2007

[7] **L. Araneo, C. Tropea** (1999) : *Optimization of PDA Measurements in a Diesel Spray* ; Spray 99, Bremen 1999

[8] **E. B. Arkilic, K. S. Breuer, M. A. Schmidt** (2001) : *Mass flow and tangential momentum accomodations in silicon micromachined channels* ; J. Fluid Mech. **437**:29-43, Cambridge University Press 2001

[9] **P. W. Atkins** (1990) : *Physikalische Chemie* ; VHC Verlagsgesellschaft 1990

[10]   **H. D. Baehr, Karl Stephan** (2008) : *Wärme- und Stoffübertragung*
        ; Springer Heidelberg, 6. Auflage, 2008

[11]   **P. K. Banerjeee, R. Butterfield** (1981) : *Boundary element me-
        thods in engineering science* ; McGrawHill London 1981

[12]   **P. Bastian, H. Rinn , G. Springer** (2002) : *Formeln für Elektro-
        techniker* ; Europa Lehrmittel, ISBN-10: 3-8058-3288-2, 11.Ausgabe,
        2002

[13]   **D. Beamer, J. P. Muller, J. M. Dessagne** (1998) : *Comparison
        of capture efficiencies measured by tracer gas and aerosol tracer
        techniques* ; Indoor Air **8(1)**:47, 1998

[14]   **A. Beskok, G. M. Karniadakis** (1999) : *A model for flows in
        channels, pipes and ducts at micro and nano channels* ; Microscale
        Thermophysical Engineering, **3**:43-77, Taylor and Francis Group 1999

[15]   **E. Becker** (1965) : *Gasdynamik* ; Teubner Verlag Stuttgart 1965

[16]   **M. Behnia, S. Barneix, Y. Shabany, P. A. Durbin** (1999) :
        *Numerical study of turbulent heat transfer in confined and unconfined
        inpinging jets* ; int. J. of Heat and Fluid Flow **20(1)**:1-9, 1999

[17]   **P. L. Bhatnagar, E. P. Gross, M. Krook** (1954) : *Model for
        Collision Processes in Gases. I. Small Amplitude Processes in Charged
        and Neutral One-Component Systems* ; Physical Review **94(3)**:511-
        525,1954

[18]   **J. R. Bielenberg, H. Brenner** (2006) : *A continuum model of
        thermal transpiration* ; J. Fluid Mech. **546**:1-23, Cambridge University
        Press 2006

[19]   **G. A. Bird.** (1994): *Molecular Gas Dynamics and the Direct Simu-
        lation of Gas Flows*; Clarendon Press, Oxford, UK, 1994

[20]   **J. A. Bittencount** (2004) : *Fundamentals of Plasma Physics* ; Sprin-
        ger US, ISBN-13: 978-0387209753, 3. Auflage, 2004

[21]   **D. B. Bogy** (1979) : *Drop Formation in a Circular Liquid Jet* ; Ann.
        rev. Fluid Mech. **11**:207-228, Ann. Rev. Inc. 1979

[22] T. Brandt, T. Trottenberg, R. Groll, F. Jansen, F. Hey, U. Johann, H. Kersten, C. Braxmaier (2015) : *Simulations on the influence of the neutralizer on a miniaturized HEMP thruster discharge channel with VORPAL* ; Eur. Phys. J. D **69**:145, Springer 2015

[23] T. Brandt, T. Trottenberg, R. Groll, F. Jansen, F. Hey, U. Johann, H. Kersten, C. Braxmaier : Simulation for an improvement of a down-scaled HEMP-Thruster ; 34th International Electric Propulsion Conference, IEPC-2015-90172, Kobe, Japan, 2015

[24] G. Brenn (1999) : *Die gesteuerte Sprayzerstäubung für industrielle Anwendung* , Habilitationsschrift; Technische Fakultät der F.-A.-Universität Erlangen-Nürnberg, Erlangen 1999

[25] G. Brenn, O. Kastner, D. Rensink, C. Tropea (1999) : *Evaporation and Drying of Multicomponent and Multiphase Droplets in a Tube Levitator* ; ILASS-Europe, Toulouse, 1999

[26] H. Brenner (2005) : *Navier-Stokes revisited* ; Physica A, **349**:60-132, 2005

[27] H. Bronner (2006) : *Fluid mechanics revisited* ; Physica A, **370**:190-224, 2006

[28] G. Brezesinski, H.-J. Mögel (1993) : *Grenzflächen und Kolloide* ; Spektrum Verlag, 1993

[29] E. Brinksmeier, B. Orlik, R. Groll, C. Brandao, A. Norbach, K. Leach (2013) : *Grindball an innovative micro-grinding tool* ; Production Engineering **7**(5):469-476, Springer 2013

[30] A. Britan, H. Shapiro, G. Ben-Dor (2007) : *The contribution of shock-tubes to simplified analysis of gas filtration through granular media* ; J. Fluid mech. **586**:147-176, Cambridge University Press 2007

[31] I. N. Bronstein, K. A. Semendjajew (1991) : *Taschenbuch der Mathmatik* ; 25. Auflage, B. G. Teubner Verlag Stuttgart/Leipzig 1991

[32] E. Bucchignani, G. Pezzella (2010) : *Computational flowfield analyses of hypersonic problems with reacting boundary layer*; Mathematics and Computers in Simulation No. MATCOM-3362, 2010

[33]   C. Cai, Q. Sun, I. D. Boyd (2007) : _Gas flows in microchannels and microtubes_ ; J. Fluid Mech. **589**:305-314, Cambridge University Press 2007

[34]   R. V. Calabrese, S. Middleman (1979) : _The Dispersion of Discrete Particles in a Turbulent Fluid Field_ ; AIChE Journal, **25(6)**:1025-1035, 1979

[35]   F. Cap (1994) : _Einführung in die Plasmaphysik: Magnetohydrodynamik_ ; Springer Wien NewYork, ISBN-10: 3-211-82510-3, 1. Auflage, 1994

[36]   G. V. Candler, I. Nompelis, M.-C. Druguet, M. S. Holden,T. P. Wadhams, I. D. Boyd, W.-L. Wang (2002) : _CFD Validation for Hypersonic Flight: Hypersonic Double-Cone Flow Simulations_; AIAA Paper No. 2002-0581, 2002

[37]   S. Chapman, T. G. Cowling (1991) : _The mthematical Theory of Non-Uniform Gases_ ; Cambridge University Press 1991

[38]   H. Chen, S. A. Orszag, I. Staroselsky (2007) : _Macroscopic description of arbitrary Knudsen number flow using Boltzmann-BGK kinetic theory_ ; J. Fluid Mech. **574**:495-505, Cambridge University Press 2007

[39]   Y.-L. Chen, K.-Q. Zhu (2008) : _Couette-Poiseuille flowof Bingham fluids between two porous parallel plates with slip conditions_ ; J. Non-Newtonian Mech. **153**:1-11, Elsevier 2008

[40]   R. Clift, J. R. Grace, M. E. Weber (1978) : _Bubbles, Drops and Particles_ ; Academic Press, New York 1978

[41]   T. J. Craft (1997) : _Computations of separating and reattaching flows using a low-Reynolds-number Second-Moment Closure_ ; Proc. of the 11th Int. Symp. on Turbulent Shear Flows, Grenoble 1997

[42]   T. J. Craft, B. E. Launder, K. Suga (1997) : _Prediction of turbulent transitional phenomena with non-linear eddy-viscosity model_ ; Int. J. of Heat and Fluid Flow **18(1)**:15-28, 1997

[43]   C. T. Crowe, T.R. Troutt, J. N. Chung (1996) : _Numerical Models for Two-Phase Turbulent Flows_ ; Annu. Rev. Fluid. Mech **28**:11-43, Ann. Rev. Inc. 1996

[44]   **C. T. Crowe, M. Sommerfeld, Y. Tsuji** (1998) : *Multiphase Flows with Droplets and Particles* ; CRC Press LLC 1998

[45]   **G. T. Csanady** (1963) : *Turbulent diffusion of heavy particles in the atmosphere* ; J. Atm. Sc. **20**:201-208, 1963

[46]   **B. J. Daly, F. H. Harlow** (1970) : *Transport Equations in Turbulence* ; Physics of Fluids, Vol. 13. pp 2634-2649, 1970

[47]   **L. Davidson** (1995) : *Prediction of the Flow Around an Airfoil Using a Reynolds Stress Transport Model* ; J. of Fluids Engineering, Vol. 117. March, pp 50-57, 1995

[48]   **A. O. Demuren, S. Sarkar** (1993) : *Perspective-systematic study of Reynolds stress closure models: the triple velocity correlation* ; J. of Fluids Engineering **115(5)**:5-12, 1993

[49]   **J. C. Depp** (1991) : *Theoretische Untersuchung von Grundlagen und technische Anwendung der Tröpfchenströmung mit Phasenübergang und chemischen Reaktionen* ; Dissertation, Fachbereich Maschinenbau der Technische Hochschule Darmstadt, Darmstadt 1991

[50]   **E. Deutsch, O. Simonin** (1991) : *Large Eddy Simulation Applied to the Motion of Particles in Stationary Homogeneous Turbulence* ; ASME FED **110**:35-42, 1991

[51]   **X. Ding-Guo** (1990) : *The size effect on the dispersion of a particle in a homogeneous isotropic turbulence* ; Applied Math. & Mech. **11(6)**:587, Springer 1990

[52]   **D. A. Drew** (1983) : *Mathematical Modelling of Two-Phase Flow* ; Ann. rev. Fluid Mech. **15**:261-291, Ann. Rev. Inc. 1983

[53]   **N. Dongari, A. Agrawal, A. Agrawal** (2007) : *Analytical solution of gaseous slip flow in long microchannels* ; Int. J. Heat and Mass Transfer **50**:3411-3421, Elsevier 2007

[54]   **N. Dongari, A. Sharma, F. Durst** (2008) : *Pressure-driven diffusive gas flows in microchannels: from the Knudsen to the continuum regimes* ; Microfluidics and Nanofluidics, Online Publication DOI 10.1007/:s10404-008-0344-y, ISSN 1613-4990, 2008

[55]   **P. A. Durbin** (1993) : *A Reynolds stress model for near-wall turbulence* ; J. Fluid Mech. **24**:465-498, 1993

[56]   **F. Durst, J. Gomes, R. Sambasivam** (2006) : *Thermofluiddyna-
       mics: Do we solve the right kind of equations?* ; 5th International
       Symposium of Heat an Mass Transfer, Dubrovnik, p.25-29, 2006

[57]   **F. Ebert** (1992) : *Interaction between the motion of particles and
       their turbulent carrier fluid flow* ; Particle and particle systems cha-
       racterization **9(1-4)**:116, 1992

[58]   **A. Einstein** (1922) : *Geometrie und Erfahrung* ; Erweiterte Fassung
       des festvortrags gehalten an der Preussischen Akademie der Wissen-
       schaften zu Berlin am 27. Januar 1921, Verlag von J. Springer Berlin
       1921

[59]   **S. Elgobashi** (1994) : *On predicting particle-laden turbulent flows*
       ; Applied Scientific Research - Flow, Turbulence and Combustion
       52(4):309, Springer 1992

[60]   **E. Etasse, C. Meneveau, T. Poinsot** (1998) : *Simple stochastic
       model for particle dispersion including inertia, trajectory crossing and
       continuity effects* ; J. Fluids Engineering, **120(1)**:186 , 1998

[61]   **H. J. Fahrenwaldt** (2009) : *Praxiswissen Schweißtechnik* ; 3.Auflage,
       Vieweg+Teubner 2009

[62]   **A. Fath** (1997) : *Charakterisierung des Strahlaufbruchprozesses bei
       einer instationären Druckzerstäubung* ; Dissertation, Technische Fa-
       kultät der Universität Erlangen-Nürnberg, Erlangen 1997

[63]   **A. Favre** (1983) : *Space-time Statistical Properties and Behaviour
       in Supersonic Flows* ; Physics of Fluids **26**:2851-2863, 1983

[64]   **J. H. Ferziger, M. Peric** (1999) : *Computational Methods for Fluid
       Dynamics* ; 2. Auflage, Springer Verlag 1999

[65]   **J. Fessler, J. K. Eaton** (1999) : *Turbulence Modification by Par-
       ticles in a Backward Facing Step Flow* ; J. Fluid Mech. **394**:97-117,
       Cambridge University Press 1999

[66]   **U. Fischer** (2008) : *Tabellenbuch Metall* ; Europa Lehrmittel, 43.
       Auflage, 2008

[67]   **N. A. Fuchs** (1959) : *Evaporation and Droplet Growth in Gaseous
       Media* ; Pergamon Press, London 1959

[68] **G. H. Furumoto, X. Zhong, J. C. Skiba** (1997) : *Numerical studies of real-gas effects on two-dimensional hypersonic shock-wave/boundary-layer interaction*; Physics of Fluids **9**, DOI:10.1063/1.869162, 1997

[69] **P. D. Friedman, J. Katz** (2002) : Mean rise rate of droplets in isotropic turbulence ; Physics of Fluids **14(9)**:3059, 2002

[70] **A. Fridman** (2008) : *Plasma Chemistry* ; ISBN-13: 978-0521847353, 1. Auflage, Cambridge University Press, 2008

[71] **M. A. Gallis, J. R. Torczynski, D. J. Rader, G.A. Bird** (2009) : *Convergence behavior of a new DSMC algorithm.*; J. of Comp. Phys. **228**(12):45324548, 2009

[72] **J. E. Galvin, C. M. Hrenye, R. D. Wildman** (2007) : *On the role of Knudsen layer in rapid granular flows* ; J. Fluid. Mech. **585**:73-92, Cambridge University Press, 2007

[73] **Z. Gao, F. Mashjek** (2004) : *A stochastic model for gravity effectsin particle-laden turbulent flows* ; J. Fluids Eng. **126(4)**:020, 2004

[74] **M. Gauer M., A. Paull** (2008) : *Numerical Investigation of a Spike Blunt Nose Cone at Hypersonic Speeds*; Journal of Spacecraft and Rockets, DOI: 10.2514/1.30590, **45**(3) 2008

[75] **H. Grad** (1949) : *On the Kinetic Theory on Rarefied Gases*; Communications on Pure and Applied Mathematics, **2(4)**:331-407, 1949

[76] **D. I. Graham** (1996) : *An improved eddy-interaction modelfor numerical simulation of particle dispersion* ; J. Fluids Eng. **118(4)**:819, 1996

[77] **B. Gopalan, E. Malkiel, J. Katz** (2008) : *Experimental investigation in turbulent diffusion of slightly bouyant droplets in lacally isotropic turbulence* ; Physics of Fluids , **20(9)**:095102, 2008

[78] **M. Gorokhovski** (2000) : *The Stochasitic Sub-Grid-Scale Model of Drops Break-Up in the Liquid Sprays Computation* ; ILASS-Europe, Darmstadt, 2000

[79] **M. Guingo, J. Minier** (2008) : *A stochastic model of coherent structures for particle deposition in turbulent flows* ; Physics of Fluids, **20(5)**:053303

[80]   C. J. Greenshields, J. M. Reese (2007) : *The structure of shock waves as a test of Brenner's modifications to the Navier-Stokes equations* ; J. Fluid Mech. **580**:407-429, 2007

[81]   C. J. Greenshields, H. G. Weller, L. Gasparini, J. M. Reese (2009) : *Implementation of semi-discrete, non-staggered central schemes in a colocated, polyhedral, finite volume framework, for high-speed viscous flows* ; International Journal for numerical methods in fluids, DOI: 10.1002/fld.2069, 2009

[82]   E. Z. Gribova, I. S. Zhukova, S. A. Lapinova, A. I. Saichev, T. Elperin (2003) : *Features of Diffusion of an incident particle* ; J. Exp. Theo. Physics **96(3)**:480, 2003

[83]   G. Grits, M. Pinsky, A. Khain (2006) : *Investigation of small droplet concentration inhomogenities in a turbulent flow* ; Meteorology and Atmospheric Physics **92(3-4)**:191, 2006

[84]   R. Groll, S. Jakirlić, C. Tropea (2002) : *Numerical Modelling of Particle Laden Flows with a Four-Equation Model* ; Proceedings of the 5th International Symposium on Engineering Turbulence Modelling and Measurements, Elsevier Science Ltd. 2002

[85]   R. Groll (2002) : *Numerische Modellierung der Verdampfung turbulenter Zwei-Phasen-Strömungen mittels eines Euler/Euler-Verfahrens*, Dissertation, Shaker Verlag 2002

[86]   R. Groll, C. Tropea (2005) : *On Euler/Euler modelling of turbulent particle diffusion in gas/solid flows* ; Engineering Turbulence Modelling and Experiments **6**:939-948, Eds. W. Rodi and M. Mulas, ISBN 0-08-044544-6, Elsevier 2005

[87]   R. Groll (2008) : *Computational modelling of molecular gas convection with a c^2-z^2 model* ; ASME-I793CD, ISBN:0791838269, ASME 2008

[88]   R. Groll, S. Jakirlić, C. Tropea (2009) : *Comparative study of Euler/Euler and Euler/Lagrange approaches simulating evaporation in turbulent gas-liquid flow* ; Int. J. for Num. Meth. in Fluids **59**:873-906, 2009

[89]   R. Groll, Rath, H. J. (2008) : *Thermodynamics / turbulence analogy modelling dissipating molecular gas flows for high Knudsen*

numbers ; Proceeding in Applied Mathematics and Mechanics **8**, Wiley 2008

[90] **R. Groll** (2009) : *Mathematical modelling on particle diffusion in fluidised beds and dense turbulent two-phase flows* ; Transactions on Engineering Sciences **63**:241-250, WIT Press 2009

[91] **R. Groll** (2010) : *Statistical Eulerian Diffusion Approach of Four-Way-Coupled Multiphase Systems* ; Defect and Diffusion Forum **297-301**:832-837, 2010

[92] **R. Groll, T. Schadowski, S. Reichel, H. J. Rath** (2011) : *Computational modelling of transsonic flow in a thermo-electric propulsion system* ; Proceeding of the 60th German Aerospace Conference, DGLR 2011

[93] **R. Groll** (2011) : *Heat and mass transfer in evaporating turbulent droplet-laden flow* ; Transactions on Engineering Sciences **70**, WIT Press 2011

[94] **R. Groll, F. Fastabend, H. J. Rath** (2012) · *Modelling transsonic flows through ring-shape thruster geometries with DSMC* ; ASME-I891DV, ASME 2012

[95] **R. Groll, S. Reichel** (2012) : *Numerische und experimentelle Untersuchungen der elektrischen Leitfähigkeit einer transsonischen Strömung im Ringspalt eines Lichtbogentriebwerks* ; Proceedings of the 5th German Electric Propulsion Workshop, Göttingen 2012

[96] **R. Groll** (2013) : *Modelling plasma flow with particle classes for different charge carriers and neutral particles* ; Transactions on Engineering Sciences **79**:25-34, WIT Press 2013

[97] **R. Groll** (2014) : *Micro diffuser flow modeling for cold gas propulsion systems* ; Proceeding in Applied Mathematics and Mechanics **14**:633-640, Wiley 2014

[98] **R. Groll, J. E. Gomez** (2015) : *Modelling plasma flow with particle classes for different charge carriers and neutral particles* ; Transactions on Engineering Sciences **89**:3-16, WIT Press 2015

[99] **X. J. Gu, D. R. Emerson** (2007) : *A computational strategy for the regularized 13-moment equations with enhanced wall-boundary conditions* ; J. Comp. Phys. **225**:263-283, Elsevier 2007

[100] G. Guesbet, A. Berlemont, A. Picart (1984) : *Dispersion of discrete particles by continuous turbulent motions. Extensive discussion with the Tchenś theory, using a two-parameter family of Lagrangian correlation functions* ; Physics of Fluids, **27(4)**:827 , 1984

[101] R. Häder, G. Kohnen, M. Sommerfeld (2000) : *Experimentelle und numerische Analyse von Turbulenzeffekten in verdampfenden Sprühnebeln* ; Chemie Ingenieur Technik, **72 (6)**:621-626, WILEY-VCH Verlag, Weinheim 2000

[102] D. Hänel (2004) : *Molekulare Gasdynamik: Einführung in die kinetische Theorie der Gase und Lattice-Boltzmann-Methoden* ; 2. Auflage, ISBN-10: 3-540-44247-2, Springer Berlin Heidelberg NewYork, 2004

[103] M. Hallbäck, J. Groth, A. V. Johansson (1991): *Anisotropic Dissipation Rate - Implications for Reynolds Stress Models* ; Advances in Turbulence 3, Johansson, A.V. and Alfredson, P.H. (Editors), Springer Verlag, pp. 414-421

[104] K. Hanjalić, B. E. Launder (1972): *A Reynolds stress model of turbulence and its application to thin shear flows* ; J. Fluid Mech. **52**(4):609-638

[105] J. He, O.Simonin (1993) : *Non-Equilibrium Prediction of the Particle-Phase Stress Tensor in Vertical Pneumatic Conveying* ; ASME Gas-Solid Flows, FED-**166**, 1993

[106] S. Heidenreich, F. Ebert (1995) : *Condensational Droplet Growth as a Preconditioning Technique for the Separation of Submicron particles from Gases* ; Chem. Eng. and Processing, **34**:235-244, 1995

[107] S. Heidenreich, H. Büttner, F. Ebert (1997) : *Droplet Growth in Gas Flows by Condensation - Experimental and Theroretical Growth Curves* ; J. Aerosol Sci. **28**:735-736, 1997

[108] Fa. Henze (2009) : *Bornitrid Sinterkörper;* Homepage http://henze-bnp.de/html/ger/downloads/downloads.php, 18.06.2009

[109] R. W. Hermsen (1979) : *Review of Particle Drag Models* ; JANAF Performance Standardization Subcommittee, CPIA 113, 1979

[110] ˙J. O. Hinze (1975) : *Turbulence* ; McGraw-Hill Publishing Company 1975

[111] **J.O. Hirschfelder, C. F. Curtiss, R. B. Bird** (1954) : *Molecular Theory od Gases and Liquids* ; Wiley 1954

[112] **G. de L'Hospital** (1696) : *L'analyse des infiniment petits pour l'intelligence des lignes courbes*

[113] **C. M. Hrenya, J. E. Galvin, R. D. Wildman** (2008) : *Evidence of higher-order-effects in thermally driven rapid granular flows* ; J. Fluid Mech. **598**:429-450, Cambridge University Press 2008

[114] **G. L. Hubbard, V. E. Denny, A. F. Mills** (1975) : *Droplet Vaporization - Effects on Transient and Variable Properties* ; Int. J. Heat Mass Tranfer **18**:1003-1008, 1975

[115] **N. Huber, M. Sommerfeld** (1994) : *Characterization of the cross-particle concentration distribution in pneumatic conveying systems* ; Powder Techn. **79**:191, 1994

[116] **K. Hutter** (1995) : *Fluid- und Thermodynamik* ; Springer-Verlag, 1995

[117] **K. Hutter** (1998) : *Mechanik umweltrelvanter Systeme* ; Fachbreich Mechanik der Technischen Universität Darmstadt, 1998

[118] **K. Hutter, K. Jöhnk** (2004) : *Continuum Methods of Physical Modeling*; Springer 2004

[119] **R. I. Issa, P. J. Oliveira** (1998) : *Accounting for Non-Equilibrium Turbulent Fluctuations in the Eulerian Two-Fluid Model by Means of the Motion of Introduction Period* ; The Third International Conference on Multiphase Flow ICMF'98, Lyon 1998

[120] **Y. Igitkhanov** (2011) : *Modelling of Multi-component Plasma for TOKES* ; KIT Scientific Publishing; KIT Scientific Reports **7564**, 2011

[121] **K. Jabunathan, E. Lai, M. A. Moss. B. L. Button** (1992) : *Review of heat transfer data for single circular jet impingment* ; Int. J. of heat and Fluid Flow **13(2)**:269-289, 1992

[122] **S. Jakirlić** (1997) : *Reynolds-Spannungs-Modellierung komplexer turbulenter Strömungen* ; Herbert Utz Verlag Wissenschaft, München 1997

[123] S. Jakirlić, J. Volkert, H. Pascal, K. Hanjalić, C. Tropea
       (2000) : *DNS, Experimental and Modelling Study of Axially Com-
       pressed In-Cylinder Swirling Flow* ; Int. J. Heat and Fluid Flow
       21:627-639, 2000

[124] J. T. Jenkins, M. W. Richman (1985) : *Grad's 13-Moment-
       System for a Dense Gas of Inelastic Spheres* ; Arch. Ration. Mech.
       Anal. **87**:355-177, 1985

[125] W. P. Jones, B. E. Launder (1972) : *The Prediction of Lamina-
       rization with a Two-Equation Model of Turbulence* ; Int. J. of Heat
       and Mass Transfer, **15**:301-314, 1972

[126] K. Jousten (2006) : *Wutz Handbuch Vakuumtechnik* ; 1. Auflage,
       ISBN-13: 978-3834801333, Vieweg Verlag, 2006

[127] J. Jung, K. Yeo, C. Lee (2008) : *Behaviour of heavy particles in
       isotropic turbulence* ; Physical Review E **77(1)**:016307, 2008

[128] O. Kastner (2001) : *Theoretische und experimentelle Untersuchun-
       gen zum Stoffübergang von Einzeltropfen in einem akustischen Rohr-
       levitator* ; Dissertation, Technische Fakultät der Universität Erlangen-
       Nürnberg, Erlangen 2001

[129] P. K. Khosla, S. G. Rubin (1974) : *A Diagonally Dominant
       Second-Order Accurate Implicit Scheme* ; Computers Fluids, **2**:207-
       209, 1974

[130] M. Knudsen (1909) : *Die Gesetze der Molekularströmung und der
       inneren Reibungsströmung der Gase durch Röhren* ; Ann. d. Physik
       28:75-130, 1909

[131] G. Kohnen (1997) : *Über den Einfluss der Phasenwelchselwirkun-
       gen bei turbulenten Zweiphasenstroemungen und deren numerische
       Erfassung in der Euler/Lagrange Betrachtungsweise* ; Shaker Verlag
       Aachen 1997

[132] J. Kopitz, W. Polifke (2009) : *Wärmeübertragung: Grundlagen,
       analytische und numerische Methoden* ; 2.Ausgabe, Pearson Education
       2009

[133] G. Kornfeld, . Koch, H.-P. Harmann : *Physics and Evolution of
       HEMP-Thrusters* ; 30th International Electric Propulsion Conference,
       IEPC-2007-108, Florence, Italy 2007

[134] **G. M. Kremer** (2010) : *An Introduction to the Boltzmann Equation and Transport Processes in Gases*; Springer Berlin 2010

[135] **H. Kuchling** (1996) : *Taschenbuch der Physik* ; 16. Auflage, Fachbuchverlag Leipzig 1996

[136] **J. D. Kulick, J. R. Fessler, J. K. Eaton** (1994) : *Particle Response and Turbulence Modification in Fully Developed Channel Flow* ; J. Fluid Mech. **277**:109-134, Cambridge University Press 1994

[137] **V. Kumaran** : Dense granular flow down an inclined plane: from kinetic theory to granular dynamics; J. Fluid Mech. **599**:121-168, Cambridge University Press, 2008

[138] **A. Kurganov, E. Tadmor** (2000) : *New High-Resolution Central Schemes for Nonlinear Conservation Laws and Convection-Diffusion Equations*; Journal of Computational Physics **160**:241-282, 2000

[139] **A. Kurganov, S. Noelle, G. Petrova** (2001) : *Semidiscrete central-upwind schemes for hyperbolic conservation laws and Hamilton-Jacobi equations*; SIAM J. Sci. Comp. **23**(3):707-740, Society for Industrial and Applied Mathematics, 2001

[140] **L. D. Landau, E. M. Lifschitz** (1991) : *Statistische Physik - Lehrbuch der Theoretischen Physik* ; Band 5, Verlag Harri Deutsch, 1991

[141] **L. D. Landau, E. M. Lifschitz** (1991) : *Hydrodynamik - Lehrbuch der Theoretischen Physik* ; Band 6, Verlag Harri Deutsch, 1991

[142] **B. E. Launder, D. B. Spalding** (1974) : *Numerical Computation of turbulent flows* ; Computer Methods in Applied Mechanics and Engineering **3**(2):269-289, 2008

[143] **K. Leach, R. Groll, H. J. Rath** (2012) : *Large-Eddy simlation of a pneimatically powered abrading sphere* ; Fluid Flow Technologies **15**:600-607, FFT 2012

[144] **K. Leach, R. Groll** (2013) : *Modelling abrasion forces in a pneumatically powered grinding tool using compressible Large-Eddy simulation*; J. of Energy. and Power Eng. **7**(9):1634-1643, David Publishing 2013
submitted to David Publishing 2013

[145] **P. Y. Li, P. A. Taylor** (2005) : *Three-dimensional Lagrangian Si-mulation of suspended particles in the neutrally stratified atmospheric surface layer* ; Boundary Layer Meterology **116(2)**:301, 2005

[146] **Z. Lilek** (1996) : *Ein Finite-Volumen-Verfahren zur Berechnung von inkompressiblen und kompressiblen Strömungen in komplexen Geometrien mit beweglichen Rändern und freien Oberflächen* ; Dissertation, Institut für Schiffsbau der Universität Hamburg, Bericht Nr.563, 1996

[147] **F. S. Lien, M. A. Leschziner** (1993) : *Second-Moment Modelling of Recirculating Flow with a Non-Orthogonal Colocated Finite-Volume Algorithm* ; Turbulent Shear Flows **8**:205-222 , F. Durst et al. (Editors), Springer Verlag 1993

[148] **S. P. Lin, R. D. Reitz** (1998) : *Drop and Spray Formation from a Liquid Jet* ; Ann. Rev. Fluid Mech. **30**:85-105, Ann. Rev. Inc. 1998

[149] **D. A. Lockerby, J. M. Reese** (2007) : *Near wall scaling of the Navier-Stokes constitutive relations for accurate micro gas flow simulations* ; Fifth international Conference on nanochannels, Microchannels and Minichannels (ICNMM07); ISBN 0-7918-3800-5, ASME 2007

[150] **D. A. Lockerby, J. M. Reese** (2008) : *On the modelling of isothermal gas flows at the microscale* ; J. Fluid Mech. **604**:235-261, Cambridge University Press 2008

[151] **K. Lucas** (1995) : *Thermodynamik* ; Springer-Verlag Berlin Heidelberg 1995

[152] **P. K. Khosla, S. G. Rubin** (1974) : *A Diagonally Dominant Second-Order Accurate Implicit Scheme* ; Computers Fluids **2**:207-209, 1974

[153] **B. Mandelbrot** (1987) : *Die fraktale Geometrie der Natur* ; Birkhäuser Verlag Basel 1987

[154] **A. Martini, A. Roxin, R. Q. Snurr, Q. Wang, S. Lichter** (2008) : *Molecular mechanisms of liquid slip* ; J. Fluid Mech. **600**:257-269, Cambridge University Press 2008

[155] **J. Maurer, P. Tabeling, P. Joseph H. Willaime** (2003) : *Second-order slip laws in microchannels for helium and nitrogen* ; Physics of Fluids **15(9)**:2613-2621, 2003

[156] **G. B. Macpherson, J. M. Reese** (2008) : *Molecular dynamics in arbitrary geometies: Parallel evaluation of pair forces* ; Molecular Simulation **34(1)**:97-115, Taylor and Francis Group, 2008

[157] **J. Magnaudet** (1992) : *The Modelling of Inhomogeneous Turbulence in the Absence of Mean Velocity Gradients* ; 4th European Conference, Delft, Niederlande 1992

[158] **P. Mandrioli, F. Tampieri** (1978) : *Vertical profiles of biological particle concentrations under convective conditions* ; Boundary-Layer Meterology **14(3)**:331, Springer 1978

[159] **C. Maquet, M. Trinite, M. Ledoux** (1990) : *Dispersion of Mono-sized heavy particles in grid turbulence effect of body forces* , Particles and particles Systems Characterization **7(1-4)**:136, 1990

[160] **M. R. Maxey, J. J. Riley** (1983) : *Equation of Motion for a Small Rigid Sphere in a Nonuniform Flow* ; Physics of Fluids, **26**:883-889, 1983

[161] **I. M. Mazzitelli, D. Lohse** (2004) : *Lagrangian statistics for fluid particles and bubbles in turbulence* ; New J. of Physics, **6**:203, 2004 ,

[162] **R. Mei, R. J. Adrian, T. J. Hanratty** (1995) : *Effects of reynolds number on isotropic turbulent dispersion*; J. Fluids Engineeing, **117(3)**:402, 1995

[163] **R. Mei, R. J. Adrian, T. J. Hanratty** (1997) : *Turbulent dispersion of heavy particles with non-linear drag*; J. Fluids Engineeing, **119(1)**:170, 1997

[164] **G. L. Mellor, H. J. Herring** (1973) : *A survey of the mean turbulent field closure models* ; AIAA J., **11(5)**:590, 1973

[165] **V. Menezes, G. Jagadeesh, K. P. J. Reddy, S. Saravanan** (2003) : *Experimental Investigations of Hypersonic Flow over Highly Blunted Cones with Aerospikes*; AIAA Journal **41(10)**:1955-1966, 2003

[166] **D. Meschede** (2006) : *Gerthsen Physik* ; 23. überarbeitete Auflage, Springer 2006

[167] **E. Messerschmid, S. Fasoulas** (2011) : *Raumfahrtsysteme: Eine Einführung mit Übungen und Lösungen*; 4. Auflage, Springer Heidelberg 2011

[168] R. A. Milikan (1923) : *The General Law of Fall of a Small Particle through a Gas, and its Bearing upon the Nature of Moleculare Reflection from Surfaces* ; Phys. Rev. **22**, 1923

[169] S. Mizzi, X. J. Gu, D. R. Emerson, R. W. Barber, J. M. Reese (2008) : *Computational framework for the regularized 20-moment equations for non-equilibrium gas flows* ; Int. J. for Numerical Method in Fluids **56**:1433-1439, John Wiley and Sons Ltd. 2008

[170] S. S. Mondal, S. K. Som, S. K. Dash (2005) : *Numerical prediction son the influencesof the airblast velocity, initial bed porosity and bed height of the shape and size of raceway rone in a blast furnace* ; Journal of Physics D - Applied Physics **38**(8):1301, 2005

[171] R. D. Moser, J. Kim, N. N. Mansour (1999) : *Direct numerical simulation of turbulent channel flow up to $Re_\tau = 590$* ; Physics of Fluids **11**(4):943-945

[172] J. A. Mueller, F. Veron (2009) : *A Lagrangian Stochastical model for heavy particle dispersion in the atmospheric marine boundary layer* ; Boundary-Layer Meteorology **130(2)**:229, 2009

[173] C. Mundo (1996) : *Zur Sekundärzersteubung newtonscher Fluide an Oberflächen* ; Dissertation, Technische Fakultät der F.-A.-Universität Erlangen-Nürnberg, Erlangen 1996

[174] C. Mundo, M.Sommerfeld, C. Tropea (1998) : *On the Modelling of Liquid Sprays Impigning on Surfaces* ; Atomization of Sprays **8**:625-652, Begell House Inc. 1998

[175] R. S. Myong, D. A. Lockerby, J. M. Reese (2006) : *The effect of gaseous slip on microscale heat transfer: An extended Graetz problem* ; Int. J. Heat and Mass Transfer **49**:2502-2513, Elsevier 2006

[176] Y. Nagano, M. Tagawa, T. Tsuji (1993) : *Effects of Adverse Pressure Gradients on Mean Flows and Turbulence Statistics in a Boundary Layer* ; Turbulent Shear Flows 8, F. Durst et al. (Editors), p. 7, Springer-Verlag

[177] B. Noll (1993) : *Numerische Strömungsmechanik* , Springer Verlag, 1993

[178] **Y. Noh, H. J. Fernando** (1991) : *Dispersion of suspended particles in turbulent flow* ; Physics of Fluids A (Fluid Dynamics) **3(7)**:1730, 1991

[179] **S. Obi, H. Hara** (1995) : *An algebraic model of turbulent diffusion* ; Proc. of the Int. Symp. on Mathematical Modelling of Turbulent Flows, Tokyo, Japan

[180] **F. Odar, W. S. Hamilton** (1964) : *Forces on a Sphere accelerating in a viscous fluid*; J. Fluid Mech. **18**:302, Cambridge University Press 1964

[181] **B. Oesterle** (2009) : *On heavy paritcle dispersion on turbulent shear flows: 3-D analysis of the effects of crossingt trajectories* ; Boundary-Layer Meteorology **130(1)**:71, 2009

[182] **H. Oertel jr., M. Böhle, U. Dohrmann** (2009) : *Strömungsmechanik* ; 5th ed., Vieweg+Teubner, Wiesbaden 2009

[183] **P. J. Oliveira** (1992) : *Computer Modeling of Multidimensional Multiphase Flow and Application to T Junctions* ; PhD Thesis, Empirial College London, 1992

[184] **P. J. Oliveira PJ, P. I. Issa** (2003) : *Numerical Aspects for an Algorithm for the Eulerian Simulation of Two-phase Flow* ; Int J. of Num. Methods in Fluids **43**:1177-1198, 2003

[185] **P. Olla** (2002) : *Particle transport in a random velocity field with lagrangian statistics* ; Physical Review E **65(5)**:056304, 2002

[186] **P. Olla** (2002) : *Transport properties of heavy particles in high Reynolds number turbulence* ; Physics of Fluids **14(12)**:4266, 2002

[187] **P. Olla, M. R. Vuolo** (2008) : *Perturbation theory for large Stokes number particles in random velocity fields* ; The European Physical Journal B, **65(2)**:279 , 2008

[188] **L. O'Hare, D. A. Lockerby, J. M. Reese, D. R. Emerson** (2007) : *Near-wall-effects in rarefied gas microflows: some modern hydrodynamic approaches* ; Int. J. Heat and Fluid Flow **28**:37-43, Elsevier 2007

[189] **G. Opfer** (1993) : *Numerische Mathematik* ; Vieweg Verlag 1993

[190]   **T. W. Park, S. K. Aggarwal, V. R. Katta** (1995) : *Gravity effects on the dynamics of evaporating droplets in a heated jet* ; Journal of Propulsion and Power **11**(3):519-528, 1995

[191]   **T. Pöschel** (2000) : *Dynamik granularer Systeme - Theorie Experimente und numerische Experimente* ; Logos Verlag Berlin, 2000

[192]   **S. Politis** (1989) : *Prediction of Two-Phase Solid-Liquid Turbulent Flow in Stirred Vessels* ; PhD Thesis, Empirial College London, 1989

[193]   **S. B. Pope** (1985) : *PDF Methods for Turbulent Reactive Flows* ; Prog. Energy Combust. Science **11**:119-192, Pergamon Press Ltd. 1985

[194]   **S. B. Pope** (1994) : *Lagrangian PDF Methods for Turbulent Flows* ; Ann. Rev Fluid Mech. **26**:26-63, Ann. Rev. Inc. 1994

[195]   **W. H. Press** (2007) : *Numerical Recipes* ; 3. Auflage, Cambridge Press 2007

[196]   **A. Prosperetti, H.N. Oguz** (1993) : *The Impact of Drops on Liquid Surfaces and the Underwater Noise of Rain* ; Ann. Rev. Fluid Mech. **25**:577-602, 1993

[197]   **W. E. Ranz, W. R. Marshall** (1952) : *Evaporation from drops: parts I & II* ; Chem. Eng. Prog. **48**:141-146;173-180, 1952

[198]   **J. M. Reese, M. A. Gallis, D. A. Lockerby** (2003) : *New directions in fluid dynamics : non-equilibrium aerodynamic and microsystem flows* ; Phil. Trans. Roy. Soc. Lond. A, **361**:2967-2988, The Royal Society 2003

[199]   **A. Regenbogen, U. Meyer** (2005) : *Wörterbuch der philosophischen Begriffe* ; Meiner Verlag 2005

[200]   **S. M. Rekhson, M. Rekhson, J. P. Ducroux, S. Tarakhanov** (1995) : *Heat transfer effects in glass processing* ; Ceramic Engineering Science Proceedings, **16(2)**:19-37, 1995

[201]   **S. Reichel, R. Groll, H. J. Rath** (2011) : *Experimental investigation and numerical modeling of electric heating rate in a generic electric propulsion system* ; IEPC-2011-63, EPRS 2011

[202] S. Reichel, R. Groll (2013) : *Unsteady numerical simulation with adaptive mesh refinement of a hypersonic double-cone geometryfor re-entry phenomena prediction* ; Computational Methods in Applied Sciences and Engineering 6, ECCOMAS 2012

[203] S. Reichel (2013) : *Experimentelle Untersuchung und numerische Modellierung transsonischer Plasmaströmungen unter Vakuumumgebung* ; Dissertation, Universität Bremen, Fachbereich Produktionstechnik, 2013

[204] S. Reichel, R. Groll (2013) : *Numerical simulation and experimental validation of a hypersonic flo9w for numerical modulation of re-entry phenomena prediction using adaptive mesh refinement* ; Int. J. Comp. Meth and Exp. Meas., 1(3) 2013

[205] M. Renksizbulut, M. C. Yuen (1983) : *Experimental study of droplet evaporation in a high-temperature air stream* ; ASME Journal of Heat Transfer 105:384-388, 1983

[206] A. M. Reynolds, J. E. Cohen (2002) : *Stochastic simulation of heavy-particle trajectories in turbulent flows* ; Phisics of Fluids 14(1):342, 2002

[207] A. M. Reynolds, G. Lo Iacono (2004) : *On the simulation of particle trajectories in turbulent flows* ; Physics of Fluids 16(12):4353, 2004

[208] C. B. Rogers, J. K. Eaton (1991) : *The effect of small particles on Fluid turbulence in a flat-plaste turbulent boundary layer in air* ; Physics of Fluids A (Fluid Dynamics) 3(5):928, 1991

[209] J. C. Rotta (1951) : *Statistische Theorie nichthomogener Turbulenz* ; 1. Mitteilung, Zeitschrift für Physik 129:547-572, 1951

[210] J. C. Rotta (1951): *Statistische Theorie nichthomogener Turbulenz* ; 2. Mitteilung, Zeitschrift für Physik, 131:51-77, 1951

[211] S. S. Sadhal, P. S. Ayyaswamy, J.N.Chung (1997) : *Transport Phenomena of Drops and Bubbles* ; Springer Verlag New York, 1997

[212] R. Sambasivam, F. Durst (2012) : *Ideal Gas Flow through Microchannles - Revisited* ; Chemistry, physics and life science principles, Editors: S. K. Mitra, S. Chakraborty, CRC Press, 2012

[213] **B. L. Sawford, F. M. Guest** (2008) : *Langrangian statistical simulation of the turbulent motion of heavy particles* ; Boundary-Layer Meteorology **54(1-2)**:147, Springer 2008

[214] **E. Schulz-Gulde** (1970) : *The continuous emission of Argon in visible spectral range* ; Z. Physik **230**: 449-459, 1970.

[215] **W. R. Schwarz, P. Bradshaw** (1994) : *Term-by-term tests of stress-transport turbulence models in a three-dimensional boundary layer* ; Physics of Fluids **6(2)**:986-998

[216] **Y. Shao, J. F. Leys, G. H. McTainsh, K. Tews** (2007) : *Numerical Simulation of the Octover 2002 dust event in Australia* ; J. Geophys. Research **112**:D08207, 2007

[217] **U. Shavit, N. Chigier** (1995) : *Fractal Dimensions of Liquid Jet Interface under Breakup* ; Atomization and Sprays **5**:525-543, 1995

[218] **F. Sharipov** (1996) : *Rarefied gas flows through a thin slit. Influence of the boundary condition* ; Physics of Fluids **8(1)**:262-268, 1996

[219] **F. Sharipov** (2004) : *Numerical simulation of rarefied gas flow through a thin orifice* : J. Fluid Mechanics, 516/35-60, 2004

[220] **L. Schiller, A. Naumann** (1933) : *Über die grundlegenden Berechnungen bei der Schwerkraftaufbereitung* ; VDI **77**:318ff. 1933

[221] **O. Simonin, E. Deutsch, M. Boivin** : *Large Eddy Simulation and Second Moment Closure Model of Particle Fluctuating Motion in Two-Phase Turbulent Shear Flows* ; Selected Papers from the 9th Symposium on Turbulent Shear Flows, Editors: F. Durst, N. Kasagi, B. E. Launder, F. W. Schmidt, J. H. Whitelaw, S. 85-115, Springer Verlag 1993

[222] **O. Simonin, E. Deutsch, J. P. Minier** : *Eulerian prediction of the fluid/particle correlated motion in turbulent two-phase flows* ; Applied Scientific Research **51(1-2)**:275, 1993

[223] **W. A. Sirignano** (1999) : *Fluid Dynamics and Transport of Droplets and Sprays* ; Cambridge University Press 1999

[224] **J. Smagorinsky** (1963) : *General Circulation Experiments with the Primitive Equations* ; Monthly Weather Review **91(3)**:99-164, 1963

[225] **C. Smyth** (2002) : *coherent doppler profiler measurements od near-bed suspended sediment fluxes and the influence of bed forms* ; J. of Geophysical Research, **107**(8):3105 ,2002

[226] **M. Sommerfeld, G. Kohnen, H. H. Qiu** (1993) : *Spray evaporation in turbulent flow: numerical calculations and detailed experiments by phase-doppler anemometry* ; Revue de Institut Francais du Petrole, **48**(6):677-695, 1993

[227] **M. Sommerfeld, H.-H. Qiu** (1994) : *Experimental Studies on Spray Evapoation in a Turbulent Flow* ; 7th Workshop on Two Phase Flow Predictions, Erlangen 1994

[228] **M. Sommerfeld** (1996) : *Modellierung und numerische Berechnung von partikelbeladenen turbulenten Strömungen mit Hilfe des Euler/Lagrange-Verfahrens* ; Habilitationsschrift, Berichte aus der Strömungsmeschanik, Shaker Verlag Aachen, 1996

[229] **S. L. Soo** (1967) : *Fluid Dynamics of Multiphase Systems* ; University of Illinois, Blaisdell Publishing Company 1967

[230] **V. S. Soukhomlinov, V. Y. Kolosov, V. A. Shoverev, M. V. Öttgen** (2002) : *Formation and propagation of a shock wave in a gas with temperature gradients* ; J. Fluid Mech. **473**:245-264, Cambridge University Press, 2002

[231] **P. Spijker, H. M. M. ten Eikelder, A. J. Markvoort, S. V. Nedea, P. A. J. Hilbers** (2007) : *Implicit particle wall boundary condition in molecular dynamics* ; Int. J. Mech. Eng. Science, **222**(C):855-864, 2008

[232] **C. G. Speziale, S. Sarkar, T. B. Gatzki** (1992) : *Studies in Turbulence* ; Springer Verlag, New York 1992

[233] **C. G. Speziale, T. B. Gatski** (1997) : *Analysis and modelling of anisotropies in the dissipation rate of turbulence* ; J. Fluid Mech. **344**:155-180, 1997

[234] **J. H. Spurk** (1992) : *Dimensionsanalyse in der Strömungslehre* ; Springer Verlag Heidelberg 1992

[235] **J. H. Spurk** (1996) : *Strömungslehre* ; Springer Verlag 1996

[236] **H. Struchtrup** (2008) : *Macroscopic Transport Equations for Rarefied Gas Flows: Approximation Methods in Kinetic Theory* ; Springer Berlin Heidelberg 2008

[237] **K. D. Squires, J. K. Eaton** (1991) : *Lagrangian and Eulerian Statistics obtained from direct numerical simulations* ; Physics of Fluids A (Fluid Dynamics) **3(1)**:130, 1991

[238] **S. K. Stefanov** (2011) : *On DSMC Calculations of Rarefied Gas Flows with Small Number of Particles in Cells* ; SIAM Journal of Scientific Computing **33(2)**:677-702, 2011

[239] **D. E. Stock** (1996) : *Particle dispersion in flowing gases*; J. Fluids Engineering, **118(1)**:4-17, 1996

[240] **H. A. Stone** (1994) : *Dynamics of Drop Deformation and Breakup in Viscous Fluids* ; Ann. Rev. Fluid Mech. **26**:65-102, Ann. Rev. Inc. 1994

[241] **D. C. Swailes, M. W. Reeks** (1994) : *Particle deposition from a turbulent flow. I. A steady-state model for high inertia particles* ; Physics of Fluids **6(10)**:3392, 1994

[242] **P. A. Taylor** (2002) : *Lagrangian simulation of suspended particles in the neutrally stratified surface boundary layer* ; J. of Geophysical Research , **107(24)**:4762 ,

[243] **C.-M. Tchen** (1947) : *Mean Value and Correlation Problems Connected with the Motion of Small Particles Suspended in a Turbulent Fluid* ; Martinus Nijhoff, Den Haag 1947

[244] **C. Tropea, I. V. Roisman** (2000) : *Modelling of Spray Impact on Solid Surfaces* ; Atomization and Sprays **10**:297-408, 2000

[245] **Y. Tsuji, Y. Morikawa, O. Mizumo** (1985) : *Experimental measurement of the Magnus force on a rotating sphere at low Reynolds numbers*; ASME J. Fluids Engineering **107**:484-488, 1985

[246] **M. Uhlmann** (2008) : *Interface-resolved direct numerical simulation of vertical particulate channel flow in the turbulent regime* ; ,Physics of Fluids **20(5):053305**: , 2008

[247] **VDI** (1987) : *VDI-Wärmeatles* ; VDI-Verlagsgesellschaft Verfahrenstechnik und Chemieingenieurwesen (Hrsg.) 1987

[248] **F. Varnik, D. Dorner, D. Raabe** (2007) : *Roughness-induced flow instability: A lattice Boltzmann study* ; J. Fluid Mech. **573**:191-209, Cambridge University Press 2007

[249] **C. Vit, I. Flour, O. Simonin** (1999) : *Modelling of Confined Bluff Body Flow Laden with Polydispersed solid particles* ; Two-Phase Flow Modelling and Experimentation 1999, Edizioni ETS Pisa 1999

[250] **K. N. Volkov** (2007) : *Stochastic models of particle motion in a turbulent flow and their application for calculating internal flows* ; J. Eng. Phys. & Thermophys. **80**(3):570, Springer 2007

[251] **W. Wagner** (1993) : *Wärmeübertragung* ; Vogel Verlag 1993

[252] **C. Wagner, B. Friedrich** (1999) : *A-priori tests of Reynolds Stress transport models in turbulent pipe expansion flow* ; Engineering Turbulence Modelling and Experiments, Vol. **4**, Rodi and Laurence (Eds.), Elsevier Science Ltd., pp. 83-92

[253] **P. J. Walklate** (1987) : *A random walk-model for dispersion of heavy particles in turbulent air-flow* ; Boundary-Layer Meterology **39**(1-2):175, Springer 1987

[254] **L.-P. Wang, S. E. Stock** (1993) : *Dispersion of Heavy Particles by Turbulent Motion* ; J. Atmos. Science **50**:1897-1913, 1993

[255] **J. Warnatz, U. Maas, R. W. Dibble** (1997) : *Verbrennung* ; 2.Auflage, Springer-Verlag, 1997

[256] **K. Xu, M Mao, L. Tang** (2005) : *A multidimensional gas-kinetic BGK scheme for hypersonic viscous flow*; Journal of Computational Physics **203**:405-421, 2005

[257] **V. Yakhot, S. A. Orszag** (1986) : *Renormalization group analysis of turbulence - I. basic theory* ; J. of Scientific Computing, **1**(1):3-51 , 1986

[258] **V. Yakhot, S. A. Orszag** (1993) : *Numerical Simulation of turbulent flow in the inlet region of a smooth pipe* ; Journal of Scientific Computing, **8**(2):111-121 ,1993

[259] **L. P. Yarin, G. Hetsroni** (1994) : *Turbulence Intensity in Dilute Two-Phase Flows 1-3* ; Int. J. Multiphase Flow **20**(1):1-44, Elsevier Science Ltd. 1994

[260] **A. L. Yarin, G. Brenn, O. Kastner, D. Rensink, C. Tropea**
(1999) : *Evaporation of Acoustically Levitated Droplets* ; J. Fluid Mech.
399:151-204, 1999

[261] **F. Yeh, U. Ley** (1991) : *On the motion of small particles in homogeneous isotropic turbulent flow* ; Physics of Fluids A (Fluid Dynamics)
3(11):2571, 1991

[262] **F. Yeh, U. Ley** (1991) : *On the motion of small particles in homogeneous turbulent shear flow* ; Physics of Fluids A (Fluid Dynamics)
3(11):2758, 1991

[263] **D. Z. Zhang, A. Prosperetti** (1994) : *Averaged Equations for Inviscid Disperse Two-Phase Flow* ; J. Fluid Mech. **267**:185-219,
Cambridge University Press 1994

[264] **Y. Zheng, J. M. Reese, H. Struchtrup** (2006) : *Comparing microscopic continuum models for rarefied gas dynamics: A new test method* ; J. Comp. Phys. **218**:748-769, Elsevier 2006

[265] **L. X. Zhou, H. Q. Zhang** (1999) : *A Two-Fluid-Simulation of Gas-Liquid Reacting Flows Using a Double k-ε Two Phase Turbulence Model* ; 9th workshop on two-phase flow prediction, Merseburg 1999

[266] **Q. Zhou, S. C. Yao** (1992) : *Group Modelling of Impacting Spray Dynamics* ; Int. J. Heat Mass Transfer **35**(1):121-129, 1992

[267] **C. Zimmermann, R. Groll** (2012) : *Modeling turbulent heat transfer of a rayleigh-Benard problem with compressible Large-Eddy simulation* ; Turbulence, Heat and Mass Transfer 7, ISBN 978-1-56700-301-7,
Begell House 2012

[268] **C. Zimmermann, R.Groll** (2014) : *Experimental and numerical and experimental investigation of a Reyleigh-Benard convection affected by Coriolis force* ; Journal of Flow Control, Measurement and Visualization **2**:165-172, ISSN 2329-3322 Scientific Research 2014

[269] **C. Zimmermann, R. Groll** (2014) : *Modelling turbulent heat transfer in a natural convection flow* ; Journal of Applied Mathematics and Physics, ISSN 2327-4352, **2**(7):662-670, Scientific Research 2014

[270] **C. Zimmermann, R.Groll** (2015) : *Computational investigation of thermal boundary layers in a turbulent Rayleigh-Benard problem* ;
Int. J. of Heat an Fluid Flow **54**:276-291, Elsevier 2015